U0313773

钒钛清洁生产

杨保祥　胡鸿飞　唐鸿琴　何金勇　编著

北　京
冶金工业出版社
2017

内 容 提 要

本书比较全面、系统、深入地介绍了钒钛材料的制造特点和钒钛清洁生产的要素构成，分析了钒钛产业技术状况和发展趋势，重点描述了不同类型钒钛产品生产工艺特点、生产制造系统内外循环需求、不同地域钒钛产业清洁生产配置要求、钒钛制品的内生演化以及应用延伸要求，围绕钒钛清洁生产中的大宗量副产物进行分类，要求后端副产物尽可能与前端原料处理生产相结合，资源能源需求对接，以新产品形式脱离钒钛生产体系，同时提出处理途径和第二、三层次产业延伸要求。

本书适用以下人员参考阅读：围绕钒钛资源、技术装备、产品、环境和市场展开竞争合作的专家学者，钒钛专业生产厂的专业技术和科技管理人员，钒钛制品的专业销售推广人员，钒钛相关行业技术决策咨询机构人员，钒钛产业相关地区的政府经济规划、环境保护和科技管理人员，大专院校和科研院所的教学研究设计人员、参与研究的专业类研究生和学生等。

图书在版编目（CIP）数据

钒钛清洁生产/杨保祥等编著．—北京：冶金工业出版社，2017.1

ISBN 978-7-5024-7338-9

Ⅰ．①钒… Ⅱ．①杨… Ⅲ．①钛—金属材料—生产工艺—无污染工艺 ②钒—金属材料—生产工艺—无污染工艺 Ⅳ．①TG146.23 ②TG146.4

中国版本图书馆 CIP 数据核字（2016）第 246404 号

出 版 人 谭学余

地　　址　北京市东城区嵩祝院北巷 39 号　邮编　100009　电话　(010)64027926

网　　址　www.cnmip.com.cn　电子信箱　yjcbs@cnmip.com.cn

责任编辑　于昕蕾　美术编辑　吕欣童　版式设计　彭子赫

责任校对　李　娜　责任印制　牛晓波

ISBN 978-7-5024-7338-9

冶金工业出版社出版发行；各地新华书店经销；三河市双峰印刷装订有限公司印刷

2017 年 1 月第 1 版，2017 年 1 月第 1 次印刷

787mm×1092mm　1/16；31.75 印张；768 千字；491 页

98.00 元

冶金工业出版社　投稿电话　(010)64027932　投稿信箱　tougao@cnmip.com.cn

冶金工业出版社营销中心　电话　(010)64044283　传真　(010)64027893

冶金书店　地址　北京市东四西大街 46 号(100010)　电话　(010)65289081(兼传真)

冶金工业出版社天猫旗舰店　yjgycbs.tmall.com

（本书如有印装质量问题，本社营销中心负责退换）

前　言

　　清洁生产是指不断地采取改进计划、使用清洁的能源和原料、采用先进的工艺技术与设备、改善管理、综合利用等措施，从源头削减污染，提高资源利用效率，减小或者避免生产、服务和产品使用过程中污染物的产生和排放，以减轻或者消除对人类健康和环境的危害。清洁生产的主要目标是减少资源的消耗、防止生态破坏，保障资源的持续利用。主要着眼点在"节能、降耗、减污、增效"四个方面，强调采用少污、省费的生产方式，尽量将污染物在生产过程中消除，或减少污染物的排放量，实现环境效益与经济效益的双丰收。清洁生产是对传统发展模式的根本改变，是走新型工业化道路、实现可持续发展战略的必然选择，也是适应中国加入世界贸易组织、应对绿色贸易壁垒和增强企业市场竞争力的重要措施。

　　清洁生产针对生产本身，具有区域性和产业结构配置特点，要求重点管控废副产品，平衡资源、能源，工艺设备革新，设施配套，提升装备整体化水平，增加产品技术含量和附加值，强化工艺多元、多层次产品定位，管理制度化，措施方法科学化，重视源头管理治理，对有毒有害单元进行有效追踪示踪，定向定位，重点利用大宗量废副产物，通过配套产业或者设施进行商品化处理，实现社会化有效利用；控制使用、处置有影响的副产品，限制并严格管理有毒有害危险副产品产生，通过无害化处理与生产过程分离，使其进入社会化管理途径。

　　资源经济学的内容基本上都是由三大主题和四个方面构成。三大主题是指效率、最优和可持续性。四个方面是指生产、分配、利用和保护与管理。国内外钒钛产业发展的技术工艺选择具有共性，但钒钛产业发展的外排循环物具有质和量的差异性，钒钛产业发展的集中度对环境的影响深度和广度各不相同，不同国家环境保护法律决定了执行差异和环境保护力度，直接对钒钛产业环

配套和保护的趋势产生影响。钒钛产业属于典型化工冶金过程，具有流程长、工序多和原辅料品种多杂等特点，涉及矿物采选、高温冶金和化工提取过程，矿物处理精细化，高强度和高细度的破磨要求进一步强化了过程的能源需求，工序交叉重复，氨氮等环境敏感因素贯穿，热能和化学能交替转化，能量与物质形式高频度转换，酸碱盐介质使用频繁，部分危险化学介质作为主原料进入生产过程。如硫酸法钛白生产以硫酸作为分解介质，酸解-水解作为主要工艺特点，酸解-水解过程中 TiO_2 品级逐步升高达到精细级水平，硫酸则由浓酸逐步稀释，吸附吸收大量无机杂质不能作为产品与体系分离；氯化法钛白以氯气作为分解介质，氯化-氧化作为主要工艺特点，氯化-氧化过程中 TiO_2 品级达到精细级水平，氯气则由高浓度逐步稀释；钒钛原料处理使用了超强磨矿和有机类捕收剂，部分工艺环节工序可控性差，整个工艺、工序和原料具有强烈的环境影响因素。

钒钛作为稀有金属，矿物与多金属元素伴生赋存，生产过程产品形成一主多副格局，如提钛生产过程可以形成钛矿、钛渣、钛白、海绵钛和钛合金等，过程副产品则包含铁精矿、硫钴精矿、磷灰石矿、锆英石、独居石矿、半钢、稀盐酸、稀硫酸、绿矾、富铬渣、$SiCl_4$ 和 $FeCl_3$ 等，副产品再加工可以形成多元、多系列和多层次产品，主体涉及铁、铬、铜、镍、硫、磷、锆、铝、稀土、钪、镓、有机质分离物、钒、钛、硫酸盐、氯化物和氧化物等，产品根据品级需要实现差异化，通过再处理和深加工实现其物质价值，钒钛清洁生产和可持续发展目标就是要最大限度减少生产加工过程的废物产生量，使所有物质物有所值和物有所归，实现其应有价值。

钒钛产业发展凸现区域经济和资源性经济特征，对钒钛矿产资源有较强的依赖性，是资源导向经济发展的产物。伴随钒钛产业的迅猛发展，钒钛资源消耗明显增加，能源配套需求强劲，钒钛产业不断延伸和产品精细化发展，多元原辅材料进入产业系统，对硫酸、盐酸、碱和氯气的大宗化工原料依赖较深，清洁生产需要区域配套形成产业支撑。钛体系产品主要为钛原料、钛金属和钛白，钛金属和钛白以高纯度精细制备为特征，对人体环境无害，钛白为消耗品，一次性消耗大，使用周期受人为因素影响多，钛金属可以多次再生使用，用于高端用途，再生水平高。钛原料层次多，技术结构复杂，流体化和流态化模式操作，辅助材料主要作为生产介质循环，过程消耗补充量小，不同工序对介质浓度要求较高，浓缩压缩能源需求旺盛，生产系统多体系同步或者异步循环，配套特点包括氯碱-电解镁-氯化钛白-海绵钛循环以及钛-硫-铁-磷-有色金属循环。钒系产品主要为 V_2O_5、钒铁、钒氮和功能材料，使用周期受人为因素影响多，90%的钒产品回用固化在钢铁制品中，8%的钒再生回收循环使用，2%的钒处于体系外循环。钒系产品部分属于危险化学品，不同价态的钒制品可在一定条件下相互转化，需要按照规定召回和固化稳定处理。钒系产品85%的生产原料为钒钛磁铁矿，其他提钒原料为石油钒废料、石煤和再回收利用料，原料品级普遍偏低，化工冶金和冶金化工技术特征明显，配套特点为钒-铬-镓-碱-建材循环利用，热循环和资源循环相结合，提高资源能源效率，从不同的循环加工中延伸得到市场认可的特色产品。

钒钛清洁生产过程需要对大宗量副产物进行分类，有重点地进行特色利用，要求后端副产物尽可能与前端原料处理生产相结合，资源能源需求对接互换，以新产品形式脱离钒钛生产体系，处理途径可以延伸形成第二、三层次产业。钒钛产业涉及大量的废副产物，部分可以寻求第二、三层次产业及时即时处理，但大量的废副产物在现有技术认知条件下和即时经济价值体系下无法得到处理，必须作为后备资源保护性储存，如各种尾矿、氯化尾渣和提钒尾渣等；工序转换过程的能源介质更替，有时无法有效对接，能源介质的随它性造成能源效率低下，导致形成系统物质异动和稳定性失恒以及粉尘噪声类环境事件。

作者潜心研究钒钛提取应用技术已三十多年，一直关心关注钒钛产业的清洁生产，钒钛是作者科研经历最丰富的领域之一，从攀枝花的工作经历中见证了中国钒钛提取应用技术发展的艰辛和成长的辉煌。攀枝花是中国钒钛产业发展的重点地区，钒钛产业与钢铁结合壮大了产业经济实力，改变了攀枝花的内在结构和外在印象，攀枝花改变了世界钒钛钢铁产业发展的基础和地理分布。在钒钛产业发展强力带动、拉动地方经济的同时，部分副产物处理形成区域压力，清洁生产面临某种困局，需要全方位的产业整合配置，对钒钛产业进行革

命性改造，重构产业基础，多元、多层次发展。

　　有关钒钛的文献书籍比较多，专家学者从不同角度描述钒钛，这些我们大多拜读过，受益匪浅，作者1985年进入攀钢从事钒钛研究，接触了许多钒钛的人和事，经过三十多年的研究学习积累，认识的视角不断产生变化，通过记录积累我们从事钒钛研发和产业实践经验，曾于2014年3月出版了专著《钒基材料制造》，2015年1月出版了专著《钛基材料制造》。伴随钒钛产业产品的高端化和高新技术化趋势，为了使钒钛产业从一般产业中清洁升华，所以想通过自己的努力撰写一本适合钒钛清洁生产发展的书，权当参考资料。本书作为钒钛产业发展的深化篇章，倡扬国家产业政策，贴近行业特点，为钒钛产业健康可持续发展服务。

　　何金勇是攀枝花市银江金勇工贸有限责任公司的董事长，我们的合作伙伴，一直致力于钒钛产业发展，深度研究发展了钛铁合金与钒电池生产应用技术，一贯重视清洁生产，强力推进升华资源的应用价值，为提高钒钛系统多元多层次产品开发做出了贡献；胡鸿飞是攀枝花钢铁研究院和四川钒钛产业技术研究院的科研主管，国家钒钛资源综合利用重点实验室主任，我们的合作伙伴，长期从事钒钛产业技术研究开发和科技创新管理，一贯重视产业高效配置和清洁生产，致力于科技创新和管理创新，在业界享有较高声誉。唐鸿琴是国家长江委员会水文局上游水文水资源勘探局攀枝花分局的技术人员，也是我们的合作伙伴，致力于攀枝花水文地质的变化统计研究和水环境监测工作，基础理论研究造诣较深，提供了大量的水环境分析模型数据参考，增加了本书的关联性认识。

　　本书旨在建立钒钛产业清洁生产框架，提供一个全面的专业索引，按照钒钛产业清洁生产重点发展要素进行布局，大了解、小认识、深内涵、广覆盖，研究、产业和学术各取所需。

　　本书成书过程参考了较多资料，特别是国际通行惯例和国家有关清洁生产的法规和标准以及行业规范，也有部分来自科研报告、期刊和书籍，部分为内部资料，部分则来自网络，也有部分来自老师同仁的传承。有关钒钛清洁生产的研究综述类文章较多，相互引证印证，有时通过多层次形成印象结论，这里对文献作者和献身钒钛清洁生产的同仁表示感谢！参考文献部分如有疏漏，敬请包涵。由于时间限制以及学术水平有限，部分资料年代跨度较大，外文资料译文有多个版本，引证印证考据难度较大，不同人群对清洁生产的理解认识参差不齐，不同地域清洁生产实践模式差异较大，有些不具有可复制性，特别是由于初期钒钛资源的稀缺性，导致业界复杂多变的概念认识，书中难免有疏忽不当之处，敬请不吝指正。各位专家教授同仁如对书中观点持不同意见，我们愿意一起探讨斧正。

本书成书过程凝聚了一批人的创新积累和共识，是一个过程和一个时代的升华，我们不评价过去学者的观点，也不讨论其对产业发展的影响，仅用现在的一个视角审视钒钛清洁生产发展。攀枝花钢铁研究院的朱胜友、缪辉俊、王怀斌、牛茂江、刘建明、杨仰军、彭毅、陈永、程晓哲、宋国菊、锡淦、吴晓平、陶朗、蒋国兴、郑仁和、苗庆东、赵青娥、周玉昌、弓丽霞、杜剑桥、陈新红、李礼、伍良英、刘淑清、孙茂、陈祝春、付自碧、尹丹凤、沈小小、杨小琴、李龙、何安西、穆宏波、潘平、陆平、刘森林、穆天柱、路瑞芳、任亚平、罗志强、王斌、徐玉婷、吴键春、马维平、张继东、黄家旭、李开华、叶恩东、韩可喜、陈海军、殷兆迁、高官金、何文艺、郭继科、龙盘忠、李良、王建鑫、张苏新、石瑞成、王彦华、曹建军、郑小敏、魏光亮、阎蓓蕾、孟伟巍、税必刚、谈玉让、陈新安、仲剑丽、吴菊环、刘庆春、张溅波、张小龙、宋兵、王东生、杨健、何为、顾武安、罗冬梅、任艳丽、刘昌林、阳露波、邵国庆、张婷婷、余灿生、伍珍秀、陈相全、杨冬梅、姜敏、张涛、余斌和申彪等专家从专业角度给予了专业经验借鉴以及保密审查，杜明、何翠芬、刘娟、陈亚非、吴轩、李亮、曾雯、李凯茂、肖军、张兴勇、邓斌、赵三超、朱福兴、杨梦西和董艳华等提供了专业的图表支撑；攀枝花市环保局唐士豹教授、何鸿志教授，西安外国语大学杨云芳和魏锋教授，西安建筑科技大学朱军教授，西北工业大学郑永安教授，攀钢景海都高工，攀枝花学院杨绍利、党玉春、王超、张树立、黄平教授，攀钢设计院王景辉、郭安良和李锁平教授，陕西理工大学李雷权教授，山东理工大学刘志峰教授，荣大公司章荣会教授，攀枝花市钒钛产业协会彭天柱、张祖光和郑谟，四川钒钛产业技

术研究院罗昌轶、张雪峰、罗涛、曾志勇、张茂斌、何芝、崔丽娇、李敏和陈娇等，四川机电职业技术学院王勇教授，攀枝花市老年科技工作者协会聂仲清、邹京发、苟帮云以及何富本高工等也对成书做出了贡献。十分感谢为我们提供资料、论证、论据、校正、制图、审阅以及关心支持的业界朋友们！

本书适合以下人员参考阅读：围绕钒钛资源、技术装备、产品、环境和市场展开竞争合作的专家学者，钒钛专业生产厂的专业技术和科技管理人员，钒钛制品的专业销售推广人员，钒钛相关行业技术决策咨询机构人员，钒钛产业相关地区的政府经济规划、环境保护和科技管理人员，大专院校和科研院所的教学研究设计人员、参与研究的专业类研究生和学生等。

杨保祥

2016 年 6 月于攀枝花

目 录

❈ 第 1 篇　钒钛清洁生产基础 ❈

✲ 第 2 篇　钒钛生产过程二次资源利用 ✲

✵ 第 3 篇　钒钛生产过程有价元素回收 ✵

第1篇　钒钛清洁生产基础

1　绪　论

清洁生产是指不断地采取改进计划、使用清洁的能源和原料、采用先进的工艺技术与设备、改善管理、综合利用等措施，从源头削减污染，提高资源利用效率，减小或者避免生产、服务和产品使用过程中污染物的产生和排放，以减轻或者消除对人类健康和环境的危害。清洁生产的主要目标是减少资源的消耗、防止生态破坏，保障资源的持续利用。主要着眼点在"节能、降耗、减污、增效"四个方面，强调采用少污、省费的生产方式，尽量将污染物在生产过程中消除，或减少污染物的排放量，实现环境效益与经济效益的双丰收。清洁生产是对传统发展模式的根本改变，是走新型工业化道路、实现可持续发展战略的必然选择，也是适应中国加入世界贸易组织、应对绿色贸易壁垒、增强企业竞争力的重要措施。

清洁生产针对生产本身，具有区域性和产业结构配置特点，要求重点管控废副产品，平衡资源能源，工艺设备革新，设施配套，提升装备整体化水平，增加产品技术含量和附加值，强化工艺多元多层次产品定位，管理制度化，措施方法科学化，重视源头管理治理，对有毒有害单元进行有效追踪示踪，定向定位，重点利用大宗量废副产物，通过配套产业或者设施进行商品化处理，实现社会化有效利用；控制使用处置有影响的副产物，限制并严格管理有毒有害危险副产物产生，通过无害化处理与生产过程分离，使其进入社会化管理途径。

1.1　清洁生产

清洁生产（cleaner production）在不同的发展阶段或者不同的国家有不同的叫法，例如"废物减量化""无废工艺""污染预防"等。但其基本内涵是一致的，即对产品和产品的生产过程、产品及服务采取预防污染的策略来减少污染物的产生。

1.1.1　联合国环境规划署工业与环境规划中心的定义

联合国环境规划署工业与环境规划中心（UNEPIE/PAC）综合各种说法，采用了"清洁生产"这一术语，来表征从原料、生产工艺到产品使用全过程的广义的污染防治途径，给出了以下定义：清洁生产是一种新的创造性的思想，该思想将整体预防的环境战略持续应用于生产过程、产品和服务中，以增加生态效率和减少人类及环境的风险。对生产过程，要求节约原材料与能源，淘汰有毒原材料，减降所有废弃物的数量与毒性；对产品，要求减少从原材料提炼到产品最终处置的全生命周期的不利影响；对服务，要求将环境因素纳入设计与所提供的服务中。

1.1.2 美国环保局的定义

在美国，清洁生产又称为"污染预防"或"废物最小量化"。废物最小量化是美国清洁生产的初期表述，后用污染预防一词所代替。美国对污染预防的定义为："污染预防是在可能的最大限度内减少生产厂地所产生的废物量，它包括通过源削减（源削减指：在进行再生利用、处理和处置以前，减少流入或释放到环境中的任何有害物质、污染物或污染成分的数量；减少与这些有害物质、污染物或组分相关的对公共健康与环境的危害）、提高能源效率、在生产中重复使用投入的原料以及降低水消耗量来合理利用资源，人们常用的两种源削减方法是改变产品和改进工艺（包括设备与技术更新、工艺与流程更新、产品的重组与设计更新、原材料的替代以及促进生产的科学管理、维护、培训或仓储控制）。污染预防不包括废物的厂外再生利用、废物处理、废物的浓缩或稀释以及减少其体积或有害性、毒性成分从一种环境介质转移到另一种环境介质中的活动。"

1.1.3 《中国 21 世纪议程》的定义

清洁生产是指既可满足人们的需要又可合理使用自然资源和能源并保护环境的实用生产方法和措施，其实质是一种物料和能耗最少的人类生产活动的规划和管理，将废物减量化、资源化和无害化，或消灭于生产过程之中。同时对人体和环境无害的绿色产品的生产也将随着可持续发展进程的深入而日益成为今后产品生产的主导方向。

1.1.4 清洁生产概念

清洁生产是一种新的创造性理念，这种理念将整体预防的环境战略持续应用于生产过程、产品和服务中，以增加生态效率和减少人类及环境的风险。清洁生产是环境保护战略由被动反应向主动行动的一种转变。20 世纪 80 年代以后，随着经济建设的快速发展，全球性的环境污染和生态破坏日益加剧，资源和能源的短缺制约着经济的发展，人们也逐渐认识到仅仅依靠开发有效的污染治理技术对所产生的污染进行末端治理所实现的环境效益是非常有限的。如关心产品和生产过程对环境的影响，依靠改进生产工艺和加强管理等措施来消除污染可能更为有效，因此清洁生产的概念和实践也随之出现了，并以其旺盛的生命力在世界范围内迅速推广。

清洁生产是生产者、消费者、社会三方面谋求利益最大化的集中体现：（1）它是从资源节约和环境保护两个方面对工业产品生产从设计开始，到产品使用后直至最终处置，给予了全过程的考虑和要求；（2）它不仅对生产，而且对服务也要求考虑对环境的影响；（3）它对工业废弃物实行费用有效的源削减，一改传统的不顾费用有效或单一末端控制办法；（4）它可提高企业的生产效率和经济效益，与末端处理相比，成为受到企业欢迎的新事物；（5）它着眼于全球环境的彻底保护，为人类社会共建一个洁净的地球带来了希望。

1.1.5 清洁生产延伸解读

根据经济可持续发展对资源和环境的要求，清洁生产谋求达到两个目标：（1）通过资源的综合利用，短缺资源的代用，二次能源的利用，以及节能、降耗、节水，合理利用自然资源，减缓资源的耗竭；（2）减少废物和污染物的排放，促进工业产品的生产、消耗过程与环境相融，降低工业活动对人类和环境的风险。

1.1.5.1 清洁生产体现的是预防为主的环境战略

传统的末端治理与生产过程相脱节，先污染，再去治理，这是发达国家曾经走过的道路；清洁生产要求从产品设计开始，到选择原料、工艺路线和设备，以及废物利用、运行管理的各个环节，通过不断地加强管理和技术进步，提高资源利用率，减少乃至消除污染物的产生，体现了预防为主的思想。

1.1.5.2 清洁生产体现的是集约型的增长方式

清洁生产要求改变以牺牲环境为代价的、传统的粗放型的经济发展模式，走内涵发展道路。要实现这一目标，企业必须大力调整产品结构，革新生产工艺，优化生产过程，提高技术装备水平，加强科学管理，提高人员素质，实现节能、降耗、减污、增效，合理、高效配置资源，最大限度地提高资源利用率。

1.1.5.3 清洁生产体现了环境效益与经济效益的统一

传统的末端治理，投入多、运行成本高、治理难度大，只有环境效益，没有经济效益。清洁生产的最终结果是企业管理水平、生产工艺技术水平得到提高，资源得到充分利用，环境从根本上得到改善。清洁生产与传统的末端治理的最大不同是找到了环境效益与经济效益相统一的结合点，能够调动企业防治工业污染的积极性。

1.2 清洁生产发展

清洁生产是处理经济发展与环境保护两者之间关系的基本理念，符合可持续发展的要求，在全世界得到积极响应。许多国家都以不同的方式和手段来推进本国清洁生产的发展。

1.2.1 清洁生产溯源

清洁生产的起源来自于1960年美国化学行业的污染预防审计。而"清洁生产"概念的出现，最早可追溯到1976年。当年欧共体在巴黎举行了"无废工艺和无废生产国际研讨会"，会上提出"消除造成污染的根源"的思想；1979年4月欧共体理事会宣布推行清洁生产政策；1984年、1985年、1987年欧共体环境事务委员会三次拨款支持建立清洁生产示范工程。

自1989年，联合国开始在全球范围内推行清洁生产以来，全球先后有8个国家建立了清洁生产中心，推动着各国清洁生产不断向深度和广度拓展。1989年5月联合国环境署工业与环境规划活动中心（UNEPIE/PAC）根据UNEP理事会会议的决议，制定了《清洁生产计划》，在全球范围内推进清洁生产。该计划的主要内容之一是组建两类工作组：一类为制革、造纸、纺织、金属表面加工等行业清洁生产工作组；另一类则是组建清洁生产政策及战略、数据网络、教育等业务工作组。该计划还强调要面向政界、工业界、学术界人士，提高他们的清洁生产意识，教育公众，推进清洁生产的行动。1992年6月在巴西里约热内卢召开的"联合国环境与发展大会"上，通过了《21世纪议程》，号召工业提高能效，开展清洁技术，更新替代对环境有害的产品和原料，推动实现工业可持续发展。中国政府亦积极响应，于1994年提出了《中国21世纪议程》，将清洁生产列为"重点项目"之一。

自1990年以来，联合国环境署已先后在坎特伯雷、巴黎、华沙、牛津、汉城、蒙特利尔等地举办了六次国际清洁生产高级研讨会。在1998年10月韩国汉城第五次国际清洁生产高级研讨会上，出台了《国际清洁生产宣言》，包括13个国家的部长及其他高级代表和9位公司领导人在内的64位签署者共同签署了该宣言，参加这次会议的还有国际机构、商会、学术机构和专业协会等组织的代表。《国际清洁生产宣言》的主要目的是提高公共部门和私有部门中关键决策者对清洁生产战略的理解及该战略在他们中间的形象，它也将激励对清洁生产咨询服务的更广泛的需求。《国际清洁生产宣言》是对作为一种环境管理战略的清洁生产公开的承诺。

20世纪90年代初，经济合作和开发组织（OECD）在许多国家采取不同措施鼓励采用清洁生产技术。例如在西德，将70%投资用于清洁工艺的工厂可以申请减税。在英国，税收优惠政策是风力发电增长的原因。自1995年以来，经合组织国家的政府开始把它们的环境战略针对产品而不是工艺，以此为出发点，引进生命周期分析，以确定在产品寿命周期（包括制造、运输、使用和处置）中的哪一个阶段有可能削减或替代原材料投入和最有效并以最低费用消除污染物和废物。这一战略刺激和引导生产商和制造商以及政府政策制定者去寻找更富有想象力的途径来实现清洁生产和产品。

1993年，中国在世界银行技术援助下实施了"推进中国清洁生产"合作项目，拉开了中国开展清洁生产的序幕，随后，世行、亚行、国际组织及有关国家政府都在清洁生产方面与中国进行了广泛的合作。在中国政府有关部门、产业界、经济界和社团组织以及社会中介服务机构的努力和积极配合下，使中国在推进清洁生产方面取得了一定的成绩，获得了联合国环境规划署的高度评价，认为中国是发展中国家开展清洁生产成果较大的国家之一。目前中国已在企业示范、人员培训、机构建设和政策研究等方面取得了明显的进展。

自1993年以来，在国际组织的帮助下，在环保部门、经济综合部门以及工业行业管理部门的推进下，全国共有24个省、自治区、直辖市已经开展或正在启动清洁生产示范项目，涉及的行业包括化学、轻工、建材、冶金、石化、电力、飞机制造、医药、采矿、电子、烟草、机械、纺织印染以及交通等行业。据有关资料不完全统计，全国已有200多家企业进行了清洁生产审计，这些企业通过实施清洁生产方案取得经济效益每年约为5亿元，环境效益也很明显：每年削减COD7.8万吨，每年减排废水126万吨，每年减排废气8亿立方米。

人员培训是推进中国清洁生产的一个重要措施。目前，通过不同途径已组织了150个清洁生产培训班，共有1.1万多人次接受清洁生产培训，其中，举办了11个清洁生产审计员基础课程培训班，培训清洁生产外部审计员240名。50个清洁生产基础知识培训班，培训学员约3000人。400个企业清洁生产内审员培训班，培训学员8000人次。通过多种培训和示范，使不同层次的管理者了解了清洁生产，清洁生产技术人员也获得了专门的清洁生产知识和技能。通过人员培训增强了中国推行清洁生产的技术力量，提高了企业对清洁生产重要性、必要性的认识，为开展清洁生产创造了基础条件。

目前，全国已经建立 1 个国家级清洁生产中心，4 个工业行业清洁生产中心（包括石化、化学、冶金和飞机制造）和 10 个地方清洁生产中心（包括北京、上海、天津、陕西、黑龙江、山东、江西、辽宁、内蒙古和新疆）。这些中介服务机构的建立使全国推行清洁生产具备了一定的组织基础。

在清洁国际合作项目中一般都包含了政策研究的内容。这些合作项目的实施，极大地推动了中国的清洁生产政策研究工作。1997 年 4 月，国家环保总局制订并发布了《关于推行清洁生产的若干意见》，对清洁生产意识、宣传和培训、工作重点及国际合作等几个方面提出了要求。为广泛地推进清洁生产，改革已有环境管理制度提出了基本框架和工作准则。1999 年 5 月，国家经贸委发布了《关于实施清洁生产示范试点的通知》，选择北京、上海等 10 个试点城市和石化、冶金等 5 个试点行业开展清洁生产示范和试点。

陕西省政府制定了企业清洁生产审计的经济鼓励政策，将部分排污费返回给企业进行清洁生产审计，由此推动众多企业参与清洁生产行动。

自 1995 年以来，国家环保总局已将清洁生产要求和思想体现到部分国家级环保法律以及污染防治技术政策中，如固体废物污染防治法、大气污染防治法以及造纸、机动车、城市生活废水、城市生活垃圾 4 项污染防治技术政策，都对清洁生产提出了要求。

目前，清洁生产越来越得到各级政府的高度重视，国家环保总局正在组织制定有关清洁生产的技术指导政策和技术规范，建立引导清洁生产的有关制度，为开展清洁生产提供全方位服务。

1.2.2 清洁生产法律保障

清洁生产的出现是人类工业生产迅速发展的历史必然，是一项迅速发展中的新生事物，是人类对工业化大生产所制造出有损于自然生态人类自身污染这种负面作用逐渐认识所作出的反应和行动。

20 世纪 90 年代初，经济合作和开发组织（OECD）在许多国家采取不同措施鼓励采用清洁生产技术。自 1995 年以来，经合组织国家的政府开始引进产品生命周期分析，以确定在产品寿命周期（包括制造、运输、使用和处置）中的哪一个阶段有可能削减原材料投入和最有效并以最低费用消除污染物。这一战略刺激和引导生产商、制造商以及政府政策制定者去寻找更富有想象力的途径来实现清洁生产。

美国、澳大利亚、荷兰、丹麦等发达国家在清洁生产立法、组织机构建设、科学研究、信息交换、示范项目和推广等领域已取得明显成就。近年来，发达国家清洁生产政策有两个重要的倾向：一是着眼点从清洁生产技术逐渐转向清洁产品的整个生命周期；二是从多年前大型企业在获得财政支持和其他种类对工业的支持方面拥有优先权转变为更重视扶持中小企业进行清洁生产，包括提供财政补贴、项目支持、技术服务和信息等措施。

中国国家环保总局自 1993 年初开始，以试点、示范和政策研究等多种形式在全国范围实施清洁生产，取得了明显的效果法规和政策，1995 年颁布的《中华人民共和国固体废物污染环境防治法》、1995 年和 1996 年修订后颁布的《中华人民共和国大气污染防治法》《中华人民共和国水污染防治法》均明确规定：国家鼓励、支持开展清洁生产，减少污染物的产生量。1998 年 11 月，国务院令（第 235 号）《建设项目环境保护管理条例》明确规定：工业建设项目应当采用能耗小、污染物排放量少的清洁生产工艺，合理利用自然资源，防治环境污染和生态破坏。

中国推进清洁生产的过程大体可以分为三个阶段：（1）清洁生产的启动阶段。1992～1997 年可以看做是我国启动清洁生产的阶段，这个阶段的基本特征是以宣传示范推动清洁生产。（2）清洁生产的政策实践阶段。1997～2003 年可以看做是清洁生产的政策实践阶段，这个阶段的基本特征是在继续清洁生产培训和审核示范活动基础上，转向促进清洁生产的政策机制建立。（3）清洁生产的深化发展阶段。2003 年以后至现在，随着《中华人民共和国清洁生产促进法》的颁布实施，中国清洁生产进入一个新的阶段，这个阶段的基本特征是：在科学发展观的指导下，清洁生产正以多样性和内涵拓展的方式深化发展。

2002 年 6 月发布、2003 年 1 月 1 日实施的《中华人民共和国清洁生产促进法》中的清洁生产指：不断采取改进设计，使用清洁的能源和原料，采用先进的工艺技术和设备，改善管理，综合利用等措施，从源头削减污染，提高资源利用效率，减少或者避免生产、服务 和产品使用过程中污染物的产生和排放，以减轻或者消除对人类健康和环境的危害。2003 年国务院办公厅转发了国家发展改革委等部门《关于加快推行清洁生产的意见》，对推行清洁生产做了整体部署，提出了加快结构调整和技术进步、提高清洁生产的整体水平，加强企业制度建设、推进企业实施清洁生产，完善法规体系、强化监督管理，加强对推行清洁生产工作的领导等重点任务。在总体部署下，出台了有关政策、法规、标准，包括《工业清洁生产推行"十二五"规划》《清洁生产审核暂行办法》《工业企业清洁生产审核技术导则》《工业清洁生产评价指标体系编制通则》以及数十个行业清洁生产评价指标体系等清洁生产标准。

1.2.3　清洁生产的环境保护及生态建设关联

发达国家在 20 世纪 60 年代和 70 年代初，由于经济快速发展，忽视对工业污染的防治，致使环境污染问题日益严重。公害事件不断发生，如日本的水俣病事件，对人体健康造成极大危害，生态环境受到严重破坏，社会反映非常强烈。环境问题逐渐引起各国政府的极大关注，并采取了相应的环保措施和对策。例如增大环保投资、建设污染控制和处理设施、制定污染物排放标准、实行环境立法等，以控制和改善环境污染问题，取得了一定的成绩。但是通过十多年的实践发现：这种仅着眼于控制排污口（末端），使排放的污染物通过治理达标排放的办法，虽在一定时期内或在局部地区起到一定的作用，但并未从根本上解决工业污染问题。其原因在于：第一，随着生产的发展和产品品种的不断增加，以及人们环境意识的提高，对工业生产所排污染物的种类检测越来越多，规定控制的污染物（特别是有毒有害污染物）的排放标准也越来越严格，从而对污染治理与控制的要求也越来越高，为达到排放的要求，企业要花费大量的资金，大大提高了治理费用，即使如此，一些要求还难以达到。第二，由于污染治理技术有限，治理污染实质上很难达到彻底消除污染的目的。因为一般末端治理污染的办法是先通过必要的预处理，再进行生化处理后排放。而有些污染物是不能生物降解的污染物，只是稀释排放，不仅污染环境，有的治理不当甚至还会造成二次污染；有的治理只是将污染物转移，废气变废水，废水变废渣，废渣堆放填埋，污染土壤和地下水，形成恶性循环，破坏生态环境。第三，只着眼于末端处理的办法，不仅需要投资，而且使一些可以回收的资源（包含未反应的原料）得不到有效的回收利用而流失，致使企业原材料消耗增高，产品成本增加，经济效益下降，从而影响企业治理污染的积极性和主动性。第四，实践证明：预防优于治理。根据日本环境厅 1991年的报告，从经济上计算，在污染前采取防治对策比在污染后采取措施治理更为节省。例如就整个日本的硫氧化物造成的大气污染而言，排放后不采取对策所产生的受害金额是预防这种危害所需费用的 10 倍。以水俣病而言，其推算结果则为 100 倍。可见两者之差极其悬殊。

据美国 EPA 统计，美国用于空气、水和土壤等环境介质污染控制总费用（包括投资和运行费），1972 年为 260 亿美元（占 GNP 的 1%），1987 年猛增至 850 亿美元，20 世纪80 年代末达到 1200 亿美元（占 GNP 的 2.8%）。如杜邦公司每磅废物的处理费用以每年20%～30%的速率增加，焚烧一桶危险废物可能要花费 300～1500 美元。即使如此之高的经济代价仍未能达到预期的污染控制目标，末端处理在经济上已不堪重负。

1.3 清洁生产实践

清洁生产从本质上来说，就是对生产过程与产品采取整体预防的环境策略，减少或者消除它们对人类及环境的可能危害，同时充分满足人类需要，使社会经济效益最大化的一种生产模式。具体措施包括：不断改进设计；使用清洁的能源和原料；采用先进的工艺技术与设备；改善管理；综合利用；从源头削减污染，提高资源利用效率；减少或者避免生产、服务和产品使用过程中污染物的产生和排放。清洁生产是实施可持续发展的重要手段。

1.3.1 清洁生产体系建设

美国、澳大利亚、荷兰、丹麦等发达国家在清洁生产立法、组织机构建设、科学研究、信息交换、示范项目和推广等领域已取得明显成就。20 世纪 70 年代末期以来，不少发达国家的政府和各大企业集团（公司）都纷纷研究开发和采用清洁工艺，开辟污染预防的新途径，把推行清洁生产作为经济和环境协调发展的一项战略措施。

清洁生产的定义包含了两个清洁过程控制：生产全过程和产品周期全过程。对生产过程而言，清洁生产包括节约原材料和能源，淘汰有毒有害的原材料，并在全部排放物和废物离开生产过程以前，尽最大可能减少它们的排放量和毒性。对产品而言，清洁生产旨在减少产品整个生命周期过程中从原料的提取到产品的最终处置对人类和环境的影响。

1.3.2 清洁生产审核

《国家环境保护"十一五"规划》中提出，要大力推动产业结构优化升级，促进清洁生产，发展循环经济，从源头减少污染，推进建设环境友好型社会。这就要求相关部门要加快制订重点行业清洁生产标准、评价指标体系和强制性清洁生产审核技术指南，建立推进清洁生产实施的技术支撑体系，还要进一步推动企业积极实施清洁生产方案。同时，"双超双有"企业（污染物排放超过国家和地方标准或总量控制指标的企业、使用有毒有害原料或者排放有毒物质的企业）要依法实行强制性清洁生产审核。

清洁生产审核是实施清洁生产的前提和基础，也是评价各项环保措施实施效果的工具。我国的清洁生产审核分为自愿性清洁生产审核和强制性清洁生产审核。污染物排放达到国家或者地方排放标准的企业，可以自愿组织实施清洁生产审核，提出进一步节约资源、削减污染物排放量的目标。国家鼓励企业自愿开展清洁生产审核，而"双超双有"企业企业应当实施强制性清洁生产审核。

清洁生产的核心是"节能、降耗、减污、增效"。作为一种全新的发展战略，清洁生产改变了过去被动、滞后的污染控制手段，强调在污染发生之前就进行削减。这种方式不仅可以减小末端治理的负担，而且有效避免了末端治理的弊端，是控制环境污染的有效手段。清洁生产对于企业实现经济、社会和环境效益的统一，提高市场竞争力也具有重要意义。一方面，清洁生产是一个系统工程，通过工艺改造、设备更新、废弃物回收利用等途径，可以降低生产成本，提高企业的综合效益；另一方面，它也强调提高企业的管理水平，提高管理人员、工程技术人员、操作工人等员工在经济观念、环境意识、参与管理意识、技术水平、职业道德等方面的素质。同时，清洁生产还可有效改善操作工人的劳动环境和操作条件，减轻生产过程对员工健康的影响。为了推动清洁生产工作，国家有关部门先后出台了《清洁生产促进法》《清洁生产审核暂行办法》等法律法规，使清洁生产由一个抽象的概念，转变成一个量化的、可操作的、具体的工作。通过清洁生产标准规定的定量和定性指标，一个企业可以与国际同行进行比较，从而找到努力的方向。

1.3.3　清洁生产设计

所谓清洁生产（CP）是指由一系列能满足可持续发展要求的清洁生产方案所组成的生产、管理、规划系统。它是一个宏观概念，是相对于传统的粗放生产、管理、规划系统而言的；同时，它又是一个相对动态概念，它是相对于现有生产工艺和产品而言的，它本身仍需要随着科技进步不断完善和提高其清洁水平。

1.3.3.1　产品绿色设计

企业实行清洁生产，在产品设计过程中，一要考虑环境保护，减少资源消耗，实现可持续发展战略；二要考虑商业利益，降低成本、减少潜在的责任风险，提高竞争力。具体做法是，在产品设计之初就注意未来的可修改性，容易升级以及可生产几种产品的基础设计，提供减少固体废物污染的实质性机会。产品设计要达到只需要重新设计一些零件就可更新产品的目的，从而减少固体废物。在产品设计时还应考虑在生产中使用更少的材料或更多的节能成分，优先选择无毒、低毒、少污染的原辅材料替代原有毒性较大的原辅材料，防止原料及产品对人类和环境的危害。

1.3.3.2　生产全过程控制设计

清洁的生产过程要求企业采用少废、无废的生产工艺技术和高效生产设备；尽量少用、不用有毒有害的原料；减少生产过程中的各种危险因素和有毒有害的中间产品；使用简便、可靠的操作和控制；建立良好的卫生规范（GMP）、卫生标准操作程序（SSOP）和危害分析与关键控制点（HACCP）；组织物料的再循环；建立全面质量管理系统（TQMS）；优化生产组织；进行必要的污染治理，实现清洁、高效的利用和生产。

1.3.3.3　材料优化管理设计

材料优化管理是企业实施清洁生产的重要环节。选择材料，评估化学使用，估计生命周期是能提高材料管理的重要方面。企业实施清洁生产，在选择材料时要关心再使用与可循环性，具有再使用与再循环性的材料可以通过提高环境质量和减少成本获得经济与环境收益；实行合理的材料闭环流动，主要包括原材料和产品的回收处理过程的材料流动、产品使用过程的材料流动和产品制造过程的材料流动。

1.3.3.4 原材料加工循环设计

原材料的加工循环是自然资源到成品材料的流动过程以及开采、加工过程中产生的废弃物的回收利用所组成的一个封闭过程。产品制造过程的材料流动，是材料在整个制造系统中的流动过程，以及在此过程中产生的废弃物的回收处理形成的循环过程。制造过程的各个环节直接或间接地影响着材料的消耗。产品使用过程的材料流动是在产品的寿命周期内，产品的使用、维修、保养以及服务等过程和在这些过程中产生的废弃物的回收利用过程。产品的回收过程的材料流动是产品使用后的处理过程，其组成主要包括：可重用的零部件、可再生的零部件和不可再生的废弃物。在材料消耗的四个环节里，都要将废弃物减量化、资源化和无害化，或消灭在生产过程之中，不仅要实现生产过程的无污染或不污染，而且生产出来的产品也没有污染。

1.3.3.5 清洁生产系统设计

清洁生产是一项系统工程，推行清洁生产需企业建立一个预防污染、保护资源所必需的组织机构，要明确职责并进行科学的规划，制定发展战略、政策、法规。清洁生产是包括产品设计、能源与原材料的更新与替代、开发少废无废清洁工艺、排放污染物处置及物料循环等的一项系统工程。

清洁生产要求体现预防有效性，清洁生产是对产品生产过程中产生的污染进行综合预防，以预防为主，通过污染物产生远的削减和回收利用。清洁生产使废物减至最少，有效地防治污染物的产生；清洁生产必须与经济性结合，在技术可靠前提下执行清洁生产、预防污染的方案，进行社会、经济、环境效益分析，使生产体系运行最优化，及产品具备最佳的质量价格；清洁生产要与企业发展相适应，清洁生产结合企业产品特点和工艺生产要求，使其目的符合企业生产经营发展的需要。环境保护工作要考虑不同经济发展阶段的要求和企业经济的支撑能力，这样清洁生产不仅推进企业生产的发展而且保护了生态环境和自然资源；清洁生产要求废物循环利用，建立生产闭合圈，工业生产中物料的转化不可能达到100%。生产过程中工件的传递、物料的输送，加热反应中物料的挥发、沉淀，加之操作的不当，设备的泄漏等，都会造成物料的流失。工业生产中的"三废"实质上是生产过程中流失的原料、中间体和副产品及废品废料。尤其是我国农药、染料工业，主要原料利用率一般只有30%~40%，其余都以"三废"形式排入环境。因此对废物的有效处理和回收利用，既可创造财富，又可减少污染；清洁生产要发展环保技术，搞好末端治理。为了实现清洁生产，在全过程控制中还需要包括必要的末端治理，使之成为一种在采取其他措施之后的防治污染最终手段。这种厂内末端处理，往往是集中处理前的预处理措施。在这种情况下，它的目标不再是达标排放，而只需处理到集中处理设施可接纳的程度。因此，对生产过程也需提出一些新的要求。为实现有效的末端处理，必须努力开发一些技术先进、处理效果好、占地面积小、投资少、见效快、可回收有用物质、有利于组织物料再循环的实用环保技术。20世纪80年代中期以来，我国已开发很多成功的环保实用技术，如粉煤灰处理和综合利用技术、钢渣处理及综合利用技术、苯系列有机气体催化净化技术、氯碱法处理含氰废水等。然而，我国还有不少环保上的难题至今尚未彻底解决，例如，处理含二氧化硫废气的脱硫技术、造纸黑液的治理与回收碱技术、萘系列和蒽系列及醌系列燃料中间体生产废水的治理和回收技术、汽车尾气的处理技术、高浓度有机废液的处理及综合利用技术等。因此，还需依靠科学技术的研究成果，继续努力开发最佳实用技术，使末端处理更加行之有效，真正起到污染控制的"把关"作用。

1.4 钒钛清洁生产

国内外钒钛产业发展的技术工艺选择具有共性，但钒钛产业发展的外排循环物具有质和量的差异性，钒钛产业发展的集中度对环境的影响深度和广度各不相同，不同国家环境保护法律决定了执行差异和环境保护力度，直接对钒钛产业环境配套和保护的趋势产生影响。钒钛产业属于典型化工冶金过程，具有流程长、工序多和原辅料品种多杂等特点，涉及矿物采选、高温冶金和化工提取过程，矿物处理精细化，高强度和高细度进一步强化了能源需求，工序交叉重复，氨氮等环境敏感因素贯穿，热能和化学能交替转换，能量与物质形式高频度转换，酸碱盐介质使用频繁，部分危化介质作为主原料进入生产过程，如硫酸法钛白生产以硫酸作为分解介质，酸解-水解作为主要工艺特点，酸解-水解过程中 TiO_2 品级逐步升高达到精细级水平，硫酸则由浓酸逐步稀释；氯化法钛白以氯气作为分解介质，氯化-氧化作为主要工艺特点，氯化-氧化过程中 TiO_2 品级逐步升高达到精细级水平，氯气则由高浓度逐步稀释；钒钛原料处理使用了超强磨矿和有机类捕收剂，部分工艺环节工序可控性差，整个工艺、工序和原料具有强烈的环境影响因素。

钒钛作为稀有金属，矿物与多金属元素伴生赋存，生产过程产品形成一主多副格局，如提钛生产过程可以形成钛矿、钛渣、钛白、海绵钛和钛合金等，过程副产品则包含铁精矿、半钢、稀盐酸、稀硫酸、绿矾、$SiCl_4$ 和 $FeCl_3$ 等，副产品再加工可以形成多元、多系列和多层次产品，主体涉及铁、钒、钛、硫酸盐、氯化物和氧化物等，产品根据品级需要实现差异化，通过再处理和深加工实现其物质价值，钒钛清洁生产和可持续发展目标就是要最大限度减少生产加工过程的废物产生量，使所有物质物有所值和物有所归，实现其应有价值。

钒钛产业发展凸现区域经济和资源性经济特征，对钒钛矿产资源有较强的依赖性，是资源导向经济发展的产物。伴随钒钛产业的迅猛发展，钒钛资源消耗明显增加，能源配套需求强劲，钒钛产业不断延伸和产品精细化发展，多元原辅材料进入产业系统，对硫酸、盐酸、碱和氯气的大宗化工原料依赖较深，清洁生产需要区域配套形成产业支撑。钛体系产品主要为钛原料、钛金属和钛白，钛金属和钛白以高纯度精细制备为特征，对人体环境无害，钛白为消耗品，一次性消耗大，使用周期受人为因素影响多，钛金属可以多次再生使用，用于高端用途，再生水平高。钛原料层次多，技术结构复杂，流体化和流态化模式操作，辅助材料主要作为生产介质循环，过程消耗补充量小，不同工序对介质浓度要求较高，浓缩压缩能源需求旺盛，生产系统多体系同步或者异步循环，配套特点包括氯碱-电解镁-氯化钛白-海绵钛循环以及钛-硫-铁-磷-有色金属循环；钒体系产品主要为 V_2O_5、钒铁、钒氮和功能材料，使用周期受人为因素影响多，90%的钒产品回用固化在钢铁制品中，8%的钒再生回收循环使用，2%的钒处于体系外循环；钒系产品部分属于危险化学品，不同价态的钒制品可在一定条件下相互转化，需要按照规定召回和固化稳定处理；

85%的生产原料为钒钛磁铁矿，其他提钒原料为石油钒废料、石煤和再回收利用料，原料品级普遍偏低，化工冶金和冶金化工技术特征明显，配套特点为钒-铬-镓-碱-建材循环利用，热循环和资源循环相结合，提高资源能源效率，从不同的循环加工中延伸得到市场认可的特色产品。钒钛清洁生产过程需要对大宗量副产物进行分类，有重点地进行特色利用，要求后端副产物尽可能与前端原料处理生产相结合，资源能源需求对接互换，以新产品形式脱离钒钛生产体系，处理途径可以延伸形成第二、三层次产业。

2　钒生产技术

钒产业发展终端产品主要有五氧化二钒、钒铁、钒氮合金、钒铝合金和金属钒等，中间产品有三氧化二钒和优质原料钒渣，五氧化二钒可以分流生产所有的终端产品，主要原料为钒钛磁铁矿、石煤、钒铅矿、钒云母、石油含钒副产物、多元钒矿物质和钒的应用召回以及回收废料等，存在形态有矿、有渣以及多元组合，原料加工形态有富集矿物和各种含钒渣，90%的钒原料用于制取五氧化二钒，是钒产业的主导产品，五氧化二钒经过分流加工，85%形成钒铁和钒氮合金，是适应钢铁产业发展的钒产品，提高改善钢铁性能，5%加工形成催化剂，广泛应用于化工生产领域，是性能优良的催化剂和稳定剂，少量被加工成与高新技术结合的功能材料，钒产业与经济社会发展密切相关；钒金属是性能卓越的核辐射抗体结构材料。世界钒产业正经历着以钢铁为主要市场的单一模式，向冶金、能源、化工、合成功能材料、生物医药等领域为重点发展的多元模式过渡。

2.1　国内外钒产业主要产品技术

1801年西班牙矿物学家里奥（A. M del Rio）在研究铅矿时发现钒，并以赤元素命名，以为是铬的化合物；1830年瑞典化学家塞弗·斯托姆（N. G. Sefstrom）在冶炼生铁时分离出一种元素，用女神Vanadis命名；德国化学家沃勒（F. Wohler）证明了N. G. Sefstrom发现的新元素与A. M del Rio发现的是同一元素；1867年亨利·英弗尔德·罗斯科用氢还原亚氯酸化钒（Ⅲ）首次得到了纯的钒。

2.1.1　提钒原料选择

由于缺乏专门的钒矿物，钒产业发展的原料基础在较长一段时间是可变的，最初的提钒原料比较随机，只要含钒都可能成为提钒原料，由于对钒的需求旺盛，作为典型化学工业的钒产业对原料品级品位要求一再打破低限，突破化工生产的富原料原则，辅助原料选择，在不同的提钒发展阶段和发展地域具有多元性，酸碱盐循环，有机吸附萃取剂交替，随着钢铁工业发展，钢铁钒的需求大增，钒钛磁铁矿在钢铁冶炼过程中大量地形成高品质富钒原料，钒产业由此进入了一个快速发展通道；但由于钒资源储量的不平衡，一些国家地区通过石油炼化提取回收钒，一些国家地区利用大量地石煤资源回收钒，一些国家利用提取铅过程中的含钒渣回收钒；除了钢铁和有色金属合金用途的钒属于消耗型外，钒在许多应用领域需要周期性再生召回，所以钒产业发展到一定阶段，非消耗性钒形成累积，通过召回钒产品，如钒系催化剂，回收再生钒产品，进入市场循环。

钒产业的主要生产原料是钒钛磁铁矿，经过加工形成钒渣，不同提钒发展时期对富钒原料给出了不同的理解和诠释，有高品位的钒钛磁铁矿、绿硫钒矿、钒铅矿、钒云母、石煤、废催化剂、石油渣、飞灰和含钒钢渣等，除钒钛磁铁矿以外的其他钒矿物存在储量有限、富集手段薄弱和单一成分有用等问题，95%的组元利用价值低，需要多元多层次的分离净化去除，钒钛磁铁矿与钢铁冶金前端结合，经过选矿精选和钒渣吹炼两次有效富集，形成富钒原料，进入化学提取，降低了工艺净化除杂负荷，保证了产品质量，钒产业主要钒产品包括钒铁精矿、钒渣、五氧化二钒、钒铁、硅钒铁、钒氮合金、氮化钒铁、氮化硅钒铁、钒铝合金、金属钒、钒钛铸铁、钒电解液、钒功能材料和含钒钢种，经过一百多年的发展创新，钒生产工艺日益成熟可靠，产品质量稳定优异，不同生产厂家由于工艺技术层次和控制水平的差异，主要钒产品质量和技术经济指标反差较大。

2.1.2 提钒工艺选择

钒产业发展过程经历了以精细化工提纯为目的的全方位物理、化学和冶金处理，钒矿的分解方法有：（1）酸法，用硫酸或盐酸处理后得到（VO_2）$_2SO_4$ 或 VO_2Cl；（2）碱法，用氢氧化钠或碳酸钠与矿石熔融后得到 $NaVO_3$ 或 Na_3VO_4；（3）氯化物焙烧法，用食盐和矿石一起焙烧得到 $NaVO_3$。

提钒过程一般以标准五氧化二钒为目标产品，工艺设计涵盖从含钒原料中制取标准五氧化二钒产品的整个工序过程，设定论证工艺技术参数和设备处理通行能力，通过标准五氧化二钒产品分流进入不同的钒制品用途。提钒过程以原料为设计基础时，可以分为主流程提钒和副流程提钒，主流程提钒以提钒为主要目的，主流程首先使钒充分富集，副流程提钒则是从其他富集副产物中提钒。提钒过程以第一化学处理添加剂为设计基础时，一般可以分为碱处理提取和酸处理提取，碱处理法又分为钠盐法和钙盐法，也可通过无添加剂空白焙烧转化提钒；钒的转化浸出也可分为碱浸、酸浸和热水浸。对于低品位钒渣处理需要因地制宜，开发简单可行方案，进入其他行业领域，完成富集转化后再进行提钒作业。

钒渣提钒工艺一般经过焙烧、浸出、净化、沉钒和煅烧五个工艺步骤，最终得到五氧化二钒产品，其关键技术在于焙烧转化。钒渣焙烧的实质上是一个氧化过程，即在高温下将矿石中的 V(Ⅲ) 氧化为 V(Ⅳ) 直至 V(Ⅴ)。为了破坏钒渣的矿相结构，帮助钒的氧化并使其转化为可溶性的钒盐，必须加入提钒用添加剂。常用的添加剂有两大类：钠盐添加剂和钙盐添加剂。对于高钙钒渣可以采用磷酸盐降钙钠化焙烧，高钛钒渣则可以采用硫化焙烧提钒，高磷硫铁水也有直接钠化氧化提钒。

2.1.3 提钒工艺发展

根据钒矿物资源含量的不同、地域差异和不同的提钒技术发展阶段，面对多元、复杂、多变和低品位提钒原料的氧化物特点，经历了低品位原料提钒、高品位原料提钒和提钒兼顾贵金属回收三个阶段，平衡富集、转化和回收的工序功能，形成了具有化工冶金和冶金化工为特征的提钒工艺。选择钒组元合适的成盐和酸解碱溶条件，对钒组分进行特定转化，形成有利于酸、碱和水介质的溶解化合物，特别是利用钒酸钠盐的溶解特性，通过焙烧使物料中赋存钒由低价氧化成高价，钠化成盐，转化形成可溶性钒酸盐，使钒原料通过结构转型，转化形成性质稳定的中间化合物，实现钒与其他矿物组分的分离，可溶钒进液相，不溶物留存渣中，工艺适合以提钒为主要目标的钒原料。

矿物及综合物料钒含量普遍较低，对于富含贵金属或者有价金属的钒原料处理，需要提钒与有价金属元素回收并举，钒原料一般成分多杂，部分为原生矿物，部分属于二次再生钒原料，难以平衡不同的回收提取工序功能，酸浸酸解可以建立统一的液相体系，根据不同金属盐的液相组分特点，进行无机沉淀和有机萃取分离，提取钒制品，富集回收有价金属元素。化工冶金提钒流程具有流程短和回收率高的优点，但要求处理的原料含钒品位相对较高，在20世纪60年代南非提钒产业规模化发展之前发挥了重要作用。

20世纪90年代，提钒发展成为无盐氧化焙烧工艺，即在不加任何添加剂的条件下，利用空气中的氧气在高温下直接氧化低价钒，此法消除了环境污染，但焙烧效果不佳。到21世纪初，提钒又发展到复合焙烧工艺，即多元添加剂高温焙烧法，此法对钒钛磁铁矿的提钒效果比较理想，多元系添加剂高温焙烧法被认为能够提高钒转化效率，目前最成熟的焙烧工艺仍然是钠盐法，但此法会造成严重的环境污染。钙化焙烧提钒是一种很有前途的焙烧工艺，因为不仅消除了环境污染，而且效果也较好，但现在其工业生产技术应用尚不成熟，原辅材料选择不规范，特别是产品质量控制存在变数。钙盐法在俄罗斯应用比较成功，解决了困扰钒产业发展的废水氨氮问题，但产品应用质量存在缺陷。钙盐提钒在中国国内正在进行工业试生产。

钒渣提取五氧化二钒是一个系统选择的过程，一定程度上属于带典型意义的主流提钒工艺，代表着一个时代、一个产业和一个产品发展的先进水平及其特征，要求必须体现一个核心的提钒思想，需要进行系统理论分析和生产经验总结借鉴，从而放大一个产业的产品和资源价值，通过技术手段和参数选择全方位贯穿到整个工序工艺。首先要全方位考虑原辅材料的供应实际；其次要使成套技术工艺设备具有先进性、经济性和可控性；第三必须满足高端产品市场需求，同时体现产业的环保安全价值。提钒过程在冶金阶段强调顺应钢铁生产工艺，与钢铁生产一起降低环境影响，而在化工阶段强调工艺基础优化，注重工艺改进，平衡传热传质，优选化工提取介质，提高主要金属的收得率，固化废水、废渣、废气中的有毒有害危险离子。

2.2 钒钛磁铁矿典型化提钒工艺技术

五氧化二钒提取的基础是基本相同的，主流工艺是以钒钛磁铁矿作为原料提钒，部分以石煤作为提钒原料。

2.2.1 钒渣富集技术

首先对矿物加工形成钒钛铁精矿，通过烧结和球团矿处理，进入高炉或者非高炉系统还原熔分，得到含钒铁水，经过吹炼得到钒渣中间富钒原料产品。

2.2.1.1 钒渣富集基础

钒渣富集在熔态含钒铁水中进行，是一个带典型意义的铁钒元素氧化分离和钒渣以及半钢平衡的过程。随着氧化过程持续，形成渣铁界面，氧化还原反应交替进行。图2-1给出了钒渣吹炼过程渣-金属-气体的传质示意图，随着吹炼过程的持续，渣面不断变化，渣量增加，传热和传质过程频繁。图2-2给出了钒-氧系相图，在不同温度下钒的氧化呈现分区、分相和分层的特点，在不同的吹炼氧化时段，钒系氧化物由低而高，呈现多种类中间氧化物，不同氧化物互相之间反应，与其他氧化物结合，价态、物态和相系不断变化，图2-3给出了钒钛磁铁矿铁水预处理钒渣吹炼工艺流程。

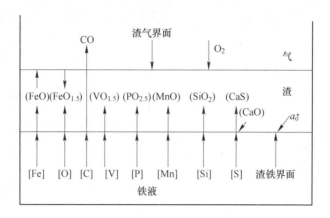

图 2-1　渣-金属-气体传质示意图

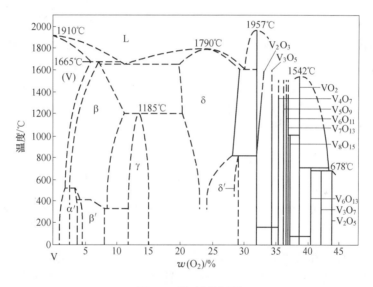

图 2-2　钒-氧系相图

铁水钒含量与使用的铁矿有关，矿石钒品位越高，铁水的原始钒含量就越高，吹炼得到的钒渣的 V_2O_5 品位也随之升高，反之亦然。含钒铁水可以分为 4 个等级，分别为铁水（钒 02）钒含量不小于 0.2%、（钒 03）钒含量不小于 0.3%、（钒 04）钒含量不小于 0.4% 和（钒 05）钒含量不小于 0.5%，用于提钒的铁水钒含量不小于 0.15%，用于生产低钒钢渣的铁水钒含量不小于 0.10%。钒渣（V_2O_5）随铁水中原始钒含量的增加而增加，随铁水中 Si、Ti、Mn 含量及半钢中残余钒含量的增加而减少。

钒的氧化反应属于放热的多相复杂反应，但其热效应值在数量上差别很大，铁水提钒过程中各元素的氧化反应的标准生成自由能与温度的关系见图 2-4。

一般研究认为，提钒初期熔池温度比较低，大约为 1300℃，吹炼开始，钢中 Ti、Si、Cr、V 和 Mn 等元素都比碳优先氧化，放出大量的热，使熔池温度迅速上升，当温度超过 1400℃（1673K）时，碳与氧的亲和力大于钒与氧的亲和力，即 $\Delta G_V^{\ominus} > \Delta G_C^{\ominus}$，碳即开始大量

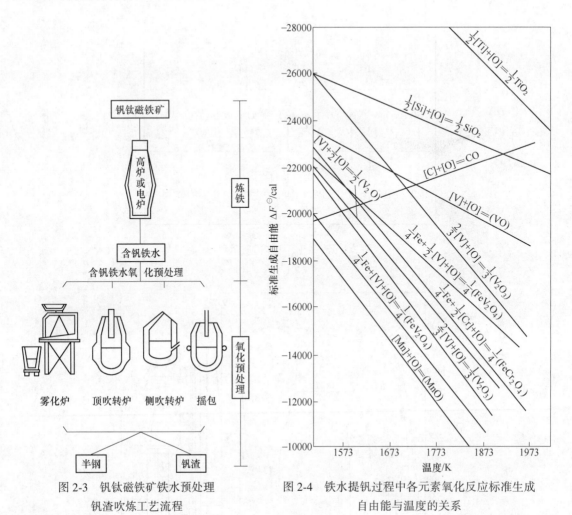

图 2-3 钒钛磁铁矿铁水预处理
钒渣吹炼工艺流程

图 2-4 铁水提钒过程中各元素氧化反应标准生成
自由能与温度的关系

氧化并抑制钒的氧化，降低钒的回收率。同时碳的大量氧化又使半钢中碳含量过低，给半钢炼钢带来困难。故铁水提钒过程为了达到"提钒保碳"的目的，需要严格控制好熔池温度，将熔池温度控制在1400℃以下。终渣中 SiO_2、TiO_2 和 V_2O_3 含量越高，碳钒选择性氧化临界温度越高；终渣中 FeO 含量越高，碳钒选择性氧化临界温度就越低。渣中 TiO_2、SiO_2 含量以及终点熔池温度升高，V 在渣钢间的分配比下降，渣中 FeO 含量下降，V 在渣钢间的分配比下降，实验结果表明渣中 V_2O_3 含量升高，V 在渣钢间的分配比先升后降，终渣中 MnO 含量对 V 在渣铁间分配比没有太大影响。

钒渣生长温度：在1200~1250℃区间尖晶石晶粒尺寸最大；保温时间：1250℃下，保温时间60min以内尖晶石相晶粒结晶长大速率较快，60min后速率放缓。

2.2.1.2 钒渣富集方式方法

从含钒铁水中提取钒渣的主要方法有转炉提钒、摇包提钒、雾化提钒以及槽式炉提钒和铁水罐提钒等。前3种是现代铁水提钒法的主流，它们都采用专门设备，工艺可控性好，各项技术经济指标稳定。

A 槽式炉法

含钒铁水以恒定的流速流入槽式炉内，同时通过沿炉体特定部位的喷嘴以与铁水相同的流速吹入空气、氧气或富氧，使 Si、Mn、V 等元素氧化并从铁水中分离出来。槽式炉一般由三段组成：（1）铁水流量控制段，即前膛或中间罐，借以控制铁水以恒定的流速流入下一段；（2）吹炼段，以侧吹、底吹、顶吹或综合吹的方式，向熔池吹入空气、氧气或富氧，并加入适量冷却剂掌握熔池的吹炼温度；（3）半钢-钒渣分离段，半钢与钒渣一起进入该段，用机械法将钒渣扒出回收。槽式炉法的主要工艺参数是供气压力和流量、喷嘴高度、熔池深度和吹炼时间。熔池温度也应控制在 1400℃ 以下。该法的优点是不需要高大厂房和大型起重设备，但可控性差，耐火材料蚀损严重。

B 铁水罐法

含钒铁水盛于铁水罐内，将可升降的喷枪插入铁水中进行吹钒。喷枪一般为管式，外部用耐火材料保护。喷枪的插入深度、吹入气体的压力和流量、吹炼时间、熔池温度是铁水罐法提钒的重要工艺参数。该法工艺可控性差，喷溅严重，半钢收得率低。

铁水罐提钒还可以由氧气或空气作载体通过插入式喷枪同时向铁水喷吹 Na_2CO_3。该法的工艺特点是铁水中硅、锰、钒被氧化的同时，硫、磷也一起被氧化进入钒渣中，其优点是半钢中余钒低，而且硫、磷杂质元素含量少，特别利于半钢的冶炼。但 Na_2CO_3 在高温下易挥发，对环境有污染，同时对设备及耐火材料的蚀损也很严重。

C 雾化炉法

工艺过程中铁水罐将含钒铁水兑入控制铁水流量的中间罐，含钒铁水经中间罐底部水口穿过雾化器，被从雾化器喷孔射出的高速气流击碎成粒度小于 2mm 的液滴。液滴在雾化室和半钢罐中降落时，与气流中的氧接触发生氧化反应，形成粗钒渣。粗钒渣经破碎磁选分离获得精钒渣。

D 转炉法

中国承德钢铁厂于 20 世纪 60 年代初和马鞍山钢铁公司于 70 年代初采用空气侧吹转炉吹炼钒渣半钢氧气顶吹炼钢即所谓双联法生产钒渣工艺，转炉法目前是提钒的主体。由转炉侧面风嘴喷入空气或富氧空气，冲击搅拌含钒铁水，使其中的硅、钛、钒等氧化而生成钒渣，产出的半钢作为炼钢原料。当铁水含钒量较低时，采用加入高钒生铁冷却剂的方法，可将钒渣的钒品位提高达 16%~20%。

E 钒钛磁铁矿直接还原—电炉—摇包—钒渣工艺

在钒钛磁铁矿直接还原—电炉—摇包—钒渣工艺过程中，钒钛铁精矿经过内配碳造球制团，在回转窑（转底炉、竖炉或者隧道窑）1000~1050℃ 直接还原得到金属化球团，用电炉熔化分离或者深还原冶炼得到含钒铁水和钛渣，钛渣另外处理，含钒铁水摇包提钒后得到钒渣。含钒铁水后序吹钒应用摇包或者振动罐吹炼钒渣，摇包或者振动罐容量小，主要考虑与电炉周期生产相适应。南非采用回转窑—电炉工艺，与摇包或者振动罐连接吹炼钒渣，该厂生产的钒渣中五氧化二钒的平均含量约为 23%。

将摇包放在摇包架上，以 30 次/min 作偏心摇动。根据铁水成分和温度计算出吹氧量和冷却剂加入量。冷却剂铁块和废钢在开始吹氧前加入，吹炼过程中枪位高度为 750mm，氧气流量为 28~42m^3/min，氧压为 0.15~0.25MPa。当吹氧量达到预定值时，即提枪停止吹氧。停氧后继续摇包 5min 以降低渣中氧化铁含量并提高钒渣品位。提钒结束后，即将半钢兑入转炉和把钒渣运至渣场冷却。在摇包中通过吹氧使含钒铁水中的钒变为钒渣的铁水提钒工艺。通过摇包的偏心摇动，可以对铁水产生良好的搅拌，使氧气在较低的压力下能够传入金属熔池，获得较高的提钒率并可防止粘枪。

海威尔德钒钢公司摇包提钒的工艺条件及主要指标（60t 摇包）为：铁水装入量 66.8t，铁矿石加入量 1.5t，铁块装入量 6.0t，河沙加入量 0.19t，半钢产量 68.2t，钒渣产量 5.85t，钒的提取率 93.4%，金属收得率 93%，耗氧量 21.54m³/t。主要提钒技术指标为：氧化率 93.4%，回收率 91.6%，半钢收率 93%，总吹炼时间 52min，总振动时间 59min，总周期 90min/炉，吹氧前铁水温度 1180℃，吹炼金属温度 1270℃，吹氧管喷嘴直径 2in❶，吹氧管静止池面以上高度 76.2cm，正常氧气流速（标准状态）28.3m³/min，最后氧气流速（标准状态）42.5m³/min，吹氧管压力（正常流速下）160kPa。

F　含钒铁水钠化氧化富集钒渣

基于对含钒铁水高硫磷处理难度的考量，直接对含钒铁水进行钠化处理脱硫磷，同时兼顾钒渣提取，省略传统提钒工艺的氧化焙烧过程，其实质是铁水的炉外脱杂处理和提钒炼钢的有机结合，实践无渣炼钢和少渣量炼钢。含钒铁水的直接钠化是对出炉含钒铁水进行气载碳酸钠喷吹，铁水中的钒氧化形成钒氧化物，在高温条件下与钠盐结合形成钒酸钠，提钒过程利用钠盐与硫磷的强烈反应特性，对铁水同时进行脱除硫磷，可以获得优质半钢及水溶性钠化钒渣。攀钢在炼钢厂进行了 20~85t 级钠化钒渣试验，将碳酸钠用压缩空气喷吹进铁水，气体一方面作为气载介质，使碳酸钠进入铁水扩散反应，另一方面输入氧与溶解钒反应，铁水中的硫磷与碳酸钠反应，与钒渣形成聚合体，钒主要以钒酸钠存在。钠化钒渣生产的化学反应与吹炼钒渣过程基本相同，采用化学处理提取多钒酸铵，经分解熔化得到片状五氧化二钒。

2.2.1.3　钒渣吹炼过程不同主体设备使用和技术指标

不同国家采用的设备和吹炼方式也不一致，俄罗斯和中国的炼铁主体设备是高炉。钒渣吹炼的主体设备和吹炼方式可分为雾化炉吹炼、空气侧吹转炉吹炼、顶吹或底吹转炉吹炼以及摇包（振动罐）吹炼等工艺，转炉及雾化炉一般与大高炉规模化铁水供应对接，摇包（振动罐）吹炼等工艺则与小型高炉形成对接。

中国采用顶吹转炉、空气侧吹转炉和雾化炉吹炼钒渣，俄罗斯采用氧气顶吹或底吹转炉吹炼钒渣。（1）雾化炉吹炼，中国攀钢发明雾化提钒工艺，并成功应用于工业生产，工艺过程中用铁水罐将含钒铁水兑入控制铁水流量的中间罐，含钒铁水经中间罐底部水口穿过雾化器，被从雾化器喷孔射出的高速气流击碎，形成粒度小于 2mm 的液滴。液滴在雾化室和半钢罐中降落时，与气流中的氧接触发生氧化反应，形成粗钒渣。粗钒渣经破碎磁选分离获得精钒渣，作为化学提钒的主要原料。（2）空气侧吹转炉吹炼，中国承德钢铁厂于 20 世纪 60 年代初和马鞍山钢铁公司于 70 年代初采用空气侧吹转炉吹炼钒渣，半钢采用氧气顶吹炼钢，即双联法生产钒渣工艺。由转炉侧面风嘴喷入空气或富氧空气，冲击搅拌含钒铁水，使其中的硅、钛、钒等氧化而生成钒渣，产出的半钢作为深度炼钢原料。当铁水含钒较低时，采用加入高钒生铁冷却剂的方法，将钒渣的钒品位提高达到 16%~20%。（3）俄罗斯吹钒采用氧气顶吹或底吹转炉吹炼钒渣，由转炉顶底喷入的空气或富氧空气，冲击搅拌含钒铁水，氧化铁水中的硅、钛和钒等生成钒渣。

❶　1in ≈ 25.4mm。

底吹转炉提钒：俄罗斯秋索夫联合公司是将含钒铁水装入底吹转炉吹炼，在炼钢过程形成钒渣，从含钒铁水到钒渣，钒的总回收率为 90% 左右。

顶吹转炉双联提钒：俄罗斯下塔吉尔钢厂采用顶吹转炉将含钒铁水吹成半钢和钒渣。从铁水到钒渣钒的回收率达 92%~94%。中国的承钢、马钢和攀钢也用该法生产钒渣，钒的回收率为 80%~88%。

高炉铁水雾化法提钒，中国攀钢 1997 年前将含钒铁水倾入中间罐，然后流进雾化器，经雾化反应之后，使钒由 V_2O_3 氧化成 V_2O_5、V_2O_4、V_2O_3 的混合物流入半钢罐，在半钢面上形成钒渣。雾化提钒工艺由中国攀钢发明，并成功试验投入工业生产，是中国 20 世纪 70~80 年代钒渣生产的主要方法，现已被转炉提钒工艺取代，一般钒的氧化率达 85%~90%，钒的回收率约为 73.6%，半钢回收率为 93.9%。雾化提钒工艺的主要优点包括炉龄长、处理能力大、可半连续化生产、设备简单和操作容易等。

槽式炉提钒：中国马钢曾用槽式炉吹炼提钒，槽式炉能力为 70t/h，钒的氧化率在 88.5%~95.2% 之间，钒的回收率为 81.3%~90.49%，半钢率为 90.20%~94.1%。其优点包括能连续生产、设备简单和生产成本低，缺点则是钒渣含铁高和钒回收率低。

表 2-1 给出了国内外钒渣主要生产企业的主要技术经济指标对比。

表 2-1　国内外钒渣主要生产企业的主要技术经济指标对比

厂家	半钢碳含量/%	半钢温度/℃	钒渣成分/%					氧化率/%	回收率/%	产能/万吨
			V_2O_5	TFe	MFe	P	CaO			
海威尔德	—	1270~1400	23~25	29	—	—	3	>93	82	18
下塔吉尔	3.20	1380	16	32	9~12	0.04	1.5	≥90	82~84	17
承钢	3.17	1400	12	34	21	0.07	0.8	87.8	77.6	>6
攀钢	3.57	1375	19.40	28~33	9~12	<0.1	2.0	91.42	82.0	17

2.2.2　钒渣提钒技术

钒渣提钒工艺一般经过焙烧、浸出、净化、沉钒和煅烧五个工艺步骤，最终得到五氧化二钒产品，其关键技术在于焙烧转化。钒渣焙烧的实质上是一个氧化过程，即在高温下将矿石中的 V(Ⅲ) 氧化为 V(Ⅳ) 直至 V(Ⅴ)。为了破坏钒渣的矿相结构，帮助钒的氧化并使其转化为可溶性的钒盐，必须加入提钒用添加剂。常用的添加剂有两大类：钠盐添加剂和钙盐添加剂。对于高钙钒渣可以采用磷酸盐降钙钠化焙烧，高钛钒渣则可以采用硫化焙烧提钒，高磷硫铁水也有直接钠化氧化提钒。

2.2.2.1　钒渣钠盐焙烧提钒工艺

在钒渣加钠盐进行氧化焙烧制取五氧化二钒的过程中，钒渣经破碎和球磨后，用磁选或风选除去铁块及铁粒，将粒度小于 0.1mm 的钒渣和钠盐（Na_2CO_3、NaCl 或 Na_2SO_4）混合，在高温下进行氧化钠化焙烧，使钒转化为可溶于水的正钒酸钠和偏钒酸钠，用热水和稀硫酸浸钒，含钒水溶液经过净化处理后加酸调节溶液 pH 值，加铵（NH_4^+、NH_3）沉淀出多钒酸铵，经过高温煅烧得到 V_2O_5。图 2-5 给出了钠盐提钒工艺流程图。

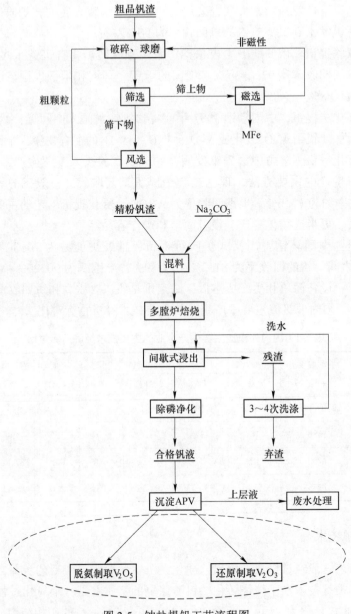

图 2-5 钠盐提钒工艺流程图

钒渣中的钒以不溶于水的钒铁尖晶石 [$FeO \cdot V_2O_3$] 状态存在，在高温焙烧过程中，发生相转变，高温条件下钒铁尖晶石相结构被破坏，在氧化气氛下钒由 V^{3+} 转化为 V^{5+}，V^{5+} 与碱（或 NaCl、Na_2SO_4）反应形成钒可溶化合物。

钒渣在钠化焙烧过程中发生两类重要的化学反应：一类是氧化反应，钒渣中的低价氧化物完全被氧化成高价氧化物；另一类是钠化反应，钒的高价氧化物（V_2O_5）与钠盐（Na_2CO_3、NaCl）反应生成可溶于水的钒酸钠（$NaVO_3$）。

（1）金属铁的氧化。在 300℃ 左右开始进行，反应式如下：

$$Fe + \frac{1}{2}O_2 \longrightarrow FeO \tag{2-1}$$

$$2FeO + \frac{1}{2}O_2 \longrightarrow Fe_2O_3 \tag{2-2}$$

（2）铁橄榄石氧化分解。在 500~600℃进行，反应式如下：

$$2FeO \cdot SiO_2 + \frac{1}{2}O_2 \longrightarrow Fe_2O_3 + SiO_2 \tag{2-3}$$

（3）含钒尖晶石氧化分解。在 600~700℃进行，反应式如下：

$$2FeO + \frac{1}{2}O_2 \longrightarrow Fe_2O_3 \tag{2-4}$$

$$Fe_2O_3 \cdot V_2O_3 + \frac{1}{2}O_2 \longrightarrow Fe_2O_3 \cdot V_2O_4 \tag{2-5}$$

$$Fe_2O_3 \cdot V_2O_4 + \frac{1}{2}O_2 \longrightarrow Fe_2O_3 \cdot V_2O_5 \tag{2-6}$$

$$Fe_2O_3 \cdot V_2O_5 \longrightarrow Fe_2O_3 + V_2O_5 \tag{2-7}$$

（4）五氧化二钒钠化。钒渣中的低价氧化物完全氧化成高价氧化物之后，即开始钠化反应。600~700℃，五氧化二钒与钠盐反应生成溶于水的钒酸钠，反应式如下：

$$V_2O_5 + Na_2CO_3 \longrightarrow 2NaVO_3 + CO_2 \uparrow \tag{2-8}$$

$$V_2O_5 + 2NaCl + H_2O \longrightarrow 2NaVO_3 + 2HCl \uparrow \tag{2-9}$$

$$V_2O_5 + 2NaCl + \frac{1}{2}O_2 \longrightarrow 2NaVO_3 + Cl_2 \uparrow \tag{2-10}$$

$$4FeO \cdot V_2O_3 + 4Na_2CO_3 + O_2 =\!=\!= 4Na_2O \cdot V_2O_3 + 2Fe_2O_3 + 4CO_2 \uparrow \tag{2-11}$$

$$2NaCl + \frac{1}{2}O_2 =\!=\!= Na_2O + Cl_2 \uparrow \tag{2-12}$$

$$Na_2O + V_2O_3 + O_2 =\!=\!= 2NaVO_3 \tag{2-13}$$

$$Na_2SO_4 + V_2O_3 + \frac{3}{2}O_2 =\!=\!= 2NaVO_3 + SO_2 \uparrow + O_2 \uparrow \tag{2-14}$$

除杂脱磷硅反应如下：

$$3(Ca, Mg)Cl_2 + 2PO_4^{3-} =\!=\!= 6Cl^- + (Ca, Mg)_3(PO_4)_2 \downarrow \tag{2-15}$$

$$(Ca, Mg)Cl_2 + SiO_3^{2-} =\!=\!= 2Cl^- + (Ca, Mg)SiO_3 \downarrow \tag{2-16}$$

在同一温度条件下，五氧化二钒与铁、锰、钙等氧化物生成难溶于水，但溶于酸的钒酸盐，反应式如下：

$$V_2O_5 + CaO \longrightarrow Ca(VO_3)_2 \tag{2-17}$$

$$V_2O_5 + MnO \longrightarrow Mn(VO_3)_2 \tag{2-18}$$

$$3V_2O_5 + Fe_2O_3 \longrightarrow 2Fe(VO_3)_3 \tag{2-19}$$

（5）部分偏钒酸铵结晶脱氧。如果烧成料在窑炉内冷却过程中是缓慢冷却，生成的偏钒酸钠在结晶时，有脱氧反应，偏钒酸钠将变成不溶于水的钒青铜，这必然会降低钒的转浸率。如果在偏钒酸钠熔点 550℃以上出窑急速冷却，偏钒酸钠在窑内的结晶脱氧便可以避免或减少。

沉钒化学反应如下：

$$Na_2H_2V_{10}O_{28} + 2NH_4^+ \Longrightarrow (NH_4)_2H_2V_{10}O_{28}\downarrow + 2Na^+ \qquad (2-20)$$

$$Na_2V_{12}O_{31} + 2NH_4^+ \Longrightarrow (NH_4)_2V_{12}O_{31}\downarrow + 2Na^+ \qquad (2-21)$$

熔片脱氨化学反应如下：

$$(NH_4)_2V_6O_{16} \longrightarrow 2NH_3\uparrow + 3V_2O_5 + H_2O \qquad (2-22)$$

$$V_2O_5(氨气氛中还原) \Longrightarrow V_2O_4 + \frac{1}{2}O_2\uparrow \qquad (2-23)$$

$$2Na_2SO_4 + V_2O_5 \Longrightarrow 2Na_2VO_3 + 2SO_2\uparrow + \frac{3}{2}O_2\uparrow \qquad (2-24)$$

回转窑和多膛炉通常被用作焙烧设备，从结构上讲，多膛炉是一个竖起来的回转窑。一般焙烧炉内分为预热预氧化区、反应区和冷却区。焙烧反应温度一般在 1123～1223K 之间，具体温度则主要与钒渣特性、添加剂种类和数量有关。焙烧的功能就是要生成可溶于水的偏钒酸钠，与大部分不溶于水的杂质分离。

中国提钒工厂多采用回转窑钠化焙烧法从钒渣中提取钒，攀钢 1989 年设计采用多膛炉焙烧工艺。中国攀钢集团公司提钒厂和德国电冶公司纽伦堡钒厂采用多膛炉钠化焙烧工艺，一次焙烧浸出残渣含 V_2O_5 小于 0.6%，钒回收率为 85%～90%。回转窑钠化氧化焙烧的一次焙烧钒渣经过两次浸出，浸出残渣含 V_2O_5 1.2%～2%，要返回钒渣配料，进行二次钠化焙烧，浸出残渣含钒量小于 0.8%，钒收率为 80%～88%。图 2-6 给出了回转窑焙烧示意图。图 2-7 给出了多膛炉焙烧示意图。多膛炉中心有带耙臂和耙齿的立轴，转动立轴带着耙子转动，使物料按照设定方向移动，焙烧用煤气或者天然气作热源，炉内温度可保持在 1473K。

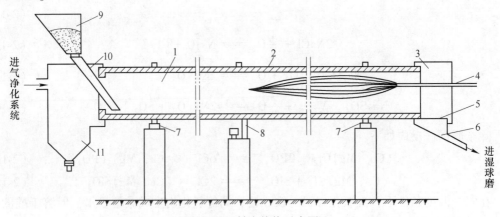

图 2-6　回转窑焙烧示意图

1—窑身；2—耐火砖衬；3—窑头；4—燃烧嘴；5—条栅；6—排料斗；

7—托轮；8—传动齿轮；9—料仓；10—下料；11—灰箱

俄罗斯的秋索夫钒厂的钒渣提钒工艺是将钒渣粗碎至 60～80mm，在球磨机磨至小于 10mm，磁选除铁至残铁不多于 6% 后，在棒磨机内磨至 0.15mm 以下，加钠盐混匀，用螺旋给料机加入内直径 2500mm、外直径 3000mm、长 42000mm 的回转窑中，以重油作燃料进行钠化氧化焙烧，钒转化率为 85%～92%。

表 2-2 给出了国内外五氧化二钒收率指标对比。钠化焙烧钒渣湿磨后间歇式加入浸出槽中，液固比为 3.5∶1，在 313～323K 温度下搅拌浸出，然后进行过滤。所得滤液含

V_2O_5 15g/L 左右，滤渣含 $V_2O_5$0.6% 左右。滤渣再用酸浸出，以回收其中的低价钒和复合钒盐。焙烧料加入滤渣酸浸出得到酸性含钒溶液。两种浸出溶液混合后加氨沉淀得到多钒酸铵或 V_2O_5，沉钒尾液含 $V_2O_5$0.2～0.3g/L。多钒酸铵经脱氨熔化后，并在 V_2O_5 熔化铸片炉中熔铸成片，产出 V_2O_5 铸片用作冶炼钒铁的原料。

表 2-2　国内外五氧化二钒收率指标对比

工　序	国内先进（一次焙烧）	国内先进（二次焙烧）	国外先进
原料收率/%	98	98	99
转浸收率/%	87～88	90	91
沉淀收率/%	99	99	99
熔化收率/%	96	97	99
总收率/%	81.31～81.96	84.70	88.29
钒渣单耗/t·t^{-1}	12.30～12.20	11.80	11.33

2.2.2.2　钒渣钙盐焙烧提钒工艺

钒渣经破碎、球磨后，用磁选或风选除去铁块、铁粒后，将粒度小于 0.1mm 的钒渣和石灰石（$CaCO_3$）混合，于高温下进行氧化钙化焙烧，使钒转化为可溶于稀酸的钒酸钙和偏钒酸钙，用稀硫酸浸出钒，含钒水溶液经过净化处理后，加入专用调节剂沉淀出 V_2O_5，图 2-8 给出了钙盐提钒工艺流程图。

钒渣中的钒以不溶于水的钒铁尖晶石 [$FeO·V_2O_3$] 状态存在，钒渣中几种最典型的尖晶石的析出顺序为：$FeCr_2O_4 \rightarrow FeV_2O_4 \rightarrow Fe_2TiO_4$。当控制 pH 值在 2.5～3.0 之间形成焦钒酸钙，使之生成焦钒酸钙是最佳选择。

在高温焙烧过程中，发生相转变，高温条件下钒铁尖晶石相结构被破坏，钙化焙烧过程中，在 400℃，出现 $Ca_{0.17}V_2O_5$；在 500℃，V_2O 氧化成了 V_2O_5；在 600℃ 以上，生成钒酸钙。随着温度的升高，CaV_2O_6 转化为 $Ca_2V_2O_7$，进而转化为 $Ca_3(VO_4)_2$。

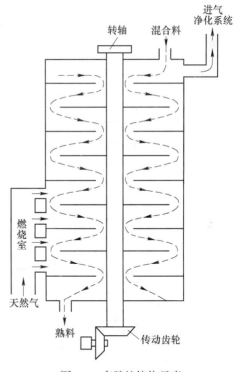

图 2-7　多膛炉焙烧示意

在氧化气氛下钒由 V^{3+} 转化为 V^{5+}，V^{5+} 与石灰石（$CaCO_3$）的反应为：

$$4FeO·V_2O_3 + 12CaCO_3 + 5O_2 == 4Ca_3(VO_4)_2 + 2Fe_2O_3 + 12CO_2 \uparrow \qquad (2-25)$$

$$2FeO·V_2O_3 + 4CaCO_3 + \frac{5}{2}O_2 == 2Ca_2V_2O_7 + Fe_2O_3 + 4CO_2 \uparrow \qquad (2-26)$$

$$Ca_3(VO_4)_2 + 4H_2SO_4 == 3CaSO_4 + (VO_2)_2SO_4 + 4H_2O \qquad (2-27)$$

$$Ca_2V_2O_7 + 3H_2SO_4 == 2CaSO_4 + (VO_2)_2SO_4 + 3H_2O \qquad (2-28)$$

$$2VO_2^+ + 2H_2O == V_2O_5·H_2O + 2H^+ \qquad (2-29)$$

$$V_2O_5 \cdot H_2O \Longrightarrow V_2O_5 + H_2O \qquad (2\text{-}30)$$

焦钒酸钙浸出率最高，因此在配料时控制 CaO/V_2O_5 的质量比为 $0.5 \sim 0.6$，钒渣钙盐焙烧最佳焙烧时间为 $1.5 \sim 2.5h$。钒渣的最佳焙烧温度为 $890 \sim 920℃$。钒渣的最佳冷却时间为 $40 \sim 60min$，钒渣的最佳冷却结束温度为 $400 \sim 600℃$。$300 \sim 700℃$，橄榄石与尖晶石晶体逐渐被破坏；$400℃$，出现 $Ca_{0.17}V_2O_5$、CaV_2O_6、CaV_2O_5 和 V_nO_{2n-1}（$2 \leqslant n \leqslant 8$）；低于 $500℃$，出现 FeO_x（$4/3 < x < 3/2$）相；$500℃$，橄榄石相分解完全；$600℃$，Fe_2O_3 相出现，并随着温度的升高含量增大；$800℃$，尖晶石相消失，同时出现（Fe_2TiO_5）相。

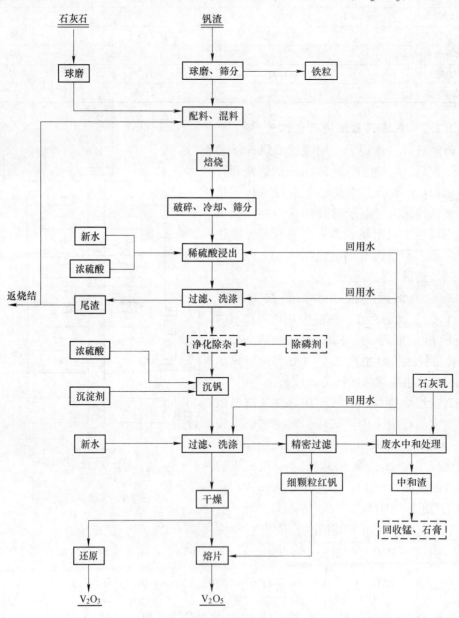

图 2-8 钙盐提钒工艺流程

钙化焙烧实践中，钒渣、石灰石经称量、混料后，再与一定量的返渣混合后输送至回转窑炉顶料仓内，进入回转窑焙烧。回转窑焙烧后的熟料经水冷内螺旋输送机冷却后进入粗熟料仓，再经棒磨机磨细，得到合格粒度的熟料进入精熟料仓，然后经称量进入浸出罐，调节 pH 值进行浸出反应，产生的可溶钒的渣水混合物进入带式真空过滤机洗涤、过滤，浸出后的残渣，一部分经脱硫后返回焙烧配料，大部分返烧结利用。浸出液净化除杂后加入硫酸和沉淀剂，进行沉淀反应，沉淀罐合格产品排入红钒汇集罐，然后送到板框压滤机进行过滤、洗涤、吹干，得到含水约 25% 的红钒中间产品。板框压滤后的红钒经气流干燥后，大部分送还原窑生产 V_2O_3，一部分送熔化炉生产 V_2O_5。沉淀、过滤产生的废水，经叶滤机过滤回收红钒后进入废水处理站处理回用，叶滤机回收的红钒送到熔化炉用于生产 V_2O_5。

采用石灰或石灰石作添加剂，在回转窑氧化焙烧，生成钒酸钙，这样可避免传统的添加苏打焙烧法高温焙烧时炉料易黏结的问题，同时也避免了添加食盐或硫酸钠等钠盐分解释放出的有害气体对环境的污染问题；大大解放了焙烧设备的生产效率，同时提高了钒的氧化率；解放了对钒渣中氧化钙含量的严格限制；钒渣和添加剂（石灰或石灰石）采用湿球磨和湿法磁选，减少粉尘对环境的污染，有利于添加剂和钒渣的接触。将焙烧的熟料粉碎到 0.074mm，加水打浆，液固比控制在（4~5）:1，用稀硫酸（H_2SO_4 5%~10%）溶液，调节 pH 值在 2.5~3.2，在不断搅拌条件下，浸出温度 50~70℃时，熟料中的钒 90% 以上浸入到溶液中，同时有锰和铁进入溶液中。沉钒采用传统的水解沉钒方法，产品纯度较钠法高，五氧化二钒纯度达 92% 以上，磷含量为 0.010%~0.015%。产品中的杂质主要是锰和铁，工艺的钒回收率比传统的钠法高 2% 左右。

可直接生产含氧化钙高的钒渣（控制钒渣中 CaO/V_2O_5 为 0.6 左右），称为"钙钒渣"，球磨后不用配添加剂直接焙烧。焙烧温度为 900~930℃，氧化焙烧后的钒产物为钒酸钙，焙烧熟料采用稀硫酸连续浸出，水解沉钒。

一般情况下，冷却后的钙化焙烧钒渣硫酸浸出，得到硫酸钒和硫酸氧钒。也可采用碱性溶液水淬湿球磨浸出，化学反应式如下：

$$Ca(VO_3)_2 + Na_2CO_3 = CaCO_3 + 2NaVO_3 \tag{2-31}$$

$$Ca(VO_3)_2 + 2NaHCO_3 = CaCO_3 + 2NaVO_3 + CO_2 + H_2O \tag{2-32}$$

$CaCO_3$ 溶解度低，持续通入 CO_2 气体，可以加速反应进程。

硫酸浸出得到的钒液水解得到钒水合物沉淀，过滤洗涤，沉淀物煅烧得到粉状五氧化二钒。碱性浸出液沉钒过程与钠化焙烧相似。

钙盐提钒焙烧钙化设备为回转窑，浸出、净化以及熔片设备与钠盐焙烧提钒相近，只是槽罐排列差异而已，部分技术参数也进行了相应调整，没有了废水处理设备，提钒渣基本保持不变，中和沉钒渣量增加，增加了临时渣场。产品 V_2O_5 纯度在 97%~98.5%，V_2O_5 收得率大于 83%。

2.2.3　钒钛磁铁矿直接提钒工艺

钒钛磁铁精矿经磨矿、磁选所得含钒铁精矿通常含 V_2O_5 0.5%~2% 和全铁 50%~65%，直接进行钠盐焙烧和水浸出提钒，提钒后的铁精矿再用作炼铁原料。对于含钒较高的磁铁精矿，可以采用先提钒处理，矿物细磨后混入钠盐添加剂，造球或者制团，高温焙烧后用水溶浸，含钒浸出液经过净化处理，直接沉钒提取五氧化二钒，浸出渣处理后返回炼铁工序。

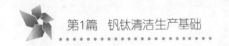

采用含钒铁精矿加芒硝制团、焙烧和水浸，使钒酸钠进入溶液，再加硫酸使之转化为 V_2O_5 沉淀，过滤后直接得到 V_2O_5，水浸后的球团用作炼铁原料。南非海威尔德公司是西方国家同时拥有应用以上两流程的典型生产厂。劳塔鲁基（Rautaruuki Oy）公司是芬兰国营钢铁企业，下属奥坦梅基（Otanmaki）和木斯特瓦拉（Mustavaara）厂均从含钛磁铁矿中回收钒。从原矿到工业 V_2O_5 的总回收率约为 50%。由于原矿中磁铁矿和金红石嵌布极细，不能用选矿方法使之分离。Mustavaara 原矿含 V_2O_5 1.60%，其处理方法大致与 Otanmaki 矿的处理相同，但由于其硅酸盐含量高，钠化焙烧熟料浸出液中水溶性硅酸盐浓度高，因此，必须在沉淀作业前进行脱硅处理。经浸出的熟料因含钠量高，不能全部用于钢铁生产。

2.2.3.1　钒钛磁铁矿直接提钒原理

湿法焙烧浸出流程的核心首先是使钒氧化而后转化形成水可溶性的钒酸盐，多种焙烧设备可以实现其钠化氧化功能。经细磨的钒铁精矿和钠化剂（碱、芒硝或元明粉 Na_2SO_4）制成粒或造成球，在焙烧炉内进行氧化钠化焙烧，钒铁精矿中的钒便被氧化生成 V_2O_5：

$$V_2O_3 + O_2 \longrightarrow V_2O_5 \tag{2-33}$$

$$Na_2SO_4 \longrightarrow Na_2O + SO_2 + \frac{1}{2}O_2 \tag{2-34}$$

$$V_2O_5 + Na_2O \longrightarrow 2NaVO_3 \tag{2-35}$$

用水浸出焙烧产物过程中，$NaVO_3$ 进入溶液与大部分不溶产物分离，然后再从经净化处理过的含钒溶液中沉淀出钒的化合物。化学反应过程与钠盐提钒相似。

2.2.3.2　钒钛磁铁矿直接提钒工艺装备及典型工艺指标

根据钠化焙烧所用的主体设备，钒铁精矿直接提钒又分为竖炉钠化焙烧、流态化床钠化焙烧、回转窑钠化焙烧和链箅机回转窑钠化焙烧四种方法。

A　竖炉钠化焙烧提钒

芬兰劳塔鲁基（Rautaruuki）钢铁公司所属的奥坦梅基（Otanmaki）钒厂和木斯特瓦拉（Mustavaara）钒厂均采用钒铁精矿加钠盐造球，竖炉钠化焙烧的提钒方法。奥坦梅基钒厂所用的原料成分（质量分数/%）为：TFe 68.4，TiO_2 3.2，V_2O_5 1.125，SiO_2 0.4，CaO 0.06，MgO 0.24，Al_2O_3 0.5。钒铁精矿磨至 -0.038mm 粒级占 85%，加入占料量 2.2%~2.3%的芒硝（Na_2SO_4）或 1.6%~1.8%Na_2CO_3，用混料圆筒（直径2.7m，长9m，倾角7°）造球机制成直径 13~16mm 的球粒，加入直径 3~3.3m、高15m 圆形竖炉中进行钠化焙烧。焙烧产物在 20 个浸出罐中浸出。浸出罐用钢板焊成，外部保温，罐径为 2.5m，高12.5m，容积为 60m³，可装钠化球 80t。浸出后的钠化球经过处理后送高炉炼铁。

浸出液含钒 20~25g/L，在 6 个 10m³ 沉淀罐中加硫酸和硫酸铵在 363K 温度下沉淀出 V_2O_5。沉钒后尾液含钒 0.08g/L，经进一步处理后排放。竖炉作业率 90%，热耗为每吨球团 18~20L 重油，蒸汽消耗为每吨 V_2O_5 600L，电耗为每吨 V_2O_5 3300kW·h，产品五氧化二钒纯度为 99.5%，钒收率为 78%。

木斯特瓦拉的提钒生产流程与奥坦梅基钒厂生产设备连接流程类似。所用钒铁精矿的成分（%）为：TFe 63，V_2O_5 1.64，TiO_2 6.5，SiO_2 2.5，CaO 1.0，MgO 1.0，Al_2O_3 1.1。钒铁精矿磨细至 -0.038mm 粒级的占 90%。竖炉生产能力为每小时 40t 球团，作业率为

85%。钒浸出率为 97%，钒沉淀率为 99.5%，V_2O_5 纯度为 99.8%。

　　B　流态化床钠化焙烧提钒

　　澳大利亚阿格纽克拉夫有限公司（Agnew Clough Ltd.）1980 年建成年产 V_2O_5 1620t 的提钒厂。该厂所处理的原矿含 V_2O_5 0.5%~1%，选矿除去硅、铝后品位提高到含 V_2O_5 2%，SiO_2 在 1% 以下。这种钒铁精矿和 Na_2SO_4 一起制成粒径 3mm 的球粒在流态化床炉中进行钠化焙烧。焙烧产物用水多段浸出，浸出液含 V_2O_5 40~50g/L，溶液 pH 值为 10。先将浸出液中和到 pH 值为 7，除去铝和硅后，再加硫酸铵沉淀多钒酸铵。多钒酸铵经煅烧得五氧化二钒，从炉气中回收氨制成硫酸铵返回系统使用。

　　C　回转窑钠化焙烧提钒

　　工业使用的氧化钠化焙烧回转窑直径为 2.3~2.5m，长度不小于 40m，窑身倾斜 2%~4%，转速为 0.4~1.08r/min，用重油、天然气或者煤气作燃烧热源，炉料在炉内停留 2.5h，物料回收率约为 95%。回转窑内分为预热区、烧成区和冷却区三个区，预热区长度为 10~15m，温度为 627~927℃；烧成区长度为 15~20m，温度为 1073~1173℃；冷却区长度为 5~8m，温度为 523~773℃。混合好的炉料经加料管首先进入窑内预热区，脱除炉料水分，然后预热，炉料部分物相被氧化并开始分解；经过预热的炉料随着回转窑转动向前移动进入烧成区，按照工艺要求实现炉料分解—氧化—钠化，形成焙烧熟料；焙烧炉料在烧成区实现熟料转化后进入冷却区开始冷却，进行出窑准备。焙烧熟料出窑后筛去大块物料，经斜管进入湿球磨，形成浸出浆料。

　　中国上海第二冶炼厂采用承德大庙含钒铁精矿为原料，原料成分（质量分数/%）为：TFe 58，V_2O_5≥0.72，TiO_2≤8，SiO_2≤2.5。钒铁精矿磨至 -0.075mm 粒级不小于 65%，配入占精矿量 6.5%~10% 的碳酸钠在回转窑中，于 1373~1473K 温度下焙烧 4~4.5h。焙烧产物用 363K 温度热水浸出，浸出浆料经浓密过滤，滤渣含 V_2O_5 0.1%~0.2%，滤液含 V_2O_5 7.14~10g/L。加酸沉淀钒，钒回收率为 74.41%。

　　D　链箅机回转窑钠化焙烧提钒

　　原联邦德国联合铝业公司（VAW-Vereinigte Aluminium—Werke AG）与南非德兰斯瓦合金公司（Transvaal Alloys Ltd.）联合在米德尔堡地区建的钒厂把加入硫酸钠的钒铁精矿粉放在造球机上造球，经回转窑 1173K 温度尾气加热预固化后进入回转窑，于 1543K 温度下焙烧 60~110min，钒转化率可达 92%。焙烧球料在大型浸出塔中用热水进行逆流浸出，浸出塔设有特殊的密封装置。浸出液含钒达 35g/L，含 SiO_2 1g/L，含粉尘固体物 3~7g/L。浸出的浆液经除硅净化过滤后，在沉淀罐中加硫酸铵沉钒。

　　南非凡特腊厂，所使用钒钛磁铁矿成分：TFe 50%~60%，V_2O_5 2.5%，TiO_2 8%~20%，Al_2O_3 1%~9%，Cr_2O_3 1%，采用回转窑焙烧实现氧化和转化。

　　前苏联和澳大利亚阿格纽克拉夫有限公司都采用沸腾炉焙烧使 97%~98% 的钒转化为可溶性钒而被浸出。

　　芬兰奥坦梅基，使用原矿成分 Fe 40%，TiO_2 15.5%，V 0.26%（V_2O_5 0.71%）原矿制团，在竖炉焙烧和转化，转化率达 80%~90%。

2.3　石煤典型化提钒工艺

　　石煤是含碳质页岩或黑色页岩中的一种，含有大量已碳化的有机质，常见于煤系地层的顶底板。黑色页岩中除碳以外，还含有多种元素，如钒、铁、铝、硅、镍、铜、钼、硫等。根据有价金属的种类和含量黑色页岩通常分为镍钼矿、石煤及碳质铀矿等。石煤含钒矿床也是一种新的成矿类型，称为黑色页岩型钒矿，它是在边缘海斜坡区形成的，主要含钒矿物是含钒伊利石。热值偏高的含钒石煤，在改进燃烧技术后，可用作火力发电的燃料，钒在烟灰中得到富集，收集后可以用作提钒原料；热值偏低而且低碳含钒的石煤可以直接用作提取五氧化二钒的原料。

与钒钛磁铁矿富集钒渣提钒一样，从含钒页岩矿石中提钒可采用钠盐处理工艺、钙盐处理、焙烧转化浸出和直接酸浸提钒。加钠盐处理工艺一般是把含钒矿石破碎和磨细，然后与钠盐（如氯化钠、硫酸钠或碳酸钠等）混合，在850℃焙烧，使钒氧化钠化转变为可溶于水的偏钒酸钠（$NaVO_3$）、正钒酸钠（Na_3VO_4）和焦钒酸钠（$Na_4V_2O_7$），用水浸出，经过萃取、吸附和沉淀净化去除杂质，加硫酸调整 pH 值到 2~3，即可用铵盐沉淀出多钒酸铵，在700℃煅烧熔化，得到黑紫色致密的工业五氧化二钒（V_2O_5 含量大于98%），钠盐提钒自1912年 Bleecker 用钠盐焙烧-水浸工艺回收钒的专利公布以来，一直沿用至今。钙盐法工艺采用碳酸钙作提钒添加剂，与细磨含钒石煤混合，在850℃焙烧，使钒氧化物钙化氧化转变为可溶于水的焦钒酸钙（$Ca_2V_2O_7$）、偏钒酸钙（CaV_2O_6）和正钒酸钙（$Ca_3V_2O_8$），然后用稀酸溶浸或者碱浸，浸出液经过净化后调节酸度，加沉淀剂沉钒，沉淀物经过洗涤、过滤、干燥、煅烧和熔化形成片钒。直接酸浸法提钒是把含钒页岩矿石破碎磨细，进入自然浸泡池，用稀酸浸取，一般采用低酸度 pH 值 2.0~3.0，在常温下进行，进入酸液的杂质成分经过沉淀定向处理去除，纯净钒液调整 pH 值，将钒水解或添加净化剂将其沉淀。由于含钒页岩矿性质差异，有的酸浸法需要经过空白焙烧处理，使矿物结构发生有利于酸浸出的转化。

2.3.1 火法提钒工艺

石煤中的钒以三价为主，三价钒以类质同象形式存在于黏土矿物的硅氧四面体结构中，结合坚固且不溶于酸碱，只有在高温和添加剂的作用下，才能转变为可溶性的五价钒，同时脱除石煤中的碳，因此焙烧转化是从石煤中提钒不可缺少的过程。

火法提钒工艺的特点在于矿物焙烧转化的前置，焙烧分为空白焙烧和加添加剂焙烧两种，空白焙烧时不加任何添加剂，浸出时需要高浓度的酸去分解；加添加剂焙烧，焙烧时加入添加剂（如钠、钙、铁和钡等盐类，硫酸），产生可溶于水或酸的钒酸钠、钒酸钙和钒酸铁等。

传统的石煤提钒多采用 NaCl 和 Na_2CO_3 组合作为钠化焙烧添加剂，焙烧时产生大量的 Cl_2、HCl 和 SO_2 等有毒有害气体，烟气污染大，废水盐分高，只能提取钒，且钒的回收率一般只有50%左右，资源浪费严重，生产作业环境较差，后续处理产生的浸出渣残留钠离子较多，无法规模化多用途利用。钙法焙烧不产生 Cl_2、HCl 和 SO_2 等有毒有害气体，但焙烧过程受矿石种类和性质影响较大，焙烧气氛、时间、温度和钙盐用量等的影响也非常敏感，控制不当，容易形成难溶的硅酸盐，使得部分钒被"硅氧"裹络，或者矿样中的部分钒与铁、钙等元素生成钒酸铁、钒酸钙等难溶性化合物，钙化处理渣可以规模化多用途利用。空白焙烧主要是想解决石煤脱碳和低价钒的氧化问题，对矿物结构有一定的要求，但焙烧设备还是传统的立窑、平窑和沸腾炉，不仅生产规模有限，而且焙烧过程并没有完全改变含钒矿物的晶体结构，不能有效提高钒的回收率，对石煤矿资源利用的适应性较差。硫酸化焙烧可以强化矿物分解工艺过程，硫酸化焙烧温度为200~250℃，焙烧时间为0.5~1.5h，焙砂水浸液pH值为1.0~1.5，硫酸利用率显著提高，硫酸沸点为338℃（98.3%硫酸），焙烧烟气主要是水蒸气，便于净化，石煤低温硫酸化焙烧只需要加热，不需要氧化，过程简单。

石煤提钒的浸出分为水浸、碱浸和加酸浸出三种：水浸只适用于加钠盐焙烧形成可溶于水的钒酸钠，在钠盐焙烧工艺中已广泛应用；碱浸适合于钙化焙烧过程，选择性强，可循环处理，适合处理碱性脉石较多的石煤，常压碱浸不如压力碱浸效果好；酸浸工艺分为浓酸浸出和低酸浸出，浓酸浸出的特点是用酸量大，浸出的杂质多，剩余的酸度大，回收率低，低酸浸出的显著特点是时间长，浸出的杂质适中，剩余的酸度小，回收率低。浸出按浸出手段还可以分为粉浸和球浸，粉浸只是浸出速度快，球浸速度慢，对浸出率影响不大。

浸出液的提纯和富集一般都用树脂吸附和萃取，树脂吸附仅适用于中性浸出液，萃取分为四价钒萃取和五价钒萃取。

高碳石煤需要进行脱碳处理，将钒富集到烟灰中，用烟灰作原料提钒。有些富集程度较高，可以考虑结合钒渣或者含钒回收料提钒利用。

2.3.1.1 钠盐处理提钒

选择钠盐（Na_2CO_3、$NaCl$ 或 Na_2SO_4）作为提钒添加剂，通过焙烧氧化转化，钒作为可溶组分在浸出过程与其他组元分离。

A 钠盐处理提钒工艺

含钒石煤经过破碎加工，将粒度小于0.1mm的含钒石煤和钠盐（Na_2CO_3、$NaCl$ 或 Na_2SO_4）混合，于高温下进行氧化钠化焙烧，使钒转化为可溶于水的钒酸钠和偏钒酸钠，用热水和稀硫酸浸出钒，或者碱浸，含钒水溶液经过富集净化处理后加酸调节溶液pH值，加铵（NH_4^+、NH_3）沉淀出多钒酸铵，经过高温煅烧得到 V_2O_5。

用热水浸出钠盐焙烧产物，钒酸钠和偏钒酸钠便溶于热水，而与大部分不溶杂质分离，含钒浸出液经提纯和分离，产出钒的纯化合物。

图2-9给出了含钒石煤钠盐提钒典型工艺流程。

B 高碳石煤钠盐处理提钒工艺

含钒碳质页岩一般在锅炉或流态化床脱碳燃烧发电，在燃烧过程中钒富集在烟灰中，富集钒烟灰。含钒碳质页岩也可配加无烟煤增加热值，加 $NaCl$ 或 Na_2CO_3 进行氧化钠化焙烧，使钒转变为水溶性的 $NaVO_3$、NaH_2VO_4 和 Na_3VO_4。

石煤中的金属氧化物包括钠、铁、钒、镁和钙，钠氧化物与钒在焙烧条件下形成正钒酸钠、焦钒酸钠和偏钒酸钠，属于水溶物；钙氧化物与钒在焙烧条件下形成正钒酸钙、焦钒酸钙和偏钒酸钙，属于酸溶物；镁氧化物与钒在焙烧条件下形成焦钒酸镁和偏钒酸镁，选择性溶出；铁氧化物与钒在焙烧条件下形成正钒酸铁，选择性溶出；正钒酸钠、焦钒酸钠和偏钒酸钠在水中有较好溶解性，钒的钙盐和铁盐在水中溶解度较小，但能溶于稀酸和碱。碳燃烧比钒氧化的吉布斯自由能小，因此在焙烧过程中，第一个反应是碳的燃烧；当碳量较低时，三价钒的氧化过程才开始。石煤在氧化焙烧前，原矿一般要经过预先脱碳处理。

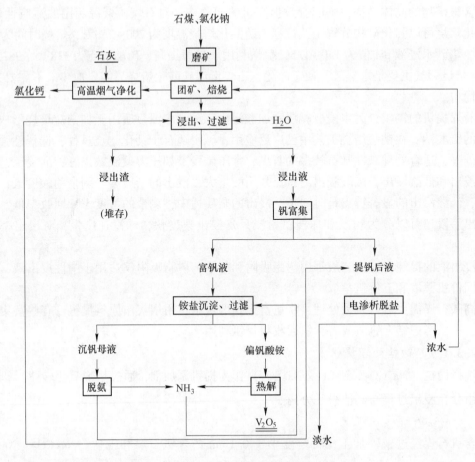

图 2-9 含钒石煤钠化焙烧提钒典型工艺流程

石煤钠盐焙烧化学反应式如下：

$$4FeO \cdot V_2O_3 + 4Na_2CO_3 + 2O_2 == 4Na_2O \cdot V_2O_5 + 2Fe_2O_3 + 4CO_2 \qquad (2-36)$$

$$2NaCl + \frac{1}{2}O_2 == Na_2O + Cl_2 \qquad (2-37)$$

$$V_2O_3 + O_2 == V_2O_5 \qquad (2-38)$$

$$Na_2O + V_2O_5 == 2NaVO_3 \qquad (2-39)$$

$$xNa_2O + yV_2O_5 == xNa_2O \cdot yV_2O_5 \qquad (2-40)$$

高碳石煤与复合钠盐添加剂高温氧化焙烧时，主要的化学反应有：

$$C + \frac{1}{2}O_2 == CO \qquad (2-41)$$

$$CO + \frac{1}{2}O_2 == CO_2 \qquad (2-42)$$

（1）浸出反应。焙砂中的 $NaVO_3$ 和 KVO_3 溶于水，V_2O_5 在氧化钠盐焙烧条件下容易成盐，可溶于水和稀酸，浸出时其化学反应如下：

$$NaVO_3 + H_2O \longrightarrow Na^+ + VO_3^- + H_2O \qquad (2-43)$$

石煤提钒焙烧的浸出液经溶液池澄清的含钒溶液，采用新型树脂浸出含钒合格液无须进行净化处理，进行加酸转型处理后即可进行离子交换吸附。吸附时应控制好流量，保证吸附回收率。吸附排出的尾水返回用于制浆或浸出。树脂饱和后，用 pH 值 10~11 的 NaOH 溶液解析，得到高浓度含钒液。解析后的树脂用 NaOH 溶液和纯净清水洗涤一次，然后用 pH 值为 3.5~4 的盐酸溶液进行再生处理，使其恢复吸附能力。

（2）离子交换化学反应。离子交换实际上就是置换反应。由于树脂中的 Cl^- 离子与树脂分子团的亲和力远小于它与 Na^+ 离子的亲和力，当树脂与 $NaVO_3$ 溶液接触时，便发生如下反应：

$$[R]Cl + NaVO_3 \longrightarrow NaCl + [R]VO_3 \tag{2-44}$$

饱和后的树脂用碱溶液解析：

$$[R]VO_3 + NaOH \longrightarrow NaVO_3 + [R]OH \tag{2-45}$$

解析后得到高浓度含钒溶液。用盐酸对树脂进行再生处理，使其恢复吸附能力：

$$[R]OH + HCl \longrightarrow [R]Cl + H_2O \tag{2-46}$$

（3）沉钒化学反应。$NaVO_3$ 在 NH_4^+ 离子浓度过量的条件下生成 NH_4VO_3 沉淀：

$$NaVO_3 + NH_4^+ \longrightarrow NH_4VO_3 + Na^+ \tag{2-47}$$

（4）煅烧化学反应。NH_4VO_3 在高温条件下发生分解反应，得到 V_2O_5 产品：

$$2NH_4VO_3(s) \longrightarrow V_2O_5 + 2NH_3\uparrow + H_2O\uparrow \tag{2-48}$$

C 钠盐提钒工艺操作及其技术指标

矿石经两级破碎后进行分筛，将 15mm 以下细料送入沸腾炉脱碳。15mm 以上粗料作为配料。脱碳样配加 5% 无烟煤在 820℃ 下焙烧 1.5h，浸出率为 82.08%；焙烧时间为 1h 时，浸出率为 81.96%。脱碳样配加无烟煤高温焙烧，这种点对点接触传热有利于钒氧化，加速钒的转价过程。脱碳样配加无烟煤后不仅可以降低焙烧温度 30℃，亦可缩短焙烧时间 0.5h，且不影响浸出率，大幅度降低了焙烧能耗。脱碳后的矿石连同回收的灰渣配入定量原矿（粒径小于 25mm），拌和均匀，使配合料发热量控制在（400±50）kcal❶/kg 范围内。将配合料送入干式球磨机研磨成 150 目（0.104mm）粒级的矿粉，然后经成球导入回转窑进行焙烧。焙烧温度控制在 800~850℃，保温时间为 1~1.5h。

高碳含钒石煤矿典型化学成分见表 2-3。焙烧出炉的矿粉熟料再次破碎后按 1:3 固液比在制浆槽中搅拌制成矿浆，用砂浆泵输送到浸出搅拌机，浸出采用流态化浸出工艺，矿浆经连续搅拌浸出。浸出酸度比 3%~5%（体积比），pH=7。为加快浸出速度，提高浸出率，浸出时应加热至 50℃。将合格浸出液（含钒浓度 ≥2.2g/L）抽入带式真空过滤机过滤，过滤液直接进入溶液池。滤渣经洗涤后再进行过滤，滤液用于浸下一批料，或返回制浆。浸出滤渣经胶带输送机送入干渣搅拌机与 2% 石灰拌和均匀进行碱中和处理后，运往尾矿库。

表 2-3 高碳含钒石煤矿典型化学成分 （%）

化学成分	V_2O_5	SiO_2	Al_2O_3	Fe_2O_3	CaO	MgO	K_2O	Na_2O	C	挥发分
含量	0.82	66.14	6.46	3.49	2.96	1.43	1.65	0.69	9.38	4.59

❶ 1cal=4.1868J。

含钒溶液加入定量工业纯 NH_4Cl 沉钒。沉钒时充分搅拌，提高回收率。导入过滤箱过滤得到中间产品——偏钒酸铵。偏钒酸铵经脱水灼烧后便得到粉状精钒。

过程控制参数食盐配比（100~200）kg/t 石煤矿，视石煤矿结构情况可配入少量 Na_2SO_4，焙烧温度为 750~850℃，时间控制在 1~4h，转化率为 50%~65%，水浸率为 88%~93%，水解沉钒收率为 92%~96%，精制钒收率为 90%~93%，产品 V_2O_5 品位为 98.5%，采用平窑 V_2O_5 收得率约为 45%，采用流化床 V_2O_5 收得率约为 55%。石煤钠盐焙烧生产 1t V_2O_5，消耗氯化钠 20~28t，烧碱 1~1.5t，工业盐酸 1.5~1.8t，若过程使用硫酸，则硫酸消耗 0.8~1.0t，氯化铵 1.2~2t。

用美国内华达含钒页岩提钒时将含钒页岩破碎至粒度小于 50mm，在 383K 温度下烘干后加 5%~10% 食盐，在空气分级球磨机中磨至粒度小于 0.42mm。混合料在回转窑中于 1198K 温度下焙烧 3h。焙烧产物冷却后用弱酸性溶液浸出。浸出浆液经过滤后，将滤液的 pH 值由 2.5 调到 5 以沉淀分离硅。除硅后的滤液用硫酸回调至 pH 值为 3，再用含联十三胺（DITDA）萃取剂 0.075mol/L 的有机相萃取钒。用纯碱溶液将负载有机相中的钒反萃入溶液，反萃液用 NH_4Cl 沉淀偏钒酸铵。沉淀物煅烧脱氨得 V_2O_5。

2.3.1.2　钙盐焙烧提钒

钙化焙烧提钒工艺指的是含钒矿物添加石灰或石灰石，根据矿物的高温反应研究结果，含钒页岩（石煤）中的钒焙烧后，低价钒氧化为高价钒，石煤中的钒主要以硅钒酸钙和钙钛氧化物的形式存在。该矿物的化学性质不稳定，在弱的酸性介质中能迅速溶解。偏钒酸钙类化合物在弱酸性环境下易于溶解进入液体，从而实现矿物中钒的分离提取。

A　钙盐焙烧提钒工艺

含钒石煤经过破碎加工，将粒度小于 0.1mm 的含钒石煤和钙盐（石灰石 $CaCO_3$ 或者活性石灰 CaO）混合，于高温下进行氧化钙化焙烧，使钒转化为可溶于水的正钒酸钙、偏钒酸钙和焦钒酸钙，用稀硫酸浸出，或者碱浸，含钒水溶液经过净化处理后调节溶液 pH 值，水解得到 V_2O_5。

图 2-10 给出了钙盐提钒的典型工艺流程。

B　钙盐焙烧提钒原理

石煤钙盐焙烧化学反应式如下：

$$V_2O_3 + O_2 =\!\!= V_2O_5 \tag{2-49}$$

$$2V_2O_4 + O_2 =\!\!= 2V_2O_5 \tag{2-50}$$

$$CaCO_3 =\!\!= CaO + CO_2 \tag{2-51}$$

$$2V_2O_5 + 4CaO =\!\!= 2Ca_2V_2O_7 \tag{2-52}$$

$$V_2O_5 + 3CaO =\!\!= Ca_3(VO_4)_2 \tag{2-53}$$

稀硫酸浸出：

$$Ca_2V_2O_7 + 3H_2SO_4 =\!\!= 2CaSO_4 + (VO_2)_2SO_4 + 3H_2O \tag{2-54}$$

$$Ca_3(VO_4)_2 + 4H_2SO_4 =\!\!= 3CaSO_4 + (VO_2)_2SO_4 + 4H_2O \tag{2-55}$$

纯碱浸出：

$$Ca_2V_2O_7 + Na_2CO_3 + H_2O =\!\!= 2NaVO_3 + CaCO_3\downarrow + Ca(OH)_2 \tag{2-56}$$

$$Ca_3(VO_4)_2 + Na_2CO_3 + 2H_2O =\!\!= 2NaVO_3 + CaCO_3\downarrow + 2Ca(OH)_2 \tag{2-57}$$

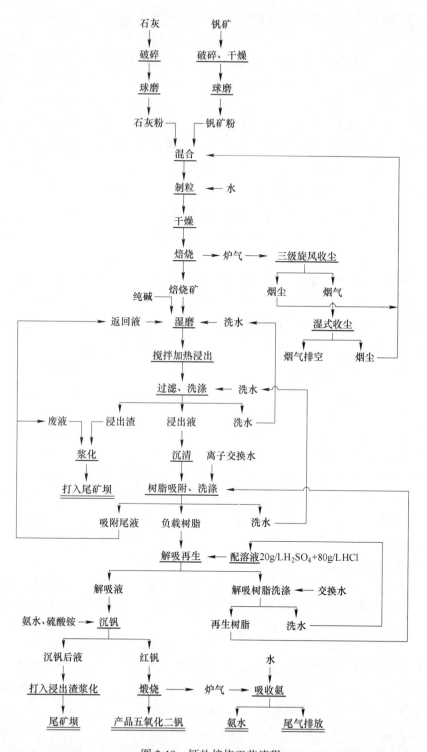

图 2-10　钙盐焙烧工艺流程

　　酸性的（含酸 0.01～0.1mol）的硫酸盐和氯化物中 V^{4+} 以 VO^{2+} 的阳离子形式为 D2EHPA 的煤油溶剂萃取，萃合物会发生聚合作用，有机相为 6%D2EHPA 及 3%TBP 的煤

油溶液，六级混合萃取，用氨控制 pH 值在 1.9，反萃液为 140g/L 的硫酸溶液，反萃温度为 38~49℃，四级反萃。

浸出液净化采用萃取剂，N-236 为萃取剂，仲辛醇为协萃剂，磺化煤油为萃溶剂，萃取条件：15%N-236、3%仲辛醇和82%磺化煤油，相比 1：(2~3)，2~3 级逆流萃取，有机饱和相浓度 30g/L，pH 值控制在 2~9，温度为 5~45℃，萃取率为 99.55%，萃余液浓度为 0.0114g/L；用 N235 萃取，pH 值控制在 2.5，萃取率为 99.62%。饱和有机相用 1mol/L NH₄OH+4mol/L NaCl 作反萃剂，二级逆流反萃，得到多钒酸钠盐，浓度在 30g/L 左右。

反萃后液加热到 70℃沉钒，沉淀红饼煅烧得到 98%V₂O₅。具体化学反应如下：

$$2VO_2^+ + 2H_2O \Longrightarrow V_2O_5 \cdot H_2O + 2H^+ \tag{2-58}$$

$$5V_2O_5 \cdot H_2O \Longrightarrow H_2V_{10}O_{28}^{4-} + 4H^+ + 2H_2O \tag{2-59}$$

$$H_2V_{10}O_{28}^{4-} \Longrightarrow HV_{10}O_{28}^{5-} + H^+ \tag{2-60}$$

$$HV_{10}O_{28}^{5-} \Longrightarrow V_{10}O_{28}^{6-} + H^+ \tag{2-61}$$

沉钒反应见式 (2-20) 和式 (2-21)，煅烧见式 (2-22)~式 (2-24)。

C 钙盐提钒典型工艺操作及其技术指标

含钒石煤经过破碎加工，将粒度小于 0.1mm 的含钒石煤和钙盐（石灰石 CaCO₃ 或者活性石灰 CaO）混合，于高温下进行氧化钙化焙烧，使钒转化为可溶于水的正钒酸钙、偏钒酸钙和焦钒酸钙，用稀硫酸浸出，或者碱浸，含钒水溶液经过净化处理后调节溶液 pH 值，水解得到 V₂O₅。

a 酸浸提钒典型工艺

含钒石煤矿添加 16%的石灰，另加 SM-1 助剂 1.3%，950℃条件下焙烧 3h，转化率为 87.6%，用 4%的硫酸浸出，固液比为 (3~4):1，常温下堆浸 12h，浸出率为 85%；用 15%的 N263，加 3%的仲辛醇，稀释剂用磺化煤油，有机相/无机相=1：(2~3)，四级逆流萃取，反萃剂为 NH₄Cl 和 NaCl 溶液，得到多钒酸钠溶液，质量浓度为 30g/L；沉钒用 NH₄Cl，常温下搅拌 2~3h，静置 12h，脱水干燥；煅烧温度为 550℃，得到 V₂O₅，纯度为 99.5%，过程钒总收率为 65%。

b 碱浸提钒典型工艺

钒矿石粉添加石灰制粒焙烧（矿石细磨至 -200 目 70%，石灰细磨至 -200 目 64.2%）—纯碱溶液浸出—离子交换（717 强碱性阴离子交换树脂）—硫酸铵沉钒—红钒—焙烧烘干—产品。

(1) 工艺条件。焙烧条件具体如下。矿石磨矿粒度：-200 目不小于 70%，石灰粉的加入量：矿石的 2%，焙烧时间：2~3h，焙烧温度：850℃；浸出条件：焙烧矿磨矿粒度 -120 目不小于 90%，并且采用搅拌浸出；纯碱加入量为焙烧矿量的 6%；浸出时间不小于 2h；浸出温度不低于 75℃；浸出液固比为 (1.5~2):1。

(2) 钒的直收率：

1) 焙烧过程中钒的回收率为 100%；2) 浸出过程中钒的直收率为 71.97%；3) 树脂吸附钒的直收率为 99.86%；4) 解吸过程钒的解吸率为 99.98%，第一柱解吸直收率为 90.98%；5) 沉钒过程钒的直收率为 99.71%；6) 红钒煅烧过程钒的直收率为 99.32%；全流程钒的直收率为 64.78%，总回收率为 71.1%。

（3）主要材料消耗：

1）石灰粉：钒矿粉的2%；2）纯碱：焙烧矿量的6%，钒矿量的5.70%；3）氨水：6.87kL/t V_2O_5 产品；4）盐酸：2.11kL/t V_2O_5 产品；5）硫酸：0.33kL/t V_2O_5 产品；6）硫酸铵：0.15t/t V_2O_5 产品。

2.3.1.3 无盐焙烧提钒

A 无盐焙烧工艺

无盐焙烧是依赖矿石特定的冶化性能进行的。石煤中钒主要以三价钒形态存在于云母中。在不加任何化学原料的前提下进行无盐焙烧，矿石发生热分解反应，钒便生成可溶性组分。

B 无盐焙烧原理

其化学反应原理如下：

$$KAl_2[VSi_3O_{10}OH]_2 \cdot CaCO_3 + O_2 \longrightarrow Al_2O_3 + 6SiO_2 + 1/2CaO +$$
$$KVO_3 + 1/2Ca(VO_3)_2 + H_2O + CO_2 + 2.5[O] \tag{2-62}$$

（1）浸出反应。焙砂中的 KVO_3 溶于水，V_2O_5 可溶于稀酸，$Ca(VO_3)_2$ 浸出时其化学反应如下：

$$KVO_3 + H_2O \longrightarrow K^+ + VO_3^- + H_2O \tag{2-63}$$

（2）稀硫酸浸出：

$$V_2O_5 + H_2SO_4 \longrightarrow (VO_2)_2SO_4 + H_2O \tag{2-64}$$
$$Ca(VO_3)_2 + 2H_2SO_4 \longrightarrow (VO_2)_2SO_4 + CaSO_4 + 2H_2O \tag{2-65}$$
$$Ca_2V_2O_7 + 3H_2SO_4 \longrightarrow (VO_2)_2SO_4 + 2CaSO_4 + 3H_2O \tag{2-66}$$
$$Ca_3(VO_4)_2 + 4H_2SO_4 \longrightarrow (VO_2)_2SO_4 + 3CaSO_4 + 4H_2O \tag{2-67}$$

（3）纯碱浸出：

$$Ca(VO_3)_2 + Na_2CO_3 =\!=\!= 2NaVO_3 + CaCO_3 \downarrow \tag{2-68}$$
$$Ca_2V_2O_7 + 2Na_2CO_3 =\!=\!= Na_4V_2O_7 + 2CaCO_3 \downarrow \tag{2-69}$$
$$Ca_3(VO_4)_2 + Na_2CO_3 + 2H_2O =\!=\!= 2NaVO_3 + CaCO_3 \downarrow + 2Ca(OH)_2 \tag{2-70}$$

C 提钒典型工艺操作及其技术指标

无盐焙烧过程控制十分重要，焙烧温度过低，氧化不充分，直接影响钒转浸率，温度过高，钒矿中的 CaO、SiO_2、$Na_2O(K_2O)$ 容易形成硅酸盐熔体，包裹低价钒矿物，不利于低价钒的转化，最佳焙烧温度为 800～850℃；焙烧时间过短，氧化不充分，时间过长，容易造成矿样二次反应和硅氧裹络现象，不利于低价钒的转化，最佳焙烧时间不少于3h。焙烧温度为850℃，焙烧时间为3h。74μm 占73%；浸出液固比为1:1.5，浸出温度升高，偏钒酸钠的溶解度增加，对浸出有利，最佳浸出温度不低于90℃；浸出时间延长，浸出率升高，要保证钒浸出率大于70%，最佳浸出时间不少于3h。无盐焙烧石煤典型化学组成见表2-4。

表 2-4 无盐焙烧石煤典型化学成分　　　　　　　　　　　　　　　　（%）

化学成分	V_2O_5	SiO_2	Al_2O_3	Fe	CaO	MgO	K_2O	Na_2O	C	挥发分
含量	1.13	59.52	5.62	2.09	0.44	0.5	0.91	0.16	10.8	4.59

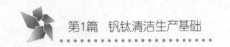

浸出液静置后用硫酸调节 pH 值至 9~10，加入除硅剂，加热到 90℃搅拌 1h，SiO_2 浓度降低到 2g/L，净化渣水洗涤过程钒收得率为 99.5%；净化除硅后液，用硫酸调节 pH 值至 7，采用强碱性 717 阴离子交换树脂吸附，一次吸附尾液 V_2O_5 浓度不高于 0.01g/L，V_2O_5 吸附率为 99.5%；用 20g/L 硫酸和 80g/L 盐酸解吸，解吸含钒液 V_2O_5 45g/L，V_2O_5 解吸率为 99.5%。

将石煤无钠空白焙烧，加入 3%~7%的工业碱，65~95℃浸泡 3~5h，所得浸出液放入白炭黑反应釜中加热至 75~85℃，同时加入浓硫酸调节 pH 值至 5~6，搅拌维持 0.5~1.5h，压滤，通入 65~75℃的热水，所得滤饼常规制浆，喷雾干燥，得白炭黑，所得的滤液和水洗液进行提钒。

2.3.2　湿法提钒工艺

湿法酸浸工艺主要针对风化石煤，为了得到较高的 V_2O_5 浸出率，不得不消耗大量 H_2SO_4，生产中 H_2SO_4 用量一般为矿石质量的 25%~40%，V_2O_5 浸出率一般在 65%~75%，超过 80%的很少，V_2O_5 回收率一般不超过 70%；酸性浸出液的净化除杂，难度大，Fe（Ⅲ）还原和 pH 值调整等工序需要消耗大量药剂，特别是氨水，从而导致氨氮废水的产生及处理问题。

含钒石煤的物质组成比较复杂，钒的赋存状态变化多样。按钒的赋存状态分类，主要有含钒云母型（碳质岩型）、含钒黏土型（硅质岩型）和介于两种之间的中间类型。石煤矿还可以分为风化页岩和碳质页岩，根据风化程度可以选择直接酸浸工艺提钒。

2.3.2.1　酸浸提钒工艺

通常情况下，含钒页岩中的有价元素，在剧烈的酸浸条件下，浸出无选择性，矿石中的许多其他组分也被浸出。浸出酸可以是硫酸，也可以是氟硅酸，或者硫酸与氟硅酸的混合酸，酸浸液冷却除杂后，经转型及中和调整后萃取、反萃取达到提钒的目的。反萃取液经沉淀提取偏钒酸铵。硫酸的直接利用率在 40%左右。图 2-11 是石煤酸浸提钒典型的氧化中和沉钒工艺流程图，图 2-12 是石煤酸浸提钒典型的氧化离子交换沉钒工艺流程图。

2.3.2.2　酸浸提钒原理

钒在石煤中的价态分析的研究结果表明，各地石煤原矿中一般只有 V^{3+} 和 V^{4+} 存在，极少发现 V^{2+} 和 V^{5+}。除了个别地方石煤中 V^{4+} 含量高于 V^{3+} 含量外，绝大部分地区石煤中钒都是以 V^{3+} 为主。石煤中 V^{3+} 存在于黏土矿物二八面体夹心层中，部分取代 Al^{3+}。这种硅铝酸盐结构较为稳定，通常石煤中 V^{3+} 难以被水、酸或碱溶解，除非采用 HF 破坏黏土矿物晶体结构，因此可以认为 V^{3+} 基本上不被浸出。只有 V^{3+} 氧化至高价以后，石煤中的钒才有可能被浸出；石煤中 V^{4+} 可以氧化物（VO_2）、氧钒离子（VO^{2+}）或亚钒酸盐形式存在。VO_2 可在伊利石类黏土矿物二八面体晶格中取代部分 Al^{3+}，这部分 V^{4+} 同样不能被水、酸或碱浸出。石煤中游离的 VO^{2+} 不溶于水，但易溶于酸，生成钒氧基盐 VO^{2+}，稳定，呈蓝色。

V^{5+} 离子半径太小，不能存在于黏土矿物二八面体之中。石煤中 V^{5+} 主要以游离态 V_2O_5 或结晶态（$xM_2O \cdot yV_2O_5$）钒酸盐形式存在，易溶于酸。

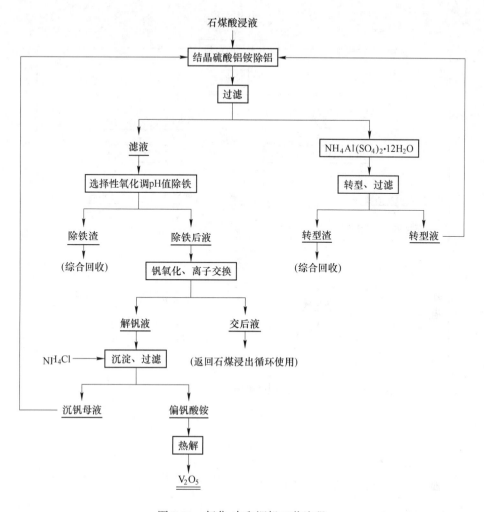

图 2-11 氧化-中和沉钒工艺流程

直接酸浸提钒涉及的化学反应式如下：

$$VO_2 + H_2SO_4 \Longrightarrow VOSO_4 + H_2O \tag{2-71}$$

$$Al_2O_3 + 3H_2SO_4 \Longrightarrow Al_2(SO_4)_3 + 3H_2O \tag{2-72}$$

$$FeO + H_2SO_4 \Longrightarrow FeSO_4 + H_2O \tag{2-73}$$

$$Fe_2O_3 + 3H_2SO_4 \Longrightarrow Fe_2(SO_4)_3 + 3H_2O \tag{2-74}$$

溶液中氟硅酸首先在酸性溶液中分解生成 HF，矿物晶格稳定结构中的阳离子随即在 HF 电离出的 F^- 作用下于酸性条件起到了加速矿物中阳离子溶出的作用。

$$H_2SiF_6 + 2H_2O \longrightarrow 6HF + SiO_2 \tag{2-75}$$

$$HF \longrightarrow H^+ + F^- \tag{2-76}$$

氧化除铁：

$$Fe^{2+} \longrightarrow Fe^{3+} \tag{2-77}$$

$$Fe^{3+} + 3OH^- \Longrightarrow Fe(OH)_3 \downarrow \tag{2-78}$$

加氨水沉淀硫酸铝铵（$3NH_4Al(SO_4)_2 \cdot 12H_2O$）。

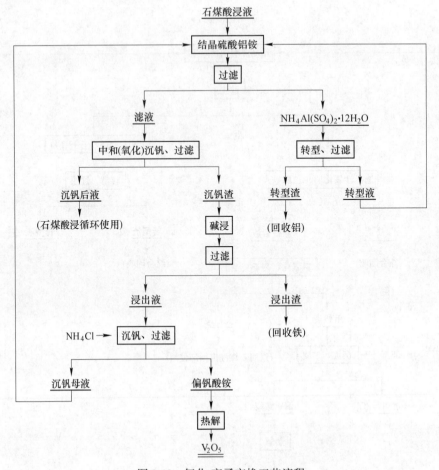

图 2-12 氧化-离子交换工艺流程

沉淀溶解富集钒:

$$VO^{2+} + H_2O \Longrightarrow [VOOH]^+ + H^+ \tag{2-79}$$

$$[VOOH]^+ + H_2O \Longrightarrow VO(OH)_2 + H^+ \tag{2-80}$$

$$VO(OH)_2 + OH^- \Longrightarrow VO(OH)_3^- \tag{2-81}$$

2.3.2.3 直接酸浸提钒典型工艺操作及其技术指标

石煤酸浸提钒工艺包括常压酸浸、常温常压堆浸和氧压酸浸等，表 2-5 给出了直接酸浸提钒石煤典型化学成分，用 30%的硫酸 100℃ 常压酸浸，固液比 1 : 2，钒的浸出率为 81%。

表 2-5 直接酸浸提钒石煤典型化学成分 （%）

化学成分	V_2O_5	SiO_2	Al_2O_3	Fe	ZnO	MgO	K_2O	TiO_2	C	挥发分
含量	0.83	65.88	16.32	1.21	1.50	0.88	5.77	0.53	8.1	4.65

贵州石煤硫酸浸出的最佳条件为：硫酸用量 30%，浸出温度 95℃，浸出时间 24h，浸出液固比 1 : 1，此时 V_2O_5 浸出率为 68%；氟硅酸浸出的最佳条件为：氟硅酸用量 20%，浸出温度 95℃，浸出时间 8h，浸出液固比 1 : 1，V_2O_5 浸出率达到 80%。甘肃石煤硫酸浸

出的最佳条件为：硫酸用量 30%，浸出温度 95℃，浸出时间 24h，浸出液固比 1∶1，此时 V_2O_5 浸出率为 40%；氟硅酸浸出的最佳条件为：氟硅酸用量 30%，浸出温度 95℃，浸出时间 12h，浸出液固比 1∶1，此时 V_2O_5 浸出率达到 60%。贵州石煤混酸浸出的最佳条件为：15%硫酸+8%氟硅酸，浸出时间 12h，浸出温度 95℃，浸出液固比 1∶1，此时 V_2O_5 浸出率能达到 80%左右。

甘肃石煤混酸浸出的条件为：15%硫酸+8%氟硅酸，浸出时间 16h，浸出温度 95℃，浸出液固比 1∶1，此时 V_2O_5 浸出率能达到 55%左右。钒的分离与富集阶段的实验结果表明，萃取的最佳工艺条件为：萃取体系 10%P_2O_4+5%TBP+85%磺化煤油，萃原液 pH = 3.0，接触时间 5min，O/A = 1∶1，萃取温度 30℃，此时对石煤硫酸+氟硅酸浸出液单级萃取率达到 60%以上；7 级萃取后，萃取率达 99%。反萃取的最佳工艺条件为：反萃剂中硫酸质量分数 10%，接触时间 10min，O/A = 10∶1，此时 V_2O_5 反萃率达到 70%以上；5 级反萃后，V_2O_5 反萃率不小于 99%。

沉钒与钒产品制备阶段，用 $NaClO_3$ 氧化，控制 pH = 2，沉钒温度 95℃，沉钒时间 2h 的条件下，沉钒率为 95%；也可用 H_2O_2 氧化，控制 pH = 4，沉钒温度 95℃，沉钒时间 5h 的条件下，沉钒率也能达到 95%。沉淀热解后的钒产品均达到国家钒产品 98 级 V_2O_5 标准。

2.3.3　石煤提钒工艺比较

中国已建有不少从含钒石煤中提取钒的工厂，各厂根据其资源特点开发出具有一定特点的提钒工艺流程。表 2-6 给出了石煤提钒工艺的比较，不同工艺指标差异较大，不具有绝对的可比性。

表 2-6　石煤提钒工艺的比较　　　　　　　　　（%）

提钒工艺	钠化焙烧水浸提钒	硫酸浸出中间盐提钒	氧化焙烧硫酸浸出萃取工艺	氧化焙烧酸浸杂质分离
原矿品位 V_2O_5	>1	1.73	0.88	1.16
焙烧转化率	55			75.1
浸出率	90	88.86	76.1	80.1
萃取率		98.1	98.4	
反萃取率		98.16	99.4	
沉钒率	96	99	98.8	95.82
热解率	98	98	98	98
产品品位 V_2O_5	>98	>98	99.24	99.5
总回收率	45	82.25	70.70	51.65

2.4　石油渣典型提钒工艺

一般来讲，原油和石油砂都含有钒，尽管有些国家至今仍未把油含钒列为钒资源，但这些原油确是钒的潜在资源，全球的石油中钒的含量变化很大，委内瑞拉、墨西哥、加拿大和美国原油含钒为 220~400μg/g，是全球石油含钒量较高的少数几个国家。

2.4.1 提钒工艺

美国、日本、德国、加拿大和俄罗斯等国家从石油渣和石油灰中提钒，提钒的最终产品主要是 V_2O_5，但也可以直接炼成钒铁。提取的方法很多，主要根据原料成分或性质上的差异，选择不同的工艺。

以含钒石油渣为原料制取五氧化二钒的钒提取方法主要有硫酸浸出、碱法提钒和火法处理提钒等方法。

委内瑞拉原油中含 V_2O_5 0.06%，墨西哥原油中含 V_2O_5 0.02%～0.044%。这些含钒的原油在燃烧后，钒富集在灰烬中。如委内瑞拉原油锅炉灰尘含 V_2O_5 35.28%。

加拿大用硫酸浸出法从石油灰烬中回收钒，由静电除尘器收集的燃油灰尘在 11360L 容积的浸出槽中用硫酸浸出，浸出浆液过滤后，把滤液加温至 366K，用次氯酸钠（$NaClO_4$）将钒氧化成五价。等滤液由蓝色变为黄色后，加氨将溶液 pH 值由 0.3 调整到 1.7，使钒以铵盐形态沉淀。沉淀物在 593K 温度下干燥煅烧得 V_2O_5。V_2O_5 在 1373K 的氧化气氛中熔化铸片。

2.4.2 提钒原理

主要化学反应如下。

酸浸工序：
$$V_2O_5 + 6HCl \longrightarrow 2VOCl_2 + 3H_2O + Cl_2 \tag{2-82}$$
$$V_2O_5 + H_2SO_4 \longrightarrow (VO_2)_2SO_4 + H_2O \tag{2-83}$$

$NaClO_4$ 化：
$$VOCl_2 + NaClO_4 \longrightarrow NaVO_3 + 2NaCl + Cl_2 \tag{2-84}$$

沉淀煅烧：
$$NaVO_3 + NH_4Cl \longrightarrow NH_4VO_3 + NaCl \tag{2-85}$$
$$2NH_4VO_3 \longrightarrow V_2O_5 + 2NH_3 + H_2O \tag{2-86}$$

碱法提钒是在石油渣中混加 Na_2CO_3 制粒后焙烧，接着用水浸出；或用 NaOH 溶液直接加压浸出，再用碱性铵盐从溶液中沉淀钒；或浸出液经萃取法或离子交换法净化和富集后，再制取 V_2O_5。

火法处理提钒是在石油渣中混加 Na_2CO_3 或 NaCl 配料后，在硫化物或硫酸盐存在下进行电炉熔炼，获得钒渣和镍锍，然后与湿法提钒流程对接。

2.5 废催化剂和触媒的典型提钒工艺技术

用钒化合物与其载体制成的催化剂是能改变某些化学反应速率，而本身又不参加反应的化学试剂。钒催化剂（$V_2O_5 \cdot NH_4VO_3$）代替铂用于生产硫酸，使 SO_2 转化为 SO_3。在石油工业中，钒主要用做裂解催化剂（VS）以及脱硫剂。钒在橡胶工业中，用乙烯和丙烯的交联合成橡胶的催化剂（VCl_4）。

2.5.1 废催化剂和触媒的提钒技术

处理回收废硫化钒催化剂经焙烧得到易溶浸产物，可采用高温氨浸法，钒废原料加入压煮器中，473K 温度下用 1～14mol/L 浓度的氨水压煮 4h，钒酸铵便溶于氨水中，将钒酸铵滤液的温度降至 323K，便析出钒酸铵结晶，结晶浆液经过滤、水洗、干燥后，在 473～873K 温度下煅烧，便得到 V_2O_5，结晶的母液返回浸出循环使用。同样可以用碱浸出钒催化剂废料回收钒，用 NaOH 或 Na_2CO_3 溶液在 363~378K 温度下浸出 1~6h，然后过滤分离，在浸液中通入氨和二氧化碳，温度保持在 298~308K，按 1mol 钒加入 1.5~5mol 氨量，并将溶液 pH 值调至 6~9。经氨处理，温度保持在 308K，便可以沉淀出钒酸铵。

一般废催化剂在 1073K 温度下进行氧化焙烧，先制得含钒 10.88%、钼 5.49%、钴 2.03%、镍 1.94%、铝 35.48% 的焙烧料，然后按 150g 焙烧料中加入 300mL 含 NaOH15% 的溶液，在 333K 温度下搅拌浸出 3h，浸出料液在 323K 温度下过滤，浸出液由 323K 降至 278K，便析出含钒结晶体，母液返回使用，结晶体经水洗、干燥、煅烧后得到 V_2O_3。焙烧料也可用酸浸流程，催化剂中除钒外，其他有价元素 Mo、Ni、Co 等都转入溶液，除杂后钒用萃取分离法回收。

直接酸浸液除含钒外，还含有大量铁离子，为溶液处理带来麻烦。通过预焙烧使钒氧化成高价钒，同时使其转型，减少了提钒的困难。由于废触媒本身含有 10% 硫酸钾组分，因此氧化焙烧水浸流程可分为不加钠盐和加钠盐两种。前者在焙烧温度 900℃ 时达到最佳转化率（约 80%）。在再高或再低的温度下焙烧，钒的转化率都不理想，后者添加 5% 的 Na_2CO_3 在 800℃ 下焙烧 2h，钒的转化率可达 92%，对焙砂进行两段浸出，即先水浸后酸浸或碱浸，其特点是先将钾盐、钠盐和近 80% 的钒水浸入低酸溶液。这种溶液杂质少，易处理，可回收利用钾盐。酸浸或碱浸目的在于不溶于水的钒盐尽可能多地溶解，以提高钒的回收率。溶液中的钒用 N235 萃取分离，碱反萃，NH_4Cl 沉淀偏钒酸铵，煅烧得 V_2O_5。

2.5.2 石油裂解用废催化剂（VS）的回收技术

废硫化钒催化剂经焙烧得到产物，可以采用高温氨浸法，钒废原料在加入压煮器中，在 473K 温度下用 1~14mol/L 浓度的氨水压煮 4h，钒酸铵便溶于氨水中，经过炉分离后，将钒酸铵滤液的温度降至 323K，便析出钒酸铵结晶，结晶浆液经过滤、水洗、干燥后，在 473~873K 温度下煅烧，便得到 V_2O_3，结晶的母液返回浸出循环使用。

除以上方法外，也可以用碱浸出从钒废料中回收钒，用 NaOH 或 Na_2CO_3 溶液在 363~378K 温度下浸出 1~6h，然后过滤分离，在浸液中通入氨和二氧化碳，温度保持在 298~308K，按 1mol 钒加入 1.5~5mol 氨量，并将溶液 pH 值调至 6~9。经氨处理，温度保持在 308K，便可以沉淀出钒硫铵。滤液送解吸器，用蒸气驱赶液体中的 NH_3 和 CO_2，然后返回浸出，钒硫铵处理同前。

2.5.3 从原油脱硫用的废催化剂的回收技术

美国 AMR 是一家从石油裂变废催化剂提钒的大公司，其处理的废催化剂的量占全美的 50%，年处理废催化剂 16000t，可以综合回收 1500t V_2O_3，1000 多吨 Mo，400~600t Ni，110~180t Co，还有部分 Al_2O_3。

2.5.4 硫酸触媒提钒

硫酸工业上用钒触媒过程中，由于 SO_2 气体中的 As_2O_5 和触媒中 V_2O_5 形成配合物，在触媒的正常操作温度 480℃ 下该配合物随气体挥发掉。挥发量占 V_2O_5 总量的 40%~50%，除此以外还有 K_2SO_4 和 SiO_2。新废触媒成分见表 2-7。

表 2-7　新废触媒成分　　　　　　　　　　　　　　　　　　　　（%）

成分名称	V_2O_5	K_2SO_4	SiO_2
新触媒成分	9~10	20~22	20
废触媒成分	5~6	10~12	80

废触媒的处理，工业上可以采用直接酸浸工艺和氧化钠化焙烧水浸工艺。直接酸浸工艺为了降低溶液杂质和游离酸，减少酸碱消耗。采用两段逆流浸出，一段为弱酸浸，二段为高酸浸。高酸浸出液加入到新加废触媒进行弱酸浸出。二段浸出结果钒浸出率可达88.5%~91.1%，浸出渣含 V_2O_5 可以降到0.59%，当提高二段浸出酸浓度到 80~100g/t，渣含 V_2O_5 量可降到0.3%。溶液的净化采用 N235 或 P204 萃取，碱反萃取，用 NH_4Cl 沉偏钒酸铵，煅烧得到 V_2O_5。

2.6　钒矿物提钒典型工艺技术

2.6.1　钾钒铀矿提钒

从钾钒铀矿提取钒，可用硫酸直接浸出，也可以先将矿石焙烧，再用水和稀盐酸或硫酸浸出。矿石中80%的钒和铀溶解，然后用叔胺、季胺或烷基磷酸溶剂萃取分离钒和铀。

图 2-13 给出了钾钒铀矿提钒工艺流程。

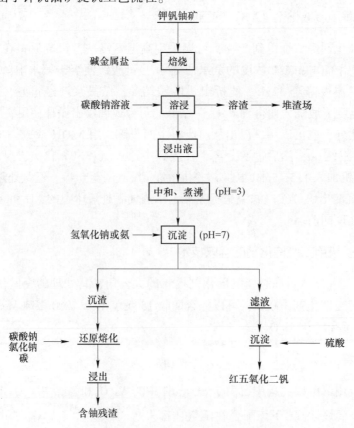

图 2-13　钾钒铀矿提钒工艺流程

2.6.2 钒铅矿提钒

用硫酸浸出钒铅精矿或钒铅锌矿制取五氧化二钒，西南非渥太华地区的阿贝纳比西矿由钒铅矿（$3Pb_3(VO_4)_2 \cdot PbCl_2$）、钒铅锌矿（$Pb,Zn)_3(VO_4)_2 \cdot (Pb,Zn)(OH)_2$ 及白铅矿（$PbCO_3$）等组成，含 V_2O_5 1.39%，含 Pb 7.17%。这种矿经浮选得到含 V_2O_5 10.75%、Pd 49.98% 的精矿，钒的选矿回收率为 89.4%。这种含钒铅精矿用硫酸浸出制取 V_2O_5。

赞比亚布罗肯山的钒铅锌矿为红土质风化矿，经重力选矿得到精矿或中矿。精矿含 V_2O_5 16.57%，作为商品销售，用于吹炼钒渣提钒。含 V_2O_5 8.5% 的中矿和矿泥磨至小于 0.07mm 的粒度，加入机械搅拌浸出槽，用硫酸浸出，得到含 V_2O_5 30~40g/L 的溶液。溶液添加 MnO_2 将钒由 V^{4+} 氧化成 V^{5+} 后，转入沉淀槽加热到 363K，将溶液调至 pH 值为 1.5~3 便沉淀出五氧化二钒，五氧化二钒的纯度在 90% 以上。

2.6.3 铀钼钒矿提钒

美国钒的生产厂家处理的原料以钾钒铀矿石、铀钼钒矿和磷铁矿石为主，钾钒铀矿的化学式为 $K_2(VO_2)_2(V_2O_8) \cdot 3H_2O$ 或 $K_2O \cdot 2UO_2 \cdot V_2O_5 \cdot 3H_2O$。最近澳大利亚西部伊利里的钙结石乐岩中发现大型钾钒铀矿，中国陕西、湖南地区也发现钒铀共生矿。世界上最大的矿冶公司——美国联合碳化物公司从钾钒铀矿石生产钒的工艺流程是焙烧、浸出、沉淀、还原和再浸出。该法钒铀浸出率分别为 70%~80% 和 90%~95%。酸法和碱法浸出含钒溶液，可用离子交换法、溶剂萃取法或选择性沉淀法进行分离提纯。

2.6.4 钒磷铁矿提钒

钒磷铁矿电炉生产单质磷和磷肥的副产品（含钒磷铁）被用作提钒原料，美国的克尔麦吉（Kerr-MeGee）化学公司所用的含钒磷铁矿含钒 3.26%~5.2%，磷 24.7%~26.6%，铁 59.9%~68.5%，铬 3.4%~5.7%，镍 0.84%~1.0%。先将含钒磷铁矿磨至粒度小于 0.42mm，配入 1.4 倍纯碱和 0.1 倍食盐在回转窑中 770~800℃ 温度下焙烧，钒便转变成水溶性的钠盐，焙砂在沸水中浸出，钒、铬、磷均溶入浸出液过滤后滤液结晶析出磷酸钠晶体，粗磷酸钠可再行纯化直至产品合格。磷酸钠结晶母液含磷量大于 0.98g/L，可加入适量 $CaCl_2$，使其以磷酸钙（$CaPO_4$）沉淀，然后水解回收钒，随后往母液中加入硝酸铅以沉淀铬酸铅。工艺过程的钒、铬和磷的回收率分别可以达到 85%、65% 和 94%。

2.6.5 含钒褐铁矿回收钒技术

含钒褐铁矿五氧化二钒含量为 0.5%~2.5%，Fe 20%~40%，SiO_2 30%~65%，矿石主要由针铁矿、赤铁矿和脉石组成。脉石以石英为主，其次是泥质，还有少量的绢云母。钒在褐铁矿中没有呈独立矿物存在，而是以离子型吸附状态存在于铁和泥质中。处理的流程是：破碎、球磨、焙烧、浸出和沉淀 Na_4VO_3 或 V_2O_5。研究表明褐铁矿 V_2O_5 含量不同，钒的转化率受矿石组分的影响，其中主要影响因素是矿石 CaO 的含量，随着 CaO 的含量增加，影响钒的转化，焙烧温度的提高能提高钒的转化率。不同含钒矿石，最高转化率的温度是有差异的。

2.7　过程富集物提钒典型工艺

2.7.1　高铝渣提钒工艺

高铝渣指钒铁冶炼得到的高铝渣，特别是渣铁界面渣，采用 Na_2CO_3 作焙烧添加剂，并添加 $MgSO_4$ 作转化剂，对高铝渣进行氧化钠化焙烧，然后用碳铵浸出的方法提取 V_2O_5。该工艺钒的回收率高达 65%~75%，V_2O_5 产品质量可达 98%，过滤容易且浸出液澄清快，工艺流程简单，取消了沉钒后对需排放的上清液进行除钠的工序；整个生产过程没有污水外排，沉渣中含 Al_2O_3 量高达 80%~84%，可作耐火材料和生产铝酸盐制品的原料。

2.7.2　飞灰提钒

飞灰特指燃油和燃煤过程收集的烟灰，因为含钒富集而成为提钒资源。提钒一般采用水浸、碱浸和酸浸的工艺，分离钒与其他杂质，根据杂质水平选择净化工艺，经过净化处理后溶液沉钒。

飞灰提钒必须进行溶解转化，溶解转化采取酸浸、碱浸、脱碳焙烧水浸碱浸和加压酸浸，形成含钒均匀体系，提钒同时与金属回收结合。飞灰提钒典型工艺见图 2-14。

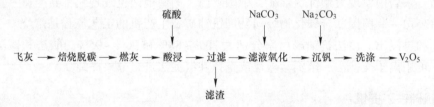

图 2-14　飞灰提钒典型工艺流程图

全球现采石油大多含有微量钒，在石油炼化过程一次富集在重油生产中，重油主要用于发电和工业加热作业，燃烧过程中产生锅炉飞灰和窑炉飞灰，高温燃烧过程钒在飞灰中得到二次富集，可以作为提钒原料，重油飞灰典型成分见表 2-8。

表 2-8　原料重油飞灰典型成分　　　　　　　　　　（%）

重油飞灰	水分	C	V	Fe	Na	Si	Ni	Al	S	P
1	1.9	33.1	2.6	3.5	2.3	2.5	1.3	2.1	12.6	0.1
2	0.9	39.6	3.3	3.9	2.4	0.7	1.2	0.4	11.3	0.1
3	1.5	79.1	1.3	4.0	0.2	0.8	0.7	0.6	1.6	0.1

重油发电过程中，飞灰的产出大约 30% 来自电收尘，部分电收尘过程为了中和烟气酸性，需要喷入氨气中和，导致电收尘飞灰包含相当多的硫酸铵；70% 来自旋风除尘，飞灰的主要成分是炭粒，组成主要是 Fe、V、Ni，部分飞灰含镍，钒镍含量呈正比。

锅炉灰含 V 4.4%~19.2%，Ni 0.2%~0.5%。磨矿至 -0.15mm，用 8mol/L 的 NaOH 溶液 112℃浸取 4h，经三次逆流浸出，钒浸出率为 43%、16% 和 8%，浸出液直接沉钒；浸出渣用 88mol/L 的盐酸溶液浸取，浸出液带进 Ni、Fe 和 Mg 等，用 25% 的 TBP 的煤油萃铁，萃余液调节 pH=6，用 25%LIX64N 的煤油萃取 V 和 Ni，用 0.3mol/L 的 HCl 反萃镍，用 6mol/L 的 HCl 反萃钒，钒回收率为 80%。

锅炉灰也可采用酸性溶解浸出，沸腾条件下用 1mol/L H_2SO_4，固液比保持在 2mL/g，浸出渣用水洗涤 3 次，洗涤固液比为 3mL/g，一次洗水与滤液合并，加过量 25% 的氧化剂（$NaClO_3$），用碳酸钠调节 pH 值至 2.3，沉淀 1h，沉淀物含钠较高，用 pH 值为 2 左右的 H_2SO_4 溶液洗涤，固液比保持在 10mL/g，干燥后可用作钒铁生产原料。

锅炉灰碳含量高，也可采用碳氧化钠化焙烧工艺提钒，焙烧过程氧化脱碳，钒氧化钠化成盐，水浸或者碱浸，主要是焙烧转化过程控制，960℃ 以上钒和镍的挥发加剧，出现钒青铜现象，重油飞灰在 1150℃ 开始变形，1190℃ 软化，1260℃ 熔化，燃烧温度控制在 850℃ 比较合适。钒的浸出率可达到 99%，沉钒率为 89%，钒总收率为 83%。

鉴于飞灰钠化脱碳焙烧过程过大，飞灰本身脱氧燃烧具有温度可变性，细粒度颗粒焙烧容易烧结，给焙烧带来困难。将飞灰加压酸浸，温度控制在 200℃，氧分压为 1.5MPa，酸浓度控制在 60g/L，质量液固比为 1:1，浸取时间为 15min，V 和 Ni 的浸出率大于 95%，浸出液在 200℃ 水解沉淀铁，电解法分离镍，溶液再中和后用铵盐沉钒，煅烧得到 V_2O_5。

重油锅炉电收尘飞灰和旋风除尘飞灰典型化学成分见表 2-9。

表 2-9　原料重油锅炉飞灰典型成分　　　　　　　　　（%）

类　别	C	V	Fe	Na	Mg	Ni	NH_4^+	SO_4^{2-}
电尘飞灰	56.7	0.41	0.55	0.41	2.55	1.02	7.72	29.1
旋风飞灰	63.2	1.91	1.96	1.50	0.07	0.80		24.8

对于 30%～40% 硫酸铵、0.41%V 和 1%Ni 的电收尘飞灰处理，可以采用氨浸工艺，用 0.25mol/L NH_3+1mol/L $(NH_4)_2SO_4$ 溶液浸取飞灰，首先浸取镍，形成镍氨离子，镍浸出率为 60%；用 NaOH 浸取钒，钒浸出率为 80%；固液分离后浸出液用铵盐沉钒，与铵盐沉钒工艺对接。

沥青岩也含有微量钒，与燃煤配水形成水煤浆，配合燃烧产生燃煤飞灰。水煤浆燃烧飞灰典型成分见表 2-10。

表 2-10　水煤浆燃烧飞灰典型成分　　　　　　　　　（%）

成分	水分	C	V	Fe	Na	Ni	Al	S
含量	5.2	7.1	11.7	0.6	1.1	2.5	3.2	13.2

对于水煤浆处理，一般采用酸性溶解浸出，沸腾条件下用 2mol/L H_2SO_4，固液比 2mL/g，浸出渣用水洗涤 3 次，洗涤固液比为 3mL/g，一次洗水与滤液合并，加过量 25% 的氧化剂（$NaClO_3$），用碳酸钠调节 pH 值至 2.3，沉淀 1h，沉淀物含钠较高，用 pH 值 2 左右的 H_2SO_4 溶液洗涤，固液比保持在 10mL/g，干燥后可用作钒铁生产原料。

2.7.3　从炼油渣中回收钒技术

美国是 20 世纪 80 年代末开始用石油渣、石油灰为原料生产钒的，目前仍然是该原料生产钒的最大生产国。美国 Amax 和 CRI Ventures 公司就是处理炼油渣综合回收钒、钼、钴、镍和铝，处理的工艺是炼油渣与烧碱混合磨矿进行加压浸出，在高温和加压下氧化，硫转化硫化物，碳氢化合物大部分分解，钒、钼溶入溶液，经过滤分离，从溶液回收钒

钼。或石油渣加 Na_2CO_3 或 $NaCl$ 配料后，在硫化物和硫酸盐存在下进行电炉熔炼，获得钒渣和镍锍。

2.8 钒铁合金生产技术

钒铁是重要的钒合金产品，是钢铁冶金过程钒合金化处理的重要炉料产品，常用的钒铁有含钒 40%、60% 和 80% 三种，V 组分要求误差小，C、S 和 P 有严格限制，生产商可以根据要求与用户协商约定其他成分。钒铁的生产方法主要有电硅热法、铝热法和钒渣直接合金化法，电硅热法可以生产中钒铁合金和硅钒合金，铝热法可以生产高质量的高钒铁合金，根据安全操作需要形成了铝热法和电铝热法，钒渣直接合金化可以省略钒原料提纯过程，部分节约成本，但产品质量不高，存在 C、Si、S、P 和 Cr 杂质不可控的问题。钒铁合金 V 含量大于 40% 时，熔点为 1480℃，固态密度为 $7.0t/m^3$，堆密度为 $3.3 \sim 3.9t/m^3$，使用块度小于 200mm。

2.8.1 电硅热法工艺

1894 年穆瓦温发明电硅热法还原钒氧化物技术。图 2-15 给出了电硅热法生产钒铁工艺流程。

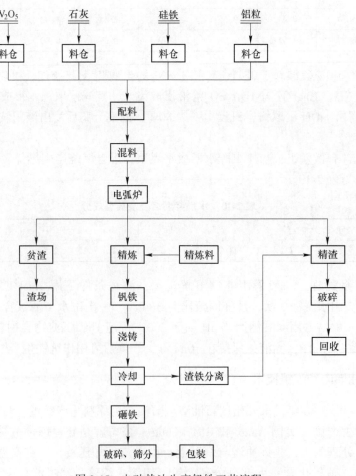

图 2-15 电硅热法生产钒铁工艺流程

2.8.1.1 电硅热法工艺

电硅热法钒铁工艺用片状五氧化二钒为原料，75%硅铁和少量铝作还原剂，在碱性电弧炉中，经还原、精炼两个阶段冶炼生产合格钒铁产品。还原期将一炉的全部还原剂与占总量60%~70%的片状五氧化二钒装入电炉，在高氧化钙炉渣条件下，进行硅热还原。当渣中 V_2O_5 小于 0.35% 时，放出炉渣，转入精炼期。再加入片状五氧化二钒和石灰，以脱除合金液中过剩的硅、铝等，铁合金成分达到要求，即可出渣和合金。精炼后期放出的炉渣为含 V_2O_5 量达 8%~12% 的富渣，在下一炉开始加料时，返回利用。合金液一般铸成圆柱形锭，经冷却、脱模、破碎和清渣后即为成品。

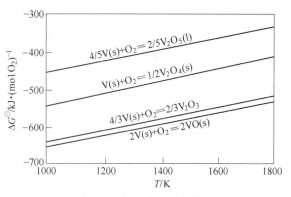

图 2-16　钒氧化物的氧势图

图 2-16 给出了钒氧化物的氧势图，用铝、硅和碳还原钒氧化物（V_2O_5，V_2O_3）的反应 $\Delta G^{\ominus}\text{-}T$ 图见图 2-17。

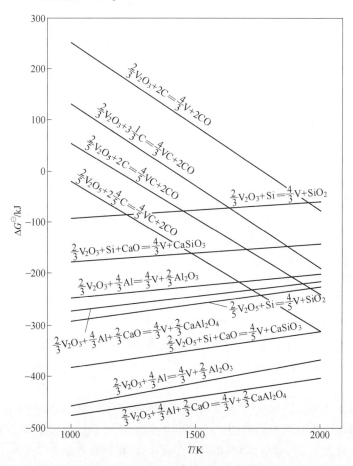

图 2-17　氧化钒还原反应 $\Delta G^{\ominus}\text{-}T$ 关系图

2.8.1.2 电硅热法原理

电硅热法主要还原剂是硅铁中的硅、铝质还原剂和电极中的碳，铁留在合金中作为钒的溶解介质和钒-铁-硅化合的铁元素，电热和反应放热提供热源。

碳还原化学反应如下：

$$1/5V_2O_5 + C \Longrightarrow 2/5V + CO \qquad \Delta G^\ominus = 208700 - 171.95T \qquad (2\text{-}87)$$
$$2/5V_2O_5 + 9/5C \Longrightarrow 4/5VC + CO_2 \qquad \Delta G^\ominus = 150250 - 160.6T \qquad (2\text{-}88)$$

碳在一般条件下属于弱还原剂，反应（2-87）比反应（2-88）难，碳还原五氧化二钒生产钒合金条件下只能形成 VC，得到高碳钒铁合金，足量碳还原时钒铁碳一般可以达到 5%，或者高达 7%~8%，一定程度上影响钒铁应用质量。

硅还原化学反应如下：

$$2/5V_2O_5 + Si \Longrightarrow 4/5V + SiO_2 \qquad \Delta G^\ominus = -326026 + 75.2T \qquad (2\text{-}89)$$
$$2/3V_2O_3 + Si \Longrightarrow 4/3V + SiO_2 \qquad \Delta G^\ominus = -105038 + 54.8T \qquad (2\text{-}90)$$
$$2VO + Si \Longrightarrow 2V + SiO_2 \qquad \Delta G^\ominus = -25414 + 50.5T \qquad (2\text{-}91)$$
$$V_2O_5 + Si \Longrightarrow V_2O_3 + SiO_2 \qquad \Delta G^\ominus = -646023 + 101.53T \qquad (2\text{-}92)$$

低价钒氧化物（VO 和 V_2O_3）与硅氧化物容易生成硅酸盐，迟滞钒还原反应进程，一般反应配料中应该加入氧化钙，形成硅酸钙，使低价钒继续参加反应。

在有氧化钙存在时，硅还原化学反应如下：

$$2/5V_2O_5 + 2CaO + Si \Longrightarrow 4/5V + 2CaO \cdot SiO_2 \qquad \Delta G^\ominus = -470000 + 75.0T \qquad (2\text{-}93)$$
$$2/3V_2O_3 + Si + 2CaO \Longrightarrow 4/3V + 2CaO \cdot SiO_2 \qquad \Delta G^\ominus = -250000 + 54.0T \qquad (2\text{-}94)$$
$$2VO + Si + 2CaO \Longrightarrow 2V + 2CaO \cdot SiO_2 \qquad \Delta G^\ominus = -41070 + 12.03T \qquad (2\text{-}95)$$

铝热还原化学反应如下：

$$2/5V_2O_5 + 4/3Al \Longrightarrow 4/5V + 2/3Al_2O_3 \qquad \Delta G^\ominus = -540097 + 24.8T \qquad (2\text{-}96)$$
$$2/3V_2O_3 + 4/3Al \Longrightarrow 4/3V + 2/3Al_2O_3 \qquad \Delta G^\ominus = -319453 + 63.96T \qquad (2\text{-}97)$$
$$2VO + 4/3Al \Longrightarrow 2V + 2/3Al_2O_3 \qquad \Delta G^\ominus = -316760 + 65.8T \qquad (2\text{-}98)$$

2.8.1.3 原料及配料要求

原料要求：（1）V_2O_5，国标冶金级，块度不大于 200mm，片厚度不大于 5mm；（2）硅铁，国标 75SiFe，块度为 20~30mm；（3）铝块，块度为 30~40mm；（4）废钢，废碳素钢，或者钒渣磁选铁，$w(C) \leqslant 0.5\%$，$w(P) \leqslant 0.35\%$；（5）石灰，有效 $w(CaO) > 85\%$，有效 $w(P) \leqslant 0.5\%$，块度为 30~50mm。

配料要求：钒原料为片状五氧化二钒，按生产 1t 钒铁设计，V_2O_5 相对分子质量为 182，V 相对分子质量为 102。

冶炼钒铁的五氧化二钒配量（理论值）= 1×钒铁钒含量÷（102/182）。

考虑过程损耗和收得率等因素，回收率设定为 93%~95%，则配料保证系数一般选 1.07。

冶炼钒铁的五氧化二钒配量（实际值）= 1×钒铁钒含量÷（102/182）×1.07。

还原剂包括硅质还原剂和铝质还原剂，硅热法生产钒铁还原过程硅铁起 80% 的作用，硅的配料保证系数为 1.10，铝起 20% 的作用，铝的配料保证系数为 1.10。

按照化学反应（1-3）计算硅需求，还原 1t V_2O_5 硅的理论需要量为 0.385t，硅铁理论需要量=1×钒铁钒含量÷（102/182）×1.07×0.385÷0.75；硅铁实际需要量=1×钒铁钒含量÷（102/182）×1.07×0.385÷0.75×1.10。

按照化学反应式（1-8）计算铝需求，还原1tV$_2$O$_5$铝的理论需要量为0.5t，铝的理论需要量=1×钒铁钒含量÷（102/182）×1.07×0.5÷精铝纯度；精铝实际需要量=1×钒铁钒含量÷（102/182）×1.07×0.5÷精铝纯度×1.30。

钒铁冶炼过程中铁的主要作用是熔铁介质，通过原料铁的熔化获得，铁在钒铁冶炼温度范围内没有挥发，铁除了极少量渣中残留外全部进入合金，配料保证系数一般选定1.00。

铁屑需要量=1×［1-钒铁含钒（%）-杂质（%）］-硅铁带入系统铁量。

硅铁带入系统铁量=硅铁实际需要量×［1-硅铁中硅的质量分数（%）］。

按照碱度要求计算石灰配入量，实际需要量=1×钒铁钒含量÷（102/182）×1.07×0.385÷0.75×1.10×0.75×（62/28）×碱度÷石灰中CaO的质量分数×110%。

2.8.1.4 电硅热法典型工艺操作及其技术指标

电硅热法钒铁冶炼过程分两步进行：还原过程和精炼过程，根据需要炉料也分为还原料和精炼料，还原过程分为两期还原和三期还原。第1步为还原期，用硅铁和铝还原氧化钒，得到含硅高的钒硅铁合金；第2步是精炼期，用V$_2$O$_5$高的炉渣精炼钒硅铁合金，降低硅而得到钒铁。前一个冶炼周期完成后，完成补炉，加入按生产钒铁成分所需要的全部铁料，通电后将上炉的精炼渣返回炉内，并加入第1批还原料（五氧化二钒熔片、石灰和配料的大部分硅铁）。当熔池形成后，全负荷供电，使炉料迅速熔化。全部熔化后适当降低供电负荷，加入剩余的硅铁后，再加铝还原渣中的V$_2$O$_5$。充分搅拌熔池，当炉渣中的V$_2$O$_5$<0.35%时则出渣。出渣后，加入第2批还原料（氧化钒熔片和石灰的混合料）。全部熔化后经过充分搅拌，先加硅铁，后加铝块还原炉渣。当渣中V$_2$O$_5$<0.35%时放渣。还原期加料数量及批数由生产钒铁的钒含量（40%~60%）确定。生产V 50%~60%，Si≤2.0%的钒铁，还原期共加3批料。每批还原料加完出渣时，还原期产出废渣成分为：V$_2$O$_5$ 0.2%~0.35%，CaO 45%~55%，SiO$_2$ 25%~28%，MgO 5%~8%，Al$_2$O$_3$ 5%~10%。还原期结束后，精炼期开始。加入五氧化二钒熔片和石灰的混合料。主要目的是降低炉内钒硅铁合金中硅含量和提高钒含量。炉内合金成分达到要求后，放出含V$_2$O$_5$高的精炼渣。返回下一炉。精炼期出炉渣成分为：V$_2$O$_5$ 8%~12%，CaO 45%~50%，SiO$_2$ 23%~25%，MgO约10%。钒铁合金铸入锭模，自然冷却15~20h后脱模、精整并破碎成规定粒度后包装出厂。

冶炼FeV40原料消耗见表2-11。压缩空气消耗为500M^3/t，综合电耗为1600kW·h/t，冶炼电耗为1520kW·h/t。

表2-11 冶炼FeV40原料消耗 （kg/t）

V$_2$O$_5$（100%）	FeSi75	铝锭	钢屑	石墨电极	镁砖	镁砂	石灰	水
735.6	340	130	250	28	130	130	1540	80

电硅热法一般用于生产含钒40%~60%的钒铁。钒的冶炼回收率约为97%。生产1t（V40%）消耗：片状五氧化二钒约750kg，硅铁（75%Si）约370kg，铝块100~110kg，钢屑（铁料）380~400kg，石灰约1300kg；电耗1500~1600kW·h。

2.8.1.5　操作要点

还原一期电炉操作过程要求准备补炉料，按照卤水：镁砖粉：镁砂＝1：3：5的比例配制补炉料，操作间隙应当发现炉衬缺陷加以修补，高温快补，堵好出铁口，不漏缺陷；补炉后垫衬部分精炼渣；加入钢屑后检查电极和供电系统，加入上炉液态精炼渣，在极心圆附近加入一期混合料，根据电弧迅速增大电流，冲高至峰值；炉料熔化顺畅后，加入硅铁还原，用石灰调整碱度，适时加入铝块还原，根据还原强度调节电流；炉渣$w(V_2O_5) \leqslant$ 0.35%时小电流低电压出贫渣，过程控制先快后慢，防止铁渣混出，取样分析贫渣五氧化二钒。

还原二期随着二期混合料的加入电流升至最高值；炉料熔化后加入硅铁还原，调整碱度，持续加铝块和硅铁贫化渣，炉渣$w(V_2O_5) \leqslant$ 0.35%时小电流低电压出贫渣；还原三期基本重复二期操作，取样分析合金V、Si、C、S和P，调整碱度，加硅铁和铝块进一步贫化炉渣，还原期合金成分控制见表2-12。

表2-12　还原期合金成分控制　　　　　　　　　　　　　　　（%）

成分	V	Si	C	P	S
含量	31~37	3~4	≤0.6	<0.08	<0.05

精炼期主要调整合金成分，操作与二期相同，用大电流大电压熔化炉料，调整碱度，根据熔化强度调整电流，取样分析合金V、Si、C、S和P，成分合格后安排出炉；出炉过程采用小电压大电流保温，渣口出精炼渣，打开出铁口后停电出铁。精炼合金成分控制见表2-13，精炼渣成分控制见表2-14。

表2-13　精炼合金成分控制　　　　　　　　　　　　　　　（%）

成分	V	Si	C	P	S
含量	>40	<2	<0.75	<0.1	<0.06

表2-14　精炼渣成分控制　　　　　　　　　　　　　　　（%）

成分	V_2O_5	CaO	SiO_2	MgO	CaO/SiO_2
含量	8~13	45~50	23~25	8~15	1.8~2.0

浇铸钒铁时铁水包要预热并清理干净，铁水包底垫干燥河砂，铸模底部垫粉状钒铁，根据铁水温度、排气和铸模大小现场安排浇铸速度，铁水面控制离铸模顶端100mm左右，脱模时间控制在完成浇铸后80min左右，后期浇铸要避免渣铁混浇。

脱模后钒铁合金锭立即送入水冷池，冷却时间控制在30~40min之间，水冷池加水量约为容积的2/3，加入合金锭将水加满。合金锭完成冷却后迅速干燥，称重入库。

2.8.1.6　硅热法钒铁生产影响因素

电硅热法冶炼钒铁具有两个直观指标，钒铁产品质量和技术经济指标，钒铁产品质量与产品标准选择和操作控制有关，产品质量控制取决于选料、配料和准确操作，冶炼过程的技术经济指标则主要与操作控制和设备性能有关。钒铁产品中C、S和P杂质水平控制，必须选择符合标准要求的五氧化二钒、硅铁和石灰，限制进入炉料体系水平，参考同类产品和同类技术工艺的生产经验，在操作控制过程中充分考虑炉渣的容量水平和过程挥发。

电硅热法钒铁生产过程中，对原料有严格要求，工业五氧化二钒纯度越高，杂质越少，对钒铁冶炼越有利，原料中的 P 在高温熔炼过程中基本不挥发，将根据平衡分配系数在合金与渣相分布，有约 85% 将进入合金相，原料控制 P 十分重要；原料中的 S 主要 Na_2SO_4 形式存在，原料 S 有相当部分可以在高温熔炼过程中挥发，发生化学反应，如式 (2-99) 所示，剩余 S 将根据平衡分配系数在合金与渣相分布。

$$2Na_2SO_4 + Si + V_2O_5 \Longrightarrow 2Na_2O \cdot SiO_2 + 2SO_2 \uparrow + V_2O_3 \qquad (2-99)$$

熔炼过程中生成低熔点 (570℃) 化合物 $Na_2O \cdot SiO_2$，导致炉渣变稀，热含量降低，提高炉温受限，热辐射损失增加，炉壁及炉顶耐火材料寿命降低，合金与炉渣熔点差异增加，炉渣贫化困难。反应 (2-10) 属于吸热反应，生成 SO_2 气体，在熔炼过程中产生起泡现象；五氧化二钒中 Na_2O 含量应该尽量低，Na_2O 可以被铝还原，从而产生不必要的铝消耗；配料石灰如果没有烧透烧熟，或者严重吸水受潮，冶炼过程中分解消耗电能，并可能造成炉渣碱度降低。

硅热还原是放热反应，冶炼温度主要受配料、硅氧化、供电、系统保温和操作制度影响，冶炼温度一般控制在 1600~1650℃，温度过高会引起钒挥发损失，增加能耗；碱度 (CaO/SiO₂) 可以平衡替代低价钒氧化物成渣，低碱度降低硅的还原能力，高碱度时炉渣黏度增加，给钒铁合金生产操作和合金分离带来困难，增加物料消耗，过量氧化钙会与五氧化二钒反应生成钒酸钙，增加硅还原难度，碱度一般控制在 2.0~2.2。

2.8.1.7 常见问题与故障处置

常见问题与故障处置主要有如下几种情况。

(1) 由于配料或者中途跑渣等，合金钒含量不正常：钒含量高时，应补加铁屑。

补加铁屑量=需降低钒量×炉中合金量÷降后合金钒含量，合金量的估值很重要。

钒含量低时，应补加 V_2O_5。

应补加 V_2O_5 量 =需增加钒量×炉中合金量×(182/102) ÷五氧化二钒纯度，合金量的估值很重要。

(2) 由于配料或者中途跑渣等，合金硅含量不正常，硅含量高时应补加五氧化二钒。

应补加 V_2O_5 量 =需减低硅量×炉中合金量×(364/140) ÷五氧化二钒纯度，合金量的估值很重要。

合金硅含量低时，应考虑补加硅铁。

补加硅铁量=需增加硅量×炉中合金量÷硅铁中硅的质量分数×增硅后合金硅含量。

(3) 合金碳磷含量高主要是原料的选择问题，临时方案可以通过脱磷和脱碳措施解决，或者补充添加铁屑。长期办法应该更新原料，限制碳、磷含量。

钢屑补充量=需降低碳量×炉中合金量÷(降后合金碳含量-钢屑碳含量)。

(4) 由于炉内反应节奏、炉料失衡偏析、硫碳氧化燃烧、供热过快和辅助原料消化产生沸腾跑渣现象，主要部位为炉门，形成安全隐患，需要加强原料管理，精细操作，严格送电制度加以克服。

(5) 炉衬保护，停炉间隙补炉清渣，保护碱性炉底炉壁，新炉底和补炉料必须烘烤固结后使用，次炉开炉前炉底垫渣保护，炉温控制不可太高，搅动不要伤害炉底。

2.8.1.8 电炉要求

炉型选择为炼钢电炉，石墨电极，控制电压为 150~250V，电流为 4000~4500A，电极

直径为200~250mm，实际生产厂要求，变压器2500kV·A，一次电压10000V，二次电压121V、92V/210V和160V，额定电流6870A。

电炉规格为3t电弧炉，电极ϕ250mm，极心圆ϕ760mm，炉壳ϕ2900mm×1835mm，电极行程1300mm。

2.8.2　铝热法

铝是最强的还原剂之一，1897年戈登施米特发明铝热法钒铁工艺，用铝还原片状五氧化二钒生产钒铁，反应过程属于爆发式热释放过程，产生的热量巨大（4577kJ/kg混合料），不但能够满足完成铝热还原冶炼工艺的热量需求，而且过热部分热量需要添加回炉钒铁碎屑来降低反应温度；通过加入石灰、镁砂和萤石降低炉渣黏度，调节炉渣碱度，加入钢屑作为铁熔剂；调整铝粒与五氧化二钒熔片粒度来降低反应速度，减少喷溅损失，提高钒的收得率。

与电硅热法钒铁工艺相比，铝热法生产的钒铁具有C含量低和V含量高的特点，铝热法冶炼装置采用圆形具有一定结构基础的反应炉筒，内衬具有耐高温浸蚀的固结耐火材料，一般采用镁质炉衬，或用钒铁炉渣打结。反应罐可以按照目标产品和炉容要求，准确计算各种物料配比和热量平衡，将配料均匀混料后加入反应罐中，引燃引发炉料的氧化还原反应。

2.8.2.1　铝热法生产工艺

铝热法用铝作还原剂，在碱性炉衬的炉筒中，炉底铺镁砂，内衬镁砖，所有镁砂必须烘烤干燥固结，先把小部分混合炉料装入反应器中，即行点火引发炉料的氧化还原反应。反应开始后再陆续投加其余炉料，还原主反应结束后，立即往渣层表面加入由三氧化二铁和铝粒组成的发热沉降剂，增加放热，保持渣的熔融状态，使渣中合金沉降，同时在热状态继续还原尚未还原的钒氧化物，吸附渣中合金的悬浮合金液滴。

合金冷却时间为16~24h，完成冷却后，拆炉，分离合金和渣，靠近合金部分的渣和渣面渣分别存放，合金按照块度大小分别处理，靠近合金部分的渣处理后主要用作冷却返料，渣面渣处理后用于炉衬打结。铝热法通常用于冶炼高钒铁（含钒60%~80%），回收率较电硅热法略低，为90%~95%。铝热法是最早生产钒铁的方法且至今仍在使用。目前已发展形成连续加料（下点火工艺）和一次加料（上点火工艺）。铝热法钒铁典型生产工艺流程见图2-18。

2.8.2.2　电铝热法生产工艺

电铝热法钒铁工艺以片状五氧化二钒、三氧化二钒、钒酸钙、钒酸铁或者上述混合物为钒原料，铝粒作还原剂，电铝热法工艺用电供应补充热量，替代铝发热。在碱性电弧炉中，经还原、精炼两个阶段冶炼生产合格钒铁产品。还原期将一炉的全部还原剂与钒原料装入电炉，在高氧化钙炉渣条件下，进行铝热还原。还原结束后出贫渣，加入精炼剂，调节合金成分，铁合金成分达到要求，即可出渣出合金。精炼渣为含V_2O_5的富渣，在下一炉开始加料时，返回利用。合金液一般铸锭，经冷却、脱模、破碎和清渣后即为成品。电铝热法钒铁典型生产工艺流程见图2-19。

2.8.2.3　铝热法生产原理

铝热还原反应生产钒铁主要是以片状五氧化二钒为主钒原料，铝质还原剂，铝热还原

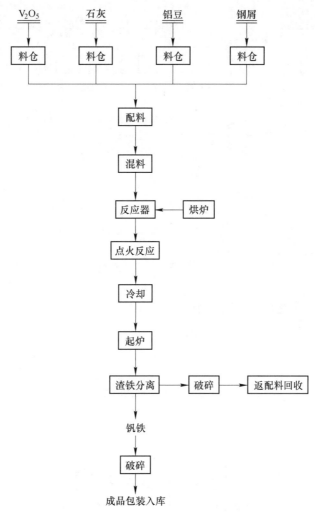

图 2-18 铝热法钒铁典型生产工艺流程

化学反应见式（2-96）~式（2-98）。

2.8.2.4 原料及配料要求

要求五氧化二钒熔片含 V_2O_5 量不小于 98%。块度小于 20mm×20mm，片厚为 3~5mm。铝为含 Al 大于 98%，粒度小于 3mm 的铝粒和 3~10mm 的铝片，返渣是前期生产得到的炉渣（刚玉渣），粒度为 5~10mm，钢屑为普碳钢车屑，卷长小于 15mm。铝热法生产钒铁原料成分见表 2-15。

表 2-15 铝热法生产钒铁原料成分

原 材 料	成分/%				粒度/mm
	P	C	S	Si	
五氧化二钒（V_2O_5 大于 93%）	<0.05	0.05	<0.035		1~3
铝粒（Al 大于 98%）				<0.2	3
钢屑	<0.015	<0.5			10~15
石灰	<0.015				

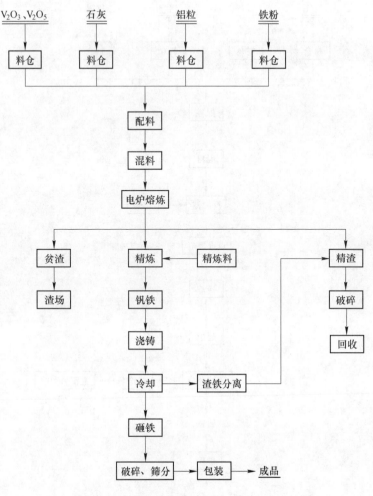

图 2-19 电铝热法钒铁生产典型工艺流程

铝热法的特点是合理用铝，配料要求保证物料平衡和产品品质，最佳工艺条件是反应热为 3140~3350kJ/kg 炉料，用铝量计算按照铝热化学反应式（2-8）计算理论用铝量，实际配铝量为理论配铝量的 100%~102%。

理论用铝量＝V_2O_5质量×V_2O_5品位×铝的相对原子质量×10÷V_2O_5的相对原子质量×3。

用 93% 的五氧化二钒冶炼 80VFe，钒的回收率按 85% 计算，100kg 五氧化二钒可冶炼得到 80VFe 量计算如下：

80VFe 量＝五氧化二钒加入量×五氧化二钒品位×2×钒的相对分子质量÷

五氧化二钒相对分子质量×过程钒回收率

＝100×0.93×102÷182×0.85÷0.8＝55.4kg

钢屑杂质含量按 5% 计算，则：

钢屑用量＝55.4－55.4×5%－100×93%×102÷182×0.85＝8.33kg

铝热还原冶炼钒铁过程放热量巨大，单位混合料的反应热为 4500kJ/kg，生产 75%~80% 的高钒铁的单位炉料反应热在 3100~3400kJ/kg 之间比较好，需要冷却料降温缓冲，冷却剂包括石灰和返渣。铝热还原过程中片状五氧化二钒纯度在 95% 左右，熔化后被还原为低价钒，削减部分热量，实际反应热为 3768kJ/kg。还原 100kgV$_2$O$_5$ 的反应热计算如下：

$$反应热 = 实际单位反应热 \times （五氧化二钒加入量 + 铝粒加入量）$$
$$= 3768 \times （100 + 46） = 550128kJ$$

铝热反应平稳反应热为 3266kJ/kg，炉料重量 = 550128÷3266 = 168.44kg。

可以确定炉料包含五氧化二钒 100kg，铝粒 47.88kg 和钢屑 8.33kg，应配入冷却料量计算如下：

$$冷却料量 = 入炉炉料 - 实际五氧化二钒加入量 - 实际铝粒加入量 - 实际钢屑加入量$$
$$= 168.44 - 100 - 47.88 - 8.33 = 12kg$$

入炉冷却剂中石灰和返渣各占一半，即石灰 6kg，返渣 6kg。

点火剂采用铝粉：氯酸钾(或者过氧化钡，或者镁粉)：V$_2$O$_5$ = 1：1：1。

2.8.2.5 炉型特点

根据炉型和炉容规格用铸铁或者厚钢板制成圆筒形炉壳，外部用钢紧固夹或钢箍加固，分为上部分筒体和下部炉底。冶炼炉准备过程分为砌炉、打结和烘炉，炉衬分为永久层和临时层，永久层采用镁砖和高铝砖分三段砌筑，临时层用返渣和卤水打结，保持一定的强度防止漏炉和保护永久层耐火材料，要求打结层总体强度适中，便于拆炉。炉身筒体与炉底接缝必须塞紧，固结强度高，炉底打结层要求比上半部打结层厚一些，打结料中不能包含低熔点物料。

钒铁一般内衬用镁砖砌筑，炉子内壁用细磨刚玉返渣和卤水混合料打结，炉底可铺镁砂，烘烤干燥固结。按照连续生产的要求，同类炉子可同时安排多台，置于移动平板车上，一台次作为一个小生产周期，炉内径为 0.5~1.7m，高为 0.6~1.0m。

按照炉型规格、入炉料批大小和合金品种配套称重计量、混配料机、加料装置、化检验、电炉加热以及环保设施，有条件的生产厂可以同时配置炉内在线检测装置。

2.8.2.6 铝热法钒铁典型工艺操作及其技术指标

A 铝热法

在碱性炉衬的炉筒中，先把小部分混合炉料装入反应器中，即行点火。反应开始后再陆续投加其余炉料，冶炼反应完成后，自然冷却 16~24h。拔去炉筒，取出钒铁锭，进行清理、包装。通常用于冶炼高钒铁（含钒 60%~80%），回收率较电硅热法略低，约为 90%~95%。冶炼得到的钒铁成分为：V 75%~80%，Al 1%~4%，Si 1.0%~1.5%，C 0.13%~0.2%，S≤0.05%，P≤0.075%。炉渣成分含 V$_2$O$_5$ 5%~6%，Al$_2$O$_3$ 约 85%，CaO+MgO 约 10%。

生产 1t 80%V 的钒铁消耗：氧化钒熔片（V$_2$O$_5$ 98%）1500~1600kg，铝（Al 98%）810~860kg。钒的冶炼回收率为 90%~95%。

B 电铝热法

为了降低炉渣中的钒含量，铝热反应完成后，将反应平板车牵引至电加热器位置，插入电极加热，保持炉渣的熔融状态，使悬浮在炉渣中的金属粒下沉，炉渣中的钒氧化物和残余铝继续反应，提高钒的回收率，提高钒总收得率。

电铝热法还可以以片状五氧化二钒、三氧化二钒、钒酸钙、钒酸铁或者上述混合物为钒原料，铝粒作还原剂，电铝热法工艺用电供应补充热量，替代铝发热。工艺过程与硅热

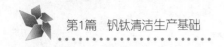

还原钒铁类似。

2.8.2.7　铝热法钒铁生产影响因素

铝热法钒铁生产的主要影响因素是准确配料、配热和加料速度控制，三者相辅相成，相互影响，配料不准主要包括混料不均、炉料偏析和计量不准，配铝要求使炉料反应完全充分，过量铝将熔入合金，随着合金铝含量升高，合金比重降低，沉降速度降低，炉渣合金夹杂增加，铝耗增加，钒回收率降低，配铝不足可能使炉料反应不完全不充分，可能导致反应缓慢，或者反应终止，或者钒铁成分失控，时高时低，形成废品，造成原材料损失浪费；配热不足或者过高指配料过程铝、氯酸钾和冷却剂不均衡，将导致反应过程热不足，或者过热燃烧，或者严重喷溅，结果与配料和配热不均一样。

铝热还原反应经过点火剂引发后，一般逐步增加加料速度，以保持还原过程平稳，速度过快，炉温急速升高，炉料喷溅严重，钒和铝的损失增加；加料速度过慢，冶炼温度低，还原反应进程缓慢，反应的热力学和动力学条件变差，造成炉渣过早黏结，钒氧化物还原反应不完全，渣铁分离困难，合金凝聚差，合金弥散残留在渣中，损失增加，钒回收率降低。综合考虑炉容和炉形特点，加料速度保持在 $160 \sim 200 kg/(m^2 \cdot min)$ 比较合适，降温冷却剂（返渣和石灰）用量可以按照 V_2O_5 配入量的 $20\% \sim 40\%$ 考虑。

三氧化二钒是钒的低价氧化物，与五氧化二钒的铝热还原过程相比，一次还原用弱还原剂，降低二次还原需求，实现天然气或者煤气与铝质还原剂的转换替代，可以节约 40% 的铝。在用三氧化二钒铝热法生产钒铁时，由于还原过程配铝量降低，反应热量不足，需要通过电能补充热量，用三氧化二钒适应电铝热法冶炼高钒铁，也可使用三氧化二钒和五氧化二钒的混合料。

2.8.3　钒渣直接合金化生产钒铁合金

钒渣直接合金化一般生产中低钒铁，要求满足不同的铁钒还原条件，铁氧化物还原采用弱还原剂，钒氧化物还原用强还原剂，简化钒的精制工序，可以最大限度降低钒铁生产成本。

2.8.3.1　钒渣直接合金化生产钒铁工艺

钒渣直接合金化生产钒铁首先将钒渣中的铁氧化物选择性还原，第一阶段在电弧炉中用碳、硅铁或者硅钙合金还原钒渣中的铁氧化物，使大部分的铁脱离钒渣，得到 V/Fe 高的钒渣，第二阶段在电弧炉中将脱铁后的钒渣用碳、硅或者铝还原，得到钒铁合金。

2.8.3.2　钒渣直接合金化生产钒铁原理

钒渣直接合金化用碳、硅或者硅钙还原铁氧化物，用硅或者铝还原钒氧化物。

铁氧化物碳还原化学反应如下：

$$Fe_2O_3 + C =\!=\!= 2FeO + CO \tag{2-100}$$

$$FeO + C =\!=\!= Fe + CO \tag{2-101}$$

$$2CO + O_2 =\!=\!= 2CO_2 \tag{2-102}$$

$$Fe_2O_3 + Si + Ca =\!=\!= 2Fe + SiO_2 + CaO \tag{2-103}$$

至于钒氧化物还原反应，碳热还原反应见式（2-87）和式（2-88）。

硅热还原化学反应见式（2-89）~式（2-95），低价钒氧化物（VO 和 V_2O_3）与硅氧化物容易生成硅酸盐，迟滞钒还原反应进程，一般反应配料中应该加入氧化钙，形成硅酸钙，使低价钒继续参加反应。在有氧化钙存在时，硅还原化学反应见式（2-89）~式（2-95），铝热还原化学反应见式（2-96）~式（2-98）。

2.8.3.3 原料及配料要求

根据还原度要求选择还原剂，一次还原以碳质和硅质还原剂为主，碳质可以是石油焦，或者其他含碳精还原剂；硅质还原剂主要是75SiFe，或者硅钙合金，其中的钙同时成为还原剂。一次还原铁的还原率控制在86%左右，钒的还原率控制在5%左右，V/Fe由0.20~0.25提升至1.0~1.5。二次还原根据目标钒铁成分选择铝质还原剂，并进行相应的配料计算。

2.8.3.4 铝热法钒铁典型工艺操作及其技术指标

俄罗斯在1290~1390℃用碳选择性预还原转炉钒渣，将86%的铁和5%的钒还原进入金属相，分离后钒渣的V/Fe从0.20~0.25提升至1.0~1.5，用75SiFe和铝还原，得到的初合金和精炼合金成分见表2-16。

表2-16 初合金和精炼合金成分 （%）

项　目	V	Ti	Cr	Si	Mn
初合金	20~26	3~6	2~4	14~18	10~15
精炼合金	26~34		4~6		14~18

美国专利US34202659提出，第一步将钒渣、石英、熔剂与碳混合，在1200kV·A电弧炉中冶炼钒硅合金，钒渣组成为 $w(V_2O_5)$ = 17.5%~22.5%和 $w(SiO_2)$ = 16.74%~17.57%，得到的钒硅合金成分为 $w(V)$ = 18.97%和 $w(Fe)$ = 32.16%。钒硅合金可以采用一次精炼法，加入五氧化二钒和石灰，钒硅合金：五氧化二钒：石灰 = 120:75:126，电炉精炼得到合金组成为 $w(V)$ = 44.6%、$w(Fe)$ = 34.85%、$w(Si)$ = 16.97%、$w(Cr)$ = 0.91%、$w(Ti)$ = 0.92%、$w(Mn)$ = 0.71%和 $w(C)$ = 0.23%，中间渣 $w(V)$ = 9.1%。也可采用二次精炼法，将一次精炼渣和钒硅合金在电炉中精炼得到中间钒硅合金 [$w(V)$ = 33.80%和 $w(Si)$ = 23.33%]，配入五氧化二钒和石灰二次精炼，得到钒铁合金成分为 $w(V)$ = 55.80%和 $w(Si)$ = 0.78%，过程钒回收率为87%。

美国专利US3579328提出在普通炼钢电炉中将钒渣、石灰和硅铁混合冶炼，钒渣组成为 $w(V_2O_5)$ = 12.2%、$w(SiO_2)$ = 15.8%、$w(Cr_2O_3)$ = 0.5%、$w(MnO)$ = 1.1%、$w(FeO)$ = 37.2%、$w(P_2O_5)$ = 0.05%、$w(CaO)$ = 0.5%和 $w(TiO_2)$ = 4%，选择硅铁为75SiFe，石灰采用煅烧石灰或者白云石石灰，混料比例为钒渣：石灰：硅铁 = 1000:700:90，熔化1.5h后，温度控制在1600~1700℃，得到1400kg的中间渣，425kg的钢，中间渣碱度控制在1.0~2.0，炉渣中MgO质量分数控制在2%~10%，Al_2O_3 质量分数控制在2%~20%，中间渣倒入预热后的可摇动渣包中，18min内加入83kg的75SiFe，还原温度保持在1650℃，得到169kg的钒铁合金，合金组成为 $w(V)$ = 32.1%、$w(Fe)$ = 32.1%、$w(Si)$ = 6.4%、$w(Cr)$ = 1.7%、$w(Ti)$ = 0.2%和 $w(Mn)$ = 2.3%，钒回收率为79%。

美国专利US4165234和原西德专利DIN2810458提出在底吹转炉内直接合金化冶炼钒铁，在10t转炉底部配置氧气和天然气喷嘴，一次装入6t钒渣，钒渣组成为 $w(V)$ =

11.2%和$w(Fe)=42\%$，用$30m^3/min$的吹氧速度和$15m^3/min$的吹氧速度将转炉内钒渣熔化，吹氧最后$20min$向转炉内加入$550kg$石灰，升温至$1500℃$，熔化$45min$，熔化后炉渣组成为$w(V)=9.52\%$和$w(Fe)=37\%$，向炉内吹入$12m^3/min$水蒸气和$4m^3/min$天然气，同时加入$550kg$ $75SiFe$和$550kg$石灰，吹入蒸汽加速还原，将炉渣$[w(V_2O_5)=0.42\%]$倒出，向炉内金属$[w(V)=17.6\%]$和$[w(Si)=1\%]$吹氧（$35m^3/min$）及天然气（$3m^3/min$），吹炼$20min$后得到$2.2t$炉渣$[w(V)=28\%$和$w(Fe)=10\%]$，$1.5t$钢水$[w(V)=0.12\%$和$w(C)=0.05\%]$，放出钢水，向炉内投入$800kg$铝块和$1000kg$石灰还原炉渣，并吹入蒸汽（$12m^3/min$）和天然气（$2m^3/min$）搅拌，最高还原温度为$1700℃$，最后得到$1t[w(V)=43.4\%]$的钒铁合金。

加拿大专利860886用真空碳还原直接冶炼钒铁，钒渣组成为$w(V)=14.4\%$、$w(FeO)=38.5\%$、$w(SiO_2)=20.01\%$、$w(Cr_2O_3)=2.3\%$、$w(TiO_2)=8.1\%$、$w(MnO)=2.2\%$、$w(MgO)=1.4\%$、$w(P_2O_5)=0.05\%$和$w(CaO)=0.3\%$，破碎至小于$0.043mm$，石油焦破碎至小于$0.043mm$，将钒渣和细粒石油焦混合压块，装入电阻真空炉内，真空压力为$0.133Pa$，$3h$加热至$1480℃$，加热过程压力升高至$27Pa$，保温$10min$，停电，压力降至$8Pa$，得到钒铁合金成分为$w(V)=24.84\%\sim26.42\%$、$w(Fe)=42.15\%\sim43.15\%$、$w(Si)=8.50\%$、$w(Cr)=8.5\%$、$w(Al)=2.9\%\sim3.0\%$、$w(Mn)=0.02\%\sim0.04\%$和$w(Ca)=0.25\%\sim0.10\%$。需要提高合金品位，可以用五氧化二钒精炼提升。

奥地利特雷巴赫工厂（TCW）用钒渣直接冶炼钒铁，首先用焦炭或者硅铁在电炉中选择性还原脱铁，还原铁直接炼钢，预还原钒渣加入硅还原剂和炉渣处理得到的铁钒硅合金还原，得到钒铁产品和还原渣，还原渣硅还原处理得到铁钒硅合金返回生产钒铁还原工序，贫渣弃掉。钒铁产品成分为$w(V)=45\%$、$w(Si)=4.3\%$、$w(Mn)=1.1\%$和$w(C)=0.7\%$。

2.8.3.5 钒渣直接合金化钒铁生产影响因素

钒渣直接合金化生产钒铁简化了钒的精制过程，属于非标准化产品，质量无法与五氧化二钒或者三氧化二钒生产的钒铁质量相比，钒铁成分比较复杂，受原料构成的影响较深，产品的用途主要由特定用户决定，适应于钒钛铸铁生产，满足不同客户群体的产品质量要求和生产工艺选择。钒渣直接合金化冶炼钒铁工艺比较多，多数属于试验研究性质，工业生产应用例证仅限于奥地利的特雷巴赫工厂和克里斯蒂那斯皮格尔工厂，中国攀钢和锦州铁合金厂均试验研究过钒渣直接合金化冶炼钒铁，随着钒生产工艺的成熟、资源规模扩大、产品质量标准提升以及环境保护执法力度加大，目前已很少进行类似生产。主要生产过程的质量影响因素在于钒渣质量和还原剂质量，不同地域厂家和工艺生产的钒渣成分有一定差异，合金化过程钒渣中的杂质氧化物被还原，溶解在合金中，还原剂余量产生杂质残留，主要工艺技术经济指标影响因素包括温度、设备选择、能耗、还原剂种类与配比等。

一般认为钒渣直接合金化是钒资源和钒工艺不成熟阶段的产物，但具有回收其他金属的功能，如Cr等。

2.8.4 硅钒合金

用钒渣和硅石为原料，焦炭作还原剂，也可用硅铁作还原剂，石灰作造渣剂，在电弧炉中冶炼硅钒合金，控制碳质还原剂的用量，用碳作还原剂时硅钒合金成分见表2-17。如果用硅铁作还原剂则硅钒合金的 C 含量小于 0.5%。其作用原理与电硅热法钒铁基本相同。

表 2-17　硅钒合金成分　　　　　　　　（%）

化学成分	V	Si	Mn	Ti	Cr	C	S	P
含量	8~13	10~30	5~6	0.9~3.0	2~2.5	0.5~1.5	0.003~0.006	0.03~0.10

2.9　金属钒

钒元素发现 30 年后，英国化学家罗斯科（Roscoe）用氢气还原钒的氯化物得到纯度 96% 的金属钒，受溶解 C、N、H 和 O 等元素的影响，钒金属性质受到影响，出现硬度和脆性增加现象，偏离钒金属良好延展性预期。用金属或碳将钒氧化物还原成金属钒的过程，为钒冶金流程的重要组成部分。主要有钙热还原、真空碳热还原、氯化物镁热还原和铝热还原四种方法。金属钒的制取工业上采用金属热还原的钙热还原法以及 20 世纪 70 年代发展的铝热还原和真空电子束重熔联合法，联合法可以制得供核反应堆用的纯钒，也可用真空碳热还原。

2.9.1　钒氧化物热还原

图 2-20 给出了金属氧化物自由能与温度的关系。可以看出，钒的氧化物其稳定性顺序为 VO>V_2O_3>V_2O_4>V_2O_5。当以 V_2O_5 为原料进行碳还原时，将遵守逐级还原理论，最难还原的是 VO。

在 V-O 体系中存在的主要氧化物有 V_2O_5、V_2O_4、V_2O_3 和 VO，其标准生成自由能：

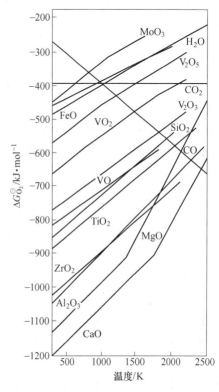

图 2-20　金属氧化物自由能与温度的关系

$$2V(s) + O_2(g) =\!=\!= 2VO(s)(1500 \sim 2000K) \quad \Delta G_1^\ominus = -803328 + 148.78T(J/mol) \tag{2-104}$$

$$4/3V(s) + O_2(g) =\!=\!= 2/3V_2O_3(s)(1500 \sim 2000K) \quad \Delta G_2^\ominus = -800538 + 150.624T(J/mol) \tag{2-105}$$

$$V(s) + O_2(g) =\!=\!= 1/2V_2O_4(s)(1500 \sim 1818K) \quad \Delta G_3^\ominus = -692452 + 148.114T(J/mol) \tag{2-106}$$

$$4/5V(s) + O_2(g) =\!=\!= 2/5V_2O_5(l)(1500 \sim 2000K) \quad \Delta G_4^\ominus = -579902 + 126.91T(J/mol) \tag{2-107}$$

2.9.1.1　金属热还原

金属热还原是利用一种活性较强的金属还原另一种活性较弱金属的化合物制取金属或其合金的过程。被还原金属的化合物可以是金属的氧化物、硫化物、氯化物、氟化物或熔盐，也可是这些化合物的富集物或精矿。过剩的还原剂及反应产生的金属和还原剂的化合物的混合物通过造渣分层或蒸馏或酸洗分离。对于金属还原剂来说，金属单质的还原性强弱一般与金属活动性顺序相一致，即越位于后面的金属，越不容易失电子，还原性越弱。元素位置在同一周期越靠左，金属性越强；元素位置在同一族越靠下，金属性越强。

金属还原性顺序：

K>Ca>Na>Mg>Al>Mn>Zn>Cr>Fe>Ni>Sn>Pb>（H）>Cu>Hg>Ag>Pt>Au

金属阳离子氧化性的顺序：

$K^+<Ca^{2+}<Na^+<Mg^{2+}<Al^{3+}<Mn^{2+}<Zn^{2+}<Cr^{3+}<Fe^{2+}<Ni^{2+}<Sn^{2+}<Pb^{2+}<（H^+）<Cu^{2+}<Hg^{2+}<Fe^{3+}<Ag^+<Pt^{2+}<Au^{2+}$

金属热还原反应为：

$$MeX + Me' \rightleftharpoons Me + Me'X + Q \tag{2-108}$$

式中，MeX 为被还原金属的化合物；Me′ 为金属还原剂；Me 为还原生成金属；Q 为反应的热效应。

当金属热还原反应放出的热足以维持反应所需的温度，使反应继续进行下去的过程为自热还原，如反应放出的热量过多，有时还要加惰性物以降低反应速度；如反应放出的热量不足以维持反应的继续进行，则需往炉料中加入特殊供热添加剂或供给电热。

出于对还原控制、产品质量以及安全的考虑，金属热还原一般都在特制的容器和电炉中于惰性气体或熔盐或炉渣的保护下进行，并要避免反应容器对产品的污染。选用金属热还原剂要求具有较强的还原能力，还原剂对被还原化合物中的非金属组分的化学亲和势大于金属，还原反应的标准吉布斯自由能变化为负值；金属热还原剂容易处理和容易提纯，还原产物和生成的金属具有容易分离的性质以及成本低廉和安全可靠的特性。

钒氧化物的常用金属还原剂包括钙、镁和铝等，钒氧化物金属还原产物为金属钒和还原剂的氧化产物的混合物，同时包含余量还原剂，经过渣分层和酸洗涤分离，得到粗钒金属制品。

钒氧化物金属热还原热力学数据见表 2-18。用钙、镁和铝还原钒氧化物，钙、镁和铝金属热还原钒氧化物过程所有反应生成自由能为负值，具备反应热力学条件，反应可以按照预设条件进行，钒对 CaO、MgO 和 Al_2O_3 不具有还原性，不发生可逆反应。

表 2-18 钒氧化物金属热还原热力学数据

项 目	反应式	$\Delta H/kJ \cdot g^{-1}$	$\Delta H^{\ominus}/kJ \cdot g^{-1}$
主反应	$V_2O_5+5Ca = 2V+5CaO$	-1621	-4.240
	$V_2O_3+3Ca = 2V+3CaO$	-684	-2.532
	$V_2O_5+5Mg = 2V+5MgO$	-1456	-4.800
	$3V_2O_5+10Al = 6V+5Al_2O_3$	-3735	-4.579
	$V_2O_3+2Al = 2V+Al_2O_3$	-459	-2.249
促进剂与稀释剂反应	$Ca+I_2 = CaI_2$	-533	-1.814
	$Ca+S = CaS$	-476	-6.598
	$3BaO+2Al = 3Ba+Al_2O_3$	-1410	-2.510
	$KClO_3+2Al = KCl+Al_2O_3$	-1251	-7.068
	$NaClO_3+2Al = NaCl+Al_2O_3$	-1285	-8.028

金属热还原法中金属及其氧化物的物性数据见表2-19。用钙、镁和铝进行钒氧化物金属热还原，反应产物包括金属钒、余量还原剂、CaO、MgO和Al_2O_3，生成物沸点大于2000℃，氧化物与金属钒熔点相差140~915℃，具备分离条件，金属钒沸点达到3409℃，在金属热还原过程中不会产生有毒有害和危险物质。V、Ca、Mg、Al氧化物自由能与温度的关系见图2-21。

表2-19　金属热还原法中金属及其氧化物的物性数据

金属及其氧化物	Al	Ca	Mg	V	Al_2O_3	CaO	MgO	V_2O_3	V_2O_5
熔点/℃	660	842	650	1910	2050	2615	2825	1957	678
沸点/℃	2520	1494	1090	3409					

（1）钙热还原法。钙热还原是一种工业规模生产金属钒的方法。以V_2O_5或V_2O_3为原料，金属钙屑为还原剂。钙用量为理论量的60%。钙屑和V_2O_5或V_2O_3混合后，加入到放置在用惰性气体清洗过的钢质反应罐的氧化镁坩埚中，再加碘（也可用硫）作发热剂，碘加入量按生成1mol钒添加0.2mol碘计量，充氩气密封后，用高频感应器加热，温度达973K时便开始反应：

$$V_2O_5 + 5Ca \longrightarrow 2V + 5CaO + 1620.07kJ$$
$$\text{（2-109）}$$

$$V_2O_3 + 3Ca \longrightarrow 2V + 3CaO + 683.24kJ$$
$$\text{（2-110）}$$

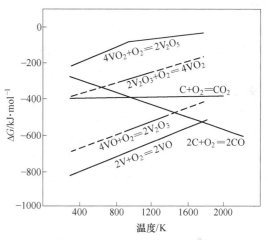

图2-21　V、Ca、Mg、Al氧化物
自由能与温度的关系

$$V_2O_5 + Ca \Longrightarrow V_2O_4 + CaO \qquad \text{（2-111）}$$
$$V_2O_4 + Ca \Longrightarrow V_2O_3 + CaO \qquad \text{（2-112）}$$
$$V_2O_3 + Ca \Longrightarrow 2VO + CaO \qquad \text{（2-113）}$$
$$VO + Ca \Longrightarrow V + CaO \qquad \text{（2-114）}$$
$$V_2O_5 + 5Ca \Longrightarrow 2V + 5CaO \qquad \text{（2-115）}$$

因反应系放热反应，反应开始后便停止加热。停止加热后温度会自动上升到2173K。生成的塑性金属钒块或钒粒用水洗去附着物，钒收率约为74%。若在炉料中加铝时，钒收率可提高到82%~97.5%，但因钒含铝高而变脆。以高纯V_2O_5为原料，配入超过理论量50%~60%的金属钙，用碘作熔剂和发热剂，置于密封的反应器或"反应弹"内反应。得到致密金属锭或熔块，其中约含碳0.2%，含氧0.02%~0.08%，含氮0.01%~0.05%和含氢0.002%~0.01%。

（2）铝热还原法。将V_2O_5与高纯铝在"反应弹"中反应生成致密的钒铝合金，然后在1790℃高温高真空中脱铝，再经真空电子束重熔，除去合金中残余的铝和溶解的氧等杂质，所得金属钒的纯度大于99.9%。也可以经过两次电子束熔炼，获得纯度更高的钒锭。

德国采用铝热还原法生产粗金属钒。这种方法是将五氧化二钒和纯铝放在反应弹进行反应，生成钒铝合金。钒合金在 2063K 的高温和真空中脱铝，可制得含钒 94% ~ 97% 的粗金属钒。

用铝作还原剂时，钒氧化物的还原反应如下：

$$3V_2O_5 + 2Al \Longrightarrow 3V_2O_4 + Al_2O_3 \tag{2-116}$$

$$3V_2O_4 + 2Al \Longrightarrow 3V_2O_3 + Al_2O_3 \tag{2-117}$$

$$3V_2O_3 + 2Al \Longrightarrow 6VO + Al_2O_3 \tag{2-118}$$

$$3VO + 2Al \Longrightarrow 3V + Al_2O_3 \tag{2-119}$$

$$3V_2O_5 + 10Al \Longrightarrow 6V + 5Al_2O_3 \tag{2-120}$$

三氧化二钒同样是稳定的钒氧化物，可以用作金属钒生产原料。钒氧化物的还原反应如下：

$$V_2O_3 + 2Al \Longrightarrow 2V + Al_2O_3 \tag{2-121}$$

有氯酸钾作为催化剂时，钒氧化物的还原反应如下：

$$KClO_3 + 2Al \Longrightarrow KCl + Al_2O_3 \tag{2-122}$$

（3）镁热还原。金属镁的纯度高，价格比钙低，反应生成的氯化镁比氯化钙易挥发，所以用镁还原比用钙还原更为合理。其还原过程如下：1）用含钒 80% 的钒铁氯化制取粗四氯化钒；2）用蒸馏法脱除粗四氯化钒中的三氯化铁；3）在圆柱形镁回流器中将四氯化钒转化为 VCl_3；4）用蒸馏法去除 VCl_3 中的三氯氧化钒 $VOCl_3$；5）将冷却后的三氯化钒破碎后放置在还原反应罐中，在氩气保护下加入镁将 VCl_3 还原成金属钒；6）用真空蒸馏法除去金属钒中的镁和氯化镁；7）用水洗去除金属钒中残留的氯化镁，干燥后获得产品钒粉。还原作业在软钢坩埚中进行。软钢坩埚放在软钢罐内，用煤气加热。先将酸洗后的镁锭加入坩埚，再加入 3 倍于镁锭量的三氯化钒。还原温度控制在 1023 ~ 1073K。根据温度指示器判断反应的快慢，如反应缓慢则补加镁，保温约 7h 后冷却到室温。每批可生产 18 ~ 20kg 金属钒。然后取出坩埚放在蒸馏炉中缓慢加热至 573K 温度，并在 573K 下保温。当指示压力达 0.1333 ~ 0.6666Pa 时再升温到 1173 ~ 1223K 保温 8h，快速冷却到室温，所得海绵钒的纯度为 99.5% ~ 99.6%，钒收率为 96%。

VCl_2 镁热还原法化学反应如下：

$$VCl_2 + Mg \Longrightarrow MgCl_2 + V \tag{2-123}$$

2.9.1.2　碳热还原法

用碳或碳化物作还原剂还原氧化物或选择性还原冶金原料中的某种氧化物，制得金属、合金或中间产品的过程。钒氧化物的非金属还原剂包括碳、氢、煤气、硅和天然气等，碳热还原可以分为碳热钒氧化物还原法、碳热钒氯化物还原法和真空碳热还原法。一般可采用固体碳还原，石墨或者精碳粉，也可采用气基还原，煤气或者天然气，如焦炉煤气主要成分为 HCH 和 CO，但与天然气相比，焦炉煤气还含有较复杂的其他组分，且随炼焦用煤不同有较大变化，还与炼焦生产操作等许多条件有关。

钒氧化物碳热还原步骤及化学反应：

$$V_2O_5 + C \Longrightarrow 2VO_2 + CO\uparrow \qquad \Delta G_T^{\ominus}(C) = 49070 - 213.42T(J/mol) \tag{2-124}$$

$$2VO_2 + C \Longrightarrow V_2O_3 + CO\uparrow \qquad \Delta G_T^{\ominus}(C) = 95300 - 158.68T(J/mol) \tag{2-125}$$

$$V_2O_3 + C \Longrightarrow 2VO + CO\uparrow \qquad \Delta G_T^{\ominus}(C) = 239100 - 163.22T(J/mol) \qquad (2\text{-}126)$$

$$VO + C \Longrightarrow V + CO\uparrow \qquad \Delta G_T^{\ominus}(C) = 310300 - 166.21T(J/mol) \qquad (2\text{-}127)$$

$$V_2O_5 + 7C \Longrightarrow 2VC + 5CO\uparrow \qquad \Delta G_T^{\ominus}(C) = 79824 - 145.64T(J/mol) \qquad (2\text{-}128)$$

A 碳热钒氧化物还原法

用碳还原钒氧化物制取金属钒需要在 1700℃ 以上,一般情况氧化达到一定程度会形成稳定碳化钒 (VC 或者 VC_2),CO 的稳定性超过钒氧化物,钒氧化物碳热还原经历 $V_2O_5 \rightarrow V_2O_4 \rightarrow V_2O_3 \rightarrow VO \rightarrow V(O) \rightarrow V$,钒氧化物、碳氧化物生成自由能见图 2-22。

钒碳化物碳热还原经历 $VC \rightarrow VC_2 \rightarrow V(C) \rightarrow V$,碳热还原的基本化学反应可以用下式表示:

$$1/yV_xO_y + C \Longrightarrow x/yV + CO \qquad (2\text{-}129)$$

当温度低于 1000℃,化学反应如下:

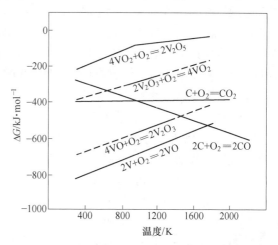

图 2-22 钒氧化物、碳氧化物生成自由能

$$V_2O_5 + CO \Longrightarrow 2VO_2 + CO_2 \qquad (2\text{-}130)$$

$$2VO_2 + CO \Longrightarrow V_2O_3 + CO_2 \qquad (2\text{-}131)$$

当温度高于 1000℃,化学反应如下:

$$V_2O_3 + 5C \Longrightarrow 2VC + 3CO \qquad (2\text{-}132)$$

$$2V_2O_3 + VC \Longrightarrow 5VO + CO \qquad (2\text{-}133)$$

$$VO + 3VC \Longrightarrow 2V_2C + CO \qquad (2\text{-}134)$$

$$VO + V_2C \Longrightarrow 3V + CO \qquad (2\text{-}135)$$

B 真空碳热还原法

真空碳热还原法是制备可锻钒的重要方法之一。把 V_2O_5 先用氢还原成 V_2O_3,再与炭黑混合,在真空炉中经多次高温还原,制得的钒块约含碳 0.02%,含氧 0.04%,它在室温下是可锻的。金属钒还可以用碘化物热分解法提纯,制得纯度为 99.95% 的钒。用氢在 1000℃ 还原钒的氯化物也可制得可锻钒。

VO 的碳还原反应为:

$$VO(s) + C(s) \Longrightarrow V(s) + CO(g) \qquad (2\text{-}136)$$

因为:

$$2V(s) + O_2(g) \Longrightarrow 2VO(s) \quad (1500 \sim 2000K) \qquad \Delta G_{22}^{\ominus} = -803328 + 148.78T(J/mol)$$
$$(2\text{-}137)$$

$$2C(s) + O_2(g) \Longrightarrow 2CO(g) \qquad \Delta G_{23}^{\ominus} = -225754 - 173.028T(J/mol)$$
$$(2\text{-}138)$$

则用碳质还原剂还原 V_2O_5 或 V_2O_3,在标准状态下,最高开始还原温度 $T_{开始} =$ 1794.77K(1521.77℃)。

要降低开始还原温度,其方法是降低体系中气相的压力,即降低 CO 的分压 $p(CO)$。

不同的 $p(CO)$ 对应有不同的开始还原温度。

工业真空碳热还原是将 V_2O_5 粉与高纯炭粉混合均匀，加 10%樟脑乙醚溶液或酒精，压块后放入真空碳阻炉或感应炉内。炉内真空压力到 6.66×10^{-1} Pa 后，升温至 1573K，保温 2h。冷却后将反应产物破碎。根据第一次还原产物的组分再配入适量碳化钒或氧化钒进行二次还原。二次还原炉内的真空压力为 2.66×10^{-2} Pa，温度控制在 1973～2023K 之间，并保温一段时间。真空碳还原法所得金属钒的成分（质量分数/%）为：钒 99.5，氧 0.05，氮 0.01，碳 0.1。钒收率可达 98%～99%。

C　多步碳热还原制取金属钒

碳热还原一般在较高温度下进行，考虑到高温下金属钒和原料氧化钒的挥发，一般采取高碳配比和密闭反应器，钒原料可以从 V_2O_5 开始，也可以从 V_2O_3 和 VC 开始，具体的还原步骤采用多步逐级还原，逐级取出中间产品、破碎、磨细、脱氢、配料重新混合、调整 C/O 比例，制成球团重新入炉，进入下一个作业流程，直至得到金属钒。图 2-23 给出了碳还原多步法制备金属钒工艺。

用乙炔炭黑与 V_2O_5 混合，$x(O)/x(C)$（摩尔比）为 1.25，原料结构为 $V_2O_5 + 4C$，450～540℃，还原，生成 V_2O_4；调整原料结构为 $V_2O_4 + 3.5C$，加热至 1350℃，抽真空至 10Pa，生成 VC，其中含 86%～87%V，5%～6%C，7%～8%O；加炭黑或者 V_2O_3，调整 $x(O)/x(C) = 1$，加热至 1500℃，抽真空至 0.1Pa，3h 得到粗钒，96%～97%V，1%～1.5%C，2%～3%O；调整 $x(O)/x(C) = 1$，加热至 1700℃，抽

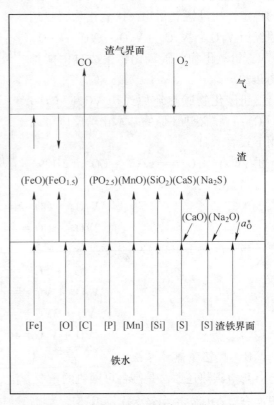

图 2-23　碳还原多步法制备金属钒工艺

真空至 0.001Pa，12h 得到延展性钒，99.6%V，0.12%C，0.06%O。

以 V_2O_3 和 VC 为原料，根据产品要求和工序，将配料置于感应炉内坩埚，抽真空至 0.05Pa，温度控制在 1450℃，8h；再抽真空至 0.01Pa，温度控制在 1500℃，9h，烧结形成 C-OV 块，用电阻炉处理，加热至 1650℃，抽真空至 0.002Pa，2h，加入 VC 调节成分，再加热至 1675℃，抽真空至 0.005Pa，3h，得到延展性钒。杂质成分为 0.01%N，0.12%C 和 0.014%O。V_2O_3 和 VC 多步碳热还原制备金属钒工艺流程见图 2-24。

金属钒的碳热还原制备可以借助等离子弧，将 V_2O_5 和石墨粉混合压片，形成圆片，直径 15mm，厚 8mm，炉料结构摩尔比 $[x(O)/x(C)]$ 为 0.8～17，置于水冷铜坩埚，一并装入传导型电弧炉，加热至 2100～2800℃，抽真空，充氩气冲稀原料中的 CO 浓度，保持 CO 低分压，V_2O_5 快速还原熔化，45s 熔体钒含量达到 90%以上，10min 熔体钒含量达到 96%以上，合金含 2.3%C 和 1.8%O，钒转化率为 87%，改进后达到 90%以上。

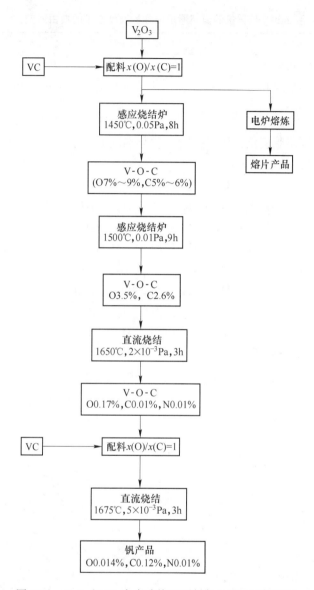

图 2-24　V_2O_3 和 VC 多步碳热还原制备金属钒工艺流程

采用两步法, 首先熔炼由 V_2O_5+C 压块, $[x(O)/x(C)]=1.20\sim1.25$, 制取粗钒; 然后通入 Ar+H_2 混合气, 氢气比例为 25%, 脱除合金中的 C 和 O, 等离子弧对冶炼脱氧有利, 脱碳能力一般。粗钒总体含氧高、含碳低。

2.9.1.3　氢还原

钒氧化物可以通过氢气还原得到金属钒, 反应由高价到低价逐次进行, 最终得到金属钒。即在纯的干燥氢气中, 将五氧化二钒加热到 600℃ 保温 3h, 然后升温到 900～1000℃ 继续保温 5h, 最后随炉冷却, 即可得到金属钒。表 2-20 给出了氧化钒的氢还原反应在标准状态下的自由能变化（自由能=A+BT）。

反应的平衡常数 $= RT\ln K_p = -8.314T \times 2.3026 \lg K_p = -19.1438T \lg K_p - \lg K$

$$= (A/T + B)/19.1438$$

表 2-20　氧化钒的氢还原反应在标准状态下的自由能变化

反 应 式	A/J	$B/J \cdot K^{-1}$
$V_2O_5 + H_2 = 2VO_2 + H_2O$	−91630	−68.20
$V_2O_5 + 2H_2 = V_2O_3 + 2H_2O$	−166732	−76.15
$V_2O_5 + 3H_2 = 2VO + 3H_2O$	−14244	−111

图 2-25 给出了氢还原氧化钒的自由能变化与温度的关系。

钒氧化物的氢还原反应如下：

$$V_2O_5 + H_2 \Longrightarrow V_2O_4 + H_2O \tag{2-139}$$

$$V_2O_4 + H_2 \Longrightarrow V_2O_3 + H_2O \tag{2-140}$$

$$V_2O_3 + H_2 \Longrightarrow 2VO + H_2O \tag{2-141}$$

$$VO + H_2 \Longrightarrow V + H_2O \tag{2-142}$$

$$2H_2 + O_2 \Longrightarrow 2H_2O \tag{2-143}$$

$$V_2O_5 + H_2 \Longrightarrow 2VO_2 + H_2O \tag{2-144}$$

$$V_2O_5 + 2H_2 \Longrightarrow V_2O_3 + 2H_2O \tag{2-145}$$

$$V_2O_5 + 3H_2 \Longrightarrow 2VO + 3H_2O \tag{2-146}$$

2.9.1.4　钒氯化物还原

图 2-26 给出了金属氯化物的自由能变化与温度的关系。

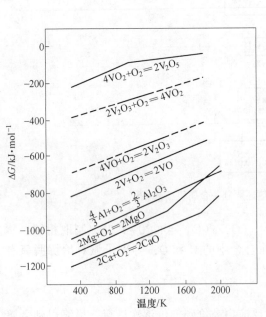

图 2-25　氢还原氧化钒的自由能变化与温度的关系　图 2-26　金属氯化物的自由能变化与温度的关系

　　钒的氯化物可以被金属类还原剂和碳氢类还原剂还原成金属钒，金属类还原剂包括镁、钠、钙、锂和钾，由于对反应过程控制、产物处理、来源成本和产品质量的综合考虑，钾钠活性高，来源、使用、安全和储存困难，金属钠沸点低，易汽化，容易使反应器压力增大，钠蒸气与其他金属氯化物反应能够生成自燃性化合物，实际应用的金属还原剂仅限于钙和镁，金属钙及其还原生成物 $CaCl_2$ 沸点高，对反应产物的常规处理蒸馏分离法极不适应，如果采用清洗处理，会造成产品污染，碳氢类还原剂仅限于氢，反应器多为真空密封，阶段性充入惰性气体。

氯化钒一般采用 VCl_4、VCl_3 和 VCl_2，要求纯度高，所有原料净化脱气脱水干燥，VCl_4 一般混入了 $VOCl_3$，还原金属钒产品中氧含量较高，严重影响产品质量。使用的坩埚材料必须结构整体性强，适应高温和气体性强还原气氛，防止高温熔解、浸蚀和脱落。

氯化钒钙镁还原剂热力学及物性数据见表2-21。

表 2-21　氯化钒钙镁还原剂热力学及物性数据

反　应　式	$\Delta H_{298}/kJ \cdot g^{-1}$	$\Delta H_{298}^{\ominus}/kJ \cdot g^{-1}$
$VCl_4 + 2Ca = V + 2CaCl_2$	-1022	-3.745
$VCl_4 + 2Mg = V + 2MgCl_2$	-713	-2.954
$2VCl_3 + 3Mg = 2V + 3MgCl_2$	-803	-2.072
$VCl_2 + Mg = V + MgCl_2$	-198	-1.365
$VCl_3 + 3Na = V + 3NaCl$	-678	-2.760

金属热还原法中金属及其氯化物的物性数据见表2-22。一般还原过程钒回收率在80%以上，如果条件优化和控制技术达标，钒收得率可以达到90%以上。金属钒产品质量需要高纯度钒氯化物，去除分离可能影响产品质量的硅铁类氯化物，还需要降低三氯氧钒含量水平，尽可能降低合金中的氧含量。

表 2-22　金属热还原法中金属及其氯化物的物性数据

金属及其氯化物	Al	Ca	Mg	V	Na	NaCl	CaCl$_2$	MgCl$_2$	VCl$_4$
熔点/℃	660	842	650	1910	98	801	772	714	-26
沸点/℃	2520	1494	1090	3409	882	1465	2000	1418	148.5

金属热还原的热力学条件是满足的，在适当的动力学反应条件下，通过还原钒氯化物可以制备金属钒。

A　钒氯化物氢还原

氢气还原逐级进行，将钒氯化物由高价态还原为低价态，还原反应高于300℃，出现钒低价氯化物，高于1500℃，低价钒氯化物还原形成金属，氢还原钒氯化物的反应生成自由能变化与温度的关系见图2-27。

具体的化学反应如下：

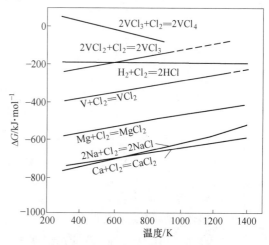

图 2-27　氢还原钒氯化物的反应生成
自由能变化与温度的关系

$$2VCl_4 + H_2 = 2VCl_3 + 2HCl \tag{2-147}$$

$$2VCl_3 + H_2 = 2VCl_2 + 2HCl \tag{2-148}$$

$$VCl_2 + H_2 = V + 2HCl \tag{2-149}$$

$$Cl_2 + H_2 = 2HCl \tag{2-150}$$

氢还原法是在高温条件下用氢将金属氧化物还原以制取金属的方法。氢还原钒氯化物是一个缓慢的过程，英国科学家罗斯科（Roscoe）利用氢气还原钒氯化物得到含钒95%的粗钒，将钒氯化物（VCl_3或者VCl_2）置于Pt反应舟中，通氢气加热40h，升温至白热，得到金属粗钒；另有科学家Tyzack以VCl_3为原料，采用马弗炉加热，VCl_3置于Mo反应舟，氢气经过铀屑净化后，首先在400~500℃将VCl_3还原形成VCl_2，然后经过长时间在1000℃还原，形成轻度烧结的钒熔片，含V纯度达到并大于99.99%。金属钒切割成0.049mm以下，然后压块，真空1750℃烧结，得到可压延加工的钒。

氢还原钒氯化物制备金属钒工艺流程见图2-28。

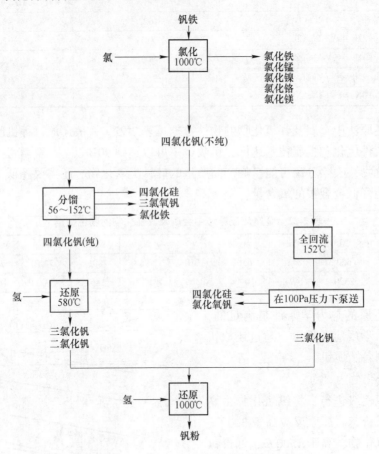

图2-28　氢还原钒氯化物制备金属钒工艺流程

B　钒氯化物钙热还原

VCl_2钙热还原法化学反应如下：

$$VCl_2 + Ca = CaCl_2 + V \tag{2-151}$$

金属钙及其还原生成物$CaCl_2$沸点高，对反应产物的常规处理蒸馏分离法极不适应，如果采用清洗处理，会造成产品污染，一般不作为金属钒的制备选择。

C　钒氯化物镁热还原

钒氯化物可以通过镁还原控制，在三个阶段进行反应，按照$VCl_4 \rightarrow VCl_3 \rightarrow VCl_2 \rightarrow V$的

层次进行反应，第一阶段 VCl_4 还原形成 VCl_3，第二阶段 VCl_3 还原形成 VCl_2，VCl_2 还原形成 V，具体化学反应如下：

$$VCl_4 + 2Mg \longrightarrow V + 2MgCl_2 \tag{2-152}$$

$$2VCl_3 + 3Mg \longrightarrow 2V + 3MgCl_2 \tag{2-153}$$

$$VCl_2 + Mg \longrightarrow V + MgCl_2 \tag{2-154}$$

用特殊的反应器上下配置两个坩埚，同时配备加热单元，底部坩埚装入金属镁还原剂，上部坩埚装入 VCl_4，炉内充惰性气体，密封加热后，金属镁熔化形成蒸汽，与汽化扩散的 VCl_4 接触反应，生成 $MgCl_2$ 熔渣和海绵钒，反应放热，按照反应式（2-152）进行，一般根据两种物料的汽化速度控制反应节奏，避免过热内压升高；反应完成后压力下降，冷却后开启反应器，取出反应物料，放进真空蒸馏反应器，真空度保持在 0.01Pa，温度为 825℃，时间控制在 15～17h，蒸馏去除多余的镁和氯化镁，得到金属钒。过程钒收率为 50%～70%。

英国以 VCl_3 为原料，采用密封钢制反应器，底部坩埚盛装金属镁，外部储罐盛装 VCl_3，与反应器内部连通，通过连接阀门加料和控制流量，根据配料先加好镁，对炉内加热 700℃ 干燥脱水，抽真空脱气，充入惰性气体，罐内维持正压，加热在 750～780℃ 之间，使镁熔化汽化，同时用螺旋调节输入 VCl_3，镁蒸汽与 VCl_3 接触，按照反应式（2-153）进行，7h 完成反应，冷却后将反应物移出放进真空蒸馏器中，加热至 920～950℃，抽真空，蒸馏 8h，多余镁挥发，$MgCl_2$ 渣与钒分离，沉入炉底，蒸馏剩余的海绵钒在干燥空气保护下冷却，防止钒屑氧化。过程钒收率在 96%～98% 之间。

用 VCl_2 为原料，还原炉与蒸馏炉一体化，将盛有 VCl_2 的坩埚置于一体化真空炉中，加入不定型镁片，过量 40%～50%，抽真空充入惰性气体，加热至 520～570℃ 引燃反应，按照反应式（2-154）进行，放热条件使炉温升高 100℃，持续加热至 900℃，2h 后反应完成，冷却至室温取出，清理后倒置放入炉内，密封抽真空，加热至 950℃，蒸馏 16h，蒸馏出的气体在夹层冷凝，部分 Mg 和 $MgCl_2$ 进入冷凝收集槽。结束蒸馏后，海绵钒在干燥空气吹扫清理，防止钒屑氧化。过程钒收率在 95%～98% 之间。

2.9.2 钒的精炼

金属热还原和碳氢还原得到的金属钒产品由于受技术环境的影响存在杂质缺陷，影响金属钒产品的品质和深加工应用，杂质主要包括 C、N、O、C、Al、Ca、Cr、Cu、Fe、Mo、Ni、Pb、Ti 和 Zn 等，部分来自生产过程的原料残留和夹杂，其次是受外环境控制的影响，产品吸附、吸收和熔解外层气体及设备外表面材料。

粗金属钒中的氧、氮、碳等非金属杂质含量较高，塑性差。精炼除去杂质后，可使金属钒的塑性提高。经精炼的金属钒的纯度可达 99.9%，经过二次电解精炼还可制得纯度达到 99.99% 的高纯钒。目前工业采用的钒精炼方法有真空精炼、熔盐电解精炼、碘化物热离解法、区域熔炼等。今后有可能采用电子束区域熔炼和电迁移法精炼。

2.9.2.1 真空精炼

粗钒中的金属杂质主要以溶质的形式存在，真空精炼包括热真空处理和高温真空精炼，热真空处理采用蒸馏、脱氢、脱氮和脱氧，蒸馏净化度取决于杂质金属的蒸汽压，表 2-23 给出了 2200K 不同金属的蒸汽压，杂质从金属中蒸发速度与杂质金属相对分子质量、浓度、活度系数、蒸汽压和绝对温度等有关，一般认为真空精馏比较复杂，即使蒸汽压较大，浓度小也会限制真空精馏速度。

表 2-23 2200K 不同金属的蒸汽压

金属	V	Al	Ca	Cr	Cu	Fe	Mo	Ni	Pb	Ti	Zn
蒸汽压/Pa	3	3×10^3	130×10^3	800	3×10^3	300	0.003	160	120	10	130×10^3

非金属杂质主要是 N_2、H_2 和 O_2 等，在钒中均以晶隙化合物存在，去除方法主要是高真空和热处理，脱气速度与分压、扩散系数、扩散表面积和颗粒大小有关，分压受浓度和温度影响，常温条件气体扩散系数可以保持在 $10^{-9}\,m^2/s$，500℃时 H_2 在还原钒中的扩散系数大于 $10^{-8}\,m^2/s$，还原钒中的 H_2 在 $100\times10^{-4}\%$ 水平，500~1000℃基本可以脱出，如果温度更高，在还原钒熔化后，脱气速度可以迅速提升；还原钒脱氧可以采用热真空处理和碳脱氧。图 2-29 给出了金属钒中的溶解氧分压，氧分压与氧浓度呈正比，温度升高，分压升高，在可控真空处理温度范围内，氧分压低于钒蒸汽压，此时仍可保持氧含量降低。原因在于整个脱氧过程是钒以亚氧化物形式的挥发，表现为损钒脱氧。化学反应式如下：

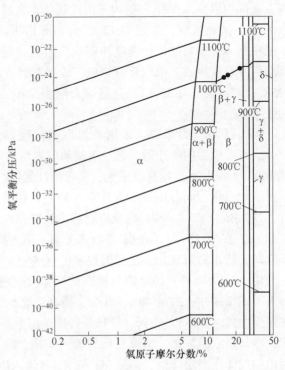

图 2-29 金属钒中的溶解氧分压

$$[O](1) + V =\!=\!= [VO](g) \tag{2-155}$$

式中　　$[O](1)$——钒熔体溶解氧；
　　　　$[VO](g)$——气相钒亚氧化物。

硅在金属钒中的含量较低，硅的挥发性比钒高，一般难以单独去除，需要借助亚氧化反应进行；碳的脱出主要靠与氧结合，过量氧脱碳，用钒消耗过量氧。还原钒金属脱氮十分困难，原因是 V-N 固溶体比较稳定，氮的平衡分压比较低，氮含量（摩尔分数）小于 1% 的固溶体，接近钒熔点，氮分压小于钒分压。热真空条件（2000~2100℃，$2.7\times10^{-3}\,Pa$）下可以使还原钒中 N 的质量分数降至 0.3% 以下，氮含量大于 0.3%，能够脱出，如果小于 0.3%，钒蒸发高于氮脱出，造成钒损失，导致钒熔体氮升高。

典型综合提纯钒的方法，如先用高纯铝还原 V_2O_5 得到钒铝合金，再将钒铝合金破碎，在真空炉中加热至 1973K 除铝而得到海绵钒。海绵钒压成锭后在电子束炉熔炼进一步去除残余的铝、氧、铁及其他挥发性杂质，可生产出 99.9% 的纯钒。

2.9.2.2 熔盐电解精炼

粗钒按照生产方式可以分为碳热还原粗钒、铝热还原粗钒和钙热还原粗钒，因为不同的还原剂选择，杂质存在不同，熔盐电解精炼主要基于熔盐中金属离子电位的高低在电流作用下得到分离，一般情况将粗金属熔铸成电极，电解质选择低熔点氯盐体系，主要是K、Na、Ga、Ba 和 Li 系氯化物，电解精炼反应如下：

$$\text{阳极反应：} \qquad V(粗) + 2Cl^- \Longrightarrow VCl_2 \qquad\qquad (2-156)$$

$$\text{阴极反应：} \qquad VCl_2 + 2e \Longrightarrow V(精) + 2Cl^- \qquad\qquad (2-157)$$

$$\text{总反应：} \qquad V(粗) \Longrightarrow V^{2+}(精) \qquad\qquad (2-158)$$

以铝热还原法生产的金属钒作可溶性阳极，在 LiCl-KCl-NaCl-VCl 熔盐体系中进行电解精炼。在电解槽工作温度 893K、槽电压约 0.3V、总电流为 20~25A、阴极电流密度 3200~3700A/dm² 的电解条件下，可生产出纯度 99.2% 的金属钒。在电解精炼前一般向槽内通入少量氯气使电解质含有 VCl_2。电解槽充氩气密封，电解槽内的坩埚材料选用电极电位较正的金属，如钼、镍等；阴极棒一般采用钼材。在精炼过程中，随着阳极钒的溶解，粗钒表面逐渐氧化和钝化，致使电流效率下降，产品质量变差，一般在阳极粗钒溶解 30% 以后需停炉处理。电解精炼产品经水洗涤，钒纯度可达 99.5%~99.9%。这样纯度的钒可加工成材。电解精炼的阴极电流效率为 88%~94%。电解精炼脱氧、脱硅效果最佳，铁、铝次之，除铬最难。目前制取低铬高纯钒，采用低铬粗钒作原料。

采用含 KCl 51%、LiCl 41% 和 VCl_2 8% 组成的电解质，在槽电压 0.3~0.54V、阴极电流密度 33.4~37.7A/dm² 的条件下，通过二次电解精炼可生产纯度 99.99% 的钒，阴极电流效率为 89%~92%。

对钙热还原金属钒采用 51%KCl-41%LiCl-8%VCl_2 作电解质，粗金属钒制成电解阳极，温度控制在 620℃，电压为 0.54V，阴极电流密度为 3300A/cm²，电积次数为 17，电解电量为 9690A·h，阴极电流效率为 92%，进行一次精炼电解，钒阳极消耗 9.2kg，阴极沉积 8.5kg。精炼后的金属钒做成二次精炼阳极进行二次精炼电解，温度控制在 620℃，电压为 0.3V，阴极电流密度为 3800A/cm²，电积次数为 11，电解电量为 6600A·h，阴极电流效率为 89%，进行一次精炼电解，钒阳极消耗 6kg，阴极沉积 5.6kg。

碳热还原得到的金属钒一般含有 VC 和 V_2C，主体进行脱碳，选择氯化物作电解质，熔盐电解过程钒碳分解，V_2C 分解化学反应包括：

$$V_2C \Longrightarrow 2V + C \qquad \Delta G^\ominus = 143\text{kJ} \qquad (2-159)$$

VC 分解化学反应包括：

$$VC \Longrightarrow VC_{0.88} + 0.12C \qquad \Delta G^\ominus = 47\text{kJ} \qquad (2-160)$$

$VC_{0.88}$ 属于稳定相，$VC_{0.88}$ 分解化学反应包括：

$$VC_{0.88} \Longrightarrow V + 0.88C \qquad \Delta G^\ominus = 96\text{kJ} \qquad (2-161)$$

阳极反应：

$$V^{2+} + 2Cl^- \Longrightarrow VCl_2 \qquad\qquad (2-162)$$

$$VCl_2 + Cl^- \Longrightarrow VCl_3 + e \qquad\qquad (2-163)$$

$$2VCl_3 + V_2C \Longrightarrow 3VCl_2 + VC_{0.88} + 0.12C \qquad\qquad (2-164)$$

$$V_2C + 2Cl^- \Longrightarrow VCl_2 + VC_{0.88} + 0.12C + 2e \qquad\qquad (2-165)$$

阴极反应：

$$VCl_2 + 2e \Longrightarrow V(精) + 2Cl^- \qquad\qquad (2-166)$$

电解总反应：

$$V_2C \xrightarrow{\hspace{1cm}} V(精) + VC_{0.88} + 0.12C \tag{2-167}$$

还原钒的典型商业成品含 85%V，10%C，其他 5% 为杂质，包括 O、Fe 和 Cr 等，对碳热还原金属钒的电解精炼，使用 48%BaCl₂-31%KCl-21%NaCl，再配加 5%~12%VCl₂，温度控制在 670℃，槽电压为 0.4~1.3V（0.2~0.7V），阴极电流密度为 2150~9700A/cm²，阴极电流效率为 70%（87%），钒收得率为 84%（77%）。

V₂C 型电极经过一段时间电解，约 50% 的钒电解后，转入 VC 型电解。出现电解效率下降，主要是钒电解后碳化物 O、Fe 和 Cr 增加，形成阴极钒污染；对 VC 型钒的电解精炼，首先电解提取 99% 的钒，并以此做成电极，采用 NaCl-LiCl-VCl₂ 电解质，温度控制在 620℃，电解精炼，阴极电流密度为 130×10³A/cm²，可以得到 99.80% 的金属钒；对 VC 型钒的电解精炼，可以用 Mo 桶型电极，将钒原始料置于多孔石墨管内，悬挂于桶型电极中央，电解质选择 45%NaCl-45%LiCl-10%VCl₂，电压为 0.2~1.2V，电流为 23~90A，电解电量为 1500~2500A·h，钒电解沉降在阴极 Mo 桶壁，在精炼阶段电极转换，移出多孔石墨管，转换成 Mo 棒阴极，电压为 0.08V，电流为 10A，电解电量为 70A·h，沉积在 Mo 棒上的钒纯度为 99.86%，满足深加工要求。

2.9.2.3 碘化物热离解

碘化物精炼主要利用碘化物的气化、沉淀和再气化进行热离解，碘的熔点为 113℃，沸点为 684℃，VI₂ 在 750℃ 升华，O、C 和 N 类杂质在 800~900℃ 不与碘反应，可能的杂质碘生成物在 1000~1400℃ 不分解，可能分解杂质全部能挥发，化学反应如下：

$$V(粗) + I_2 \xrightarrow{\hspace{1cm}} VI_2 \tag{2-168}$$

$$VI_2 \xrightarrow{\hspace{1cm}} V(精) + I_2 \tag{2-169}$$

典型的碘化热离解，如先往钼质的碘化反应器内放入粗钒和碘，碘化反应温度控制在 1073K，钒丝热离解温度为 1573K。产品的典型成分（质量分数/%）为：V 99.95，Cr<0.007，Fe<0.015，Si<0.005，Ca<0.002，Cu<0.003，Ni<0.002，Mg<0.002，Ti<0.002，C0.015，H<0.001，N<0.0005，O<0.004。此法已用于小批量生产。

2.9.2.4 区域熔炼

在真空条件下利用不同的熔炼手段进行精炼，常用方法包括真空烧结、感应熔炼、电弧熔炼和电子束熔炼，真空烧结需要高温、高真空度和高强度无污染坩埚，如真空烧结处理铝热法生产的金属钒，首先将原料碎成小块，然后装入钽坩埚，置于感应炉加热，温度控制在 1700℃，真空度为 6×10⁻³Pa，保持时间为 8h，氧含量显著降低，主要是脱铝过程中形成氧化亚铝气体挥发，C、Ca、Fe 和 Zn 等脱除效果明显，要求温度不超过 1820℃ 以保护坩埚，通过改进，用 Mo 吊篮装钒片后，放入钽坩埚，用锆毡包裹绝缘，在油扩散真空泵与电炉之间用液氮环拟制油蒸汽，防止对炉内气氛污染，温度控制在 1700℃，真空度控制在 6×10⁻⁴Pa，时间维持 8h，经过处理铝热还原纯钒的铝含量水平由 10.1% 下降到 0.5%，C 含量水平由 130×10⁻⁴ 下降到 25×10⁻⁴，Fe 含量水平由 810×10⁻⁴ 下降到 170×10⁻⁴，N 含量水平由 60×10⁻⁴ 下降到 25×10⁻⁴，O 含量水平由 2900×10⁻⁴ 下降到 130×10⁻⁴，Si 含量水平由 500×10⁻⁴ 下降到 180×10⁻⁴。

感应熔炼一方面需要高强度无污染坩埚，另一方面需要承受高温液态钒浸蚀，同时不带入杂质。目前认为可满足坩埚条件的只有硫化铈类材质，但考虑硫对钒可能造成污染，认为目前情况下真空感应净化手段对钒不适应；电弧炉熔炼具有有限精炼功效，在惰性气氛下使用自耗电极或者非自耗电极，熔融金属钒铸型。熔炼过程部分脱除了 H、Al 和 Mo 等，O 和 N 脱除效果不明显；采用非自耗电极，如镀钛的钨电极，用于铸造小微钒锭，熔炼过程可以有效脱氢，处理 C、O 和 N 功效很小。

采用真空悬浮区域熔炼精炼。直径 4.4mm 的钒棒在真空压力 1.333MPa、精炼熔区长度 6~10mm、熔区移动速度 57.16mm/h 条件下，经 6 个行程即可获得高纯钒。

2.10 碳氮化钒与钒铝合金

钒的氧化物在还原转化过程中遵循逐级还原理论，钒氧化物的稳定性顺序为 $VO > V_2O_3 > VO_2 > V_2O_5$，根据热力学计算临界还原温度分别为 $VO(1866.9K)$，$V_2O_3(1464.9K)$，$VO_2(600.5K)$ 和 $V_2O_5(229.9K)$。以五氧化二钒为原料生产碳氮化钒过程中，还原、碳化和氮化过程相互交织，试验生产过程一般按照温度、气氛、配碳和控制原则进行产品和反应器的选择配置，有时分离部分还原功能，还原生产 V_2O_3 和 V_2O_4，有时一体化反应器完成，有时分离反应器完成。通常还原剂条件下，V_2O_5 首先被还原成 VO_2，接着 VO_2 被还原成 V_2O_3，V_2O_3 被还原形成 VO。钒氧化物的非金属还原剂包括碳、氢、煤气、硅和天然气等，碳热还原可以分为碳热钒氧化物还原法、碳热钒氯化物还原法和真空碳热还原法。一般可采用固体碳还原，石墨或者精碳粉，也可采用气基还原，煤气或者天然气，如焦炉煤气主要成分为 H2、CH4 和 CO，但与天然气相比，焦炉煤气还含有较复杂的其他组分，且随炼焦用煤不同有较大变化，还与炼焦生产操作等许多条件有关。

钒铝合金制备一般以五氧化二钒为原料，铝粉作还原剂，采用的方法包括铝热还原、铝热还原+真空感应熔炼和自燃烧法等，要求产品的高纯度、高品级和高均匀致密性。

2.10.1 碳化钒

钒和碳生成 VC 和 V_2C 两种碳化物：$VC(w(C) = 19.08\%)$ 存在于 43%~49%（原子分数）C 之间，碳化钒具有面心立方结构，NaCl 型结构；$V_2C(w(C) = 10.54\%)$ 存在于 29.1%~33.3%（原子分数）C 之间，为密排六方晶格，暗黑色晶体。VC 密度为 $5.649g/cm^3$，熔点为 2830~2648℃，V_2C 密度为 $5.665g/cm^3$，熔点为 2200℃，比石英略硬。碳化钒 V84C13 产品，固态密度为 $4.0t/m^3$，堆密度为 $1.92 t/m^3$，块度为 38mm×31mm×19mm。

2.10.1.1 碳化钒生产工艺

国内外碳化钒生产方法各不相同，一般按照温度、气氛、配碳和控制原则进行产品和反应器的选择配置，有时分离部分还原碳化功能，还原生产 V_2O_3 和 V_2O_4，然后实施碳化功能，有时是一体化反应器完成，有时是分离反应器完成。

A 主要方法

主要方法包括：（1）以三氧化二钒、铁粉和铁磷为原料，碳粉为还原剂，采用高温真空法生产碳化钒，通氩气或者真空炉冷却；（2）以五氧化二钒为原料，在回转窑内还原生成 VC_xO_y，再采用高温真空，采用高温真空法生产碳化钒，通惰性气体冷却；（3）以五氧化二钒或者三氧化二钒为原料，还原剂为炭黑，在小型回转窑内或者坩埚中通氩气高温还

原生产碳化钒；（4）用炭（木炭、煤焦或者电极）作还原剂，高温还原五氧化二钒制取碳化钒；（5）原料为五氧化二钒，采用氮等离子流用丙烷还原生成碳化钒；（6）北京科技大学用五氧化二钒和活性炭为原料，在高温真空钼丝炉内生产碳化钒，原锦州铁合金厂采用真空法试制碳化钒，攀钢用多钒酸铵和炭粉为原料，在竖炉研制碳化钒。

碳化钒是钢和含钒合金用的一种高碳钒铁添加剂，成分为 V 83%~86%，C 10.5%~13%，Fe 2%~3%。生产方法是用天然气在回转窑内，于 600℃下将 V_2O_5 还原成 V_2O_4，然后在另一座回转窑内于 1000℃用天然气将 V_2O_4 还原成钒碳氧化合物。钒碳氧化合物按计算加入焦炭或石墨。加碳量比碳氧反应计算值过量 1%。钒碳氧与石墨的混合物加压成块。放在真空炉中加热至 1000℃即制成碳化钒。美国联合碳化物公司生产的碳化钒的典型成分为：V 84.5%，C 12.25%，Si 0.05%，Al 0.005%，S 0.004%，P 0.004% 和 Fe 2.5%。合金外形为扁饼状，密度为 4.58g/cm³。碳化钒压块包装成袋，每袋含钒 25 磅❶和碳 3.7 磅，可不再分析，直接加入炉内或钢包中使用。碳化钒与钒铁相比价格较便宜，加入钢液后溶解较快，钒收得率较高。

B　配碳计算

纯碳化钒是通过氢化钒粉末和碳在真空中渗碳制成，在 800℃转化成碳化钒，C∶V（摩尔比）= 0.72~0.87，化学反应式为：

$$V_2O_3 + 4C \stackrel{}{=\!=\!=} V_2C + 3CO \tag{2-170}$$

实际配碳量为理论量的 90%~110%。

C　物料及工艺参数要求

美国联合碳化物公司采用真空炉方法生产碳化钒，用 V_2O_3、铁粉和炭粉为原料，在真空炉 1350℃保温 60h，得到碳化钒。

南非瓦米特克（Vametco）矿物公司是美国战略矿物公司（STRATCOR）的一个子公司，专业生产碳化钒，具体方法是用天然气在 600℃，在回转窑内将 V_2O_5 还原形成 V_2O_4，然后在另一回转窑内 1000℃将 V_2O_4 还原成 VC_xO_y 化合物，而后配加焦炭或者石墨，压块在真空炉中加热至 1000℃，得到碳化钒产品。生产的碳化钒成分见表 2-24。

表 2-24　碳化钒成分　　　　　　　　（%）

成分	V	C	Al	Si	P	S	Mn
质量分数	82~86	10.5~14.5	<0.1	<0.1	<0.05	<0.1	<0.05

美国专利 US3334992 真空法生产碳化钒，原料要求粒度小于 0.2mm，其中三氧化二钒粒度小于 0.2mm，铁粉小于 0.15mm，铁鳞小于 0.074mm，还原剂炭粉小于 0.074mm，加入 1.5%~2% 的特制黏结剂，15%~20% 的水，压块 51mm×51mm×38mm，120℃烘干，除去 95% 的水分，置于真空炉中，抽真空至 8~27Pa，升温至 1385℃，保温 18~60h，炉内压力为 67~1600Pa，当炉内压力为 8~24Pa 时停止加热，通氩气或者真空炉冷却出炉，碳化钒产品：$w(V) = 85\%$，$w(C) = 12\%$，$w(N) = 0.1\%$。

美国专利 US3342553 真空还原生产碳化钒，以片状五氧化二钒为原料，还原温度保持

---

❶　1 磅 = 0.45359237 千克。

在 565~621℃，还原时间为 60~90min，在 1040~1100℃生成 VC_xO_y（$x = 0.4 ~ 0.6$，$y = 0.4 ~ 0.8$），还原时间为 100~180min，在非氧化性气氛下冷却；配碳量不超过理论的 10%，炭黑或者石墨粒度小于 0.043mm 的要大于 60%，真空加热温度为 1370~1483℃，不断抽气，维持真空压力；当压力达到 7Pa 时停止加热，通入惰性气体冷却，碳化钒产品碳的质量分数为 8%~15%，密度为 $4.0 ~ 4.5g/cm^3$。

美国专利 US 提出保护气氛还原法制备碳化钒，钒原料采用五氧化二钒或者三氧化二钒，粒度控制小于 0.2mm，还原剂用炭黑，粒度控制小于 0.074mm，原料经过混合压块，装在坩埚或者小型回转窑中，通氩气或者其他惰性气体，加热至 1400~1800℃，可得到碳化钒产品：$w(V) = 77.31\% ~ 85.68\%$，$w(C) = 10.22\% ~ 21.66\%$，$w(O) = 1.58\% ~ 4.48\%$，$w(Fe) = 1.7\% ~ 2.57\%$，不同铁粉（粒度小于 0.42mm）配入量可以不同程度提高产品的强度和粒度。

美国专利 US3565610 提出碳还原法，用炭（木炭、煤焦或者电极）作还原剂，高温还原五氧化二钒制取碳化钒（V_2C），还原温度为 1200~1400℃，碳化钒产品：$w(V) = 70\% ~ 85\%$，$w(C) = 5\% ~ 20\%$，$w(O) = 2\% ~ 10\%$。

俄罗斯采用氮等离子流用丙烷还原生成碳化钒，气体载体为纯氮，流速为 3.0g/min，粉状五氧化二钒与丙烷按照一定的比例混合，沿反应器轴线加入，至电弧加热器等离子射流碰撞区，在 2600~3500K 温度区发生反应，生成碳化钒，当温度低于 2600K，碳化钒中氮增加，生成 VCN。

北京科技大学采用真空法生产碳化钒，用五氧化二钒和活性炭为原料，在高温真空钼丝炉内生产碳化钒（V_2C），配料比 $r_{V_2O_5} : r_C$（摩尔比）$= 1 : 5.5$，还原温度为 1673K，真空度为 1.33Pa，V_2O_5 与 C 混合均匀，用聚乙烯醇作黏结剂加 20%的水搅拌，并在液压机压制成块，烘干块料，放入石墨坩埚中，置于真空炉内，最终得到碳化钒：$w(V) = 86.41\%$，$w(C) = 7.10\%$，$w(O) = 6.48\%$。

2.10.1.2 碳化钒生产原理

五氧化二钒具有毒性，熔点低（650~690℃），在 700℃以上容易挥发，以 V_2O_5 为原料进行碳化时碳化温度高于 700℃，常因为挥发造成损失，所以需要真空条件，或者还原形成低价钒后再行碳化，V_2O_5 在低温时还原形成 VO（熔点为 1790℃）、V_2O_3（熔点为 1970~2070℃）和 VO_2（熔点为 1545~1967℃），可以有效控制还原碳化过程。

A 直接还原

配入原料的碳与钒氧化物发生直接还原反应，钒氧化物碳热直接还原步骤及化学反应：

$$V_2O_5 + C = 2VO_2 + CO\uparrow \qquad \Delta G_T^\ominus(C) = 49070 - 213.42T(J/mol) \qquad (2\text{-}171)$$

$$2VO_2 + C = V_2O_3 + CO\uparrow \qquad \Delta G_T^\ominus(C) = 95300 - 158.68T(J/mol) \qquad (2\text{-}172)$$

$$V_2O_3 + C = 2VO + CO\uparrow \qquad \Delta G_T^\ominus(C) = 239100 - 163.22T(J/mol) \qquad (2\text{-}173)$$

$$VO + C = V + CO\uparrow \qquad \Delta G_T^\ominus(C) = 310300 - 166.21T(J/mol) \qquad (2\text{-}174)$$

$$V_2O_5 + 7C = 2VC + 5CO\uparrow \qquad \Delta G_T^\ominus(C) = 79824 - 145.64T(J/mol) \qquad (2\text{-}175)$$

重要步骤：

$$V_2O_5(s) + C(s) = V_2O_4(s) + CO(g)\uparrow \qquad (2\text{-}176)$$

$$\Delta G_T^{\ominus}(\mathrm{C}) = 4940 - 41.55T + RT\ln(p_{\mathrm{CO}}/p^{\ominus})\ (\mathrm{J/mol})\ (345 \sim 943\mathrm{K})$$

$$\mathrm{VO(s)} + 2\mathrm{C(s)} =\!\!=\!\!= \mathrm{VC(s)} + \mathrm{CO(g)}\uparrow \tag{2-177}$$

$$\Delta G_T^{\ominus}(\mathrm{C}) = 186697 - 151.42T + RT\ln(p_{\mathrm{CO}}/p^{\ominus})\ (\mathrm{J/mol})$$

B 间接还原

由于钒氧化物碳热还原反应生成 CO，钒氧化物与 CO 发生碳热间接还原步骤及化学反应：

$$\mathrm{V_2O_5(s)} + \mathrm{CO(g)} =\!\!=\!\!= \mathrm{V_2O_4(s)} + \mathrm{CO_2(g)}\uparrow \tag{2-178}$$

$$\Delta G_T^{\ominus}(\mathrm{C}) = 69250 - 173.63T + RT\ln(p_{\mathrm{CO_2}}^2/p^{\ominus})\ (\mathrm{J/mol})$$

$$\mathrm{VO(s)} + 3\mathrm{CO(g)} =\!\!=\!\!= \mathrm{VC(s)} + 2\mathrm{CO_2(g)}\uparrow \tag{2-179}$$

$$\Delta G_T^{\ominus}(\mathrm{C}) = 139380 - 188.40T + RT\ln(p_{\mathrm{CO_2}}^2/p_{\mathrm{CO}}^2)\ (\mathrm{J/mol})$$

钒氧化物间接还原起始温度与 p_{CO} 和 $p_{\mathrm{CO_2}}$ 有关，根据布都尔反应：

$$\mathrm{C} + \mathrm{CO_2} =\!\!=\!\!= 2\mathrm{CO} \tag{2-180}$$

温度高于 710℃，$\mathrm{CO_2}$ 不能稳定存在，反应向左进行，在更高温度下，只要碳过剩，p_{CO} 就远远大于 $p_{\mathrm{CO_2}}$，间接反应就能顺利进行。

用 $\mathrm{V_2O_3}$ 生产碳化钒（VC），总化学反应式如下：

$$\mathrm{V_2O_3} + 5\mathrm{C} =\!\!=\!\!= 2\mathrm{VC} + 3\mathrm{CO}$$

$$\Delta G^{\ominus} = 655500 - 475.68T \tag{2-181}$$

$$\Delta G^{\ominus} = 0 \qquad T = 1378\mathrm{K} = 1105℃$$

$$\Delta G_T^{\ominus} = 655500 + (57.428\lg p_{\mathrm{CO}} - 475.68)T$$

用 $\mathrm{V_2O_3}$ 生产碳化钒（VC），p_{CO} 与起始温度的关系见表 2-25。

表 2-25 用 $\mathbf{V_2O_3}$ 生产碳化钒（**VC**），p_{CO} 与起始温度的关系

$p_{\mathrm{CO}}/\mathrm{Pa}$	开始反应温度 T/K	$p_{\mathrm{CO}}/\mathrm{Pa}$	开始反应温度 T/K
1.013×10^5	1378	1.013×10^2	1012
1.013×10^4	1230	1.013×10^1	929
1.013×10^3	1110	1.013×10^0	859

用 $\mathrm{V_2O_3}$ 生产碳化钒（$\mathrm{V_2C}$），总化学反应式如下：

$$\mathrm{V_2O_3} + 4\mathrm{C} =\!\!=\!\!= \mathrm{V_2C} + 3\mathrm{CO} \tag{2-182}$$

$$\Delta G^{\ominus} = 713300 - 491.49T$$

$$\Delta G^{\ominus} = 0 \qquad T = 1451\mathrm{K} = 1178℃$$

$$\Delta G_T^{\ominus} = 713300 + (57.428\lg p_{\mathrm{CO}} - 491.49)T$$

用 $\mathrm{V_2O_3}$ 生产碳化钒（$\mathrm{V_2C}$），p_{CO} 与起始温度关系见表 2-26。

表 2-26 用 $\mathbf{V_2O_3}$ 生产碳化钒（$\mathbf{V_2C}$），p_{CO} 与起始温度关系

$p_{\mathrm{CO}}/\mathrm{Pa}$	开始反应温度 T/K	$p_{\mathrm{CO}}/\mathrm{Pa}$	开始反应温度 T/K
1.013×10^5	1451	1.013×10^2	1075
1.013×10^4	1299	1.013×10^1	989
1.013×10^3	1176	1.013×10^0	916

C 碳热钒氧化物还原

用碳还原钒氧化物达到一定程度会形成稳定碳化钒（VC 或者 VC_2），CO 的稳定性超过钒氧化物，钒氧化物碳热还原经历 $V_2O_5 \rightarrow V_2O_4 \rightarrow V_2O_3 \rightarrow VO \rightarrow V（O）s \rightarrow V$，钒氧化物、碳氧化物生成自由能见图 2-30。

钒碳化物碳热还原经历 $VC \rightarrow VC_2 \rightarrow V（C）\rightarrow V$，碳热还原的基本化学反应可以用下式表示：

$$1/yV_xO_y + C \Longrightarrow x/yV + CO \tag{2-183}$$

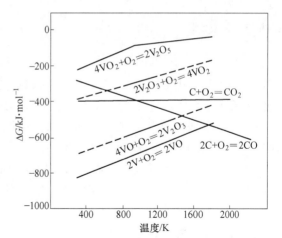

图 2-30　钒氧化物、碳氧化物生成自由能

当温度低于 1000℃时，化学反应如下：

$$V_2O_5 + CO \Longrightarrow 2VO_2 + CO_2 \tag{2-184}$$
$$2VO_2 + CO \Longrightarrow V_2O_3 + CO_2 \tag{2-185}$$

当温度高于 1000℃时，化学反应如下：

$$V_2O_3 + 5C \Longrightarrow 2VC + 3CO \tag{2-186}$$
$$2V_2O_3 + VC \Longrightarrow 5VO + CO \tag{2-187}$$
$$VO + 3VC \Longrightarrow 2V_2C + CO \tag{2-188}$$
$$VO + V_2C \Longrightarrow 3V + CO \tag{2-189}$$

D 真空碳热还原法

真空碳热还原法是制备碳化钒的重要方法之一。把 V_2O_5 先用氢还原成 V_2O_3，再与炭黑混合，在真空炉中经高温还原，制得碳化钒块。

VO 的碳还原反应为：

$$VO(s) + C(s) \Longrightarrow V(s) + CO(g) \tag{2-190}$$

因为：

$$2V(s) + O_2(g) \Longrightarrow 2VO(s)(1500 \sim 2000K) \quad \Delta G_{22}^{\ominus} = -803328 + 148.78T(J/mol) \tag{2-191}$$

$$2C(s) + O_2(g) \Longrightarrow 2CO(g) \quad \Delta G_{23}^{\ominus} = -225754 - 173.028T(J/mol) \tag{2-192}$$

则用碳质还原剂还原 V_2O_5 或 V_2O_3，在标准状态下，最高开始还原温度 T 为 1794.77K（1521.77℃）。

要降低开始还原温度，其方法是降低体系中气相的压力，即降低 CO 的分压 p_{CO}。不同的 p_{CO} 对应有不同的开始还原温度。

2.10.1.3 生产系统

碳化钒生产规模一般比较小，生产系统设备主要包括回转窑、小型竖炉、TBY 炉和真空炉等，辅助系统主要包括动力系统、计量系统、混料系统、控制系统、液压制块系统、料仓系统和包装系统。

2.10.2 氮化钒

氮化钒是以钒的氧化物 V_2O_5、V_2O_3 以及钒的化合物钒酸铵（NHVO）、多钒酸铵等为原料，以碳质、氢气、氨气、CO 等为还原剂，在高温或真空下进行还原，之后再通入氮气或氨气进行氮化而制备的。制备氮化钒的方法制备体系、条件的不同可分为高温真空法和高温非真空法两大类，在每大类中按使用原料的不同又可分为以 C 和 VO，C 和 VO，NHVO 为固体反应物制备氮化钒的方法。

钒氮合金是一种新型合金添加剂，氮化钒有两种晶体结构：一是 V_3N，六方晶体结构，硬度极高，显微硬度约为 1900HV，熔点不可测；二是 VN，面心立方晶体结构，显微硬度约为 1520HV，熔点为 2360℃。

2.10.2.1 氮化钒生产工艺

氮化钒生产是在钒氧化物还原碳化的基础上进行的，美国联合碳化物公司分别用三种方法生产氮化钒：（1）用 V_2O_3、铁粉和炭粉为原料，在真空炉 1350℃保温 60h，得到碳化钒。然后将温度降至 1100℃时通入氮气渗氮，并在氮气氛中冷却，得到含 78.7%V，10.5%C，7.3%N 的氮化钒。（2）用 V_2O_5 和 C 的混合物在真空炉内加热到 1100~1500℃，抽真空并通入氮气渗氮，重复数次，得到含 C 和 O 小于 2% 的氮化钒。（3）用钒化合物（V_2O_3 或 V_2O_5 或 NH_4VO_3）在 NH_3 或者 N_2 和 H_2 混合气氛下，一部分高温还原成氮氧钒，再与含碳化物混合，在惰性气氛或者氮气气氛下，于真空炉内高温处理，制得含 7%C 的氮化钒。

印度 Bhabha 原子研究所在 1500℃高温下碳热还原渗氮制取氮化钒；荷兰冶金研究所用五氧化二钒或者偏钒酸铵为原料，采用还原气体在流化床或者回转管中于 800~1200℃，还原制取了 74.2%~78.7%V，4.2%~16.2%N，6.7%~18.0%C 的氮化钒。

传统的高温、真空碳热还原法制备氮化钒的工艺有不少欠缺，如：（1）长达几十个小时的反应周期，导致劳动生产率低；（2）过长的反应周期造成能耗过大；（3）长时间的高温过程对设备损耗大；（4）设备的一次性投入大，生产成本高，产品竞争力下降。氮化钒生产新工艺力求突破真空条件，降低工艺的适应性条件。

2.10.2.2 氮化钒生产原理

氮化钒生产的化学反应式如下：

$$VO(s) + C(s) + 1/2N_2(g) \Longrightarrow VN(g) + CO(g) \tag{2-193}$$
$$\Delta G_T^{\ominus}(C) = -64830 - 7.36T + RT\left[(\ln p_{CO}) - 1/2(\ln p_{N_2})\right](J/mol)$$

氮化钒是渗氮钢中常见的氮化物，它的两种晶体结构都具有很高的耐磨性。钒钢经过氮化处理后可以极大地提高钢的耐磨性能。

当钒碳氧和石墨的压块在烧结过程中往炉内通入氮气，就可以制成氮化钒，它含 V 78%~82%，C 11%~12%，$N_2 \geqslant 6.0\%$。

在 V-C 体系中存在的碳化物为 V_2C 和 VC，但是当碳含量高时其稳定相为 VC 和极少量的金属钒。VC 的生成反应和标准生成自由能 $\Delta G_5^{\ominus}$：

$$V(s) + C(s) \Longrightarrow VC(s) \tag{2-194}$$
$$\Delta G_{13}^{\ominus} = -102090 + 9.581T(J/mol)$$

可见金属钒的碳化过程为放热过程。

在 V-N 体系中，氮化钒为复杂组态的氮化物 VN_x，其中 x 值在 0.5~1 之间，此值与体系的氮分压 p_{N_2} 和温度 $t(℃)$ 有关：在一定的温度 t 下，p_{N_2} 增大时 x 值也增大；当 p_{N_2} 一定时，t 升高则 x 值减少。一般认为，在 V-N 体系中的稳定相为 VN，其生成反应和标准生成自由能为 $\Delta G_{14}^{\ominus}$：

$$V(s) + 1/2N_2(g) =\!=\!= VN(s) \qquad \Delta G_{14}^{\ominus} = -214639 + 82.425T(J/mol) \qquad (2-195)$$

可见钒的氮化过程亦为放热过程。

2.10.2.3 生产系统

氮化钒生产规模一般也比较小，生产系统设备主要包括回转窑、小型竖炉、TBY 炉和真空炉等，辅助系统主要包括动力系统、计量系统、混料系统、控制系统、液压制块系统、料仓系统和包装系统。

2.10.3 氮化钒铁

氮化钒铁可以采用合金氮化法获得，合金氮化法包括固态掺氮法和液态掺氮法，固态掺氮法包括滚筒法、沟槽法、脱碳块法和还原法；液态掺氮法包括吹洗熔体法、金属热还原法和吹洗表面法，以及在烧结过程掺氮（自扩散高温合成法）的 CBC 法。

制备氮化钒铁的 CBC 法是在密闭容器内通入高压（$p'_{N_2} = 10^5 Pa$）液态氮，通过氮化反应放出的热量使钒铁粉末生成氮化物的程度随温度的升高而降低，CBC 法不需要很高的温度，但需要保证掺氮通道和化学计量组分要求，在氮含量较高时，氮化钒铁的自扩散高温合成法制得的合金具有较好的密度，氮化时间短，电耗低，能够以较高水平精准控制氮含量。

2.10.3.1 制备氮化钒铁的原理

氮化物的形成以纯金属在氮气中燃烧为先决条件，反应式如下：

$$xR + y/2N_2 = R_xN_y \qquad (2-196)$$

$$\lg\alpha_{R_xN_y}/(\alpha_R^x \cdot \alpha_N^{y/2}) = -\Delta G_T^{\ominus}/(2.3RT) \qquad (2-197)$$

当 $\alpha_{R_xN_y} = 1$，$p_{N_2} = 10^5 Pa$ 和 $p'_{N_2} = 10^7 Pa$ 时，按照吉布斯自由能变化 $\Delta G_T^{\ominus}$ 计算平衡常数，生成 VN，$\lg K = 9134/T - 4.38$，$p_{N_2} = 10^5 Pa$，吸收温度为 2085K，$p'_{N_2} = 10^7 Pa$，吸收温度为 2702K；生成 $VN_{0.5}$，$\lg K = 6780/T - 2.32$，$p_{N_2} = 10^5 Pa$，吸收温度为 2992K，$p'_{N_2} = 10^7 Pa$，吸收温度为 3725K。

2.10.3.2 制备氮化钒铁的方法

CBC 法生产氮化钒铁工艺设备流程包括：（1）破碎机，将钒铁合金破碎至一定粒度；（2）气流粉碎机，继续破碎合金；（3）分级机和粉尘分离器，选出一定粒度均匀的合金粉末；（4）储斗和排料斗；（5）CBC 反应器，进行氮化反应，生成氮化合金粉末；（6）压缩装置，压缩氮气使氮气具有一定压力。

氮化反应是放热反应，初始料层通过自扩散燃烧分层氮化，高温过程有助于部分产物熔化，加速密结，得到沿断面没有氮浓度梯度的结构均匀的材料，氮饱和依靠氮化物生成放热，初始产物掺氮反应是同步和瞬间过程。一个 $0.2m^3$ 的容量装置中掺氮速度为 0.5t/h，密封条件可以避免原料损失和污染。

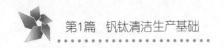

2.10.3.3　氮化钒铁成分控制

用 CBC 掺氮产品氮化钒铁特点：（1）高密度（$6.2 \sim 7.0 g/cm^3$）；（2）高氮含量（$w(N)= 10\% \sim 11\%$）；（3）低气孔率（$1\% \sim 3\%$）。

2.10.4　钒铝合金

钒铝合金外观呈银灰色金属光泽块状。随合金中钒含量的增高，其金属光泽增强，硬度增大，氧含量提高。钒含量大于 85% 时，产品不易破碎，长期存放表面易产生氧化膜。VAl55 ~ VAl65 牌号粒度范围为 $0.25 \sim 50.0mm$，VAl75 ~ VAl85 牌号粒度范围为 $1.0 \sim 100.0mm$。

2.10.4.1　生产原理

用铝作还原剂时，钒氧化物的还原反应如下：

$$3V_2O_5 + 2Al \Longrightarrow 3V_2O_4 + Al_2O_3 \tag{2-198}$$

$$3V_2O_4 + 2Al \Longrightarrow 3V_2O_3 + Al_2O_3 \tag{2-199}$$

$$3V_2O_3 + 2Al \Longrightarrow 6VO + Al_2O_3 \tag{2-200}$$

$$3VO + 2Al \Longrightarrow 3V + Al_2O_3 \tag{2-201}$$

$$3V_2O_5 + 10Al \Longrightarrow 6V + 5Al_2O_3 \tag{2-202}$$

三氧化二钒同样是稳定的钒氧化物，可以用作金属钒生产原料。钒氧化物的还原反应如下：

$$V_2O_3 + 2Al \Longrightarrow 2V + Al_2O_3 \tag{2-203}$$

有氯酸钾作为催化催热剂时，钒氧化物的还原反应如下：

$$KClO_3 + 2Al \Longrightarrow KCl + Al_2O_3 \tag{2-204}$$

2.10.4.2　生产方法

钒铝合金是生产钛合金如 Ti-6Al-4V 用的钒添加剂。根据含钒量分为 50%、65% 和 85% 三级，余量为铝。钒铝合金的气体含量低，其他杂质如 Fe、Si、C、B 等要满足钛合金的要求。生产钒铝合金用的五氧化二钒是将工业产品再提纯，使杂质含量达到规定范围的高纯五氧化二钒。铝要用高纯度铝。生产场地要保持洁净，避免杂质污染。

先用铝热法生产 85% V-Al 合金。再将 85% V-Al 合金与铝在 500kg 真空感应炉内熔炼成规定钒含量的钒铝合金。重熔的目的除脱气外，主要是使合金成分均匀，要求含钒量的偏差小于 0.5%。脱气处理时，炉内真空度为 0.266Pa（2×10^{-3} Torr）。合金锭经过破碎、筛分，筛下物不要，粒度 0.2 ~ 6mm 的钒铝合金经磁选去除有磁性（铁高）的合金粒，再经紫外线和荧光检查，挑除有非金属夹杂物的合金粒，包装出售。

A　铝热法

采用五氧化二钒（V_2O_5）、铝粉（Al）和造渣剂（CaF_2）为原料，准确配料配热后混合均匀，置于带金属外壳和内衬耐火材料的反应器中，在大气中铝热还原，冷却后精整得到钒铝合金和还原渣。优点在于原料设备工艺简单，缺点在于产品质量均匀性差，某些杂质元素含量较高，环境污染较大。

B　两步法

铝热法与真空感应熔炼法结合，德国于 1957 年开始研究钒铝合金，20 世纪 60 年代确立了两步法工艺，将铝热法制得的 Al-V 中间合金进行进一步提纯，通过对铝热法生产的 85% 的高钒铝合金进行二次真空感应精炼，过程加铝调节，制造出所需配铝成分的钒铝合金。优点在于产品质量均匀，纯度高；缺点在于增加再处理工序，成本较高。

C　自燃烧法

采用五氧化二钒（V_2O_5）和铝粉（Al）为原料，真空条件下直接燃烧，可以制取成分均匀、纯度高和致密性好的钒铝合金。

D　专利技术

德国 GFE 电气冶金有限责任公司 1985 年发表两步法钒铝合金专利，1987 年申请美国专利"钛基合金生产用中间合金及其制备方法"，该中间合金 Mo 含量高，并能够在钛合金生产中熔化和分散。基础合金成分：25%~36%Mo，15%~18%V，7%Ti，其余为 Al，其中 Mo 含量为 V 的 1.4 倍，熔点约为 1500℃。

美国 Reading 合金公司 1981 年申请美国专利"钒-铝-钌中间合金制备方法"，合金包含难熔金属钌，生产过程是氧化钒与铝之间的铝热反应，中间加入钌，得到理想的钒-铝-钌中间合金，基础成分为 59%~70%V，29%~40%Al，1%~10%Ru。

美国 Teledyne 工业公司 1993 年申请美国专利"钒-镍-铬中间合金制备工艺"，用五氧化二钒、镍粉、铬粉与少量铝发生铝热反应，制备中间合金，基础成分为 4%~17%V，5%~12%Cr。

E　主要钒铝合金规格

美国钒公司 Stratcor 公司是钒铝中间合金的重要生产商，生产线安装了 LumenX 数字式 X 射线检测系统，在美国获得 ISO9002 质量认证，专业为钛合金公司提供高质量钒铝合金。生产的钒铝合金产品技术规范为：粒度 1/4×70 目，包装为 450kg/桶，65% Al-V，34%~39%Al，60%~65%V，颜色深紫色，通过数字式 X 射线检测系统测试；85% V-Al，粒度 8×50 目，包装为 450kg/桶，65%Al-V，13%~16%Al，82%~85%V，颜色深紫色，通过数字式 X 射线检测系统测试。

国内钒铝中间合金牌号有 AlV50、AlV70 和 AlV80。块状 AlV50 的粒度在 1~50mm 之间，AlV70 和 AlV80 粒度一般不超过 100mm，1mm×1mm 的质量不超过总质量的 3%，铁桶包装为 40kg/桶。

F　不同合金制备工艺产品质量比较

三种方法生产的钒铝合金比较见表 2-27。

表 2-27　钒铝中间合金化学成分比较

生产方法	合金粒度 /mm	合金成分/%					
		V	Fe	Si	O	C	Al
自燃烧法	0.83~3	55.47	0.18	0.14	0.06	0.03	余量
二步法	0.25~6	50.50	0.27	0.17	0.06	0.01	余量
铝热法	0.83~3	56.74	0.24	0.25	0.13	0.07	余量

2.11　钒产业布局特点

世界钒的生产在竞争合作的大格局中高度集中，形成南非海维尔德、瑞士嘉能可

（XSTRATA）、俄罗斯图拉-秋索夫、中国攀钢-承钢及美国战略矿物五大集团，产能占世界80%以上，海维尔德和美国战略矿物又被俄罗斯耶弗拉兹控股公司（Evraz）控股，实际上是三家的竞争。目前主要提钒的资源有钒钛磁铁矿（钒渣）、石油灰渣、脱硫废催化剂、硫酸废催化剂等二次资源、石煤等多元化原料，目前二次钒资源上所占的比例在不断提升，资源循环加速。发达国家把本国的资源作为战略物资刻意保护起来，而向不发达的国家购买钒产品。从产业发展看，俄罗斯的钒资源发展潜力最大，中国攀西地区拥有大型钒资源，承德地区也有新的资源发现，石煤钒资源开发和二次存量钒资源利用打破了钒产业发展的地域封界，钒资源的内控型和外向型发展加速并加强了产业升级的原动力。

2.11.1 南非钒产业

世界上已知的最大的钒矿石储量赋存于南非布什威尔德复合矿体上盘带的钒钛磁铁矿矿层和矿井中，这个巨大的层状浸入体位于南非特拉土瓦省，矿体整体明显含钒，主要含钒钛磁铁矿为上盘带矿层，含钒量最高，V_2O_5 品位为 1.6%±0.2%，矿层矿体呈椭圆形向外延伸数百公里，矿体在罗申尼卡等地有露头，主矿层磁铁矿含量高的钛磁铁矿由填充紧密的几乎等同的颗粒组成，次要的硅酸盐存在于其缝隙中，矿石中的钛主要作为固溶体存在于富钛的磁铁矿相（钛尖晶石 Fe_2TiO_4），少量以钛铁矿存在，钛铁矿以单独的颗粒拉长了的粒间体或者以平行于磁铁矿八面体面排列的矿物离析薄片存在产出。

矿石中赋存的钒主要以磁铁矿-钛尖晶石内固溶体形式产出，其中的 V^{3+} 取代 Fe^{3+}，钒均匀分布于包裹有钛铁矿薄片的磁铁矿颗粒中，没有作为独立矿相存在，当在风化条件下暴露时，磁铁矿被氧化为钒磁赤铁矿 $(TiFe)_2O_3$，少量赤铁矿，而矿石构造未发生变化。

1949 年以来，W. Bleloch 成功试验用埋弧电弧炉冶炼布什威尔德钒钛磁铁矿，加入还原剂碳，铁和钒得到优先还原，得到充分渗碳的低钛生铁，大量的 TiO_2 聚合在渣中。使用侧吹空气转炉，可以从低钛生铁中以富钒渣的形式回收钒。

1960 年 5 月南非的英美公司组成海威尔德联合开发公司，经过三年勘探证实有 2 亿吨矿石（平均含 Fe 56%，TiO_2 13%，V_2O_5 1.5%~1.9%）。南非玛波切斯矿的处理特点是将矿石预先筛分成 32~6mm 及 -6mm 两种产品。采用两种流程分别处理：块矿（32~6mm）经回转窑预还原，用埋弧电炉冶炼，生产富含钒的铁水，再经吹氧振动罐，获得钒渣，钒渣冷却后进行破碎、磁选除铁提高钒品位，一般钒成分为 V_2O_5 25%、SiO_2 16%、Cr_2O_3 5%、MnO 4%、Al_2O_3 4%、CaO 3% 和 MgO 3%，其余为铁的氧化物和铁；粉矿（-6mm）经湿式球磨机磨至 -200 目占 60%，再经磁选得铁钒精矿，与钠盐混合后进回转窑（或多层焙烧竖炉），焙烧产品再进浸出和旋转干燥系统得片状 V_2O_5。这一生产过程形成的基础是1949 年研究成功的生铁和钒渣流程，1961 年进行中间试验，矿石经过预还原后用电炉深还原，得到铁水钒渣。1968 年投产，成功地建立起回转窑预处理技术，埋弧电炉炼出富含铁水技术，向振动罐内吹氧回收钒渣技术以及矿石分级处理和选冶结合技术等。-6mm 粉矿焙烧浸出主要解决了回转窑原料准备的磨矿系统和磁选富集工艺技术、钠化氧化焙烧技术、多钒酸盐浸出和干燥技术等。

海威尔德钢钒公司露天开采的玛波切斯矿山于 1967 年投产，矿山位于东特拉土瓦省的罗申尼卡镇，主磁铁矿矿层约呈 13°向西倾斜，与矿山内的地形构造一致，通常称为碎石的磁铁矿碎屑和巨砾在矿层露头的东部产出，主矿层露头和碎石中间是风化了的铺地石，约 0.75~1.0m，基础成分（%）为 53~57 TFe，1.4~1.9 V_2O_5，12~15 TiO_2，1.0~1.8 SiO_2，2.5~3.5 Al_2O_3，0.15~0.6 Cr_2O_3。

揭开表外矿层约 3m，铺地石矿石用爆破或者水力碎岩机进行机械破碎，对暴露的坚硬和较纯的矿层打钻爆破，通过推土机将矿石推至储矿场。再用装载机将矿石运往选矿厂，得到粒度 4.5~25mm 的块矿和粒度小于 4.5mm 的磁选富集矿粉，块状矿石送往钢铁厂，粉状矿物送往湿法提钒厂。

海威尔德（Highveld）1961 年 4 月~1964 年 5 月间在一座 15t/d 的半工业试验装置上，经过十个月研究后，同步生产出铁、钢、钒产品。1965 年 1 月开始设计和施工，1968 年建成综合钢铁厂，1969 年 4 月投产，年产 30 万吨钢材（钢轨、工字钢、钢柱、角钢和扁钢等），12 万吨轧制和连铸大钢坯，2.6 万吨标准钒渣（含 V_2O_5 25%）。该公司所属 Vantra 钒厂是世界最大的钒生产者，1972 年以前生产偏钒酸铵，1973 年引进了多钒酸铵生产法，生产 700 万磅（3818t）V_2O_5。1983 年开始的二期工程，1985 年夏季投产。目前已经形成了钢坯生产能力：100 万吨/年，钒的生产能力：标准钒渣 18 万吨、V_2O_5 2.2 万吨（折合）。

2.11.1.1　海威尔德公司的主要工艺及设备

海威尔德炼铁工艺流程见图 2-31。

A　直接还原和电熔车间

还原回转窑：13 座 $\phi4m \times 61m$，转速 0.40~1.25r/min；熔炼电炉：7 座埋弧电炉，其中两台 45MV·A，两台 33MV·A，直径均为 14m，出炉周期为 3.5~4h，70t 铁/炉；另一台 63MV·A，直径均为 15.6m，出炉周期为 3.5~4h，80t 铁/炉。

B　摇包提钒与炼钢车间

摇包：4 个摇包台，16 个摇包，高 5.5m，外壳内径 4.3m，标准容量 75t 铁水。原矿成分（%）：53~57 TFe，1.4~1.9 V_2O_5，12~15 TiO_2，1.0~1.8 SiO_2，2.5~3.5 Al_2O_3，0.15~0.6 Cr_2O_3；铁水成分（%）：3.95 C，1.22 V，0.24 Si，0.22 Ti，0.22 Mn，0.08 P，0.037 S，0.29 Cr，0.04 Cu，0.11 Ni。

海威尔德吹钒炼钢工艺流程见图 2-32。

钛渣成分（%）：32 TiO_2，22 SiO_2，17 CaO，15 MgO，14 Al_2O_3，0.9 V_2O_5，0.17 S。

氧气转炉：3 座，75t，$\phi4.8m \times 7.1m$。

连铸机：5 台，扁坯 180mm×230mm。

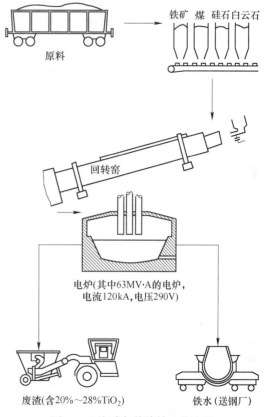

图 2-31　海威尔德炼铁工艺流程

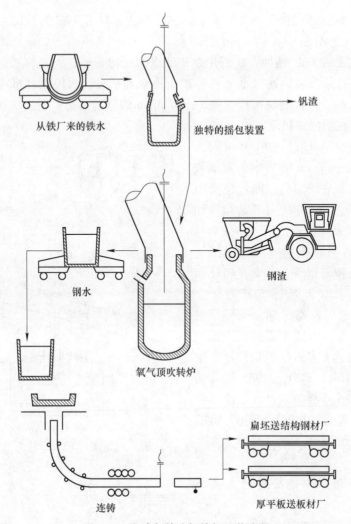

图 2-32　海威尔德吹钒炼钢工艺流程

主要提钒技术指标：氧化率为 93.4%，回收率为 91.6%，半钢收率为 93%，总吹炼时间为 52min，总振动时间为 59min，总周期为 90min/炉，吹氧前铁水温度为 1180℃，吹炼金属温度为 1270℃，吹氧管喷嘴直径为 2in❶，吹氧管静止池面以上高度为 76.2cm，正常氧气流速（标准状态）为 28.3m³/min，最后氧气流速（标准状态）为 42.5m³/min，吹氧管压力（正常流速下）为 160kPa。

半钢成分（%）：3.17 C，0.07 V，0.01 Si，0.01 Ti，0.01 Mn，0.09 P，0.040 S，0.04 Cr，0.04 Cu，0.11 Ni。

非磁性钒渣成分（%）：27.8 V_2O_5，22.4 FeO，0.5 CaO，0.3 MgO，17.3 SiO_2，3.5 Al_2O_3，2.5 C，13.0 Fe。

磁性渣成分（%）：1.3 V_2O_5，96.5 Fe，89.6 游离铁。

全部熔渣中 V_2O_5 含量为 26.1%。

---

❶　1in＝25.4mm。

C 海威尔德钢钒公司分部——Vantra 厂

南非于 1957 年在威特班克建成投产第一个钒回收生产化工厂，由洛克菲勒财团控制的科罗拉多矿物工程公司子公司南非矿物工程公司投资建设，采用焙烧-浸出工艺生产偏钒酸铵和五氧化二钒。1959 年南非英美公司接管工厂管理权，一年以后完全购买，改名为 Vantra 厂。1972 年以前由布什威尔德复合矿体周围的矿山提供原料，肯尼迪的瓦列矿山是主要的供应者，1972 年以后主要是玛奇波矿山细粒矿石。在 Vantra 厂矿石采用湿式磨矿，一些富含 SiO_2 和 Al_2O_3 的脉石从矿石中解离出来，用高强磁选机从矿浆中分选出来，然后使矿浆脱水，脱水后饼的成分（%）为 56.4 TFe，1.65 V_2O_5，14.1 TiO_2，1.2 SiO_2，3.1 Al_2O_3 和 0.4 Cr_2O_3；向细磨矿石中加入碳酸钠或者硫酸钠，或者两者的混合物，准确计量，混合均匀后送入焙烧炉，包括多膛炉和回转窑。

1974 年以前，多膛炉焙烧采用氯化钠添加剂焙烧，焙烧效果不如碳酸钠或者硫酸钠，使用硫酸钠可以得到富钒溶液，使用碳酸钠则得到钒溶液浓度低，主要是水溶性铝酸钠、铬酸钠和硅酸钠的生成，影响溶液钒浓度提高。为了防止回转窑结圈和多膛炉炉料结块，必须考虑合适的炉料结构和窑炉参数，使用不纯的矿物和碳酸钠作添加剂时焙烧温度较低，使用选别矿物和硫酸钠作添加剂时焙烧温度较高，增加添加剂用量也可降低焙烧温度，但必须避免矿物烧结成块，保证氧分与矿物颗粒充分接触。

焙烧炉出来的热焙砂经过链板输送机到达浸出池上部的冷却箱，放入浸出池，将钒酸钠溶解入水，钒可溶物 V_2O_5 达到 50～60g/L 时，作为富钒溶液泵送至储液池；经过数次洗涤后，将浸出过的焙砂从浸出池排出，送到尾渣库堆存。

1972 年以前生产偏钒酸铵，1973 年引进了多钒酸铵生产法，1974 年停止生产偏钒酸铵，1972 年起只处理玛奇波矿产的粉矿。其焙烧设备有：4 座 $\phi6.1m\times$ 10 层的多膛炉，3 座 $\phi_外$ 1.52m×18.3m 回转窑，1 座 $\phi_外$ 2.6m×36.5m 回转窑。用煤粉加热。1974 年前用氯化钠作添加剂，有氯化氢放出，用氨水转化为氯化铵。海威尔德的 Vantra 厂，提取五氧化二钒，可用钒渣，也可用矿石为原料，粒度为-200 目占 60%，磁选后用回转窑或多膛炉焙烧，煤粉作燃料。熟料经链板运输机输送到淬火槽到达浸取池，当浸出池装满熟料进行水浸，浓度达到 50～60g/LV_2O_5，用泵输送母液存储起来，再连续置换洗涤浸取池内的残渣，再将残渣倒入渣坑排到尾渣场。图 2-33 给出了海威尔德提钒工艺流程。

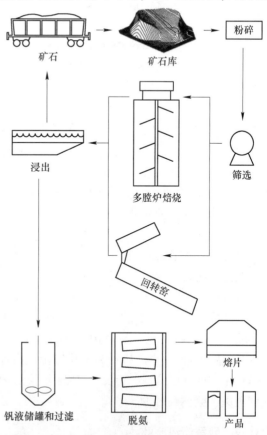

图 2-33　海威尔德提钒工艺流程

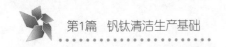

沉淀用偏钒酸铵法时，蒸汽加热，向空气搅拌反应器内添加过量的氯化铵，再溢流到第二个反应器，最后流入浓密机，澄清偏钒酸铵沉淀被排向中心排料口，废液中的五氧化二钒降低到 1g/L 时，用泵打入箱式过滤机内，水洗得到六钒酸铵沉淀。溢流液或贫钒液用泵打入烧煤的闪烁蒸发器中（两段式蒸发装置回收废液），出来的氯化铵浓缩液再返回沉淀车间使用。废水浓缩物返回焙烧浸出系统，用离心法得到的结晶硫酸钠，返回焙烧使用。偏钒酸铵送到外加热的管式螺旋运输机型脱氨反应器上脱氨，得到五氧化二钒粉末，再在加热炉 850℃ 熔融。从炉口放出，到冷却转轮上制片。

1993 年 7 月开始生产 V_2O_3，采用多钒酸铵沉淀法，20t 溶液/次。硫酸调节 pH 值到 5.5，加硫酸铵，再调节 pH 值到 2 左右，蒸汽加热母液含五氧化二钒到 0.5g/L 时，停止，过滤、洗涤，得到产品，后面与偏钒酸铵沉淀法相同。用天然气还原 APV 得到 V_2O_3，其中 V_2O_3 产品中含 V 最小为 66%。关于提钒废水的处理：废水用一台新式两级真空蒸发器处理，回收的硫酸铵直接返回到沉淀，硫酸钠经闪烁干燥后返回到焙烧循环使用。

标准钒渣：190kt/a；V_2O_5（折合）：22kt/a，其中包括 6kt/a 左右的矿石直接提钒能力。当钒市场不好时，其钒渣出售给 Vametco Minerals Corp 和 Xstrata Alloys 等钒厂，降低钒产量来调剂市场供求。

海威尔德已经涉足钒电池，购买了澳大利亚钒电池的知识产权，现在已经有两台样机，1MW 和 2MW 各一台，在美国使用，液体中 $VOSO_4$ 的浓度 1.6mol/L。目前可以做到 2.5mol/L。

2.11.1.2　Vametco Minerals Corp

Vametco 公司采用矿石或者钒渣或者是两种物资的任意混合物为原料进行提钒，通常当市场好的时候，只有矿石，而市场不好的时候，海威尔德要向其供应钒渣，从而减少市场的钒供应量。

其生产工艺流程见图 2-34，由于大多数工艺是相通的。关于提钒废水的处理，Vametco 公司也是采用蒸发回收硫酸盐。Vametco Minerals Corp 现在是美国 Stratcor（Strategic minerals corp）的控股公司。该公司由 USAR 矿物公司建于 1965 年，后被美国联合碳化物公司从 Flderale Volksbelgging 手中收购，最后于 1986 年才被美国战略矿物公司从联合碳化物公司收购成为其控股公司。矿山建于 1967 年，位于 Bophuthatswana 的 Britz 西南约 12 公里的两个地段。

Vametco 的钒钛磁铁矿取自 Bushveld 露天开采矿上层地带的火成岩复合矿中，该矿为长 3.5 公里的倾斜度约 20°的矿床，矿石的梯度约为 10m 深。20 世纪 70 年代初 Vametco 在 BON ACCORD 建成了选矿厂，并于 1976 年开始扩建 V_2O_5 提取工厂生产 V_2O_5，到 1981 年才最后建成，选矿厂和提取工厂在 1986 年被美国战略矿物公司收购后重新完善；Vametco 从 1993 年开始购买电炉研发由 V_2O_3 深加工生产钒铁和氮化钒技术，随后停止生产传统 V_2O_5 产品，目前只生产钒铁和氮化钒投放市场，其生产规模为 3500t·V/a，该公司 1996 年通过了 ISO9002 认证，后又于 2003 年换版通过了 ISO 2000 版的认证，其产品大多数销往到美国、欧洲和日本。

2.11.2　俄罗斯钒产业

俄罗斯大多数的钒钛磁铁矿中都含有钒，俄罗斯的钒生产始于 1936 年，当时秋索夫

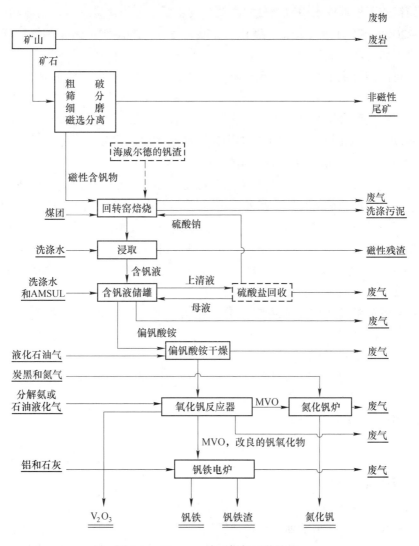

图 2-34　Vametco 公司提钒工艺流程

钢铁厂为加工平炉车间所产钒渣建设的化工车间投产，该厂也成为前苏联能工业化生产钒铁的首家企业，也是当时唯一一家钒产品生产企业。1937 年秋索夫钢铁厂的钒铁产量达到500t。不过由于秋索夫钢铁厂受到当时技术条件的限制，以及高炉和转炉设备能力的制约，加之所使用的第一乌拉尔斯克和库辛斯克矿山的钒钛磁铁矿钒含量较低等因素，在较长的一段时间内，秋索夫钢铁厂的钒产量并不高。

20 世纪 60 年代中期俄罗斯乌拉尔冶金研究所的专家们同下塔吉尔钢铁公司的科技人员合作开发出在 120t 转炉上进行提钒炼钢的二步法炼钢新工艺：即先在 1 台转炉上注入100~120 t 用卡契卡拉尔钒钛磁铁矿冶炼的铁水，其化学成分为（%）0.4~0.5 Si、0.25~0.35 Mn、0.40~0.48 V、0.05~0.11 P 和 0.03~0.05 S，而后进行吹氧提钒，直到半钢中的 C 含量为 3.2%~3.8%，V 含量降到 0.02%~0.04% 为止。将钢水中的 90%~95% 的钒提取到钒渣中之后，再把半钢注入另一台转炉炼制成成品钢。下塔吉尔钢铁公司具备了采用卡契卡拉尔钒钛磁铁矿大量生产含钒生铁、钒钢和钒渣的生产能力。采用该二步提钒炼钢

法所生产的钒渣，根据铁水中钒含量的高低，其主要成分的含量有一定的波动，其范围为 V_2O_5 14%~20%，SiO_2 15%~20%，氧化铁 45%~55%。1964 年秋索夫钢铁厂新建的 No.2 钒铁车间投产后，苏联成为世界上主要的产钒大国。

俄罗斯目前涉及钒生产的企业有 9 家，其中 4 家为大型企业，它们是生产钒钛磁铁精矿、球团矿和烧结矿的卡契卡拉尔"钒"矿山股份公司，生产含钒生铁、钒渣的下塔吉尔钢铁股份公司，生产含钒生铁、钒渣、五氧化二钒、钒铁的秋索夫钢铁厂（该厂已改制为股份公司）和生产氧化钒、钒铁的"钒-图拉"黑色冶金股份公司。

2.11.2.1 下塔吉尔钢铁股份公司

下塔吉尔钢铁股份公司的前身是成立于 1940 年的下塔吉尔钢铁公司。该公司位于俄罗斯乌拉尔地区斯维尔德洛夫斯克州的下塔吉尔市。下塔吉尔市是斯维尔德洛夫斯克州的一座重要的工业城市，下塔吉尔钢铁公司是俄罗斯第五大钢铁公司，也是俄罗斯钒钛钢、钢轨、车轮、轮箍的主要生产商。下塔吉尔钢铁股份公司现有 6 座高炉，其中的 No.1 和 No.2 高炉（炉容均为 1242m³）是 1940 年投产的，现正准备待 No.5 高炉（1719m³）和 No.6 高炉（2700m³）的改造性大修完成后退役。No.6 高炉是 1963 年建成投产的，由于其冶炼钒钛磁铁矿的技术状态不稳定，于 1996 年停产。下塔吉尔钢铁股份公司对 No.5、No.6 高炉进行改造性大修的计划实现后，不仅可以保证年产 545 万吨含钒生铁，并可将每吨生铁的焦炭耗量减少 60 kg。

下塔吉尔钢铁公司是苏联最早采用氧气转炉炼钢的大钢铁公司，1963 年建成全苏首台 130 t 氧气转炉。目前公司转炉车间有 4 台 160 t 的氧气转炉，车间里还配置有 2 台钢包精炼炉、1 台 RH 真空炉和 2 台连铸机。

转炉车间采用二步法提钒炼钢工艺冶炼含钒铁水，既能生产含五氧化二钒约 18% 的商品钒渣，又可生产出天然含钒的优质钢。从下塔吉尔钢铁公司所产钒渣中制取的钒产品产量占俄罗斯钒产量的 80%。

2.11.2.2 卡契卡拉尔"钒"矿山股份公司

卡契卡拉尔铁矿位于俄罗斯乌拉尔地区斯维尔德洛夫州，距下塔吉尔约 100km。卡契卡拉尔铁矿的储量大，矿石硫磷含量较低，适合露天开采，卡契卡拉尔"钒"矿山股份公司目前拥有 2 座含铁量仅为 15.8% 的钒钛磁铁矿（其他矿山公司的铁矿含铁量在 30%~50% 之间）。卡契卡拉尔铁矿于 1963 年 9 月 30 日投产，按 TY14-9-93-90 技术规范，生产含铁量为 60.3% 的铁精矿；按 TY14-00186933-003-95 技术规范，生产含铁量为 61.0%，未加熔剂的球团矿；按 TY 14-00186933-005-95 技术规范，生产含铁量为 53.0% 的高碱度烧结矿；利用公司采选后的尾矿所生产的粒度为 5~10mm、10~40mm 的碎石渣。

2.11.2.3 秋索夫钢铁厂

秋索夫钢铁厂是俄罗斯乌拉尔地区老牌钢铁企业，始建于 1879 年，到 19 世纪末已拥有 2 座 114m³ 的高炉和 12t、15t 以及 18t 的碱性平炉各一座，第一次世界大战期间，秋索夫钢铁厂拥有 2 座 122m³ 高炉和 4 座 30t 的平炉，是当年乌拉尔地区规模大和装备水平先进的钢铁厂。1936 年秋索夫钢铁厂成为苏联首家工业化生产钒制品的企业，1961 年秋索夫钢铁厂建成 No.2 铁合金车间，用当年最先进的工艺生产出第一炉钒铁，20 世纪 60 年代秋索夫钢铁厂钒制品进入国际市场，是唯一全流程（烧结、高炉、转炉、湿法冶金和电冶金）成功利用卡契卡尔钒钛磁铁矿制造钒制品的企业，生产出各种优质钒类产品，目前秋索夫钢铁厂炼铁、炼钢的主要设备有 $16m^2$ 烧结机 1 台，$225m^3$ 和 $1033m^3$ 高炉各 1 座，250t 混铁炉 1 座，20t 的贝氏转炉 3 座（用于提钒）和 2 座 250t 的平炉；轧钢设备主要有250、370、550、800 轧钢机。秋索夫钢铁厂炼钢车间转炉工段加工含钒铁水的生产能力为 2100t/d，平炉工段的炼钢能力为 $1200\sim1300t/d$，轧钢车间的年生产能力为 35 万吨，钒铁车间的年生产能力为 7000t。

2.11.2.4 "钒-图拉黑色冶金"股份公司

"钒-图拉黑色冶金"股份公司的前身是前苏联新图拉钢铁厂的一个车间，专门生产钒铁、五氧化二钒、硅-钙-钒中间合金、硅镍锰铁合金、二碳化三铬、电石等产品。该车间始建于 20 世纪 70 年代初，1974 年建成投产，是前苏联钒制品生产能力最大的一个化工车间。1976 年前苏联政府向该车间钒制品生产新工艺研究小组颁发了列宁奖。由于新图拉钢铁厂高炉并不冶炼钒钛磁铁矿，因此该车间生产钒制品的钒渣均要从远隔几千里之外，位于乌拉尔地区的下塔吉尔钢铁公司购买。

新图拉钢铁厂是前苏联政府在 1931 年 2 月建设的，1935 年 6 月 No.1 高炉开始出铁，1938 年 8 月 No.2 高炉建成投产。1953 年 4 月新图拉钢铁厂炼钢车间建成投产，同年 12 月世界上首台立式连铸机在该厂建成投产。1955 年该厂炼钢车间建成投产了前苏联首座氧气转炉。1960 年新图拉钢铁厂烧结车间建成。1962 年 No.3 高炉投产。"钒-图拉黑色冶金"股份公司是俄罗斯生产能力最大的钒制品加工企业，拥有年产 16000t 钒制品的能力（按五氧化二钒计算），也是国际钒制品市场主要的供货商之一，1996 年成功实施钙盐提钒工艺改造。"钒-图拉黑色冶金"股份公司生产钒铁的设备为 2 台 6t 的电炉，功率为 4000kW，一台采用硅热法生产 50 钒铁，另一台采用铝热法生产 80 钒铁。

2.11.3　新西兰钒产业

新西兰 Tasman（塔斯曼）海岸线有丰富的铁钒钛资源，主要来源于火山岩浆沉积，属露天型钒钛铁砂矿。

2.11.3.1　新西兰钢铁公司钢铁生产工艺与设备

工艺流程分炼铁和炼钢两部分。

A　炼铁部分

炼铁设备有 4 座多膛炉、4 条回转窑和 2 座矩形熔炼炉。

多膛炉有 12 层。炼铁用铁矿砂、煤和石灰在原料场进行配料混合后，用皮带机输送加入多膛炉，多膛炉的上层温度为 500℃，中间第 6、7 层的温度为 900℃，出料温度为 600℃，炉料在多膛炉内不还原，不焙烧，仅脱除水分和挥发分，并预热炉料。

回转窑为 $\phi4.6m\times65m$。多膛炉出料用料斗提升机加入回转窑中，进行还原，并将石灰石煅烧。回转窑的金属化率达到 78%，其废气送发电。

矩形熔炼炉外形尺寸为 $20m\times7.6m\times7.5m$，有 6 根自焙电极，每根电极最大功率为 42MW，工作电压为 60V；12 个加料口，分布于电极两边；两个出铁口和两个出渣口；共有三台变压器，每台变压器向两根电极供电。矩形熔炼炉上料为吊运料罐上料，每罐重为 8t；处理能力为 65t/h，出铁水量 42t/h，每隔 4h 出一次铁，每次配 3 个铁水罐，日产含钒

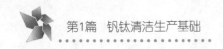

铁水2000t；铁水罐用叉车运到炼钢厂。

回转窑和矩形熔炼炉产生的煤气用于锅炉发电，年发电量为50~55MW。

B 炼钢部分

炼钢设备有2套铁水包提钒装置（VRU）（1套闲置，1套生产）、1台扒渣机、1座60t K-OBM复吹转炉、2座精炼站和1台1机1流板坯连铸机。厂内原有1座电炉和1台小方坯连铸机，但现已淘汰。

铁水提钒：矩形熔炼炉供给的含钒铁水座车后，直接在包内吹氧提钒，铁皮作冷却剂，N_2搅拌，需要时吹钒终点加硅铁脱氧。吹钒完毕后，在原座车上用液压扒渣机扒渣。

转炉炼钢：转炉为60tK-OBM复吹转炉，底吹N_2+O_2+Ar+粉状CaO，溅渣护炉，付枪测温、取样，自动化控制，一次湿法除尘、二次布袋除尘和屋顶除尘等。炼钢时，先兑铁，再加废钢，转炉散状料为石灰、石灰石、高镁石灰、矽砂和萤石等，用焦炭提温。炼钢总渣量为100~120kg/t钢。转炉出钢量约为73t，出钢温度约为1680℃。钢种全为低碳钢。炉龄为1300~1500炉，炉衬异地砌筑，6~7周整体更换1次。

铁水包提钒工艺流程见图2-35。

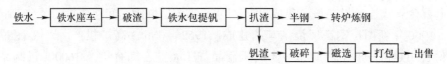

图2-35 新西兰钢铁公司铁水包提钒工艺流程

2.11.3.2 铁水包提钒装置

铁水包提钒装置主要有带有电液倾动系统的铁水罐车、铁水罐、顶吹氧枪及氧枪升降设备、顶吹氮气喷枪及喷枪升降设备、自动测温、取样枪及升降设备、液压扒渣机（1台）和除尘烟罩系统，铁水罐提钒产生的烟气引入炼钢转炉二次除尘系统处理。

新铁水包重40t，后期罐重52~55t；内径为ϕ2490mm，高3550mm；材质为高Al砖。

炼铁厂矩形熔炼炉的出铁温度为1500~1520℃，送到炼钢厂提钒站的铁水温度为1380~1420℃，铁水成分见表2-28，铁水包净空500~800mm。

表2-28 提钒用铁水成分和温度

铁水量 /t	铁水成分/%								温度 /℃
	C	Si	Mn	P	S	Ti	V	Cr	
<u>74</u>	<u>3.3</u>	<u>0.20</u>			<u>0.032</u>	<u>0.25</u>	<u>0.49</u>		<u>1400</u>
62~86	3.0~3.8	0.06~0.40	0.40	0.06	0.024~0.048	0.08~0.40	0.45~0.53	0.045	1380~1420

注：表中加下划线的数据为平均值。

2.11.4 中国钒产业

中国的钒生产始于日伪时期的锦州制铁所，以钒精矿为原料提钒。中华人民共和国成立后，重工业部钢铁工业管理局于1954年下达"承德大庙钒钛磁铁矿精矿火法冶炼提钒及制取钒铁"的科研任务，项目于1955年完成，奠定了中国钒铁工业的建设基础。锦州铁合金厂于1958年恢复用承德钒钛磁铁矿精矿为原料生产钒铁。1959年开始用钒渣生产钒铁。20世纪60年代国家重点发展攀枝花，1978年攀枝花钢铁公司开始生产钒渣，使中国步入世界钒生产大国行列，攀钢独创的雾化提钒技术结束了中国钒进口历史，为国家节约大量外汇，攀枝花改变了钒的技术资源分布，也改变了中国和世界的经济地理，钒改变了攀枝花，攀枝花为世界所注目。锦州铁合金厂、南京铁合金厂、峨眉铁合金厂和攀钢等相继建设以钒渣为原料的提钒厂，改变建筑钢结构基础，使"工业味精"助推工业经济长足发展；20世纪70~80年代，利用中国南方丰富的石煤资源建成若干小型提钒厂，促进了钒产业的全面发展。

2.11.4.1 攀钢钒产业

攀西钒钛磁铁矿资源在中国作为一个整体进行系统开发，攀枝花矿产资源为世人注目已久，从1872年起，在攀西地区进行地勘的外国人有德国的李希霍芬，匈牙利的劳策，法国的乐尚德和瑞士的汉威。在攀西地区进行地勘的中国人有丁文江、谭锡畴、李春昱、李承三、黄汲清、常隆庆、刘之祥和程裕祺等。1936年地质学家常隆庆、殷学忠调查宁属矿产，在攀枝花倒马坎矿区见到与花岗岩有关的浸染式磁铁矿；1943年8月，武汉大学地质系教授陈正、薛承凤复受中央地质调查所所长李赓扬之邀，对所采矿样逐个进行钛的定性分析，择要进行铁的定量分析，同时引用李善邦、秦馨菱的分析结果，所采矿样经地质调查所化验分析，含铁51%、二氧化钛16%、三氧化二铝9%，从此得知攀枝花铁矿石中含有钛，得出攀枝花矿床为钛磁铁矿的结论。同年资源委员会郭文魁、业治铮借到西康之便顺道查勘了攀枝花矿区，论证了矿床的岩浆分异成因，指出主要矿物为磁铁矿及少量钛铁矿。1944年，根据程裕祺的意见，又发现钛磁铁矿中含有钒，从而确定了攀枝花铁矿为钒钛磁铁矿。

攀枝花铁矿经过20世纪50年代的地质勘探和60年代中期的补充勘探，完成了勘探任务。在此基础上，许多单位在成矿规律、矿产预测、伴生元素研究、扩大远景、后备勘探基地选择等方面又陆续做了大量工作。到1980年，攀枝花—西昌地区已探明铁矿54个，总储量81亿吨，其中钒钛磁铁矿23个，总储量77.6亿吨。到1985年，攀西地区已探明钒钛磁铁矿储量达到100亿吨，占全国同类型铁矿储量的80%以上，其中钒的储量占全国的87%，钛的储量占全国的92%。攀枝花市有攀枝花、白马、红格、安宁村、中干沟、白草等6大矿区，总储量75.3亿吨。

攀钢是中国完全依靠自己的力量在极其艰苦的条件下，依托储量丰富的攀西钒钛磁铁矿资源建设和发展起来的特大型钒钛钢铁企业。攀钢始建于1965年，1970年建成出铁，1974年出钢，经过40多年的建设和发展，攀钢已发展成为跨地区、跨行业的具有较强市场竞争力和较高知名度的大型钒钛钢铁企业集团。攀钢已具备钒制品2万吨、钛精矿30万吨、钛白粉9.3万吨、铁830万吨、钢940万吨、钢材890万吨的综合生产能力。攀钢是中国第一、世界第二大钒制品生产企业，中国最大的钛原料生产基地和主要的钛白粉生产商，中国最大的铁路用钢生产企业和中国品种结构最齐全的无缝管生产企业。攀钢拥有世界先进的重轨生产线和世界一流的无缝钢管生产线，形成了以氧化钒、高钒铁、钒氮合金、氯化法钛白、硫酸法钛白等为代表的钒钛产品系列和以重轨、310乙字钢、汽车大梁板、冷轧镀锌板、IF钢、无缝钢管、军工钢等为代表的钢铁产品系列。攀钢的建设发展经历了三个重要阶段：1965 年至 1980 年是攀钢进行艰苦卓绝的一期建设和创业，实现从无到有的重要历史时期。攀钢于 1965 年春开工建设，1970 年出铁，1971 年出钢，1974 年出钢材，1980 年主要产品产量和技术经济指标达到或超过设计水平，形成了 150 万吨钢的综合生产能力。1981 年至 2000 年是攀钢建设二期工程，规模迈上新台阶，品种结构实现调整，实现从"钢坯公司"到"钢材公司"战略性转变的重要历史时期。攀钢二期工程新建了四号高炉、板坯连铸、板材三大主体系统，总体装备水平达到 20 世纪 80 年代末、90 年代初国际先进水平，新增铁、钢、坯、材各 100 万吨，后经挖潜达到年产 400 万吨钢的规模。

攀钢是中国最大的钒生产商之一，按 V_2O_5 产量计算，攀钢生产的钒原料曾经占全国的 74% 左右，占世界的 18% 左右。中国钒工业的崛起主要得益于攀枝花钒钛磁铁矿的开发利用。随着 1972 年攀钢雾化提钒投产，中国钒从无到有，从 1980 年开始由一个钒的进口国，变成钒的出口大国。攀枝花钒钛磁铁矿原矿经选矿得到含钒铁精矿，经过烧结和高炉冶炼工序，得到含钒铁水，含钒铁水经雾化提钒或者转炉提钒后得到钒渣，攀钢从 1972 年开始从铁水中提取钒。在 1995 年以前，攀钢采用自行开发的具有自主知识产权的雾化提钒技术，规模为年产 7.5 万吨钒渣，处理的含钒铁水量为 150 万吨/a，随着钢铁生产规模的扩大，为提高铁水处理能力和钒的收率，开发了有攀钢特色的转炉提钒生产工艺，建设了转炉提钒车间，目前铁水处理量达到 500 万吨/a，得到钒渣约 23 万吨，年处理能力可达 500 万吨含钒铁水。采用转炉提钒，钒的氧化率从 85% 以下提高到了 90% 左右，半钢中的残钒降到了 0.04% 以下，技术指标得到大幅度提高。

攀钢的 V_2O_5 车间于 1990 年 3 月建成投产，目前的生产能力约为 3800t/a（含攀钢西昌分公司的生产能力），该工序的钒收率在 85%。为了降低生产成本，提高生产效率，于 1998 年自行开发了 V_2O_3 生产工艺，与引进设备和技术相结合，于 1998 年建成了年产 3350t 的 V_2O_3 车间，1999 年 V_2O_3 产量达到 2180t，2000 年的产量将达到设计能力。攀钢于 1991 年自主开发了 FeV80 生产技术和装备，并投入商业生产，年产能 1300t，钒收率在 95% 以上，1993 年攀钢引进卢森堡电铝热法冶炼 FeV80 设备，在广西北海建了第二条生产线，产能为 2000t。为满足国内钢厂的不同需要，攀钢从 1998 年开始也生产 FeV50。

攀枝花钒钛磁铁矿利用流程见图 2-36。

攀钢凭借钒的资源优势和应用技术优势，经过十多年的不断努力，先后开发了数十个含钒钢品种，其含钒低合金钢和微合金钢的产量占到了全国同类钢总产量的 50% 以上。攀钢火法部分拥有高炉 5 座和提钒炼钢转炉 6 座，生产含钒生铁 600 万吨/a，生产标准钒渣 25 万吨/a，V_2O_5、V_2O_3、钒铁和钒氮合金 5 条生产线，主要生产设备有 4 台球磨机、4 座十层焙烧窑、5 座还原窑、3 座熔化炉、1 座钒铁冶炼电炉、6 座推板窑和 2 套废水处理设施，氧化钒（V_2O_5、V_2O_3）生产能力为 2 万吨/a，钒铁（FeV80/50）1.6t 万吨/a，钒氮合金 0.4 万吨/a。

1991 年攀钢在实验室里用多钒酸铵为原料研制了碳化钒，同时还用高钒铁为原料制得氮化钒铁。1997 年，攀钢又和东北大学进行合作用三氧化二钒为原料研制氮化钒，结果在常压下使 $V_2O_3+4C \rightleftharpoons V_2C+3CO$ 碳化反应时间从 $40\sim60h$ 缩短为 5h 以内，并且还有进一步缩短碳化时间的潜力。产品达到国际同类产品技术标准，在生产工艺上已取到了关键性突破，批量工业应用取得良好效果，建成 4000t/a 规模的工业生产线。

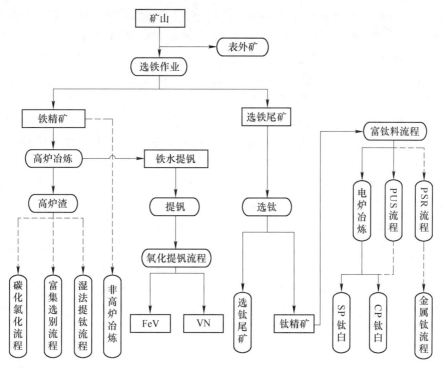

图 2-36　攀枝花钒钛磁铁矿利用流程

攀钢于 2009 年动工兴建攀西资源综合利用项目，其主体项目有：1 万吨钙盐提钒生产线、中钒铁生产线、$2×360m^2$ 烧结机、$3×1750m^3$ 高炉、$1×200t$ 提钒转炉、$2×200t$ 炼钢转炉，产品为 22.7 万吨钒渣和 1.88 万吨钒铁。

氧化钒生产采用"钙化焙烧—硫酸浸出"的清洁生产工艺，主要工艺技术为钒渣球磨及筛分除铁、配料、混料、回转窑钙化焙烧、硫酸浸出、连续沉钒、板框压滤机过滤、气流干燥和煤气还原。该工艺技术解决了现有工艺浸出尾渣及废水处理产生的固废硫酸钠较难处理的问题，具有废水处理成本低、锰资源可回收利用等优点。钒铁的生产采用三氧化二钒电铝热法工艺技术。

中间产品是 12625t/a V_2O_3 和 4000t/a V_2O_5，产品是 1.880 万吨/a FeV50 （或 FeV80）。

2.11.4.2 承德钒产业

承德钢铁集团有限公司始建于 1954 年，是苏联援建中国的 156 个项目之一，是中国钒钛产业的发祥地和先导企业，地处中国河北省承德市双滦区滦河镇。六十多年来，承钢依托承德钒钛磁铁矿资源不断发展和完善钒钛磁铁矿的冶炼技术、钒的提取技术和加工应用技术，逐步形成了以钒钛产品和冶炼、轧制含钒钛低合金钢材为主业，冶、炼、轧、钒完整的钒钢生产体系。

承德钒钛磁铁矿大庙钒钛磁铁矿床位于内蒙古地轴东端的宣化—承德—北票深断裂带上，基性-超基性岩侵入于前震旦纪地层中；由晚期含矿熔浆分异出的残余矿浆贯入构造裂隙而成矿，50 多个钛磁铁矿矿体呈透镜状、脉状或囊状产于斜长岩中或斜长岩接触部位的破碎带中，与围岩界线清楚；辉长岩中的矿体多呈浸染状或脉状，与围岩多呈渐变关系。矿体一般长 10~360m，延深数十米至 300m，矿石有致密块状和浸染状两类。主要矿石矿物有磁

铁矿、钛铁矿、赤铁矿与金红石等。磁铁矿与钛铁矿呈固溶体分离结构。钒呈类质同象存在于钒钛磁铁矿中。矿石平均品位为 0.16%～0.39%。铁精矿中 V_2O_5 为 0.77%。

1960 年承德钢铁集团公司成功开发出空气侧吹转炉火法提钒工艺，1965 年完成高钛型钒钛磁铁矿高炉冶炼技术攻关，1967 年完成工业规模水浸提钒新工艺研究，1972 年开发出电炉转炉炼钢钒渣直接合金化新工艺，1980 年按照英标 BS 4449 生产出含钒高强度螺纹钢筋，1984 年开发出转炉炼钢钒渣直接合金化新工艺，均取得成功。2009 年承钢形成钢产能 800 万吨、钒渣产能 36 万吨、钒产品产能 3 万吨规模，主体装备实现了大型化、现代化。承德钒钛主要产品有含钒 HRB500、HRB400、HRB335 级螺纹钢筋，含钒低合金圆钢、带钢、高速线材、五氧化二钒（片剂、粉剂）、钒铁合金、高品位钛精矿等。

承钢现有高炉 6 座，总容积为 $4179m^3$，其中 $2500m^3$、$1260m^3$、$450m^3$、$380m^3$、$315m^3$ 和 $274m^3$ 高炉各一座；30t 转炉系统：转炉 5 座，其中 1 座 80t 提钒转炉，4 座 30t 炼钢转炉；120t 转炉系统：120t 转炉 3 座，其中 1 座提钒转炉，2 座炼钢转炉；150t 转炉系统：150t 转炉 3 座，其中 1 座提钒转炉，2 座炼钢转炉；30000t/a 五氧化二钒生产线一条；三氧化二钒生产线一条；VN 生产线一条；钒铁生产线一条。承钢生产工艺流程见图 2-37，承钢钒制品生产工艺流程见图 2-38。生产钒渣能力为 36 万吨/a，五氧化二钒 3 万吨/a。

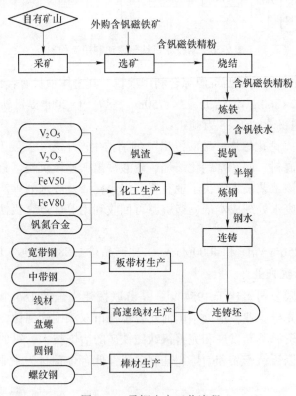

图 2-37 承钢生产工艺流程

2.11.4.3 锦州铁合金厂

锦州铁合金厂的前身是 1940 年成立的日伪满洲特殊铁矿株式会社锦州制炼所。1953 年中国政府和苏联政府签订援建项目协议书，其中包括原锦州制炼所。中华人民共和国成立后，重工业部钢铁工业管理局于 1954 年下达"承德大庙钒钛磁铁矿精矿火法冶炼提钒

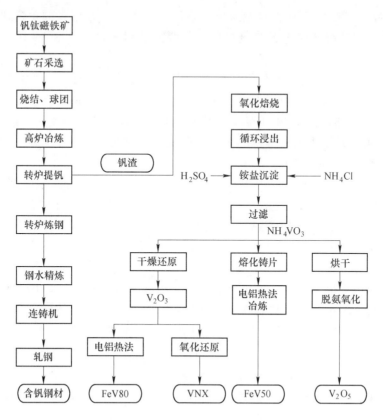

图 2-38　承钢钒制品生产工艺流程

及制取钒铁"的科研任务，项目于 1955 年完成，奠定了中国钒铁工业的建设基础。锦州铁合金厂于 1958 年恢复用承德钒钛磁铁矿精矿为原料生产钒铁。1957 年国家冶金工业部下发文件，命名为锦州铁合金厂；1958 年钒铁、钛铁生产线投产；1959 年开始用钒渣生产钒铁。1959 年硅铁、氮化铬铁、硼铁、电解铬粉、金属钒试制成功并投产；1961~1969年金属铬、钒铝合金、高钛渣、金红石、碳化锆、海绵锆相继试制成功并投产；1970~1977 年金属钛、锰硅合金、锰铁、海绵钛、电真空锆粉、氧化钼块相继试制成功并投产；1980 年钒铁荣获国家质量银奖；1981~1982 年热电池铬粉、红钒钠研制成功。

　　锦州铁合金厂是第一批确定的国家重点铁合金厂家之一，还有南京铁合金厂和峨眉铁合金厂，是中国提钒工业生产的先行者和实践者，对不同原料、工艺和设备进行了大胆有效的尝试，在中国总结推广升级了系列钒技术，锦州铁合金厂先后生产钒、钛、铬、锰、钼、镁、锆、铪八种元素的金属铁合金及金属氧化物，共 66 种 90 多个牌号，年总生产能力达 7 万吨左右，其中钒铁、五氧化二钒、钒铝合金、钛铁、金属铬、氧化钼块、海绵锆、锆粉、海绵铪等产品，在国内占有重要地位，优质名牌产品占全厂铁合金总量的 88%。

2.11.4.4　石煤提钒厂

　　石煤是一种高变质的腐泥煤或藻煤，大多具有高灰、高硫、低发热量和硬度大的特点。其成分除含有机碳外，还有氧化硅、氧化钙和少量的氧化铁、氧化铝和氧化镁等。外观像石头，肉眼不易与石灰岩或碳页岩相区别，属于高灰分（一般大于 60%）深变质的可燃有机矿物。含碳量较高的优质石煤呈黑色，具有半亮光泽，杂质少。相对密度为

1.7~2.2。含碳量较少的石煤，呈偏灰色，暗淡无比，夹杂有较多的黄铁矿、石英脉和磷、钙质结核，相对密度在 2.2~2.8 之间，石煤发热量不高，在 3.5~10.5MJ/kg 之间，是一种低热值燃料。

伴生有钒的石煤，可提取五氧化二钒。石煤中 V_2O_5 品位较低，一般为 1.0%左右。石煤中的钒以 V(Ⅲ) 为主，有部分 V(Ⅳ)，很少见 V(Ⅴ)。由于 V(Ⅲ) 的离子半径（74pm）与 Fe(Ⅱ) 的离子半径（74pm）相等，与 Fe(Ⅲ) 的离子半径（64 pm）也很接近，因此，V(Ⅲ) 几乎不生成本身的矿物，而是以类质同象存在于含钒云母、高岭土等铁铝矿物的硅氧四面体结构中。

石煤资源广泛分布在中国的川、渝、陕、甘、鄂、湘、赣、浙、桂、粤和皖等省区，成为提钒的重要原料，石煤提钒存在散、乱、小和微型现象，产品主体为粉钒，工艺缺乏整体性，主要控制技术一般比较落后，能力与市场交织，产量产能飘忽不定，鼎盛时期石煤提钒厂达到了四五十家。

A　火法提钒工艺

石煤中的钒以三价为主，三价钒以类质同象形式存在于黏土矿物的硅氧四面体结构中，结合坚固且不溶于酸碱，只有在高温和添加剂的作用下，才能转变为可溶性的五价钒，同时脱除石煤中的碳，因此焙烧转化是从石煤中提钒不可缺少的过程。

火法提钒工艺的特点在于矿物焙烧转化的前置，焙烧分为空白焙烧和加添加剂焙烧两种：空白焙烧时不加任何添加剂，浸出时需要高浓度的酸去分解；加添加剂焙烧，焙烧时加入添加剂（如钠、钙、铁和钡等盐类，硫酸），产生可溶于水或酸的钒酸钠、钒酸钙和钒酸铁等。

传统的石煤提钒多采用 NaCl 和 Na_2CO_3 组合作为钠化焙烧添加剂，焙烧时产生大量的 Cl_2、HCl 和 SO_2 等有毒有害气体，烟气污染大，废水盐分高，只能提取钒，且钒的回收率一般只有 50%左右，资源浪费严重，生产作业环境较差，后续处理产生的浸出渣残留钠离子较多，无法规模化多用途利用。钙法焙烧不产生 Cl_2、HCl 和 SO_2 等有毒有害气体，但焙烧过程受矿石种类和性质影响较大，焙烧气氛、时间、温度和钙盐用量等的影响也非常敏感，控制不当，容易形成难溶的硅酸盐，使得部分钒被"硅氧"裹络，或者矿样中的部分钒与铁、钙等元素生成钒酸铁、钒酸钙等难溶性化合物，钙化处理渣可以规模化多用途利用。空白焙烧主要是想解决石煤脱碳和低价钒的氧化问题，对矿物结构有一定的要求，但焙烧设备还是传统的立窑、平窑和沸腾炉，不仅生产规模有限，而且焙烧过程并没有完全改变含钒矿物的晶体结构，不能有效提高钒的回收率，对石煤矿资源利用的适应性较差；硫酸化焙烧可以强化矿物分解工艺过程，硫酸化焙烧温度为 200~250℃，焙烧时间为 0.5~1.5h，焙砂水浸液 pH 值为 1.0~1.5，硫酸利用率显著提高，硫酸沸点为 338℃（98.3%硫酸），焙烧烟气主要是水蒸气，便于净化，石煤低温硫酸化焙烧只需加热，不需氧化，过程简单。

石煤提钒的浸出分为水浸、碱浸和加酸浸出三种：水浸只适用于加钠盐焙烧形成可溶于水的钒酸钠，在钠化工艺中已广泛应用；碱浸适合于钙化焙烧过程，选择性强，可循环处理，适合处理碱性脉石较多的石煤，常压碱浸不如压力碱浸效果好；酸浸工艺分为浓酸浸出和低酸浸出，浓酸浸出的特点是用酸量大，浸出的杂质多，剩余的酸度大，回收率低，低酸浸出的显著特点是时间长，浸出的杂质适中，剩余的酸度小，回收率低。从浸出手段还可以分为粉浸和球浸，粉浸只是浸出速度快，球浸速度慢，对浸出率影响不大。

浸出液的提纯和富集一般都用树脂吸附和萃取，树脂吸附仅适用于中性浸出液，萃取分为四价钒萃取和五价钒萃取。

高碳石煤需要进行脱碳处理，将钒富集到烟灰中，用烟灰作原料提钒。有些富集程度较高，可以考虑结合钒渣或者含钒回收料提钒利用。

B 湿法提钒工艺

湿法酸浸工艺不需要焙烧，主要针对风化石煤，为了得到较高的 V_2O_5 浸出率，不得不消耗大量 H_2SO_4，生产中 H_2SO_4 用量一般为矿石质量的 $25\% \sim 40\%$，V_2O_5 浸出率一般在 $65\% \sim 75\%$，超过 80% 的很少，V_2O_5 回收率一般不超过 70%。酸性浸出液的净化除杂，难度大，Fe（Ⅲ）还原和 pH 值调整等工序需要消耗大量药剂，特别是氨水，从而导致氨氮废水的产生及处理问题。

2.12 国内外钒制品生产现状

全球钒总产能已经达到 10.2 万吨（折合为金属钒，下同），主要产能分布在俄罗斯、南非、瑞士、德国、美国和中国。虽然总产能很大，但从 2006~2013 年的生产情况来看，产量却并不大，全球钒产量只有 6.316 万吨，欧美钒生产厂商开工率明显不足，主要是受金融危机的影响，钒需求大幅下降。2012 年全球主要产钒国按国家统计的钒产品产量（折合为金属钒）为 6.316 万吨。其中中国、俄罗斯、南非均以钒矿、钒渣为生产原料，日本以石油渣、灰分、废催化剂为生产原料。表 2-29 给出了近几年主要产钒国统计的钒产品产量，表 2-30 给出 EVRAZ 近几年钒产品产量，表 2-31 给出了世界主要钒生产厂家的能力。

表 2-29　近几年主要产钒国统计的钒产品产量　（t）

国家	2006 年	2007 年	2008 年	2009 年	2010 年	2011 年	2012 年
中国	17500	19000	20000	21000	22000	23000	23000
俄罗斯	15100	14500	14500	14500	14000	15200	16000
南非	23780	23486	20295	17000	18000	22000	22000
日本	560	560	560	560	560	560	560
其他国家	1000	1000	1000	1000	1000	1560	1600
总计	57900	58500	56400	54100	56600	60200	63160

数据来源：美国地质调查局（USGS）。

表 2-30　EVRAZ 近几年钒产品产量　（t）

产品	2007 年	2008 年	2009 年	2010 年	2011 年	2012 年
钒渣[①]	11752	11010	19403	20969	20741	20741
钒铁		15355	8029	13507	16683	14381
钒氮合金	12155		1724	2408	2874	2723
氧化钒、钒铝合金及其他钒化合物			976	1317	1277	1330

①2009 年和 2010 年为钒渣总产量，其余年份为销售的钒渣量。

表 2-31 世界主要钒生产厂家的能力 （t）

国家及厂家	钒渣	V_2O_5	V_2O_3	FeV80	以 V_2O_5 合计	名次
南非海威尔德钢钒公司	180000	10000	2500	3000	20000	1
美国 STRATCOR						
（1）美国钒公司		9000		5000	9000	2
（2）南非 Vametco		5000		3000	5000	
攀钢	140000	5000	4000	4000	10000	3
俄罗斯下塔吉尔钢铁公司	170000					
俄罗斯秋索夫	50000	7000		7000	9000	4
俄罗斯图拉		8000		7000	9000	5
奥地利特雷巴赫		6000		6250	9000	6
南非 Rhovan（美国控股）		6000			6000	7
南非 Vantech 钒技术公司（瑞士控股）		4000		3600	5000	8

近年国内钒铁（FeV50）产能为 65kt/a，平均产量为 56kt，五氧化二钒产能为 45kt/a，平均产量为 40kt，片钒厂家生产情况比较正常，产量和 2009 年相比基本没有大的变化，国内几个比较大的厂家都还是按照正常水平在生产。粉钒部分生产，产量大幅度波动，2013 年一年很多厂家都没有生产，部分是上半年生产，下半年基本停止生产，其中也包括湖南、陕西等钒产业较为集中的省份，所以产量大打折扣。

2.13 钒制品应用延伸产品生产典型工艺

钒的氧化物具有优良的催化性能，钒催化剂同时具有特殊的活性，1880 年人们发现了钒的催化作用，1901 年开始进行钒触媒的试验，钒催化剂于 1913 年在德国巴登苯胺纯碱公司首次使用，1930 年开始在工厂正式使用，20 世纪 30 年代起全部代替了铂催化剂用于硫酸生产。钒系催化剂主要是以含钒化合物为活性组分的系列催化剂。工业上常用钒系催化剂的活性组分有含钒的氧化物、氯化物和配合物，以及杂多酸盐等多种形式，但最常见的活性组分是含一种或几种添加物的 V_2O_5，以 V_2O_5 为主要成分的催化剂几乎对所有的氧化反应都有效。钒化合物在工业催化中的应用是最重要的催化氧化催化剂系列之一，广泛用于硫酸工业和有机化工原料合成领域，如苯酐生产、顺酐生产、催化聚合、烷基化反应和氧化脱氢反应等，同在现代环保中作为脱硝催化剂的主要组成部分。

五氧化二钒的出现改变了硫酸生产用贵金属作催化剂的历史，硫酸产能成百倍增加，在随后的石化工业发展中同样表现不俗，加速了化学反应进程，增加了有机合成反应的可靠性和稳定性。1889 年英国谢菲尔德大学的阿若德教授就开始研究钒在钢中的特殊作用，20 世纪初美国人亨利·福特提出钒的钢铁应用新途径，对福特汽车的关键部件通过钒合金化特殊制造，取得良好效果。通过五氧化二钒生产的钒铁合金、钒氮合金和金属钒等产品形式将钒用于钢铁工业，赋予钢铁产品复杂的功能，可以形成细化钢铁基体晶粒，全面有效改善钢铁产品性能，提高强度、韧性、延展性和耐热性，生产的轨道钢、桥梁钢、合金钢和建筑用钢在保证强度需求的前提下实现了自重减量目标，降低高层建筑的本体重量，承载重型车辆和高速机车通行。氮化钒在钢铁合金化的推广应用中通过争议赢得辉煌，通过溶氮固氮强化钢的性能，引入氮而节约钒。以钒铝合金形式用于制造钛合金（Ti6Al4V），微钒处理提高铝基合金的强度，改善铜基合金的微观结构，使铸铝、铸铜和铸钛产品的强度得到应有提升。英国科学家罗斯科（Roscoe）通过氢气还原钒的氯化物首次获得金属钒，使钒金属应用领域拓展，尤其是屏蔽辐射和超导的特殊功效得到公认称道。

钒基固熔体合金，可以在适当温度压力下，可逆地吸收和释放氢，氢储存量是自身体积的 1000 倍，理论吸氢量为 3.8%，氢在氢化物中扩散速度快，已经开发出的储氢合金，形成储氢新能源材料。钒电池（VRB）是一种可以流动的电池，钒电池将存储在电解液中的能量转换为电能，这是通过两个不同类型的、被一层隔膜隔开的钒离子之间交换电子来实现的。电解液是由硫酸和钒混合而成的，由于这个电化学反应是可逆的，所以 VRB 电池既可以充电，也可以放电。充放电时随着两种钒离子浓度的变化，电能和化学能相互转换。VRB 电池由两个电解液池和一层层的电池单元组成。电解液池用于盛放两种不同的电解液。

2.14 钒产业链

钒产业以钒价值链为纽带，通过不断发现发掘钒的应用价值，使钒资源勘探和提钒技术链得到丰富和发展，多样化钒资源进入开发利用视野，化学化工技术的精进为初期钒产业发展打下基础。钒在催化剂和钢铁合金化应用价值的发现确认，实现了钒产业技术发展的跨行业国际贸易互动，导致全行业的精细化分工和经济社会影响面的增加，围绕提钒的关联企业集群化发展，并逐步与钢铁和化工产生直接或者间接联系，出现钒生产应用一体化企业和跨国公司，与钒产业有关的教育、科研、咨询、销售、物流和政府管制政策应运而生，对产业形成外围支持。

典型的生产结构有三种：（1）一些钒厂占有钒渣等资源，甚至作为商品销售，具有前向一体化特征；（2）一些厂家除了销售钒制品外，还开展深加工，生产特殊合金、催化剂、特种材料等下游产品（如美国战略矿物公司、日本的一些钒厂），具有后向一体化特征；（3）一些厂家靠购买原料生产钒制品，给下游厂家，属于典型的钒加工生产企业。

目前的钒制品主要有三个去向：（1）部分企业将部分产品直接销售给固定用户；（2）经中间商或金属交易市场寻求用户（这部分占的比例最大）；（3）具备后向一体化的企业消耗部分钒制品生产下游产品。可以把中间商看作一类特殊的用户，他们在选择经销哪家厂家的产品时，也会用价格、运输、服务质量、与厂家的感情联系、最终用户的喜好等指标去衡量。从各国及各钒生产厂家提供的数据表明，直接销售和中间商的交易所占比例最大。

提钒产业在与同行及替代品竞争的同时也必须与上、下游产业发生关联，如图 2-39 所示。

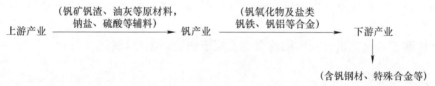

图 2-39 钒产业的上下游产业示意

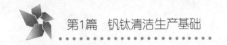

2.15　主要提钒装备

钒渣提取五氧化二钒，主要原料钒渣需要破磨和磁选分离金属铁，涉及球磨机和磁选，部分需要配套筛分装置。焙烧设备有回转窑、多膛炉和平窑等，浸出设备包括球磨机、浓密机。

2.15.1　回转窑

回转窑按照外形分类，可以分为变径回转窑和通径回转窑，提钒用回转窑属于通径型。回转窑本体由窑头、窑体和窑尾三部分组成，窑头是回转窑的出料部分，直径大于回转窑直径，通过不锈钢鱼鳞片和窑体实现密封，主要组成部分有检修口、喷嘴、小车和观察孔等，窑体是回转窑（旋窑）的主体，通常有 30~150m 长，圆筒形，中间有 3~5 个滚圈，回转窑在正常运转时里面要内衬耐火砖。窑尾部分也是回转窑的重要组成部分，在进料端形状类似一个回转窑的盖子，主要承担进料和密封作用。

回转窑是由气体流动、燃料燃烧、热量传递和物料运动等过程所组成的热体系，运转过程使燃料能充分燃烧，热量能有效地传递给物料，物料接受热量后发生一系列的物理化学变化，转化形成成品熟料。回转窑的工作区可以分为三段，即干燥段、加热段和焙烧段。通风是燃烧反应的两个物质条件之一，通风供氧使燃料燃烧释放热能，维持适宜的温度。在正常情况下，当通风量小时，供氧不足，燃烧速度减慢，热耗增高；通风量大时，气体流速增大，燃烧分解时间变短，燃烧后烟气量大，热耗高，影响窑的正常运转，应该准确控制窑的通风量，及时对通风量进行调节和控制。正常情况下，系统尾部风机稳定运转排风，窑炉内通风基本稳定，但有一些因素会影响通风量，如整个系统阻力变化，入窑空气的温度，系统漏风，风机入口掺入冷风，管道内积灰、堵塞，物料布料均匀度，窑炉两个系统干扰等因素，一定程度上都会影响窑的通风量。

回转窑采用最新无线通信技术，将热电偶测得的窑内温度数据传送到操作室显示。窑温发送器使用电池供电，可同时采集多个热电偶信号。它安装在窑体上，随筒体一道转动，由于采取了隔热措施，能够耐受 300℃ 以上的筒体辐射高温，抗雨、抗晒、抗震。窑温接收器安装在操作室，直接显示窑内温度，并有 4~20mA 输出，可送计算机或其他仪表显示。

转炉生产的钒渣经冷却、破碎、磁选除铁后进入球磨粗钒渣料仓，经球磨、筛分除铁后进入精钒渣料仓缓存，再进入风选机选粉，合格料进入配料料仓，粗颗粒料返回球磨机。石灰石用汽车运至地下料仓，经球磨细磨后进入石灰石料仓缓存，然后进入配料料仓。钒渣、石灰石（或者碳酸钠和氯化钠）经称量、混料后，再与一定量的返渣混合后输送至回转窑炉顶料仓内，进入回转窑焙烧。回转窑焙烧后的熟料经水冷内螺旋输送机冷却后进入粗熟料仓，再经棒磨机磨细，得到合格粒度的熟料进入精熟料仓，然后经称量进入浸出罐。

钒渣提取五氧化二钒过程中回转窑主要用于钒物料的焙烧转化。

2.15.2　多膛焙烧炉

多膛焙烧炉是有多层水平炉膛的竖式圆筒形炉。圆形外层筒体用 7~12mm 厚钢板围成，内衬 230mm 厚耐火砖。通常炉内沿高度每隔一定距离用耐火砖砌成 6~8 层炉拱，将炉内空间分成 5~6 层水平炉膛。每层中心留有圆孔，旋转主轴从炉底基座穿过各层中心圆孔，轴上在每层装有两个带扒齿的扒臂，主轴转速为 0.75~1.5r/min，带动扒臂缓慢扒动矿石。层与层上的扒齿方向相反，钒焙烧料运动的方向也相反。各层炉拱互相贯通，从炉顶加入的炉料可以依次层层降落。这种降落是通过下料孔实现的。这些下料孔上层若位于靠近旋转主轴的炉膛中心，下层就分布在炉壁周缘。炉料在上层扒至中心下落，下层就被扒到炉壁周缘下落，如此交错进行，炉渣从最底层排出炉外。焙烧需要的空气由鼓风机送入旋转主轴和各层扒臂内冷却主轴和扒臂，空气在扒臂预热后进入炉膛空间。和其他焙烧炉相比，多膛焙烧炉的优点是对原料适应性强；炉料在降落和耙动过程中不断发生混合作用，表层和中心及底部的炉料不断变换位置，使全部炉料与空气接触充分，反应较完全。

多膛炉焙烧的实质是在高温和一定负压的情况下，保持氧化气氛，使钒渣与提钒添加剂之间及其自身发生物理化学变化，钒渣、碳酸钠和氯化钠经称量、混料后，再与一定量的返渣混合后输送至多膛炉顶料仓内，进入多膛炉焙烧。熟料经水冷内螺旋输送机冷却后进入粗熟料仓，再经棒磨机磨细，到合格粒度的熟料进入精熟料仓，然后经称量进入浸出罐。

钒渣提取五氧化二钒过程中多膛炉主要用于钒物料的焙烧转化。

2.15.3 平窑

平窑主要由衬有耐火砖的钢筒或钢筋混凝土筒壳组成。原料块或球由窑顶加入，空气由窑的下部导入。如果用固体燃料，则与原料块轮流加入或掺入原料内。如果用气体或液体燃料，则与空气一同喷入。原料块借重力逐渐下移，经预热、燃烧、冷却等阶段而成产品，由炉底卸出。构造简单，可连续操作。预热、煅烧、冷却采用分层装料，煤层、一般料层都较厚，煤与含钒物料接触面小，燃料燃烧时发热量集中，与燃料接触的钒物料，由于温度高，加热迅速，易产生过烧，离燃料远的钒物料，温度较低，对流传热慢，造成生烧，使热量利用不均匀，造成烧成熟料质量差，煤耗高。用暗火操作，窑面烟道废气温度一般在 200℃ 以下。这种结构的主要优点是：结构简单、砌筑方便，具有较小的容积面积，散热的面积缺失也较小；缺点是：当混合料的粒度发生变化时，物料的下落和气流沿窑身整个横断面分布的均匀性较差，易产生"窑壁效应"，燃料不易充分燃烧造成结瘤，通风控制困难，窑气浓度低并且原料对窑壁的摩擦、磨损严重，影响窑炉的使用寿命。

圆锥形平窑，窑的内径自上至下逐渐扩大，呈喇叭口形，在窑身的下部向下又逐渐缩小成圆锥形，这种窑形有利于物料的均匀下落，并可减少"窑壁效应"的产生。立窑自上而下分为预热区、焙烧区、冷却区三部分。混合好的含钒物料和燃料由上料小车送至立窑窑顶，通过布料系统进入窑体的预热区，随着生产的进行逐渐向下移动，依次经过焙烧区和冷却区，形成的烧成熟料由出灰系统排出窑外；助燃空气由鼓风机从窑底部送入窑内，并逐渐向上移动，依次经过窑体的冷却区、焙烧区和预热区，煅烧后产生的气体从炉顶排出。在预热带，入窑的冷物料与上升的热气体进行热量交换，物料被加热，气体被冷却；在焙烧带，逐渐被加热的燃料与上升的热空气发生燃烧反应，放出大量热量，焙烧物料吸收热量发生化学反应生成钒熟料。

钒渣提取五氧化二钒过程中平窑主要用于钒物料的焙烧转化。

2.15.4 球磨机

球磨机是由水平的筒体、进出料空心轴及磨头等部分组成，筒体为长的圆筒，筒内装有研磨体，筒体为钢板制造，有钢制衬板与筒体固定，研磨体一般为钢制圆球，并按不同直径和一定比例装入筒中，研磨体也可用钢段。根据研磨物料的粒度加以选择，物料由球磨机进料端空心轴装入筒体内，当球磨机筒体转动时候，研磨体由于惯性、离心力，以及摩擦力的作用，使它贴在附近筒体衬板上被筒体带走，当被带到一定的高度时候，由于其本身的重力作用而被抛落，下落的研磨体像抛射体一样将筒体内的物料给击碎。球磨机由给料部、出料部、回转部、传动部（减速机、小传动齿轮、电机和电控）等主要部分组成。中空轴采用铸钢件，内衬可拆换，回转大齿轮采用铸件滚齿加工，筒体内镶有耐磨衬板，具有良好的耐磨性。根据物料及排矿方式，可选择干式球磨机和湿式格子型球磨机。棒球磨机的长径比应在 5 左右为宜，棒仓长度与磨机有效直径之比应在 1.2~1.5 之间，棒长比棒仓短 100mm 左右，以利于钢棒平行排列，防止交叉和乱棒。

钒渣提取五氧化二钒过程中球磨机主要用于钒物料准备和焙烧转化熟料的浸出。

2.15.5 浓密机

浓密机是基于重力沉降作用的固液分离设备，通常为由混凝土、木材或金属焊接板作为结构材料建成带锥底的圆筒形浅槽。可将含固量为 10%~20% 的矿浆通过重力沉降浓缩为含固量为 45%~55% 的底流矿浆，借助安装于浓密机内慢速运转（1/5~1/3r/min）的耙的作用，使增稠的底流矿浆由浓密机底部的底流口卸出。浓密机上部产生较清净的澄清液（溢流），由顶部的环形溜槽排出。浓密机按其传动方式主要分为三种，其中前两种较常见：（1）中心传动式，通常此类浓密机直径较小，一般在 24m 以内居多；（2）周边辊轮传动型，较常见的大中型浓密机，因其靠传动小车传动得名，直径通常在 53m 左右，也有100m 的；（3）周边齿条传动型。

主要特点包括：（1）增加脱气槽，以避免固体颗粒附着在气泡上，似"降落伞"沉降现象；（2）给矿管位于液面以下，以防给矿时气体带入；（3）给矿套筒下移，并设有受料盘，使给入的矿浆均匀、平稳地下落，有效地防止了给矿余压造成的翻花现象；（4）增设内溢流堰，使物料按规定行程流动，防止了"短路"现象；（5）溢流堰改为锯齿状，改善了因溢流堰不水平而造成局部排水的抽吸现象；（6）将耙齿线形由斜线改为曲线形，使矿浆不仅向中心耙，而且还给了一个向中心"积压"的力，使之排矿底流浓度高，从而增加了处理能力。

钒渣提取五氧化二钒过程中浓密机主要用于焙烧转化熟料的浸出过滤。

2.15.6 磁选机

磁选机是根据物质磁性的差别实现分选的机械，磁选过程是在磁选机的磁场中，借助磁力与机械力对矿粒的作用而实现分选的。不同的磁性的矿粒沿着不同的轨迹运动，从而分选为两种或几种单独的选矿产品。磁选机的主体部分由一个"山"字形的电磁铁与可旋转的悬吊感应圆盘组成。圆盘好像一个翻扣的带尖齿的碟子，其直径比给矿皮带的宽度约大 1/2，圆盘采用蜗杆蜗轮减速传动，通过手轮可调节圆盘与电磁铁间的极距（调节范围 0~20mm）。为了防止堵塞，在给矿圆筒内装有一个弱磁场磁极，可预先排出给料中的强磁性矿物。

钒渣提取五氧化二钒过程中磁选机主要用于钒渣的选铁处理。

2.15.7　过滤机

过滤机是利用多孔性过滤介质，截留液体与固体颗粒混合物中的固体颗粒，而实现固、液分离的设备。用过滤介质把容器分隔为上、下腔即构成简单的过滤器。悬浮液加入上腔，在压力作用下通过过滤介质进入下腔成为滤液，固体颗粒被截留在过滤介质表面形成滤渣（或称滤饼）。过滤过程中过滤介质表面积存的滤渣层逐渐加厚，液体通过滤渣层的阻力随之增高，过滤速度减小。当滤室充满滤渣或过滤速度太小时，停止过滤，清除滤渣，使过滤介质再生，以完成一次过滤循环。

液体通过滤渣层和过滤介质必须克服阻力，因此在过滤介质的两侧必须有压力差，这是实现过滤的推动力。增大压力差可以加速过滤，但受压后变形的颗粒在大压力差时易堵塞过滤介质孔隙，过滤反而减慢。过滤机按获得过滤推动力的方法不同，分为重力过滤器、真空过滤机和加压过滤机三类，过滤机应根据悬浮液的浓度、固体粒度、液体黏度和对过滤质量的要求选用。

2.15.8　熔化炉

钒熔化炉是传统意义的冶金反射炉，主要功能是对多钒酸铵脱水、脱氨、脱硫和五氧化二钒熔化成型，炉内传热不仅是靠火焰的反射，而且更主要的是借助炉顶、炉壁和炽热气体的辐射传热。反射炉由炉基、炉底、炉墙、炉顶、加料口、产品放出口、烟道等部分所构成。其附属设备有加料装置、鼓风装置、排烟装置和余热利用装置等。熔化炉由燃烧窑、熔炼室和排气烟道（烟囱）三个主要部分组成。整个炉膛就是一个用耐火材料衬里的长方形熔炼室。

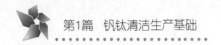

3　钛生产技术

钛产业发展终端产品主要有钛白和金属钛，中间产品有 $TiCl_4$ 和钛铁，$TiCl_4$ 可以分流生产氯化钛白和海绵钛，主要钛原料是钛铁矿和金红石，存在形态有岩矿和砂矿，原料加工形态有人造金红石和各种钛渣，90%的钛原料用于制造钛白，是钛产业发展的主导产品，广泛应用于涂料、油漆、造纸、塑料和橡胶等领域，是性能优良的着色剂和改性剂，与经济社会发展密切相关。钛及其合金具有密度小、耐腐蚀、耐低温和耐高温等优异性能，是性能卓越的结构材料、装饰材料和功能材料。世界钛工业正经历着以航空航天为主要市场的单一模式，向冶金、能源、交通、化工、生物医药等民用领域为重点发展的多元模式过渡。

3.1　国内外钛产业主要产品技术

钛发现于1789年，英国业余矿物学家格雷戈尔（William Gregor）神甫在其教区哥纳瓦尔州的默纳金山谷里的黑色磁性砂石（钛铁矿）中发现一种新的元素（钛），当时命名为"默纳金尼特"（Menaccanite）。1795年，德国化学家克拉普罗特（M. H. Klaproth）在对岩石矿物作系统分析检验时发现一种新的金属氧化物，即是现在的金红石（TiO_2）亦含有此新元素，他把此新元素以希腊神话中天地之子 Titans（泰坦神）命名为钛（Titanium）。元素符号 Ti，原子序数22，相对原子质量47.88，在元素周期表中位于第4周期ⅣB族。1910年美国人亨特（M. A. Hunter）用金属钠还原四氯化钛制得较纯的金属钛；卢森堡科学家克劳尔（W. J. Kroll）1932年用钙还原制得金属钛；1940年克劳尔在氩气保护下用镁还原制得金属钛，从此金属钠还原法（亨特法）和镁还原法（克劳尔法）成为海绵钛的工业生产方法。1911年法国人罗西申请了第一个钛白制造专利；1916年挪威率先工业化生产钛白；1921～1923年法国人布鲁门菲尔等人用硫酸溶解钛铁矿制取钛白并申请了专利；1923年法国的卢米兹公司以此专利为基础生产出纯度为90%～99%的颜料级钛白；1925年美国国家铅业公司同样用硫酸法生产出颜料钛白；1942年美国生产出金红石型钛白，结束了此前只能生产锐钛型钛白的历史；20世纪50年代开始采用无机包膜处理提高耐候性。氯化法生产钛白的方法主要有水解法、气相水解法和气相氧化法三种，真正实现工业化生产的只有气相氧化法。氯化法钛白研究始于20世纪30年代，1932年德国法本公司（现在的拜耳公司）首先发表有关气相氧化 $TiCl_4$ 制造颜料级钛白粉的专利，1933年起美国克莱布斯公司、匹兹堡玻璃公司和杜邦公司以及法国的麦尔霍斯公司对氯化钛白进行了系列研究并申请了一些专利。杜邦公司则于1940年开始进行实验室试验、扩大试验和中间试验，1948年在特拉华州的埃奇摩尔建成日产35t的试验工厂，1954年在田纳西州的斯约翰斯尔建成年产10万吨的生产工厂，1958年率先投入工业生产，并于1959年向市场提供优质氯化钛白产品。20世纪60年代以后，先后有十多家公司建厂介入氯化钛白生产，在以后的生产技术稳定发展过程中，其中有3家公司因技术不过关被迫停产关闭，只有美国杜邦和钾碱公司实现技术生产跨越，维持了正常生产。这个时期形成的杜邦法和钾碱公司的 APCC 法成为较为普遍的生产方法。20 世纪六七十年代氯化钛白技术扩散迅速，在美国、澳大利亚和亚洲部分国家以及地区形成规模化产能，因其产品的高质量和工艺的低污染特性而超越硫酸法成为钛白生产的主流工艺。

3.2 钛原料

金属钛和钛白粉工业的主要生产原料是钛精矿和富钛料，富钛料包括高钛渣、人造金红石和天然金红石，其中高钛渣和人造金红石是用钛精矿加工而成的。以前的钛精矿大部分直接供给硫酸法钛白生产作原料，小部分加工成富钛料，供氯化法钛白和海绵钛工业使用。钛产业主要钛产品包括钛精矿、富钛料、钛白、海绵钛和钛合金，经过八十多年发展创新，钛的生产工艺日益成熟可靠，产品质量稳定优异，不同生产厂家由于工艺技术层次和控制水平的差异，主要钛产品质量和技术经济指标反差较大。

对于钛产业而言，钛原料的要求主要体现在最大限度提高主元素品级和降低有害元素含量两个方面，不同类别的钛原料在工艺技术质量和经济性方面体现出了差异性。国外富钛料消耗量约占钛原料的 75%，而且逐渐向优质富钛料方向发展，硫酸法钛白用的 TiO_2 的含量由 75% 趋向 85%，氯化法钛白用的富钛料品位要求在 95% 以上；国内富钛料的消耗量很小，只占钛原料的 6% 左右，TiO_2 含量只有 90%~92%，与国际差距甚远。

中国的硫酸法钛白生产多使用钛精矿为原料，每生产 1t 钛白粉要产生 3.2~3.8t $FeSO_4 \cdot 7H_2O$，由于 $FeSO_4 \cdot 7H_2O$ 作为净水剂和饲料添加剂的用量有限，处理这些 $FeSO_4 \cdot 7H_2O$ 需要投入大量的资金，环保成本不断递增，严重制约钛白粉厂生产。硫酸法钛白的原料由钛铁矿改为酸溶性钛渣，提高了原料中 TiO_2 品位，满足了精品化工的基础原料需求，单位产品的投入减少和工序减少，产量产能增加。根据镇江钛白粉厂的工业试验，用含 TiO_2 80% 的加拿大酸溶性钛渣代替钛铁矿作原料，设备产能可以提高 20%，硫酸消耗减少 30%。同样规模的钛白粉厂，在设备和人员不变的情况下使用酸溶性钛渣为原料，相当于生产规模扩大了 20%。同时减少了单位产品的原材料和辅助材料的消耗、运输费、管理费用以及"三废"处理和设施费用。虽然酸溶性钛渣的价格比钛铁矿高，抵消增加的大部分效益，但总体效益还是有所增加，特别是社会效益更是无法估量。因此世界各钛白厂商都希望以富钛料为原料，而且对富钛料的品质要求也越来越高。国外的硫酸法钛白厂使用的富钛料品位由原来的 72%~75% 提高到 80%~85%，用钛渣代替钛精矿作为原料生产钛白粉是大势所趋。

氯化法钛白和海绵钛生产的第一道工序是制取 $TiCl_4$，制取 $TiCl_4$ 的主要原料是含钛物料和氯气。用钛精矿也可以生产 $TiCl_4$，但钛精矿中杂质含量大，用国内的钛精矿生产 $TiCl_4$，要同时产出约 0.92t 的杂质氯化物。这样氯气的损耗量太大，"三废"量太多，氯化炉产能太低，TiO_2 的生产成本太高，所以国内外的生产厂家从不用含 $TiCl_4$ 低于 60% 的钛精矿作为 $TiCl_4$ 的生产原料，而采用富钛料作为原料。对氯化钛白和海绵钛的生产来说，除了上述效益外，还可减少氯化生产中的除尘、$TiCl_4$ 分离设施的费用，例如，美联公司在澳大利亚年产 9.5 万吨的氯化钛白粉厂，使用的富钛料含 TiO_2 高达 92%，除尘分离设施的费用相当于国内 1.5 万吨氯化钛白厂的 40%，而且尘、渣和泥浆量很少，更有利于正常生产。因此世界上的钛和钛白厂都希望使用富钛料作为原料，而且富钛料的品质要求越来越

高，国外的硫酸法钛白粉厂使用的富钛料品位由原来的 72%~75% 提高到 80%~85%，氯化法钛白和海绵钛厂使用的富钛料品位提高到 90% 以上；国内由 85%~90% 提高到 90% 以上。这也说明了世界钛白和海绵钛生产使用原料不但是富钛料，而且是要求高品质的富钛料。

3.2.1　钛精矿

钛铁矿分为砂矿钛铁矿和岩矿钛铁矿。

3.2.1.1　砂矿钛铁矿选矿

砂矿是世界上钛铁矿、金红石、锆英石和独居石等矿产品的主要来源。钛砂矿中：(1) 钛元素主要赋存在以 Ti^{4+} 与 Fe^{2+} 呈类质同象置换而形成的钛-铁矿系列中。其中钛铁矿（含 TiO_2 52%~54%）和富铁钛铁矿（含 TiO_2 46%）所占的比例达 66.2%，其次是富钛钛铁矿（含 TiO_2 56%~58%）占 19.2%，钛赤铁矿（含 TiO_2 10.7%~19.5%）占 14.6%。钛元素还少量地赋存在金红石、锐钛矿、白钛石和楣石中。(2) 难选中矿属钛铁矿、锆石、独居石、金红石、锐钛矿等的混合矿物，矿物粒度为 0.2~0.08mm（属可选粒度）；采用二碘甲烷介质作"沉浮"选矿，比重水泥生产工艺流程中相对密度小于 3.3 的非有用矿物的上浮排除率达 19.76%，相对密度大于 3.3 的有用重矿物下沉产率达 73.5%。(3) 在下沉的重矿物中，除主收钛铁矿外，可综合回收锆石、独居石、富钛钛铁矿和金红石。其有效的选矿流程有二：其一是有用重矿物经电磁选场强 6000Oe 分选出占钛铁矿矿物比例 88.1% 的磁性产品（TiO_2 43%），再经 800℃、10min 的氧化焙烧，最后经场强 650Oe 弱磁选，在磁选产品中可获得 TiO_2 50%~51% 的钛铁矿精矿产品；其二是有用重矿物（钛铁矿粗精矿，含 TiO_2 43%~46%）经电选（2.1kV，120r/min），在导体产品中可获得 TiO_2 51%~53% 的钛铁矿精矿产品。(4) 在经场强 8000~12000Oe 磁选的尾矿中，再采用浮选，可获得合格的独居石精矿；再对其经场强大于 20000Oe 磁选的非电磁性重矿物尾矿中，采用电选，可在非导体性产品中获得合格的锆石精矿，在导体性产品中获得合格的金红石精矿。

钛铁矿、金红石和锆英石经常伴生，密度都在 4.0~4.7g/cm³ 之间，用重选法选别时，它们同时进入重砂中。它们的可浮性也很接近，用浮化油酸浮选时，它们同时进入混合精矿中。它们的混合精矿原则上有两种分离方法：先用磁选法分出钛铁矿（磁选也可以放在浮选之后），其非磁性部分用氟硅酸钠抑制锆英石，用浮化油酸在 pH=3.8~4.6 的介质中浮选金红石。

用硫酸抑制金红石，用浮化油酸或阳离子捕收剂浮选锆英石。

钛铁矿砂矿主要矿床类型为海滨砂矿，其次是残坡积砂矿和冲积砂矿。砂矿是原生矿在自然条件下风化、破碎、富集生成的，具有开采容易、可选性好、产品质量好、生产成本低的特点。

海滨砂矿选厂分粗选和精选两部分。

A　粗选工艺

粗选厂的入选矿石经除渣、筛分、分级、脱泥及浓缩后，进入粗选流程选别。国内的海滨砂矿一般都含泥很少，可根据矿石情况只筛除含矿很少的粗砂部分就可不脱泥入选。澳大利亚西海岸的海滨砂矿，如卡佩尔、埃巴尔、联合埃尼尔巴公司的原矿中除含 8%~

20%的粗粒级矿物外，还含有12%～15%的细泥，因此在入重选之前还需要脱粗和脱泥，其流程见图3-1。

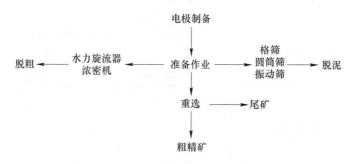

图3-1 粗选准备作业原则流程

粗选的目的是为精选厂提供粗精矿。入选矿石按矿物密度，用重选法丢弃大量低密度脉石，获得重矿物含量达90%左右的重矿物混合精矿。粗选厂一般与采矿作业为一体，组成采选厂，为适应砂矿特征，一般粗选厂可建成移动式，移动方式有水上浮船及陆地轨道，或者履带托板等。

粗选一般采用处理能力大、效率高、质量轻、便于移动式选厂应用的设备，多数用圆锥选矿机和螺旋选矿机等设备，少数用摇床。上述设备有单一使用的，也有配合使用的，单一圆锥选矿机主要用于规模大或原矿中重矿物含量高的粗选厂，多数选厂采用圆锥选矿机粗选、螺旋选矿机精选的工艺。一些规模较小的选厂常用螺旋选矿机粗选。

单一圆锥选矿机所组成的流程见图3-2，单一螺旋选矿机粗选流程见图3-3，圆锥与螺旋选矿机相结合的流程见图3-4。

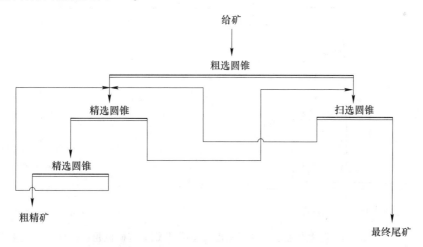

图3-2 澳大利亚联合矿物公司单一圆锥选矿机粗选流程

圆锥选矿流程，通常由粗选、精选和再精选段组成。某些选厂还包括扫选和螺旋精选段，使用的数目和类型取决于处理的矿量和矿石类型。重矿物的颗粒大小也会影响设备的选择，对很细和很粗的矿物的回收，往往是很困难的。

干式精选是按矿物的磁性、导电性、密度等性质的差异进行分选的。精选厂常见矿物

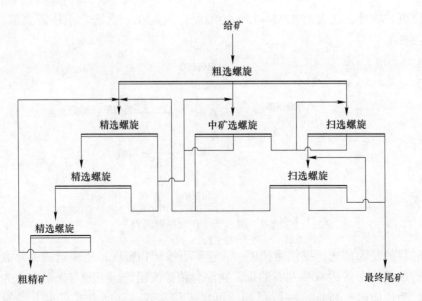

图 3-3　澳大利亚斯特兰选厂单一螺旋选矿机粗选流程

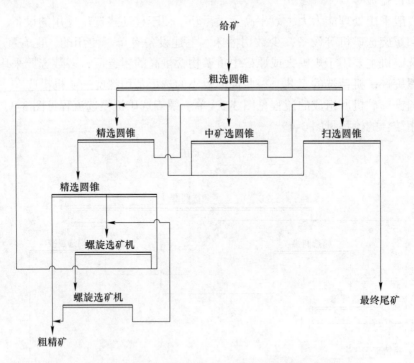

图 3-4　澳大利亚联合埃尼尔巴公司圆锥-螺旋选矿机粗选流程

的磁性和导电性列入表 3-1 中。

回收较小密度的矿物（3.5~4.0g/cm³），则要增加选别段数。

B　精选工艺

砂矿中往往是含多种有价值成分的综合性物料，精选的目的是将粗精矿中有回收价值的矿物有效分离及提纯，达到各自的精矿质量要求，使之成为商品精矿。精选厂一般建成固定式的。精选作业分为湿式精选和干式精选，以干式精选为主。精选工艺的前段往往用湿式作业进一步丢弃低密度的脉石矿物。在精选过程中往往会出现干、湿交替的现象。在生产中有时采用改变磁场及电场强度等操作条件，使电选、磁选作业交替进行，以改善分选效果。

表 3-1　精选厂中常见矿物的磁性和导电性

导电性	磁性	矿　　物
导体	强磁性	磁铁矿、钛铁矿（含铁矿）
	中磁性	钨锰矿、钛铁矿
	弱磁性	钽铌铁矿、赤铁矿、褐铁矿
	非磁性	锡石、金红石
非导体	中磁性	独居石、石榴石、钛辉石
	弱磁性	电气石、黑云母、白钛石
	非磁性	铁英石、楣石、长石、石英、黄玉、刚玉

　　根据粗精矿中矿物的磁性和导电性，可以依次分选出钛铁矿、磷钇矿、独居石、金红石和锆英石。分离工艺流程见图 3-5。

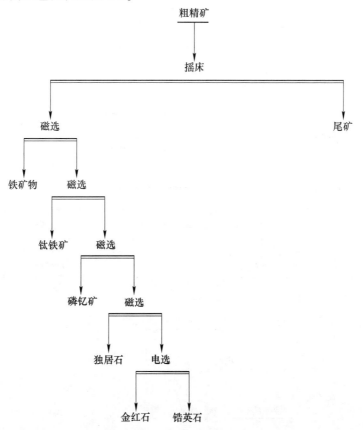

图 3-5　粗精矿中各矿物的分离工艺流程

砂矿流程结构变化较大。对于矿物组成比较复杂的、综合回收矿物种类较多的粗精矿，选矿工艺更为复杂，作业数较多。对于矿物组成简单的粗精矿，精选流程则很简单。南港钛矿原精选工艺为粗精矿经重选进一步丢弃脉石后，采用以干式作业为主的精选流程，并且干湿交替进行，其精选流程见图3-6。

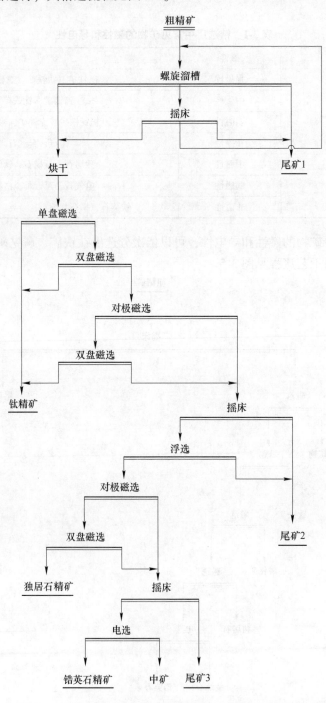

图 3-6 南港钛矿原精选工艺流程

国外海滨砂矿精选厂，如澳大利亚各矿业公司的精选厂一般包括湿选和干选两部分。

有的湿选在前，干选在后，有的厂与此相反，也有干湿交替作业的。湿选一般是加药擦洗，然后重选，使粗精矿的重矿物含量提高到98%，然后经干燥后进入干选流程。在东海岸的干选厂，首先采用高压辊式电选机进行矿物分组，导体部分经磁选、板式电选机精选分选出钛铁矿和金红石；非导体部分采用磁选、筛板式电选机和风力摇床精选，分选出锆石和独居石。西海岸精选厂首先采用交叉带式磁选机选出大部分钛铁矿精矿，其尾矿经擦洗和重选进一步富集有用矿物，然后进入上述干选流程，分别回收金红石、白钛石、锆石、独居石和磷钇矿。国内海滨砂矿精选厂都采用重选—干式磁选—重选—浮选—干式磁选—电选等多次干湿作业交替的联合流程，即粗精矿首先经重选，使粗精矿重矿物含量从60%提高到80%以上。然后干燥，经磁选得出最终钛铁矿精矿。有的还需要电选，其尾矿再重选去脉石，然后采用浮选、磁选、电选等联合作业综合回收锆石、独居石、金红石等产品，该流程干湿交替次数多，干燥量大，不仅浪费能源和劳动力，而且选别能力不高。精选的首要任务是把钛铁矿充分分选出来。影响钛铁矿选别的主要因素为重矿物中钛铁矿的含量，以及钛铁矿和伴生矿物的磁化系数。图3-7给出了南港钛矿精选新工艺流程。

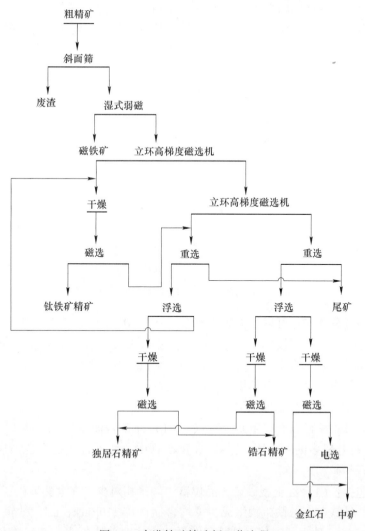

图3-7 南港钛矿精选新工艺流程

钛铁矿的组成结构，是一个影响钛铁矿分选流程的主要因素，特别是钛铁矿中的FeO含量影响钛铁矿磁选设备的选择。对于含FeO高的钛铁矿（如澳大利亚联合矿物公司卡佩尔选厂的钛铁矿含FeO为20%~25%），采用湿式强磁场磁选机可以有效地选别出以钛铁矿为主的磁性产品。有的选厂既可以采用湿式，也可以采用干式磁选，这取决于磁选作业最终产品是否需要进一步精选。对于含FeO低的钛铁矿（如联合埃尼尔巴选矿厂钛铁矿中含FeO量为2%~4%，詹宁斯采矿公司选矿厂钛铁矿中含FeO量为2%~4%），干式磁选机使用更为普遍。

国内有关钛铁矿磁性变化与钛铁矿中FeO含量的关系的研究还比较少。攀枝花的钛铁矿含FeO量为11%~45%，海滨砂矿中的钛铁矿所含FeO量并无相关资料。

经过研究南港钛矿中的钛铁矿、独居石、金红石和锆石在不同磁场强度下的分布，认为钛铁矿磁选所需的磁场强度为0.2~0.4T，独居石磁选所需的磁场强度为0.6~2.0T，金红石磁选所需的磁场强度为0.4~2.0T，但磁性产品的回收率不超过40%，大部分为非磁性的，锆石基本为非磁性的。

以湿式作业为主的新的精选工艺流程（图3-8）。该流程的特点是前面大部分作业为湿式作业，后面小部分为干式作业，基本上避免了干湿交替，并且分选指标很高。

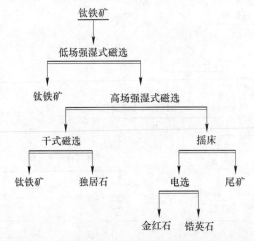

图3-8 以湿式作业为主的海滨砂矿精选工艺流程

钛铁矿的磁选分离作业可以用湿式低场强（0.2~0.3T）高梯度磁选机或筒式磁选机将部分磁性较强（含FeO较高）的钛铁矿直接选成最终钛精矿，然后用湿式高场强（0.4~1.0T）高梯度磁选机将磁性较低的钛铁矿及独居石分选出来，干燥后用干式磁选机分离钛铁矿与独居石，这样矿石的烘干量将大大减少。

细粒级钛精矿生产工艺流程见图3-9。

风化壳砂矿钛铁矿矿石有以下几个特点：（1）原矿含泥多；（2）钛铁矿单体解离不完全；（3）矿石有较多的铁矿物；（4）在重矿物中一般不含或很少含独居石、磷钇矿、金红石和锆英石等矿物。

矿物类型包括：（1）红土型砂矿，品位富，储量相对少。在大奕坡由亚黏土、绢云母及少量石英砂、钛铁矿、磁铁矿物组成，平均含钛铁矿120.11kg/m³；沙锅村最高含量在100kg/m³以上。（2）砂土型砂矿，是赋存储量的主体。总体色浅，其组成与红土型相同，

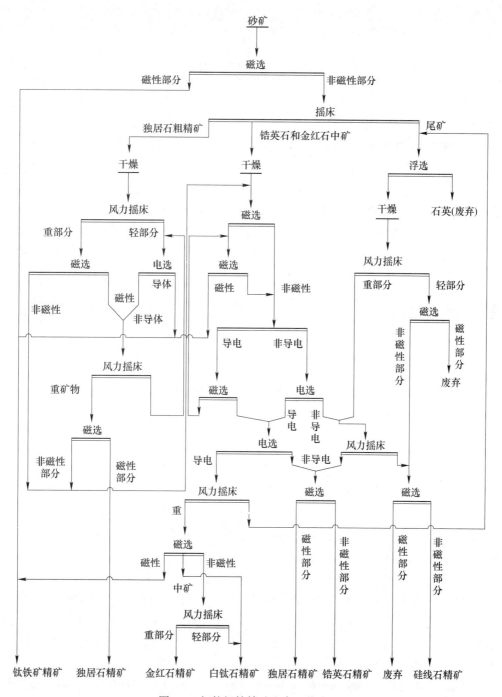

图 3-9 细粒级钛精矿生产工艺流程

只是黏土减少，岩屑增多，偶见基性岩残余结构。

两类砂矿，矿物组成基本相同，主要由钛铁矿（60%～89%）、磁铁矿（11%～40%）组成，粒度小于 0.2mm。另有少量赤铁矿、褐铁矿、锐钛矿、白钛石、锆英石、金红石、电气石等。

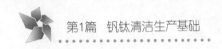

风化迁移的残积、坡积砂矿，有价成分主要是钛。某典型矿样主要化学成分分析结果见表 3-2。

表 3-2　矿物典型化学成分　　　　　　　　　　（%）

成分	TiO$_2$	CaO	MgO	Al$_2$O$_3$	SiO$_2$	Fe	P	S
质量分数	10.2	0.32	0.4	13.79	43.67	14.31	0.17	0.026

含钛矿物主要有钛铁矿（占 15.78%），金红石、白钛矿、板钛矿、榍石等（占 1.45%），其他金属矿物有针铁矿、水针铁矿、水赤铁矿、锰钡矿、黄铁矿等（占 15.87%）。脉石矿物有伊利石、高岭石、绿泥石、埃洛石、蒙脱石、石英、长石、云母、辉石、闪石、硅灰石、碳酸盐等矿物（占 66.90%），矿物密度为 3.0g/cm^3。

矿样中钛主要以钛铁矿的状态存在，其次是以金红石、白钛矿、板钛矿的形式存在，少量以榍石的形式存在，此外还有部分钛分散在铁矿物和脉石矿物中。矿样中钛元素的平衡分配计算结果见表 3-3。

表 3-3　矿物构成　　　　　　　　　　（%）

矿物名称	矿物含量	矿物中的 TiO$_2$	TiO$_2$ 的分布率
钛铁矿	15.7	52.67	81.5
金红石			
白钛矿	1.36	99.82	13.33
板钛矿			
榍石	0.09	29.82	0.26
铁锰矿物	15.83	2.10	3.27
其他矿物	66.94	0.25	1.64

矿石中的钛主要以钛铁矿的形式存在，其次以金红石、白钛矿、板钛矿、榍石的形式存在，有 4.91% 的钛分散在铁锰矿物和脉石矿物中。经测算，钛精矿理论品位为 TiO$_2$ 56.36%，TiO$_2$ 的理论回收率为 94.83%。

C　工艺选择

钛矿物的粒度主要在 -589~+20mm，粒度较粗，有利于回收。矿样中的钛主要分布在 0.8mm 以下，原矿经水浸泡后用振动筛筛分，筛上部分可以弃去不要。钛矿物的单体解离度达 88.80%，钛矿物与铁矿物的连生体占 6.85%，钛矿物与脉石矿物的连生体占 4.35%。由于钛矿物的单体解离较好，矿样不需要磨矿，可直接选别。

由于该矿石中有用矿物钛铁矿的粒度较集中，主要在 -0.6~+0.02mm，且有很多矿泥存在，所以原矿选别前必须进行筛分分级和脱泥作业，分级作业可抛掉产率约为 17.33% 的尾矿，脱泥作业可抛掉约 40.81% 的泥尾矿。按照粗选和精选配置要求，将进行摇床选别作业前的部分视为粗选，摇床选别视为精选，所以工艺流程分为粗选工艺流程和精选工艺流程两部分。最终钛精矿（TiO$_2$）品位为 48%，为确保精矿品位达到要求，可分别增加一次螺旋溜槽扫选和一次摇床中矿再选作业。

选矿工艺流程确定粗选工艺流程为原矿—分级—脱泥—粗精选—扫选流程，精选工艺流程为粗精矿—调浆—摇床精选—中矿再选流程。

D 主要设备选型配置

a 筛分分级设备

根据原矿的采矿方法和矿石性质，可按照采金船圆筒筛（洗矿筒）来计算原矿筛分所需圆筒筛的规格和处理量。由于原矿中钛矿物的粒度较细，较高品位的钛主要集中在$-2\sim+0.038mm$，因此在反复研究原矿粒度组成与TiO_2分布率的关系和兼顾生产中圆筒筛筛孔的大小对筛分效率和处理量的影响而确定采用双层圆筒筛，内层筛孔直径为6mm，外层筛孔直径为1.5mm，另外考虑到矿石性质的变化、圆筒筛的负荷及台时量波动范围和操作等因素。

b 螺旋溜槽选择

螺旋溜槽采用玻璃钢制造，内表面涂聚氨酯金刚砂耐磨层。它广泛用于铁矿、钛铁矿、铬铁矿、硫铁矿、锡矿、钽铌矿、金矿、煤矿、独居石、金红石、锆英石、稀土矿和具有足够密度差的其他金属、非金属矿物，以及钢渣、硫酸渣、冶金渣等物料选别回收。此设备结构简单、质量轻、不需动力、节水节电、操作维护方便、适应性强、选别粒度细、处理量大、分选效果好。

摇床选择：6-S摇床是重力选矿的主要设备之一，广泛用于选别钨、锡、钽、铌、铁、锰、铬、钛、铋、铅、金等稀有金属和贵重金属矿，也可用于煤矿。可用于粗选、扫选、精选等不同作业，选别粗砂（0.5~2mm）、细砂（0.074~0.5mm）、矿泥（0.02~0.074mm）等不同粒级。

水力分级设备选择：摇床重选前分级作业常用的水力分级设备为水力分级箱，满足摇床给矿粒度、给矿体积和浓度的要求。水力分级箱为自由沉降式分级设备，适于处理粒度较小和细泥含量较多的物料。适宜的分级粒度为0.074~2mm，给矿浓度为18%~25%。该设备优点是结构简单、不用动力、工作可靠，在钨锡等矿的选矿厂得到广泛应用。选择水力分级箱时应注意分级箱的室数（通常以4~8个分级箱串联成一组）与流程要求的物料分级级别数相对应，并兼顾到所选用的摇床台数。

E 设备配置要求及特点

在设备配置方面，简单的设备配置，有利于提高选矿效率，方便操作，安全生产。粗选将螺旋溜槽按4台一组联合配置，这样做可节约用地，减少基本建设投资，并为选矿厂的日常操作、管理和进一步提高选别指标创造了条件。

精选厂摇床水平配置，并且摇床基础建在地平面上而不是建在一个平台上。采用平面水平配置，可节省高差，降低厂房高度，降低基本建设投资，总投资也会降低，另外采用水平配置后，由于所有的设备在一个平面上，使得工人容易操作，便于管理；摇床基础建在地平面上而不是建在一个平台上的做法增加了生产的安全性和设备的可靠性。由于摇床生产时产生很大的震动，如果基础建在平台上很容易震坏基础，给生产带来危险，使设备的可靠性得不到保证。有些重选厂为了实现矿浆自流，将摇床按阶梯配置，摇床的基础建在平台上，生产时摇床振动平台和基础也跟着晃动，日常操作工人不敢靠近操作，给生产带来很大的不安全性，日常操作工人的安全不能保证，后患无穷。

钛精矿TiO_2品位为48%，TiO_2回收率可以达到75%。

处理这种矿石的选矿工艺一般粗选相对复杂些，但精选相对比较简单。因此粗选作业和精选作业一般可以在同一厂房进行。

F 脱泥—重选工艺

选矿工艺流程图如图 3-10 所示。由于原矿中含有 50%~60% 的 $-20\mu m$ 细泥，在细泥中钛的金属分布率较低，这部分细泥可以预先脱除，不但可以大大减少重选作业的矿量，降低选矿成本，而且可以减少细泥对重选作业的干扰，提高重选效率。

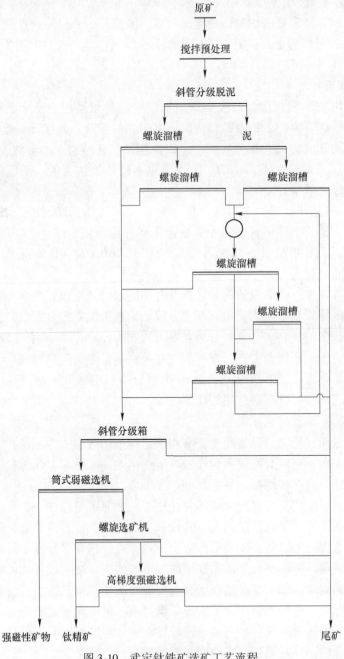

图 3-10 武定钛铁矿选矿工艺流程

武定钛矿原矿中含 TiO_2 为 7.68%，主要金属矿物为钛铁矿、钛-磁赤铁矿、褐铁矿、少量白钛石、金红石、锆石等。脉石矿物主要有石英、蛇纹石、黏土，并有少量蛭石等。

该矿石风化比较严重，存在大量矿泥。原矿中 $-0.01mm$ 粒级的矿量占52%，但钛金属量仅占11%，这部分泥可以预先脱除。

钛铁矿为镁钛矿-钛铁矿组成的 Mg-Ti 完全类质同象的混合体，因此该矿石含镁较高。钛铁矿纯矿物含 TiO_2 为50.46%，小于一般钛铁矿的正常值。尽管原矿中钛铁矿都呈颗粒状，但有一部分钛铁矿与假象赤铁矿连生，要想获得较高的钛回收率，必须磨矿。原矿中有74%以上的矿物是蛇纹石和黏土，钛铁矿表面几乎全被黏土和蛇纹石所包裹，因此需要搅拌、洗矿。

粗选的粗精矿中除钛铁矿之外，还有钛-磁赤铁矿、褐铁矿及石英等。粗精矿的精选流程首先是通过分级脱泥除掉泥质物，然后用弱磁场磁选机选出强磁性铁矿物。用螺旋选矿机丢弃低密度的脉石矿物，精矿为最终钛精矿，中矿用湿式高梯度磁选机选出另一部分钛铁矿。最终钛矿精矿含 TiO_2 48.34%，回收率为95%。

G　不脱泥强磁选—重选工艺

云南广南钛铁矿采用湿式强磁选机为粗选设备，磁性产品再经磨矿弱磁选除去磁性铁之后，用重选方法来获得钛铁矿精矿。强磁选设备不但处理能力大，而且对钛铁矿的回收较好。经过强磁选选别，在回收钛铁矿的同时，还起到脱泥作用。强磁选可直接丢弃79%的尾矿，选钛的作业回收率达68%。

富集于强磁选精矿中的钛铁矿还未完全单体解理，需磨矿至 $-0.25mm$，然后再用重选法除去含铁的脉石矿物，如橄榄石、辉石、角闪石等。该工艺流程所获工艺指标最好，工艺流程相对较为简单，生产上容易实施。

3.2.1.2　钛原生矿（脉矿）的选矿

目前工业上利用的钛原生矿（脉矿）均系含钛的复合铁矿。为利用其中的钛资源，依矿石性质而异，整个选矿过程可分预选、选铁及选钛三个阶段。其中选钛部分又可分为粗选及精选两个阶段进行：(1)预选。有的钛脉矿矿石，在破碎到一定程度的粗粒状态下即有相当数量的脉石达到基本单体解离，这些粗粒单体脉石可采用预选作业将其丢弃，达到增加选厂处理能力及提高入选品位的目的。预选作业可依据矿石性质在磨矿作业前的粗、中、细碎作业的适宜阶段进行。预选常用方法为磁选及重选两种。(2)选铁。含钛复合铁矿，目前工业上利用的主要目的是获得供炼铁用的铁精矿，对于含钒高的矿石则是获得供炼铁及提钒的钒铁精矿。选铁采用简单有效的磁选法进行。入选矿石经破碎（或先经预选）及磨矿，使其达到可选的单体解离度后，采用鼓式、带式弱磁场湿式磁选机选出。有的矿石铁、钛矿物嵌布致密，采用单一选矿方法难以获得单独的精矿，则只经重选丢弃尾矿，将所获得的铁、钛混合精矿，直接进行焙烧及熔炼，生产出高纯生铁及钛渣产品。(3)选钛。钛脉矿中钛的回收是在选出铁精矿后的磁选尾矿中进行。选钛采用的方法有重选、磁选、电选及浮选法，依矿石性质而异，采用适宜的选矿方法组成不同的工艺流程进行选别。目前工业上所采用选矿工艺流程是重选—电选工艺流程，重选—电选工艺流程特点是采用重选法粗选，电选法精选。重选采用的设备主要是螺旋选矿机（包括螺旋溜），其次为摇床。采用圆锥选矿机重选，在重选粗选阶段目的是丢弃低密度脉石，获得供电选用的粗精矿。电选采用的设备为辊式电选机，其目的是将重选粗精矿进一步富集，使产品达到最终精矿标准。

对于含硫矿石，在粗、精选工艺之间通常采用浮选法作为脱除硫化矿的辅助工艺。重选—磁选—浮选工艺流程特点是对进入钛选别的原矿，首先分级，粗粒级采用重选粗选，磁选精选，细粒级采用浮选。重选采用摇床，磁选采用干式磁选机进行。浮选给矿粒度一般为-0.074mm，所用浮选剂有硫酸、氟化钠、油酸、柴油及松油等。单一浮选法是选别细粒嵌布钛脉矿比较有效的选矿方法。单一浮选工艺简单，操作管理方便，但由于药剂消耗会增加成本，同时存在尾矿排放所带来的环境保护问题，所以目前工业应用尚不广泛。钛浮选采用的浮选剂有硫酸、塔尔油、柴油及乳化剂 Etoxolp-19 等。为提高浮选效果，对入选矿与浮选剂在浮选前进行高浓度长时间搅拌具有一定作用。

3.2.1.3　钒钛磁铁矿

钒钛磁铁矿属于典型的钛铁矿岩矿，也是综合性多元素共生矿，矿石中赋存着铁、钒、钛、钴、镍、铜、镓和钪等多种有益元素。矿石分选就是要将矿物中的多种有价矿物，按照不同的矿物特性和产品属性分选成不同种类的矿产品，富集成适用于制钛和制铁及相关金属加工处理的选矿产品，如攀枝花钒钛磁铁矿作为一个整体可以分选形成铁钒精矿、钛精矿、硫钴精矿和脉石矿物等，钒铁磁铁矿主要由钛磁铁矿、钛铁晶石、尖晶石和板状钛铁矿组成，矿石中的硫化物富集形成硫钴精矿，粒状钛铁矿富集形成钛精矿，钒、镓和钪作为非独立矿物主要以类质同象存在于磁铁矿及辉石中。

攀枝花矿经过三段开路磨矿，再经一段闭路磨矿和三段磁选，得到钒钛铁精矿，磁选尾矿经过螺旋选矿、浮选和电选得到钛精矿及硫钴精矿，矿石中硫化物的含量约为1%，它是钛精选时的有害杂质，也必须在选钛时除去。

矿石主要金属矿物为钛磁铁矿、钛铁矿、钛铁晶石，另有少量的磁赤铁矿、褐铁矿和针铁矿，硫化物以黄磁铁矿为主。

脉石矿物种类多，对选钛影响较大的有钛辉石、角闪石、橄榄石、绿泥石、斜长石和少量磷灰石等。脉石矿物具有不同磁性，其比磁化系数由小到大的变化范围为 $3.81 \times 10^{-6} \sim 206 \times 10^{-6} cm^3/g$，其中小于 $76.32 \times 10^{-6} cm^3/g$ 的脉石矿物产率达80%以上。脉石矿物的平均密度为 $3.06 g/cm^3$。脉石矿物以钛普通辉石、斜长石为主，其次为橄榄石、钛闪石，另有少量的绿泥石、蛇纹石、绢云母、方解石等。

在选铁尾矿中主要金属氧化物为钛铁矿和钛磁铁矿，还有少量磁黄铁矿及黄铁矿，脉石矿物有钛辉石、斜长石、橄榄石及极少量磷灰石等。

钛铁矿是选铁尾矿中利用价值最高的工业矿物。钛铁矿的产出形式为粒状钛铁矿，呈固溶体分解产物的叶片状钛铁矿和脉石中包裹的针状钛铁矿。

由于钛铁矿结晶分异不够充分，致使在钛铁矿结晶粒中含有其他成分。因这些外来成分的含量不同，钛铁矿的磁性也有差异。其磁性变化范围为 $76.32 \times 10^{-6} \sim 140.26 \times 10^{-6} cm^3/g$。

矿石主要矿物的密度、硬度及磁性见表3-4。

表 3-4　主要矿物的密度、硬度及磁性

矿　物	密度/g·cm^{-3}	硬度 HM	比磁化系数/cm^3·g^{-1}
钛磁铁矿	4.59	6	10000×10^{-6}
钛铁矿	4.62	6	240×10^{-6}
磁黄铁矿	4.52	4	
钛普通辉石	3.25	7	100×10^{-6}
斜长石	2.67	6	14.0×10^{-6}
橄榄石	3.26	7	84×10^{-6}

钛磁铁矿是由磁铁矿、钛铁矿、钛铁晶石、镁铝-铁铝尖晶石组成的复合矿物。在选铁尾矿中，钛磁铁矿的特点是有不同程度的磁赤铁矿化。选铁尾矿中的钛磁铁矿的另一特征是绿泥石化强烈，在数量上绿泥石化钛磁铁矿含量比原矿石要高得多。

矿石的矿物特性描述如下。

（1）钛磁铁矿。钛磁铁矿一般呈自形、半自形或它形粒状产出，粒度粗大，易破碎解离，只有极少数呈片晶状包裹于钛普通辉石中，因片晶细小，难以解离。钛磁铁矿实际上是有磁铁矿、钛铁晶石、镁铝尖晶石及少量钛铁矿所组成的复合矿物相。钛铁晶石片晶细微、厚度小于 0.5μm，长度为 20μm。

（2）钛铁矿。钛铁矿指矿石中的粒状钛铁矿，是选矿回收钛的主要钛矿物。粒状钛铁矿常与钛磁铁矿密切共生。或分布于硅酸盐矿物颗粒之间，呈半自形或它形晶粒状，颗粒粗大，易破碎解离。粒状钛铁矿约占钛铁矿总量的 90% 左右。在它的颗粒中赋存有少量的呈网脉状沿裂隙分布的镁铝尖晶石片晶和细脉状赤铁矿，脉长为 2~2.1μm。有时也含有少量乳滴状或细脉状硫化物，影响钛精矿质量。

图 3-11 给出了攀枝花选钛典型工艺流程。矿石经过破碎和磨矿到 0.4mm，两次磁选和

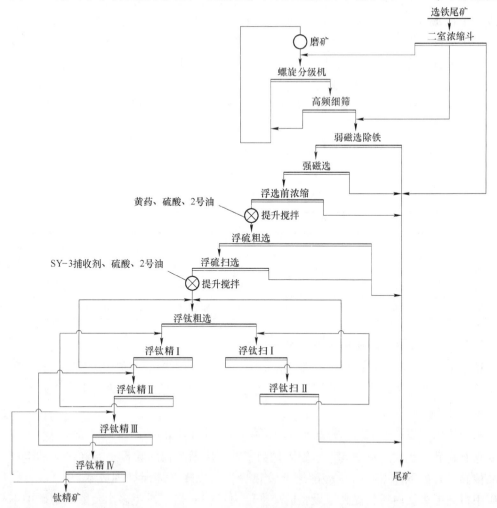

图 3-11　攀枝花选钛典型工艺流程

一次扫选得到铁钒精矿。为了回收粒状钛铁矿，按照三种方案进行选钛：1）螺旋选矿—浮硫（硫化矿物）—电选流程；2）强磁选与螺旋选矿—浮硫（硫化矿物）—电选流程；3）溜槽与螺旋选矿—浮硫（硫化矿物）—电选流程。

（3）磁黄铁矿。磁黄铁矿是主要的硫化矿物，约占硫化矿物总量的90%以上。因它与钴、镍硫化矿物紧密共生，所以是富集钴、镍元素的主要对象。

（4）脉石矿物。脉石矿物中钛普通辉石及斜长石占脉石矿物总量的90%以上。其中钛普通辉石大致占脉石矿物总量的55%~57%。所以在矿物定量或分离单体矿物时，考虑到选矿厂分选流程及其物理特征，将脉石矿物密度划分为两类，密度大于$3g/cm^3$者为钛普通辉石，密度小于$3g/cm^3$者为斜长石。

细粒级钛铁矿通过强磁选和浮选加以回收，主体选矿工艺流程：破碎采用三段一闭路工艺，磨选采用阶段磨矿阶段选别工艺，选钛采用弱磁（除铁）—强磁—浮硫—浮钛工艺。攀枝花钛选厂在过去重选—电选工艺流程的基础上，经过多年的技术攻关和技术改造，优化了选矿工艺。由于原矿性质变化，钛铁矿粒度变细。优化后的选矿工艺为：粗粒级采用重选—电选工艺，细粒级采用磁选—浮选工艺。原矿先用斜板浓密机分级，将物料分成大于0.063mm和小于0.063mm两种粒级。大于0.063mm粒级经圆筒筛隔渣后，经螺旋选矿机选得钛粗精矿，该粗精矿经浮选脱硫后，过滤干燥，再用电选法得粗粒钛精矿。小于0.063mm粒级物料用旋流器脱除小于$19\mu m$的泥之后，用湿式高梯度强磁选机将细粒钛铁矿选入磁性产品中，然后通过浮选硫化矿和浮选钛铁矿，获得细粒钛铁矿精矿。

河北承德和四川西昌太和的钒钛磁铁矿分别建立了综合选厂，选取钒铁精矿和钛精矿，技术质量与攀枝花相近。

图3-12给出了承钢黑山选钛厂工艺流程。

选矿厂工艺生产指标见表3-5。

表3-5　选矿厂工艺生产指标　　　　　　　　　　（%）

名称	选铁指标			选钛指标		
	品位	产率	回收率	品位	产率	回收率
原矿	23.00	100.00	100.00	10.50	100.00	100.00
精矿	57.00	50.00	71.25	46.00	2.00	8.76
尾矿	13.00	50.00	28.75	6.94	48.00	31.72

3.2.1.4 钛精矿选别技术质量要求

钛精矿是钛产业发展的重要基础，在努力适应钛产业发展的过程中形成了良性发展的技术特色，具体表现为最大限度提高主元素品级、回收率和有效降低有害元素含量三个方面。

A　钛精矿品位

硫酸法钛白生产一般要求钛精矿TiO_2的品位不小于45%。目前硫酸法钛白对生产原料的要求有高品位化的趋势，其根本原因是为了减少废副产物的数量，有利于清洁生产。原料品位高，有如下优点：（1）酸解废弃物量少，可以降低环保处理成本；（2）可以从每吨矿中得到更多钛白粉，提高了设备的单产能力；（3）可以避免多用硫酸酸解矿中不必要的杂质，从而降低硫酸的单耗；（4）可以减少钛液残渣含量，生产过程中的杂质含量少，

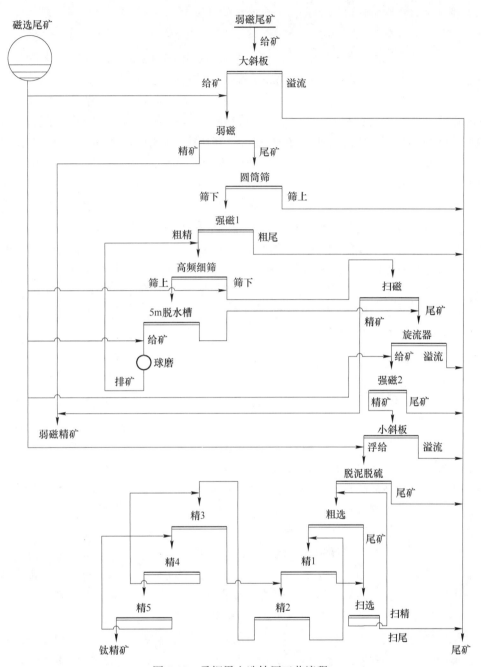

图 3-12 承钢黑山选钛厂工艺流程

从而提高产品质量；（5）钛液过滤容易，可以提高生产效率。

B 酸解性

硫酸法钛白生产是利用硫酸来溶解钛精矿制取 $TiOSO_4$ 溶液。钛精矿酸溶性的高低，直接影响到矿中 TiO_2 的浸出程度，这可用酸解率来表示。酸解率也是衡量钛精矿质量优劣的一项重要指标。影响钛精矿酸解率的因素较多，最主要的是其表面性能和金红石含量，钛精矿表面越疏松，金红石含量越低，其酸解率就越高。另外，钛铁矿的酸解活化能值

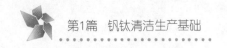

高，酸解反应的诱导条件难以达到，也会使酸解率降低。

　　C　显色金属杂质

　　钛白粉是目前世界上最佳的白色颜料，不管是氯化法工艺还是硫酸法工艺，除去其中的显色杂质、提高纯度，都是生产过程的主要任务之一。存在于钛精矿中的这些元素对钛白粉的颜色影响很大，同时在钛白粉生产过程中又很难完全除去。这些元素在煅烧时会侵入二氧化钛晶格，并使晶格变形，从而使钛白粉带上微黄、微红或微灰的色彩。例如，Cr_2O_3是钛白粉生产中危害最大的着色元素，当其在钛白粉中的含量超过 1.5mg/kg 时，就会使钛白粉呈现微黄色，因此含量超过这个范围，就不能用作生产颜料级钛白粉；V_2O_5对钛白粉质量的影响仅次于铬，在钛白粉中的含量超过 50mg/kg，就会使钛白粉呈现出肉眼就能看得出的灰蓝颜色；钛白粉中 Nb_2O_5 的含量不得超过 0.1%，否则会呈现青灰色。其余氧化镍、氧化锰、氧化钴、氧化铈的含量高，也会影响颜料钛白粉的白度。

　　另外，有些特殊用途如食品、化妆品等，要求钛白粉中的有害元素如铅、砷含量很低或无，冶金和电容器用钛白粉要求氧化铅和氧化铜含量低，制搪瓷钛白粉要求氧化铌含量低等。实践证明，要生产高档次钛白粉，要求钛精矿中 $Cr_2O_3<0.03\%$、$Nb_2O_5<0.2\%$、$V_2O_5<0.5\%$、$MnO<1.0\%$，同时也要控制铜等重金属的含量，越低越好。

　　D　钛精矿中 FeO 和 Fe_2O_3 含量

　　钛精矿中的 Fe_2O_3 含量高对钛白粉生产有利也有弊。矿中的 FeO 或 Fe_2O_3 在生产过程中，完全可以溶解并分离出去，因此它们不影响产品质量。但是它们对酸解反应却起着举足轻重的影响。因为钛铁矿和硫酸的反应是放热反应，Fe_2O_3 与硫酸的反应热为 141.4kJ/mol，FeO 为 121.4 kJ/mol，TiO_2 为 24.13 kJ/mol。一般说来，若钛精矿中 TiO_2 和 Fe_2O_3 含量都高，其反应放出的热量就高，反应性能较好，酸解率也高。相反，TiO_2 和 Fe_2O_3 含量都低，FeO 偏高的钛精矿，则因其放出的反应热少，反应性能差，酸解率低，常常需要外加蒸汽加热，才能获得较好的酸解效果。但是矿中 Fe_2O_3 含量太高，酸解放热太多，会使反应很剧烈，以至于出现冒锅现象，而且钛铁矿中 Fe_2O_3 含量高，还会消耗较多的硫酸，若要从钛矿钛液中得到三价钛时，还要消耗铁屑（或铁粉）。钛铁矿含 Fe_2O_3 比正常矿高 8%，经计算每吨钛白粉就需要多消耗硫酸 105kg 和铁屑 77kg。一般情况下，硫酸法钛白生产用钛铁矿需要高的氧化亚铁与三氧化二铁含量比，通常比值高于 1.5∶1，这样可以提高钛铁矿在硫酸中的反应性能，降低起溶解作用的硫酸的浓度，并因此减少生产成本。

　　E　非金属氧化物及与硫酸可生成可溶性盐的杂质

　　铁精矿中的硅和铝在酸解时与硫酸作用生成硅酸和铝酸盐胶体，会影响钛液沉降、净化和钛液的质量；钙和镁在酸解后会变成体积庞大的硫酸盐沉淀，影响残渣的沉降和钛液的回收。由于硅、铝、钙和镁不会对钛白产品质量造成较大影响，因此，在钛精矿的国家标准中均未对其作要求，但这些杂质在生产中会消耗硫酸，增加生产成本。

　　钛精矿中的硫含量高，不仅会对设备产生较大的腐蚀，而且会在酸解时产生有毒的硫化氢气体，在废气排出及处理系统中析出单质硫，造成排气不畅或堵塞。电焊条级钛白粉含硫高会使焊缝产生热脆性。

　　磷因为是钛白粉离子调节剂和金红石转化抑制剂，因此磷含量高会对钛白粉质量产生不良影响。在钛白粉生产中，磷无法全部除去，且会造成一定量钛的损失，在某些应用领域会受到一定的不良影响。虽然在生产颜料钛白粉后期，磷是必不可少的盐处理剂。但是钛铁矿中磷含量高，说明重金属元素含量高，这样会影响产品的白度。另外，磷是冶金、硬质合金、电焊条、电容器用钛白粉的主要有害杂质。电焊条级钛白粉中含磷高会使焊缝产生冷脆性。因此，一般要求钛精矿中 S 和 P 含量均不高于 0.02%。

F 放射性

不管是岩矿还是砂矿，钛精矿中都会含有一定量的放射性物质，如 U、Th 等，要想完全除去是不可能的。在钛白粉生产过程中，包含在钛原料的放射性核素不会进入到废物流中，因此，对从业人员和环境会带来潜在的威胁，这种威胁大于最终消费者面临的威胁。由于不同的国家对放射性核素等级的限制不同，甚至可能没有限制，因此原料中容许的最高放射性核素的等级限定值变化很大。但从商业的角度来看，钛原料的消费者主要参考的是所用产品中放射性核素铀和钍的含量应等于或低于普遍接受的产品中铀和钍的含量。《有色金属矿产品的天然放射性限制》（GB 20664—2006）规定，有色金属矿产品天然放射性核素 238U、226Ra、232Th、40K 的活度浓度限制值为：238U、226Ra、232Th 衰变系中的任一核素不大于 1Bp/g；40K 不大于 10Bp/g。由于钛白粉主要用于人们的日常生活中，因此每个钛白生产商规定的质量要求有一个共同的准则是低放射（主要是铀和钍），各工厂制定的标准高低取决于所处国家或地区准许钛白粉厂向环境排放废弃物的标准，比如日本、新加坡、中国台湾就特别严格，根本不允许排放含放射性废弃物。

3.2.2 钛渣

钛渣冶炼是系统集成技术，按照电炉大小可以分为小型电炉、大型电炉和超大型电炉钛渣技术；按照供电类别分为交流电炉和直流电炉钛渣技术；根据加料方式可以分为连续加料和间歇加料钛渣技术；也可以按照炉子结构分为圆形和矩形钛渣电炉技术，同时也可分为密闭炉、半密闭、矮烟罩和敞口电炉钛渣冶炼技术；根据电极类别可以分为自焙电极、碳素电极和石墨电极钛渣技术，石墨电极又分为实心电极和空心电极；不同矿物和不同用途钛渣导致冶炼工艺不同，形成砂矿和风化壳钛矿冶炼氯化钛渣与酸溶钛渣技术，岩矿冶炼酸溶性钛渣技术。总之，钛渣冶炼技术属于综合技术，生产要素各有偏重，技术结构直接决定钛渣冶炼的操作控制要点。钛渣生产工艺流程如图 3-13 所示。

3.2.2.1 钛渣冶炼技术特征

钛铁矿和还原剂在一种既不同于矿热炉，也不同于电弧炉的特殊电炉中，加热到 1600 ~ 1800℃，进行高温熔融态还原，钛铁矿中铁氧化物被大部分还原为金属铁，以熔融铁水流出成为生

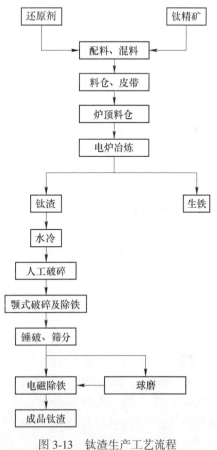

图 3-13 钛渣生产工艺流程

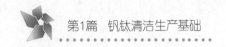

铁，从而在高温冶炼过程中分离除去，部分以亚铁形式与钛渣其他组分结合，部分金属铁夹杂留存渣中，渣中金属铁可以在磁选过程回收。

A　电炉参数选择特征

生产钛渣的电炉是介于电弧炉与矿热炉之间的一种特殊炉型，在设计选择电炉参数时要考虑钛渣熔炼过程的三个基本特征：（1）钛渣的熔化温度一般为 1873～1973K，熔炼最高温度可达 2073K，熔炼的热量必须集中在中心还原熔炼区。（2）高温下熔融钛铁矿精矿的电导率较高，钛渣具有电子型导电体的特征，其电导率可高达 15000～20000S/m。渣相的高电导率决定了钛渣熔炼过程具有开弧冶炼的特征，熔炼的主要热源是电极末端至熔池间的电弧热，渣电阻热是次要的。（3）钛渣熔体具有很高的化学活性，在熔炼过程中必须确保炉内衬挂渣，以保护炉衬不受腐蚀。

B　还原冶炼特征

钛铁矿和还原剂中的 SiO_2、MnO 和 V_2O_5 等被部分还原成金属溶解进入铁水；TiO_2 部分被还原成 Ti 进入铁水，部分还原为 Ti^{3+} 进入钛渣；在还原气氛下，S 和 P 等依照渣铁平衡系数分配在渣铁之间；来自还原剂（无烟煤、焦炭和电极）的 C 部分还原转化为 CO 和 CO_2，部分溶解在铁水中；钛铁矿中的钛和非还原组分以及还原剂中的灰分进入熔炼渣中而成为钛渣，主要组成是 TiO_2 和 FeO，其余为 SiO_2、CaO、MgO、Al_2O_3 和 V_2O_5 等，同时含有 10% 左右的 Ti^{3+}。根据炉型特点和产品应用需要，钛渣分为轻度还原、中度还原和重度还原钛渣，中度还原和重度还原需要后续补充还原剂。

钛渣冶炼分为四个阶段：第一阶段为铁还原，第二阶段为熔态深度铁还原，第三阶段为钛还原，第四阶段为分离强化阶段。钛渣冶炼初始为钛矿物的热解离，铁还原阶段发生以固-固和气-固反应为主的反应，物料中铁氧化物还原，按照 Fe_2O_3、FeO 和 Fe 梯级分布，伴随着物料受热和还原反应进行，还原加速，还原气氛形成并加强，铁氧化物与金属铁的比例发生变化，热核心部位物料还原熔化，部分 V_2O_5、SiO_2、MnO、P_2O_5 和硫氧化物被还原，熔化区域扩大，金属铁脱离渣系逐渐熔化形成金属熔池，出现铁水溶碳渗碳现象，此时加入还原剂调节，熔态铁深度还原，Fe_2O_3 消失，渣中 FeO 含量下降，同时部分 TiO_2 被还原，形成低价钛 Ti_3O_5，完成还原后提高温度，保持良好的熔融状态，充分分离渣铁，达到出渣出铁的要求。

C　中小型电炉钛渣冶炼特征

中小型电炉采用间歇式操作，即"捣炉—加料—放下电极—送电熔炼—出炉"作业制度。在准确配料条件下，电炉操作最重要的是选择控制合理的二次电压和二次电流。二次电流在熔炼周期中处于变动状态，可分为以下三个时期：（1）低电流稳定期，开始送电时，电极间的炉料有较大的电阻，炉子送电起弧困难。同时也为了控制焙烧电极的电负荷，二次电流为额定值的 0.3 倍，这一时期电极电流稳定，尽量不调整电极下插深度，让其周围炉料"安静"地升温烧结，避免电流增大，否则会造成上抬电极、"坩埚"（电极熔池）塌料、炉渣翻腾、再增大电流、再上抬电极的恶性循环。（2）电流波动期，低电流稳定末期，"坩埚"出现熔融，进入电流波动期工作，因炉料还原和熔化剧烈，出现金属导电体，并伴随塌料翻渣，电极经常处于短路工作状态，电流在零和额定值间频繁变动，甚至出现超载跳闸现象。人工配电时，这一时期的操作极为关键，要本着逐级稳定、升高的原则，迅速准确地调整电流，选用较高二次工作电压，使相间熔通加快，尽可能缩短电流波动期时间。（3）高电流稳定期，电流波动末期，"坩埚"壁的炉料层温度升高并烧结牢固，塌料现象减少，电极电流波动幅度小，此时电负荷较大，"坩埚"化料速度快、化料深、区域宽、相间接近熔通。当三个"坩埚"最后熔通且熔炼进入高电流稳定期，电极电流平稳易调，可稳定在额定值附近直到熔炼终点。

低电流稳定期电流由大到小，平稳易测，尽量不抬动电极；电流波动期电流波动幅度大，调整困难，要逐步稳定和升高；高电流稳定期电流平衡易测，但容易超载。在熔炼终点，要求在可能出现大塌料之前出炉，用圆扒把渣口堵渣扒出，再用氧气烧穿，熔体盛于渣包，放完熔体后可用钛渣堵住渣口。

由于相间熔通，固体固结料面厚度减少，与熔融渣铁形成空间，温度升高，固结强度降低，可能出现大塌料，固结料层受重力影响进入熔融渣铁，大温差导致剧烈热交换，CO 等气体剧烈释放，出现喷溅现象，可能造成炉台设备受损和人员伤害；渣铁混出时由于操作原因，部分炉次出铁渣不正常，少出导致炉内外物料不平衡，炉内熔融渣铁大量累积，同时无法准确预测可出渣铁量，而渣包容量有限，出炉过程会出现大量熔融铁渣快速出炉，渣铁量超过渣包额定容量，堵口机一时无法快速堵口，致使渣铁流出对出炉装置造成损坏影响；煤气被要求在燃烧室或者料面燃烧，防止聚集，避免中毒爆炸事件发生。

D　大型电炉钛渣冶炼特征

非连续加料大型化电炉钛渣冶炼特征与中小型电炉钛渣冶炼特征相近，只是冶炼周期、操作间隔、渣铁量差异、炉型选择以及操作控制模型不同，炉体结构有半密闭和密闭，半密闭多数为间歇冶炼，炉料入炉开始供电由强到弱，物料的导电率升高，电阻热逐步降低，电弧热增加，还原气体释放集中，出现供电功率差异，高差明显，浪费部分的强供电能力，降低装备整体效率，辅助处理负荷增强，半密闭的特殊之处在于有必要设立煤气燃烧室消解煤气，使气体总量增加，带来气体温度升高和除尘收尘能力下降，部分存在开弧冶炼的问题，导致热利用率低，开弧冶炼与煤气燃烧交织使炉顶炉衬大面积强受热，带来炉顶冷却和结构设计的特殊性问题。

连续加料大型化电炉钛渣冶炼的特点是物料持续加入，炉内还原气氛较浓，炉料预热加热迅速，物料进行部分的直接还原和部分的熔融还原，还原周期短，没有煤气燃烧室，在密闭条件煤气定向流动，一般煤气 CO 浓度高，热值高，1t 钛渣可以生成 $100\sim300m^3$ 标准煤气，对改善炉台环境和能源消耗结构意义重大，按照煤气回收利用规则进行净化处理，除尘净化脱硫，回收作为燃气热源，或者集中发电，或者收集后用于矿物处理，或者与其他产业结合用作热源，大型化密闭电炉供电稳定高负荷运转输出，不出现周期性供电转换，没有电网冲击负荷，供电输出效率高，设备利用效率高。渣铁累积根据留铁水平和炉容转换要求分别出炉。

E　冶炼终点判断

熔炼终点的判断，主要依据是连续熔炼 3h 以上，用电量超过额定值，熔炼进入高电流稳定期约 1h，三相电流在额定值附近稳定运行，并趋于平衡。炉内 94%～96%的含 TiO_2 熔体出炉，渣包内的熔体由于渣铁密度不同进行分层。生铁的密度大，位于下部，钛渣位于上部，经自然冷却凝结，酸溶性钛渣需要用水快速冷却避免金红石化，用吊具吊出渣包，大块运往渣场冷却破碎；分离大块生铁后，在冷却过程中，可以选择时机对熔铁进行

砂模铸块；钛渣再经破碎、筛分和磁选后得到符合要求的钛渣，包装成为成品入库。

F　钛渣品位

钛渣品位受原料和冶炼方式的共同影响，钛渣冶炼最大限度还原去除了铁，形成 Fe/FeO/Fe$_2$O$_3$ 梯级排布，电炉还原过程中，Fe$_2$O$_3$ 消失，钛渣深度还原过程中，FeO 和 TiO$_2$ 同步被还原，随着还原深度加深，低价钛增加，钛渣黏度增加，熔点升高，电导性增强，强高压送电导致电耗急剧上升，所以钛渣冶炼的 FeO 和 TiO$_2$ 需要一个平衡，保持合适 FeO 和 TiO$_2$ 比。在持续深还原过程中低价钛增加，FeO 总量下降，钛渣 TiO$_2$ 有小幅度提高，如果在炉内钛总量不变的情况下持续还原提高钛渣，只是钛渣 TiO$_2$ 表观值升高，没有实际的使用价值。

冶炼岩矿钛铁矿可以得到 TiO$_2$ 含量约为 75% 的钛渣，可以作为优质酸溶性钛原料，其中低价铁、低价钛、MgO、CaO 与 TiO$_2$ 达到某种平衡，以获取支持酸解过程的自发热；冶炼风化壳钛矿可以得到 TiO$_2$ 含量约为 90% 的钛渣，冶炼海砂钛矿可以得到 TiO$_2$ 含量约为 85% 的钛渣。

在钛渣冶炼条件下，还原剂中灰分的 MgO、CaO、Al$_2$O$_3$ 和 SiO$_2$ 基本不被还原，残留成渣，一定程度影响钛渣的 TiO$_2$ 品位，不同地域煤质和灰分构成不同，还原剂选择要求高 C 和低灰分；钛渣的 FeO 和金属 Fe 夹杂影响钛渣 TiO$_2$ 品位，金属 Fe 夹杂可以部分地在加工磁选时去除，降低金属铁夹杂主要是把控出炉过程，主要是保证出炉温度、时间和出炉方式；FeO 溶解进入钛渣物相，要求在出炉前深还原过程中要对照平衡技术经济指标，将 FeO 降低到合理水平。

3.2.2.2　钛渣冶炼原理

钛精矿主要组成是 TiO$_2$ 和 FeO，其余为 SiO$_2$、CaO、MgO、Al$_2$O$_3$ 和 V$_2$O$_5$ 等，钛渣冶炼就是在高温强还原性条件下，使铁氧化物与碳组分反应，在熔融状态下形成钛渣和金属铁，由于密度和熔点差异实现钛渣与金属铁的有效分离。在钛铁矿精矿高温还原熔炼过程中，控制还原剂碳量，可以使铁的氧化物被优先还原成金属铁，而 TiO$_2$ 也有部分还原为钛的低价氧化物。其主要反应为：

$$FeTiO_3 + C \longrightarrow Fe + TiO_2 + CO \tag{3-1}$$

$$3/4FeTiO_3 + C \longrightarrow 3/4Fe + 1/4Ti_3O_5 + CO \tag{3-2}$$

$$2/3FeTiO_3 + C \longrightarrow 2/3Fe + 1/3Ti_2O_3 + CO \tag{3-3}$$

$$1/2FeTiO_3 + C \longrightarrow 1/2Fe + 1/2TiO + CO \tag{3-4}$$

$$V_2O_5 + 5C \longrightarrow 2V + 5CO \tag{3-5}$$

$$SiO_2 + 2C \longrightarrow Si + 2CO \tag{3-6}$$

$$MnO + C \longrightarrow Mn + CO \tag{3-7}$$

$$Fe_2O_3 + C \longrightarrow 2FeO + CO \tag{3-8}$$

$$Fe_2O_3 + CO \longrightarrow FeO + CO_2 \tag{3-9}$$

$$CO_2 + C \longrightarrow CO \tag{3-10}$$

钛渣冶炼实际反应很复杂，反应生成物 CO 部分参与反应；钛铁矿中非铁杂质亦有少量被还原，大部分进入渣相；不同价态的钛氧化物（TiO$_2$、Ti$_3$O$_5$、Ti$_2$O$_3$、TiO）与杂质（FeO、CaO、MgO、MnO、SiO$_2$、Al$_2$O$_3$、V$_2$O$_5$ 等）相互作用生成复合化合物，它们之间又相互溶解形成复杂固溶体。随着还原过程的深入进行，钛和非铁杂质氧化物在渣相富集，渣中 FeO 活度逐渐降低，致使渣相中 FeO 不能被完全还原而部分留在钛渣中。

3.2.2.3 炉料系统配置要求

在钛铁矿精矿高温还原熔炼过程中，要求合理控制还原剂碳量，使铁的氧化物被优先还原成金属铁，而 TiO_2 也有部分还原为钛的低价氧化物。冶炼过程首先将钛矿物预处理，可以进行精选、磁选、焙烧、造球、造块、粒化、预氧化、预还原和预加热处理，矿物尽可能地降低水分含量。还原剂一般要求固定碳含量高，灰分含量低，挥发分适当，热值适当，定期、定点和定量分析还原剂特性，根据冶炼钛渣的定位和钛矿情况计算配料，部分冶炼工艺需要后期补充还原的必须预留还原剂，从总还原剂中部分扣除，炉况调节用矿和还原剂需要另行安排，有的在炉台，有的在料仓。经过料批配料，预先储存于电炉顶部混合料料仓内的混合料通过加料管连续加入已出完渣、铁的电炉内，送电启动电炉。

大型电炉采用多料管和多点位布料，保证电炉空间物料和热量的即时平衡均衡，连续加料主要是配合钛渣冶炼周期，持续利用高温环境，最大限度利用保持高强度供电能力，加料速度与功率输入相互匹配，小型化电炉采用手动仪表控制，手动将负荷逐渐加大到额定负荷，然后开始自动配电进行钛渣冶炼；大型化电炉采用连续加料和自动控制，间歇出料，或者渣铁混出，或者渣铁分出。

小型敞口电炉冶炼钛渣原料需要配入焙烧黏结物料，在持续冶炼过程中形成上部稳定覆盖层，起到类似炉盖的保温和降尘作用。加入物料包括沥青、石油焦和纸浆等，目前沥青由于热分解过程复杂，环境污染严重已被淘汰，纸浆因本身硫含量对产品和环境有影响，应用已受到限制，目前只有石油焦适用，但目前小型敞口电炉冶炼钛渣因本身问题也在淘汰限制之列。

钛渣冶炼生产经验表明：对于酸溶性钛渣而言，保证合适的还原度的钛渣才具有良好的酸溶性。生产硫酸法专用钛渣，钛渣中必须含有适量的增进酸溶性能的 MgO 和 FeO。钛渣的酸溶性与钛渣物相结构特别是黑钛石固溶体含量和低价钛含量有关，又受 MgO、MnO、FeO 等组分影响。通常规定钛渣中游离 TiO_2 含量为 R，游离 TiO_2 可以表征钛渣中黑钛石固溶体含量。因此 R 值既能用以表征酸溶性，也可作为钛渣物相结构的特征系数。R 值的特征表达式为：

$$R = (1 - 1.67a)w(\sum TiO_2) - 2.22w(FeO) - 3.96w(MgO) - 2.25w(MnO) - 0.78w(Al_2O_3)$$

$$(3-11)$$

式中　w ——钛渣各组元的含量，%；

　　　a——钛渣还原度，$a = w(\sum Ti_2O_3)/w(\sum TiO_2)$。

R 绝对值越小，表示钛渣的酸溶性越好，当 $R \approx 0$，酸溶性最佳。

表 3-6 给出了国内主要钛精矿的类比构成，将铁钛和量、钙镁和量以及非铁杂质通过类比判定后续钛渣的构成，从表 3-6 可以看出两广优质钛精矿，$\sum(CaO+MgO)$ 和量低，非铁杂质含量少，适合作为沸腾氯化法生产四氯化钛原料；新西兰钛精矿与云南富民砂矿、承德岩矿、两广 B 矿品质接近，可生产出 $\sum TiO_2$ 90% 左右的中等品位氯化渣。

表 3-6　国内主要钛精矿及新西兰钛精矿化学成分　　　　　　（%）

类　别	$\Sigma(TiO_2+FeO+Fe_2O_3)$	$\Sigma(CaO+MgO)$	非铁杂质
新西兰砂矿	94.94	1.74	4.87
云南富民砂矿	95.69	1.43	3.47
广西氧化砂矿	93.66	0.21	3.08
粤桂 A 砂矿	98.56	0.20	3.08
粤桂 B 砂矿	95.77	1.10	4.96
承德岩矿	91.98	2.30	6.06

3.2.2.4　钛渣技术发展趋势及钛产业适应性要求

钛精矿可以直接用作硫酸法钛白原料，也可冶炼钛渣后用作钛白原料，国外钛渣冶炼以加拿大 QIT 为首的工艺技术集团垄断形成了第一层次钛渣冶炼技术，采用密闭式电炉连续加料生产，典型代表包括南非 RBM、南非 Namakwa 和挪威 Tinfos；第二层次钛渣冶炼技术以乌克兰国家钛研究设计院为核心设计形成的非连续生产工艺，采用中大型矮烟罩电炉，粉料入炉，用无烟煤作还原剂，后期补加 20%~25% 的还原剂，代表性企业包括乌克兰扎波罗什（Zaporozhye）和哈萨克斯坦的乌斯卡缅诺哥尔斯克（UST-Kamenogorsk）。国内钛渣冶炼第一层次表现为引进 QIT 技术，国内较多厂与国外交流，表现出引进意向，但都没有与直接厂家形成合作，云冶引进了南非大型直流电炉技术；第二层次表现为乌克兰引进电炉，容量为 25.5MVA，2006 年攀钢引进成功投产，但容量发挥不足影响产能提高；第三层次表现为 4500~6300kV·A 的矮烟罩电炉，属于一种铁合金电炉炼钛渣的改进型，外环境条件和操作条件有所改变，但工艺稳定性差，能力发挥部分不足，处在国家产业政策电炉容量限制标准的边沿；第四层次表现为容量为 400~1800kV·A 的敞口电炉，具有容量小、产量低、能耗大、品种单一、劳动强度大和劳动条件差的特点，环境问题突出，不符合国家产业政策电炉容量标准要求，已经受到限制淘汰。

随着技术进步和经济发展，国内落后的钛渣冶炼技术将逐渐被国外先进技术取代。以 QIT 公司为代表的冶炼技术因其垄断性，近年内传播到世界其他地方的可能性较小，但其 UGS 渣技术将会不断发展。独联体钛渣技术因其成熟性和转让愿望的强烈，近年内将可能向其他国家扩展，中国即是最先采用该技术的国家，其 25000kV·A 电炉技术将通过攻关而逐渐成熟，但长期而言，该技术将逐渐被其他先进技术取代。以 Tinfos 公司为代表的密闭圆形电炉技术和以 Pyromet 公司为代表的更先进的密闭圆形电炉技术在近年内将得到广泛传播，最可能扩展到的国家及地区是南非、欧洲和中国，其整体技术水平将趋于更加完善。以 Mintek 公司为代表的直流圆形炉技术因其优势所在，近年内在南非得到了快速发展，并将逐渐完善和成熟，包括用于岩矿冶炼、解决空心电极物料堵塞问题和避免矿料烧结问题，今后该技术将逐步扩展到欧洲和其他地区，将来有可能占据钛渣冶炼技术的相当份额。另外氢还原钛铁矿等先进生产工艺也有待随着钛渣产业的不断推进而不断完善和发展。

电炉冶炼钛渣的品位受接受矿物的限制，但经济技术指标与炉子大小和运作方式密切相关。大炉子的自动控制技术水平高，精密控制，小炉子主要靠人工调节，大炉子技术经济指标明显优于小炉子，小炉子属于落后产能，在国家政策淘汰之列。

3.2.3 人造金红石

人造金红石指利用化学加工方法，将钛铁矿中的大部分铁成分分离出去所生产的一种在成分上和结构性能上与天然金红石相同的富钛原料，其 TiO_2 含量视加工工艺的不同波动在91%~96%，是天然金红石的优质代用品。

还原锈蚀法生产人造金红石（富钛料）的方法是由澳大利亚西钛公司于20世纪60年代后期首创的。还原锈蚀法是一种选择性除铁的方法，首先将钛铁矿中铁的氧化物经固相还原为金属铁，然后用电解质水溶液将还原钛铁矿中的铁锈蚀并分离出去，使 TiO_2 富集成人造金红石。这种方法是澳大利亚研究成功的，澳大利亚利用这种方法处理海滨蚀变矿（咸水矿）制造人造金红石十分成功，采用当地廉价的褐煤和钛铁矿为原料，生产含 TiO_2 92%~94%的人造金红石，可作为氯化法生产钛白的优质原料。现在澳大利亚西钛公司已建成了年产能力达79万吨锈蚀法人造金红石的工厂。锈蚀法生产人造金红石包括氧化焙烧、还原、锈蚀、酸浸、过滤和干燥等主要工序。锈蚀法生产人造金红石工艺流程如图3-14所示。

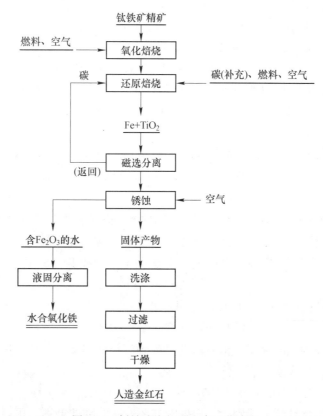

图3-14　锈蚀法金红石生产工艺流程

3.2.3.1 ILuka还原锈蚀法生产人造金红石（富钛料）工艺

A　氧化焙烧

澳大利亚在研究和工业化初期，还原之前进行预氧化焙烧处理，所用原料是半风化的

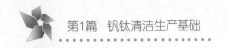

钛铁矿（TiO_2含量为54%~55%，$Fe^{3+}/Fe^{2+}=0.6~1.2$）。预氧化焙烧的目的是为了减少在固相还原过程中矿物的烧结。钛铁矿预氧化生成高铁板钛矿和金红石：

$$4FeTiO_3 + O_2 === 2Fe_2TiO_5 + 2TiO_2 \tag{3-12}$$

但是现在工业化生产中，已取消了预氧化工序。

澳大利亚的氧化焙烧是在回转窑中进行的，以燃油为燃料，窑中最高温度为1030℃。在空气中进行氧化焙烧，先把钛铁矿中的Fe^{2+}氧化为Fe^{3+}，氧化是不完全的，一般仍含有3%~7%的FeO将氧化矿冷却至600℃左右，即进入还原窑。

B 还原

钛铁矿的还原是在回转窑中进行的，采用煤作还原剂和燃料，澳大利亚利用本地廉价的次烟煤，物料经氧化后，钛铁矿中的铁得到活化，可提高还原速率和还原率，并可防烧结。还原温度控制在1180~1200℃，由于温度高于1030℃时，固体碳即生成CO，CO在第一阶段将Fe^{3+}还原为Fe^{2+}，第二阶段将Fe^{2+}还原为Fe，并伴随有部分TiO_2被还原。要防止空气进入而引起金属铁被氧化。还原可使93%~95%的铁还原为金属铁。当温度超过1200℃时，则会发生矿物的严重烧结而使回转窑结圈。窑内温度是通过调节加煤速度和通风速度而控制的。其反应式如下：

$$Fe_2O_3 \cdot TiO_2 + 3C === 2Fe + TiO_2 + 3CO \tag{3-13}$$

$$Fe_2O_3 \cdot TiO_2 + 2CO === FeO \cdot TiO_2 + Fe + 2CO_2 \tag{3-14}$$

$$FeO \cdot TiO_2 + CO === Fe + TiO_2 + CO_2 \tag{3-15}$$

为了减少锰杂质对还原过程的干扰，澳大利亚在还原过程中加入一定量的硫作催化剂，使矿中的MnO优先生成硫化物，减少锰对钛铁矿还原的影响，而所生成锰的硫化物，可在其后的酸浸过程中溶解而除去，从而可提高产品的TiO_2品位。

从还原窑卸出的还原矿，温度高达1140~1170℃，必须将其冷却至70~80℃，方可进行筛分和磁选脱焦，分离出煤灰和余焦而获得还原钛铁矿。

C 锈蚀

锈蚀过程是一个电化学腐蚀过程，是在含1%NH_4Cl或盐酸水溶液的电解质溶液中进行的。锈蚀是放热反应，温度可升高到80℃。还原钛铁矿颗粒内的金属铁微晶相当于原电池的阳极，颗粒外表相当于阴极。在阳极，Fe失去电子变成Fe^{2+}离子进入溶液：

$$Fe \longrightarrow 2e \longrightarrow Fe^{2+} \tag{3-16}$$

在阴极区，溶液中的氧接受电子生成OH^-离子：

$$2H_2O + O_2 + 4e \longrightarrow 4OH^- \tag{3-17}$$

颗粒内溶解下来的Fe^{2+}离子，沿着微孔扩散到颗粒外表面的电解质溶液中，同时通入空气使之进一步氧化生成水合氧化铁细粒沉淀：

$$2Fe(OH)_2 + 1/2O_2 === Fe_2O_3 \cdot H_2O \downarrow + H_2O \tag{3-18}$$

所生成的水合氧化铁粒子特别小，根据它与还原矿的物性差别，可将它们从还原矿的母体中分离出来，获得富钛料。

D 酸浸

采用4%的硫酸在80℃常压下，将上述富钛料进行浸出，其中残留的一部分铁和锰等杂质溶解出来，经过滤、水洗，在回转窑中干燥、冷却，即可获得TiO_2含量为92%的人造金红石。副产品氧化铁中含有 1%~2% 的 TiO_2，钛铁矿中钛的回收率可达 98.5%，每吨产品消耗锈蚀剂氯化铵 11kg，耗电 135kW·h，澳大利亚和中国采用各自的钛铁矿制出的人造金红石产品组成见表 3-7。

表 3-7　还原锈蚀法人造金红石产品组成　　　　　　（质量分数,%）

成　分	澳大利亚		中国	
	原料钛精矿	人造金红石	氧化砂矿人造金红石	藤县矿人造金红石
ΣTiO_2	55.03	92.0	88.04	87.05
Ti_2O_3		10.0		
FeO	22.20	4.63		
Fe_2O_3	18.80		6.35	8.70
SiO_2		0.7	0.84	0.81
CaO		0.03	0.12	0.31
MgO	0.18	0.15	0.12	0.22
Al_2O_3		0.7	1.29	0.10
MnO	1.43	2.0	1.17	1.04
S		0.15	0.005	0.009
P			0.018	0.019
C		0.15	0.028	0.029

E　还原锈蚀法的优点

人造金红石产品粒度均匀，颜色稳定；用电量和氯化铵、盐酸、硫酸的量均少，还原时主要是以煤为还原剂和燃料，并可利用廉价的褐煤，因此产品成本较低；三废容易治理，在锈蚀过程中排出的废水接近中性（pH 值为 6~6.5），赤泥经干燥可作炼铁原料，也可进一步加工成氧化铁红，污染较少。

F　还原锈蚀法的缺点

仅适宜处理高品位的钛铁砂矿。

由于还原锈蚀法工艺本身的原因，所生产出的产品品位只能达到 92%。后来国外 RGC 在工艺中进行了改进，加了一道酸浸工序，使 TiO_2 品位从 92% 提高到 94%，并降低了产品中铀、钍放射性元素的含量。

3.2.3.2　盐酸浸出法

在国外用稀盐酸浸出法制取人造金红石有两种稍有不同的方法。其中应用较广而有代表性的是美国科美基公司采用的 BCA 盐酸循环浸出法。这种方法主要是钛铁矿在稀盐酸中选择性地浸出铁、钙、镁和锰等杂质而被除去，从而使 TiO_2 得到富集而提高了品位。其主要反应如下：

$$FeO \cdot TiO_2 + 2HCl \Longrightarrow TiO_2 + FeCl_2 + H_2O \qquad (3-19)$$

$$CaO \cdot TiO_2 + 2HCl \Longrightarrow TiO_2 + CaCl_2 + H_2O \qquad (3-20)$$

$$MgO \cdot TiO_2 + 2HCl \Longrightarrow TiO_2 + MgCl_2 + H_2O \qquad (3-21)$$

$$MnO \cdot TiO_2 + 2HCl \Longrightarrow TiO_2 + MnCl_2 + H_2O \qquad (3-22)$$

在浸出过程中 TiO_2 有部分被溶解，当溶液的酸浓度降低时，溶解生成的 $TiOCl_2$ 又发生水解而析出 TiO_2 水合物：

$$FeO \cdot TiO_2 + 4HCl \Longrightarrow TiOCl_2 + FeCl_2 + 2H_2O \qquad (3-23)$$

$$TiOCl_2 + (x+1)H_2O \Longrightarrow TiO_2 \cdot xH_2O \downarrow + 2HCl \qquad (3-24)$$

A　（Benilite）BCA 盐酸循环浸出法

将钛铁精矿与 3%~6% 的还原剂（煤、石油焦）连续加入回转窑中，在 870℃ 左右将矿中的 Fe^{3+} 还原为 Fe^{2+}，还原矿中 Fe^{2+} 占总铁的 80%~95%，在此过程中还添加 2% 的硫作催化剂，以提高 TiO_2 回收率，出窑时应迅速冷却至 85~93℃，以防止氧化。还原料经冷却加入球形回转压煮器中，用 18%~20% 的再生盐酸浸出 4h，浸出温度为 130~143℃，压力为 0.25MPa，转速为 1r/min，然后用含有 18%~20% 的盐酸蒸发物注入压煮器中，以提供所必需的热，避免蒸汽加热造成浸出液变稀。浸出后，固相物经带式真空过滤机进行过滤和水洗，然后在另一个窑中用 870℃ 煅烧制成人造金红石。

浸出母液中的铁和其他金属氯化物，通过喷雾氧化焙烧法使这些氯化物都分解为氯化氢和相应的氧化物。其中 $FeCl_2$ 氧化成氧化铁红：

$$2FeCl_2 + 1/2O_2 + 2H_2O \longrightarrow Fe_2O_3 + 4HCl \uparrow \qquad (3-25)$$

用洗涤水吸收分解出来的氯化氢便得到盐酸，然后将这再生的盐酸返回浸出工序使用，使盐酸形成闭路循环。BCA 盐酸循环浸出法制取人造金红石工艺流程如图 3-15 所示。

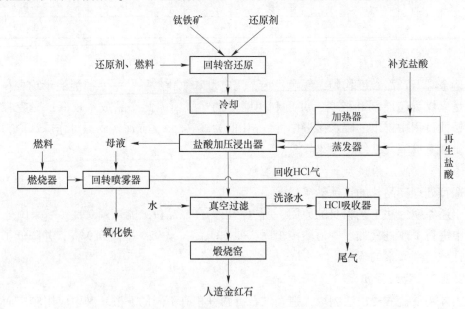

图 3-15　BCA 盐酸循环浸出法工艺流程

BCA 法年产 10 万吨人造金红石的工厂，若采用 TiO_2 含量为 54% 的钛铁矿，则可副产氧化铁约 6.5 万吨。球形热压器采用钛合金材料，酸蒸发采用石墨设备，其他为钢衬胶设备。

BCA 盐酸循环浸出法的优点包括：（1）以含 TiO_2 54% 左右的钛铁矿为原料，可生产出 TiO_2 含量在 94% 左右的人造金红石，产品具有多孔性，是氯化制取 $TiCl_4$ 的优质原料；（2）适合处理各种类型的钛铁矿；（3）浸出速度快，除杂能力强，不仅能除铁，还可除钙、镁铝和锰等杂质，可获得高品位的人造金红石；（4）盐酸循环浸出，洗涤产品的洗涤水，吸收氯化氢生成盐酸，又可循环使用。每吨产品只需补充 150kg 盐酸即可。由于母液经喷雾氧化焙烧再生盐酸，并闭路循环利用，产生的废料少，污染少。

BCA 盐酸循环浸出法的缺点包括：（1）所用的盐酸是强腐蚀性的酸，对设备腐蚀严重，而需要专门的防腐材料来制造设备，因而投资较大；（2）喷雾氧化焙烧再生盐酸的能耗较高。BCA 法后来被改进可以用低品位钛铁矿为原料，生产出 TiO$_2$ 含量在 95% ~ 97% 之间的人造金红石，改进了钛铁矿的预处理技术和从浸出母液再生盐酸的技术。

B 稀盐酸常压流态化浸出法生产人造金红石工艺

稀盐酸常压多段逆流流态化浸出钛铁矿制备人造金红石工艺是长沙矿冶研究院于 20 世纪 80 年代首先开发成功的，该工艺的技术特点是控制预处理和流态化多段逆流常压浸出，很好地解决了酸浸过程中的粉化问题和常压浸出过程中的浸出效率问题。其工艺路线流程为攀枝花钛铁矿经预处理—稀盐酸流态化常压浸出—塔内洗涤—固液分离—烘干煅烧—浸出母液喷烧回收盐酸，返回浸出，循环使用，其工艺流程如图 3-16 所示。

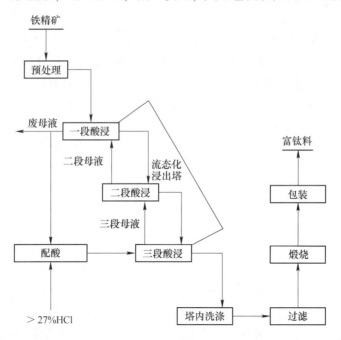

图 3-16 稀盐酸常压流态化浸出法生产人造金红石工艺流程

该工艺采用双塔双槽技术在重庆天原化工厂实现了年产 5000t 高品位人造金红石规模工业化生产，最终产品的 TiO$_2$ 品位可达到 92% 以上，产出的废酸经喷烧回收可再生 20% 的盐酸并返回过程使用。5000t/a 装置十余年的生产实践表明：该装置设备结构简单，加工制造方便，材质易得，可全部国产化，寿命长，投资低，运作费用少，具备了万吨级至数万吨级工业生产工厂的设计建设条件。

C UGS 升级钛渣法

要除去酸溶性钛渣中的镁，以提高钛的含量，实际上就是要在一定的条件下加某些不与 TiO$_2$ 作用的物质，使渣中的板钛镁矿相分解为游离的 TiO$_2$ 和 MgO，让 MgO 生成新相，相组成发生根本变化，如氧化改性可以使板钛镁矿产生多孔多晶排列，导致玻璃质硅酸盐相分解成磷石英和硅灰石，还原使得板钛镁矿金属低价相发生有序到无序变化，活化板钛镁矿，然后通过化学处理分离钛及杂质。

UGS 钛渣升级工艺是由电炉熔炼+盐酸浸出组成，其中盐酸浸出工艺与人造金红石工艺路线基本是一样的。钛渣经过氧化后，钛渣的外层硅酸盐包裹被破坏，低价钛氧化物实现金红石转化，铁氧化转化为高价铁，再经过还原阶段后，氢气与高价铁氧化物反应，使铁形成 Fe-FeO、Fe 相，原有的板钛镁矿中的镁暴露，能与盐酸进行充分的反应，达到后处理工序中除去钙镁的目的。钛渣改性后主要物相包括金红石（TiO_2）相、钛铁矿 $FeTiO_3$、镁含量高的重钛酸固溶体相以及硅酸盐玻璃相，改性过程中铁和钛阳离子在重钛酸盐相中快速扩散，打破原有致密收缩结构，实现钛渣结构矿化疏松，MgO 在钛铁矿和重钛酸盐相间迁移，形成 MgO 含量高的钛铁矿相和重钛酸镁残缺相，同时硅酸盐玻璃相分解为 $CaSiO_3$（硅灰石）和 SiO_2（鳞石英），实现了钛结构稳定和杂质相结构重组，创造出有利于无机酸溶解杂质的条件。板钛镁矿的晶体外形一般呈长柱状、针状及短柱状自形晶，黑色、不透明、条痕灰黑色、具有金属光泽，断口不平整。绝对硬度（H）为 565.3kg/mm，硬度级（H_0）为 5.8，密度（D）：3.81g/cm^3，比磁化系数为 10.34×10^{-3} cm^2/g，固溶体分解产物为栅状金红石，这种晶体对酸是不溶的。UGS 钛渣升级工艺路线流程为钛渣经预氧化处理—预还原处理—稀盐酸加压浸出—塔内洗涤—固液分离—烘干煅烧—浸出母液喷烧回收盐酸，返回浸出，循环使用，加拿大 QIT 公司建成 200kt/a UGS 升级钛渣生产线。图 3-17 给出了升级钛渣工艺流程，具体的反应过程见图 3-17。

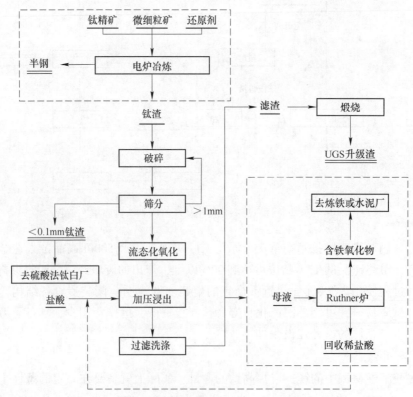

图 3-17　UGS 升级钛渣工艺流程

$$2Ti_3O_5 + O_2 === 6TiO_2 \qquad (3\text{-}26)$$

$$4FeO + O_2 === 2Fe_2O_3 \qquad (3\text{-}27)$$

$$2Fe + O_2 === 2FeO \qquad (3\text{-}28)$$

$$Fe_2O_3 + H_2 === 2FeO + H_2O \qquad (3\text{-}29)$$

$$FeO + H_2 === Fe + H_2O \qquad (3\text{-}30)$$

$$Fe_2O_3 + CO === 2FeO + CO_2 \qquad (3\text{-}31)$$

$$FeO + CO === Fe + CO_2 \qquad (3\text{-}32)$$

盐酸浸出过程与其他人造金红石化学反应一致。

UGS 钛渣升级工艺的优点符合目前国际上通行的富钛料标准，粒度可控，因此升级钛渣可以直接用于现有的沸腾氯化工艺，容易规模化生产。缺点是技术成熟度不为外界掌握，无法准确评价。

3.2.3.3　碱处理法

通过在高温下 NaOH 或者碳酸钠与钛渣中含硅矿物的反应，破坏对杂质铁形成包裹的硅酸盐，焙砂水浸脱硅后，再经酸浸除铁等杂质，煅烧得到 TiO_2 含量大于 92% 的高品质人造金红石。按钛渣中铝、硅含量理论计算的 4.5 倍摩尔比加入氢氧化钠混匀，在 900℃ 焙烧 2h。焙砂在液固比 1∶1、常温下水浸出 1h 脱硅；水洗样在液固比 4∶1，盐酸浓度 18%，浸出温度 90℃，浸出时间 4h 条件下进行了酸浸除杂；酸浸样在 900℃ 下煅烧 1h 制备人造金红石产品。碱处理钛渣工艺流程见图 3-18。

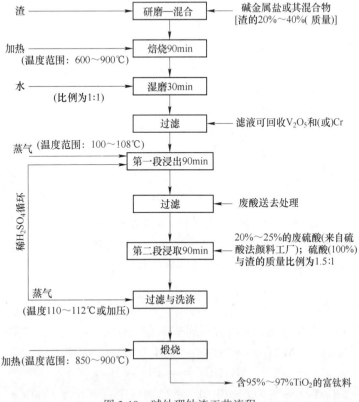

图 3-18　碱处理钛渣工艺流程

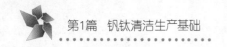

A 碱法活化处理

预氧化钛渣主要是金红石 TiO_2、Fe_2O_3、高铁板钛矿（Fe_2TiO_5）、未彻底氧化的钛铁矿、晶格发生畸变的黑钛石固溶体（Ti_3O_5）、游离态 SiO_2、游离态 Al_2O_3 及复杂的硅酸盐体系和铝酸体系，Fe、Mg 和 Mn 等杂质主要存在于晶格畸变的黑钛石固溶体中，高温活化改性机理比较复杂，当加入改性剂碳酸钠时，化学反应如下：

$$(x\text{Fe}, y\text{Mg}, z\text{Mn})\text{Ti}_2\text{O}_5 + 2\text{Na}_2\text{CO}_3 = 2\text{Na}_2\text{TiO}_3 + x\text{FeO} + y\text{MgO} + z\text{MgO} + 2\text{CO}_2$$
$$(x + y + z) = 1 \tag{3-33}$$

$$\text{MgTi}_2\text{O}_5(s) + 2\text{Na}_2\text{CO}_3(s) = 2\text{Na}_2\text{TiO}_3(s) + \text{MgO} + 2\text{CO}_2(g) \tag{3-34}$$

$$\text{FeTi}_2\text{O}_5(s) + 2\text{Na}_2\text{CO}_3(s) = 2\text{Na}_2\text{TiO}_3(s) + \text{FeO} + 2\text{CO}_2(g) \tag{3-35}$$

$$\text{MnTi}_2\text{O}_5(s) + 2\text{Na}_2\text{CO}_3(s) = 2\text{Na}_2\text{TiO}_3(s) + \text{MnO} + 2\text{CO}_2(g) \tag{3-36}$$

$$\text{SiO}_2(s) + \text{Na}_2\text{CO}_3(s) = \text{Na}_2\text{SiO}_3(s) + \text{CO}_2(g) \tag{3-37}$$

$$\text{Al}_2\text{O}_3(s) + \text{Na}_2\text{CO}_3(s) = 2\text{NaAlO}_2(s) + \text{CO}_2(g) \tag{3-38}$$

$$2\text{TiO}_2 + 2\text{FeO} + \text{Na}_2\text{CO}_3(s) = 2\text{NaFeTiO}_4(s) + \text{CO}(g) \tag{3-39}$$

$$\text{TiO}_2(s) + \text{Na}_2\text{CO}_3(s) = \text{Na}_2\text{TiO}_3(s) + \text{CO}_2(g) \tag{3-40}$$

碱处理钛渣使渣氧化物组分与碱反应，一方面通过酸洗使反应物进入溶液，另一方面钠离子以游离态进入渣相内部，加热过程中气态金属钠进入钛渣晶格，引起晶格畸变，降低界面活化能，加快界面反应速度，促进金红石晶粒长大，使渣物相表面疏松多孔，增强渣的活性，使杂质元素更容易溶解于稀酸，从而富集渣中 TiO_2，实现高纯度目标。

B 选择浸取

经过氧化的钛渣 TiO_2 以金红石型为主，化学稳定性高，少量无定型 TiO_2 与钠盐反应，主要是晶格畸变的黑钛石、硅和铝的氧化物与活性剂反应，高温焙烧后的产物用水清洗过滤去除过量活化剂，酸性浸出使部分反应物溶解，活化焙烧产物中 Ca、Mg、Al、Si 和 Mn 等杂质元素以 CaO、MgO、MnO、Na_2SiO_3 和 $NaAlO_2$ 等形式存在，与稀酸反应后，杂质离子分别进入溶液中除去，化学反应如下：

$$\text{Na}_2\text{TiO}_3 + 2\text{H}^+ = \text{H}_2\text{TiO}_3 + 2\text{Na}^+ \tag{3-41}$$

$$\text{Fe}_2\text{O}_3 + 6\text{H}^+ = 2\text{Fe}^{3+} + 3\text{H}_2\text{O} \tag{3-42}$$

$$2\text{CaO} \cdot \text{Al}_2\text{O}_3 \cdot \text{SiO}_2 + 10\text{H}^+ = 2\text{Ca}^{2+} + 2\text{Al}^{3+} + \text{SiO}_2 + 5\text{H}_2\text{O} \tag{3-43}$$

$$\text{Na}_2\text{SiO}_3 + 2\text{H}^+ = \text{H}_2\text{SiO}_3 + 2\text{Na}^+ \tag{3-44}$$

活化焙烧产物中的 Fe、Ca、Mn、Mg 和 V 等化合物在酸性条件中优先溶出，分别进入溶液被除去；通过活化焙烧形成的 Na_2SiO_3 和 $NaAlO_2$ 等化合物在酸溶过程中形成 H_2SiO_3 与 $HAlO_2$ 等难溶化合物，大部分通过逆流洗涤和分段过滤形式除去。

C 水解

部分无定性钛活化后生成少量 Na_2TiO_3，在酸浸过程中与酸反应生成偏钛酸，生成微量钛白，酸浸产物在沸水中洗涤煅烧后得到 92% TiO_2 的人造金红石，化学反应如下：

$$\text{Na}_2\text{TiO}_3 + 2\text{H}_2\text{O} = \text{H}_2\text{TiO}_3 + 2\text{NaOH} \tag{3-45}$$

$$\text{H}_2\text{TiO}_3 = \text{TiO}_2 + \text{H}_2\text{O} \tag{3-46}$$

$$(\text{Na}_2\text{TiO}_3 + \text{FeO}) + 6\text{HCl} = \text{TiOCl}_2 + \text{FeCl}_2 + 2\text{NaCl} + 3\text{H}_2\text{O} \tag{3-47}$$

$$\text{TiOCl}_2 + \text{H}_2\text{O} = \text{TiO}_2 + 2\text{HCl} \tag{3-48}$$

预氧化钛渣化学成分见表 3-8。

表 3-8　预氧化钛渣化学成分　　　　　　　　（%）

化学成分	TiO_2	TFe	CaO	MgO	SiO_2	Al_2O_3	MnO	V_2O_5
含量	76.41	9.02	0.55	1.67	8.99	3.53	0.41	0.56

预氧化钛渣 $T(Fe+SiO_2+Al_2O_3)>21\%$，CaO 和 MgO 相对较低，粒度分布不均，中位粒度为 $49\mu m$，用碳酸钠改性，实验室条件控制温度在 $900℃$，活化时间为 $120min$，渣与改性剂的质量比为 $1:5$，产品常压浸出，TiO_2 达到 92%。

3.2.3.4　氯化处理

利用钛精矿加碳氯化时钛和铁的热力学性质差异，在中性或弱还原性气氛中铁被优先氯化，以 $FeCl_3$ 的形式挥发出来；而钛不被氯化，在高温下发生晶型转变生成人造金红石。采用海滨砂钛铁矿为原料进行工业试验，成功地保持炉内反应温度在 $950℃$ 以上，所得人造金红石品位为 92.13%，$FeCl_3$ 平均纯度为 96.94%；当使用攀枝花钛铁矿（其 MgO 和 CaO 总量达 5%~7%）为原料时，难以解决 $CaCl_2$、$MgCl_2$ 在炉底富集而结料的问题，降低了炉子的运转寿命。

在流态化氯化炉中，控制还原剂碳量[钛铁矿：石油焦为 $100:(8~10)$]，在 1123~1223K 温度下通入氯气对钛铁矿进行选择氯化。反应生成的 $FeCl_3$ 挥发出炉，在收尘器中冷凝回收；TiO_2 不被氯化，从炉内料层上沿溢流出炉，经选矿处理除去未氯化的矿料及剩余石油焦，即可得到人造金红石。在选择氯化前，若钛铁矿经过预氧化处理，则可提高铁的选择氯化率，并抑制 $FeCl_2$ 的生成。化学反应如下：

$$Fe_2O_3 + 3C + 3Cl_2 = 2FeCl_3 + 3CO \tag{3-49}$$

$$CaO + C + Cl_2 = CaCl_2 + CO \tag{3-50}$$

$$MgO + C + Cl_2 = MgCl_2 + CO \tag{3-51}$$

日本三菱金属公司于 1969 年开始研究此法，中国于 20 世纪 70 年代初也已成功地用此法生产人造金红石。近年来，对钛精矿火法处理的研究较多，但取得的进展并不显著，原因在于火法处理对钛铁分离比较有效，而钛精矿中的非铁杂质降低了钛渣的质量。因此，要突破火法处理钛精矿的局限性，就要致力于降低钛精矿中杂质的含量，尤其是对 MgO 和 CaO 的脱除。

3.2.3.5　硫酸浸出法

日本石原产业株式会社采用印度高品位钛铁矿（氧化砂矿，TiO_2 含量 59.5%，矿中的铁主要是以 Fe^{3+} 形式存在），先用还原剂将 Fe^{3+} 还原为 Fe^{2+}，然后利用硫酸法钛白生产排出的浓度为 22%~23% 的稀废硫酸进行加压浸出，使之溶解矿中的铁杂质而使 TiO_2 富集。这种生产人造金红石的方法源于石原公司，故称石原法。石原法包括还原、加压浸出、过滤和洗涤、煅烧等工序，过程涉及的化学反应如下：

$$Fe_2O_3 \cdot TiO_2 + 3C = 2Fe + TiO_2 + 3CO \tag{3-52}$$

$$Fe_2O_3 \cdot TiO_2 + 2CO = FeO \cdot TiO_2 + Fe + 2CO_2 \tag{3-53}$$

$$FeO + H_2SO_4 = FeSO_4 + H_2O \tag{3-54}$$

$$Fe + H_2SO_4 = FeSO_4 + H_2 \tag{3-55}$$

$$CaO + H_2SO_4 = CaSO_4 + H_2O \tag{3-56}$$

$$MgO + H_2SO_4 \Longrightarrow MgSO_4 + H_2O \tag{3-57}$$

稀硫酸浸出法生产人造金红石工艺流程如图 3-19 所示。还原以石油焦为还原剂，在回转窑中，将矿中的 Fe^{3+} 还原为 Fe^{2+}，还原温度为 900~1000℃，时间为 5h，还原所得的 Fe^{2+} 应占总铁的 95% 以上，窑内要求正压操作（19.6~39.2Pa），还原料在冷却窑中于隔绝空气的情况下，冷却至 80℃ 出料。用磁选机分离，除去残焦，剩下的还原料，作为下道工序浸出之用。

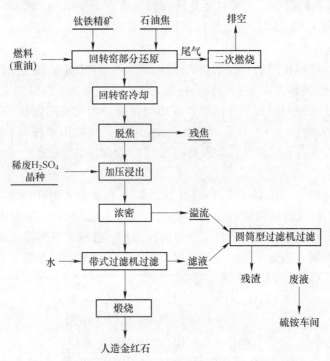

图 3-19 稀硫酸浸出法生产人造金红石工艺流程

3.2.4 天然金红石

与钛铁矿类似，天然金红石分为砂矿型和岩矿型。

3.2.4.1 金红石砂矿的选矿特性及其工艺要求

金红石砂矿的矿物类型包括残破积型、滨海型和冲积型，矿物组分与钛铁矿砂矿相似。矿石质量主要取决于金红石的含量及粒度。金红石含量各矿区不一，一般为 1.10%~3.87%，高者达 4.70%~8.37%。常伴有钛铁矿、锆石、磷灰石。

金红石存在于多种矿床中，不同类型矿床的金红石因成矿作用不同，不仅伴生的矿物有较大的差异，而且金红石的颜色、晶形、物化性质及化学成分也不尽相同，同样其选矿的方法也不尽相同。在海滨砂矿中，金红石的含量处于钛铁矿及锆英石之后，占第三位，品位为 2%~8%。海滨砂矿的特点是有用矿物种类多，单体解离好，经采场初步富集后即可进入选厂进行选矿，但主要产品只有钛铁矿、锆英石、金红石、独居石及磷钇矿。钛铁矿具有强电磁性，锆英石不具电磁性，都易于选别，独居石与磷钇矿含量少，一般作为副产品回收。选矿工艺最为复杂的是金红石选矿，往往要采用重选、磁选、电选和浮选等联合工艺流程才能选出合格产品。金红石产品是由金红石、板钛矿、锐钛矿和白钛石等组成，板钛矿和锐钛矿的化学成分与金红石的相同，矿石性质相似，是金红石的同质多象变种。白钛石是钛铁矿等含钛矿物的氧化物，其性质变化极大，在生产实践中，无论采用哪一种选矿工艺，都会有一部分白钛石进入金红石产品中。

金红石矿是由多种矿物组成的复杂矿，其精矿产品要求二氧化钛含量超过 87.5% 以上。因此金红石矿选矿工艺必须采用多种选矿方法，如重选、磁选、浮选、电选、酸洗等组成的联合选矿工艺，才能获得高质量的金红石精矿产品。(1) 重选是根据矿物的密度不同而进行分选的方法，具有生产成本低，对环境污染少的优势。重选最适合于处理砂矿型金红石矿，但在分选原生金红石矿，重选作为富集手段，往往是必不可少的。在金红石矿选别中，重选脱泥、抛尾作为粗选作业，可以抛弃大部分的矿泥；采用摇床作业，可以把石英、电气石、石榴子石以及一部分白钛石作为尾砂分选出去，金红石富集在摇床中矿和精矿中。此外近几年研制出的处理细粒、微细粒矿石的先进新型设备—离波摇床是一种以多种力场作用为分选机制的新型摇床，它对于多种矿石的金红石选别效果都很好，尤其用于处理细粒、微细粒原生金红石矿，取得了更佳的选别效果。(2) 磁选是根据矿物的磁性及磁性的强弱，将磁性矿物与非磁性矿物及强磁性矿物与弱磁性矿物彼此分离而进行分选的方法。采用磁选作业可将导磁的钛铁矿、褐铁矿、赤铁矿、磁铁矿等上磁矿物和非导磁的金红石矿物分离。在生产实践中，我们可以看到有少量的金红石进入磁性产品中，这种金红石的颜色呈黑色。经分析，这种金红石含氧化铁为 2% 以上，具有弱磁性，通常把这种金红石称铁质金红石。在金红石矿选别中，若与其他选矿方法配合，磁选可以有效地用于金红石矿的预选和精选。(3) 电选，电选是建立在矿物导电率基础上，根据各种矿物表面导电性不同进行分选的选矿方法。由于硅酸盐、锆英石、白钛石不导电，所以电选能较容易地实现导电矿物金红石与非导电矿物有效分离，进一步提高金红石精矿的品位和降低杂质含量。(4) 浮选是分选细粒金红石、降低金属损失的有效方法，具有发展前途。与国外相比，中国金红石资源主要为原生金红石矿，其粒度嵌布细，与脉石关系紧密，因此不能采用国外普遍采用的重选、电选、磁选联合工艺流程。浮选工艺是解决中国细粒金红石矿选别难的关键作业。许多研究单位在这一领域已做了大量的研究工作，取得了不少成果，寻找高性能捕收剂和无污染的浮选药剂制度是金红石浮选研究的重点。(5) 酸洗，由于金红石精矿产品要求 S 含量不大于 0.05%，P 含量不大于 0.105%，且要求二氧化钛含量超过 87.5% 以上，而金红石矿经重选、磁选、电选和浮选联合选别后，其粗精矿金红石单矿物含量仅为 60% 以上，还有许多硅酸盐、碳酸盐、铁矿物等杂质矿物黏附在金红石边缘及裂隙，为除去这些杂质，提高精矿质量，必须采用酸洗工艺。

摇床选矿是根据矿物的密度不同而进行分选的方法，在摇床作业中把石英石、柘榴子石以及一部分白钛石作为尾砂分选出去，金红石的密度介于锆英石与尾砂之间，70% 以上的金红石富集于摇床中矿，提高了金红石进入电磁选系统的给矿品位，约有 1% 的金红石在摇床作业中作为尾砂丢弃，其余的则进入锆英石毛精矿中，这部分金红石待选锆英石后再返回金红石选矿系统；磁选作业把导磁的钛铁矿等上磁矿物和非导磁的金红石分离。电选则根据各种矿物表面导电性不同进行分选，通过电选把不导电的锆英石以及不导电的部分白钛石等非导电矿物分离，进一步提高金红石的品位和降低杂质含量。浮选作业用纯碱和水玻璃作金红石的抑制剂，用煤油和肥皂作捕收剂，在 pH 值 8~9 的条件下进行反浮选，把少量的白钛石及其他杂质矿物浮选出来，通过浮选能把金红石的品位提高 3%~5%，杂质的含量控制在 0.04% 以下，从而保证金红石产品质量。影响重选、磁选、电选及浮选作业的因素很多，各种设备的操作条件因金红石原料性质的不同以及选矿工人的技术水平不同而不同，并没有固定不变的操作条件。中国海滨砂矿资源已逐渐枯竭，砂矿资源品位低，原矿性质变化较大，可选性差。在金红石选矿过程中往往要多次使用这几种选矿工艺才能选出合格产品及有效地提高金红石选矿回收率。

金红石选矿工艺流程中金红石来源有：（1）是从海滨砂矿原矿中选出铁铁矿后的尾矿，这部分金红石需要重选选别后才能进入电磁选系统；（2）是收购经别的选厂富集后的金红石中矿，该矿不需重选可直接入电磁选选矿，金红石的选矿设备有摇床、双滚筒电选机、高压电选机、永磁对辊式磁选机、单盘磁选机、双盘磁选机及 34 槽浮选机等，电磁选工艺有先电选后磁选和先磁选后电选两种，一般情况下采用先磁选后电选选矿工艺，即先把磁性较强的钛铁矿分选出来，以减轻电选机负荷。

在金红石的选矿工艺中，每台电选及磁选设备既可以形成流水线的连贯性作业，也可以单台设备作业，在选矿时可以采用两磁两电，两电两磁，又可以采用两磁一电、一磁一电等多种选矿工艺。

图 3-20 给出了海砂粗精矿典型选矿工艺流程。

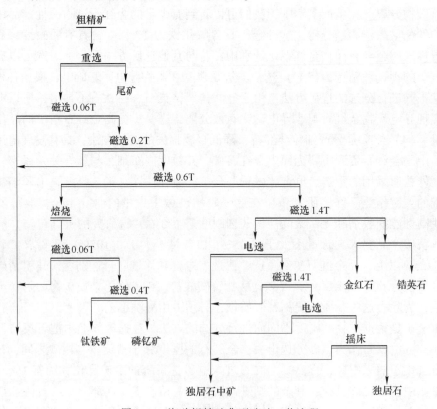

图 3-20 海砂粗精矿典型选矿工艺流程

3.2.4.2 金红石脉矿特点及选矿工艺选择

原生脉矿一般在岩浆岩中作为副矿物呈细小颗粒产出，偶尔在伟晶岩中出现。在区域变质过程中，金红石由钛矿物转变而成，在角闪石、榴辉岩、片麻岩和片岩中出现。国内原生金红石具有贫、细和杂的特性，原生金红石矿物组成复杂，金红石矿相常与钛铁矿、钛赤铁矿、赤铁矿和磁铁矿等矿相伴生，脉石矿物主要有石英、长石、白云母、黑云母、绿帘石、斜长石、石榴石、绿泥石、电气石、透闪石、滑石、蛭石和重晶石等，钛铁矿、钛赤铁矿、赤铁矿和磁铁矿都有磁性，密度与金红石相似，均大于 $4.2g/cm^3$。

原生金红石矿矿石中主要金属矿物有金红石、钛赤铁矿、钛铁矿、榍石、方铅矿、硫铁矿、磁黄铁矿、黄铁矿、褐铁矿等。脉石矿物主要为角闪石、黑云母、长石、方解石、绿泥石、透闪石、磷灰石及少量的绿帘石等。金红石粒度以 0.03 ~ 0.15mm 为主，占 80.10%。金红石单矿物中含二氧化钛 97.83%。金红石的可选性能主要受其粒度的影响，磨矿细度是影响金红石选别的重要因素，阶段磨矿、擦洗磨矿、添加助磨剂等手段均可有效提高选别效果，根据原生金红石矿矿物组分及嵌布关系复杂的特点，金红石矿的选别必须采用重选、磁选、浮选、电选、酸洗等组成的联合选矿工艺，才能获得高质量的金红石精矿。并且根据原矿品位低的特点，应将选矿工艺分为粗选和精选两阶段进行，选择高效无毒的组合捕收剂和调整剂。图 3-21 给出了脉矿金红石典型选矿工艺流程。

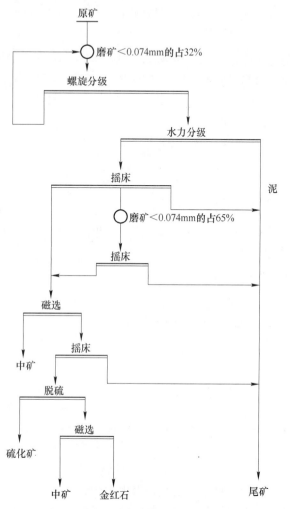

图 3-21 脉矿金红石典型选矿工艺流程

3.3 钛制品

钛制品是可以在其他行业规模化应用的产品，原料级产品部分跨行，但应用主体在钛产业，中间产品一般达到一定的纯度，如四氯化钛和海绵钛，能够满足与钛相关的多层次技术质量要求。

3.3.1 四氯化钛

四氯化钛是钛产业链中重要的中间产品，直接与海绵钛和氯化法钛白生产相关。

3.3.1.1 四氯化钛生产工艺技术原理

含钛富原料与氯气反应形成四氯化钛。

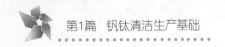

A TiO₂直接氯化

二氧化钛与氯气反应可表示为：

$$TiO_2(s) + 2Cl_2(g) \Longrightarrow TiCl_4(g) + O_2(g) \tag{3-58}$$

反应式（3-58）标准自由焓变化：$\Delta G_T^{\ominus} = 199024 - 51.88T$（298~1300K），在1000K时，$\Delta G_{1000K}^{\ominus} = 147100J$，而 $\ln K_p = -\Delta G_T^{\ominus}/RT$，则反应平衡常数 $K_P = 2.06 \times 10^{-8} = (p_{TiCl_4} \cdot p_{O_2})/p_{Cl_2}^2$，由此求得，在系统 $p_{Cl_2} = 0.1MPa$，$p_{O_2} = 0.1MPa$ 条件下，$p_{TiCl_4} = 2.06 \times 10^{-9}MPa$。

因此，从工业化生产条件下，TiO₂与Cl₂的反应是不能自发进行的。要使TiO₂直接氯化，必须大大增加反应体系氯气分压，不断排出产生的TiCl₄和O₂，这样会大大增加氯气消耗，在经济上是不可行的。

B TiO₂加碳氯化

$$TiO_2(s) + 2C(s) + 2Cl_2(g) \Longrightarrow TiCl_4(g) + 2CO(g) \tag{3-59}$$

$$TiO_2(s) + C(s) + 2Cl_2(g) \Longrightarrow TiCl_4(g) + CO_2(g) \tag{3-60}$$

反应式（3-59）标准自由焓变化：$\Delta G_T^{\ominus} = -48000 - 226T$（409~1940K）

反应式（3-60）标准自由焓变化：$\Delta G_T^{\ominus} = -210000 - 58T$（409~1940K）

在1000K时，反应式（3-59）的 $\Delta G_{1000K}^{\ominus} = -274000J$，反应平衡常数 $K_P = (p_{TiCl_4} \cdot p_{CO}^2)/p_{Cl_2}^2 = 2.05 \times 10^{14}$。

在1000K时，反应式（3-60）的标准自由焓变化：$\Delta G_T^{\ominus} = -268000J$，反应平衡常数 $K_P = (p_{TiCl_4} \times p_{CO_2})/p_{Cl_2}^2 = 9.99 \times 10^{13}$。

由此可见，在工业生产常规条件下，反应式（3-59）、反应式（3-60）均是可以自发进行的。

从反应的吉布斯自由能变化可见，氯化反应的顺序为：CaO>MgO>MnO>Fe₂O₃>FeO>TiO₂>Al₂O₃>SiO₂。即在有碳存在下，在上述反应方程式给出的温度条件下，在TiO₂充分氯化前，富钛料中的CaO、MgO、MnO必将被首先氯化，生成CaCl₂、MgCl₂、MnCl₂。

富钛物料中的钛除以TiO₂形态存在外，在钛渣中还以Ti₃O₅、Ti₂O₃、TiO、TiN和TiC等形态存在；另外还含有多种杂质氧化物FeO、Fe₂O₃、MnO、MgO、CaO、Al₂O₃、SiO₂等，氯化过程中发生有碳氯化或者无碳氯化，表3-9和表3-10分别为无碳和有碳情况下钛及其他金属氧化物氯化反应的标准自由能变化值。

表3-9和表3-10比较可以看出，由于在氯化过程中加入碳，钛及一些金属氧化物氯化的标准自由能变化值原来是正值的变为负值，原来是负值的负值变为更大。也就是说，在没有碳时是不能氯化的，由于加了碳变为可以氯化了，原来可以氯化的现在更容易氯化了。

高钛渣中除二氧化钛以外，还含有不同价态的低价氧化物，以及铁、钙、镁、锰、铝、硅等杂质氧化物。从表3-10可看出，在加碳氯化的条件下，这些氧化物均能不同程度地转化为相应的氯化物，其氯化顺序为CaO>MnO>TiO>MgO>Ti₂O₃>FeO>Ti₃O₅>TiO₂>Al₂O₃>SiO₂。

这一氯化顺序表明，TiO₂以前的氧化物在氯化过程中可全部转化为氯化物，而三氧化铝特别是二氧化硅仅部分氯化。钛的低价氧化物比二氧化钛更易氯化，而且价态越低，越容易氯化。因此，钛渣的还原度大对氯化是有利的。但是过高要求钛渣的还原度，将会增加熔炼钛渣操作的困难和提高钛渣的生产成本。

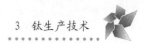

表 3-9　无碳情况下，钛及某些金属氧化物氯化反应的标准自由能变化值（J/molCl$_2$）

化学反应式	$\Delta Z_0(1000\text{K})$	$\Delta Z_0(1200\text{K})$
$TiO_2 + 2Cl_2 = TiCl_4 + O_2$	+59341.7	53329.3
$2Ti_3O_5 + 12Cl_2 = 6TiCl_4 + 5O_2$	+13664.9	+11656.6
$2Ti_2O_3 + 8Cl_2 = 4TiCl_4 + 3O_2$	−10631.5	−11501.8
$2TiO + 4Cl_2 = 2TiCl_4 + O_2$	−101641.9	−97269.6
$2MgO + 2Cl_2 = 2MgCl_2 + O_2$	+10526.9	+9824
$2Al_2O_3 + 6Cl_2 = 4AlCl_3 + 3O_2$	+98876.3	+85759
$SiO_2 + 2Cl_2 = SiCl_4 + O_2$	+101587.5	+96922.4
$2CaO + 2Cl_2 = 2CaCl_2 + O_2$	−124515.8	−122018
$2MnO + 2Cl_2 = 2MnCl_2 + O_2$	−43409	−42375.6
$2FeO + 3Cl_2 = 2FeCl_3 + O_2$	−18104.2	−22932.5

表 3-10　有碳存在下，钛及某些金属氧化物氯化反应的标准自由能变化值（J/molCl$_2$）

化学反应式	$\Delta Z_0(1000\text{K})$	$\Delta Z_0(1200\text{K})$
$TiO_2 + 2Cl_2 + 2C = TiCl_4 + 2CO$	−140921.3	−164527.4
$TiO_2 + 2Cl_2 + C = TiCl_4 + CO_2$	−138586.6	−144795.7
$TiO_2 + 2Cl_2 + 2CO = TiCl_4 + 2CO_2$	−136289.6	−124917.5
$TiO_2 + 4Cl_2 + 2C = TiCl_4 + 2COCl_2$	−57053	−55538.4
$Ti_3O_5 + 6Cl_2 + 5C = 3TiCl_4 + 5CO$	−153251.6	−169895.5
$2Ti_3O_5 + 12Cl_2 + 5C = 6TiCl_4 + 5CO_2$	−151301.8	−153385.4
$2Ti_2O_3 + 8Cl_2 + 6C = 4TiCl_4 + 6CO$	−160858.1	−174895.4
$2Ti_2O_3 + 8Cl_2 + 3C = 4TiCl_4 + 3CO_2$	−159105	−160042.2
$TiO + 2Cl_2 + C = TiCl_4 + CO$	−202714.8	−208237.7
$2TiO + 4Cl_2 + C = 2TiCl_4 + CO_2$	−200622.8	−196296.5
$2FeO + 3Cl_2 + 2C = 2FeCl_3 + 2CO$	−151640.7	−16817.7
$2FeO + 3Cl_2 + C = 2FeCl_3 + CO_2$	−150084.3	−154971.2
$CaO + Cl_2 + C = CaCl_2 + CO$	−324816.5	−339874.7
$2CaO + 2Cl_2 + C = 2CaCl_2 + CO_2$	−322481.8	−320071.8
$MgO + Cl_2 + C = MgCl_2 + CO$	−189773.7	−208032.7
$2MgO + 2Cl_2 + C = 2MgCl_2 + CO_2$	−187439.0	−188229.8
$MnO + Cl_2 + C = MnCl_2 + CO$	−243709.6	−260232.2
$2MnO + 2Cl_2 + C = 2MnCl_2 + CO_2$	−241375	−240429.4
$Al_2O_3 + 3Cl_2 + 3C = 2AlCl_3 + 3CO$	−101424.3	−132097.2
$2Al_2O_3 + 6Cl_2 + 3C = 4AlCl_3 + 3CO_2$	−99089.7	−112294.4
$SiO_2 + 2Cl_2 + 2C = SiCl_4 + 2CO$	−98713.1	−120934.3
$SiO_2 + 2Cl_2 + C = SiCl_4 + CO_2$	−96378.4	−101131.5

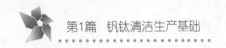

在有碳质还原剂存在时富钛物料中各组分在高温下均可与 Cl_2 反应生成相应的氯化物。其中的 TiO_2 加碳氯化反应为：

$$1/2TiO_2 + (1 + \eta)/2C + Cl_2 \Longrightarrow 1/2TiCl_4 + \eta CO + (1 - \eta)/2CO_2 \qquad (3-61)$$

式中，η 是表征氧化物加碳氯化时受碳的气化反应影响程度的数值。以 TiO_2 为例，其反应可看作下面两个反应之和：

$$1/2TiO_2 + C + Cl_2 \Longrightarrow 1/2TiCl_4 + CO \qquad (3-62)$$

$$1/2TiO_2 + 1/2C + Cl_2 \Longrightarrow 1/2TiCl_4 + 1/2CO_2 \qquad (3-63)$$

其中，按 CO 反应生成的 $TiCl_4$ 占被氯化生成的 $TiCl_4$ 总量的比率为 η。η 值可从炉气中 CO 及 CO_2 的分压值求得：

$$\eta = \frac{p_{CO}/2}{p_{CO}/2 + p_{CO_2}} \qquad (3-64)$$

用不同方法氯化富钛物料时，炉气中的 CO 及 CO_2（体积分数）有不同的值：竖炉氯化的 $CO:CO_2 \approx (8\sim10):1$，熔盐氯化的 $CO:CO_2 \approx 1:(10\sim20)$，流态化氯化的 $CO:CO_2 \approx 1:4$。炉气中 CO 与 CO_2 的比值均会影响到还原剂的耗量、化学反应热以及炉气中的 $TiCl_4$ 浓度。η 值是含钛物料氯化工艺设计（按化学计量进行物料平衡计算和热平衡计算）、确定混合炉气冷凝分离工艺制度的重要依据。

温度对 TiO_2 氯化反应速度有重要影响。温度低于 973K 时，反应处于动力学区；温度在 $973\sim1273K$ 时，反应处于扩散控制区。在工业生产中，富钛物料的氯化温度一般为 $1023\sim1273K$。

钛的碳氮化物的氯化反应如下：

$$2TiN + 4Cl_2 \Longrightarrow 2TiCl_4 + N_2 \qquad (3-65)$$

$$TiC + 2Cl_2 \Longrightarrow TiCl_4 + C \qquad (3-66)$$

表 3-11 列出了 $TiCl_4$ 及某些金属氯化物的相对分子质量、熔点和沸点。从表 3-11 可以看出，沸点低于氯化温度的如 $FeCl_3$、$AlCl_3$、$SiCl_4$ 以及 CO 和 CO_2 等气体就和 $TiCl_4$ 一起挥发逸出沸腾氯化炉，而沸点高于氯化温度的如 $CaCl_2$、$MgCl_2$、$FeCl_2$ 和 $MnCl_2$ 等氯化物，将有一部分与未反应的 TiO_2、炭粉等一起留在炉内成为炉渣。

从氯化炉顶以气体逸出的混合气体，主要成分为 $TiCl_4$、$SiCl_4$、$AlCl_3$、$FeCl_3$、HCl、CO 和 CO_2 以及部分 $MnCl_2$、$CaCl_2$、$MgCl_2$ 和 $FeCl_2$，还有被气流夹带出来的固体颗粒，它们进入收尘器，由于减速降温的作用，使其中 $AlCl_3$、$FeCl_3$、$FeCl_2$、$MgCl_2$、$MnCl_2$、$CaCl_2$ 等高沸点氯化物以及被气流带出的固体颗粒大部分被冷凝沉积下来。通过收尘器出来的混合气体进入四氯化钛淋洗塔和被两级水冷却及两级 $-10\sim-15℃$ 的冷冻盐水冷却的四氯化钛液体相接触，使得 $TiCl_4$、$SiCl_4$、$VOCl_3$ 等气体和剩余的高沸点杂质被淋洗下来。不能冷凝的 CO、CO_2、Cl_2、O_2、N_2、HCl 等气体最后进入尾气处理系统，经两级水洗富集制成 $27\%\sim31\%$ 浓度的盐酸，再经两级石灰乳或 NaOH 水溶液中和处理后，通过烟囱排空。淋洗下来的四氯化钛液体含有较多的杂质，经过沉降、过滤以后，得到淡黄色或红棕色的粗 $TiCl_4$。在循环泵槽中被沉降下来的高沸点杂质，通过开启循环泵槽上的锥形阀或底部阀门，每班定期放入底流槽，底流槽中含高沸点杂质的泥浆，经管式过滤器过滤后，泥浆排入泥浆槽或浓密机进行沉降，再用泥浆泵打入 1 号收尘器或氯化炉回收四氯化钛。

表 3-11 主要氯化物相对分子质量、熔点和沸点

氯化物	$TiCl_4$	$FeCl_3$	$AlCl_3$	$SiCl_4$	$FeCl_2$	$VOCl_3$	$CaCl_2$	$MgCl_2$	$MnCl_2$
相对分子质量	189.7	162.2	133.4	169.9	126.75	173.5	110.98	95.2	125.9
熔点/℃	−23.95	302.0	162.4	−70.4	677.0	−77.0	782.0	714.0	650.0
沸点/℃	136.0	318.9	180.2	56.5	1026.0	127.2	1900.0	1418.0	1231.0

C 氯化理论氯气消耗计算

氯化法钛白生产中，氯气循环使用，因此氯气的消耗主要来自于原料中杂质的氯化耗氯。对于高钛渣来说，主要的杂质包括 Fe、Al、Mg、Ca 等元素的氧化物，按照高钛渣中的杂质成分，理论上每吨钛白产品的氯气消耗为 0.24t。如果原料中的钛品位越高，则氯气消耗则越少。以钛渣为原料生产四氯化钛理论氯气的消耗见表 3-12。

表 3-12 理论氯气消耗

高钛渣中成分名称	质量/kg	质量分数/%	完全反应需要的氯气/kg	折算成成品单耗（t/tTiO_2产品）
TiO_2	2337.50	89.20	4149.05	2.09
Al_2O_3	50.15	1.91	104.63	0.05
H_2O	7.15	0.27	28.14	0.01
SiO_2	48.35	1.85	114.12	0.06
Fe_2O_3	87.25	3.33	116.22	0.06
CaO	10.25	0.39	12.96	0.01
MnO	38.40	1.47	67.54	0.03
MgO	37.10	1.42	37.08	0.02
合计	2620.5	100	4634.83	2.33
杂质耗氯			485.78	0.24

3.3.1.2 粗四氯化钛生产工艺

氯化工艺主要有沸腾氯化、熔盐氯化和竖炉氯化三种方法。沸腾氯化是现行生产四氯化钛的主要方法（中国、日本、美国采用），其次是熔盐氯化（独联体国家采用），而竖炉氯化已被淘汰。沸腾氯化一般是以钙镁含量低的高品位富钛料为原料，而熔盐氯化则可使用含高钙镁的原料。从富钛物料制取精 $TiCl_4$ 的工艺流程见图 3-22，全过程包括配料、氯化、冷凝分离、粗 $TiCl_4$ 精制等。表 3-13 列出了三种主要氯化方法的比较。

氯化用还原剂，一般是经高温煅烧的石油焦，也可采用未经高温煅烧的石油焦。前者固定碳含量高（98%），但活性较差；后者固定碳含量较低（少于 85%）、挥发分（C_nH_m）较高，活性好，氯化过程中发热量大，但生成 HCl 量较多，氯耗高。氯化可使用液氯 [Cl_2≥99.5%（体积分数）] 或低浓度氯气 [Cl_2 80%～90%（体积分数）]。

不论用哪种氯化方法制取 $TiCl_4$，氯化产物均以混合炉气 [含 $TiCl_4$ 约 35%～45%（体积分数）] 形态产出，经收尘、淋洗、沉降、过滤，将非冷凝性气体（CO、CO_2 以及 Cl_2、HCl 等）、杂质氯化物（$FeCl_3$、$FeCl_2$、$MgCl_2$、$MnCl_2$ 等）以及未氯化的固体粉料进行初步分离。获得液态粗四氯化钛 [$TiCl_4$>98%（质量分数）]。

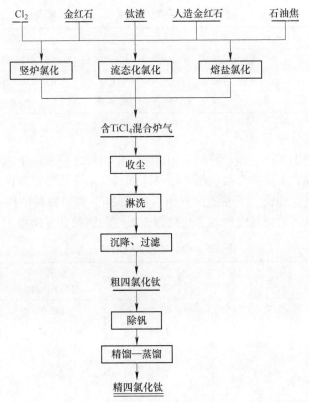

图 3-22 富钛物料制取精 $TiCl_4$ 的工艺流程

表 3-13 四氯化钛生产方法比较

项 目		方 法		
		流态化氯化法	熔盐氯化法	竖炉氯化法
主体设备	炉子名称	流态化氯化炉	熔盐氯化炉	竖炉氯化炉
	炉型结构	较简单	较复杂	复杂
	供热方式	靠化学反应热自热生产	自热生产并有余热排出	靠电热维护炉温
	$TiCl_4$ 单炉生产能力/t·d^{-1}	约 140	120~150	20
原料	适用原料	钛渣或者金红石, 其中 MgO 和 CaO 含量不宜过高	钛渣或者金红石, 其中 MgO 和 CaO 含量高的物料亦适应	可用 MgO 和 CaO 含量高的物料
	原料准备	粉料入炉	粉料入炉	须制成团块料入炉
工艺	工艺特征	反应在流态化床中进行, 传热和传质条件好, 可强化生产	熔盐由氯气搅拌, 传热和传质条件好, 有利于反应	反应在团块表面进行, 反应速度受限
	碳耗	中等	低	高
	炉气中 $TiCl_4$ 浓度	中等	较高	低
	$TiCl_4$ 的炉子生产能力/t·(m^2·d)$^{-1}$	25~40	20~25	4~5

项　目		方　法		
		流态化氯化法	熔盐氯化法	竖炉氯化法
三废、劳动条件	三废	氯化渣可以回收利用	废熔盐利用难度大	需要定期清渣，并更换碳素格子
	劳动条件	尚好	较好	差

熔盐氯化过程是一个气、固、液三相并存的多相反应过程，对固体物料的粒度及其分布，它们在熔盐中的含量、氯气浓度、氯气流速及分布，熔盐层高度等工艺参数有一定的要求，对熔盐的熔点、密度、黏度和表面张力等物理化学性质也有一定的要求，当熔盐因杂质积累而使其正常组成和物理化学性质破坏后，就要更换废熔盐，补加新熔盐。

熔盐氯化法是待氯化的物料在熔盐介质中与气体氯作用生成无水氯化物的一种卤化冶金方法。其实质是将待氯化粉状物料（氧化物、盐类等）从上部加入熔盐氯化炉内（见熔盐氯化法生产四氯化铁），气体氯以一定流速从底部通过熔盐与物料的混合层，利用熔盐的循环运动及氯气与气体反应产物的鼓泡搅拌作用，使待氯化物料、还原剂碳和氯气充分接触并发生氯化反应。

在前苏联，熔盐氯化已成 $TiCl_4$ 的主要生产方法。熔盐氯化在镁生产中用于低水氯化镁进一步脱水以制取无水氯化镁，以及用于光卤石脱水以生产无水氯化镁。熔盐氯化还用于从铈铌钙钛矿提取钽、铌、稀土和钛，从其气态产物中回收 $TaCl_5$、$NbCl_5$（$NbOCl_3$）和 $TiCl_4$，从熔盐中回收稀土。

与竖炉氯化、流态化氯化相比，熔盐氯化的优点在于：它使用粉状物料，不需经制团和焦化处理，流程短；按炉膛截面积计算，四氯化钛的熔盐氯化日生产能力为竖炉氯化的 3~4 倍，但小于流态化氯化的日生产能力；由于熔盐具有溶解杂质以及对粉尘的吸附与过滤粉尘的作用，产出的粗四氯化钛含粉尘和 $FeCl_3$ 等杂质少；能处理 CaO、MgO 含量高的钛物料。其缺点是需不定期地排放废熔盐并补充新盐。

（1）配料。来自高位料仓合格粒度的富钛料与破碎、干燥后的石油焦按一定配料比加入到螺旋输送机，经初混后送入流化器，风送至氯化工段，经旋风和布袋收尘卸入混合料仓，供氯化炉使用。

（2）氯化。来自混合料仓的富钛料和石油焦连续加入氯化炉，通入氯气在高温下反应生成含 $TiCl_4$ 的混合气体，向混合气体中喷入精制返回钒渣泥浆和粗四氯化钛泥浆以回收 $TiCl_4$，并使热气流急剧冷却，在分离器中分离出钒渣、钙、镁、铁等氯化物固体杂质。分离器顶部排出的含 $TiCl_4$ 气体进入冷凝器，用粗 $TiCl_4$ 循环冷却液将气态 $TiCl_4$ 冷凝，冷凝尾气再经冷冻盐水冷凝后，废气进入废气处理系统处理合格后由烟囱排空。粗 $TiCl_4$ 送至精制工段除钒。分离器排渣经处理后去专用渣场堆放。

3.3.1.3 粗 $TiCl_4$ 的精制

氯化生产的粗 $TiCl_4$ 是一种含有许多杂质、成分十分复杂的混浊液。杂质的成分和含量与氯化原料、氯化及冷凝温度制度有关。随着杂质成分和含量不同，粗 $TiCl_4$ 呈黄褐色或暗红色。粗 $TiCl_4$ 含有溶解或悬浮状态的多种杂质，对制备下游产品时非常有害。例如：用 $TiCl_4$ 制备海绵钛时，$TiCl_4$ 与金属钛分子量之比约为 4：1，$TiCl_4$ 中的杂质将被浓缩约 4

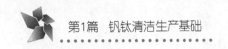

倍，转移到海绵钛中去，特别是氧、氮、碳、铁、硅等元素杂质，会严重影响海绵钛的力学性能。粗 $TiCl_4$ 中杂质含量的波动范围见表 3-14。

表 3-14 粗 $TiCl_4$ 的大致成分 （质量分数,%）

工艺	成分								COCl₂有机氯化物	固体悬浮物/g·L⁻¹
	$TiCl_4$	Si	Al	Fe	V	Mn	Cl_2	S		
竖炉氯化	>98	0.0088	0.010	0.0040	0.07	—	0.079		0.1	3.6
沸腾氯化	>98	0.01~0.3	0.01~0.1	0.01~0.02	0.01~0.3	0.01~0.02	0.03~0.08	0.01~0.03	0.004	3.1
熔盐氯化	>98.5	<0.40	0.001	0.002	0.08	—	0.05	—		

A 粗 $TiCl_4$ 中的杂质分类和性质

由于粗 $TiCl_4$ 在冷凝过程中是在液相被捕集的，所以杂质按其存在状态及其在 $TiCl_4$ 中溶解与否，基本上分为四类：可溶的气体杂质、液体杂质、固体杂质和不溶解的悬浮固体杂质。

溶于 $TiCl_4$ 中的杂质，如按与 $TiCl_4$ 沸点的差别则可分为高沸点杂质（如 $FeCl_3$、$AlCl_3$、$TiOCl_2$ 等）、低沸点杂质（如 $SiCl_4$、CCl_4 等）和沸点相近的杂质（如 $VOCl_3$、S_2Cl_2、$SiOCl_6$ 等）三种。粗 $TiCl_4$ 中杂质分类、性质和特征见表 3-15。

表 3-15 粗 $TiCl_4$ 中杂质分类、性质和特征

组分	物质状态	化合物名称	相对分子质量	熔点/℃	沸点/℃	密度/g·cm⁻³	常温下特征
低沸点杂质	气态物质	Cl_2	70.9	-102.4	34.5	3.214×10⁻³	黄绿色气体
		HCl	36.5	-114	-85	1.6×10⁻³	无色气体
		O_2	16.0	-218.8	-183	1.4×10⁻³	无色气体
		N_2	28	-210	-195.8	1.3×10⁻³	无色气体
		CO_2	44	-56.6	-78.5	2.0×10⁻³	无色气体
		$COCl_2$	98.8	-126	8.2	1.8×10⁻³	无色气体
		COS	60	-138.0	-47.5	2.7×10⁻³	无色气体
	液体物质	$SiCl_4$	169.9	-70.4	56.5	1.48	无色液体
		CCl_4	153.8	-23.8	76.6	1.585	无色液体
		$CH_2ClCOCl$	112.9	-21.8	106	1.41	无色液体
		CH_3COCl	78.5	-57.0	118.1	1.62	无色液体
		CS	44.06	-112	46	2.26	无色液体
		$POCl_3$	153.47	-1.2	107.3	1.68	无色液体

组分	物质状态	化合物名称	相对分子质量	熔点/℃	沸点/℃	密度/g·cm⁻³	常温下特征
沸点相近杂质	液体	S_2Cl_2	135.12	−76	138	1.69	橙黄色液体
		$SiOCl_6$	285.0	−29	135	—	无色液体
		$VOCl_3$	173.5	−77	127.2	1.836	黄色液体
		VCl_4	192.94	−35	154	1.816	暗棕红色液体
		$TiCl_4$	189.9	−23.95	136.4	1.726	无色液体
高沸点杂质	固体	$AlCl_3$	133.4	162.4	180.2	2.44	灰紫色晶体
		$FeCl_3$	162.2	302.0	318.9	2.898	棕褐色晶体
		C_6Cl_6	284.8	227.0	309.0	2.044	无色固体
		$FeCl_2$	126.85	677	1026	3.16	白色固体
		$TiOCl_2$	134.9	—	—	—	亮黄白色晶体
		$NbCl_5$	270.4l	204.7	247.4	2.75	浅黄色针状物
		$TaCl_5$	358.4	216.5	233	3.68	黄色固体
		$MgCl_2$	95.2	714.0	1418	2.316	白色固体
		$MnCl_2$	125.9	650	1231	3.16	淡红色固体
		$CaCl_2$	110.98	782.0	1900	2.15	白色固体

B 杂质在 $TiCl_4$ 中的溶解度

大部分气体杂质在 $TiCl_4$ 中的溶解度不大,且随温度升高而下降。气体杂质在 $TiCl_4$ 中的溶解度见表3-16。

表3-16 气体杂质在 $TiCl_4$ 中的溶解度 （质量分数,%）

温度	0	20	40	60	80	90	96	100	136
Cl_2	11.5	7.60	4.10	2.40	1.80	—	—	1010	—
HCl	—	0.108	0.078	0.067	0.059	—	—	0.05	—
$COCl_2$	—	65.5	24.8	5.60	2.00	—	—	0.01	—
O_2	0.0148	0.0131	0.0119	0.0099	0.0072	—	0.0038	—	—
N_2	0.070	0.0063	0.0054	0.0046	0.0034	—	0.0019	—	—
CO	0.0094	0.0082	0.0072	0.0063	—	0.0025	—	—	—
CO_2	—	1.44	0.640	0.260	0.220	—	—	0.21	—
COS	9.50	5.70	3.50	2.20	1.40	—	—	1.10	—

C 精制的原理和方法

从杂质分类中可看出,对不溶于 $TiCl_4$ 中的固体悬浮物可用沉降、过滤等机械方法除去。而对溶于 $TiCl_4$ 中的气体杂质由于其溶解度随温度升高而迅速降低,也容易在除去其他杂质的加热过程中除去。唯有溶于 $TiCl_4$ 中的液体和固体杂质是很难除去的。粗 $TiCl_4$ 的精制,由于杂质性质的不同,仅采用单一的方法不能达到提纯的目的,工业上都采用综合方法来提纯。

溶解在 $TiCl_4$ 中的液体和固体杂质，沸点与 $TiCl_4$ 相差较大的低沸点和高沸点杂质可以用"蒸馏—精馏"的方法进行分离。即通过严格控制精馏塔顶和塔底的温度，就能将四氯化硅和一些可溶性气体从塔顶分离，而高沸点杂质 $FeCl_3$ 和 $AlCl_3$ 等则留在釜内达到精制的目的。但对于沸点与 $TiCl_4$ 相近的杂质，用精馏方法分离极不经济，通常采用化学方法。

　　a　用蒸馏和精馏法除去高沸点和低沸点杂质的基本原理

　　液体混合物的蒸馏和精馏操作过程是基于 $TiCl_4$ 与其所含杂质的挥发度（表示某种纯物质在一定温度下蒸汽压大小）不同，在精馏塔中，借气液两相的相互接触，反复进行部分汽化和部分冷凝作用，使混合液分离为纯组分，以达到除去杂质，提纯 $TiCl_4$ 的目的。实现这一操作的设备是精馏塔（浮阀塔）。

　　对于与 $TiCl_4$ 沸点相差较大的高沸点杂质如三氯化铁，只要控制蒸馏塔底温度略高于 $TiCl_4$ 沸点（139~142℃），就能使三氯化铁残留在蒸馏釜内，定期排出，此为简单蒸馏。塔顶温度控制在四氯化硅的沸点温度（57℃）左右，使全部温度从塔底到塔顶逐渐下降呈一温度梯度。精馏操作时，塔底含有四氯化硅杂质的 $TiCl_4$ 蒸汽向塔顶上升，穿过一层层塔板，和塔顶的回流液以及塔中加入的料液逆向接触，在每一层塔板上，上升蒸汽与向下流动的回流液之间不但进行着物质交换（组分浓度的变化），同时进行着热交换（热量的传递）。由来自下一层塔板的蒸汽和本层塔板上的液体接触，一方面蒸汽发生部分冷凝，使下降的液体难挥发组分 $TiCl_4$ 增多，液体发生部分汽化，使上升的蒸汽易挥发组分四氯化硅增多。对整个塔而言，在上升的蒸汽中，易挥发组分四氯化硅越来越多，在下降的液体中，难挥发组分 $TiCl_4$ 越来越多。精馏塔的分离作用，就是只要有一定数量的塔板，通过气液两相间反复的物质交换和热交换达到 $TiCl_4$ 和 $SiCl_4$ 分离的目的。

　　$VOCl_3$ 是黄色液体，极易吸湿，容易溶解其他金属氯化物，与 $TiCl_4$ 无限互溶，少量 $VOCl_3$ 存在就会使 $TiCl_4$ 呈黄色。$VOCl_3$ 在 20℃ 下密度为 $1.836g/cm^3$。

　　$VOCl_3$ 的蒸气压随温度升高而增大，关系式为：

$$\rho = 1/(0.5393 + 4.35 \times 10^{-4}t + 7.66 \times 10^{-7}t^2)。$$

　　$VOCl_3$ 的蒸气压（Pa）随温度 T 变化的关系式为：$\lg p = -1921T^{-1} + 9.825（297 \sim 400K时）$。

　　$VOCl_3$ 黏度 μ（Pa·s）与温度 t 的经验式：$\mu = l/(1043.9 + 13.76t)$。

　　$VOCl_3$ 的沸点与 $TiCl_4$ 沸点很相近，它们的组成沸点图中气相线与液相线非常接近。在 $VOCl_3$ 的温度下，$VOCl_3$ 对 $TiCl_4$ 的相对挥发度为 1.29。

　　$SiCl_4$ 是 $TiCl_4$ 中含量较多也是较难分离的低沸点杂质，因此把 $SiCl_4$ 看成粗 $TiCl_4$ 中具有代表性的低沸点杂质，除硅就意味着除低沸点杂质。$FeCl_3$、$AlCl_3$ 和 $Ti-OCl_2$ 是粗 $TiCl_4$ 中最主要的高沸点杂质，其中 $AlCl_3$ 是较难分离的。

　　依据 $SiCl_4$ 与 $TiCl_4$ 的沸点差别和挥发度的差别，采用精馏法从 $TiCl_4$ 中除去 $SiCl_4$。精馏装置主要由精馏塔、蒸馏釜和冷凝器等设备组成。除硅在精馏塔内进行，见图 3-23。

　　粗 $TiCl_4$ 原料由精馏塔中部的加料板连续加入塔内，沿塔向下流至蒸馏釜。蒸馏釜内液体被加热而部分气化，蒸气中易挥发组分的 $SiCl_4$ 组成 y 大于液相中易挥发组分 $SiCl_4$ 的组成 z，即 $y>z$。蒸气沿塔向上流动，与下降液体逆流接触，因气相温度高于液相温度，气体有部分冷凝，同时把热量传递给液相，使液相进行部分气化。难挥发组分 $TiCl_4$ 从气相向液相传递，易挥发组分 $SiCl_4$ 从液相向气相传递。结果是上升气相的易挥发组分 $SiCl_4$ 逐渐增多，难挥发组分 $TiCl_4$ 逐渐减少；而下降液相中的易挥发组分 $SiCl_4$ 逐渐减少，难挥发

组分 $TiCl_4$ 逐渐增多，在塔底或釜内获得除去了易挥发组分 $SiCl_4$ 的 $TiCl_4$ 产品。在进料板以下（包括进料板）的塔段中，上升气相从下降液相中提出了易挥发组分，故称为提馏段。提馏段的上升气相经过进料板继续向上流动，到达塔顶冷凝器冷凝为液体，冷凝液的一部分回流入塔顶，称为回流液，其余作为塔顶产品（馏出液）排出。塔内下降的回流液与上升气相逆流接触，气体进行部分冷凝，同时液相进行部分气化。难挥发组分 $TiCl_4$ 从气相向液体传递，易挥发组分 $SiCl_4$ 从液相向气相传递。由于塔的上半段（进料板以上）上升气相中难挥发组分 $TiCl_4$ 被部分除去，即易挥发组分 $SiCl_4$ 得到精制，故称为精馏段。

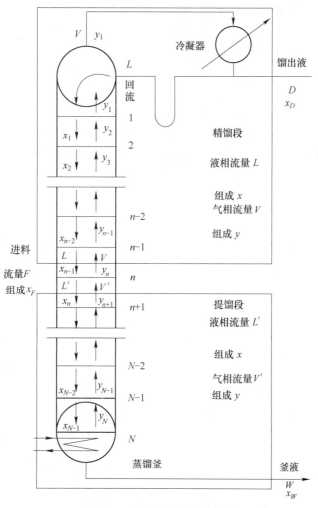

图 3-23 精馏装置及参数符号

b 除钒的原理和方法

粗四氯化钛是一种含有多种杂质、成分十分复杂的混浊液体。各种杂质成分的含量与氯化方法、氯化原料及氯化冷凝温度等有关，随着杂质成分各含量的不同。

精制是根据粗四氯化钛中所含不同杂质的物理化学性质的差异，采用物理处理和化学处理等方法将其分离，达到提纯的目的。粗四氯化钛中的杂质按其沸点的不同，可分为低沸点杂质（如四氯化硅，沸点 56.8℃），高沸点杂质（如三氯化铝沸点 180.2℃，三氯化铁沸点 318.9℃），以及沸点与四氯化钛相近的杂质（如三氯氧钒沸点 127℃）。

工业上采用精馏法除 $SiCl_4$，是由于 $SiCl_4$ 与 $TiCl_4$ 的相对挥发度比较高，但用精馏法除去 $VOCl_3$ 等比较困难，因为两者的沸点相近，相对挥发度比较低。粗 $TiCl_4$ 中的钒杂质主要是以 $VOCl_3$、VCl_4 等形式存在，它使 $TiCl_4$ 呈黄色。除钒的目的，不仅是为了脱色，也是为了除氧。

由于 $VOCl_3$ 和 $TiCl_4$ 沸点相近，用精馏法来分离就需安装有很多塔板的很高的塔，极不经济，因此一般采用化学方法来处理。

（1）有机物除钒。此法是在粗 $TiCl_4$ 中，加入少量有机物（如矿物油、植物油），然后把混合物在搅拌下加热到 $90 \sim 140 ℃$，使有机物裂解充分炭化，析出细而分散的新生态炭颗粒，它具有高度活性，使 $VOCl_3$ 等杂质还原为不溶性或难挥发性化合物，使溶于 $TiCl_4$ 中的 $VOCl_3$ 转化为固体 $VOCl_2$ 与炭粒一块成为残渣，用固液分离方法（如过滤、沉降、蒸发等）把其分离除去。目前美国采用的矿物油除钒方法，其配比为：油∶ $TiCl_4$ = 1∶800，矿物油消耗：1.3kg 矿物油/t–精 $TiCl_4$。

生产 1t 精 $TiCl_4$ 产生的残渣实际为 0.0458t，其中 $TiCl_4$ 含量约为 85%。

图 3-24 给出了有机物典型除钒精制 $TiCl_4$ 流程示意图。有机物除钒的突出优点是有机物来源丰富，价格低廉，而且无毒，除钒效果好，能实现连续操作。主要缺点是有机物在加热过程中炭化，并容易与 $TiCl_4$ 发生聚合反应，生成残渣量多，容易在器壁上黏结，这不仅影响传热，而且可能堵塞管道和冷凝器。另外，有机物易溶于 $TiCl_4$ 中，分离不净也会污染产品。

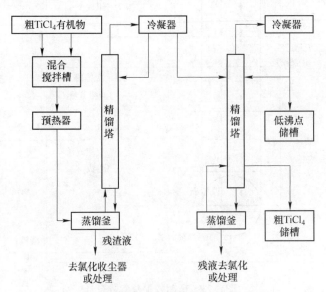

图 3-24　有机物除钒精制 $TiCl_4$ 流程示意图

（2）铝粉除钒。图 3-25 给出了铝粉除钒精制 $TiCl_4$ 流程示意图。铝粉除钒其反应原理是在有 $AlCl_3$ 作催化剂的条件下，把铝粉加入到 $TiCl_4$ 中，发生如下反应：

$$3TiCl_4 + Al \Longrightarrow 3TiCl_3 + AlCl_3 \quad [（AlCl_3）催化] \tag{3-67}$$

$$TiCl_3 + VOCl_2 \Longrightarrow VOCl \downarrow + TiCl_4 \tag{3-68}$$

$AlCl_3$ 可将溶于 $TiCl_4$ 中的 $TiOCl_2$ 转化为 $TiCl_4$，其反应式如下：

$$AlCl_3 + TiOCl_2 \Longrightarrow TiCl_4 + AlOCl \downarrow \tag{3-69}$$

铝粉较铜丝经济，除钒过程可连续，但制备含有 $AlCl_3$ 的 $TiCl_4$ 浆液是不连续的，$AlCl_3$ 容易吸潮，产生沉淀。向 $TiCl_4$ 中加入铝粉进行除钒的过程安全性较差，要谨慎操作。

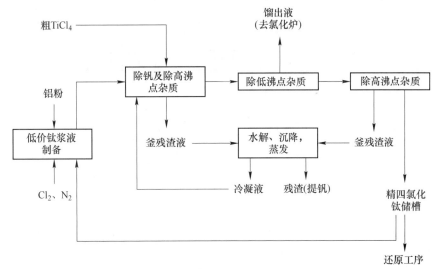

图 3-25　铝粉除钒精制 $TiCl_4$ 流程示意

（3）硫化氢除钒法。硫化氢是一种强还原剂，在加热条件下它将 $VOCl_3$ 还原为 $VOCl_2$：

$$2VOCl_3 + H_2S = 2VOCl_2 \downarrow + 2HCl + S \tag{3-70}$$

硫化氢可与 $TiCl_4$ 反应生成钛硫氯化物 $TiSCl_2$，后者也可将 $VOCl_3$ 还原为 $VOCl_2$：

$$2VOCl_3 + TiSCl_2 = 2VOCl_2 \downarrow + TiCl_4 + S \tag{3-71}$$

硫化氢是综合净化 $TiCl_4$ 的试剂。它在除钒的同时，也可除去粗 $TiCl_4$ 中的其他杂质，如 Cl_2、$COCl_2$、CCl_4、硫酰和亚硫酰氯化物等。但是，与此同时，$TiCl_4$ 又被新生成的杂质（如 S_2Cl_2）所污染，并有部分未反应的硫化氢溶解在 $TiCl_4$ 中。

为避免 H_2S 与溶于 $TiCl_4$ 中的自由氯反应生成硫氯化物 S_2Cl_2，在除钒前对粗 $TiCl_4$ 进行脱气处理以除去其中的自由氯。将含钒的 $TiCl_4$ 加热至 $110\sim137℃$，在搅拌下通入硫化氢气体进行除钒反应，并严格控制硫化氢的通入速度和通入量，以提高硫化氢的有效利用率和减少它与 $TiCl_4$ 的副反应。硫化氢除钒效果好，并可同时除去 $TiCl_4$ 中的铁、铬、铝等金属杂质和分散的悬浮固体物。采用这种方法除钒精制 $TiCl_4$ 较合理的流程如图 3-26 所示。除钒反应后，可用过滤方法进行固液分离，也可用蒸发方法。除钒残渣（渣或泥浆）含有硫化物，因而不宜返回氯化系统处理，应单独处理。

图 3-26 给出了硫化氢除钒精制 $TiCl_4$ 流程示意，硫化氢的耗量与被处理的 $TiCl_4$ 中杂质含量和除钒条件有关，一般净化 1t $TiCl_4$ 消耗 $1\sim2kg$ H_2S。除钒残渣可用过滤或沉降方法从 $TiCl_4$ 中分离出来。不过这种残渣的粒度极细，沉降速度小，沉降后底液的液固比较大。除钒干残渣量一般是原料 $TiCl_4$ 质量的 $0.3\%\sim0.35\%$，其中含钒量可达 4%；残渣中的钛量占原料 $TiCl_4$ 中钛量的 $0.25\%\sim0.3\%$。硫化氢除钒成本低，但硫化氢是一种具有恶臭味的剧毒和易爆气体，恶化劳动条件。国外只有个别工厂仍在应用这种除钒方法。当原料

$TiCl_4$ 含钒量较高且附近又有硫化氢副产品时，可考虑选用硫化氢除钒法。

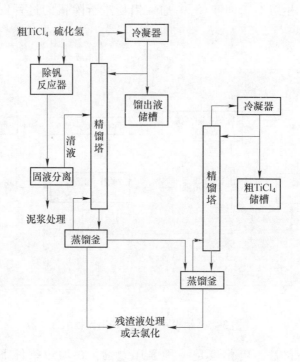

图 3-26　硫化氢除钒精制 $TiCl_4$ 流程示意

（4）铜法除钒。铜法除钒是以铜作还原剂，使 $VOCl_3$ 还原成不溶于 $TiCl_4$ 的 $VOCl_2$。$VOCl_2$ 为高沸点（154℃）、不溶于 $TiCl_4$ 的固体物质，黏附在铜丝上与 $TiCl_4$ 分离。

铜与氯氧化钒的化学反应式如下：

$$2VOCl_3 + Cu = 2VOCl_2 + CuCl_2 \tag{3-72}$$

也可以认为直接参与还原反应的不是铜，而是铜与 $TiCl_4$ 作用时生成的三氯化钛和一氯化铜的配合物，由铜钛配合物最后将 $VOCl_3$ 还原为 $VOCl_2$。

$$Cu + TiCl_4 = CuTiCl_4 \tag{3-73}$$

$$CuTiCl_4 + VOCl_3 = VOCl_2 + CuCl + TiCl_4 \tag{3-74}$$

采用铜丝球气相除钒法，是让 $TiCl_4$ 气体通过装有铜丝球的铜丝塔达到除钒目的，失效的铜丝球容易再生反复使用。在除钒过程中还可以除去一部分溶于 $TiCl_4$ 中的氯（铜与氯生成 $CuCl_2$），溶于 $TiCl_4$ 中的氯化铁也被还原为低价氯化铁而被分离。此外，还能除掉含硫化物的杂质，如无限溶于 $TiCl_4$ 中的 S_2Cl_2（沸点138℃，橙黄色液体）和几种有机化合物。

图 3-27 为铜丝除钒精制 $TiCl_4$ 流程示意图，铜不仅能除钒，而且由于除去上述杂质还起到脱色作用。铜法除钒效果好，流程简单，操作方便，$TiCl_4$ 质量较易控制。

D　精制工艺流程

粗 $TiCl_4$ 中的杂质很多，但如按其沸点来分，就可分成高沸点、低沸点以及和 $TiCl_4$ 沸点相近的三类，而这三类的代表组分就是 $FeCl_3$、$SiCl_4$ 和 $VOCl_3$。因此，精制工艺流程就是基于这三种代表组分的分离来确定的。

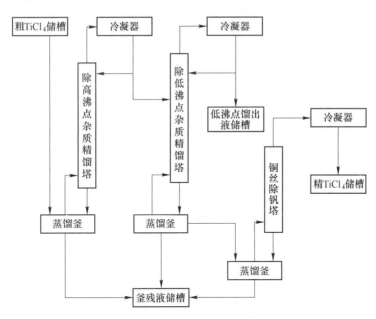

图 3-27　铜丝除钒精制 TiCl₄ 流程示意

精制工艺流程见图 3-28。粗 TiCl₄ 中含有一定量的杂质，需净化提纯，以满足制取纯度高的金属钛或钛白的要求。生产上采用蒸馏—精馏法除去粗 TiCl₄ 中的高沸点及低沸点氯化物杂质（主要是 SiCl₄），用化学法除去 VOCl₃。精 TiCl₄ 纯度一般在 99.9% 以上。

对沸点与四氯化钛相差较大的低沸点和高沸点杂质可采取蒸馏精馏的方法将其分离，即通过严格控制精馏塔塔顶、塔底温度，回流量和压力等参数，就能将低沸点杂质（如四氯化硅）和一些可溶性气体杂质从塔顶分离，而高沸点杂质（如三氯化铝、三氯化铁等）则留在蒸馏釜内。对沸点与四氯化钛相近的杂质（如三氯氧钒），则采用化学处理的方法，目前在工业上应用的有金属（如铜、铝）、硫化氢和矿物油除钒三种。

铝粉除钒的实质是三氯化钛除钒。在有三氯化铝为催化剂的条件下，高活性的细铝粉可还原四氯化钛为三氯化钛，即将铝粉加入在四氯化钛中，并在有保护气体的环境下通入氯气制备低价钛浆液，再将这种浆液加入到被净化的粗四氯化钛中，在沸腾温度下，三氯化钛与四氯化钛中的三氯氧钒反应生成二氯氧钒，此二氯氧钒是一种沸点较高，而且不溶于四氯化钛的高沸点物质，再通过蒸馏将其除去。反应方程式如下：

$$3TiCl_4 + Al(粉末) = 3TiCl_3 + AlCl_3 \tag{3-75}$$

$$TiCl_3 + VOCl_3 = VOCl_2 \downarrow + TiCl_4 \tag{3-76}$$

而且催化剂 AlCl₃ 还可以将溶于 TiCl₄ 中的 TiOCl₂ 转变为 TiCl₄：

$$AlCl_3 + TiOCl_2 = TiCl_4 + AlOCl \downarrow \tag{3-77}$$

a　工艺流程

铝粉、精四氯化钛、氯气→混合→低价钛制备→ 蒸馏→一级精馏→低沸点物→返回氯化→尾气→送尾气处理→二级精馏→精四氯化钛

粗四氯化钛残留物、水解水→沉降→蒸发→石灰中和→钒渣

尾气→送尾气处理

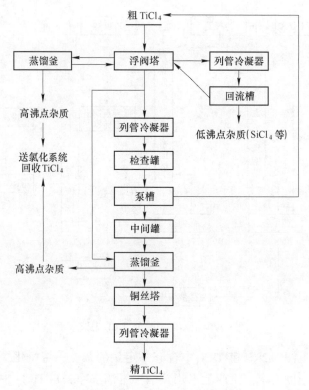

图 3-28　粗 $TiCl_4$ 精制工艺流程

b　主要生产过程及技术参数

（1）低价钛浆液的制备。

将达到合格标准的精四氯化钛用泵送入精四氯化钛消耗罐中，同时加入混合罐内，启动水力喷射器将铝粉吸入混合罐内与精四氯化钛混合；取样分析合格后送入装有精四氯化钛的反应器内，通上氯气与保护气体，待反应 30min 后关闭氯气，取样分析合格后并送入低价氯化物收集罐内，待蒸馏除钒专用。

（2）蒸馏除钒。将粗四氯化钛用泵送入粗四氯化钛消耗罐内并加入蒸馏釜内，釜内液位控制在 1000~1200mm 之间，同时按一定配比加入一定量的低价钛浆液，送电加热蒸发；控制蒸馏塔塔底温度（135~140℃）、塔顶温度（132~136℃）、塔底压力（20~50kPa）、塔顶压力（0.5~2kPa）；并做到物料平衡，从塔顶排出的四氯化钛蒸汽通过冷凝后进入初级蒸馏物罐，并取样分析，合格后待进入下工序使用。

（3）精馏。

将除钒合格的四氯化钛加入一级精馏塔，釜内液位控制在 1000~1200mm 之间，送电升温；控制精馏塔塔底温度（135~140℃）、塔顶温度（100~130℃）、塔底压力（20~50kPa）和塔顶压力（0.5~2kPa）；精心调节，做到物料平衡；从塔顶留出的低沸点物通过冷凝后进入低沸点收集罐，定期送入氯化工序处理；将塔内排出的料液趁热加入二级精馏的精馏釜中，釜内液位控制 1000~1200mm 之间，加热蒸发，控制二级精馏塔塔底温度（135~140℃）、塔顶温度（136~138℃）、塔底压力（20~50kPa）和塔顶压力（0.5~2kPa）；同时做到物料平衡；从塔顶排出的四氯化钛蒸汽通过冷凝进入精四氯化钛收集罐

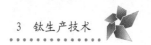

中，并取样分析合格后送入精四氯化钛储罐内。

3.3.2 钛白

随着世界多元经济发展、产业部门专业化趋势加深以及材料领域功能化需求增加，钛白产品的专业化需求迅猛增加，利用钛白产品特性和高新技术，赋予钛白产品环保、耐候和超级功能，不断满足经济社会对钛白产品的全新要求。中国钛白粉消费量很低，年消费量不足世界消费量的2%，人均消费量为日本的1/33，美国的1/72。消费结构也不合理，涂料工业占46%，电焊条工业占26%，搪瓷工业占10%，其他占18%，非颜料级钛白粉消费比例达44%。世界钛白粉需求结构为涂料工业占59%，塑料工业占20%，造纸工业占13%，其他行业占8%。

3.3.2.1 钛白工艺

钛白粉是一种白色颜料，主要有锐钛和金红石两个晶型，是钛系产品最重要的组成部分，世界90%的钛矿用于生产钛白，由于它的密度、介电常数和折射率比较优越，被公认为是目前世界上性能最好的白色颜料，广泛应用于涂料、塑料、造纸、印刷、油墨、化纤和橡胶等工业；超细二氧化钛具有优良的光学、力学和电学性能，在高级涂料、塑料、造纸以及某些电子材料领域具有很高的应用价值；纳米钛白由于独特的色泽效应、光催化作用和屏蔽紫外线等功能，在汽车工业、防晒化妆品、废水处理、杀菌和环保等方面拥有广阔的应用前景。

A 硫酸法工艺

硫酸法钛白开创了人类历史颜料革命的纪元，通过周期性生产将精细化工工艺和产品推向极致，形成了具有典型意义的硫酸法钛白技术装备体系。硫酸法是以硫酸为介质通过酸解和水解制备钛白的方法，硫酸参与反应，但最终产品没有硫酸，而是作为废副产物存在。硫酸法首先用钛精矿或酸溶性钛渣与硫酸进行酸解反应，得到硫酸氧钛溶液，经过净化水解得到偏钛酸沉淀；洗涤后再进入转窑煅烧产出TiO_2。硫酸法以间歇操作为主，生产装置能力发挥弹性较大，有利于开停车、工艺工序调节及负荷调整。但硫酸法工艺复杂，需要近二十几道工序，主体为十大步骤和五大环节。每一工艺步骤必须严格控制，才能生产出最好质量的钛白粉产品，并满足颜料的最优性能。硫酸法既可生产锐钛型产品，又可生产金红石型产品。硫酸法钛白工艺受环境保护影响较深，在国外严格执行环保政策的前提下较少选择硫酸法，新投产项目较少；国内属于限制类，清洁生产发展目标要求配套废酸再利用装置，硫酸亚铁类废物得到较好利用，尽可能使用钛渣作原料。硫酸法钛白工艺流程见图3-29。硫酸法工艺流程化学反应包括：

酸解：
$$TiO_2 + H_2SO_4 \longrightarrow TiOSO_4 + H_2O \tag{3-78}$$
$$TiO_2 + 2H_2SO_4 \longrightarrow Ti(SO_4)_2 + 2H_2O + 24.41kJ \tag{3-79}$$
$$FeO + H_2SO_4 \longrightarrow FeSO_4 + H_2O + 121.22kJ \tag{3-80}$$
$$CaO + H_2SO_4 \longrightarrow CaSO_4 + H_2O \tag{3-81}$$
$$MgO + H_2SO_4 \longrightarrow MgSO_4 + H_2O \tag{3-82}$$
$$Al_2O_3 + 3H_2SO_4 \longrightarrow Al_2(SO_4)_3 + 3H_2O \tag{3-83}$$
$$Fe_2O_3 + 3H_2SO_4 \longrightarrow Fe_2(SO_4)_3 + 3H_2O + 141.28kJ \tag{3-84}$$

将钛精矿看作一个整体时，化学反应如下：

$$FeTiO_3 + 3H_2SO_4 \longrightarrow Ti(SO_4)_2 + FeSO_4 + 3H_2O \tag{3-85}$$

$$FeTiO_3 + 2H_2SO_4 \longrightarrow TiOSO_4 + FeSO_4 + 2H_2O \tag{3-86}$$

$$Fe_2(SO_4)_3 + Fe \longrightarrow 3FeSO_4 \tag{3-87}$$

$$FeS + H_2SO_4 \longrightarrow FeSO_4 + H_2S\uparrow \tag{3-88}$$

添加剂化学反应如下：$Sb_2O_3 + 3H_2SO_4 \longrightarrow Sb_2(SO_4)_3 + 3H_2O$（在酸解时进行）

$$\tag{3-89}$$

$$Sb_2(SO_4)_3 + 3H_2S \longrightarrow Sb_2S_3 + 3H_2SO_4 \tag{3-90}$$

钛铁矿酸解和去绿矾：$5H_2O + FeTiO_3 + 2H_2SO_4 \longrightarrow FeSO_4 \cdot 7H_2O + TiOSO_4 \tag{3-91}$

$$Fe + 2H_2SO_4 + 2TiOSO_4 \longrightarrow Ti_2(SO_4)_3 + FeSO_4 + 2H_2O \tag{3-92}$$

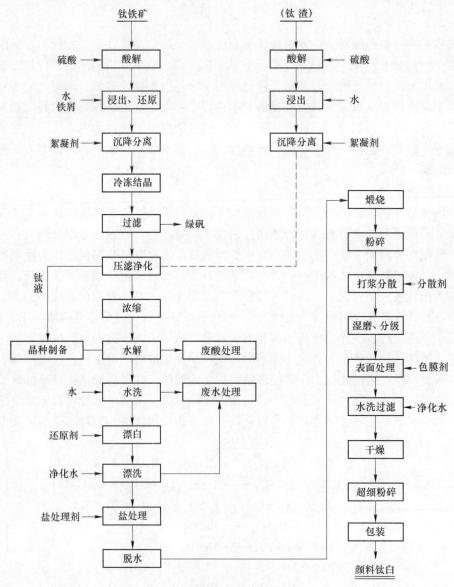

图 3-29 硫酸法钛白工艺流程

$$2Ti(SO_4)_2 + Fe \longrightarrow Ti_2(SO_4)_3 + FeSO_4 \qquad (3-93)$$

有色重金属离子被还原成金属与钛液分离：

$$MSO_4 + Fe \longrightarrow M + FeSO_4 \qquad (3-94)$$

水解：
$$TiOSO_4 + 2H_2O \longrightarrow TiO(OH)_2 + H_2SO_4 \qquad (3-95)$$

将硫酸氧钛看作初步水解产物，则反应式如下：

$$Ti(SO_4)_2 + H_2O \longrightarrow TiOSO_4 + H_2SO_4 \qquad (3-96)$$

煅烧：
$$TiO(OH)_2 \longrightarrow TiO_2 + H_2O \qquad (3-97)$$

Sb_2S_3 溶胶带有负电荷，可以和带有正电荷的硅、铝的胶体物发生电化学中和，产生凝聚作用，使硅、铝胶体物与 Sb_2S_3 产生共沉淀而将其除去。改性 PAM，叔碳原子具有较强的电负性，当吸附于胶体表面时，中和了胶体表面的截塔电位并使其下降，胶体间的斥力减小，当它吸附了大量的胶粒后，PAM 分子链发生卷曲沉降。无机-有机联合沉降剂：上述两种沉降剂联合使用，先加入有机絮凝剂产生特性吸附，再通过高分子连接的胶联，将分散状态下的悬浮胶粒网络起来沉降，沉降不完全的部分通过后来加入的无机凝聚剂，进一步凝聚，使之达到净化澄清的目的。实验证明效果良好。压渣：经过净化沉降后的泥渣中还含有大量的可溶性与不可溶性的钛，因此，为保证收率，要通过用板框压滤机的办法压滤回收可以溶解的钛元素。真空结晶：钛液中的 $FeSO_4$ 溶解度受溶液的温度影响最大，因此，在组成一定的钛液中，$FeSO_4$ 的溶解度随温度的降低而降低，根据溶液绝热蒸发的原理，利用闪蒸的方式使钛液中的水分快速蒸发，吸收钛液的热量从而使钛液的温度降低，造成 $FeSO_4$ 处于过饱和状态，过饱和的部分便结晶析出，同时带出部分水分，然后用离心机将其分离除去。钛液压滤：利用板框压滤机，并以木炭粉为助滤剂进行压滤，利用木炭的强吸附作用进一步除去钛液中的不溶性杂质。浓缩：利用溶液在真空状态下沸点降低的原理，将钛液中的水分蒸发掉，使精滤后的钛液浓度得以提高，以符合水解要求。

钛原料的 TiO_2 收率在 $82\% \sim 90\%$ 左右。硫酸是另一重要的原料，主要是用于酸解，也有较少量的稀酸用于各工艺的洗涤/浸出工序中。

每吨钛白产品所需的主要原料消耗为：

矿及含钛原料/t

硫酸（$100\% H_2SO_4$）+钛精矿（$45\% TiO_2$）：$2.5 \sim 4.70$；

钛精矿（$54\% TiO_2$）：$2.1 \sim 3.50$；

钛精矿（$59\% TiO_2$）：$1.9 \sim 3.20$；

钛渣（$75\% TiO_2$）：$1.5 \sim 2.70$；

钛渣（$85\% TiO_2$）：$1.3 \sim 2.50$。

如果以钛铁矿为原料，还另需 $0.1 \sim 0.2t$ 铁屑或铁粉。

该工艺所产生的主要废物是废酸（含洗水）和以钛铁矿为原料所产出的七水硫酸亚铁；废酸一般很稀，H_2SO_4 含量低于 25%，钛白生产过程一般将酸解时第一次过滤产生的强酸废物和随后过滤与水洗产生的弱酸废物分离。硫酸法生产每吨钛白产生的副产物及量如下：以钛铁矿为原料时，每吨钛白产生 $3 \sim 4t$ 七水硫酸亚铁和 $7 \sim 8t$（$23\% H_2SO_4$）废酸；以钛渣为原料时，每吨钛白产生 $4 \sim 6t$（$25\% H_2SO_4$）废酸。在煅烧阶段，每吨钛白有 $7 \sim 8kg\ SO_3$ 排入大气，或必须回收以减少对大气污染。

钛白粉工业硫酸法钛白粉生产企业清洁生产技术指标要求见表 3-17。

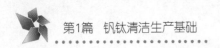

表 3-17　钛白粉工业硫酸法钛白粉生产企业清洁生产技术指标要求

清洁生产指标等级	一级	二级	三级
一、生产工艺与装备要求			
自动化水平	矿粉磨、水解、偏钛酸煅烧及后处理包膜、干燥、气粉机、成品包装用集散控制系统（DCS）或 PLC 控制		后处理包膜、干燥、气粉机、成品包装部分使用集散控制系统（DCS）或单机 PLC 控制
二、资源能源利用指标			
1. 单位产品硫酸（100%）消耗/t·t^{-1}（自然吨）	3500	3650	3800
2. 单位产品（折 100%TiO$_2$）钛铁矿（50% TiO$_2$）消耗/t·t^{-1}	2222（回收率90%）	2299（回收率87%）	2409（回收率83%）
3. 单位产品新鲜水消耗/t·t^{-1}	50	70	85
4. 单位产品综合能耗/kgce·t^{-1}	1000	1500	1750
三、污染物排放指标			
1.0　废水			
1.1　废水排放量/m^3·t^{-1}	75	80	85
1.2　废水中总磷（以 P 计）/mg·L^{-1}	0.8	1.0	1.0
1.3　pH 值	6~9	6~9	6~9
1.4　废水中氨氮/mg·L^{-1}	8	15	20
1.5　废水六价铬/mg·L^{-1}	0.5	0.5	0.5
1.6　悬浮物 SS/mg·L^{-1}	20	70	70
1.7　COD$_{Cr}$/mg·L^{-1}	50	120	140
1.8　放射性污染物 GB18871—2002	合格	含（合）格	合格
1.9　硫酸盐(以硫酸根计)/(kg/t 产品)	100	250	500
1.10　排入水中铁化物（以 Fe 计)/(kg/t 产品)	25	75	125
2.0　废气			
2.1　废气量/(m^3/t 产品)	9000	10250	10400
2.2　颗粒物（标准状态）/mg·m^{-3}	100	120 最高排放速率 51.6kg/h	120 无组织排放 1.0kg/h
2.3　二氧化硫（标准状态）/mg·m^{-3}	500	500 最高排放速率 39kg/h	550 无组织排放

清洁生产指标等级	一级	二级	三级
3.0 渣量			
3.1 硫酸法废渣量（以硫酸根计）/（kg/t产品）	800	900	1000
四、废物回收利用指标			
1. 工业用水重复利用率/%	95	90	80
2. 废酸综合利用率/%	80	60	50
五、环境管理要求			
1. 环境法律法规	符合国家和地方有关法律、法规，污染物排放达到国家和地方排放标准、总量控制要求，排污许可证符合管理要求		
2. 生产过程环境管理	具有节能、降耗、减污的各项具体措施，生产过程有完善的管理制度		
3. 相关方环境管理	对原材料供应方、生产协作方、相关服务方等提出环境管理要求		
4. 环境审核	按照《清洁生产审核暂行办法》要求进行了清洁生产审核，并全部实施了无、低费方案		
5. 环境管理制度	按照 GB/T 24001 建立并运行环境管理体系、管理手册、程序文件及作业文件齐备	环境管理制度健全、原始记录及统计数据齐全准确有效	环境管理制度健全、原始记录及统计数据基本齐全有效
6. 固体废物管理要求	对一般工业废物进行妥善处理		

B 氯化法工艺

氯化法工艺的核心是氯化和氧化，氯气参与反应过程，但不进入产品，氯气作为消解循环介质，部分补充，整体循环。氯化法一般采用富含钛的原料，氯化高钛渣，或人造金红石，或天然金红石等与氯气反应生成四氯化钛，经精馏提纯，然后再进行气相氧化；氧化产物在速冷后，经过气固分离得到 TiO_2。氧化生成的 TiO_2 因吸附一定量的氯，需要通过加热或蒸气处理进行除氯操作。氯化法钛白工艺总体比较简单，工序环节少，但设备系统性强，选材特殊考究，控制技术要求高，关键技术难掌握，如在 1000℃ 或更高条件下的氯化，有许多化学工程问题，如氯、氯氧化物、四氯化钛的高腐蚀等，加之原料特殊，全部需要前端处理，较之硫酸法成本高。氯化法生产为连续生产，生产装置操作的弹性不大，开停车及生产负荷不易调整，但其连续工艺生产，过程简单，工艺控制点少，产品质量易于达到最优的控制。同时没有转窑煅烧工艺形成的烧结，其 TiO_2 原级粒子易于解聚，总体在表观上人们习惯认为氯化法钛白粉产品的质量更优异，氯循环和镁循环将废副产品减少到了最低水平。氯化法生产颜料钛白工艺流程见图 3-30。

氯化法技术的主要步骤是：氯化，用氯气在还原气氛下氯化钛原料；精馏，四氯化钛冷凝、精馏提纯；氧化，四氯化钛氧化生成 TiO_2。四氯化钛气相氧化制取金红石型钛白的三种方式：液相水解法、气相水解法和气相氧化法。

a 液相水解法

液相水解法工艺：稀疏法或者中和法生产晶种—$TiCl_4$液相水解—制成偏钛酸H_2TiO_3—煅烧—制成金红石型钛白，水解过程产生大量的稀盐酸无法循环利用，反应式如下：

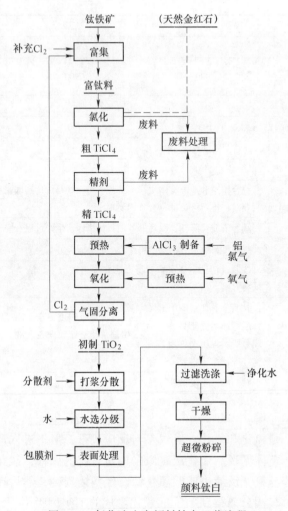

图 3-30 氯化法生产颜料钛白工艺流程

$$TiOCl_2 + (x+1)H_2O \Longrightarrow TiO_2 \cdot xH_2O\downarrow + 2HCl \qquad (3\text{-}98)$$

b 气相水解法

气相水解法工艺：气相水解法是利用 $TiCl_4$ 极易水解的特性设计的，从可控性的角度一般不用水蒸气直接水解，而是利用氢在氧气（空气）中燃烧产生的过热蒸汽进行水解，此时蒸汽温度超过 1800℃，也超过 TiO_2 熔点，为此被称为氢氧焰水解法或者火焰水解法，同样被称之为气溶胶法（Aerosil Mothed），具体化学反应如下：

氢燃烧反应：
$$2H_2 + O_2 \Longrightarrow 2H_2O \qquad (3\text{-}99)$$

$TiCl_4$ 水解反应：
$$TiCl_4 + 2H_2O \Longrightarrow TiO_2 + 4HCl \qquad (3\text{-}100)$$

总反应：
$$2H_2 + O_2 + TiCl_4 \Longrightarrow TiO_2 + 4HCl \qquad (3\text{-}101)$$

氢气燃烧提供了高温和水解需要的蒸汽，同时 $TiCl_4$ 水解是一个强放热反应，反应热可以维持支撑过程持续热需求，降低了对外部强供热的依赖，使设备构造大大简化，用蒸汽替代 $AlCl_3$ 作成核剂，省去了 $AlCl_3$ 发生器及其配套装置。

$TiCl_4$、O_2 和 H_2 经过喷嘴输送进入水解炉，温度控制在 1800℃，反应生成球形熔融

TiO_2气溶胶，粒径大小可以通过调节料比、温度、流量和停留时间等参数来控制，氢气体积浓度控制在15%~17%时可以得到金红石纳米钛白；氢气体积浓度控制<15%或者在17%~30%可以得到混合晶型纳米钛白。气溶胶初相粒子进入聚集冷凝器，停留一段时间后形成絮凝状钛白粒子，再进入收集器，此时pH值保持在2~3，进入洗酸炉用蒸汽和氨脱出粒子表面的酸。气相水解法工艺流程见图3-31。

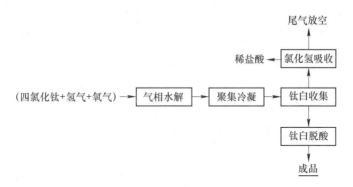

图 3-31 气相水解法工艺流程

c 气相氧化法

氧化技术是氯化钛白技术的重点和关键，要求合理的供氧和$TiCl_4$入炉制度，保持氧化炉内的供热和反应过程热平衡，气相反应首先要创造初始反应条件，使原料（$TiCl_4$、$AlCl_3$和O_2）在1200℃高温下进入氧化反应器，在反应器中顺利完成气相物接触、反应析出晶核、晶粒长大、晶型转化和生成物移出反应区过程。整个氧化技术要求原料（$TiCl_4$、$AlCl_3$和O_2）速热，尽快进入反应状态，反应过程速度快捷，次序进行，反应产物氯气和TiO_2快速输出，离开装置，防止反应器壁结疤，反应产物经过淬冷进行液固分离。设备需要有较好的防腐效果，建立原料快速输入和反应产物快速输出系统，冷却平衡输出反应热，设备结构配合合理，对接迅速，使物料快进快出，强力冷却，减少反应热影响；氧化是将$TiCl_4$与空气或氧气进行氧化反应，生成高纯的TiO_2和氯。温度低于600℃时，氧化反应速度微乎其微；超过600℃的反应温度，反应迅速增加，最后反应温度范围在1300~1800℃。氧化反应热一般不能维持足够的反应温度，必须提供辅助热量，通常的做法有：（1）$TiCl_4$和氧气/空气与少量蒸汽混合，分别预热到所需的温度，并分别的进入反应器；（2）通过燃烧CO成CO_2提供辅助热；（3）氧气通过电火花加热。

气相氧化工艺流程图见图3-32。

在氧化时，为增加TiO_2的产率，通常加晶种以促使TiO_2的生成，$AlCl_3$是一个常见的辅助材料被加到$TiCl_4$进料中，氧化时以固体颗粒的形式生成Al_2O_3以提供所需的晶种。也可在氧化时的空气或氧气中喷入液滴，作为晶种以促进TiO_2颗粒的生成。氧化生成的TiO_2并不完全被气体带走，部分微细TiO_2迅速稳定地粘糊在氧化反应器的壁上和进口喷嘴外壁上，严重时降低气流速度，造成气流偏转和系统失衡，严重影响产品质量和反应器效率，生产必须采取有效措施进行重点预防。一些工厂采用连续的氮气保护。使反应器气体进口部分冷却以防止TiO_2结疤沉淀；有些厂用砂和砂砾防结疤的方法，也有采用气膜保护和加盐除疤。

在将反应物料迅冷之后，钛白粉与气体采用旋风、布袋、电除尘等过滤进行分离。排

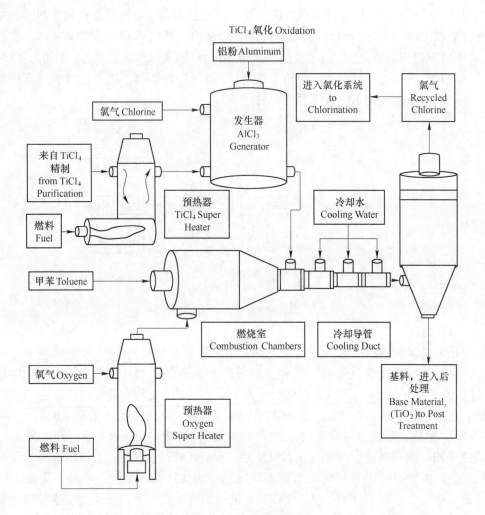

TiCl$_4$氧化 Oxidation

图 3-32　氧化工艺流程图

出气体经冷凝回收氯气，以液氯形式储存，并循环返回氯化工段使用。从过滤器中分离出的 TiO$_2$ 含有大量的吸附氯，需通过加热除去，最常用的为蒸汽处理，氯被洗出并转化成盐酸，再进一步处理是用含 0.1％硼酸的蒸汽除掉微量的氯和盐酸得到 TiO$_2$。TiO$_2$ 从过滤器取出，在水中浆化，进行湿磨解聚后，再送入后处理进行加工。

　　C　硫酸法与氯化法的优势比较

　　硫酸法与氯化法的优势比较见表 3-18。从整体产业看，硫酸法和氯化法在钛白生产工艺中均占有重要地位，适合不同地域和行业特色要求，在追求钛白高质量、高效率和控制高技术集约的情况下氯化钛白技术优越，一体化技术和系统性较强，工序少，限制环节少，产品质量和经济技术指标也都十分优异，但对原料和控制高技术的集约要求较高；硫酸法钛白技术成熟可靠，在中国占有主导地位，但产品质量处于中等水平，工艺对现有原料具有较强适应性，但工序多长，限制环节多，废副产品利用对外依赖性强，工艺的物料循环和能源循环体系需要完善，以经验为主导的控制技术使产品质量保证体系难以持久地发挥作用，外在检测配套，中国需要氯化钛白技术。

表 3-18　硫酸法与氯化法钛白工艺比较

特征	硫 酸 法	氯 化 法
原料	钛铁矿，价格低、稳定。酸溶钛渣，价格相对较高、品质较好	钛铁矿/白钛石，价格低、稳定，工艺技术高。金红石，价格相对较高，工艺技术要求不高。钛渣、人造金红石，价格更高。工艺技术要求不高
产品类型	即可生产锐钛型钛白也可生产金红石钛白	仅能生产金红石钛白。转变成锐钛型钛白需要增加工序，导致增加额外成本
生产技术	应用时间长、资料完备，新厂家易于掌握并采用。但在水解和煅烧工艺段需要进行精确控制以确保钛白所需的最佳粒度	技术相对较新。优化氧化工艺段仍有很多技术诀窍。只有少数公司向外界提供过 $TiCl_4$ 氧化技术。据称仅有杜邦、克朗洛斯有其配料 TiO_2 品位低于70%原料氯化法技术。如国内锦州钛白厂已闯过氧化炉结疤难关和解决了一些工程材料腐蚀问题
产品质量	工艺控制和完善的包膜技术已缩小了与氯化法产品质量的差异。产品可与氯化法钛白媲美	蒸馏可使 $TiCl_4$ 中间产品达到很高的纯度，因此产品质量通常较好。在涂料工业中可获得更好的"质量效果"，但成本较高。最终产品由于微量的吸附氯和 HCl，因此具有腐蚀性，在某些应用领域受局限
其他原材料	硫酸，如果从烟气/黄铁矿有色金属冶炼副产品获得，无论是当地供给还是从外地购进，通常都较便宜。生产商的成本随元素硫原料的价格波动而变化。 铁屑（粉），以还原钛铁矿原料中的高价铁，用以促进绿矾的析出	氯气，价格随能耗成本和其生产烧碱的需用情况而变化。在以金红石为原料的工厂中，大部分氯气都得以循环使用，所以高成本对其几乎没有影响。而对使用低品位原料配矿的工厂，氯气要多出10倍以上，有得有失，廉价的氯气也是影响成本的关键之一。 石油焦、氧气、氮气和氯化铝
污染与废物处理	如以钛铁矿为原料，一般每生产1t钛白，将产生3~4t绿矾和8t废酸。废酸已有较好的回收处理方式，如四川龙蟒钛业以最简单实用的浓缩回收，并与磷酸盐协同生产进行废酸利用。若以钛渣为原料，仅不存在绿矾问题	如以金红石为原料，废物排放量很低。但金红石生产商则要承担废物处理重任，所以原料价格较高。如果使用低品位的原料，每生产1t钛白，可产生高达1.6t含氯气和盐酸的 $FeCl_3$。目前持有该技术的某些公司采用深井埋放处理方式
工厂安全	安全卫生主要危害来自于热浓硫酸的处理和 TiO_2 粉尘，后者涉及呼吸系统损坏和自爆	安全卫生主要危害来源于氯气和高温下的 $TiCl_4$ 气体，还有 TiO_2 粉尘损伤呼吸系统和自爆的危害
投资	1t钛白/a4500~5500美元，其中废物处理设施费用要占10%~15%	1t钛白/a4000~5000美元，需要昂贵的高性能防腐蚀设备和设施，不包括人造金红石或高钛渣矿加工投资
生产和能源成本	每生产1t钛白需电2500~3000kW·h。现场硫酸厂燃烧硫黄或黄铁矿产生的蒸汽价值约每产1t硫酸20美元，相当于每吨钛白50~85美元	每生产1t钛白需耗电1500~1800kW·h。在无商品氯气供给的情况下，还要另加现场氯碱装置的能耗
人力水平	人力水平高。因为该技术主要是间歇式生产。在劳动力成本相对较低的地方，该成本差异不那么重要	人力水平较低。因为该工艺主要是连续式生产，易于实现自动控制。操作人员和维护人员需要有较高的技能水平和受过良好的培训

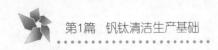

续表 3-18

特征	硫 酸 法	氯 化 法
其他运营成本	需要更多的蒸汽和大量的工艺水。废物处理/处置成本一般较高，但如果废物转化成可销副产品，则成本可降低	即使产生大量的 $FeCl_3$，生产成本也较低。废物处置在深井中，或用船运到海上倾倒，或转化成可销产品。但深井埋填与地方法律有关，如欧洲就不适合

3.3.2.2　钛白产业特点

A　钛白产能放大明显

钛白粉是目前最佳的、无可替代的白色无机化工颜料，广泛应用于涂料、塑料、纸张、油墨和化纤等领域。由于先进工业化国家与发展中国家的差距，钛白粉的主要生产商均集中在欧美等发达国家和地区，以及正在追赶前者的新兴经济体国家和地区。2001 年，中国大陆钛白粉产量 38 万吨/a，单生产点（厂）最大规模 1.5 万吨/a。到 2011 年，大陆钛白粉产量 175 万余吨，产能 210 万吨/a，翻过了两番；单生产点（厂）最大规模已达 15 万吨/a，提高了 10 倍，成为世界最大的钛白粉生产大国。2011 年全球钛白粉生产能力见表 3-19，70%的生产能力和市场占有量为不到十家地处发达国家的生产商所垄断。

表 3-19　全球主要钛白粉生产商

生 产 商	产能/万吨	生产方法
杜邦（Dupont）	117	氯化法
克瑞斯托（Cristal Global）	80	氯化法、硫酸法
康诺斯（Kronos）	57	氯化法、硫酸法
亨茨曼（Huntsman）	56	氯化法、硫酸法
特诺（Tronox）	53	氯化法、硫酸法
莎哈利本（Sachtleben）	23.5	硫酸法
石原（Ishihara）	23	氯化法、硫酸法
中国大陆近 60 生产厂家	175	氯化法 1%、硫酸法
余下小规模公司有日本、韩国、印度及东欧各国能力	约 40	均没有达到 10 万吨能力，多数为硫酸法，仅印度一家氯化法
世界合计	624.5	

在 10 年前，中国大陆的硫酸法钛白粉生产装备和生产技术来自于国内自行开发的年 4000t 生产装置和引进的三套年 1.5 万吨生产装置。具有代表性的 4000t 生产装置是上海焦化厂（上钛）、南京油脂化工厂（南钛）、镇江钛白粉厂（镇钛）、济南裕兴化工总厂（佰利联的前身）、山东淄博钴业（现东佳集团）等；而年产 1.5 万吨生产装置是从捷克斯洛伐克引进的核工业 404 厂（现中核华原钛白）、从波兰引进的重庆化工厂（现攀渝钛）、从斯洛维尼亚引进的山东济南裕兴化工总厂（现蓝星济南裕兴化工总厂）三套号称国内最大最先进的硫酸法钛白生产装置和生产技术。

由于国内 4000t 生产装置最初基本不能生产金红石型产品，加上引进的相对 4000t 而言的 1.5 万吨钛白生产装置，投资大、建设周期长、生产后迟迟不能达产达标，使人们对建设大型钛白粉装置赋予了不可名状的"畏惧感"，让行业内外望而却步。2001 年 5 月 8 日，四川龙蟒集团动工率先建设中国最大年产 4 万吨硫酸法钛白粉生产装置，自此掀起了硫酸法钛白粉生产技术和装备的中国模式。历经 10 年，大陆钛白粉装置生产能力达到 250 万吨，2014 年实际生产能力为 280 万吨（包括部分重复加工能力）。

B 钛白产业发展的多元化

近年来，全球钛白工业的发展趋势之一是生产商数目越来越少，但规模却越来越大。20 世纪 90 年代，有世界前 10 名之说，但随着形势的变化，原来属于前 10 名之列的罗纳普朗克、拜耳、ICI 等老牌的钛白生产商已完全退出钛白领域，芬兰的凯米拉也已拍卖出 2/3 的钛白产业，剩余的一座厂也不生产普通的通用品种，只发展油墨用等特色产品。现在世界前 5 名生产商的产能都在 40 万吨/年以上，而且这些生产商的业务也均非钛白一种，还有其他产业。之所以发生以上情况，是因为钛白行业竞争激烈。对钛白生产商来说，只有做大做强，才有出路。

中国现在虽然有万吨级以上的钛白生产企业 30 余家，但从现代市场经济观点看，具有一定竞争实力的企业还很少，主要原因是企业规模较小，产品质量与国外还有一定差距，产品种类单一。所有国内钛白生产企业并未进行系统、长期和超前的基础和应用方面研究。由于技术力量薄弱和缺乏科研开发后劲，单个企业无法有效地进行新产品、新工艺和新装备开发。各企业之间出于自身利益保护，很难在一些关键技术方面进行交流，有的企业甚至连生产线和装置都谢绝外企业人员参观。因此在新时期内，国内钛白企业在互利互惠和自愿的基础上，以发展和市场为目标，互相联合，组建大型化的企业集团，增大集团的整体规模，增强抵御入世以后形成的各种冲击的能力，联合和集约化将是中国企业今后发展的趋势。

近几年来，中国现有的一些硫酸法钛白粉生产厂开始注重产品结构调整、产品质量提高、产品安全生产、三废治理及提高经济规模。在努力消化吸收引进技术、正确处理引进和自主研发关系的基础上，不少企业加大了氯化法钛白粉的研发力度，纷纷建设氯化法钛白粉生产装置和加快硫酸法钛白粉向金红石型和多种专用型高档产品转化，增强中国高档钛白粉在国际市场上的竞争能力。

中信锦州钛业从美国咨询引进氯化钛白装置以来，前十年一直未能正常生产，其氧化炉运行周期短、产品质量不稳定。2004 年与攀钢合作，成功解决了氧化炉运行周期短、结疤严重的情况，氧化炉运行周期由原来的 5~7 天提高到现在的 20 天以上，并成功开发出新产品 CR510 系列，并在现场成功进行了高耐候、高遮盖工业试验，成为新品牌的储备。四川龙蟒集团在进入钛白行业以后，其生产的产品 R996 质量在国内领先，2007 年又开发出塑料专用 R108 产品。山东东佳集团钛白粉总产量达到 10 万吨，其 SR237 系列产品质量较好，2008 年成功开发出塑料型材专用产品 SR2400，而且利用自有专利技术用钛白废酸生产硫酸铵，环保效益和经济效益较好。

国内钛白行业总体水平仍与国外行业具有较大差距，尤其体现在产品的应用指南、新产品的开发、产品质量的稳定方面。国外大型钛白企业都拥有自己完整的产品应用实验室，所有产品都有详细的产品性能测试以及产品应用指南，而国内近几年来对产品说明有了大幅度重视，但其产品说明中缺乏全面的性能测试和应用指南，缺乏与用户之间的交

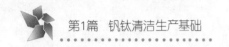

流。目前国内所有钛白生产企业缺乏完整的钛白检测配套设施，缺乏系统的产品开发、应用实验室及专门的研究人员。

3.3.2.3　钛白装备

由于硫酸钛白属于间歇性周期操作，工序产能不均衡，在磨矿、酸解、分离和浓缩等几个限制环节进行高效规模化整合调整，在水解、洗涤、煅烧和后处理工序追求规模化与精细化的有机结合，硫酸法钛白装置发展的总体趋势是追求高效节能，实现规模化放大。硫酸法生产钛白技术中的"三大灵魂"，即固液分离、晶相控制以及分散与解聚，从酸解沉降、泥浆分离、控制过滤、七水亚铁分离、一洗二洗（还含滤液、洗液中稀薄固体回收）、窑前压滤、包膜三洗、污水红泥等分离，无不体现出固液分离的重要以及产量与质量的统一。而每一步分离包括的功能和目的各不相同，形貌各一、结晶的、非结晶的、可压缩的、不可压缩的、固液比高的、固液比低的等。

（1）大型化磨矿设备的应用，单机电机功率达到450kW，提高了单机磨矿能力和效率。（2）将酸解锅从30m^{3}增加到130m^3，为消除环境安全隐患，工艺上采用连续酸解。（3）亚铁真空蒸发降温结晶代替盐水循环冷凝，使绿矾结晶相对细小，过饱和度大，大胆使用国产25m^{2}转台过滤机，提高了分离效率。（4）清钛液在蒸汽喷射泵所产生的真空条件下用蒸汽间接加热蒸发器中的水分以提高二氧化钛溶液的浓度。（5）其水解罐规格为：ϕ5m×5.6m，$V=112m^3$，双层搅拌，桨径$D_m=3000mm$和$D_m=1000mm$，转速$n=7.71r/min$，搅拌桨改为变截面透平桨，槽体、槽底增加折流板，且搅拌转速提高到$n=74r/min$，提高了均匀度。（6）1.5万吨生产装置浓缩蒸发器规格为：加热器面积$A=260m^2$，蒸发器体积$V=25.82m^3$，生产处理能力为清钛液11～13m^3/h。现在上规模的生产装置采用的薄膜蒸发规格为：ϕ1220mm×2500mm，加热器面积$F=150m^2$，清钛液流量为10～20m^3/h，浓钛液流量为10～15m^3/h，单台浓缩处理量提高了50%，而且操作范围更大了。（7）洗涤与空转盘过滤机、莫尔过滤机、板框压滤机、厢式压滤机以及离心机等结合。（8）煅烧窑增加压滤，盐处理后的偏钛酸料浆，经过压滤机过滤、压榨，其滤饼水分由60%降低到45%，缩短了滤饼的干燥时间，其产量是引进装置的2.6倍多，燃气消耗大幅降低，保证煅烧产品颜料性能，大规格煅烧窑形成ϕ3.6m产能5万吨，ϕ4.2m产能6万吨。（9）粉磨单台产能大幅度提高，可达3.0t/h，现在优秀的厂家7万吨才使用三台，过去1.5万吨需用两台。一是蒸汽消耗大幅减低，钛白粉/蒸汽比在1：1.8（±0.3）；二是采用一次高温滤袋收尘回收钛白粉，效率高、蒸汽冷凝水可直接回用。（10）丹麦Niro公司开发的离心喷雾干燥器是为了解决浆状物料的干燥一样，而该国APV公司开发的旋转闪蒸干燥器则是解决半膏状或含水量相对较高，而气流干燥其无法干燥物料的一种提升换代干燥设备。

无机包覆膜可以使来自二氧化钛表面的氧化物质被中和或者制止其扩散氧化钛的活性表面与可降解的有机材料之间接触，有利于提高二氧化钛的耐光性、分散性、耐候性和遮盖力，提高二氧化钛制品的使用寿命和应用性能。二氧化钛表面处理的方法按处理剂类型的不同，分为无机包膜和有机包膜，按处理工艺的不同，分为湿法和干法两种。湿法主要适宜于无机包膜，又分煮沸法、中和法和碳化法三种。煮沸法是在强烈沸腾下使处理剂水解而沉积在钛白颗粒上，此法适应性差，水解不易彻底，过程较慢，不易控制等缺点，故不常采用。中和法是在浆液中加入酸性或碱性包膜剂，再以碱或酸中和，使处理剂在一定

pH 值条件下沉淀出来，钛白包膜最常用此法。碳化法是在含包膜剂的碱性钛白浆料中通入 CO_2 使处理剂沉淀。干法处理是在气流载带下用喷雾方法使钛白颗粒表面吸附一种金属卤化物，再在含氧气体存在下焙烧使其氧化成氧化物，或在过热蒸汽等含水气体存在下使其水解，此法对有机包膜最适宜。国外钛白生产技术先进，钛白包膜专利也很多，钛白生产厂家往往根据钛白用户的不同需要，通过控制后处理工艺生产出不同性能的通用或专用钛白。

对于氯化钛白生产装置而言，沸腾化炉规格增大，产能也相应地提高，中国的沸腾氯化炉内径 $\phi1200mm$，日产能平均为 25t；国外最大沸腾氯化炉内径为 $\phi10800mm$，日产能在 527t，相差 20 倍以上。而且国内小沸腾氯化炉的单位产品消耗和国外相比，富钛料多耗 5%，氯气多耗 15%~20%，还原剂多耗 10%~15%，炉子单位面积产能低约 8%。因此要想获得好的经济效益，必须提高炉子产能，采用大型沸腾氯化炉。

大型氯化炉产能高，自动化程度高，炉子的生产、操作、测试全部实行自动控制；技术指标领先；劳动条件好，炉子出渣、排气等全部密闭。

氧化炉使用周期延长，超过 25 天。

3.3.3　海绵钛

海绵钛是钛加工材的原料。

3.3.3.1　钛金属工业生产方法

金属热还原法生产出的海绵状金属钛，纯度（质量分数）一般为 99.1%~99.7%。杂质元素总量（质量分数）为 0.3%~0.9%，杂质元素氧含量（质量分数）为 0.06%~0.20%，硬度（HB）为 100~157，根据纯度的不同分为 WHTi0 至 MHTi4 五个等级。海绵钛为制取工业钛合金的主要原料，海绵钛生产是钛工业的基础环节，它是钛材、钛粉及其他钛构件的原料。把钛铁矿变成四氯化钛，再放到密封的不锈钢罐中，充以氩气，使它们与金属镁反应，就得到"海绵钛"。这种多孔的"海绵钛"是不能直接使用的，还必须把它们在电炉中熔化成液体，才能铸成钛锭。

当前钛的生产采用金属热还原法，利用金属还原剂（R）与金属氧化物或氯化物（MX）的反应制备金属钛。已经实现工业化生产的钛冶金方法为镁热还原法（Kroll 法）和钠热还原法（Hunter 法），镁热还原法（Kroll 法）和钠热还原法（Hunter 法）均为间歇式生产，工艺主体为金属热还原。

A　Na 还原法

亨特法的主要工序是：粗金属钠用过滤筛或过滤器等方法净化为精钠。在反应器中，用精钠还原精四氯化钛，还原产物经取出、破碎、酸洗和干燥等工序制成商品海绵钛。有一段和二段钠还原法之分：一段法是在一个反应器内完成全部还原作业；二段法是在两个反应器内完成全部还原反应，先在第一反应器内还原成低价钛化合物，再在第二反应器内补充钠，完成还原全过程后烧结，产出成品海绵钛。

1910 年美国人亨特（M. A. Hunter）用金属钠还原四氯化钛制得较纯的金属钛；将金属钠与精制四氯化钛置于充填惰性气体的密封反应器中，加热至 800℃ 恒温，金属钠与精制四氯化钛充分接触反应，快速冷却。反应器冷却至室温后打开，取出反应物用稀酸洗涤，得到金属钛。

钠热还原 $TiCl_4$ 制取海绵钛的工艺流程见图 3-33。

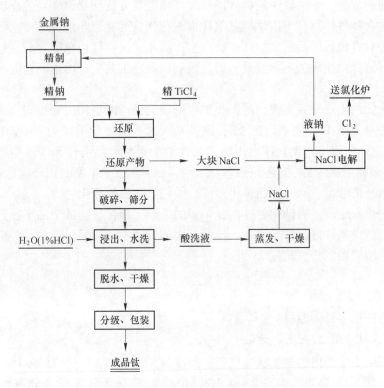

图 3-33 钠还原制钛工艺流程

钠还原的主要反应为：

$$4Na + TiCl_4 = Ti + 4NaCl + Q \qquad (3-102)$$

考虑到钠还原属于强烈放热反应，$H(1100K) = 375kJ$，工业实践中按照两步法进行设备配置，首先在第一反应器中金属钠与精制四氯化钛反应得到 $TiCl_2$，然后在第二反应器中 $TiCl_2$ 被钠还原成金属钛。

主要反应为：

$$Na + TiCl_4 = TiCl_3 + NaCl + Q \qquad (3-103)$$
$$2Na + TiCl_4 = TiCl_2 + 2NaCl + Q \qquad (3-104)$$
$$Na + TiCl_3 = TiCl_2 + NaCl + Q \qquad (3-105)$$
$$2Na + TiCl_2 = Ti + 2NaCl + Q \qquad (3-106)$$

还原反应为放热反应，$H(1100K) = -375kJ$，比镁热还原反应的放热量大。高温下（1200K），式（3-104）~式（3-107）的反应 $\Delta G^\ominus$ 值有很大的负值，表明这些反应均可进行。根据各反应的 $\Delta G^\ominus$ 负值的大小可知，当限定钠量时，优先按反应式（3-104）~式（3-107）进行。故可控制 $TiCl_4$ 和钠的配比，使 $TiCl_4$ 首先生成 $TiCl_2$，再由 $TiCl_2$ 制取金属钛。

还原生成的 NaCl 熔体，不但能溶解 $TiCl_2$ 和 $TiCl_3$，还能与之相互作用生成诸如 Na_3TiCl_6、Na_2TiCl_4、$NaTiCl_3$ 等氯配合物。$TiCl_3$-NaCl 共熔体含 $TiCl_3$ 63.5%（质量分数），熔点为 735K。$TiCl_2$-NaCl 共熔体含 $TiCl_2$ 50%（质量分数），熔点为 878K。

上述情况表明：由低价氯化钛还原为金属钛的反应在 NaCl 熔体中进行；由于熔体中

含有相当数量钛的低价氯化物，故不能在还原过程中排盐，致使反应罐容积利用系数低，炉生产能力小。

此外，金属钠在 NaCl 熔体中亦具有一定的溶解度，其数值见表 3-20。

表 3-20　金属钠在 NaCl 熔体中的溶解度　　　　　　　　（质量分数，%）

温度 T/K	1023	1057	1063	1082	1093	1162	1222
溶解度	0.03	0.04	0.06	1.12	1.96	3.87	9.64

一段钠还原法按化学计量 $TiCl_4/Na = 2.06/1$（质量）向反应罐内加入 $TiCl_4$ 和液钠，可一次还原成金属钛。物料可同时加入，亦可将液钠预先加入罐内，再将 $TiCl_4$ 按一定料速加入。作业温度为 923~1123K，罐内压力保持在 0.67~2.67kPa。钢制反应罐用电阻炉加热。还原作业结束前需将反应罐加热到 1223K 并保温一段时间，使熔体中 $TiCl_3$ 和 $TiCl_4$ 充分还原为金属钛。

二段钠还原法钠热还原过程分两段进行。第一段按 $TiCl_4 : Na$(质量比) $= 4.12 : 1$ 向反应罐同时加入两种物料，反应生成的 $TiCl_2$ 和 NaCl 熔盐经加热钢管用氩气压入另一反应罐中，再加入与第一段同样数量的液钠使熔体中 $TiCl_2$ 还原。二段钠热还原法的特点是：反应热分两步放出，温度较容易调节控制；产品质量较高、粒度较粗，但生产周期长、工艺较复杂。二段钠热还原制钛装置示意见图 3-34。

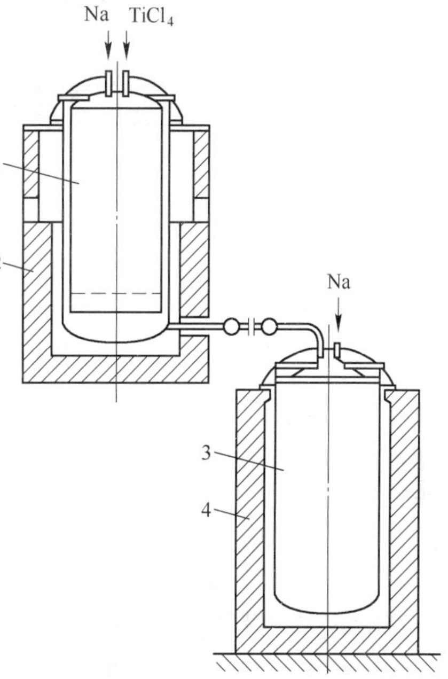

还原产物从反应罐内取出，除去其表面的盐块，中间部分（海绵钛夹杂 NaCl）经破碎、筛分制得小于 10~15mm 颗粒后，先用含有少量氧化剂（HNO_3）的盐酸水溶液（含 $HClO_3$ 5%~1.5%）将 NaCl 浸出，液固比约为 4:1，再用清水洗至洗液呈中性，干燥后即得粒状海绵钛产品。保持浸出液一定酸度，可抑制还原产物中少量钛的低价氯化物水解，防止产品中含氧量增加。

图 3-34　二段钠热还原制钛装置示意

1—第一段反应罐；2—第一段还原炉；
3—第二段反应罐；4—第二段还原炉

生产 1t 海绵钛约消耗金属钠（99.5%）2.05~2.20t，氩气 25m³。

B　Mg 还原法

用镁还原 $TiCl_4$ 制取金属钛的过程，为金属钛生产的主要方法之一，图 3-35 给出了海绵钛生产工艺流程。还原作业在高温、惰性气体保护气氛中进行，还原产物主要采用真空蒸馏分离出剩余的金属镁和 $MgCl_2$，获取海绵状金属钛。镁热还原法于 1940 年为卢森堡科学家克劳尔（W. J. Kroll）研究成功，故又称克劳尔法；1948 年美国杜邦（DuPont）公司开始用此方法生产商品海绵钛。传统镁热还原法是在还原作业结束待还原产物冷却后，再组装蒸馏设备进行真空分离作业；20 世纪 70 年代苏联成功地实现了半联合法；80 年代初，日本又成功地采用了还原-蒸馏联合法，简称为联合法，其工艺特征是在镁热还原 $TiCl_4$ 结束后，便将热态的还原产物在高温下直接转入真空蒸馏分离金属镁和 $MgCl_2$。

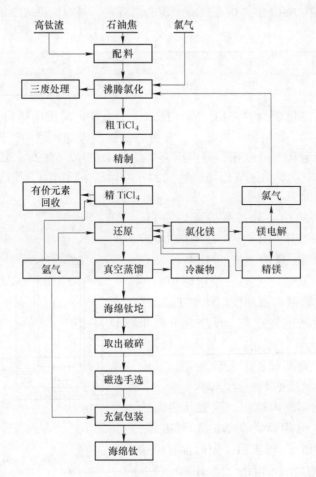

图 3-35　海绵钛生产工艺流程

海绵钛生产设备主要由加热炉、反应罐和冷凝器等设备组成，并设有加料、控温、充氩和测压系统，以及真空系统和还原排热系统；此外，另有 $TiCl_4$ 储罐、液镁抬包及 $MgCl_2$ 罐等附属设备。

加热炉一般为电阻炉，分区域控温；还原过程排热通风带和罐内反应区位置相对应；在真空蒸馏过程中使炉膛保持低真空状态，以防止反应罐在高温下受压变形。钢制反应罐和冷凝器互换使用，即冷凝器连同蒸馏冷凝物（$Mg+MgCl_2$）用作下一炉的还原反应罐，反应罐经冷却取出海绵钛坨后用作下一炉的还原反应罐，反应罐经冷却取出海绵钛坨后也可用作另一炉的冷凝器，这样便可实现蒸馏镁循环。用高温阀门或镁板隔断连接反应罐与冷凝器间通道，由还原转入蒸馏作业可适时开通。

镁还原过程包括：$TiCl_4$ 液体的气化→气体 $TiCl_4$ 和液体 Mg 的外扩散→$TiCl_4$ 和 Mg 分子吸附在活性中心→在活性中心上进行化学反应→结晶成核→钛晶粒长大→$MgCl_2$ 脱附→$MgCl_2$ 外扩散。这一过程中的关键步骤是结晶成核，随着化学反应的进行伴有非均相成核。

镁还原的主要反应为：

$$TiCl_4 + 2Mg \Longrightarrow Ti + 2MgCl_2 \quad \Delta H(923K) = 502.753kJ/mol \tag{3-107}$$

$$1/2TiCl_4 + Mg \Longrightarrow 1/2Ti + MgCl_2 \tag{3-108}$$

$$2TiCl_4 + Mg \Longrightarrow 2TiCl_3 + MgCl_2 \tag{3-109}$$

$$TiCl_4 + Mg \Longrightarrow TiCl_2 + MgCl_2 \tag{3-110}$$

$$2TiCl_3 + Mg \Longrightarrow 2TiCl_2 + MgCl_2 \tag{3-111}$$

$$2/3TiCl_3 + Mg \Longrightarrow 2/3Ti + MgCl_2 \tag{3-112}$$

$$TiCl_2 + Mg \Longrightarrow Ti + MgCl_2 \tag{3-113}$$

式（3-108）~式（3-114）反应的 $\Delta G^\ominus$-T 关系说明，在 1073~1223K 还原温度下，各反应的 $\Delta G^\ominus$ 有较大的负值，故这些反应均可进行；当限定镁量时，优先生成 $TiCl_3$、$TiCl_2$，若镁量不足时，难以将钛的低价氯化物进一步还原成金属钛；镁量不足还可能发生钛与其他氯化物之间生成 $TiCl_3$、$TiCl_2$ 的二次反应。因此，还原过程一定要保证有足够量的金属镁才能使 $TiCl_4$ 的还原反应进行完全，而不会生成钛的低价氯化物。

以上反应热效应较大，在绝热条件下除去物料吸热外，余热量也较大，如在 1073K 下，反应热 $\Delta H_T = -419.3kJ/mol$，余热 $\Delta Q_T = -271.4kJ/mol$。工业生产过程中，在反应区域反应不仅可以靠自热维持，多余的反应热还必须及时移出，否则将会使反应超温，影响产品结构，增大产品铁含量升高的概率，严重影响产品质量。

在还原过程中，$TiCl_4$ 中的微量杂质，如 $AlCl_3$、$FeCl_3$、$SiCl_4$、$VOCl_3$ 等均被镁还原生成相应的金属，混杂在海绵钛中。混杂在镁中的杂质钾、钙、钠等，也是还原剂，分别将 $TiCl_4$ 还原并生成相应的杂质氯化物。图 3-36 给出了镁还原制钛工艺流程。

镁热还原 $TiCl_4$ 反应具有多相自动催化作用，新生成金属钛的峰尖、棱角出的活性点，可吸附 $TiCl_4$，并减弱其内部原子之间的引力，活性增大，这些 $TiCl_4$ 与镁反应的活化能降低，使钛优先在活化点生长，形成海绵钛的结构；另一种反应机理认为：镁热还原 $TiCl_4$ 主要是气相反应，钛的海绵状结构是由反应放热剧烈，使钛颗粒产生再结晶和烧结作用引起的。

a　真空蒸馏

还原-蒸馏是在高温下用镁将四氯化钛还原成金属钛，该反应过程涉及 $TiCl_4$-Mg-Ti-$MgCl_2$-$TiCl_3$-$TiCl_2$ 等多相体系，是一个复杂的物理化学过程。还原工序所得产物，其组成是 55%~60% Ti、25%~30% Mg、10%~15% $MgCl_2$ 和少量钛的低价氯化物 $TiCl_2$、$TiCl_3$。为了获得产品海绵钛，必须分离出 Mg 和 $MgCl_2$，分离方法采用真空蒸馏法。排放 $MgCl_2$ 后的镁还原产物，含钛 55%~60%、镁 25%~30%、$MgCl_2$ 10%~15%，以及少量的 $TiCl_3$ 和 $TiCl_2$，常用蒸馏法将海绵钛中的镁和 $MgCl_2$ 分离。还原产物海绵钛在真空蒸馏过程中经过高温烧结，逐渐致密化，毛细孔逐渐缩小，树枝状结构消失，最后形成海绵状的钛固体物。

在还原历程中，$TiCl_4$ 中的微量杂质，如 $AlCl_3$、$FeCl_3$、$SiCl_4$、$VOCl_3$ 等均被镁还原生成相应的金属，这些金属全都混在海绵钛中。蒸馏分离还原产物之所以要在真空条件下进行，主要是由于：（1）钛在高温下具有很强的吸气性能，即使存有少量的氧、氢和水蒸气等也会被钛吸收而使产品性能变坏；（2）在常压条件下，凝聚相的金属镁和 $MgCl_2$ 只有在沸点下具有较高的蒸发速度（金属镁、$MgCl_2$ 和金属钛的沸点分别为 1363K、1691K 和 3560K），而在真空条件下，温度较低时即可达到沸腾高温状态，具有较高的蒸发速度

（Mg、MgCl$_2$和钛在不同温度下的蒸气压值可参考其他资料）；（3）在真空条件下能降低蒸馏作业的温度，从而可避免在罐壁处生成 Fe-Ti 合金，减少 Fe-Ti 熔合后生成的壳皮。

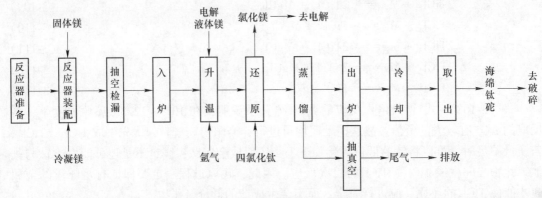

图 3-36　镁还原制钛工艺流程

蒸馏法是利用蒸馏物各组分物理特性的差异而进行的分离方法。根据 Mg 和 MgCl$_2$ 在温度 700~1000℃蒸汽压较高，而 Ti 在同温度下蒸汽压很低，因而可利用它们在高温下蒸汽压相差很大，从而利用 Mg 和 MgCl$_2$ 对 Ti 的相对挥发度（分离系数）很大的原理进行分离。采用常压蒸馏时，由于 MgCl$_2$ 比 Mg 的沸点高，分离 MgCl$_2$ 比 Mg 困难，提高蒸馏温度将导致海绵钛与铁制容器壁生成 Ti-Fe 合金而污染产品，同时在常压高温下，Ti、Mg 和 MgCl$_2$ 与水蒸气以及 Mg 和 Ti 与空气中的氧、氮均易作用。而在真空条件下蒸馏时，Mg 和 MgCl$_2$ 的沸点将大大降低，挥发度比常压蒸馏时大很多倍，因此采用真空蒸馏可以降低蒸馏温度和提高 Mg 和 MgCl$_2$ 的挥发速度，还可以减少产品钛被罐体铁壁和空气中的氧、氮污染。

表 3-21 给出了两种钛生产方法的比较，表 3-22 给出了各国海绵钛生产工艺特点。

表 3-21　两种钛生产方法的比较

序号	项目	钠还原法	镁还原法
1	还原剂特点	钠熔点低，容易净制输送	镁熔点高，净制输送比较困难
2	还原产物处理方法	NaCl 不吸水，不潮解，可以用水清洗	MgCl$_2$易吸水，易潮解，需要真空蒸馏除去
3	投资情况	设备简单，投资较低	设备复杂，投资大
4	海绵钛特点	含铁少，含 Cl$^-$ 多，海绵钛块小，疏松，粉末多，松装密度为 0.1~0.8g/cm^3	含 Cl$^-$ 低，海绵钛块大致密，粉末少，松装密度大（1.2~1.3g/cm^3）
5	产品熔铸性能	较差，挥发分多	好，挥发分少
6	还原作业情况	速度快，放热多，操作简单，炉产能小	速度稍慢，放热稍少，操作较复杂，炉产能大

表 3-22　各国海绵钛生产工艺特点

项目	乌克兰	中国	日本	美国
矿物原料	本国钛铁矿	本国钛铁矿	进口金红石、人造金红石	进口金红石、人造金红石、高钛渣
TiO_2 富集	15000~24000kV·A 密闭电炉	6500~7500kV·A 电炉	—	
粗 $TiCl_4$	$\phi(5~8.5)$m 熔盐氯化炉	$\phi1.2$m 沸腾氯化炉	$\phi3$m 沸腾氯化炉 $\phi1.9$m 沸腾氯化炉	$\phi3.05$m 沸腾氯化炉
$TiCl_4$ 提纯	$\phi1$m 和 $\phi500$mm 筛板塔、铝粉除钒	浮阀塔蒸馏铜丝除钒	浮阀塔蒸馏矿物油除钒	浮阀塔蒸馏矿物油除钒
海绵钛生产	镁还原真空蒸馏，4t/炉 I 型联合炉并完成 7~10t/炉联合炉试验	镁还原真空蒸馏，3t/炉 I 型、5t/炉和 8t/炉倒 U 型联合炉	镁还原真空蒸馏，8~10t/炉倒 U 型联合炉	Timet 引进日本技术，8~10t/炉倒 U 型联合炉
氯化镁电解	150~200kA 无隔板电解槽	110kA 无隔板电解槽	110~130kA 多极性电解槽	引进加拿大无隔板电解槽技术
控制水平	计算机控制，机械化操作，自动化程度较高	仪表控制，大部分人工操作，自动化程度较低	计算机控制，机械化操作，自动化程度高	计算机控制，机械化操作，自动化程度较高
产品质量	较好	较好	有 5N 高纯海绵钛	较好

b　镁还原、蒸馏工艺及设备

大型的钛冶金企业都是镁钛联合企业，多数厂家采用"还原-蒸馏"一体化工艺。这种工艺被称为联合法或半联合法，它实现了原料 Mg-Cl$_2$—MgCl$_2$ 的闭路循环。

"还原-蒸馏"一体化设备，分为倒 U 型和 I 型两种。倒 U 型设备是将还原罐（蒸馏罐）和冷凝罐之间用带阀门的管道连接而成，设专门的加热装置，整个系统设备在还原前一次组装好。I 型一体化工艺的系统设备如在还原前一次性组装好，即称为联合法设备；而先组装好还原设备，待还原完毕，趁热再将冷凝罐组装好进行蒸馏作业的系统设备则称为串联合设备，中间用带镁塞的"过渡段"连接。

采用倒 U 型联合法生产工艺，它是将还原罐（蒸馏罐）和冷凝罐之间用带阀门的管道连接而成，设有专门的加热装置，整个系统设备在还原前一次组装好。倒 U 型联合法生产工艺要求严格，就是还原结束后立即投入真空蒸馏作业。

图 3-37 给出了 I 型蒸馏器和倒 U 型蒸馏器示意图。主要故障包括：（1）大盖变形，一般反应器大盖存在变形现象，由于安全考量致使寿命受限，同时有过程管理使用因素，后来有所改进加固。日本在使用寿命上一般是中国的 3~4 倍，使用次数远远超过中国。（2）内加热器烧损，内加热器存在烧坏烧损现象，与使用维护有关。（3）过道加热器损坏，过道加热器也较容易损坏且不易检修。中国的过道加热器结构较简单，散热损失比较大，同样很容易出现故障。（4）蒸馏堵管，日本在没有设备故障（内加热器一开始蒸馏就坏，没有投入使用）情况下，是不会有蒸馏堵管现象。中国所有的钛厂，在设备正常的

前提下，一般至少堵管 3 次以上。这是在设备设计上体现出来的蒸馏理论的不同结果，体现在冷凝支筒的结构不同和抽空管布置不同（日本用排二氯化镁管做抽空管）。因此，日本在生产中一般根本就不用考虑堵管是个问题。（5）料速，2004 年前日本的料速是中国的 3 倍，现在是 1.6~2 倍。（6）蒸馏进气，日本极少有蒸馏过程进气现象，中国则很普遍。一是蒸馏堵管需要数次打开检查，二是设备和工艺控制存在问题。（7）反应器不同。因为制作采用的材料不同，日本的不锈钢反应器使用次数达到 80 次以上。中国采用的是锅炉钢反应器，遵义钛厂一般使用 12~14 次，新建钛厂一般使用 6~8 次，日本因为材质和工艺控制，反应器变形现象极少。国内这种现象较多，另外体现在为避免反应器变形事故的出现，导致反应器提前报废，使反应器使用次数降低。

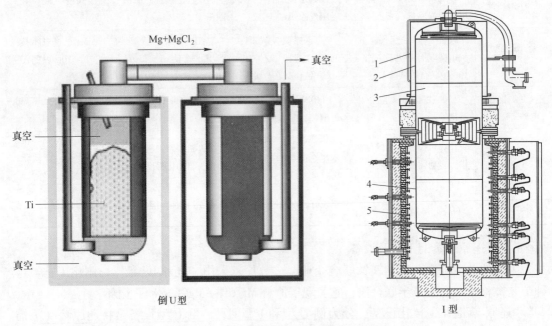

图 3-37　Ⅰ型蒸馏器和倒 U 型蒸馏器示意图

1—外冷却单元；2—冷凝罐；3—冷凝器；4—还蒸罐；5—加热单元

  c　镁还原蒸馏制钛工艺技术经济指标

  以钛铁矿为原料生产海绵钛，包括冶炼钛渣、氯化、精制、还原蒸馏、镁电解及海绵钛破碎包装等整个过程的主要单耗指标为：

钛铁矿（51%~55%TiO_2）/t	4.7~5.0
钛渣（92%~94%TiO_2）/t	2.2~2.5
石油焦/t	1.1~1.2
氯气/t	4.3~4.7
补充氯/t	1.4~2.2
精镁/t	1.5~1.7
补充镁/t	0.01~0.15

铜丝/t	0.005~0.013
石墨电极/t	0.25~0.27
电耗/kW·h	20000~45000
氩气/m³	16~20
用水量/t	48~50
蒸汽/t	0.06~0.07
制冷量/J	16~17
压缩空气/m³	2.5~3.0

某中国公司还采用国内成熟的倒 U 型 5t 联合反应炉，共 45 套，设计年产海绵钛5000t。单炉产量 5t，还原加料时间约 72h，蒸馏时间约 85h。四氯化钛消耗约 4.08t/t，金属镁消耗约 1.08t/t，炉前电耗约 7500kW·h/t。真空机组在带负荷条件下能达到 0.1Pa 以下，高真空确保了海绵钛的质量和缩短蒸馏时间，降低电耗。

d　镁钛联合模式

用 Mg 还原 $TiCl_4$ 过程中排放的 $MgCl_2$ 作原料，进行熔盐电解制镁，反应产物 Mg 和 Cl_2 分别用于还原 $TiCl_4$ 和氯化制取 $TiCl_4$，这样就构成氯、镁闭路循环的工艺。氯化镁电解生产工艺的实质，是用直流电流通过熔融电解质把 Mg^{2+} 还原为金属镁的过程。当直流电流通过熔融电解质时，阴极上析出镁，阳极上析出氯气，反应方程式如下：

$$2Cl^- - 2e === Cl_2(Cl^- \text{ 在阳极上失去电子}) \qquad (3-114)$$

$$Mg^{2+} + 2e === Mg(Mg^{2+} \text{ 在阳极上得到电子}) \qquad (3-115)$$

3.3.3.2　海绵钛工艺技术特点及发展趋势

海绵钛整体趋势是生产规模扩大化，中国海绵钛生产的产能和产量扩大主要体现在以下六个方面：

（1）沸腾炉直径扩大化。沸腾氯化炉是将流态化技术应用于 $TiCl_4$ 的生产，国内海绵钛企业均采用此项工艺，随着海绵钛市场需求量增加，四氯化钛的产量也紧随陡增，为了提高产量，必须进行大型沸腾氯化炉的开发，沸腾氯化炉大型化是国内外海绵钛冶炼生产技术发展的趋势，但沸腾炉直径增大，会带来许多技术性问题，如炉子的气体分布、温度、气流速度、氯化系统的压力等控制技术等，在大型化的氯化设备上需要进行模块化技术调整，提高自动化水平，增强控制技术的系统性，否则会导致四氯化钛质量波动大等问题。

海绵钛类氯化炉国内多数为内径 $\phi1200mm$、$\phi1500mm$ 和 $\phi2400mm$，内径增大有利于提高四氯化钛的产能水平，日本海绵钛类氯化炉内径增加至 $\phi3000mm$，产能显著增加。

（2）除钒技术走向低成本化。从表 3-23 中的几种除钒方法分析，唯有铝粉除钒和矿物油除矾可达到等同于铜丝除钒的效果，对海绵钛高品位生产不产生负面影响，以前此项成熟技术基本掌握在国外少数企业中，经过不懈努力，近期国内铝粉除钒技术的研究，已有所突破，现已完全掌握铝粉除钒技术，所以，此项技术的开发和完善，在降低海绵钛制造成本上有着重要意义，也是国内海绵钛冶炼技术迈向低成本化的重要一步。

表 3-23　四氯化钛除钒方法

项目	铜法	铝法	H$_2$S 法	矿物油除钒法	分子筛吸附法
原料要求	高	一般	高	一般	高
效率	高	高	高	高	低
成本	高	低	一般	低	高

矿物油除钒法，除钒效果还是非常不错的，但所生产的精四氯化钛中碳的杂质含量较高，应用此料所冶炼的海绵钛中碳杂质不低于 0.022%，海绵钛等级较低（2~4 级波动），另外，钒渣的处理也是一项较难解决的技术问题，局限于一些暂时难以解决的技术性问题，目前，此项技术还没有在国内海绵钛生产企业正常使用。

（3）还原单炉产量逐渐增加。国内海绵钛还原冶炼，基本采用小型还原炉，产量不高，质量好，为了适应市场需求，大型还原炉试制早已在国内运行，2t、3t、5t、8t、12t 等，随着还原容器产量的扩大化，质量随即下跌，主要是大型还原容器的控制技术还没有完全成熟，也在摸索阶段。随着控制技术的不断成熟，质量也有明显改善，所以还原容器大型化也是不可逆转的，但也不是可无限制地扩大，越大，对参数调整，如加料速度、原料纯度、真空度、设备材质等的要求也就越高。

图 3-38 是国内某厂家小型与大型还原炉产海绵钛等级对比。

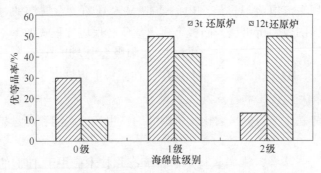

图 3-38　国内某厂家小型与大型还原炉产海绵钛等级对比

（4）生产半连续化向准连续系统化过渡。

所谓半连续化生产，即氯化→精制→还原→成品→海绵钛；所谓准连续系统化生产，是构成一个近似于多个闭合式的生产制造环系统，准连续系统化生产是未来国内大型海绵钛生产的一种趋势，其特点是：生产效率高，成本低、质量稳定，易于过程控制和调整，但也产生一些不可回避的技术和管理上的问题，具体如下：

1）倘若某一环节产生质量或配合上的不相适应，如果得不到及时解决，势必阻碍整体生产的进程；

2）质量和管理难度随即增加；

3）要求建立及时有效的工艺调整技术，以适应循环式生产。

（5）降低生产成本，提高有价元素回收能力。降低海绵钛成本，一方面从改进生产技术入手，另一方面也可从有价元素回收入手，精四氯化钛生产成本占海绵钛生产成本的47%以上，美国、日本、俄罗斯的四氯化钛生产中钛的回收率均可达 99.7%以上，而中国最高也不过97%，这说明中国的钛冶炼技术还是存在多方面的技术调整能力上的不足，无形中增加了原料的使用成本，降低了原料利用率，另外，钛的回收率不足，也为有价元素的回收造成困难，有价元素的回收技术在钛生产发达国家已非常成熟，如钒、钪的回收等都已做到技术成熟化、商业稳定化，为降低四氯化钛成本提供一个较大的空间。

目前，国内的有价元素回收技术，几乎还是一片空白，不能回收有价元素，给环境造成危害，另外，居高不下的除钒成本也难以降低。因此有价元素的回收技术也是亟待解决的问题，也是未来降成本的一个重要发展方向。

目前国内海绵钛企业中，能够做到技术引进的极少，这一点就从技术上束缚住海绵钛质量的提高和成本的降低，规模化是要靠技术做依托，可降的劳动力成本空间又越来越有限，所以未来国内海绵钛冶炼的发展趋势主要是从冶炼技术的引进消化、生产成本的降低和质量持续稳定和提高上做出更多的努力。在技术方面，规模扩大后，也存在着较多的问题，单靠企业自己，是难以解决的，引进先进成熟技术，却不失为一个更好的捷径。

（6）生产工艺相对于世界发达国家较落后。国内海绵钛生产技术是以乌克兰的技术为模板引进，或者部分引进，或者采用与国内混合模式，发展经营理念不明晰，技术理论支撑缺乏，海绵钛技术相对于日美的海绵钛生产技术比较落后，经营管理经验缺乏，生产经营管理人才不足，产品质量、技术经济指标和产业成熟度比较差，没有后续市场的支撑，缺乏核心技术和技术维护能力。

3.3.4 钛材加工

钛材加工就是采用金属塑性加工方法，将钛锭加工成各种尺寸的饼材、环材、板材、带材、箔材、管材、棒材、线材和型材等产品，也可用铸造和粉末冶金等方法制成各种形状零部件。钛材料包括纯钛和钛合金，钛材料生产原则工艺流程见图3-39。

3.3.4.1 钛加工类型

A 塑性加工

钛和钛合金同铝、铜和钢铁相比，有下述特点：变形抗力大，常温可塑性差，屈服极限与强度极限的比值高，回弹大，对缺口敏感和变形过程易与模具黏结等，因而塑性加工比较困难。钛合金的性能对组织敏感，应严格控制其变形工艺制度。在加热过程中，钛和钛合金易吸收氧、氮和氢而降低塑性并损害工件性能，因此应采用感应加热或气密性好的室状电炉加热。如果采用燃气或燃油炉加热，必须保持炉内为微氧化性气氛，如果有特殊要求可采用保护涂层或在保护性气氛中加热。钛和钛合金热导率低，加热大截面或高合金化锭坯时，为了防止热应力可能引起锭坯破裂，一般采用分段加热。

B 锻造

锻造是钛和钛合金重要加工方法之一，可以生产棒材、锻件和模锻件等产品。锻造一般采用锻锤或液压机，也可采用高速精锻机。钛和钛合金铸锭一次加热锻造时，锻件的伸长率和断面收缩率较低。因此成品锻造一般采用开坯铸造后的坯料，并严格控制变形参数，以便得到较佳的综合性能。开坯锻造的温度范围为950~1200℃。一般认为α合金和（α+β）合金的锻件，锻造前的加热温度应在（α+β）相区内，低于（α+β）和β相转变温度30~100℃；对于β合金，由于合金元素含量较高，变形抗力比较大，锻造更加困难，因而β合金的开锻和终锻温度均处于β相区内。一般适宜的变形量为50%~70%。除了采用常规的锻造工艺外，还发展出诸如 β 锻造［（α+β）合金在 β 区加工］和等温锻造等工艺。

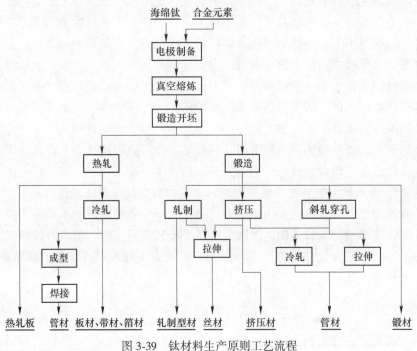

图 3-39 钛材料生产原则工艺流程

C 挤压成型

挤压法可以生产管材、棒材和型材。钛和钛合金挤压时容易粘模，若润滑不良，不仅要损害模具，而且会使挤压件表面形成纵向"沟槽"状缺陷。常用润滑方法是涂玻璃粉或包铜套并涂石墨基润滑剂等。

D 板材、带材、箔材轧制

板材、带材、箔材轧制一般有热轧、温轧和冷轧三种方法。除 β 合金外，热轧一般应在 α 或（α+β）相区进行。热轧温度通常较锻造温度低 50~100℃。厚 2~5mm 板材可采用温轧工艺，更薄尺寸的可采用冷轧。两次退火间的冷轧变形量为 15%~60%。为了保证板材质量和轧制过程顺利进行，应采用中间退火和表面处理等工艺措施，也采用带式轧制，连续酸洗和连续退火等机组，可生产每卷重数吨的钛带卷。

E 管材轧制

厚壁管材可采用挤压或斜轧法生产，小直径薄壁无缝管材需再经冷轧和拉伸制得。钛合金在冷态下塑性有限，对缺口敏感，易加工硬化，容易粘模。为了提高钛合金管材的可轧性，常采用温轧工艺。轧管质量很大程度取决于壁厚减缩率和直径减缩率的比值，当前者大于后者时，可得到质量较好的管材。

此外，以轧制的薄带卷为坯料在焊管机列上卷管成型并在保护气氛下焊接成的薄壁焊接钛管，也已在电力工业、化学工业中得到广泛应用。

F 型材轧制

型材轧制法可生产棒材和简单断面型材。与钢相比，钛和钛合金在孔型轧制时具有较大的宽展系数。

G 拉伸

拉伸法可生产管材、小尺寸棒材和线材。为避免粘模，拉伸前先将坯料涂层，一般采用磷酸盐或氧化处理。拉伸时涂敷石墨、二硫化钼或石灰基润滑剂。为了提高丝材质量，降低拉伸力和延长模具寿命，可用增压模和超声波拉伸。用增压模拉伸时，线材以一定的速度通过拉伸模，放在组合模前的润滑剂被带进增压喷嘴。增压模以较大的压力向工作模变形区输送润滑剂，收到增压强制润滑的效果。

3.3.4.2 钛加工工艺

A 熔炼与铸锭

钛的熔点高，化学性质活泼，在高温或熔融状态下容易与空气和耐火材料发生作用。钛及钛合金通常在真空或惰性气体保护的气氛下，在水冷或液体金属冷却的铜坩埚内熔铸。目前钛锭生产中应用最为广泛的是真空自耗电极电弧炉熔炼。将一定比例的海绵钛、返回料和合金元素混合均匀后，在液压机上压制成块状（称电极块），再采用等离子焊接方法将电极块焊接成电极（棒），在真空自耗电极电弧炉中经二次重熔成锭。为保证铸锭成分均匀，对加入的合金元素、返回料和海绵钛的粒度均控制在一定范围之内，并采取三次真空重熔。工业规模熔炼的钛合金锭一般为 3~6t，大型铸锭达 15t。通常用真空自耗电极电弧炉熔得的铸锭为圆形。近年也采用其他方法，如等离子熔炼、电子束熔炼、壳式熔炼和电渣熔炼等，熔得钛合金扁锭和方锭。例如日本采用等离子束炉熔炼得重达 3t 的扁锭，直接供轧制板带之用。

a 真空自耗电弧炉熔炼设备方案（简称 VAR 法）

真空自耗电弧炉熔炼法主要由电极制备和真空熔炼两大工序。电极制备可分为三大类：一是采用按份加料方式连续压制整体电极，省去了电极焊接工艺；二是先压制单块电极，然后经等离子氩弧焊或真空焊将单块电极拼焊成自耗电极；三是利用其他熔炼法制备自耗电极。需配备相应的电极压制设备和焊接装置。VAR 法生产钛铸锭的工艺流程见图 3-40。将海绵钛、残钛、添加剂和母合金挤压成重达几十公斤的压块。这些压块在惰性气体氛围下焊接成圆柱状的原始电极。这些原始电极由几十块到几百块压块组成，这取决于钛锭的大小。原料和添加剂在每个压块中的质量和混合程度都一样。

钛通过在原始电极和与熔炼炉阳极相连的水冷铜坩埚之间产生的直流电流进行熔化。熔化的钛在水冷铜坩埚层凝固，形成一个钛锭。该钛锭要熔炼一到两次或者更多，以形成均匀的钛锭。VAR 生产的钛锭一般质量为 4~8t。

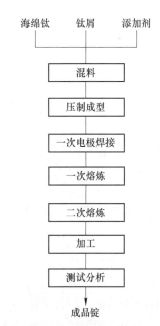

图 3-40 VAR 法生产钛铸锭工艺流程

b 冷炉床熔炼法（简称 CHM 法）

CHM 法将熔化、精炼和凝固过程分离，即炉料进入冷炉床后先进行熔化，然后进入

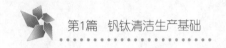

冷炉床的精炼区进行精炼，最后在结晶区凝固成锭。用电子束（EB 炉）或等离子束（PA 炉）加热熔化钛原料；浇铸前给钛熔体增加一个流动段，以达到提纯的目的；可以方便地得到圆形、长方形铸锭；冷炉床熔炼技术可以大量"吃废料"，降低生产成本。

该方法仅用一次熔炼即可生产大型、无偏析、无夹杂的优质钛及钛合金圆锭、扁锭和空心锭，简化了板材（省去锻造工序）和大规格管材（省去锻造和挤压工序）的后续加工，降低了生产成本。该方法使金属熔体的保温时间较长，因此可除去第一类夹杂物（氧、氮化合物等）缺陷，这样得到高品质的制品就可用于制造旋转结构件，这对 Ti-6Al-4V、Ti-6Al-2Sn-4Cr-2Mo-Si 等钛合金部件的生产显得特别重要。图 3-41 给出了原始电极在 VAR 炉中的冶炼过程。图 3-42 给出了 EBCHM 炉示意。

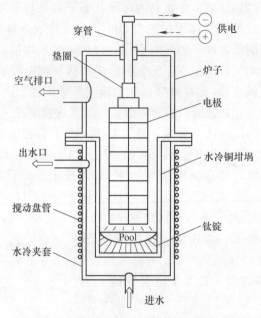

图 3-41 原始电极在 VAR 炉中的熔炼过程

B 钛锭锻造

锻造是破碎铸态结晶组织、改善材料性能和获得一定尺寸、形状板坯的主要方法。板坯锻造前的加热过程中，钛合金很容易与空气发生强烈反应，形成氧化皮和吸气层，降低材料的塑性和其他性能。因此，常采用感应加热或在气密性好的室状电阻炉中加热。当采用火焰炉加热时，应保持炉内为微氧化性气氛，也可在锭坯表面涂保护层，或在惰性气体中加热。钛合金的热导率低，在加热大截面或高合金化锭坯时，为防止热应力可能引起的锭坯开裂，通常采用低温慢速、高温快速的分段加热法。控制锭坯的加热和终锻温度以及锻造变形量是获得高质量钛板坯的重要保证。钛合金板坯的锻造一般采用水压机和锻锤。为了保证随后的轧制过程顺利进行和保证板材的表面质量，锻造的板坯和铸锭应进行机械加工，剥去表面裂纹及深度达 3~4mm 的吸气层。

成品锭的开坯锻打工艺属于加工工艺。首先将成品钛锭放入卧式链条加热炉中加热，根据钛锭所含的中间合金成分不同，一般分为纯钛锭和合金锭，其加热温度在 890~1100℃之间。当钛锭加热到赤红时，用气电锻锤机组锻打赤红钛锭，根据加工需要，用锻

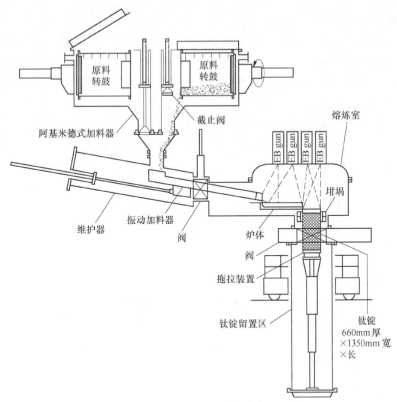

图 3-42　EBCHM 炉示意

锤将锭子打成棒坯或板坯。最后根据客户需要将棒坯和板坯送入车床加工成成品棒坯和成品板坯。该工艺锻打时要注意均匀用力，要随时翻转锭身，使晶体分布均匀、等轴。如果一直锻打一点或一面，就会造成偏折或软硬不均。

表 3-24 给出了几种钛合金板坯锻造工艺制度，图 3-43 给出了成品锭的开坯锻打工艺流程。真空自耗电极电弧凝壳铸造炉适用于钛及钛合金及活性难熔金属的熔炼与离心浇铸成型。离心盘采用变频调速控制系统精确控制转速，电极传动采用变频调速差动传动及先进的调节控制自适应技术，电极传动带有光电传感和数字称重装置精确控制熔化量，计算机控制图像监控系统，安全可靠。技术指标：极限压力为 6.6×10^{-2} Pa，压升率为 1.0Pa/h，工作电压为 20~45V，熔炼量为 50~500kg，铸型最大尺寸为 ϕ2000mm×1200mm（离心铸造），铸件最大重量为 500kg，熔化速度为 15~20kg/min，离心盘转速为 0~600r/min 可调，可正反转，自动浇铸速度为 5~10s 可调，熔化电流为 12~36kA，冷却水用量为 60t/h，快速提升速度为 0.6m/s，坩埚翻转角度为 0~110°。

表 3-24　几种钛合金板坯锻造工艺制度

合　金	加热温度/℃	终锻温度/℃
工业纯钛	900~1020	≥750
Ti-5Al-2.5Sn	1050~1200	≥850
Ti-6Al-4V	960~1150	≥800
Ti-15V-3Cr-3Sn-3Al	960~1150	≥800

C 钛铸造

钛铸件通常采用真空状态下，自耗电极电弧熔炼，水冷铜坩埚盛装熔融液（钛水）翻转倒入石墨型的方式来生产。因为钛水非常活泼，很容易与氢、氧、氯等杂质发生反应，在浇铸后，与模壳接触的金属液迅速冷却，凝固的前沿的液相中形成气体的过饱和浓度区，该区固化后，就形成了皮下的铸造缺陷。所以石墨型的选用和制造就成了铸造的关键。模型应选择质密、疏松度小的原料。在制型过程中，要注意审图，使模型的钛水流道尽量圆滑光洁，不留夹隔，保证钛水流动性，从而提高浇铸的成型率。石墨型制好后要进行烘干、除气、除潮。这主要就是减少钛水与杂质元素反应的概率，避免皮下气孔、沙眼以及缩松现象的产生。铸造的另一个关键因素就是假电极（与电极杆接触，通过自熔产生钛水）。要选择杂质量小的成品锭来锻打、调直，然后车光去氧化皮。总之，无论是模型，还是假电极，都要本着减少杂质的原则来制作。

图 3-44 给出了成型钛铸件浇铸工艺流程。

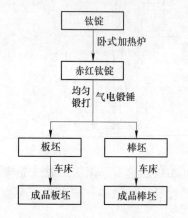

图 3-43 成品锭的开坯锻打工艺流程

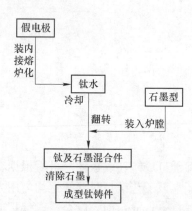

图 3-44 成型钛铸件浇铸工艺流程

铸造都是单次浇铸，一次成型。将备好的假电极与电极杆焊接好，紧固浇道和石墨型。认真检查，无松动、漏焊，压力达到要求的真空度即可浇铸。

铸造参数如下：

（1）真空度不大于 $6.67×10^{-2}$ Pa；

（2）冷却水压一般为 0.2~0.4MPa；

（3）离心转速不大于 100~400r/min。

钛锭锻造参数：卧式链条加热炉温度为 890~1100℃，纯钛锭 890℃以上即可，合金锭 1000℃左右。

D 粉末冶金

用粉末冶金方法制成的金属钛和钛合金。钛的化学活性大，易受气体和坩埚材料等的污染，因此高质量钛粉末主要是在真空或高纯惰性气体保护下采用离心雾化制粉工艺来生产。制品的成型一般不加黏结剂，坯料必须在真空中烧结。20 世纪 40 年代末，首先开展了以海绵钛粉末为原料的压制烧结工艺的研究。但该工艺生产的产品性能尚不能满足航空部门的要求，主要用于制造化工、轻工、冶金、海洋开发等部门所需的耐蚀、过滤等零件。其中获得工业生产应用的第一种产品是钛多孔过滤材料。20世纪60年代中期，开始发展以旋转电极法制取钛的预合金粉末和热等静压致密化的工艺。用此工艺生产的制品的静态力学性能与熔炼加工制品相当，但显著地减少了切削加工，提高了材料的利用率，开始用于航空工业中。至20世纪70年代末，钛粉末冶金制品在耐蚀和航空方面的应用获得较快的发展。中国70年代初开始进行钛粉末冶金工艺及制品的研究，钛金属阀门、轴套、多孔管和板、钛-碳化钛耐磨材料以及钛钼耐蚀合金等均已工业生产。70年代末期，开展了离心雾化制取高质量钛合金粉末及热等静压成型工艺的研究。

3.3.4.3 钛加工技术发展趋势

A 大型化的熔锭技术

全世界钛铸锭的生产主要集中在美国、日本和俄罗斯。美国多采用电子束熔炼或等离子电弧熔炼的冷炉床熔炼法，日本则主要以真空自耗电弧炉熔炼法为主，中国钛铸锭生产普遍采用真空自耗电弧炉熔炼法（VAR）生产。随着钛熔铸技术的发展，国外钛铸锭生产设备日益大型化。VAR炉的容量逐渐扩大，铸锭质量提高到8t以上，最大达到30t。近十年来中国先后引进了6t、10t、15t真空自耗电弧炉以及冷炉床，使中国钛熔铸的技术及装备水平大大提高，生产出高质量、大单重的钛铸锭，促进了钛加工工艺的进步。当前国内外钛铸锭的生产仍以真空自耗电弧炉熔炼法为主，但钛铸锭生产的新工艺、新技术发展很快。美国的"电弧旋转"法等真空非自耗电弧熔炼工艺，已投入了工业化生产。采用的冷炉床生产纯钛扁锭，可直接轧制板带材，降低生产成本。残钛的回收技术的发展，提高了残钛的利用率。总之，开展低成本钛合金的研究，开发和利用降低钛材成本的新工艺和新装备，满足钛加工业对高质量、低成本铸锭的需求，是钛铸锭生产的发展方向。

B 钛专业化轧制和钢钛加工一体化技术

日本主要采用"钛-钢"联合的生产方式，但前后工序的连接紧密；俄罗斯和美国是专门的钛材生产企业，并且是从生产海绵钛开始的一体化钛材生产企业。

C 海绵钛成品向深加工初步迈进

从国际上海绵钛加工技术分析，国内钛材加工，无论是加工技术，还是加工能力，都比发达国家落后10~15年，只占世界加工能力14%以下，虽然，目前基本形成三大块加工圈，即以宝钢、南京宝钛为首的长江三角洲加工圈，以宝鸡钛业为首的西北加工圈，以沈阳有色金属加工、抚顺特钢板材为首的东北加工圈，但距预期的占世界钛加工能力的28%的目标，还有相当大的距离，钛材加工的能力，直接影响着海绵钛的增长需求，所以预计一些大型海绵钛冶炼企业也有向钛材加工迈进的趋势，虽然加工存在着高技术风险，但即使加工成半成品——钛锭，也对海绵钛的存放和运输有益而无害。

3.3.5 钛铁

钛铁合金是面向钢铁的重要合金产品，生产方法包括铝热法和合成法，合成法钛铁与钛加工铸锭类似。

3.3.5.1 铝热法钛铁冶炼

铝热法钛铁冶炼的冶金原理是用铝还原TiO_2，部分FeO、Fe_2O_3、MnO、SiO_2和V_2O_5等被还原，同时放热加热、熔化、聚集和分离钛铁合金及渣，可以在热状态浇铸钛铁，得

到钛铁合金铸块，也可在冷却过程中自然分离。

A　铝热还原原理

其主要反应方程式为：

$$TiO_2 + 4/3Al =\!=\!= Ti + 2/3Al_2O_3 \qquad \Delta G_T^\ominus = -40000 + 2.9T \qquad (3\text{-}116)$$

从热力学观点来看，在高温下铝能够还原 TiO_2，但实际上钛的氧化物是属于难还原的氧化物，炉料中有一部分 TiO_2 被铝还原成 TiO：

$$2TiO_2 + 4/3Al =\!=\!= 2TiO + 2/3Al_2O_3 \qquad \Delta G_T^\ominus = -1081150 + 3.43T \qquad (3\text{-}117)$$

TiO 是碱性氧化物，易与 Al_2O_3 和 SiO_2 生成复合化合物，可使 TiO_2 还原向生成 TiO 的方向进行，有利于 TiO 的生成，从而影响钛的回收率。为了阻止 TiO 生成反应的不断进行，必须在反应物料中配入比 TiO 碱性更强的 CaO，当有 CaO 存在时，还原过程便向 $TiO_2 \rightarrow Ti$ 的方向进行，化学反应式为：

$$TiO_2 + 4/3Al + 2/3CaO =\!=\!= Ti + 2/3(CaO \cdot Al_2O_3) \qquad (3\text{-}118)$$
$$\Delta G_T^\ominus = -45575 + 2.9T$$

从以上反应式可见，反应物料中配入 CaO 后，反应的自发性和彻底性更强。

在冶炼过程中，除 Ti 的氧化物外，Fe、Mn 和 Si 的氧化物也要被铝还原，反应式如下：

$$3Fe_2O_3 + 2/3Al =\!=\!= 2Fe_3O_4 + 1/3Al_2O_3 \qquad \Delta G_T^\ominus = -115700 + 14.85T \qquad (3\text{-}119)$$
$$Fe_3O_4 + 2/3Al =\!=\!= 3FeO + 1/3Al_2O_3 \qquad \Delta G_T^\ominus = -17000 - 29.25T \qquad (3\text{-}120)$$
$$MnO + 2/3Al =\!=\!= Mn + 1/3Al_2O_3 \qquad \Delta G_T^\ominus = -103495 - 4.5T \qquad (3\text{-}121)$$
$$SiO_2 + 4/3Al =\!=\!= Si + 2/3Al_2O_3 \qquad (3\text{-}122)$$

从以上反应式可见，Fe、Mn、Si 的氧化物还原更容易。

根据铝热法的冶炼特点和高钛铁的质量要求，高钛铁与普通钛铁的不同之处，在于合金中的含钛量高达 $65\% \sim 75\%$，要增加合金中的钛含量，只有提高原料中的 TiO_2 含量，但原料中的 TiO_2 含量越高，需要的热量就更多，因而会影响炉料的单位热效应，致使反应不能自发进行。因此必须提高炉料的单位反应热，在炉料中加入氯酸钾、氯酸钠这类发热量高的物质，以补充不足部分的热量。采用氯酸钾作发热剂较合适，因其反应释放的热量大，$1kg$ $KClO_3$ 被铝还原的发热量为 $14040.82kJ/kg$，反应产物 KCl 进入炉渣，不影响合金成分。其反应式为

$$KClO_3 + 2Al =\!=\!= KCl + Al_2O_3 \qquad \Delta H^\ominus(298K) = -860kJ/mol\ Al \qquad (3\text{-}123)$$

因为单位热效应是铝热法冶炼的关键，在试验过程中，必须通过每一个化学反应进行详细计算。各化学反应的单位热效应为：

$$TiO_2 + 4/3Al =\!=\!= Ti + 2/3Al_2O_3 \qquad 1720kJ/kg \qquad (3\text{-}124)$$
$$2TiO_2 + 4/3Al =\!=\!= 2TiO + 2/3Al_2O_3 \qquad 2105.5kJ/kg \qquad (3\text{-}125)$$
$$3FeO + 2Al =\!=\!= 3Fe + Al_2O_3 \qquad 3206kJ/kg \qquad (3\text{-}126)$$
$$Fe_2O_3 + 2Al =\!=\!= 2Fe + Al_2O_3 \qquad 4014kJ/kg \qquad (3\text{-}127)$$
$$3MnO + 2Al =\!=\!= 3Mn + Al_2O_3 \qquad 1921kJ/kg \qquad (3\text{-}128)$$
$$3/2SiO_2 + 2Al =\!=\!= 3/2Si + Al_2O_3 \qquad 2545kJ/kg \qquad (3\text{-}129)$$

为使冶炼过程中渣与合金易于分离，炉料中还须配入能改善传质条件、降低炉渣熔点的添加剂，如氟化钙等。

生产过程中还原剂铝的作用，首先作为还原剂保证足够的能力还原以氧化物为基础的

Fe_2O_3、TiO_2、FeO 和 TiO，其次通过配置催化剂提供足够的基础热量。按照 2800kJ/kg 配置热量，在连续加料过程中取得基础反应热后，后续加料在一定程度上借助持续反应热，补充达到铝热反应的临界基础条件。

通过连续加料和持续反应创造过热反应条件，加速反应过程向有利于产物生产的方向进行，保证反应装置内部过热时间，促进反应物料的高温分离。

B 铝热法工艺

铝热法钛铁冶炼典型工艺流程见图 3-45，不同的钛原料工艺稍有不同，不同产品质量控制要求也在工艺过程体现一定的差异。

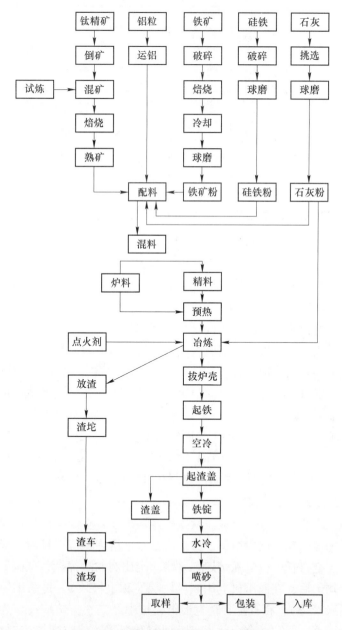

图 3-45 铝热法钛铁冶炼典型工艺流程

C　铝热法实践

攀枝花市银江金勇工贸有限公司以富钛料、还原剂、铁原料、熔剂、助剂、辅材和其他配对合金等为原料生产钛铁系列合金，通过突出合理供热制度和物料平衡测算，优化工艺参数和严格操作制度，稳定并降低钛铁系列合金消耗水平，形成满足国家标准的30TiFe、40TiFe 和 70TiFe 生产技术能力，同时试生产出满足特殊用户要求的 50TiFe 和 60TiFe 产品，形成企业标准，2012 年被中国铁合金协会批准，由企业标准上升为国家标准。钛铁系列合金生产检验结果见表 3-25。

表 3-25　钛铁系列合金牌号和化学成分

牌　号	化学成分/%							
	Ti	Al	Si	P	S	C	Cu	Mn
				≤				
FeTi40-A	35.0~45.0	9.0	3.0	0.03	0.03	0.10	0.40	2.5
FeTi40-B	35.0~45.0	9.5	4.0	0.04	0.04	0.15	0.40	2.5
波动值	32.5~46.46							
平均值	36.94	9.4	3.01	0.04	0.04	0.14	0.02	0.91
FeTi70-A	65.0~75.0	8.0	4.5	0.05	0.03	0.10	0.40	2.5
波动值	64.5~71.24							
平均值	66.52	10.2	1.08	0.05	0.04	0.09	0.03	0.33

还原剂消耗平均 836kg/t 优质高钛铁，富钛料消耗平均 1760kg/t 优质高钛铁，辅助材料消耗约为 350kg/t 优质高钛铁，过程钛收率平均为 69%，中钛铁合金材料品位按照攀钢和武钢要求组织生产，钛品位保持在（40%±2%）Ti。

D　电铝热法实践

锦州铁合金厂电铝热法钛渣电炉间断冶炼钛铁工艺试验：底料由高钛渣和石灰组成，主料由钛铁精矿、铝粒、硅铁粉和钢屑组成，副料基本由钢屑和发热剂组成。先在电炉内将底料全部融化，接着向熔池内加主料，主料可自动反应。此时电极上抬，并停止送电。副料在主料反应结束时加入。反应时间很短，一旦停止即插下电极精炼炉渣。试验整个过程顺利，铝耗明显下降。

钛铁合金成分为 Ti 29.75%、Al 6.42%、Si 4.72%、Mn 1.33%、P 0.038%、S 0.005% 和 C 0.055%。炉渣成分为 TiO_2 10.63%、Al_2O_3 53.41% 和 CaO 14.28%。主要经济指标为铝耗 397kg/t，金属回收率 71.72% 和电耗 406kW·h。

3.3.5.2　合成法钛铁冶炼

钛铁合金是钛合金的一种，合成法钛铁生产通常在真空或惰性气体保护的气氛下，在水冷或液体金属冷却的铜坩埚内熔铸，方法与钛合金熔炼类似。目前合成法钛铁生产中应用最为广泛的是真空自耗电极电弧炉熔炼。将一定比例的海绵钛、低碳钢、铝片、返回料和合金元素混合均匀后，在液压机上压制成块状（称电极块），再采用等离子焊接方法将电极块焊接成电极（棒），在真空自耗电极电弧炉中经二次重熔成锭。为保证铸锭成分均匀，对加入的低碳钢、铝片、合金元素、返回料和海绵钛的粒度均控制在一定范围之内，并根据需要采取三次真空重熔。工业规模熔炼的钛铁合金锭一般为 3~6t。近年也采用其他方法，如等离子熔炼、电子束熔炼、壳式熔炼和电渣熔炼等，熔得钛合金扁锭和方锭。

3.3.5.3 电硅热法冶炼钛硅铁合金

钛原料在硅热反应条件也能生成钛铁，钛与硅生成钛硅化物和钛硅固溶体，铁作为溶解介质，最终形成钛硅铁合金，由于钛的硅热反应放热低，无法形成有效熔融体系，反应过程的传热和传质严重受限，造成产品偏析，渣相混乱，必须借助外热条件建立有效熔融体系，电硅热法成为一种选择。

A 电硅热法冶炼钛硅铁合金技术原理

电硅热法冶炼钛硅铁合金以钛精矿和各种钛渣为原料，硅铁为还原剂，在电炉高温熔炼条件下发生硅热还原反应，生成溶解于铁的钛硅化物，过程发生的硅热还原反应如下：

$$TiO_2 + 3Si \Longrightarrow TiSi_2 + SiO_2 \qquad \Delta G^{\ominus} = -145046 + 32.69T \qquad (3-130)$$

$$TiO_2 + 8/5Si \Longrightarrow 1/5Ti_5Si_3 + SiO_2 \qquad \Delta G^{\ominus} = -126654 + 23.83T \qquad (3-131)$$

反应过程有氧化钙存在时，可能的硅热还原反应式如下：

$$TiO_2 + 3Si + CaO \Longrightarrow TiSi_2 + CaO \cdot SiO_2 \qquad \Delta G^{\ominus} = -228228 + 29.26T \qquad (3-132)$$

$$TiO_2 + 3Si + 2CaO \Longrightarrow TiSi_2 + 2CaO \cdot SiO_2 \qquad \Delta G^{\ominus} = -271282 + 27.67T \qquad (3-133)$$

$$TiO_2 + 8/5Si + CaO \Longrightarrow 1/5Ti_5Si_3 + CaO \cdot SiO_2 \qquad \Delta G^{\ominus} = -209836 + 20.40T \qquad (3-134)$$

$$TiO_2 + 8/5Si + 2CaO \Longrightarrow 1/5Ti_5Si_3 + 2CaO \cdot SiO_2 \quad \Delta G^{\ominus} = -252890 + 18.8T \qquad (3-135)$$

反应过程以硅铝铁合金为还原剂时，铝参加反应，与铝热反应类似，见反应式 3-105~式 3-110。

B 钛硅铁合金实践

重庆大学采用含 $TiO_2$30%、47%的钛矿渣为含钛原料，$FeSi_{75}$为还原剂，成功地冶炼出钛硅合金。试验结果表明：钛硅合金中含硅量大于 40%，含钛量平均约为 20%，钛回收率小于 60%。若硅铁用量过大，并不能增加钛的还原率，而只能增加合金中硅的含量。俄罗斯采用含 $TiO_2$17.10%的高炉渣，用 $FeSi_{75}$ 和 $FeSi_{90}$ 作还原剂，在实验室冶炼钛硅合金，得到的合金中含钛量小于 12%，含硅量大于 68%。攀钢钢研院以含 $TiO_2$22.57%的攀钢高炉钛渣为原料、用 $FeSi_{75}$ 作还原剂，采用直流电硅热法冶炼钛硅合金的工业试验表明：钛硅合金产品中平均含 Ti 23.45%、Si 44.46%，还原残渣含 $TiO_2$7.09%。钛回收率以合金计为 54.03%，以渣计为 59.16%。为了使钛硅合金得到广泛应用，必须研究提高钛硅合金的等级。即提高钛硅合金中钛含量、降低硅含量，生产炼钢工业上能大规模使用的高钛低硅合金。同时贫化渣中二氧化钛，提高钛的回收率。

3.4 中国钛产业发展存在的主要问题

钛产业规模不大，但与其他材料制造加工一样，涉及的方面众多。

3.4.1 钛原料

由于全球约92%的钛资源用于制造钛白（其中约60%为氯化法钛白），5.7%用于海绵钛，2.3%用于其他。钛铁矿精矿品位随产地不同有较大差异，TiO_2含量可在45%~70%之间变化。攀枝花钛原料（钛精矿和钛渣）是理想的硫酸法钛白工业原料。国内钛渣冶炼装

备容量小，技术经济指标差，系统的稳定性和整体性差。随着人们环保意识的不断提高，人们对钛白产品品质的要求也越来越高，硫酸法钛白和氯化法钛白按照交替式互促模式发展，因此市场对钛白原料的需求在不断地增加。而氯化法钛白和海绵钛生产的第一道工序是制取 $TiCl_4$，需要高品质的钛原料，TiO_2 品位、粒度和特定杂质水平达到相关技术质量标准要求。

中国高档钛资源缺乏，由于攀枝花矿本身的特点，不能直接氯化，需要加工成人造金红石，而且选钛工艺变化导致细粒级矿比例增加，超细粒度使氯化面临新选择，要么制粒，要么选择熔盐氯化，要么补充云南矿高钛渣，整体氯化难度较大，成本高，加大了海绵钛的生产成本。生产 1t 海绵钛需要精四氯化钛大约 4t，因此海绵钛成本的增加就是四氯化钛的成本增加的 4 倍。

利用攀枝花钛精矿盐酸浸出制取人造金红石工艺，首先要产生 14.20% 细金红石，这部分物料在产量比较小之前可作为优质的钛黄粉使用，一旦产量扩大以后，市场是否可以接纳，目前还难以判断。有建议将细金红石进行造粒，以满足氯化法钛白原料的粒度要求，但是还没有现成技术，需要进一步研究。这样至少会增加生产成本。

使用粗人造金红石进行的沸腾氯化制取 $TiCl_4$ 的研究，连续运行时间还比较短，炉温的控制还有相当的技术难度，需要进一步认真、细致研究才能与人造金红石工艺形成成套的生产技术。

3.4.2 钛白

中国钛白与国外相比具有明显的比较优势：一是本土化优势，国内市场前景广阔，有着巨大的发展潜力；二是劳动力成本优势，中国劳动力成本一般只相当于欧美国家的 1/10，且素质一般优于其他发展中国家；三是中国经济社会的稳定和经济的稳步增长为钛白行业的发展提供了强大的动力与支撑。

3.4.2.1 废气治理设施不足

平均每生产 50t 钛白，将产生 220~300g/L 废酸 260m³，15g/L 废水 5000m³，150t 七水硫酸亚铁。由于国内钛白生产企业几乎全是采用传统的硫酸法进行生产，在生产过程中产生的大量废酸和硫酸亚铁对环境造成了巨大的压力，虽然国内一些企业通过技术进步和综合利用已经基本解决亚铁和废酸问题，但是绝大多数的钛白企业依然受到硫酸亚铁和废酸处理的困扰。环保是决定硫酸法钛白生存的关键因素。

氯化法钛白生产工艺中，产生的废料主要集中在氯化和精制工序。目前各国都积极开展废料处理研究，其目的是消除废料的同时提取其中的有价成分，实现废料的综合利用，增强项目的环境友好性。但是，中信锦州钛业氯化工艺产生的残渣一直没有有效的解决办法，一旦产量增加，氯化残渣问题将凸显出来。

面对国家对钛白粉行业陆续颁布《钛白粉清洁生产标准》（国家环境保护部）、《清洁生产审核指南颜料制造业（钛白粉）》（国家环境保护部）、《钛白粉、立德粉工业污染物排放标准》（国家环境保护部、国家质量监督检查检疫总局）、《无机颜料（钛白粉）清洁生产水平评价标准》（工业和信息化部）等标准，钛白粉生产企业及生产装置必须最起码满足这些新标准要求，为满足待发布的新法规，现有钛白粉生产装置存在主要差距表现在：

（1）酸解尾气处理装置欠佳。现有间歇酸解产生的酸解尾气，尽管行业做了不少的工作，取得了一定的进展。但气体中的硫化物去除困难，还应该采取经济的方式。应该提倡连续酸解工艺。尽管国内有多家重复从韩国引进连续酸解工艺，但因设备易腐蚀和损坏，存在缺陷。亨兹曼马来西亚和美利联在巴西萨尔瓦多的连续酸解装置，其材质使用寿命比较长，值得借鉴。

（2）转窑煅烧尾气装置达标欠佳。一是尾气中细粉的回收手段不得力，不仅影响产品钛的回收率，而且回收细粉不得当，造成产品质量下降。二是电雾除掉酸雾后的二氧化硫吸收处理不到位，采用碱液吸收，成本太高。

3.4.2.2 废酸与废水的治理不足

废酸与废水的治理不足主要体现在如下两方面：

（1）废酸回收装置欠佳。按环保部颁发的清洁生产一级标准指标新鲜硫酸消耗，二级为不小于≥60%，三级为不小于≥50%。必须要有废酸浓缩循环生产，不仅要有废酸装置，而且要有与之配套的连续生产和产量。废酸装置不再是让人观赏的装置，必须改变现有多数厂家废酸浓缩回用装置只建设不能经济生产的不足与缺陷。要用真正过硬的技术与设备，为钛白粉生产增加效益，做到循环经济。

（2）废水中和利用欠佳。现有废水处理效率低、费用高，中和方式欠佳，而且中和水几乎没有回用。加大技术投入，提倡全部中水回用，不仅可降低单吨产品的水耗，而且按循环经济的法则可节约水费。

3.4.2.3 石膏亚铁等固体物的综合利用不足

石膏亚铁等固体物的综合利用不足主要体现在如下两方面：

（1）污水中和石膏利用乏力。随着钛白粉装置的大型化，稀废酸或谓之酸性废水的量成倍增长，中和所产生的红、白石膏同样成倍的增长，现有堆放既占用土地，又影响环境，多渠道利用不足，甚至认识不足。

（2）亚铁市场饱和，利用渠道乏力。当硫酸法钛白粉规模小时，硫酸亚铁为无机盐产品，无论是用作水处理絮凝剂、饲料、肥料的微量营养元素，还是用于生产铁系颜料等均是很有市场的无机盐产品。当硫酸法钛白粉产能成倍地往上增长后，硫酸亚铁受市场的饱和和远离中心大城市的影响变成了废物。减少亚铁的副产，应该走酸溶钛渣的原料路线，而钛矿和电能资源不能与时俱进。昂贵的钛渣致使钛白生产企业挣扎在难赢利的边缘。应该将硫酸亚铁中的硫和铁作为两个资源来对待。

3.4.2.4 总体技术水平相对较低，缺乏核心技术、产品单一

中国钛白总体装备水平低、工艺技术相对落后，产品结构不合理，品种少，金红石型产品少，专用型产品更少，产品品质不高，供需矛盾十分突出，钛白行业出现了"低端产品过剩、混战，高端产品空缺、失守"的状况。而国内唯一的氯化法钛白生产企业与国外先进企业相比，规模远未达到经济规模，产品单一，质量一般，很难满足下游行业的高端需求。

3.4.2.5 产业集中度远远不够

中国钛产业的生产厂家多、分布广、整体水平不高，没有形成合力，钛行业缺乏良性的竞争环境，部分企业缺乏足够的风险预防能力，生命力不强。近年来攀枝花钛白产业发展异常迅猛，各类规模的钛白生产企业已超过10家，2013年实际年产量超过40万吨。攀

枝花钛白粉工业经济和技术实力脆弱，经不起国际大公司的冲击，存在潜在破产或兼并的危机。

3.4.2.6　企业能源管理水平差

企业能源管理水平差主要体现在如下几方面：

（1）变压器及配电线路配置不合理。工厂供配电系统中能耗最多的是电力变压器及配电线路。由于市场需求的变动和工厂生产工艺的改变，往往出现按设计配置的电力变压器容量与实际如何不相匹配的情况，例如变压器容量过大、负载率低，变压器损耗大；配电线路粗细和长短不合理、不规范，也导致线路损耗大幅度增加。

（2）设备配置不合理。"大马拉小车"情况严重：国内工业企业用电设备多为满负荷设计，额定功率普遍偏大，实际运行效率低，占中国工业用电总量60%~70%的电机，通常的使用效率不到75%，"大马拉小车"与低负荷运行的情况相当普遍。在此状态下，电机消耗的电能中有相当一部分是以发热、铁损、铜损、噪声与振动等形式被浪费掉。

（3）用电设备陈旧老化。目前中国工矿企业中也有不少的变压器、电动机、风机、泵类、压缩机、电焊机等通用设备是属于20世纪六七十年代的产品，有的设备及供电线路非常陈旧，这些设备及供电线路在运行时效率低、耗电多、浪费非常大，存在着很大的节电潜力。

（4）流体设备运行工艺不合理。风机、泵、压缩机等通用机械拖动设备为中国最主要终端耗电设备，根据统计，风机和泵类设备装机容量大约为1.6亿千瓦，占全国用电量的20%。而此类设备大部分设计为固定功率运行，但实际运行时所需的压力或流量并不固定，且大多数低于电机额定功率供给的压力或流量，电能浪费严重，节电潜力大。

3.4.2.7　电力品质低，电能质量差

电力品质低、电能质量差主要是由以下几个因素造成的：

（1）瞬变电压和浪涌电流的影响。工业企业用电设备数量多、启动频繁、负荷变化大，容易对电网产生冲击，引起瞬变电压和浪涌电流情况严重，严重威胁和影响其他设备的正常运行，导致电机的温升和电表转速加快而浪费电能，系统用电效率下降。

（2）谐波的影响。工业自动化使用整流器、变频器、可控硅等非线性设备，会产生大量的谐波，使系统电压和电流的波形畸变，恶化电力品质，不但增加电耗，也影响了用电安全和设备使用寿命，谐波的危害已成为电网最主要的公害。

（3）供电电压不稳定。工业输变电网系统负荷大、分布广，用电高峰期和低谷期分布时段非常明显，因此在用电高峰和低谷时段电压波动很大，都会在很大程度上浪费电能，同时会恶化用电品质，不但会增加电耗，也影响到用电设备的使用寿命和用电安全。

3.4.2.8　能源监管方式粗放

能效使用与供电系统及各种设备的运行状态管理、维护、检修密不可分，而大部分企业只从保障设备能正常运行角度对电能进行管理，没有从使用效率、生产成本和设备使用寿命等角度，对电能进行精益管理，比如能源计量、检测管理制度不健全，能源管理岗位不到位，职责不明确等。

3.4.2.9　钛白产品质量不稳定

对于中国钛白产业而言，工序计量精度差，钛液指标不稳定，尤其是铁钛比、F值、

钛液固含量等难控制；影响因素多，水解机理复杂，没有建立不同钛液指标对应的水解工艺；硅、铝、锆沉淀规律没有完全掌握，不能根据不同应用性能制定相应的包膜制度；没有建立用户档案，不同应用体系对应的有机处理剂研究不深入，中国锐钛型钛白产品质量已有明显的进步，许多产品的质量已经达到 PTA120 水平；中国金红石钛白产品质量参差不齐，质量差别较大，消色力为 1670～1910，亮度为 94.20～95.10、分散性为 3.00～8.00HG，遮盖力为 55%～68%；中国最高档的金红石钛白产品主要有 R298、R996 和 R606 三种，但与进口产品相比，消色力差 30～50、亮度低 0.5～0.1、分散性低 1.0HG，遮盖力差 3%～11%，不能与之媲美。

开发油墨台用钛白和耐候金红石钛白，稳定塑料用钛白，升级造纸钛白，必须开发不同级差的橡胶钛白和电子钛白，推广纳米钛白。

3.4.2.10 硫酸法钛白装备配套差

硫酸法钛白从其他化工领域移植了较多技术装备，虽然经过系列优化，但配套并不令人满意。

（1）矿粉磨机的大型化。硫酸法钛白原 4000t 装置的磨矿采用国产 4R 雷蒙磨，噪声大、故障率高、环境恶劣、产量低。后引进 1.5 万吨装置，采用风扫球磨机，攀钢钛业公司规格为 $\phi2.2m\times4.35m$，电机 298kW，能够满足装置的生产配套，引进的价格较高。404 规格为 $\phi2800m\times5400m$ 的进口球磨机，设计磨矿量为 6t/h，同样能满足 1.5 万吨的生产能力。目前国内经过引入其他无机化工行业的经验，消化、吸收、再创新，多数装置采用国产化磨机直径 $\phi2.6m\times5.1m$，电机 450kW，可满足 4 万吨的生产能力，也有少数厂家采用直径 $\phi3.2m\times7.1m$ 的。近年有的厂家采用水泥立式磨，其效果有待验证。球磨机的效率与产量，与填充碾磨体的规格有关，也与使用的钛矿种类及酸解条件密切相关。

（2）酸解锅的大型化。原 4000t 装置的酸解锅有 $30m^3$，后最大达到 $60m^3$，且没有采用酸矿预混设备，混合周期长、酸解产量低，钛液质量相对难控制。后引进 1.5 万吨装置，采用 $130m^3$ 酸解锅，加之配有酸矿预混装置，酸解锅的生产效率提高，但引进装置单台能力为 0.5 万吨/a，1.5 万吨/a 需要设计 3 台。现有酸解锅基本上增加了直筒的高度，体积达到 $160m^3$，甚至更高。因各厂家矿源、矿粉细度控制和酸解条件不一致，投矿量从每批 25～33t 之间。其产量单台生产能力最高可达 1.0 万吨/a，是引进设备的 2 倍。

（3）亚铁的结晶器。原 4000t 装置的硫酸亚铁的结晶采用的是盘管冷冻结晶，规模小，而且需要配套冷冻站，大量的冰盐水循环。后引进 1.5 万吨装置，采用真空结晶器，（规格：$\phi3600mm$，锥体 $h=3100mm$，$V=54m^3$，电机 7.5kW）、蒸汽喷射器 I（$\phi762mm/762mm$，H8128），蒸汽喷射器 II（$\phi133mm/120mm$，$H1560$），冷凝器 I（$\phi1416mm\times5455mm$），冷凝器 II（$\phi325mm\times2070mm$），产量提高，主要靠真空蒸发带走热量使其降温结晶。

（4）绿矾七水亚铁的分离机的大型化。原 4000t 装置的硫酸亚铁的结晶因采用的是盘管冷冻结晶，结晶颗粒大，过饱和度低，相对便于用离心机分离，也有采用间歇真空过滤的。后引进 1.5 万吨装置，因采用带侧进搅拌器的真空结晶器，过饱和度高，加之产量相对较大，原 404 厂进口的是连续离心机分离，脱水较好，但洗涤和过饱和带来的堵塞使其强度降低，设备易损。而攀钢钛业公司进口的是转台真空过滤机，规格为 $18m^2$，材质钛材，该机过滤连续性好，也能洗涤，缺点是绿矾游离水含量高。后国内新建钛白装置大胆使用国产 25m² 转台过滤机，材质为 316L，经过不断的提高，可满足 4 万吨/a 的生产能力。由于采用真空结晶迅速降温的工艺，绿矾结晶相对细小，过饱和度大，介于不可压缩滤饼和半可压缩滤饼之间，离心分离只适合于不可压缩滤饼，真空过滤且易气体短路，过饱和液沿滤布结晶，目前正在研究一些复合性分离工艺用于亚铁分离。

（5）浓缩设备。钛液在蒸汽喷射泵所产生的真空条件下用蒸汽间接加热蒸发其中的水分以提高二氧化钛溶液的浓度。原 1.5 万吨生产装置浓缩蒸发器规格为：加热器面积 $A = 260m^2$，蒸发器体积 $V = 25.82m^3$，生产处理能力为清钛液 11~13m³/h。现在生产装置采用的薄膜蒸发规格为：φ1220mm×2500mm，加热器面积 $F = 150m^2$，清钛液流量为 10~20m³/h，浓钛液流量为 10~15m³/h。单台浓缩处理量提高了 50%，而且操作范围更大了。一个 7 万吨/a 钛白粉的生产装置只要 3 台就可满足生产。

（6）水解罐与水解技术。水解工艺技术，原 4000t 装置全部是外加晶种，后攀钛和重庆新华各自引进了美国 BIC 常压水解生产工艺，部分装置才开始使用自身晶种工艺。而引进三套装置除济南裕兴外，渝钛白、404 厂均是采用自生晶种。其水解罐规格：φ5m×5.6m，$V = 112m^3$，双层搅拌，桨径 $D_m = 3000mm$ 和 $D_m = 1000mm$，转速 $n = 7.71r/min$。目前国内基本上全是此种规格的水解槽，其内部结构各有不同，有的槽体或槽底有折流挡板，或者导流板，有的则没有。国内部分厂家再次引进欧洲水解技术，槽体规格基本没变，仅搅拌桨改为变截面透平桨，槽体、槽底增加折流板，且搅拌转速提高到 $n = 74r/min$，部分企业提高了部分产品质量。经过改造，水洗产量增加 1/3，达到了欧洲经典硫酸法生产工艺和设备水平。

（7）水洗装备技术的大型化。从酸解沉降、泥浆分离、控制过滤、七水亚铁分离、一洗二洗（还含滤、洗液中稀薄固体回收）、窑前压滤、包膜三洗、污水红泥等分离，无不体现出固液分离的重要性，而每一步分离的目的物不同，形貌各一，结晶的、非结晶的、可压缩的、不可压缩的，固液比高的、固液比低的等功能各异，原所有 4000t 类似装置的水洗设备均为真空莫尔过滤机，叶片规格小，因水解设备和工艺技术的不足，其结果带来水解偏钛酸物料指标极不稳定，上片困难、洗涤效果差、经常掉片；后引进 1.5 万吨装置，采用大型的莫尔过滤机，叶片规格为 2140mm×1630mm，$n = 30$，单组过滤面积为 208.8m²。四川龙蟒集团新建 4 万吨装置时，大胆模仿亨兹曼马来西亚钛白粉厂自动压滤机水洗装置。首期 4 万吨装置一半采用进口水洗压滤机，规格型号为 AEHLSM1500mm×1500mm，面积从 $F = 315m^2$ 到 210m² 不等。用于一洗、二洗，窑前压滤、金红石晶种的钛酸钠分离、包膜三洗。在原有的基础上增大了单台面积 50%，规格型号为 AEHLSM1500mm×2000mm，$F = 450m^2$，75 腔式隔膜压滤机，比原 40kt/a 钛白粉装置水洗压滤机设备更加大型化，目前国内使用压滤机进行水洗的厂家规模均比较大。二氧化钛是晶体结构，封闭、半封闭的毛细孔相对较少，包膜的无定性的硅铝氧化物相对量少、空间厚度小，滤饼呈不可压缩和半（微）可压缩状态之间；待分离的包膜料浆结晶尽管细小（平均 300nm），但粒度分布十分窄。采用压滤机过滤，洗涤推动力大，洗涤时间短，效率高；经过后压榨、吹干，滤饼含水少。水解偏钛酸的一洗、二洗，除了过滤更侧重洗涤，甚至滤布的再生与洗涤，与包膜三洗的物化性质是迥然不一样的。

（8）转窑煅烧。钛白粉煅烧的装备，包括进料窑前加盐处理剂的脱水处理、煅烧、冷却和尾气的净化吸尘四大部分。所有类似的 4000t 煅烧转窑，转窑的规格最大的为 φ2.4m×

48m，所有出窑料冷却采用滚筒外淋水冷却，其热量没有回收；而引进的 1.5 万吨谓之大型的转窑，规格为 $\phi 2.8m \times 55m$，冷却采用冷风换热冷却回收转窑料的热量，冷却器规格为 $\phi 1.5m \times 10.5m$。其煅烧工艺为，经过盐处理的偏钛酸料浆，经过转鼓真空过滤机脱水后，将含有 60% 的多水分的膏浆状物料用螺旋桨泵送入转窑煅烧。因为转鼓真空过滤的滤饼含水量高，造成转窑产量低，能耗高，最大的问题是物料中的含盐水分浸润窑后段衬砖，随转窑的周期性旋转，浸润—干燥—浸润，使其衬砖风蚀，剥落，影响产品的质量，且在一定时间后需要重新衬砖。国内第一条 4 万吨转窑的规格为 $\phi 3.2m \times 55m$，窑前采用带压榨的自动隔膜压滤机，盐处理后的偏钛酸料浆，经过压滤机过滤，压榨，其滤饼水仅仅为 45%，没有多余的分水浸润转窑衬砖，而且缩短了滤饼的干燥时间，其产量是引进装置的 2.6 倍多，且燃气消耗大幅降低，煅烧产品的颜料性能也得到改善。紧随其后有更大 $\phi 3.6m$，$\phi 4.2m$ 的转窑相继投入使用，但没有达到 $\phi 3.2m$ 的效果。根据测算 $\phi 3.6m$ 应该能达到 5 万吨/a 的生产能力，而 $\phi 4.2m$ 应该达到 6 万吨/a 的生产能力。将会牺牲产品的质量和燃气耗量来满足产量。目前全球硫酸法转窑单台产量最大要数亨兹曼马来西亚工厂，其转窑规格为 $\phi 3.0m \times 48m$，年产 6 万多吨。

（9）中间破碎。过去 4000t 装置多数只生产锐钛型钛白粉，产品最后采用雷蒙磨粉碎，其细度指标要求过 325 目（0.043mm），1.5 万吨装置中间粉碎只有雷蒙磨，雷蒙磨规格型号为 R5M，粉碎后的产品进入浸润分散，就可进入包膜工序。钛白粉颜料性能是靠转窑控制晶体增长，中间粉碎不是要将晶体打碎磨细，将烧结的集聚颗粒进行分散和解聚，展现出更多的颜料性能。在硫酸法钛白粉装置大型化的进步中，第一套 4 万吨装置认识到了分散和解聚的重要性，尤其是在 20 世纪 90 年代后欧美已经大量采用湿磨以加强分散和解聚的手段，德国进口 PM12U5 雷蒙磨和湿式分散装备卧式砂磨机，将雷蒙分散和砂磨分散串联使用，其后因雷蒙磨国内材质解决不了，进口价格太高，一些企业采用了欧洲更早时候的湿式球磨机代替雷蒙磨，也是将球磨-砂磨进行串联的工艺。再后面由于西方早些时候的湿式球磨机存在缺陷，为弥补分散能力与效果的不足，在球磨机前增设滚压磨工序，同样是串联模式。国内均使用砂磨机作为中间粉碎的后段，前段则有雷蒙磨，或者球磨机，或者滚压磨，再或者滚压磨加球磨。

（10）包膜装备。整个后处理的目的有两个：一是压制和封杀二氧化钛的光催化个性，二是根据下游用户的用途，经包膜提高其适用性能。作为无机物的包膜就是一个将无机物沉淀到钛白微晶体颗粒表面过程。在包膜前要充分进行分散与解聚，将每个 200~350nm 微晶颗粒彼此独立到溶液中，以备进行单个颗粒表面沉淀无机氧化物。从 20 世纪 90 年代末到现在，砂磨分散从 2μm、1μm、0.7μm 到现在的 0.3μm，已经逼近理论的极限了。引进 1.5 万吨钛白粉装置包膜槽规格为：$\phi 5.5m \times 5.2m$，$V = 110m^3$，单层搅拌，浆径 $D_m = 3800mm$，转速 $n = 16.1r/min$，电机功率为 30kW，也有其他一些规格的包膜槽。目前搅拌器结构和包膜剂的加入方式，乃至折流挡板进行了一些改变。

（11）三洗过滤。采用隔膜压滤机，相对于过去的转鼓真空过滤机或莫尔真空过滤机是大大地进了一步。

（12）三洗滤饼干燥装备。原 1.5 万吨金红石产品生产，后处理包膜洗滤饼的干燥是多数采用带式干燥机，其规格型号为：$A = 30m^2$ 带式预干燥机、$A = 36m^2$ 带式干燥机各一台，最大能力（处理量）为 2.4t/h，采用蒸汽作为热源换热。该工艺不仅产量低，热效率低，而且通过挤条的方式，将钛白粉在干燥过程中重新造粒使其增加后工序汽粉的难度和能量。而渝钛白采用离心喷雾干燥工艺，一些后来建立的工厂也模仿采用这种工艺。离心喷雾干燥由于每立方溶液经过喷雾雾化可达到2万多平方米的换热与蒸发面积，且物料在很短的时间就可干燥，对热敏性物料尤其适用。对用于钛白粉滤饼打浆干燥认为不是最佳的方式，一是打浆进料需要干燥的水分比带式干燥还要高，尽量可大幅提高干燥进气温度，以加大温差（Δt），提高热效应；二是离心喷雾雾化干燥的细粉，因为在瞬间脱水时，雾化颗粒中心的水分从里到外蒸发出来，微观上看还是空心或半空心的微球，也有造粒现象的存在，不利于分散解聚之原理。被包膜的钛白粉微晶体其物化性质与待干燥料性处在半可半缩和不可压缩滤饼之间，由于太细，含水多时呈浆状，含水少时呈膏状，再少可成饼状。前者可用喷雾干燥，中间状态也就可用经典的带式挤条干燥，后者可用气流干燥，是因为结晶颗粒太小，滤饼含水还有30%，气流干燥加速管处停留时间不够，容易导致底部积料堵塞，导致生产中断。因此第一条4万吨钛白装置在干燥单元大胆采用旋转闪蒸干燥器。正如丹麦Niro公司开发的离心喷雾干燥器是为了解决浆状物料的干燥一样，而该国APV公司开发的旋转闪蒸干燥器则是解决半膏状或含水量相对较高，而气流干燥其无法干燥物料的一种提升换代干燥设备。使用旋转闪蒸干燥器代替原有经典的干燥机，规格型号：XSG-16，即直径$\phi1600\text{mm}$，旋转打散搅拌功率为37kW。当初设计能力为每小时3t产量，现经过优化最大可以达到5t/h的实际生产能力。后处理应用旋转闪蒸干燥取代带式干燥机和喷雾干燥机是钛白粉装置大型化、升级换代的主要技术进步之一，达到了节能降耗、提高产品质量的目的。

（13）气流粉碎设备。引进1.5万吨装置采用的气流粉碎机规格为：$\phi1060\text{mm}/1638\text{mm}$，单台设计能力为1.2t/h，而最重要的是钛白粉/蒸汽比在1∶4.0（±0.5t）。因前工序带式干燥机或喷雾干燥的造粒结果不得不需要更多的能量进行解聚。而从汽粉出来的蒸汽经过旋风除尘回收钛白粉后，用水栅直接冷却蒸汽。不足是旋风除尘回收钛白粉的效率低，小部分解聚（常说粉碎）得更好（更细部分）的产品重新进去水中再经过沉降、分离回到前面的干燥工序。而现有的气流粉碎的进步表现在：一是单台产能大幅度提高，可达3.0t/h，现在优秀的厂家7万吨才使用三台，过去1.5万吨需用两台；二是蒸汽消耗大幅减低，钛白粉/蒸汽比在1∶1.8(±0.3t)；三是采用一次高温滤袋收尘回收钛白粉，效率高、蒸汽冷凝水可直接回用。

（14）废酸浓缩回收。国内首套最大规模4万吨装置采用开发的喷雾浓缩废酸的专利技术，成功地将22%废酸浓缩到55%，分离出因铁钛比指标带来的一水硫酸亚铁，巧妙地解决了废酸浓缩除杂难题，并按循环经济的共整耦合方法成功用于湿法磷化工生产和硫酸生产的原料，达到循环经济的循环再利用目的。由于喷雾浓缩大量的尾气中的湿热被浪费掉。四川成都千砺金科技创新有限公司开发的硫酸法钛白粉废酸浓缩回用专利技术，成功地用在四川卓越钒钛有限公司2.5万吨硫酸法钛白粉的生产装置上，解决了换热器结垢后堵塞问题，废酸循环不仅可以利用，而且还能创造十分显著的经济效益，较欧洲同类装置的运行时间增长4倍。

攀渝钛业引进芬兰劳玛的废酸浓缩为中国钛白废酸浓缩的第一代技术；龙蟒集团4万吨装置开发的喷雾浓缩技术则为第二代废酸浓缩技术；成都千砺金科技创新有限公司在攀枝花卓越钛白实施的专利技术为第三代废酸浓缩技术。

（15）污水处理装置。现有大型化的硫酸法钛白粉生产装置污水处理装备，无论中和槽、曝气槽、压泥机均做到了大型化。从过去单一地采用石灰中和，在比较合适资源的条件下，有电石渣的采用电石渣，多数已经采用石灰石粉替代大部分石灰，并且是低碳的、低成本的原料。

（16）配套大型硫酸装置。国内首套最大的 4 万吨硫酸法钛白粉生产装置是先建成年产 20 万吨硫黄制酸装置，再建钛白粉装置。因为硫黄、硫铁矿不仅是硫酸生产的原料，而且还是低碳的能量来源，可直接将生产的能量直接用于钛白粉生产，减少用蒸汽所需的煤炭用量。由于硫酸生产技术的进步，HRS（低温热回收系统）的应用，每吨硫酸可多生产 0.5t 蒸汽，共计可回收 1.5~1.7t 蒸汽，每吨钛白粉消耗 4t 硫酸，配套建设的硫酸装置可提供近 7t 蒸汽，并节约大量的硫酸运输费用，为硫酸法钛白粉参与市场竞争提供了有利的条件。现有国内较前几位生产企业均建有较大型的硫酸装置，无论是硫黄制酸还是硫铁矿制酸多数为单套年 30 万吨。

3.4.2.11　氯化钛白装备

国外钛白生产技术先进，钛白包膜专利也很多，钛白生产厂家往往根据钛白用户的不同需要，通过控制后处理工艺生产出不同性能的通用或专用钛白。

对于氯化钛白生产装置而言，沸腾化炉规格增大，产能也相应地提高，中国的沸腾氯化炉内径为 $\phi1200mm$，日产能平均为 25t；国外最大沸腾氯化炉内径为 $\phi4880mm$，日产能在 527t，相差 20 倍以上。而且国内小沸腾氯化炉的单位产品消耗和国外相比：富钛料多耗 5%，氯气多耗 15%~20%，还原剂多耗 10%~15%，炉子单位面积产能低约 8%。因此要想获得好的经济效益，必须提高炉子产能，采用大型沸腾氯化炉。

大型氯化炉产能高，是国内传统沸腾氯化炉产能的 4~5 倍，自动化程度高，炉子的生产、操作、测示全部实行自动控制；技术指标领先：炉子单位产品的原材料消耗比国内现有指标低 5%~10%；劳动条件好，炉子出渣、排气等全部密闭。

氧化炉使用周期延长，超过 25d。

氯化工序的产能与氧化不配套，如中信锦州钛业原始设计（约 65t $TiCl_4$/d）与现行生产（约 130t $TiCl_4$/d）之间存在较大差异，带来的热量不平衡、能力不匹配等系列问题。环保问题，主要表现在废盐量大、排放周期短且难以处理（目前并未处理）。收尘渣的人工间歇式排渣，且排放出的是含盐酸和 $TiCl_4$ 等气体，不仅导致操作环境差，污染严重，而且对设备、厂房腐蚀厉害。

技术经济指标方面，主要是氯耗大，中信锦州钛业目前的 Cl_2 消耗约 500kg/t 钛白，而先进的沸腾氯化工艺多为 200kg 左右。

废渣的综合治理困难较多，产能难以进一步扩大，很难适应生产钛白 30kt/a 及其以上规模。

精制 $TiCl_4$ 的质量需要进一步降低 $TiCl_4$ 中 Si、C 的含量。

进一步优化氧化工艺，提高钛白初品的质量，包括进一步降低初品的粒径，提高初品的金红石转化率等。

优化氯化钛白后处理工艺，特别是优化包膜工艺，提高产品的遮盖力、分散性和耐候性等应用性能，提高带式干燥机的产能；提高气流粉碎机的产能。

3.4.3　海绵钛及金属钛

中国海绵钛的生产能力在 2005 年后得到快速发展。中国海绵钛均采用第二层次技术，系统性差，控制技术落后，设备故障多，操作经验缺乏，生产顺行延期，消费量增长明显落后于产能扩张速度，所以攀枝花的海绵钛面临着激烈的竞争和挑战。

海绵钛属于工业精原料，是生产钛材的重要原料，作为中国钛材加工行业的宝钛其钛材加工能力不过 8000~9000t，国内海绵钛产能大，需要钛企业和钢铁企业结合，规模化发展解决钛加工问题。

4　钒钛清洁生产体系设计

国内外钒钛产业发展的技术工艺选择具有共性，但钒钛产业发展的外排循环物具有质和量的差异性，钒钛产业发展的集中度对环境的影响深度和广度各不相同，不同国家环境保护法律决定了执行差异和环境保护力度，直接对钒钛产业清洁生产和环境配套保护的趋势产生影响。钒钛清洁生产应该重点关注硫酸法钛白、五氧化二钒、四氯化钛、钛渣和人造金红石生产过程，有的属于终端产品，有的是中间产品，部分生产系统不闭合，化学提纯和物理分离集中持续进行，应该尽量限制体系外反应变化，工序系统无缝对接衔接，实施长周期生产组织，避免短周期间歇运行，保持体系物料能量平衡，减少无组织排放，淘汰落后工艺产能，避免极端危险化学品的使用，根据原料和工艺以及多产品全方位配置产业链，优化主线工艺，完善辅助工艺，优化各项技术经济指标，提高主金属的综合回收率和辅助原料的循环水平，降低综合能耗，按照环境友好和自然和谐的原则要求，全力设计构建钒钛清洁生产系统。

4.1　钒钛产业发展特征

钒钛产品种类繁多，产业衍生派生出多种钒钛基制品，主产品生产阶段具有化工冶金的产业共性，原料处理、化工生产和产品精细化配置有机结合，原料加工升级区域化，产业发展集约化、高效化和高技术化特征明显，依据不同的产业要素优势进行区域分工和行业内分工，互为基础，多产业结合参与，递进融合发展，多层次联动发展。有时原料处理升级需要形成行业共性中间原料，或者中间产品，再分流进行精细化加工形成终端产品，主要体现在重点化学处理单元过程控制工序，其工艺设备需要优化，工序衔接自然有序，保持行业和工序经济规模和领先水平，按照生产消费周期合理组织生产，原料能源要求平衡使用和循环使用，鼓励使用节能设备，体现较高的原料能源使用效率和工序效率。由繁至简地使用原料，慎重选用生产介质、添加剂和辅助材料，淘汰危险和环境敏感原辅材料的使用。

清洁生产的目标必须贯穿整个产业发展过程，制定不同阶段的清洁生产规范，抓住关键工序，完善大宗量重点产品生产工艺，解决复杂技术使用过程的控制难点。

4.1.1　钒钛产业发展特征

钒钛产业清洁生产影响最明显的包括硫酸法钛白、四氯化钛、人造金红石和钛渣生产。高端的氯化钛白和海绵钛由于使用了高纯 $TiCl_4$ 原料，钛加工选择真空设备，后序加工清洁生产达标率高。钒钛产业发展对资源能源需求强烈，集中度高，产品追求高质量，工艺技术设备追求高效率。

4.1.1.1　钒钛产业凸显资源经济特征

钒钛产业发展凸现资源性经济特征，对钒钛矿产资源有较强的依赖性，是资源导向经

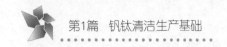

济发展的产物。伴随攀枝花钒钛产业的迅猛发展，攀枝花钒钛资源消耗明显增加，能源配套需求强劲，钒钛产业不断延伸和产品精细化发展，多元原辅材料进入产业系统，对硫酸、盐酸、碱和氯气的大宗化工原料依赖较深。按照 1t 钛白需要 2.5t 钛精矿，目前生产钛白 10 万吨/a 的钛精矿消耗量为 25 万吨/a，按目前的钛回收率水平折算，将消耗攀枝花钒钛磁铁原矿 1000 万吨/a，消耗硫酸 40 万吨/a，消耗水 300 万吨/a；钒资源利用主要消耗 1000 万吨/a 原矿选出的钒钛磁铁精矿，生产 18 万吨/a 标准钒渣，在攀枝花加工生产五氧化二钒 1 万吨/a，消耗水 60 万吨/a。

4.1.1.2　钒钛产业的技术复杂性特征

钒钛产业具有流程长、工序多和原辅料品种多杂等特点，涉及矿物采选、高温冶金和化工提取过程。矿物处理精细化，高强度和高细度磨矿进一步强化了能源需求。工序交叉重复，氨氮等环境敏感因素贯穿，热能和化学能交替转换，能量与物质形式高频度转换，酸碱盐介质使用频繁，部分危化介质作为主原料进入生产过程，如硫酸法钛白生产以硫酸作为分解介质，酸解-水解作为主要工艺特点，酸解水解过程中 TiO_2 品级逐步升高达到精细级水平，硫酸则由浓酸逐步稀释；氯化法钛白以氯气作为分解介质，氯化-氧化作为主要工艺特点，氯化氧化过程中 TiO_2 品级逐步升高达到精细级水平，氯气则由高浓度逐步稀释；钒钛原料处理使用了超强磨矿和有机类捕收剂，部分工艺环节工序可控性差，整个工艺、工序和原料具有强烈环境影响因素。

4.1.1.3　钒钛产业的产品多重性特征

钒钛作为稀有金属，矿物与多金属元素伴生赋存，生产过程产品形成一主多副格局，如提钛生产过程可以形成钛矿、钛渣、钛白、海绵钛和钛合金等，过程副产品则包含铁精矿、半钢、稀盐酸、稀硫酸、绿矾、$SiCl_4$ 和 $FeCl_3$ 等，副产品再加工可以形成多元系列产品，主体涉及铁、钒、钛、硫酸盐、氯化物和氧化物等，产品根据品级需要实现差异化，通过再处理和深加工实现其物质价值，而清洁生产目标就是要最大限度减少生产加工过程的废物产生量，使所有物质物有所值和物有所归，实现其应有价值。

4.1.1.4　资源化分流处理系统废物

硫酸法钛白使用钛精矿（或者钛渣）和硫酸作为原料，产品仅有钛白，浓硫酸被稀释为稀硫酸和含酸洗水，钛原料中部分可溶性杂质溶解其中，废酸产生量为 8t/t 钛白，硫酸浓度约为 20%，钛白稀硫酸与磷酸盐结合生产磷肥和磷酸盐，形成钛-磷结合模式。钛白稀硫酸直接浓缩达到 70%，混入酸解酸中使用，形成简单钛-硫利用模式；钛白稀硫酸用于有色金属提取，或者制备有色金属硫酸盐利用模式，形成钛-有色金属，或者钛-有色金属硫酸盐生产利用模式。钛白生产过程主要的铁元素形成硫酸亚铁被分离后，一方面与制硫酸结合用作冷却剂，回收铁红用于钢铁原料，形成钛-硫-铁利用模式；另一方面钛白副产硫酸亚铁经过水解—沉淀—氧化—分离—煅烧生产铁红铁黑产品，形成钛-铁利用模式；第三，钛白副产硫酸亚铁直接用作净水剂，形成钛-铁系净水剂利用模式。

4.1.1.5　管理分区与功能分区特征

钒钛产业企业实施管理分区和功能分区，以钒钛产品为核心，工序为重点，进行区域功能配置和分区管理，体现不同的管理侧重和要求，可以一体化管理，也可以分层次分级管理。钛矿企业按照采、磨和选功能特点集中分区；钛渣根据冷热分区；人造金红石则根据前处理和后加工的不同特点进行功能分区管理；硫酸法钛白分简单黑区和白区，也可分为主生产区和辅助生产区，按照功能分为原料区、生产区、成品区、辅助区和管理区，大型现代化钛白简单分为硫酸区和钛白区。海绵钛生产与镁电解和钛加工形成功能分区，管理联动。钒生产按照原料准备，火法处理、湿法处理和成品集中管理分区。

4.1.1.6 钒钛产业的集群化发展特征

钒钛产业发展需要一个产业集群依托，关联产业链联动发展，产业集群是以市场为导向、钒钛企业为主体、相关产品集中生产、专业化协作配套的企业在同一地理区域大量集聚的经济发展模式，是工业发展到一定阶段全球经济发展的一个趋势。世界上有竞争力的产品和企业往往都是依托于一个产业集群分工合作，产业集群可以降低成本，通过规模经济和范围经济，促进产业组织优化和服务社会化。

A　硫酸法钛白与硫酸生产对接结合

硫酸法钛白需要大量硫酸，在酸解和浓缩工序有两个重要的加热环节，消耗大量的蒸汽。硫酸生产在洗涤工序产生大量蒸汽，生产规模与蒸汽产量呈正比。现代硫酸法钛白建设一般与硫酸生产配套，管路输送硫酸，节约物流和储存成本，平衡两大系统的能源使用。

B　海绵钛与电解镁生产对接结合

克罗尔法海绵生产采用镁还原四氯化钛，生成海绵钛和镁氯化物，镁消耗量大。电解镁生产可以同时生产氯气，用于氯化过程。海绵钛与电解镁生产对接结合可以形成钛—镁—氯循环，节约物流和储存成本，平衡两大系统的物质转化使用。

C　海绵钛与氯化钛白生产对接结合

海绵钛和氯化钛白的中间原料产品为精制四氯化钛，海绵钛和氯化钛白结合对接可以通过兼顾两个市场，最大限度保证四氯化钛生产的平稳顺行。

D　钛加工与钢铁加工结合

钛加工成型装备与钢铁加工成型装备完全一致，金属塑性加工原理相近，可以使钛加工与钢铁加工结合，降低投资成本，增强专业化加工水平。

E　钛熔炼与高温合金生产结合

钛熔炼成型装备与高温合金熔炼成型装备完全一致，金属熔炼成型原理相近，可以使钛熔炼与高温合金成型结合，降低投资成本，拓展业务领域，增强专业化熔炼水平。

4.1.2 钒钛产业可持续发展和清洁生产要求

攀枝花矿属于多元素共生矿，包含多种金属和非金属矿物组分。钒钛产业清洁必须借力技术进步和集群化发展。

4.1.2.1 多层次规划矿物用途和后期管理

钛产业发展的主原料钛精矿选别过程工序多、用水量大。其排放的废水中含有黄药和重金属离子，应当尽可能循环使用，外排部分必须处理达标合格。精矿以外废弃物料以粉状和粒状为主，在可能可行技术条件下可以规划其他可利用矿物选矿，如深度选钛、选铁和选别硫钴精矿，若暂时无法进行有用矿物选别，应该进入尾矿库集中保存，给以后利用创造条件；经过一定时间脱水后矿物颗粒会出现扬尘，应该在确保尾矿坝安全的情况下进

行植物覆盖保护，防止粉尘飞扬和资源流失。

4.1.2.2 延长产业链，消减安全环保问题

困扰钒钛产业发展的环保问题包括绿矾应用、废酸处理和提钒废水，绿矾是铁系颜料的生产原料，发展铁红、铁黑、聚铁和铁氧体磁性材料等精细铁化合物，形成铁化工产品生产能力，消减降低绿矾的环境影响；废硫酸是有色金属硫酸盐生产的原料，可以发展硫酸锰、硫酸锌和硫酸铜等，消耗消减废硫酸；困扰钒产业发展的环保问题主要来自提钒渣和废水，废渣与瓷砖建材结合，生产新型建材，废水再提钒、收铬、收钠和蒸氨循环，消耗消减提钒尾渣和废水。

4.1.2.3 配置多层次产业

在钒钛核心产业之外配置第二层次和第三层次产业，利用钛白绿矾生产铁系列颜料做精铁化工产业，利用钛白废酸生产锰锌系列金属盐做精有色金属产业，利用五氧化二钒制备过程副产的硫酸钠生产硫化钠系列化工产品，提钒尾渣作陶瓷原料，多层次纯净钒产业基础。

4.1.2.4 培育钒钛新技术，解决环保问题

钒钛产业原料具有复杂多样的特点，生产工序周期长，副产物量大出口多，实用化产品技术缺乏，或者不经济，对生产环境和社会环境影响深刻，必须有针对地升级钒钛技术，配置管控技术，实现钒钛技术清洁化。

4.2 钒钛清洁生产产业链设计

钒钛清洁生产产业链设计必须坚持原产地原则，原料加工产品集中，分层次递进升级，产品应用分散，重点在加工制造层面的顶层设计。

4.2.1 钒产业链

钒属于高熔点稀有金属，具有银灰色光泽，主要用于钢铁生产。世界工业发达国家在低合金钢、工具钢和其他合金钢中的用量达87%，钒作为添加剂可以大大提高钢的强度和韧性。钒在有色金属中作为钛的合金元素有重要意义。Ti6A14V合金在室温下稳定性好，具有很好的疲劳强度。Ti6Al6V2Sn、Ti8AlMoV合金用在驱动装置构件、飞机、造船骨架结构及反应堆工业中。五氧化二钒作为有机和无机氧化反应的催化剂，广泛用于硫酸制造、石油炼制和有机合成工业中，钒的化合物还应用于生产颜料、干燥剂、油漆、玻璃着色剂和釉彩等。

钒消费与钢铁发展密切相关，影响钒生产的因素主要是资源和市场，提钒资源以钒钛磁铁矿、石煤和回收召回二次钒资源为主，工艺则以冶金配套和化工提纯为主线，从多年的提钒工作经验和钒产品的市场发展趋势看，V_2O_5、钒氮合金和高钒铁依然是钒系列的主导产品，金属钒、钒铝合金和钒功能材料等则是钒的方向性产品。根据生产实际和国内外的市场特点分析，钒产业链系列产品应定位为钒钛铁精矿、含钒铁水、钒渣、五氧化二钒、钒系催化剂、精细钒功能材料、三氧化二钒、钒基多元合金、高钒铁、硅钒铁、氮化硅钒铁、金属钒和碳氮化钒和特殊含钒钢等。

4.2.2 钛产业链

钛的矿物有70余种，目前工业可用矿物有钛铁矿、金红石（锐钛矿）和白钛石，根

据矿物性质钛铁矿和金红石矿又有砂矿和岩矿之分,攀枝花钛精矿属岩矿范畴。国内钛铁矿岩矿 TiO_2 储量为 14.7 亿吨,钛铁矿砂矿储量为 4000 万吨,主要集中分布在广西、广东和海南等省的广大沿海地区。金红石岩矿储量为 700 万吨,以湖北大阜山和山西代县碾子沟为主要分布区域;砂矿储量为 80 万吨,以河南方城和湖南华容为代表。国外的钛矿以加拿大、俄罗斯、澳大利亚、美国和印度等为主要储量分布国和生产国,也是钛生产的主要竞争对手。钛矿最主要的用途是制造颜料钛白,其次是生产海绵钛。据粗略估计,全世界每年生产的钛矿原料 90% 左右用于生产制造钛白,5% 左右用来生产海绵钛,其余用于生产焊条涂料以及金属制件硬质涂层的碳化钛和氮化钛。钛的有机化物可作各种聚合作用的催化剂,在印染工业中还可作防水胶使用。钛白不仅是性能优良的白色颜料,而且是重要的化工原料,广泛应用于涂料、油墨、塑料、橡胶、造纸和化纤工业中。

海绵钛是生产钛制品的中间产品。钛的密度小、强度大,具有良好的耐热性和耐低温性,钛及其合金是制造超音速飞机、火箭和航天飞机不可缺少的原料。20 世纪 80 年代以后,钛在化学工业、冶金工业、海洋事业和电力工业等方面发展很快,新发展的领域还有医疗补形、储氢合金、超导材料、深海潜艇、汽车制造、建材及体育用品等。

钛矿物中钛主要以氧化钛的形式存在,通常在矿石采选时选出钛精矿,钛精矿可以直接用作硫酸法钛白的原料,工序包括酸解—除铁净化—水解漂洗—煅烧—钛白成品;也可冶炼高钛渣,除铁富集后,用作硫酸法钛白原料;亦可将高钛渣经过氯化得到粗四氯化钛,除钒、硅后得到精四氯化钛,四氯化钛或采用科罗尔法钠、镁还原生产海绵钛,或者进行氯化氧化,生产氯化钛白。

近年来,国内外市场对高档钛白和海绵钛产品需求强烈,为此钛产品应该着眼于高质量精品满足市场需求,理顺钛白生产环节,提高钛白档次,同时重视其他钛产品生产工艺开发,将钛产品定位在护炉矿、钛精矿、高钛渣、人造金红石、高档次钛白、氯化钛白、钛合金、含钛合金钢种等,形成特色钛系列产品,以增强产业的整体市场竞争力。

4.2.3 钴镍铜硫产业链

钴属高熔点、耐腐蚀和有磁性的金属,用于生产高温、防腐、磁性和硬质等合金,也用于干燥剂、催化剂和颜料等产品中。钴的消费水平是衡量一个国家军事、钢铁、电器、机械和化学等工业先进与否的重要标志之一。钴矿物属于伴生矿,产量与镍、铜等主金属生产有关。矿物主要有硫钴精矿、红土矿、硫化铜镍矿、钴土矿、硫砷钴矿等,存在形式为硫化物、氧化物和硫砷化物,全国钴储量为 50 万吨(不包括攀枝花钴资源),集中分布在甘肃、山东、山西、新疆、吉林和四川等省区。由于钴的生产工艺比较复杂,且与原料密切相关,市场需求较旺,所以钴价一直偏高。攀枝花钴主要存在于硫钴精矿中,所以提钴过程基本为主金属选矿富集—硫酸化焙烧—焙砂浸出—浸出液净化—钴产品分流,净化过程回收镍和铜等。世界主要产钴国有扎伊尔、赞比亚、俄罗斯和加拿大等,国内总体上是钴的纯进口国。由于攀枝花硫钴精矿为低品位矿,所以对攀枝花而言,产品定位应为硫钴精矿、硫酸和各种钴盐为宜。

镍是具有较高化学稳定性、高热稳定性、机械安定性、磁性和导电性的银白色金属,主要用于制造不锈钢、合金钢、耐酸钢、耐热钢以及电镀等,广泛应用于飞机、雷达、导弹、坦克、舰艇、宇宙飞船、原子反应堆等各种军工和民用领域。镍工业矿物主要为铜镍

硫化物型和红土氧化物型，我国以铜镍硫化物型为主，存在矿物为磁黄铁矿、镍黄铁矿和黄铜矿，镍储量数百万吨，主要分布在甘肃、新疆、吉林等省区，生产工艺为选矿—熔炼冰镍—吹炼高冰镍—电解。攀枝花镍主要存在于硫钴精矿中，在净化钴浸出液时可以加以回收利用。世界主要产镍国有俄罗斯、加拿大、新喀里多尼亚、澳大利亚、印尼、古巴等。攀枝花矿产资源循环的镍产品主要将以硫酸镍为主，在适当时候发展电镍。

4.2.4 钪镓产业链

镓是重要的稀散金属，它的半导体化合物具有优良的性能。它广泛应用于电子、宇航和军工等领域。世界上尚未发现独立的镓矿物，一般伴生于铝土矿、闪锌矿和铁矿石中，世界大多数企业从 Al_2O_3 生产中回收镓，其次是从锌冶炼厂废渣或烟尘中回收镓。攀枝花矿中镓富集在提钒弃渣中，经过还原焙烧—预酸浸—再酸浸—浸液萃取—有机相反萃—反萃液沉淀、净化—碱溶—电解，得到工业镓。从发展的角度分析，攀枝花镓产品应该将以金属镓作为目标产品。

钪是地球上丰度较低的金属元素，存在面很广。一般能作为提钪矿物的有钪钇石、钨矿石和各种冶金渣等，攀枝花可作为提钪原料的包括高钛型高炉渣和钛精矿，对高炉渣而言，首先用浓酸分解—熟化—溶解浸出—水解—提钛尾液—钛、钪萃取净化—沉淀—煅烧—Sc_2O_3；钛精矿—高钛渣—氯化—氯化渣溶解—净化萃取—沉淀—煅烧—Sc_2O_3。由于市场容量小，技术尚有缺陷，所以建议将来在技术和市场达到一定水平时，将 Sc_2O_3 作为资源产品。

4.2.5 二次资源利用产业链

二次资源大多是以铁钛为主的矿渣和矿物，回收应该以利用铁钛为主，辅以开发功能产品，提取有价金属元素。产品宜定位为轧钢铁鳞和瓦斯灰等可作含铁原料回收，或进一步富集，制成高品级提铁锌原料，或作提钒冷却剂等，同时生产纯铁、铁粉和磁性材料等，目前含钛高炉渣利用率不到3%，含钛高炉渣应按照建材和提钛原料等进行定位。尾矿绝大部分送尾矿坝堆存，作为后备资源储备。其他气体和液体性二次资源用途还未规模化系统化开发出来，有的还给生产（钛白废硫酸等）和环境（含硫气体等）带来严重影响。

4.3 钒钛产业清洁生产模式

硫酸法钛白生产经过九十多年努力，逐步趋于完善，根据不同的地域特点形成了各具特色的清洁生产模式。酸解废气水喷淋、煅烧废气水喷淋或静电除雾、酸性废水采用白云石、石灰石、石灰中和等，虽然还不十分完善，但污染程度有所减轻。高浓度水解废酸和七水硫酸亚铁得到有效利用；提钒体系尾渣应该结合回收镓，废水体系回收铬锰，强化氨-钠可逆循环。

4.3.1 有色金属-硫-钛结合模式

有色金属湿法冶金过程的溶出介质以稀硫酸为主，铜、锌、锰、钴和镍矿物以硫化物及氧化物为主，硫化矿物经过焙烧或者硫酸化焙烧可以得到氧化物或者可溶性硫酸盐，通过酸浸形成硫酸盐体系溶液，净化处理达到金属提取目的。

锰采用软锰矿作原料生产金属锰时，首先对软锰矿进行还原焙烧，将锰转化形成可溶性 MnO，然后用电解液配加硫酸浸出，调节 pH 值为 2.5 左右。浸出液经过澄清过滤后，用氨水、MnO_2（可用阳极泥）或者石灰乳中和至 pH 值为 6.5，沉淀分离出氢氧化铁、氢氧化铝、二氧化硅、砷、钼和镍等杂质，滤液加硫化铵 $[(NH_4)_2S]$ 或者硫化氢（H_2S），将剩余的微量铁、砷、铜、锌、镍等沉淀分离，同时加入少量的硫酸亚铁除去胶体及硫化物。

典型工艺流程见图 4-1。

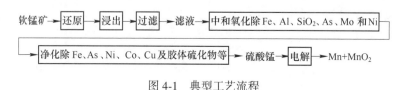

图 4-1　典型工艺流程

4.3.2　富钛料模式

将废酸用于生产人造金红石，是石原公司的独家技术。石原公司在四日市硫酸法 TiO_2 生产厂的水解废酸的 90% 用于生产人造金红石，但是仍产生 5% 的废酸，可以返回系统循环利用。典型工艺流程见图 4-2。利用废酸来浸取索雷尔渣，提高索雷尔渣品位以生产人造金红石工艺流程图见图 4-3。

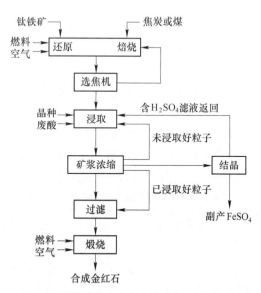

图 4-2　日本石原利用废酸生产人造金红石的典型工艺流程

4.3.3　硫-钛-硫模式

钛白粉生产过程需要消耗大量的硫酸，而硫酸生产过程有大量的废热产生，水解废酸浓缩需要消耗大量的能源，采用硫黄制酸过程的废热为热源的浓缩工艺，可以实现大幅度降低废酸浓缩费用的目的。采用硫铁矿生产硫酸，沸腾炉焙烧硫铁矿的过程会放出大量的

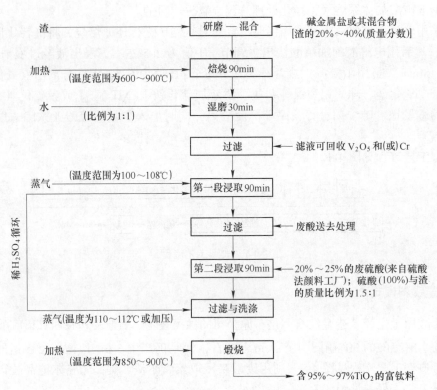

图4-3 利用水解废酸提高索雷尔渣品位生产人造金红石工艺流程

热量，含硫35%的硫铁矿，焙烧每公斤矿大约放出4521.7kJ的热量，其中40%左右的热量消耗于烟气和灰渣的加热，60%的热量如果不回收利用就必须移去，否则会影响焙烧反应的进行，即焙烧每千克含硫35%矿（FeS_2）需要移去2721~2931kJ热量，相当于使用1t矿可得到100kg标准煤的发热量，如果用于生产蒸汽则可产生1.0~1.2t蒸汽。从沸腾炉出来的炉气，一般温度高达850~950℃，现在国内一般都是采用废热锅炉用于生产蒸汽。在硫酸转化后有大量的低温热量，约占硫酸总余热量的30%，进入吸收工序，这些热量均被冷却水带走。190℃的一转后的气体直接进入一吸塔，215℃的二转后的气体进入二吸塔，这些热量都被冷却水带走。采用硫黄为原料生产硫酸，焚硫炉出口950℃左右的高温气体，经过锅炉冷却到410℃左右，直接进入转化塔，生产每吨硫酸一般产生蒸汽1t；转化SO_2的反应热和由焚硫炉转移到转化系统的热量一般产生蒸汽0.6t，即采用硫黄为原料生产1t硫酸产生蒸汽1.6t。

4.3.4 硫-钛-铁模式

按照七水硫酸亚铁盐考虑，1t绿矾含有7个结晶水，相对分子质量为278，硫酸亚铁比例为54%，水的比例为46%。1t硫酸亚铁结晶水有0.46t水需要蒸发汽化，水蒸气与烟气同行，出口温度为300℃。1t硫黄掺烧2t七水硫酸亚铁，在硫黄或者硫铁矿制硫酸过程中可以用钛白副产七水硫酸亚铁代替硫黄，经过"3+1"两转两吸工艺过程，获得了很高的SO_2转化率和SO_3吸收率，1t七水硫酸亚铁代替0.11t硫黄，副产的氧化铁用作炼铁原料，硫元素围绕钛白循环，具有良好的经济性。

4.3.5　硫-钛-磷模式

钛白废硫酸可以与磷矿反应生成磷肥，生产磷肥所用主要原料是磷矿石和硫酸。分解磷矿石主要有酸法和热法两种。酸法磷肥一般系用硫酸、硝酸、盐酸或磷酸分解磷矿石而制成的磷肥或复合肥料。酸法磷肥多是水溶性磷肥，如过磷酸钙。

过磷酸钙含有效五氧化二磷12%~20%。生产是用硫酸来分解磷矿粉，反应分两步进行，具体化学反应如下：

$$Ca_5F(PO_4)_3 + 5H_2SO_4 \Longrightarrow 5CaSO_4 + 3H_3PO_4 + HF\uparrow \qquad (4-1)$$

$$Ca_5F(PO_4)_3 + 7H_3PO_4 + 5H_2O \Longrightarrow 5[Ca(H_2PO_4)_2 \cdot H_2O] + HF\uparrow \qquad (4-2)$$

过磷酸钙生产大致上可分为磷矿石粉碎、干燥、酸矿混合，料浆化成、熟化和粒化干燥五个工序。酸法磷肥生产过程消耗钛白废酸，磷肥进入农业生产领域。

4.3.6　钛-硫-钙模式

美国的硫酸法工厂也因为浓缩后废酸的用途及成本问题，一般不采用浓缩工艺，而是用废酸中和生产石膏，美国氰胺公司率先用废酸中和生产石膏。SCM公司和Kemira公司在美国的硫酸法TiO_2生产厂早已采用将废酸中和用于生产石膏。20世纪90年代Tioxide公司的一些硫酸法TiO_2生产厂也采用此工艺，所产生的副产物石膏可用作建筑材料。日本、中国和欧洲有的TiO_2生产厂也有采用此法生产石膏。

4.3.7　钛-硫-氧化铁模式

在一定pH值体系下，硫酸亚铁在水溶液中发生水解反应，生成硫酸和氢氧化亚铁，随着硫酸被氨水中和形成硫酸铵，氢氧化亚铁沉淀增加，经过空气氧化氢氧化亚铁转化为氢氧化铁，氢氧化铁煅烧分解生成铁红，硫酸铵浓缩结晶分离。铁红可同时用作炼铁原料、颜料铁红和磁性材料，硫酸铵用作肥料和钒产品生产的沉钒添加剂。

硫酸法钛白粉生产排放酸性废水，而氧化铁黑的生产排放碱性废水，本着废水综合治理的目的，可以适当生产氧化铁黑产品。

4.3.8　铁-硫-铁粉模式

草酸铵与硫酸亚铁在适当条件下反应生成可溶性硫酸铵和沉淀物草酸亚铁，实现亚铁与硫酸亚铁体系的分离，草酸亚铁煅烧后得到氧化亚铁，由于草酸根的特殊性质，得到的氧化亚铁经过细磨后具有超细粒度的特点，是制备超细铁粉的重要原料。

具体步骤为：（1）草酸铵制备，草酸—加氨—制备草酸铵；（2）纯净硫酸亚铁溶液制备，绿矾—洗涤—溶解—溶液—磷酸除钙镁—过滤—硫酸亚铁溶液；（3）草酸亚铁制备，纯净硫酸亚铁—按比例加入草酸铵—加热搅拌—过滤—草酸亚铁；（4）超细氧化亚铁制备，草酸亚铁—煅烧—氧化亚铁—细磨—超细氧化亚铁；（5）超细铁粉制备，超细氧化铁—氢还原—二氢还原—超细铁粉。

4.3.9　镁钛联合模式

用Mg还原$TiCl_4$过程中排放的$MgCl_2$作原料，进行熔盐电解制镁，反应产物Mg和Cl_2

分别用于还原 $TiCl_4$ 和氯化制取 $TiCl_4$，这样就构成氯、镁闭路循环的工艺。氯化镁电解生产工艺的实质，是用直流电流通过熔融电解质把 Mg^{2+} 还原为金属镁的过程。当直流电流通过熔融电解质时，阴极上析出镁，阳极上析出氯气，反应方程式如下：

$$2Cl^- - 2e \longrightarrow Cl_2 （Cl^- 在阳极上失去电子） \qquad (4-3)$$

$$Mg^{2+} + 2e \Longrightarrow Mg \qquad (4-4)$$

4.3.10 提钒氨-钠-铬-锰系废水逆循环利用模式

提钒体系废水含有 NH_4^+、Cr^{6+} 和硫酸钠，可以通过蒸发处理吸收回收 $(NH_4)_2SO_4$，回用沉钒工序，结晶回收硫酸钠，蒸发综合结晶产物提取硫化钠，废水还原处理沉淀铬盐，富锰废水富集电解生产金属锰。硫酸铵是强酸弱碱盐，蒸发条件下废水中的硫酸铵发生水解反应，蒸发过程氨不断溢出，被工序端设置酸中和装置吸收，得到硫酸铵，回用到沉钒工序，化学反应如下：

$$(NH_4)_2SO_4 + H_2O \Longrightarrow H_2SO_4 + H_2O + 2NH_3\uparrow \qquad (4-5)$$

$$2NH_3 + H_2SO_4 \Longrightarrow (NH_4)_2SO_4 \qquad (4-6)$$

多数提钒废水中含有 Cr^{6+}，一般情况下先还原成 Cr^{3+}，然后调节 pH 值，沉淀出 $Cr(OH)_3$，化学反应如下：

$$Cr^{6+} + 3e \longrightarrow Cr^{3+} \qquad (4-7)$$

$$Cr^{3+} + 3OH^- \longrightarrow Cr(OH)_3 \qquad (4-8)$$

提钒废水蒸发结晶产物含有大量的硫酸钠，通过控制浓度和温度，可以适时结晶硫酸钠产品；对蒸发结晶产物热还原，得到可溶性 Na_2S，水溶与其他固相物分离，结晶得到硫化钠产品。化学反应如下：

$$Na_2SO_4 + 4C \Longrightarrow Na_2S + 4CO \qquad (4-9)$$

$$Na_2SO_4 + 4CO \Longrightarrow Na_2S + 4CO_2 \qquad (4-10)$$

富锰废水经过净化，萃取提纯，高纯锰溶液电解得到金属锰。化学反应如下：

$$Mn^{2+} + 2e \longrightarrow Mn \qquad (4-11)$$

4.3.11 提钒尾渣回收镓-铁-钒-钛模式

提钒尾渣富集了铁、钒、钛和镓等有价元素，简单利用可以将铁钛通过钛渣冶炼方式回收，小批量配入钛渣冶炼原料，铁钒还原进入半钢，钛则富集进入钛渣；攀枝花矿中镓富集在提钒弃渣中，经过还原焙烧—预酸浸—再酸浸—浸液萃取—有机相反萃—反萃液沉淀、净化—碱溶—电解，得到工业镓。

4.4 钒钛清洁生产专项技术

硫酸法钛白生产过程的绿矾、废硫酸、提钒过程的废水、废渣以及部分难处理添加剂，对钒钛产业清洁生产影响较大，必须进行专项技术配置，确保清洁生产。

4.4.1 硫酸法钛白副产硫酸亚铁专项处理技术

七水硫酸亚铁一般适用于水质净化、土壤改良、氧化铁颜料生产和水泥生产等用途，但用量普遍较低，而且有一定的环境问题。西方发达国家用酸溶性钛渣作原料生产钛白，有效避免了硫酸亚铁问题；日本石原产业用硫酸亚铁生产了铵铁化合物，并制造出了磁性氧化铁；日本富士钛公司开发出超细氧化铁，除用作透明颜料外，还可用作紫外线吸收剂；Kronos 钛公司用绿矾从污水中脱磷生产磷盐；日本公司还利用绿矾生产电冰箱的除臭剂、食品添加剂和抗氧化剂等；前苏联和东欧国家一般以低品位钛矿为原料生产钛白，绿矾问题比较严重，除一些常规用途外，前苏联规模化地采用火法和湿法工艺用绿矾生产铁红；波兰则利用硫酸亚铁生产硫酸钾、硫酸钾铵肥料、混凝土添加剂、铁系颜料和氯化铁絮凝剂等，国内厂家也曾利用硫酸亚铁生产铁红、净水絮凝剂、铁触媒和铁肥等。

4.4.2 硫酸法副产废硫酸专项处理技术

早期国外 TiO_2 生产厂的水解废酸基本上都不处理或稍作处理便排放到水体中。美国、日本、德国以及意大利的 TiO_2 生产厂，都曾用专门的驳船，把废酸驳到深海中倒掉。由于废酸直接排放对环境构成严重危害，一些 TiO_2 生产厂开始对水解废酸进行处理，采用浓缩并返回利用的技术、将废酸中和以后用于生产石膏、将废酸转化成硫酸铵用于生产肥料、将废酸用于生产人造金红石等。

世界上最早将水解废酸浓缩并回收利用的是拜耳公司，1982 年 3 月，拜耳公司在德国的硫酸法 TiO_2 生产厂首次实现废酸闭路回收循环。到 20 世纪 80 年代末，德国 Lurgi 工程公司开发设计的废酸浓缩装置为萨其宾化学公司建设了一套类似拜耳公司的废酸浓缩装置，每年可以处理 80 万吨 23% 的废硫酸，浓缩后的废酸浓度可达 70%~80%，废酸中的硫酸亚铁用于焙烧生产硫酸。Lurgi 公司还为 Tioxide 公司在西班牙的硫酸法 TiO_2 生产厂设计了废酸浓缩装置。由加拿大 Chemetics 公司为 Tioxide 公司在加拿大的硫酸法 TiO_2 生产厂设计建设了一套日处理 110t 的废酸浓缩装置，废酸浓缩后可达 93%~96%。瑞士 Sulzer Escher Wyss 公司为波兰波利斯公司的钛白粉厂、芬兰凯米拉公司、德国 Kronos 公司建了 3 套每小时处理 11~24t 废酸浓缩装置，浓缩后的废酸浓度可达 70%。

中国以前生产的硫酸法钛白粉工厂，由于规模小、布局较分散、绝对排放量不大，部分工厂将废酸因地制宜地处理：供给附近的钢铁厂用于酸洗钢材、供给造纸厂、印染厂等处理碱性废水，但是远离这些用户的工厂由于运输和储运的问题而无法借鉴。浓缩 1t 废酸的成本要比购买 1t 新鲜硫酸贵得多。随着国内钛白粉产量的不断提高，装置的大型化，环保要求越来越严的情况下，钛白粉厂积极开展了对钛白水解废酸的处理。目前处理钛白水解废酸的方法较多，大多厂家直接将 10%~20% 的废酸返回酸解工序利用，其余的废酸采用石灰中和。少数厂家直接或浓缩后用于生产其他化工产品，如磷酸、磷肥、硫酸锰等。国内有学者提出利用水解废酸生产硫酸钾、硫酸铵、硫酸镁等化工产品的思路，但均因经济效益问题（蒸发产品中的水分或废水处理成本高）而难于实施。引进国外劳玛公司废酸浓缩装置投资大，还有人提出采用减压膜蒸馏法直接浓缩。

4.4.3 连续酸解技术

所谓连续酸解工艺，就是控制钛精矿与硫酸激烈反应程度的一种工艺技术。酸解主反应在一个不锈钢长方体反应器（容量约 $20m^3$）中完成，通过在反应器内两个螺旋的推动，使生成物（固相）按照一定的速度排出，从而实现连续进料、连续反应和连续出料的全自

动连续过程。反应烟气通过设在反应器顶部的管道（约 $\phi600mm \sim \phi800mm$）引出至尾气处理系统，处理合格的烟气由风机抽出经烟囱外排。

4.4.3.1 连续酸解技术概况

1950～1970 年，硫酸法钛白技术发展进入高峰期，出现了许多优秀的连续酸解的技术发明，真正投入商业运营的连续酸解技术是 F. H. McBerty 的发明专利，将 1516kg 含 TiO_2 质量分数为 53%的细磨钛铁矿和 2269kg/h 105.5%的发烟硫酸加入预混罐中混合，从预混罐中溢流进入一个螺旋捏合机中，通过加水引发反应后，切换为 817kg/h 的 24%的稀硫酸，通过反应捏合机连续排出固体反应物，进行连续浸出和还原；对钛渣连续酸解采用回转窑方式进行，将 1.5 份 93%的硫酸和 1 份酸溶性钛渣混合后，送入回转窑，通过燃烧室燃烧天然气，维持温度在 300～375℃，回转窑中物料达到 200℃后，反应产物进入另一回转窑，维持熟化温度为 200℃，物料停留时间为 1.5～2.0h，钛渣酸解率大于 95%。

连续酸解工艺可以分为混合、反应、溶解和还原四个关键技术模块，单独运转，硫酸法钛白连续酸解工艺流程如图 4-4 所示。

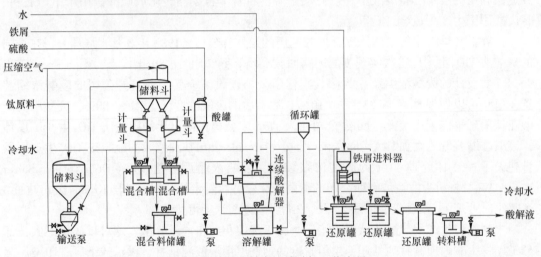

图 4-4 硫酸法钛白连续酸解工艺流程

间歇酸解 130m^3 的酸解罐，若投矿 30t，反应需要水 8t，有约 3.5t 水形成水合硫酸氧钛和铁盐，在 20～30min 的主反应过程中，近 5t 水伴随反应过程形成蒸汽，体积增加 100 倍，夹杂大量的硫酸液滴、硫酸雾、SO_2 和 H_2S 溢出酸解罐，经过循环水喷淋，蒸汽形成冷凝水，酸组分碱中和形成硫酸盐。

采用连续酸解的生产厂见表 4-1，第一家安装连续酸解装置的工厂是巴西钛公司（Tibras），现在属于沙特国民克瑞斯托公司（Cristal），由原英国拉波特公司（Laporte）、德国拜耳公司（Bayer）等欧洲钛白生产商技术支持，1969 年开建，1972 年建成投产。

第一家安装连续酸解装置的工厂是马来西亚关丹，现属于亨兹曼公司（Huntsman Tioxide），1992 年建成，属于原英国帝国化工（ICI）下属氧钛公司（Tioxide），是欧美国家建设的最后一个硫酸法钛白生产厂。最初设计产能 40kt/a，与氧钛公司（Tioxide）其他下属公司相比，劳动力成本较低，挖潜扩容至 60kt/a。

第三家安装连续酸解装置的工厂是韩国钛工业株式会社（Hankook Titanium），即现在的 COSMO 公司，1971 年经过两家日本公司咨询，在仁川开始建设钛白生产装置，现拥有两个连续酸解生产线，一个在仁川，一个在蔚山，1997 年生产，产能 30kt/a。

表 4-1 采用连续酸解的生产厂

序号	公司与装置地点	装置能力/万吨·a⁻¹	连续酸解器/套
1	克瑞斯托，巴西萨尔瓦多	6	6
2	亨兹曼，马来西亚关丹	6	4
3	韩国 COSMO，仁川、釜山	3+3	2+2
4	山东东佳，淄博博山	1.5	1
5	攀钢钛业，攀枝花	2（4）	2
6	广东慧云，云浮	5	3
7	河南佰利联，焦作	6	3

4.4.3.2 连续酸解工艺特点

连续酸解工艺具有如下特点：

（1）酸解尾气便于处理。与间歇式酸解相比，连续酸解工艺采用连续式加料、排料，很好地控制了钛精矿与硫酸的反应速度，酸解产生的尾气连续排放，瞬时产生尾气量非常小（是一台 130m³ 酸解锅产生烟气量的 5%～10%），便于处理。在工厂烟囱附近观察，只有少量的水蒸气烟雾，没有异味，尾气治理效果非常好。

实际上，酸解尾气的治理已经成为继废酸、废水之后又一个制约硫酸法钛白发展的一个环保问题。由于间歇式酸解技术，其酸解尾气瞬时产量巨大，采用一般的喷淋、碱洗很难处理至达标排放。目前国内钛白粉厂家在酸解尾气治理方面几乎都不能达到国家环保要求，而采用连续酸解工艺则可以得到很好的解决。

（2）自动化程度高，钛液指标更为稳定。连续酸解工艺相对间歇酸解能更好地调节和控制，对中间产品质量的控制更有保证，钛液质量更稳定。

（3）副产废酸得以返回利用。由于连续酸解工艺要求的反应酸浓度较低（83%），经浓缩至 60% 的硫酸可以全部返回酸解工序。

（4）装备占地面积小。

连续酸解与传统的间歇酸解工艺的对比见表 4-2。

表 4-2 连续酸解与传统的间歇酸解工艺的对比

对比项目	间歇式酸解	连续式酸解
操作方式	间歇	连续
构建物	面积大，高	小
尾气情况	间歇、集中、瞬时量大	连续、稳定、瞬时量小
废酸用量	回用量小	回用量大
反应酸浓度	84%～88%	83%
酸解率	93%～95%	96%
自控水平	局部显示和调节	自动化程度高

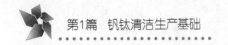

4.4.3.3 钛矿三级循环三段连续酸解工艺流程

图 4-5 是钛矿三级循环三段连续酸解工艺流程，由克洛朗斯母公司美国国立铅业公司开发，工艺采用三级循环（循环物料 5、9 和 12）和三段连续酸解（如图 4-5 中的酸解槽 2、7 和 10 所示），经过三级分段回流（旋流分离器 6、8 和 11）、粗颗粒矿循环分解与三段温度（110℃、100℃ 和 70℃）的不同控制以及酸钛比的逐级降低，满足钛矿粒度和反应时间的动力学关系，提高反应效率，能够以较低浓度硫酸完全分解钛铁矿。

连续酸解钛液指标：酸钛质量比 2.025，钛液浓度 136.2g/L。可以全部利用水解产生的浓酸，酸解收率大于 95%。

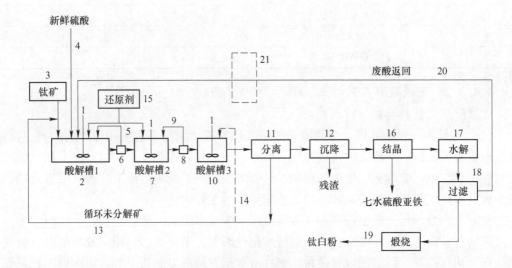

图 4-5 钛矿三级循环三段连续酸解工艺流程

1—搅拌；2—酸解罐 1；3—钛矿；4—新鲜硫酸；5—回流 1；6—调节槽 1；7—酸解槽 2；
8—调节槽 2；9—回流 2；10—酸解槽 3；11—分离；12—沉降；13—未分解矿循环；14—部分回酸解罐 3；
15—还原剂；16—结晶；17—水解；18—过滤；19—煅烧；20—废酸返回；21—废酸调节

4.4.3.4 钛矿双循环两段连续酸解工艺

图 4-6 给出钛矿双循环两段连续酸解工艺，由 BHP 公司提出，工艺采用连续两段酸解（一段酸解 3 和二段酸解 17）和双循环（未分解钛矿从 5c 返回二段酸解的硫酸）；硫酸尽管分两个点加入，一个方向循环，一次加入用于酸解钛矿，二次加入是为了沉淀硫酸氧钛，完成沉淀后与一次加入的过量酸汇合一起循环到二段酸解罐分解钛矿，目的是将钛从高酸度系数中分离。其化学反应如下：

钛矿分解： $\qquad FeTiO_3 + 2H_2SO_4 \Longrightarrow FeSO_4 + TiOSO_4 + 2H_2O$ (4-12)

沉淀硫酸氧钛： $\qquad TiOSO_4 + 2H_2O \Longrightarrow TiOSO_4 \cdot 2H_2O$ (4-13)

在沉淀硫酸氧钛时加入晶种，得到的硫酸氧钛水合物沉淀分离，溶解得到的钛液：Ti 160g/L，Fe 8.3g/L，容易用于自生晶种水解和外加晶种水解。

4.4.3.5 钛矿连续两级循环一段酸解工艺

图 4-7 给出了钛矿连续两级循环一段酸解工艺，由英国 Kemicraft 公司研发，第一级循环是分离硫酸氧钛沉淀后的过量酸溶液（物料 3），第二级循环为经过分离一水硫酸亚铁

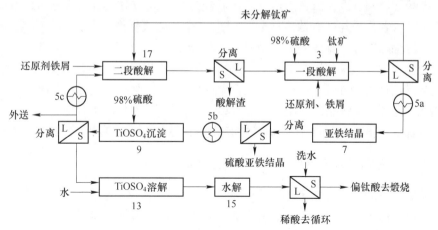

图 4-6 钛矿双循环两段连续酸解工艺流程

3——一段酸解；5a，5b，5c—分离液体；7—亚铁结晶；9—硫酸氧钛沉淀；
13—硫酸氧钛溶解；15—水解；17—二段酸解

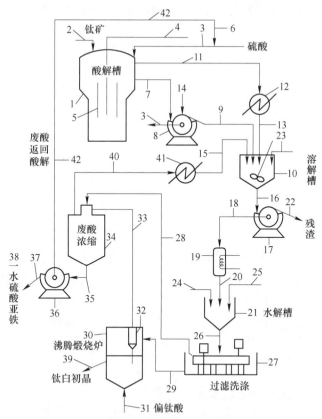

图 4-7 钛矿连续两级循环一段酸解工艺流程

1—酸解槽；2—钛矿；3—硫酸；4—酸解废气；5—蒸汽管；6—废酸；7—酸解液；8，36—过滤；9—钛液；
10—溶解槽；11—熟化料；12—换热器1；13—冷钛液；14—过滤机1；15—二次蒸汽；16—混合钛液；17—过滤机2；
18—滤后液；19—浓缩；20—浓钛液；21—水解槽；22—残渣；23—溶解液；24—晶种；25—调节液；26—水解混合液；
27—过滤洗涤；28—过滤废酸；29—偏钛酸；30—沸腾煅烧炉；31—燃气；32—除尘；33—热气；34—废酸浓缩；
35—浓缩酸；37—硫酸亚铁；38—水硫酸亚铁；39—钛白初品；40—二次蒸汽；41—换热器2；42—输酸管

后的浓缩废酸（物料42），前者为连续酸解后经过一次固液分离（分离机8）就循环回连续酸解反应，后者几乎与现有浓废酸除杂回用一样，进入生产工艺的水解（水解槽21）、废酸浓缩（浓缩器34）、亚铁分离（亚铁分离机36）。

连续酸解工艺克服了间歇酸解尾气处理难题，一定程度节约钛渣和钛矿的细磨成本，最大限度保持生产体系的热平衡，节约了钛液浓缩和亚铁分离成本，降低了用酸浓度，65%酸解酸度可以使水解酸返回使用，亚铁以一水亚铁移出体系。

连续酸解钛液指标：酸钛比1.90，钛液浓度14.3%，4.4%FeSO$_4$，26.5%H$_2$SO$_4$。

4.4.4 硫酸法钛白酸解反应产生废气的专项治理技术

酸解反应产生的废气总量不算大，但是废气常在几分钟内迅速排出，单位时间内排出的量很大，温度高达160～180℃，含有酸雾、粉尘和大量水蒸气和不凝性气体，主要成分是 H$_2$SO$_4$2～3g/m^3、SO$_3$7～8g/m^3、SO$_2$1～2g/m^3、H$_2$O500g/m^{3}左右。

通常的治理方法使用喷淋水降温，再用5%稀碱液中和吸收。吸收后由风机送至烟囱排放。这种方法治理的效果虽然较彻底，但对风机的材质要求严格，常因风机经不起腐蚀和水滴的高速冲刷而频繁损坏无法工作。酸解废气水喷淋吸收流程如图4-8所示。

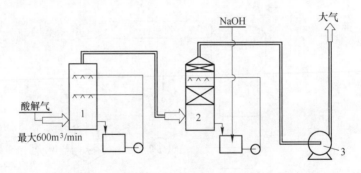

图4-8 酸解废气水喷淋吸收流程
1——次喷淋；2—二次喷淋；3—风机

现在国内外一些钛白粉厂采用如图4-9所示的方法，这种方法设备简单，操作方便，不需要风机，靠高烟囱的空气对流形成自然抽风，避免了上述风机抽风的缺陷。该方法的原理是把酸解废气引入一个直径和容积较大的喷淋烟囱中，烟囱下部是一个扩大段，在烟囱的上部用水喷淋，由于烟囱的直径和面积较大，可以降低酸解废气的流速，增加了水与废气的接触面积和接触时间。烟囱的材质可以采用钢衬胶、耐温玻璃钢及经过处理后的木材等。

4.4.5 偏钛酸煅烧废气的专项治理技术

偏钛酸煅烧时废气的温度高、湿气含量较大，有酸雾和硫氧化物、钛白粉粉尘、水蒸气、不凝性气体等，其排放速度和流量较均匀。每生产1t颜料级钛白粉排放1.5～2万立方米废气，废气温度为200～400℃，含有酸雾1000～2000mg/m^3，SO$_3$约10g/m^3、SO$_2$100～500mg/m^3，TiO$_2$约0.15g/m^3，根据物料平衡计算，废气中还含有 N$_2$54%、H$_2$O35%、O$_2$7%和CO$_2$4%。

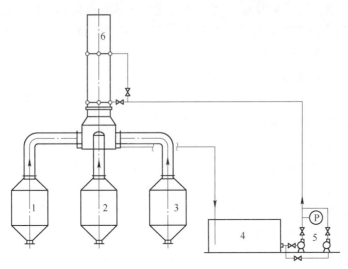

图 4-9 酸解尾气水喷淋流程

1~3—酸解罐；4—碱水池；5—泵；6—烟囱

中国早期的一些中小型钛白粉厂，采用在废气排放烟囱内不同的高度上安装几组水喷淋器，喷淋水从烟囱下部流入沉淀池，经沉淀回收钛白粉的清水从上部溢流排放。这种方法治理效果不好，烟囱容易损坏，需要容积较大的沉淀池，酸性废水仍要处理，目前已经不再采纳。现在国内外公认比较理想的方法是采用电除尘或静电除雾，处理效率可达95%以上。钛白煅烧废气静电除雾示意如图4-10所示。

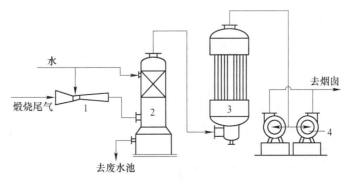

图 4-10 钛白煅烧废气静电除雾示意

1—烟气-水混合器；2—淋洗；3—电除雾；4—风机

煅烧窑内排出的废气一般先在烟道内，通过惯性和重力沉降去除大部分粗颗粒粉尘，然后先进入文丘里洗涤器，在文丘里管的喉管中气体被加速，水被高速气流迅速击碎进行有效的碰撞，当气、液进入文丘里管扩大段而后减速，使水滴与尘粒、气体再次碰撞冷却，部分 SO_3 变成酸雾，粉尘被水滴捕获，湿润后凝聚成大颗粒水排入回收池中。与此同时，废气的温度可降至 $60\sim70℃$。该气体再进入洗涤塔使气体的温度降至 $50℃$ 以下进入电除雾器，在高压静电场的作用下，酸雾和极少量的粉尘除去。符合排放标准的尾气经风机送入烟囱排放。经电除雾器处理后的煅烧废气中的 SO_2 和酸雾都达到 $50mg/m^3$ 以下，符合国家排放标准。

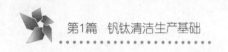

硫酸法钛白粉生产中，偏钛酸煅烧时产生的废气是能量载体，具有热利用的可行性。钛白粉煅烧窑尾气余热回收不但给企业带来了可观的经济效益，也带了社会效益。

4.4.5.1 煅烧窑尾气成分

转窑尾气成分（标准状态）：水蒸气 $70mg/m^3$，SO_2 $1000mg/m^3$，硫酸雾 $2000mg/m^3$，粉尘（钛白粉）$1000mg/m^3$。

4.4.5.2 余热回收设备的难点

余热回收设备的难点有：第一，尾气中不但含有大量 SO_2 和硫酸成分，还有大量的水蒸气成分，对设备的腐蚀性很大。第二，尾气中含有大量的钛白粉粉尘，粉尘很容易黏结在设备上。第三，由于在工艺设计阶段没有考虑窑尾余热回收，因此安装余热回收器场地非常紧张。第四，系统阻力问题，由于设计阶段没有设计余热回收器，在系统中增加设备一定要考虑风机的全压是否能满足整个系统的生产需要。因此余热回收器尽量为低阻力设备，否则风机需要重新考虑。第五，尾气进行余热回收后，需回到文丘里洗涤系统里进行水洗。因此管道多，且需增加蝶阀将原系统的管道断开。

4.4.5.3 回收设备

目前国内钛白粉尾气余热回收已经在攀枝花海峰鑫、钛海、山东裕兴、铜陵迪诺和河南佰利联等厂家应用。除佰利联采用列管式结构，其余设备均采用热管传热方式。

4.4.5.4 热管设备特点

热管设备用于余热回收，实用性和适用性都比较强。

（1）传热系数高。废气和水及水蒸气的换热均在热管的外表面进行，而且废气热管外侧为翅片，这样换热面积增大，传热得到强化，因而使换热系数得到了很大的提高。

（2）防积灰、堵灰、抗腐蚀能力强。通过调节热管冷热段受热表面的比例，可以调节管壁温度，使之高于烟气露点温度或最大腐蚀区。

（3）冷热流体完全隔开，有效防止水汽系统的泄漏。在运行时，由于废气的大量冲刷，即使管子受到一定的损坏，也不会造成冷侧的气水泄漏到热侧，确保了系统的安全运行，这也是该设备有别于一般烟道中设备的最大特点。

（4）阻力损失小，可以适用于老机组的改造。一般情况下，增加了余热回收设备，热废气的阻力增加在 500Pa 左右。

（5）设备为多个小设组成。安装及检修方便。

4.4.6 大型沸腾氯化技术

流态化过程是固体颗粒在流体作用处于悬浮状态，具有流体的属性特征，相间混合接触充分，传热传质效率高，床层温度均匀，便于连续操作和实现强化节能。气固流态化过程的内控主体是固体物料性质和流体介质性质，一般受固体颗粒粒度、密度和形状的强烈影响，以粒度分布、表面形状和添加组分为主要鉴别特征，流体介质的密度和黏度同样影响流态化过程，基础外调节因素包括操作条件、外力场设计、床型设计和内构件设计等，操作条件温度、压力和流速以及反应要求，外力场包括磁场、声场、振动场和超重力场，床型则包括快速床、下行床循环床和锥型床等，常用的内构件有多孔挡板、百叶窗挡板、浆式挡板、环型挡体和锥型挡体。

国外氯化法钛白生产主要采用沸腾氯化工艺，使用高品位、低钙镁杂质的金红石（人造和天然两种）和钛渣为原料。国外沸腾氯化工艺对钛原料（高钛渣、天然金红石和人造金红石）的 TiO_2 品位、钙镁含量和粒度要求很严格，TiO_2 品位大多要求在 90% 以上，钙镁含量要求 $\sum(CaO+MgO)<1.0\%$，特别是对 CaO 的含量要求苛刻，一般为不大于 0.012%，粒度在 $0.074\sim0.18mm$ 范围之内。目的是提高氯化炉的产能，降低氯气消耗和粗 $TiCl_4$ 杂质含量，防止钙镁氯化物对气体分布器的黏结，提高氯化炉运行周期。典型的大型氯化工艺流程见图 4-11，冷凝收集典型工艺流程见图 4-12。

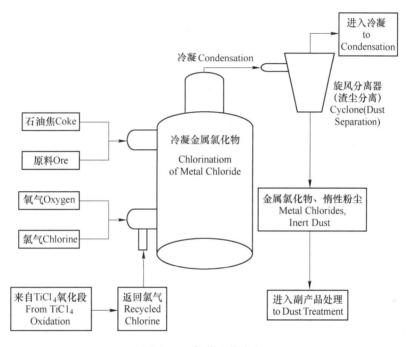

图 4-11　氯化工艺流程

国外沸腾氯化工艺几乎采用长径比较小的大型氯化炉，直径一般在 $3\sim11m$ 之间，杜邦最大的沸腾氯化炉直径达 11m（10.97m），生产能力极大，氧化钛白单线（一条生产线）产能可高达 25 万吨/a。国外规模化沸腾氯化始于 1948 年，沸腾炉直径为1000mm；1956 年，沸腾炉直径扩大为 3000mm；1970 年，沸腾炉直径为 5000mm 和6200mm；2000 年后，沸腾炉直径增加到 10000mm。沸腾氯化技术的代表是美国、日本等国家的沸腾床氯化技术，它们的沸腾床氯化装置生产规模大，自动化程度高，沸腾氯化炉直径可达 110000 mm 以上，产能约为粗四氯化钛 550t/d，而中国生产装置的产能一般只有 $20\sim70t/d$。

中国沸腾氯化技术始于 20 世纪 70 年代，沸腾炉直径为 450mm，为试验用途；1981年，沸腾炉直径为 600mm，开始工业化应用；1990 年，沸腾炉直径为 1200mm，工业试验成功，投入设计使用；2004 年沸腾炉直径为 2400mm，投入工业生产使用；其后发展了沸腾炉直径 2600mm，正在试验磨合。

随着氯化钛白和海绵钛生产规模的不断扩大，富钛原料需求激增，设备大型化趋势明显，对原料适应性提出新要求，设备更新和原料匹配迎来新一轮互动，为了满足日益

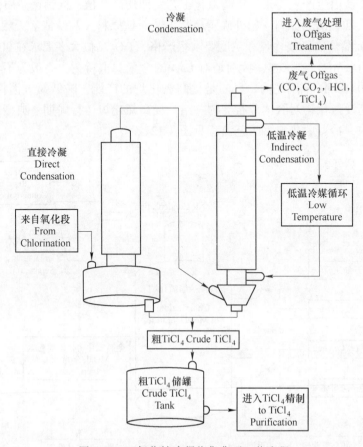

图 4-12 四氯化钛冷凝收集典型工艺流程

严格的环保要求，减少生产过程中的废物量，氯化工艺正朝着采用精料为原料的方向发展，使用天然金红石或人造金红石生产四氯化钛的技术将会得到快速发展。传统的天然金红石已经不能满足日益增长的富钛原料需求，而且市场供应比例和规模在一定程度呈现下降趋势，出现了以高钛渣、UGS 渣、天然金红石和各种人造金红石为主体新的多元钛原料结构，沸腾氯化原料适应性要求受到挑战，原料 TiO_2 品位下降，杂质水平在升高，粒度变细，目前正通过炉型结构改进和后序流程变化以提高对新钛原料结构变化的适应性。

沸腾氯化要求准确配料，过程精确衔接配合，需要检测的准确性，系统形成系列测试和敏感单元配合，受炉内的高温、高粉尘和强腐蚀的影响，需要全方位的自动化装置得到应用推广，沸腾氯化自动控制将适应过程的动态稳定要求，提高物料的利用率和氯化效率。

沸腾氯化过程使用的氯气既是气动介质，同时又是反应物料，具有较强的毒性和腐蚀性，对装置的气密性有很高的要求；固体颗粒在流态化过程中要求一定的粒度分布，以保证物料的均匀流态，严格控制细颗粒比例，防止过快反应产生轻化变形，颗粒随气流进入冷凝系统，与四氯化钛产生冷凝吸附，从而增加固体杂质水平，影响粗四氯化钛质量，反应后产生形变颗粒容易聚集，产生质和量的变化，改变沸腾氯化状态，严重时产生炉壁和管壁的不规则黏附，固体颗粒自由沉降和旋风收尘平衡被打破，引起气流紊乱，不利于流态化过程恢复调节的实现。

沸腾氯化和所有的氯化一样面临三废难题，氯化生产过程的原料和产品属于危险化学品范畴，安全性、环保性和管理衔接具有严格具体的要求，对废水、废气和废渣必须进行无害化处理，满足全方位的清洁生产发展需要，一些刚性标准的提出、更新和实施使生产面临新挑战，生产过程关键部位的在线检测和非关键部位的不间断检测进一步强化了氯化生产的安全性保障，力争将生产过程对周围环境的危害降低到最低水平。

目前具有发展前途的循环床氯化技术正处在研发阶段，其工艺特点主要集中在氯化炉上，循环床的操作速度高于正常沸腾床的操作速度，反应强度大，产能高。

4.4.7 钙盐提钒技术

将碳酸钙和磁选钒渣（或者含钒石煤）经过细磨后混合均匀，经高温焙烧后，通过稀硫酸浸出，含钒溶液用除磷剂除磷，加入浓硫酸和沉淀剂沉钒，洗涤过滤干燥后熔片，得到片状五氧化二钒。

4.4.7.1 钒渣钙盐焙烧提钒工艺

钒渣（或者石煤）经破碎、球磨后，用磁选或风选除去铁块、铁粒后，将粒度小于0.1mm的钒渣和石灰石（$CaCO_3$）混合，于高温下进行氧化钙化焙烧，使钒转化为可溶于稀酸的钒酸钙和偏钒酸钙，用稀硫酸浸出钒，含钒水溶液经过净化处理后，加入专用调节剂沉淀出 V_2O_5，图4-13给出了钙盐提钒工艺流程。钒渣中的钒以不溶于水的钒铁尖晶石[$FeO \cdot V_2O_3$]状态存在，钒渣中几种最典型的尖晶石的析出顺序为：$FeCr_2O_4 \rightarrow FeV_2O_4 \rightarrow Fe_2TiO_4$。当控制pH值在2.5~3.0之间形成焦钒酸钙，使之生成焦钒酸钙是最佳选择。

在高温焙烧过程中，发生相转变，高温条件下钒铁尖晶石相结构被破坏，钙化焙烧过程中，在400℃，出现 $Ca_{0.17}V_2O_5$；在500℃，V_2O 氧化成了 V_2O_5；在600℃以上，生成钒酸钙。随着温度的升高，CaV_2O_6 转化为 $Ca_2V_2O_7$，进而转化为 $Ca_3(VO_4)_2$。

焦钒酸钙浸出率最高，因此在配料时控制 CaO/V_2O_5 的质量比为0.5~0.6，钒渣钙盐焙烧最佳焙烧时间为1.5~2.5h之间。钒渣的最佳焙烧温度为890~920℃。钒渣的最佳冷却时间为40~60min，钒渣的最佳冷却结束温度为400~600℃。300~700℃时，橄榄石与尖晶石晶体逐渐被破坏；400℃时，出现 $Ca_{0.17}V_2O_5$、CaV_2O_6、CaV_2O_5 和 V_nO_{2n-1}（$2 \leqslant n \leqslant 8$）；低于500℃，出现 FeO_x（$4/3 < x < 3/2$）相；500℃时，橄榄石相分解完全；600℃时，Fe_2O_3 相出现，并随着温度的升高含量增大；800℃时，尖晶石相消失，同时出现（Fe_2TiO_5）相。在钒渣钙化焙烧过程中，其中的低价铁在温度达到500℃后开始氧化为三价铁，表现为钒渣增重；尖晶石中的钒在温度达到650℃后开始氧化为五价钒，表现为钒渣增重，温度越高，氧化速度越快；碳酸钙在温度达到750℃后开始分解释放 CO_2，直至分解完全为止，表现为物料失重。

4.4.7.2 钙盐焙烧提钒特点

钙化焙烧实践中，钒渣、石灰石经称量、混料后，再与一定量的返渣混合后输送至回转窑炉顶料仓内，进入回转窑焙烧。回转窑焙烧后的熟料经水冷内螺旋输送机冷却后进入粗熟料仓，再经棒磨机磨细，得到合格粒度的熟料进入精熟料仓，然后经称量进入浸出罐，调节pH值进行浸出反应，产生的可溶钒的渣水混合物进入带式真空过滤机洗涤、过

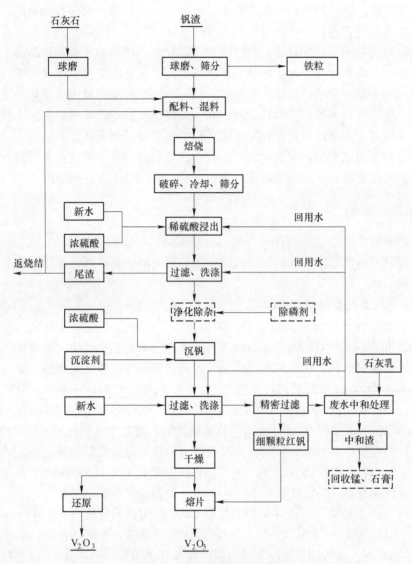

图 4-13　钙盐提钒工艺流程

滤，浸出后的残渣，一部分经脱硫后返回焙烧配料，大部分返烧结利用。浸出液净化除杂后加入硫酸和沉淀剂，进行沉淀反应，沉淀罐合格产品排入红钒汇集罐，然后送到板框压滤机进行过滤、洗涤、吹干，得到含水约 25% 的红钒中间产品。板框压滤后的红钒经气流干燥后，大部分送还原窑生产 V_2O_3，其余送熔片炉生产 V_2O_5。沉淀、过滤产生的废水，经叶滤机过滤回收红钒后进入废水处理站处理回用，叶滤机回收的红钒送到熔化炉用于生产 V_2O_5。采用石灰或石灰石作添加剂，在回转窑氧化焙烧，生成钒酸钙，这样可避免传统的添加苏打焙烧法高温焙烧时炉料易黏结的问题，同时也避免了添加食盐或硫酸钠等钠盐分解释放出的有害气体对环境的污染问题；大大解放了焙烧设备的生产效率，同时提高了钒的氧化率；解放了对钒渣中氧化钙含量的严格限制；钒渣和添加剂（石灰或石灰石）采用湿球磨和湿法磁选，减少粉尘对环境的污染，有利于添加剂和钒渣的接触；将焙烧的熟料粉碎到 0.074mm，加水打浆，液固比控制在 4~5∶1，用稀硫酸（H_2SO_4 5%~10%）

溶液，调节 pH 值在 2.5~3.2，在不断搅拌条件下，浸出温度为 50~70℃，熟料中的钒 90% 以上浸入到溶液中，同时有锰和铁进入溶液；沉钒采用传统的水解沉钒方法，产品纯度较钠法高，五氧化二钒纯度达 92% 以上，磷含量为 0.010%~0.015%。产品中的杂质主要是锰和铁，工艺的钒回收率比传统的钠法高 2% 左右。

可直接生产含氧化钙高的钒渣（控制钒渣中 CaO/V_2O_5 为 0.6 左右），称为"钙钒渣"，球磨后不用配添加剂直接焙烧。焙烧温度为 900~930℃，氧化焙烧后的钒产物为钒酸钙，焙烧熟料采用稀硫酸连续浸出，水解沉钒。

A　钒渣钙盐焙烧特点

钒渣钙化焙烧主要由三个相互重叠的阶段组成，300~500℃时，钒渣中的铁橄榄石相 $[Fe_2SiO_4]$ 氧化分解，部分自由 FeO 氧化，游离出自由 SiO_2，并呈增加趋势，钒铁尖晶石 $[FeV_2O_4]$ 逐渐摆脱 $[Fe_2SiO_4]$ 相包裹；500~600℃时，钒铁尖晶石 $[FeV_2O_4]$ 分解氧化，钒铁尖晶石 $[FeV_2O_4]$ 中的 FeO 氧化形成 Fe_2O_3，V_2O_3 被表面吸附的氧氧化为 V_2O_5，部分 V_2O_3 与 Fe_2O_3 形成固溶体 $[R_2O_3]$；600~900℃时，随着温度升高，V_2O_3 的氧化速度加快，低价钒逐渐被氧化成高价钒，部分 V_2O_5 与 Fe_2O_3 形成钒酸铁，其余的 V_2O_5 及反应生成的 $FeVO_4$ 与 CaO 反应形成钒酸钙，主要有 CaV_2O_6 和 $Ca_3V_2O_8$ 等，VO_2 与 CaO 反应生成 CaV_3O_7；当温度超过 900℃后，$FeSiO_3$ 相分解形成 Fe_2O_3 和 SiO_2，阻碍氧的扩散，分解生成的 SiO_2 与 CaO 反应生成高熔点 Ca_3SiO_5，对钙化不利。

B　CaO/V_2O_3 的影响

提高 CaO/V_2O_3 的比例，增加了 CaO 与 V_2O_3 和 V_2O_5 的接触面积，有利于钒酸钙的形成，$[CaO/V_2O_3] > 1.125$，钒的转化浸出率降低，SiO_2 与过量 CaO 反应生成高熔点 CaV_2O_6 和 $Ca_3V_2O_8$ 等，结晶较晚，形状受空间限制，自形性差，一般呈不规则粒状填充于其他矿物之间，并形成包裹，在酸浸过程形成硅胶，阻碍含钒相与酸反应，造成钒损失。

C　焙烧温度影响

在钙化焙烧过程中，钒酸钙形成基本从 600℃ 开始，700℃ 加剧，800℃ 趋于完全，在 800℃ 以上钒的氧化比较完全，反应温度过高，出现烧结现象，阻碍反应进程。

D　焙烧时间影响

在钙化焙烧过程中，焙烧时间包括氧化分解和钙化成盐过程，一般控制在 1.5~2.0h，延长焙烧时间一方面增加能耗和处理成本，降低生产效率；另一方面会出现歧化反应，改变烧成物料结构，影响浸出效率。

4.4.7.3　钙盐焙烧钒渣浸出特点

一般情况下，冷却后的钙化焙烧钒渣硫酸浸出，得到硫酸钒和硫酸氧钒，也可采用碱性溶液水淬湿球磨浸出，化学反应式如下：

$$Ca(VO_3)_2 + Na_2CO_3 \Longrightarrow CaCO_3 + 2NaVO_3 \tag{4-14}$$

$$Ca(VO_3)_2 + 2NaHCO_3 \Longrightarrow CaCO_3 + 2NaVO_3 + CO_2 + H_2O \tag{4-15}$$

$CaCO_3$ 溶解度低，持续通入 CO_2 气体，可以加速反应进程。

4.4.7.4　沉钒特点

硫酸浸出得到的钒液水解得到钒水合物沉淀，过滤洗涤，沉淀物煅烧得到粉状五氧化二钒。碱性浸出液沉钒的特点与钠化焙烧相似。

4.4.7.5　钙盐提钒焙烧浸出流程设备特点

湿法焙烧浸出流程的核心首先是使钒氧化而后转化形成水可溶性的钒酸盐，多种焙烧设备可以实现其钙化氧化功能。钙盐提钒焙烧钙化设备为回转窑，浸出、净化以及熔片设备与钠盐焙烧提钒相近，只是槽罐排列有所不同，部分技术参数也进行了相应调整，没有了废水处理设备，提钒渣基本保持不变，中和沉钒渣量增加，增加了临时渣场。产品V_2O_5纯度在97%~98.5%，V_2O_5收得率大于83%。

5 钒钛清洁生产原辅材料选择及设计

钒钛产业以钒钛产品为主线，通过钒钛资源加工利用形成不同规格类别的钒钛产品，主体是钒钛原料精进、钒钛化工冶金产品、V_2O_5、钒铁、金属钒、钛白、海绵钛、钛材加工件的生产。钒钛产业发展对资源能源需求强烈，集中度高，产品追求高质量，工艺技术设备追求高效率，技术随资源加工深度延伸，由单一可控技术逐步演化为多元复杂控制技术，技术分支、分化和演化引导产品技术与工艺技术联动，技术与技术标准对接，形成成套技术与全方位技术结合，产品质量与质量标准对接，技术质量标准联动；钒钛产业涉及的工序、原料、介质、添加剂和控制单元复杂敏感，多数工序测试单元敏感，先进的在线分析、在线示踪与在线追踪技术联动配置，钒钛清洁生产影响因素多杂，单一技术缺陷可以导致系统效率降低；钒钛产业涉及较多的危险化学品使用，生产工艺衔接、对接部分有技术缺陷，环境安全潜在危险性大，区域影响面广，需要全方位分析，强化控制预防措施，确保钒钛产业健康稳定发展。

5.1 钒钛生产过程的主要辅助材料选择

钒钛生产中涉及的辅助材料较多，部分属于共同的，如化工阶段常用的三酸两碱，化工冶金过程的还原剂，辅助材料有的是介质性的，循环贯穿生产全过程，不融入产品，不形成终端产品，有的是有限度引入的添加剂，功能性能各异，阶段性和过渡性发挥作用，一般要求：（1）不发生歧化反应，后期消解转化，不对主产品质量产生影响，毒副作用比较低；（2）尽可能选择清洁能源；（3）能源物质可以兼顾还原剂性质。

5.1.1 钒产业

钒产业主要原料包括钒精矿、钒渣、含钒石煤、回收再生召回性质的钒废料，一般要求品位提级，最大限度以富原料进入提钒系统，有时需要加工处理富集，降低减少对钒产品质量有影响的杂质元素水平，或者降解对工序和环境影响较大的元素，最大限度平衡成本、环境和质量，目前90%的提钒产业采用钒渣作原料。钒产业链中有许多中间产品是标准化产品，也是产业链递进工序的原料。辅助原料基本以标准化产品为主，要求低环境危害，或者无环境危害，钒产业引入的辅助原料包括工业氯化钠、工业盐酸、工业碳酸钠、工业碳酸钙、工业硫酸、工业氯化钙、工业硫酸铵和工业氯化铵等。

5.1.1.1 工业纯碱

纯碱外观为白色粉状结晶，密度为 $2.53g/cm^3$，按照堆积密度的差异将纯碱分为轻质纯碱和重质纯碱。分子式为 Na_2CO_3，相对分子质量为 106，熔点为 $845 \sim 852℃$，易溶于水，水溶液呈碱性，在 36℃ 时溶解度最大。表 5-1 给出了工业纯碱国家标准（GB210.1—2004）。钒渣提取五氧化二钒过程中纯碱碳酸钠主要用作焙烧添加剂，间或用作碱性浸出和溶液酸碱调节剂，焙烧、煅烧和熔钒过程 SO_2 的吸收剂。

表 5-1 工业纯碱国家标准 (GB 210.1—2004)

指 标 项 目		I 类	Ⅱ 类		
		优等品	优等品	一等品	合格品
总碱量 (以干基的 Na_2CO_3 的质量分数计)/%		≥99.4	≥99.2	≥98.8	≥98.0
总碱量 (以湿基的 Na_2CO_3 的质量分数计)/%		≥98.1	≥97.9	≥97.5	≥96.7
氯化钠 (以干基的 NaCl 的质量分数计)/%		≤0.30	≤0.70	≤0.90	≤1.20
铁 (Fe) 的质量分数 (以干基计)/%		≤0.003	≤0.0035	≤0.006	≤0.010
硫酸盐含量 (以干基的 SO_4 质量分数计)/%		≤0.03	≤0.03	—	—
水不溶物含量/%		≤0.02	≤0.03	≤0.10	≤0.15
堆积密度/g·mL^{-1}		≥0.85	≥0.90	≥0.90	≥0.90
粒度 (筛余物)/%	180μm	75.0	70.0	65.0	60.0
	1.18mm	2.0	—	—	—

5.1.1.2 工业氯化钠

工业提钒用氯化钠典型化学分析见表 5-2, 工业盐 (氯化钠) 分子式为 NaCl, 相对分子质量为 58.44 (国家标准 GB/T 5462—2003)。氯化钠在工业上的用途很广, 是化学工业的最基本原料之一。氯化钠, 为无色立方结晶或白色结晶, 溶于水、甘油, 微溶于乙醇、液氨, 不溶于盐酸。在空气中微有潮解性。有时微量使用, 整体提钒过程工业氯化钠属于淘汰之列。钒渣提取五氧化二钒过程中食盐氯化钠主要用于焙烧添加剂。

表 5-2 工业提钒用氯化钠典型化学分析

执行标准 GB/T 5462—2003		
分析项目	技术指标	分析结果
外 观	白色晶体或微黄色、青灰色, 无与产品有关的明显外来杂物	
氯化钠/%	≥99.1	≥99.65
水分/%	≤0.30	≤0.01
水不溶物/%	≤0.05	≤0.01
镁离子 (Ca^{2+} 或 Mg^{2+})/%	≤0.25	未检出
硫酸根离子 (SO_4^{2-})/%	≤0.30	≤0.052
抗结剂/mg·kg^{-1}	≤10	≤5.51
产品符合 GB/T 5462—2003 中规定的工业的优级标准		

5.1.1.3 硫酸钠

硫酸钠,为无机化合物。十水合硫酸钠又名芒硝,为白色、无臭、有苦味的结晶或粉末,有吸湿性。外形为无色、透明、大的结晶或颗粒性小结晶。硫酸钠与水分子结合形成结晶体,结构为单斜晶系,晶体呈短柱状,集合体呈致密块状或皮壳状等,化学式表示为 $Na_2SO_4 \cdot 10H_2O$(十水合物)或 $Na_2SO_4 \cdot 7H_2O$(七水合物)。钒渣提取五氧化二钒过程中硫酸钠主要用于焙烧添加剂,属于淘汰之列。

5.1.1.4 石灰石

石灰石主要成分是碳酸钙($CaCO_3$)。石灰石可直接加工成石料和烧制成生石灰。石灰有生石灰和熟石灰。生石灰的主要成分是 CaO,一般呈块状,纯的为白色,含有杂质时为淡灰色或淡黄色。石灰的理化指标见表5-3。典型石灰石呈块状或粉状,烧失量为40.79%,含硅4.62%,铝1.21%,铁0.52%,钙50.16%,镁1.10%。钒渣提取五氧化二钒过程中碳酸钙石灰石主要用于焙烧添加剂,在钒钛产业链中还可用作酸性气体和低浓度酸的中和剂。

表5-3 石灰的理化指标(YB/T 042—2004)

类别	指标品级	化学成分/%						活性度(4mol/mL HCl,40℃±1℃,10min)
		CaO	CaO+MgO	MgO	SiO_2	S	灼减	
		≥		≤				≥
普通冶金石灰	四级品	80	—	5	5.0	0.100	9	180

5.1.1.5 硫黄

硫黄为淡黄色脆性结晶或粉末,有特殊臭味。相对密度是(水=1)2,熔点为119℃,沸点为444.6℃,不溶于水,S含量不小于99%。多数属于石油炼化的产物,化学成分见表5-4。钒渣提取五氧化二钒过程中硫黄主要用于高钛钒渣硫化焙烧,处于试验阶段,没有规模支撑。

表5-4 硫黄化学成分 (%)

成　　分	含　　量
硫含量(S)	≥99.5(干基)
碳(C)	≤0.1(干基)
酸度(以 H_2SO_4 计)	≤0.005
铁	≤0.005
有机物	≤0.3
水分	≤0.50

5.1.1.6 磷酸钠

磷酸钠又称磷酸三钠,分子式为 Na_3PO_4,相对分子质量为163.94,化学式为 $Na_3PO_4 \cdot 12H_2O$,密度为 $1.62g/cm^3$,熔点为73.4℃,pH值为11.5~12.5。磷酸三钠为无色或白色结晶溶于水,其水溶液呈强碱性,不溶于乙醇、二硫化碳。重要的有十二水合物和无水物。无水物为白色结晶，密度为 $2.536g/cm^3$，熔点为 $1340℃$；十二水物为无色立方结晶或白色粉末，密度为 $1.62g/cm^3$，熔点为 $73.3℃$。在 $76.7℃$ 分解，加热到 $100℃$ 失去 12 个结晶水而成无水物。在干燥空气中易风化。均易溶于水，其水溶液呈强碱性，不溶于二硫化碳和乙醇，由磷酸与碳酸钠溶液进行中和反应，控制 pH 值为 $8\sim8.4$，经过滤去滤饼残渣，滤液经浓缩后，加入液体烧碱使 Na/P 比达到 $3.24\sim3.26$，再经冷却结晶，固液分离，干燥而制得。无水物系将十二水磷酸钠结晶溶于加热到 $85\sim90℃$ 的水（$10\%\sim15\%$）后，经脱水干燥制得。钒渣提取五氧化二钒过程中磷酸钠主要用于高钙钒渣磷酸化钠化焙烧，也可用作硫酸法钛白盐处理转化剂。

5.1.1.7 工业硫酸铵

硫酸铵分子式为 $(NH_4)_2SO_4$，相对分子质量为 132.13，纯品为无色晶体或白色晶体粉末，易溶于水，不溶于醇及丙酮，水溶液呈酸性，易吸潮结块，具有较强的腐蚀性和渗透性。提钒用工业硫酸铵质量标准见表 5-5。

表 5-5　硫酸铵工业标准（GB 535—83）　　　（%）

名　称	N（干基）	水分	游离酸	Fe	重金属（Pb）	水不溶物
指　标	≥21.0	≤0.5	≤0.05	≤0.007	≤0.005	≤0.05
指标（1）	≥21.0	≤0.5	≤0.08	≤0.007		
指标（2）	≥20.8	≤1.0	≤0.20	≤0.007		
产　品	20.89	1.4	<0.03	0.016	<0.005	0.554

钒渣提取五氧化二钒过程中硫酸铵主要用于沉钒，提供铵离子。

5.1.1.8 工业氯化铵

氯化铵化学式为 NH_4Cl，为无色立方晶体或白色结晶，其味咸凉有微苦。易溶于水和液氨，并微溶于醇，但不溶于丙酮和乙醚。水溶液呈弱酸性，加热时酸性增强。对黑色金属和其他金属有腐蚀性，特别对铜腐蚀更大，对生铁无腐蚀作用。工业用氯化铵为白色粉末或颗粒结晶体，无臭、味咸而带有清凉。易吸潮结块，易溶于水，溶于甘油和液氨，难溶于乙醇，不溶于丙酮和乙醚，在 $350℃$ 时升华，水溶液呈弱酸性。

生产使用过程执行中华人民共和国国家标准《氯化铵》（GB/T 2946—92）。

（1）外观：白色结晶；

（2）氯化铵含量（以干基计）：≥99.5%；

（3）水分含量：≤0.4%；

（4）氯化钠含量（以干基计）：≤0.2%；

（5）铁含量：≤0.001%；

（6）重金属含量（以 Pb 计）：≤0.0005%；

（7）水不溶物含量：≤0.02%；

（8）硫酸盐含量（以 SO_4^{2-} 计）：≤0.02%；

（9）pH 值：$4.0\sim5.8$；

（10）灼烧残渣：≤0.4%。

钒渣提取五氧化二钒过程中氯化铵主要用于沉钒，提供铵离子。

5.1.1.9 工业硫酸

硫酸分子式为 H_2SO_4，相对分子质量为 98.08，密度为 $1.83g/m^3$，工业硫酸应符合工业硫酸标准（GB/T 534—2002）的要求。钒渣提取五氧化二钒过程中硫酸主要用于钒酸盐的溶解浸出、高钙钒渣的酸溶介质、渣的酸性洗涤和沉钒溶液酸碱度调节；在硫酸法钛白生产过程用作分解介质，浓度由高变低，浓缩过程浓度由低变高，过程持续循环，部分消耗补充。一般严格限制用途，作为危险化学品管理。表 5-6 给出工业硫酸标准（GB/T 534—2002）。

表 5-6 工业硫酸标准（GB/T 534—2002）

项　目	指　标					
	浓硫酸			发烟硫酸		
	优等品	一等品	合格品	优等品	一等品	合格品
硫酸（H_2SO_4）的质量分数/%	≥92.5 或 ≥98.0	≥92.5 或 ≥98.0	≥92.5 或 ≥98.0	—	—	—
游离三氧化硫（SO_4）的质量分数/%	—	—	—	≥20.0 或 ≥25.0	≥20.0 或 ≥25.0	≥20.0 或 ≥25.0
灰分的质量分数/%	≤0.02	≤0.03	≤0.10	≤0.02	≤0.03	≤0.10
铁（Fe）的质量分数/%	≤0.005	≤0.010	—	≤0.005	≤0.010	≤0.030
砷（As）的质量分数/%	≤0.0001	≤0.005	—	≤0.0001	≤0.0001	—
汞（Hg）的质量分数/%	≤0.001	≤0.01	—	—	—	—
铅（pb）的质量分数/%	≤0.005	≤0.02	—	≤0.005	—	—
透明度/mm	≥80	≥50	—	—	—	—
透明度/mL	≤2.0	≤2.0	—	—	—	—

注：指标中的"—"表示该类别产品的技术要求中没有此项目。

5.1.1.10 氢气

氢气是世界上已知的密度最小的气体，是相对分子质量最小的物质，是宇宙中含量最多的元素。氢气的密度只有空气的 1/14，即在 0℃时，一个标准大气压下，氢气的密度为 0.0899g/L。所以氢气可作为飞艇、氢气球的填充气体（由于氢气具有可燃性、安全性不高，飞艇现多用氦气填充）。氢气主要在金属钒钛制备过程中用作高纯度还原剂，一般限于试验规模，与其他气体混杂时用作燃料，一般严格限制用途，作为危险化学品管理。

氢气（H_2）最早于 16 世纪初被人工制备，当时使用的方法是将金属置于强酸中。1766~1781 年，亨利·卡文迪许发现氢元素，氢气燃烧生成水（$2H_2+O_2 \rightarrow 2H_2O$），拉瓦锡根据这一性质将该元素命名为 "hydrogenium"（"生成水的物质"之意，"hydro"是

"水"，"gen"是"生成"，"ium"是元素通用后缀）。19世纪50年代英国医生合信（B. Hobson）编写《博物新编》（1855年）时，把"hydrogen"翻译为"轻气"，意为最轻的气体。

常温常压下，氢气是一种极易燃烧，无色透明、无臭无味的气体。现在工业上一般从天然气或水煤气制氢气，而不采用高耗能的电解水的方法。制得的氢气大量用于石化行业的裂化反应和生产氨气。氢气分子可以进入许多金属的晶格中，造成"氢脆"现象，使得氢气的存储罐和管道需要使用特殊材料（如蒙耐尔合金），设计也更加复杂。医学上用氢气来治疗部分疾病。

氢气包括工业氢（GB/T 3634—1995）：$H_2 \geq 99.90\%$（优等品），$H_2 \geq 99.50\%$（一等品），$H_2 \geq 99.00\%$（合格品）。

纯氢 GB/T 7445—1995：$H_2 \geq 99.99\%$。

高纯氢 GB/T 7445—1995：$H_2 \geq 99.999\%$。

超高纯氢 GB/T 7445—1995：$H_2 \geq 99.9999\%$。

氢气的产生：由水通电产生氢气和氧气。

5.1.1.11 氮气

氮气，化学式为 N_2，通常状况下是一种无色无味的气体，微溶于水和乙醇。氮气的相对密度（空气=1）为0.97，比空气密度小。氮气占大气总量的78.12%（体积分数），是空气的主要成分。在标准大气压下，冷却至-195.8℃（沸点）时，变成没有颜色的液体，冷却至-209.8℃（熔点）时，液态氮变成雪状的固体。氮气的化学性质不活泼，常温下很难跟其他物质发生反应，但在高温、高能量条件下可与某些物质发生化学变化，用来制取对人类有用的新物质。氮气常用于合成氨，制硝酸，用作物质保护剂，冷冻剂。

在钒钛产业链中，氮气是钒氮合金和碳氮化钛生产中重要的氮化结合元素，在海绵钛生产和氯化钛白生产时用作置换保护气体。

5.1.1.12 金属钙

金属钙是英国化学家戴维和瑞典化学家柏齐利乌斯在1809年制得的。钙是银白色的金属，比锂、钠、钾都要硬、重，在815℃熔化。金属钙的化学性质很活泼。在空气中，钙会很快被氧化，蒙上一层氧化膜。加热时，钙会燃烧，射出砖红色的美丽的光芒。钙和冷水的作用较慢，在热水中会发生剧烈的化学反应，放出氢气（锂、钠、钾即使是在冷水中，也会发生激烈的化学反应）。钙也很容易与卤素、硫、氮等化合。

金属钙（含钙的中间合金）在钢铁工业中的主要用途是加工成金属钙粒，然后制成钙铁线或者纯钙线，最终用于钢铁的炉外精炼，其作用是脱硫、脱氧，增加钢水的流动性，促进钢水中夹杂物的快速上浮，一般用于优质钢的生产。金属钙也作为脱水剂，制造无水酒精。在石油工业上，金属钙用作脱硫剂。在冶金工业上，用它去氧或去硫。

金属钙及其氢钙化合物可以用作金属钒和金属钛制备的还原剂，仅限于实验室试验。

5.1.1.13 氧气

氧气，化学式为 O_2，相对分子质量为32.00，为无色无味气体。氧元素最常见的形态为单质。熔点为-218.4℃，沸点为-183℃。不易溶于水，1L水中溶解约30mL氧气。氧气约占空气总量的21%（体积分数）。液氧为天蓝色，固氧为蓝色晶体。氧气在常温下不是很活泼，与其他物质不易发生作用。但在高温下则很活泼，能与多种元素直接化合，这与氧原子的电负性仅次于氟有关。

氧在自然界中分布最广，占地壳质量的48.6%，是丰度最高的元素。在烃类的氧化，废水的处理，火箭推进剂以及航空、航天和潜水中供动物及人进行呼吸等方面均需要用氧。动物呼吸、燃烧和一切氧化过程（包括有机物的腐败）都消耗氧气。但空气中的氧能通过植物的光合作用不断地得到补充。在金属的切割和焊接中，用纯度93.5%~99.2%的氧气与可燃气（如乙炔）混合，产生极高温度的火焰，从而使金属熔融。冶金过程离不开氧气，为了强化硝酸和硫酸的生产过程也需要氧。不用空气而用氧与水蒸气的混合物吹入煤气气化炉中，能得到高热值的煤气。医疗用气极为重要。

氧气在转炉提钒和雾化提钒以及钒渣焙烧时用作供氧单元，加速氧化转化。在氯化钛白生产过程中氧气用作气相氧化剂。

5.1.1.14　氯化钙

氯化钙为无机化合物，一种由氯元素和钙元素构成的盐，为典型的离子型卤化物。性状为白色、硬质碎块或颗粒。氯化钙微苦，无味。氯化钙对氨具有突出的吸附能力和低的脱附温度，在合成氨吸附分离方面具有很大的应用前景。但由于氯化钙不易形成稳定的多孔材料，与氨气的接触面积小，并且在吸附、解吸过程中容易膨胀、结块，因此使之难以在这方面付诸实际应用。将氯化钙担载于高比表面载体上，可以大大提高氯化钙与氨气的接触面积。已有相关研究表明，将氯化钙搭载于分子筛上而制备的复合吸附剂比单一吸附剂有更好的吸附性能和稳定性。

氯化钙在室温下为白色固体。它常见应用包括制冷设备所用的盐水、道路融冰剂和干燥剂。因为它在空气中易吸收水分发生潮解，所以无水氯化钙必须在容器中密封储藏。氯化钙及其水合物和溶液在食品制造、建筑材料、医学和生物学等多个方面均有重要的应用价值。

氯化钙主要用于钒溶液净化除磷，其他用于保持干燥。

5.1.2　钛产业

钛产业主要原料包括钛精矿、钛渣、天然金红石、人造金红石、升级钛渣、回收再生召回性质的非钛料，一般要求品位提级，最大限度以富原料进入提钛制造应用系统，有时需要加工处理富集，目前90%的钛原料用于钛白生产，10%的钛原料用于钛金属产业，其他有5%用作电焊条和铁合金生产等。钛产业链中有许多中间产品是标准化产品，也是产业链递进工序的原料。辅助原料基本以标准化产品为主，钛产业引入的辅助原料包括硫酸、聚合剂、磷酸、絮凝剂、氯气、石油焦、铝粉、金属钠、金属镁、还原铁粉、硫化氢、铜丝、除钒用有机物、包膜有机物、氢氟酸、纤维素、三氯化铝、三氧化二铝、氧化锆、硫酸锆、硅酸钠和工业氢氧化钠等。

5.1.2.1　氢氟酸

氢氟酸是氟化氢气体（HF）的水溶液，为无色透明、有刺激性气味的发烟液体，纯氟化氢有时也称作无水氢氟酸。因为氢原子和氟原子间结合的能力相对较强，使得氢氟酸在水中不能完全电离，所以理论上低浓度的氢氟酸是一种弱酸。具有极强的腐蚀性，能强烈地腐蚀金属、玻璃和含硅的物体。氢氟酸有剧毒，如吸入蒸气或接触皮肤会造成难以治愈的灼伤。实验室一般用萤石（主要成分为氟化钙）和浓硫酸来制取，需要密封在塑料瓶中，并保存于阴凉处。

氢氟酸主要用于硫酸法钛白生产过程滤布清洗，一般严格限制用途，作为危险化学品管理。

5.1.2.2 磷酸

磷酸或正磷酸，是一种常见的无机酸，是中强酸，由十氧化四磷溶于热水中即可得到。正磷酸工业上用硫酸处理磷灰石即得。磷酸在空气中容易潮解。加热会失水得到焦磷酸，再进一步失水得到偏磷酸。磷酸主要用于制药、食品、肥料等工业，也可用作化学试剂。磷酸是三元中强酸，分三步电离，不易挥发，不易分解，几乎没有氧化性。磷酸具有酸的通性。磷酸为白色固体或者无色黏稠液体（>42℃），密度为 1.685g/mL（液体状态），熔点为 42.35℃（316K），沸点为 158℃（431 K）（分解，磷酸受热逐渐脱水，因此没有自身的沸点）。市售磷酸是含 85%H_3PO_4 的黏稠状浓溶液。从浓溶液中结晶，则形成半水合物 $2H_3PO_4 \cdot H_2O$（熔点 302.3K）。磷酸无强氧化性，无强腐蚀性，属于较为安全的酸，属低毒类，有刺激性。LD_{50}：1530mg/kg（大鼠经口）；2740mg/kg（兔经皮）。刺激性：兔经皮 595mg/24h，严重刺激，兔眼 119mg 严重刺激。接触时注意防止入眼，防止接触皮肤，防止入口即可。

磷酸在钛白洗涤净化和晶型转化过程限量使用，一般严格限制用途，作为危险化学品管理。

5.1.2.3 纤维素

纤维素（cellulose）是由葡萄糖组成的大分子多糖。它不溶于水及一般有机溶剂，是植物细胞壁的主要成分。纤维素是自然界中分布最广、含量最多的一种多糖，占植物界碳含量的 50% 以上。棉花的纤维素含量接近 100%，为天然的最纯纤维素来源。一般木材中，纤维素占 40%~50%，还有 10~30% 的半纤维素和 20%~30% 的木质素。纤维素的分子式为（$C_6H_{10}O_5$）$_n$，木质素纤维是天然木材经过化学处理得到的有机纤维，外观为棉絮状，呈白色或灰白色。通过筛选、分裂、高温处理、漂白、化学处理、中和、筛分成不同长度和粗细度的纤维以适应不同应用材料的需要。由于处理温度高达 250℃ 以上，在通常条件下是化学上非常稳定的物质，不为一般的溶剂、酸、碱腐蚀，具有无毒、无味、无污染、无放射性的优良品质，不影响环境，对人体无害，属绿色环保产品，这是其他矿物质素纤维所不具备的。纤维微观结构是带状弯曲的、凹凸不平的、多孔的，交叉处是扁平的，有良好的韧性、分散性和化学稳定性，吸水能力强，有非常优秀的增稠抗裂性能。由 D-葡萄糖以 β-1，4 糖苷键组成的大分子多糖，相对分子质量为 50000~2500000，相当于 300~15000 个葡萄糖基。不溶于水及一般有机溶剂。它是植物细胞壁的主要成分。全世界用于纺织造纸的纤维素，每年达 800 万吨。此外，用分离纯化的纤维素做原料，可以制造人造丝，赛璐玢以及硝酸酯、醋酸酯等酯类衍生物和甲基纤维素、乙基纤维素、羧甲基纤维素钠等醚类衍生物，用于石油钻井、食品、陶瓷釉料、日化、合成洗涤、石墨制品、铅笔制造、电池、涂料、建筑建材、装饰、蚊香、烟草、造纸、橡胶、农业、胶粘剂、塑料、炸药、电工及科研器材等方面。

基本性能：长度均小于<6mm，灰分含量不大于 18%，pH 值为 7.0±0.5，吸油率不小于纤维自身质量的 5 倍，含水率小于 5%，耐热能力为 230℃（短时间可达 280℃）。广泛

用于沥青道路、混凝土、砂浆、石膏制品、木浆海绵等领域，对防止涂层开裂、提高保水性、提高生产的稳定性和施工的合宜性、增加强度、增强对表面的附着力等有良好的效果。其技术作用主要是：触变、防护、吸收、载体和填充剂。

在钛白洗涤净化转化精滤过程限量使用，一般严格限制用途。

5.1.2.4　絮凝剂

絮凝剂按照其化学成分总体可分为无机絮凝剂和有机絮凝剂两类。其中无机絮凝剂又包括无机凝聚剂和无机高分子絮凝剂；有机絮凝剂又包括合成有机高分子絮凝剂、天然有机高分子絮凝剂和微生物絮凝剂。絮凝剂主要是带有正（负）电性的基团中和一些水中带有负（正）电性难于分离的一些粒子或者叫颗粒，降低其电势，使其处于稳定状态，并利用其聚合性质使得这些颗粒集中，并通过物理或者化学方法分离出来。

一般聚丙烯酰胺，分为阴离子聚丙烯酰胺、阳离子聚丙烯酰胺和非离子聚丙烯酰胺。聚丙烯酰胺按相对分子质量的大小可分为超高相对分子质量聚丙烯酰胺、高相对分子质量聚丙烯酰胺、中相对分子质量聚丙烯酰胺和低相对分子质量聚丙烯酰胺。超高相对分子质量聚丙烯酰胺主要用于油田的三次采油，高相对分子质量聚丙烯酰胺主要用做絮凝剂，中相对分子质量聚丙烯酰胺主要用做纸张的干强剂，低相对分子质量聚丙烯酰胺主要用做分散剂。

聚丙烯酰胺（PAM）是由丙烯酰胺单体聚合而成的，是能溶于水的高分子化合物。大多数厂家使用非离子型（也有少数厂家使用阴离子型或阳离子型的）。本身不带电荷，在中性、弱酸性和弱碱性条件下，都有较好的絮凝效果，在 pH 值为 6.5 时，表现出最大的絮凝作用。但是在强酸性条件下，其絮凝效果较差，为了让其适应在强酸性的铁液中使用，仍有较好的絮凝效果，就必须将其进行氨甲基化改性。改性是在其分子链上导入甲基和氨基，使原来卷曲的聚丙烯酰胺分子链伸展开来，不仅使其原有的极性基团得到充分暴露，而且增加了新的极性基团，使其分子结构中的氮原子上有较大的电子云密度，而呈现负电性，从而对带正电荷的悬浮粒子有较强的亲和力，并使其高分子链在悬浮颗粒之间进行吸附架桥。同时可以降低胶体颗粒的等电位，再通过搅拌使吸附了悬浮颗粒的高分子链互相缠绕，絮凝成团而迅速沉降，达到在强酸性的钛液里，仍能充分发挥絮凝作用，而将悬浮颗粒沉降而除去的目标。在钛液沉降过程限量使用，一般严格限制用途。

5.1.2.5　氢氧化钠

氢氧化钠，化学式为 NaOH，俗称烧碱、火碱、苛性钠，为一种具有高腐蚀性的强碱，一般为片状或颗粒形态，易溶于水并形成碱性溶液，另有潮解性，易吸取空气中的水蒸气。氢氧化钠也有不同的应用，为化学实验室中必备的化学品之一，亦为常见的化工品之一。

氢氧化钠为白色半透明，结晶状固体。其水溶液有涩味和滑腻感。密度为 2.130g/cm³，熔点为 318.4℃，沸点为 1390℃。氢氧化钠极易溶于水，溶解时放出大量的热。易溶于水、乙醇以及甘油。氢氧化钠具有潮解性，固碱吸湿性很强，露放在空气中，最后会完全溶解成溶液。

在钛白晶种制备过程中限量使用，大量用于酸解尾气处理，一般严格限制用途。

5.1.2.6　三氧化二锑

三氧化二锑为白色立方晶体；熔点为 656°C，沸点为 1425℃；相对密度为 5.2，相对分子质量为 291.5；两性，碱性强于酸性；易溶于盐酸，不溶于水和酯酸；在水中的溶解度为 0.002g/100mL 水。三氧化二锑在空气中加热至 300～400°C 变黄，可得锑酸锑（Ⅲ）（$Sb(SbVO_4)$），其相对密度为 5.82，强热时又放出氧，成为三氧化二锑。三氧化二锑和强碱熔化，得 $M_2(SbO_4)$ 型盐（M 为一价金属）。Sb_2O_3 蒸气分子是二聚物 Sb_4O_6，高于 800°C 开始离解为 Sb_2O_3，到 1800°C 几乎完全离解。三氧化二锑由金属锑在空气中熔化或燃烧制得。五氧化二锑为淡黄色粉末，难溶于水，微溶于碱生成锑酸盐，由锑或三氧化二锑与浓硝酸反应而得。三氧化二锑是一种白色颜料，用于油漆等工业，并可制备各种锑化物。

氧化锑成分为 Sb_2O_3，结构为氧化锑呈立方晶体结构，性能为最初用于降低锐钛型二氧化钛的粉化，该颜料呈惰性，透光性差。

氧化锑性能指标：氧化锑折射指数为 2.09，相对密度为 5.6，吸油性为 11，耐晒性极好，热稳定性大于 500℃，氧化锑产品具有刺激性。

因为 Sb_2O_3 是一种很重的气体，所以它能熄灭火焰，目前主要用于防火涂料。作为阻燃剂可广泛用于聚乙烯、聚丙烯、聚苯乙烯、聚氯乙烯、尼龙、工程塑料（ABS）、橡胶、油漆、涂料、合成树脂、纸张等材料的阻燃。作为消泡剂用于熔化玻璃清除气泡，在聚酯纤维中作催化剂。用于搪瓷与陶瓷制品中作遮盖剂、增白剂。在石油中重油、渣油、催化裂化、催化重整过程中作钝化剂。在硫酸法钛白生产过程用作凝聚剂。

5.1.2.7　铁粉

铁粉为尺寸小于 1mm 的铁的颗粒集合体。铁粉为黑色，是粉末冶金的主要原料。按粒度，习惯上分为粗粉、中等粉、细粉、微细粉和超细粉五个等级。粒度为 150～500μm 范围内的颗粒组成的铁粉为粗粉，粒度在 44～150μm 的为中等粉，10～44μm 的为细粉，0.5～10μm 的为极细粉，小于 0.5μm 的为超细粉。一般将能通过 325 目标准筛即粒度小于 44μm 的粉末称为亚筛粉，若要进行更高精度的筛分则只能用气流分级设备，但对于一些易氧化的铁粉则只能用 JZDF 氮气保护分级机来做。铁粉主要包括还原铁粉和雾化铁粉，它们由不同的生产方式而得名。

铁粉在硫酸法钛白生产过程中用作还原剂，把部分 Fe^{3+} 还原成 Fe^{2+}，形成硫酸亚铁，按正常途径除去。铁粉在钒氮合金生产过程用作催化剂、结合剂和增重剂。

5.1.2.8　铜丝

铜元素是一种金属化学元素，也是人体所必需的一种微量元素，铜也是人类发现最早的金属之一，是人类广泛使用的一种金属，属于重金属。

铜是人类最早使用的金属。早在史前时代，人们就开始采掘露天铜矿，并用获取的铜制造武器、工具和其他器皿，铜的使用对早期人类文明的进步影响深远。铜是一种存在于地壳和海洋中的金属。铜在地壳中的含量约为 0.01%，在个别铜矿床中，铜的含量可以达到 3%～5%。自然界中的铜，多数以化合物即铜矿物存在。铜矿物与其他矿物聚合成铜矿石，开采出来的铜矿石，经过选矿而成为含铜品位较高的铜精矿。铜是唯一的能大量天然产出的金属，也存在于各种矿石（例如黄铜矿、辉铜矿、斑铜矿、赤铜矿和孔雀石）中，能以单质金属状态及黄铜、青铜和其他合金的形态用于工业、工程技术和工艺上。

铜丝的主要成分是铜，铜丝通常是由热轧铜棒不退火（但尺寸较小的丝可能要求中间退火）拉制而成的丝，可用于织网、电缆、铜刷、过滤网等。中国在生产海绵钛的初期曾采用铜粉除钒，前苏联也采用过铜粉除钒法。20世纪60年代中国对铜除钒法进行试验研究，成功改进使用了铜丝气相除钒法，现国内的铜除钒全部是采用铜丝气相除钒法。

5.1.2.9　硫化氢

硫化氢是一种无色有臭鸡蛋气味的剧毒、可燃气体，是一种强还原剂，应在通风处进行使用并必须采取防护安全措施。硫化氢主要用作四氯化钛净化除钒剂。

硫化氢（分子式为 H_2S，相对分子质量为 34.076），无色气体，有恶臭和毒性。密度为 1.539g/L。相对蒸气密度为 1.1906（空气＝1）。熔点为 -82.9℃，沸点为 -61.8℃。溶于水生成氢硫酸（一种弱酸），1%水溶液 pH 值为 4.5。

硫化氢化学性质不稳定，在空气中容易燃烧。能使银、铜等制品表面发黑。与许多金属离子作用，生成不溶于水或酸的硫化物沉淀。

硫化氢的来源较多，一般作为某些化学反应和蛋白质自然分解过程的产物以及某些天然物的成分和杂质，存在于多种生产过程中以及自然界中。如采矿和有色金属冶炼，煤的低温焦化、含硫石油开采、提炼、橡胶、制革、染料、制糖等工业中都有硫化氢产生。开挖和整治沼泽地、沟渠、印染、下水道、隧道以及清除垃圾、粪便等作业有硫化氢存在。另外天然气、火山喷气、矿泉中也常伴有硫化氢存在。

中心原子 S 原子采取 sp^3 杂化（实际按照键角计算的结果则接近于 p^3 杂化），电子对构型为正四面体形，分子构型为 V 形，H—S—H 键角为 92.1°，偶极矩为 0.97 D，是极性分子。由于 H—S 键能较弱，300℃左右硫化氢分解。

嗅觉阈值为 $0.00041×10^4$%。燃点为 260℃，饱和蒸气压为 2026.5kPa/25.5℃，溶于水（溶解比例 1∶2.6）、乙醇、二硫化碳、甘油、汽油、煤油等。临界温度为 100.4℃，临界压力为 9.01MPa。

危险标记：2.1 类易燃气体，2.3 类毒性气体，有剧毒。

颜色与气味：硫化氢是无色、剧毒、酸性气体。有一种特殊的臭鸡蛋味，即使是低浓度的硫化氢，也会损伤人的嗅觉。用鼻子作为检测这种气体的手段是致命的。

其相对密度为 1.189（15℃，0.10133MPa）。它存在于地势低的地方，如地坑、地下室里。如果发现处在被告知有硫化氢存在的地方，那么就应立刻采取自我保护措施。只要有可能，都要在上风向、地势较高的地方工作。

爆炸极限：与空气或氧气以适当的比例（4.3%~46%）混合就会爆炸。因此含有硫化氢气体存在的作业现场应配备硫化氢监测仪。

可燃性：完全干燥的硫化氢在室温下不与空气中的氧气发生反应，但点火时能在空气中燃烧，钻井、井下作业放喷时燃烧，燃烧率仅为 86% 左右。硫化氢燃烧时产生蓝色火焰，并产生有毒的二氧化硫气体，二氧化硫气体会损伤人的眼睛和肺。在空气充足时，生成 SO_2 和 H_2O，反应式如下：

$$2H_2S + 3O_2 === 2SO_2 + 2H_2O \tag{5-1}$$

若空气不足或温度较低时，则生成游离态的 S 和 H_2O，反应式如下：

$$2H_2S + O_2 === 2S + 2H_2O \tag{5-2}$$

除了在氧气或空气中，硫化氢也能在氯气和氟气中燃烧。可溶性硫化氢气体能溶于水、乙醇及甘油中，化学性质不稳定。硫化氢是一种二元弱酸。在 200℃时 1 体积水能溶解 2.6 体积的硫化氢，生成的水溶液称为氢硫酸，浓度为 0.1mol/L。硫化氢在水中的第二

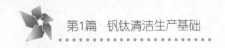

级电离程度相当低，以至于硫化钠水溶液的碱性仅比等浓度的氢氧化钠略低一些，可以充当强碱使用：

$$2NaOH + H_2S === Na_2S + 2H_2O \tag{5-3}$$

硫化氢在溶液中存在如下平衡：

$$H_2S === H^+ + HS^- \tag{5-4}$$

$$HS^- === H^+ + S^{2-} \tag{5-5}$$

氢硫酸比硫化氢气体具有更强的还原性，易被空气氧化而析出硫，使溶液变混浊。在酸性溶液中，硫化氢能使 Fe^{3+} 还原为 Fe^{2+}，Br_2 还原为 Br^-，I_2 还原为 I^-，MnO_4^- 还原为 Mn^{2+}，$Cr_2O_7^{2-}$ 还原为 Cr^{3+}，HNO_3 还原为 NO_2，而它本身通常被氧化为单质硫。H_2S 也能还原溶液中的铜离子（Cu^{2+}）、亚硒酸（H_2SeO_3）、四价钋离子（Po^{4+}）等，如：

$$Po^{4+} + 2H_2S === PoS + S + 4H^+ \tag{5-6}$$

硫化氢气体可以和金属产生沉淀，通常运用沉淀性被除去，一般的实验室中除去硫化氢气体，采用的方法是将硫化氢气体通入硫酸铜溶液中，形成不溶解于一般强酸（非氧化性酸）的硫化铜：

$$CuSO_4 + H_2S === CuS\downarrow + H_2SO_4 \tag{5-7}$$

但硫化氢与硫酸铁反应时，若硫化氢少，只能生成单质硫，因为 Fe^{3+} 与 H_2S 会发生氧化还原反应：

$$4H_2S + Fe_2(SO_4)_3 === 2FeSO_4 + 5S\downarrow + 4H_2O \tag{5-8}$$

注意：硫化氢的硫是 -2 价，处于最低价。但氢是 $+1$ 价，能下降到 0 价，所以仍有氧化性，如：

$$2Na + H_2S === Na_2S + H_2\uparrow \tag{5-9}$$

硫化氢能发生归中反应：

$$2H_2S + SO_2 === 2H_2O + 3S \tag{5-10}$$

其中硫化氢是还原剂，二氧化硫是氧化剂，硫是氧化产物。

5.1.2.10　除钒有机物

用于除钒的有机物种类很多，生产中常选用的有矿物油和植物油。

A　矿物油质量标准

某厂常用于除钒的白矿物油标准号有 15 号、26 号白矿物油（采用 SH0007—1990 标准），其主要技术参数见表 5-7。

表5-7　15 号、26 号白矿物油主要理化指标

名称	运动黏度（40℃）/mm² · s⁻¹	闪点/℃	紫外吸光度	酸碱性	易炭化物	硫化物	水分/%	机械杂质（重金属）/mg · kg⁻¹
15 号	12.5～17.5	150	0.1	中性	通过	通过	0	<10
26 号	24～28	16	0.1	中性	通过	通过	0	<10

B　植物油质量标准

目前采用植物油除钒的生产厂家主要是从美国进口植物油，也可使用国内自产植物

油，比照执行大豆油国家质量标准（GB1535—2003）。

5.1.2.11 铝粉

铝为银灰色的金属，相对分子质量为 26.98，相对密度为 2.55，纯度 99.5% 的铝熔点为 685℃，沸点为 2065℃，熔化吸热 323kJ/g，铝有还原性，极易氧化，在氧化过程中放热。急剧氧化时每克放热 15.5kJ/g，铝是延展性金属，易加工。金属铝表面的氧化膜透明，且有很好的化学稳定性。铝粉纯度要求大于 99.5%，粒度小于 5μm，比表面积为 $0.5 \sim 5.0 m^2/g$，松装密度为 $0.3 \sim 1.0 g/cm^3$，反应活性不小于 95%，要求采用铝箔包装并密封，储存于阴凉、干燥、防火的环境，勿与氧化剂接触。

铝粉特性：（1）无气味，银白色金属粉末，自燃温度为 590℃，粉尘爆炸下限为 $40 g/m^3$。用来制造油漆、油墨、颜料和焰火，也可用作多孔混凝土的添加剂。铝还可作为治疗和医药用品，此外还用于汽车和飞机工业。（2）毒性。该品无毒，对呼吸道有致肺纤维化作用。最高容许浓度为 $4 mg/m^3$。（3）短期暴露的影响。吸入：高浓度粉尘会刺激呼吸道黏膜。眼睛接触：细小尘粒一般没有刺激，大的尘粒会有一些摩擦性刺激。口服：在工作场所正常进入口腔的剂量无毒性反应。大量吞服粉尘则对肠胃有摩擦性刺激。（4）长期暴露的影响。长期或反复暴露会使肺组织产生纤维化，发生铝尘肺，症状包括咳嗽、呼吸急促、食欲减退和昏睡。类似气喘病的症状曾出现过。（5）火灾和爆炸。该品可燃，细粉与空气能形成易燃易爆的混合物。可隔离火源并让其烧完。用黄沙、滑石、氯化钠来扑灭小火。绝对不准用水。（6）化学反应性。不可接触稀酸或强碱。大量粉尘受潮时会自然发热。铝粉与其他金属氧化物的混合物遇火会发生激烈反应或起火。与卤元素混合会起火。与卤化碳氢化合物加热或摩擦会发生爆炸性反应。（7）人身防护。吸入：如粉尘浓度不明或超过暴露限值应戴用 I 级防尘口罩。皮肤：为防止过多的粉尘沉积或摩擦，使用手套、工作服、工作鞋。眼睛：戴用化学安全眼镜。（8）急救吸入：如发生刺激，使眼睑张开，用生理盐水或微温的缓慢的流水冲洗患眼至少 10min。皮肤接触：如发生刺激，将过剩铝粉缓和地抹掉或擦掉。口服：不可催吐。给患者饮水约 250mL。一切患者都应请医生治疗。（9）储藏和运输。遵守储藏和运输易燃物质的规则。储藏于阴凉、干燥、有良好通风设备的地方，避免粉尘产生。（10）安全和处理。只有受过训练的人员才能从事清洁工作。保证提供良好的通风设备。使用良好的防护服装和呼吸器。不要接触散落物，可铲进清洁、干燥、有标签的容器内并盖好，用水冲洗现场。燃物应远离散物，遵守环境保护法规。铝粉主要用作四氯化钛净化除钒、金属钒钛制备还原剂和钛铁生产主还原剂，钒铁生产可采用铝豆或者铝片。

5.1.2.12 金属镁

镁是一种银白色的金属，化学性质活泼，在自然界中从不以单质状态存在。镁的矿物主要有白云石 $CaCO_3 \cdot MgCO_3$、光卤石 $KCl \cdot MgCl_2 \cdot 6H_2O$、菱镁矿 $MgCO_3$、橄榄石 $(Mg, Fe)_2SiO_4$ 和蛇纹石 $Mg_6[Si_4O_{10}](OH)_8$。镁在地壳中的含量约为 2.1%，在已发现的一百余种元素中居第八位。

海水中含镁约 0.13%，每立方海里的海水中约含 660 万吨镁。大量以镁的氯化物和硫酸盐形式存在于海水中。1971 年世界镁产量有一半以上是以海水为原料生产的；镁也存在于植物中，是叶绿素的主要成分。镁还存在于人体细胞中。在糖类代谢过程中，镁是酶反

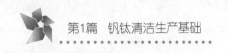

应的催化剂；镁是轻金属，密度为 $1.74g/cm^3$，熔点为 922K，沸点为 1363K，硬度为 2.0，比同族的其他碱土金属都高。

镁具有优良的切削加工性能，可铸造、锻造，加工成各种形状的型材。在冶金中制备密度小、硬度大、韧性高的镁铝合金（含镁 10%~30%）和电子合金（含镁 90%，其余为铝、锌、锰），大量用于制造飞机和汽车，是重要的国防金属。从镁的电负性（1.31）和标准电极电势（$\psi=-2.36V$）看，它是一个比较活泼的金属，它的化学性质主要表现在以下几个方面：

（1）不论在固态或在水溶液中，镁都具有较强的还原性，是一个常用的还原剂。例如：高温下，金属镁能夺取某些氧化物中的氧，着火的镁条能在 CO_2 中继续燃烧，把 CO_2 还原成 C：

$$2Mg + CO_2 \rlap{=\!=} \quad 2MgO + C \tag{5-11}$$

镁可以使 SiO_2 还原成单质硅：

$$2Mg + SiO_2 \rlap{=\!=} \quad Si + 2MgO \tag{5-12}$$

镁还原四氯化钛为金属钛：

$$2Mg + TiCl_4 \rlap{=\!=} \quad Ti + 2MgCl_2 \tag{5-13}$$

目前就是利用镁、钙等作还原剂，在真空或稀有气体保护下生产某些稀有金属。

镁应该很容易与水反应，但由于表面生成氧化膜，镁不与冷水作用。但镁能将热水分解放出氢气：

$$Mg + 2H_2O(热水) \rlap{=\!=} \quad Mg(OH)_2 + H_2\uparrow \tag{5-14}$$

（2）金属镁能与大多数非金属和几乎所有的酸（只有铬酸和氢氟酸除外）反应。例如镁在一定压力下与氢直接合成氢化镁，具有金红石结构：

$$Mg + H_2 \rlap{=\!=} \quad MgH_2 \tag{5-15}$$

镁在空气中燃烧时射出耀眼的白光，生成氧化镁：

$$2Mg + O_2 \rlap{=\!=} \quad 2MgO \tag{5-16}$$

（3）在醚的溶液中，镁能与卤化烃或卤代芳烃作用，生成有名的格氏试剂（Grignard reagent）：

$$Mg + RX \longrightarrow RMgX （R 为烃基，X 为 Cl、Br、I）$$

$$\tag{5-17}$$

格氏试剂是有机化学中用途最多的试剂。

（4）镁具有生成配位化合物的明显倾向。镁的最重要配合物是叶绿素，它是一种能够制造糖类的绿色植物色素，一切生命归结到底都要依靠这个配合物。配合反应如下：

$$6CO_2 + 6H_2O \rlap{=\!=} \quad C_6H_{12}O_6 + 6O_2 \tag{5-18}$$

在这个配合物中，镁处在一个叫做卟啉的平面有机环系的中心，其中有四个杂环氮原子与镁结合着。

镁的水合离子 $[Mg(H_2O)_6]^{2+}$ 是六配位的，镁在水溶液中的配合物大多是由含氧配体构成的，例如乙二胺四乙酸与镁的配合物 $[Mg(EDTA)]^{2-}$，它常用于分析化学。

5.1.2.13　金属钠

钠是一种金属元素，质地柔软，能与水反应生成氢气。钠在自然界没有单质形态，钠元素以盐的形式广泛地分布于陆地和海洋中，钠也是人体肌肉组织和神经组织中的重要成分之一。

钠为银白色立方体结构金属，质软而轻，可用小刀切割，密度比水小，熔点为97.81℃，沸点为882.9℃。新切面有银白色光泽，在空气中氧化转变为暗灰色，具有抗腐蚀性。钠是热和电的良导体，具有较好的导磁性，钾钠合金（液态）是核反应堆导热剂。钠单质还具有良好的延展性，硬度也低，能够溶于汞和液态氨，溶于液氨形成蓝色溶液。在-20℃时变硬。

已发现的钠的同位素共有 22 种，包括^{18}Na 至^{37}Na，其中只有^{23}Na 是稳定的，其他同位素都带有放射性。

钠的化学性质很活泼，常温和加热时分别与氧气化合，和水爆炸性反应，和低元醇反应产生氢气，和碱性很弱的液氨也能反应。反应式如下：

$$4Na + O_2 \xrightarrow{\text{常温}} 2Na_2O \tag{5-19}$$

$$2Na + O_2 \xrightarrow{\text{加热或点燃}} Na_2O_2 \tag{5-20}$$

$$2Na + 2H_2O \Longrightarrow 2NaOH + H_2 \uparrow \tag{5-21}$$

$$2Na + H_2O \xrightarrow{\text{高温}} Na_2O + H_2 \tag{5-22}$$

$$2Na + 2ROH \Longrightarrow 2RONa + H_2 \uparrow (\text{ROH 表示低元醇}) \tag{5-23}$$

钠原子的最外层只有 1 个电子，很容易失去，所以有强还原性。因此，钠的化学性质非常活泼，能够和大量无机物，绝大部分非金属单质和大部分有机物反应，在与其他物质发生氧化还原反应时，作还原剂，都是由 0 价升为+1 价（由于 ns^1 电子对），通常以离子键和共价键形式结合。金属性强，其离子氧化性弱。钠的相对原子质量为 22.989770，醋酸铀酰锌钠、醋酸铀酰镁钠、醋酸铀酰镍钠、铋酸钠、锑酸钠，钛酸钠皆不溶于水。

金属钠主要用作海绵钛生产的还原剂。

5.1.2.14 氩气

氩气是工业上应用很广的稀有气体。它的性质十分不活泼，既不能燃烧，也不助燃。在飞机制造、造船、原子能工业和机械工业部门，对特殊金属，例如铝、镁、铜及其合金和不锈钢在焊接时，往往用氩作为焊接保护气，防止焊接件被空气氧化或氮化。钒钛生产中被用作保护气体。

6 种惰性气体元素氦、氖、氩、氪、氙和氡中，就只有原子质量最小的氦和氖尚未被合成稳定化合物。惰性气体可广泛应用于工业、医疗、光学应用等领域，合成惰性气体稳定化合物有助于科学家进一步研究惰性气体的化学性质及其应用技术。

在惰性气体元素的原子中，电子在各个电子层中的排列，刚好达到稳定数目。因此原子不容易失去或得到电子，也就很难与其他物质发生化学反应，因此这些元素被称为"惰性气体元素"。

在原子质量较大、电子数较多的惰性气体原子中，最外层的电子离原子核较远，所受的束缚相对较弱。如果遇到吸引电子强的其他原子，这些最外层电子就会失去，从而发生化学反应。1962 年，加拿大化学家首次合成了氙和氟的化合物。此后，氪和氡各自的化合物也出现了。

原子越小，电子所受约束越强，元素的"惰性"也越强，因此合成氦、氖和氩的化合物更加困难。赫尔辛基大学的科学家使用一种新技术，使氩与氟化氢在特定条件下发生反应，形成了氟氩化氢。它在低温下是一种固态稳定物质，遇热又会分解成氩和氟化氢。科学家认为，使用这种新技术，也可望分别制取出氦和氖的稳定化合物。

5.1.2.15 工业盐

工业盐的标准和熔盐氯化原料主要成分见表5-8。

表 5-8 工业盐 （GB/T5462—2003）

指标名称	指标/%
NaCl	98.5
CaSO$_4$	0.709
H$_2$O	0.5

5.1.2.16 氯气

氯气是一种有毒气体，它主要通过呼吸道侵入人体并溶解在黏膜所含的水分里，生成次氯酸和盐酸，对上呼吸道黏膜造成有害的影响：次氯酸使组织受到强烈的氧化；盐酸刺激黏膜发生炎性肿胀，使呼吸道黏膜浮肿，大量分泌黏液，造成呼吸困难，所以氯气中毒的明显症状是发生剧烈的咳嗽。症状重时，会发生肺水肿，使循环作用困难而致死亡。由食道进入人体的氯气会使人恶心、呕吐、胸口疼痛和腹泻。1L空气中最多可允许含氯气0.001mg，超过这个量就会引起人体中毒。

A 助燃性

在一些反应（如与金属的反应）中，氯气可以支持燃烧。

B 与金属反应

氯气具有强氧化性，加热下可以与所有金属反应，如金、铂在热氯气中燃烧，而与Fe、Cu等变价金属反应则生成高价金属氯化物。

金属钠在氯气中燃烧生成氯化钠。现象：钠在氯气里剧烈燃烧，产生大量的白烟，放热。反应式如下：

$$2Na + Cl_2 \xrightarrow{\text{点燃}} 2NaCl \tag{5-24}$$

铜在氯气中燃烧生成氯化铜。现象：红热的铜丝在氯气里剧烈燃烧，瓶里充满棕黄色的烟，加少量水后，溶液呈蓝绿色（绿色较明显），加足量水后，溶液完全显蓝色。反应式如下：

$$Cu + Cl_2 \xrightarrow{\text{点燃}} CuCl_2 \tag{5-25}$$

铁在氯气中燃烧生成氯化铁。现象：铁丝在氯气里剧烈燃烧，瓶里充满棕红色烟（有棕黄色和棕红色两种说法），加少量水后，溶液呈黄色。反应式如下：

$$2Fe + 3Cl_2 \xrightarrow{\text{点燃}} 2FeCl_3 \tag{5-26}$$

镁带在氯气中燃烧生成氯化镁。反应式如下：

$$Mg + Cl_2 =\!=\!= MgCl_2 \tag{5-27}$$

常温下，干燥氯气或液氯与铁发生钝化反应，生成致密氧化膜，氧化膜又阻止了氯与铁的继续反应，所以可用钢瓶储存氯气（液氯）。

C 与非金属反应

a 与氢气的反应

工业制盐酸方法，工业先电解饱和食盐水，生成的氢气和氯气燃烧生成氯化氢气体。

反应式如下：

$$H_2 + Cl_2 \xrightarrow{\text{点燃}} 2HCl \tag{5-28}$$

现象：H_2 在 Cl_2 中安静地燃烧，发出苍白色火焰，瓶口处出现白雾。

$$H_2 + Cl_2 \xrightarrow{\text{光照}} 2HCl \tag{5-29}$$

现象：见光爆炸，有白雾产生。将点燃的氢气放入氯气中，氢气只在管口与少量的氯气接触，产生少量的热；点燃氢气与氯气的混合气体时，大量氢气与氯气接触，迅速化合放出大量热，使气体急剧膨胀而发生爆炸，氢气在氯气中的爆炸极限是 9.8%~52.8%。

b　与磷的反应

氯气与磷反应，产生白色烟雾。反应式如下：

$$2P + 3Cl_2(\text{少量}) \xrightarrow{\text{点燃}} 2PCl_3(\text{液体农药，雾}) \tag{5-30}$$

$$2P + 5Cl_2(\text{过量}) \xrightarrow{\text{点燃}} 2PCl_5(\text{固体农药，烟}) \tag{5-31}$$

与其他非金属的反应，在一定条件下，氯气还可与 S、Si 等非金属直接化合。反应式如下：

$$2S + Cl_2 \xrightarrow{\text{点燃}} S_2Cl_2 \tag{5-32}$$

$$Si + 2Cl_2 \xrightarrow{\Delta} SiCl_4 \tag{5-33}$$

与水反应，氧化剂是 Cl_2，还原剂也是 Cl_2，本反应是歧化反应。氯气遇水会产生次氯酸，次氯酸具有净化（漂白）作用，用于消毒——溶于水生成的 HClO 具有强氧化性。

$$Cl_2 + H_2O \rightleftharpoons HCl + HClO \tag{5-34}$$

与碱溶液反应：

$$Cl_2 + 2NaOH = NaCl + NaClO + H_2O \tag{5-35}$$

$$2Cl_2 + 2Ca(OH)_2 = CaCl_2 + Ca(ClO)_2 + 2H_2O \tag{5-36}$$

上述两反应中，Cl_2 作氧化剂和还原剂，是歧化反应。

$$Cl_2 + 2OH^-(\text{冷}) = ClO^- + Cl^- + H_2O \tag{5-37}$$

$$3Cl_2 + 6OH^-(\text{热}) = ClO_3^- + 5Cl^- + 3H_2O \tag{5-38}$$

D　与盐溶液反应

反应式如下：

$$Cl_2 + 2FeCl_2 = 2FeCl_3 \tag{5-39}$$

$$Cl_2 + Na_2S = 2NaCl + S \tag{5-40}$$

E　与气体反应

Cl_2 的化学性质比较活泼，容易与多种可燃性气体发生反应，如 H_2、C_2H_2 等。

F　与有机物反应

甲烷的取代反应：

$$CH_4 + Cl_2 \xrightarrow{\text{光照}} CH_3Cl + HCl \tag{5-41}$$

$$CH_3Cl + Cl_2 \xrightarrow{\text{光照}} CH_2Cl_2 + HCl \tag{5-42}$$

$$CH_2Cl_2 + Cl_2 \xrightarrow{\text{光照}} CHCl_3 + HCl \tag{5-43}$$

$$\text{CHCl}_3 + \text{Cl}_2 \xrightarrow{\text{光照}} \text{CCl}_4 + \text{HCl} \qquad (5\text{-}44)$$

G 加成反应

与乙烯反应：

$$\text{CH}_2=\text{CH}_2 + \text{Cl}_2 \xrightarrow{\text{催化剂}} \text{CH}_2\text{ClCH}_2\text{Cl}(1,2\text{-二氯乙烷}) \qquad (5\text{-}45)$$

与二硫化碳反应：

$$2\text{Cl}_2 + \text{CS}_2 === \text{CCl}_4 + 2\text{S} \qquad (5\text{-}46)$$

由于氯气这个化学物质的特殊性，是一极毒的有扩散性的气体，希望就近配套供应，做到稳定和安全供应。氯气的浓度一般大于85%，主要根据高钛渣（富钛料）的粒度来确定，如果高钛渣（富钛料）的细粒级较多，就采用较高浓度的氯气同时降低氯气的流速，以防止细粒级的高钛渣（富钛料）未被氯化就被高速气流带走，反之，采用浓度较低的氯气，同时提高气体的流速。该厂所用的氯气一部分为镁还原 TiCl_4 产生的浓度约50%氯气的循环使用，另一部分是购买浓度99%以上的液氯。

5.1.2.17 石油焦

石油焦（petroleum coke）是原油经蒸馏将轻质、重质油分离后，重质油再经热裂的过程，转化而成的产品。从外观上看，焦炭为形状不规则，大小不一的黑色块状（或颗粒），有金属光泽，焦炭的颗粒具有多孔隙结构，主要的元素组成为碳，含量（质量分数）为80%以上，其余的为氢、氧、氮、硫和金属元素。石油焦具有其特有的物理、化学性质及机械性质，本身是发热部分的不挥发性碳，挥发物和矿物杂质（硫、金属化合物、水、灰等）这些指标决定焦炭的化学性质。

石油焦在钛渣冶炼过程可以用作还原剂和电极制备原料，在氯化工序作为加碳元素使用。

5.1.2.18 焦炭

烟煤在隔绝空气的条件下，加热到 $950\sim1050℃$，经过干燥、热解、熔融、黏结、固化、收缩等阶段最终制成焦炭，这一过程叫高温炼焦（高温干馏）。由高温炼焦得到的焦炭用于高炉冶炼、铸造和气化。炼焦过程中产生的经回收、净化后的焦炉煤气既是高热值的燃料，又是重要的有机合成工业原料。

焦炭在钛渣冶炼过程可以用作还原剂，也可用作高能燃料。

5.1.2.19 盐酸

盐酸是氢氯酸的俗称，是氯化氢（HCl）气体的水溶液，为无色透明的一元强酸。盐酸具有极强的挥发性，因此打开盛有浓盐酸的容器后能在其上方看到白雾，实际为氯化氢挥发后与空气中的水蒸气结合产生的盐酸小液滴。

盐酸（hydrochloric acid）分子式为 HCl，相对分子质量为36.46。盐酸为不同浓度的氯化氢水溶液，呈透明无色或黄色，有刺激性气味和强腐蚀性。易溶于水、乙醇、乙醚和油等。浓盐酸为含38%氯化氢的水溶液，相对密度为1.19，熔点为 $-112℃$，沸点为 $-83.7℃$。3.6%的盐酸，pH 值为0.1。注意盐酸绝不能用以与氯酸钾反应制备氯气，因为会形成易爆的二氧化氯，也根本不能得到纯净的氯气。

盐酸是人造金红石生产的主要原料，与钛原料中杂质形成可分离氯化物，也可作为循环水垢处理剂。

5.1.2.20 去离子水

去离子水是指除去了呈离子形式杂质后的纯水。国际标准化组织 ISO/TC 147 规定的"去离子"定义为："去离子水完全或不完全地去除离子物质。"现在的工艺主要采用 RO 反渗透的方法制取。应用离子交换树脂去除水中的阴离子和阳离子，但水中仍然存在可溶性的有机物，可以污染离子交换柱从而降低其功效，去离子水存放后也容易引起细菌的繁殖。

钒钛精细化工都需要去离子水。

5.1.2.21 金红石调整剂

为使金红石型钛白粉在煅烧时转化速度不至于过快，并能形成圆滑规整、性能优良的颜料颗粒，以及满足各种品级钛白粉的特殊要求，需要在偏钛酸中添加一些调整剂（又称晶型稳定剂）。常用的调整剂有钾盐、铝盐、磷盐、铵盐和锑盐等。这些调整剂大多是金红石型。

A 钾盐

常用的有碳酸钾、硫酸钾和硫酸氢钾（是负催化剂的一种）。添加钾盐对改善产品的颜料性能有很大的好处，可以使颗粒疏松，提高白度和消色力，可以使二氧化钛在较高温度下煅烧而不失去优良的颜料性能，因为在较高温度下煅烧时二氧化钛颗粒比较致密，有利于提高耐候性和降低吸油量。添加量一般为 TiO_2 的 0.25%~0.70%（以 K_2O 计）。

B 铝盐

目前国外采用铝盐添加剂日益增多，一般使用硫酸铝并配成溶液加入偏钛酸中。添加铝盐能防止二氧化钛烧结，避免颗粒过分长大，产品比较柔软，即使在 1000~1100℃ 下煅烧，产品白度仍很好。由于添加铝盐后能在更高的温度下煅烧，产品颗粒较致密，耐光性和耐候性都很好。但铝盐是一种负催化剂，因而必须和其他正催化剂（如 TiO_2 溶胶）组合使用，才能达到较高的转化率和消色力。添加量为 TiO_2 的 0.8%~1.0%（以 Al_2O_3 计）时，产品遮盖力为最高。

C 磷酸或磷酸盐（也是负催化剂）

磷酸或磷酸盐能改善产品白度和耐候性，颗粒比较柔软，容易粉碎。添加量一般为 TiO_2 的 0.1%（以 P_2O_5 计）。如同时增加锌盐，则磷酸用量可适当提高，少量磷酸不会阻碍金红石型化，可通过适当提高晶种加入量来克服消极影响，不过会使消色力稍有降低，并使达到最大消色力的煅烧温度提高。若偏钛酸浆料中可溶性钛及稀土等重金属的量增多的话，则要多加磷酸，因为有一部分磷酸要先消耗在与钛及稀土等重金属元素的结合上。

D 氨水或铵盐

水洗合格的偏钛酸中含有硫酸 8%~10%，用氨水中和到 pH 值为 5~8，产品容易研磨，但会降低金红石型化的能力，如在氨水中和后，将硫酸铵洗去，再加入 1% 的氧化锌，所得产品消色力可相对提高一些。一般而言，添加氨能使产品疏松柔软，白度和消色力提高，但吸油量较高。单加氨水会使金红石型化能力降低，因而要与金红石型化促进剂配合使用。

E 锑盐

在锐钛型钛白粉中加入锑盐，可以与物料中的铁生成偏锑酸铁，有遮蔽铁的作用，可

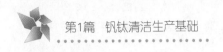

使产品略带蓝相，可改善产品光泽度，提高耐候性，更重要的是能防止光色互变现象，但用量不能大，否则会影响分散性，一般只加 0.05%~0.15%。

5.1.2.22　锌粉

深灰色的粉末状的金属锌，可作颜料，遮盖力极强。具有很好的防锈及耐大气侵蚀的作用。常用以制造防锈漆、强还原剂等。

锌粉主要用于钛白漂洗，通过与酸反应生成原生态氢，深度还原除铁。

5.1.2.23　氧化锆

二氧化锆，化学式为 ZrO_2，是锆的主要氧化物，通常状况下为白色无臭无味晶体，难溶于水、盐酸和稀硫酸。一般常含有少量的二氧化铪。化学性质不活泼，且具有高熔点、高电阻率、高折射率和低线膨胀系数的性质，使它成为重要的耐高温材料、陶瓷绝缘材料和陶瓷遮光剂，亦是人工钻的主要原料。能带间隙为 5~7eV。

氧化锆主要用于钛白后处理包膜。

5.1.2.24　三氧化二铝

氧化铝（Al_2O_3），工业 Al_2O_3 是由铝矾土（$Al_2O_3 \cdot 3H_2O$）和硬水铝石制备的，对于纯度要求高的 Al_2O_3，一般用化学方法制备。

Al_2O_3 有许多同质异晶体，目前已知的有 10 多种，主要有 3 种晶型，即 γ-Al_2O_3、β-Al_2O_3 和 α-Al_2O_3。其中结构不同，性质也不同，在 1300℃ 以上的高温时几乎完全转化为 α-Al_2O_3。

三氧化二铝主要用于钛白后处理包膜。

5.1.2.25　硅酸钠

硅酸钠俗称泡花碱，是一种水溶性硅酸盐，其水溶液俗称水玻璃，是一种矿黏合剂。其化学式为 $R_2O \cdot nSiO_2$，式中 R_2O 为碱金属氧化物，n 为二氧化硅与碱金属氧化物摩尔数的比值，称为水玻璃的摩数。建筑上常用的水玻璃是硅酸钠的水溶液（$Na_2O \cdot nSiO_2$）。

硅酸钠主要用于钛白后处理包膜。

5.1.2.26　黄药

黄药化学名称是各种黄原酸盐的总称。黄原酸类本身是一种不安定的无色或黄色的油状液体，乙基黄原酸的熔点为 53℃，25℃左右即开始分解，甲基黄原酸与乙基原黄酸溶于有机溶剂，只能微溶于水，与黄原酸本身不同，它的碱金属盐类却是相当安定的固体，在纯净状态时为黄色，有臭味，遇热分解为烷基硫化物、二硫化物、羰基化合物及碳酸碱金属盐。黄原酸的碱金属盐都易溶于水、酒精及丙酮，它的重金属盐都不溶于水，但能溶于多种有机溶剂中。各种黄药的水溶液比较稳定。

在钛矿选矿阶段作为浮硫药剂。

5.1.2.27　氯化钾

氯化钾为无色细长菱形或立方晶体，或白色结晶小颗粒粉末，外观如同食盐，无臭、味咸。常用于低钠盐、矿物质水的添加剂。钒钛生产过程用作熔盐调节剂。

物理性质：味极咸，无臭无毒。密度为 $1.984g/cm^3$。熔点为 770℃。加热到 1500℃ 时即能升华。易溶于水、醚、甘油及碱类，微溶于乙醇，但不溶于无水乙醇。有吸湿性，易结块。在水中的溶解度随温度的升高而迅速地增加，与钠盐常起复分解作用而生成新的钾盐。

溶解性：1g 氯化钾溶于 2.8mL 水、1.8mL 沸水、14mL 甘油、约 250mL 乙醇，不溶于乙醚、丙酮和盐酸，氯化镁、氯化钠和盐酸能降低其在水中的溶解度。

5.1.3 工业燃料

工业燃气包括发生炉煤气、焦炉煤气和天然气，固体燃料一般选用工业燃煤，主要用作燃料、燃气发生原料和还原剂。如回转窑、多膛炉和平窑等钒焙烧的加热燃料，还原制备三氧化二钒的燃料和还原剂，热水供应热源。

5.1.3.1 气体燃料

天然气主要成分为烷烃，其中甲烷占绝大多数，另有少量的乙烷、丙烷和丁烷，此外一般有硫化氢、二氧化碳、氮、水气、少量一氧化碳及微量的稀有气体，如氦和氩等。在标准状况下，甲烷至丁烷以气体状态存在，戊烷以上为液体，甲烷是最短和最轻的烃分子，典型天然气成分及含量见表 5-9。

表 5-9 典型天然气成分及含量 （体积分数，%）

成分	CH_4	C_2H_6	C_3H_8	C_4H_{10}	CO_2+H_2S	CO	H_2	N_2	不饱和烃	低发热量 /$kJ \cdot m^{-3}$
含量	96.67	0.63	0.26		1.64	0.13	0.07	1.30		35421

煤气是以煤为原料加工制得的含有可燃组分的气体。根据加工方法、煤气性质和用途分为：（1）煤气化得到的是水煤气、半水煤气、空气煤气（或称发生炉煤气），这些煤气的发热值较低，故又统称为低热值煤气；（2）煤干馏法中焦化得到的气体称为焦炉煤气，高炉煤气，属于中热值煤气，常用高炉和焦炉煤气的成分及含量见表 5-10 和表 5-11。

表 5-10 高炉煤气成分及含量 （体积分数，%）

成分	CO	CO_2	H_2	N_2	O_2	CH_4
含量	25.2	16.1	1.0	57.3	0.2	0.2

表 5-11 焦炉煤气成分及含量 （体积分数，%）

成分	CO	CO_2	H_2	N_2	O_2	CH_4	C_3H_8
含量	8.6	2.0	59.2	3.6	1.2	23.4	2.0

燃气组成危险化学品性质见表 5-12。

表 5-12 危险化学品性质

物料名称	爆炸极限 /%	闪点 /℃	燃点 /℃	燃烧热 /$kJ \cdot mol^{-1}$	危险特性	健康危害
苯酚	1.7~8.6	79	715	3050.6	遇明火、高热可燃	苯酚对皮肤、黏膜有强烈的腐蚀作用，可抑制中枢神经或损害肝、肾功能

续表 5-12

物料名称	爆炸极限/%	闪点/℃	燃点/℃	燃烧热/kJ·mol⁻¹	危险特性	健康危害
硫化氢	4.0~46.0	<-50	260	—	与空气混合能形成爆炸性混合物，遇明火、高热能引起燃烧爆炸。若遇高热，容器内压增大，有开裂和爆炸的危险	本品是强烈的神经毒物，对黏膜有强烈的刺激作用。高浓度时可直接抑制呼吸中枢，引起迅速窒息而死亡
氰化氢	5.6~40.0	-17.8	—	—	其蒸气与空气形成爆炸性混合物，遇明火、高热能引起燃烧爆炸。若遇高热，容器内压增大，有开裂和爆炸的危险	毒作用迅速，使组织不能利用氧，而产生"细胞内窒息"
一氧化碳	12.5~74.2	<-50	—	—	是一种易燃易爆气体。与空气混合能形成爆炸性混合物，遇明火、高热能引起燃烧爆炸	一氧化碳在血中与血红蛋白结合而造成组织缺氧
氢气	4.1~74.1	<-50	400	241.0	与空气混合能形成爆炸性混合物，遇热或明火即爆炸。气体比空气轻，遇火星会引起爆炸	在高浓度时，由于空气中氧分压降低引起窒息。在很高的分压下，可呈现出麻醉作用
氨	16~25	—	651.1	—	与空气混合能形成爆炸性混合物。遇明火、高热能引起燃烧爆炸。若遇高热，容器内压增大，有开裂和爆炸的危险	低浓度氨对黏膜有刺激作用，高浓度可造成组织溶解坏死
甲烷	5.3~15	-188	538	889.5	与溴、氯气、次氯酸、三氟化氮、液氧、二氟化氧及其他强氧化剂接触剧烈燃烧，与空气混合能形成爆炸性混合物，遇热源和明火有燃烧爆炸的危险	甲烷对人基本无毒，但浓度过高时，使空气中氧含量明显降低，使人窒息。皮肤接触液化甲烷，可致冻伤

5.1.3.2　固体燃料

　　煤炭是古代植物埋藏在地下经历了复杂的生物化学和物理化学变化逐渐形成的固体可燃性矿物。一种固体可燃有机岩，主要由植物遗体经生物化学作用，埋藏后再经地质作用转变而成。煤炭是世界上分布最广阔的化石能资源，主要分为烟煤、无烟煤、次烟煤和褐煤等四类。常用煤的比热容和导热系数见表 5-13。

　　构成煤炭有机质的元素主要有碳、氢、氧、氮和硫等，此外，还有极少量的磷、氟、氯和砷等元素。碳、氢、氧是煤炭有机质的主体，占 95% 以上；煤化程度越深，碳的含量越高，氢和氧的含量越低。碳和氢是煤炭燃烧过程中产生热量的元素，氧是助燃元素。煤炭燃烧时，氮不产生热量，在高温下转变成氮氧化合物和氨，以游离状态析出。

　　钒渣提取五氧化二钒过程和硫酸法钛白生产中煤炭主要用于燃烧产生热源，作燃料时要求高热值，挥发分适中，有时有块度要求，同时在钛渣冶炼和人造金红石生产中用作还原剂，作还原剂时要求高碳低灰分。

表 5-13　常用煤的比热容和导热系数

物　料	比热容/kJ·(kg·℃)$^{-1}$	导热系数/W·(m·℃)$^{-1}$
无烟煤、贫煤	1.09~7.17	0.19~0.65
烟　煤	1.25~1.50	0.19~0.65
褐　煤	1.67~1.88	0.029~0.174
煤的灰渣	约 0.84	0.22~0.29

5.1.3.3　甲苯

甲苯是石油的次要成分之一。在煤焦油轻油（主要成分为苯）中，甲苯占 15%~20%。我们周围环境中的甲苯主要来自重型卡车所排的尾气（因为甲苯是汽油的成分之一）。许多有机物在不完全燃烧后会产生少量甲苯，最常见的如烟草。大气层内的甲苯和苯一样，在一段时间后会由空气中的氢氧自由基（OH*）完全分解。

甲苯是最简单、最重要的芳烃化合物之一。在空气中，甲苯只能不完全燃烧，火焰呈黄色。甲苯的熔点为 -95℃，沸点为 111℃。甲苯带有一种特殊的芳香味（与苯的气味类似），在常温常压下是一种无色透明、清澈如水的液体，对光有很强的折射作用（折射率为 1.4961）。甲苯几乎不溶于水（0.52g/L），但可以和二硫化碳、酒精、乙醚以任意比例混溶，在氯仿，丙酮和大多数其他常用有机溶剂中也有很好的溶解性。甲苯的黏性为 0.6mPa·s，也就是说它的黏稠性弱于水。甲苯的热值为 40.940kJ/kg，闪点为 4℃，燃点为 535℃。

在工业生产中主要以石油为原料。在第二次世界大战期间，由于石油供应的匮乏，德国也尝试过用苯或甲醇为原料的制备法。在制备过程中主要的副产品是乙烯和丙烯。每年甲苯的全球产量为 500 万~1000 万吨。从石油中直接提取或将煤炭干馏的方法虽然简单，但都是不经济的。工业上主要采用将石油裂解并将所得到的产物之一正庚烷脱氢成环的方法。反应式如下：

$$C_7H_{16} \longrightarrow C_7H_{14} + H_2 \longrightarrow C_7H_8 + 4H_2 \tag{5-47}$$

正庚烷的脱氢成环反应：正庚烷将先脱氢生成甲基环己烷，然后被进一步氧化为甲苯。此外，环庚三烯可由光化学的方法直接转化为甲苯。甲苯在一般条件下性质十分稳定，但同酸或氧化剂却能激烈反应。它的化学性质类似于苯酚和苯，反应活性则介于两者之间。甲苯能腐蚀塑料，因而必须被存放在玻璃容器中。在氧化反应中（如与热的碱性高锰酸钾溶液），甲苯能由苯甲醇、苯甲醛而最终被氧化为苯甲酸。甲苯主要能进行自由基取代、亲电子取代和自由基加成反应。亲核反应则较少发生。在受热或光辐射条件下，甲苯可以和某些反应物（如溴）在甲基上进行自由基取代反应。

氯化钛白生产过程中甲苯主要用作高放热燃料。

5.2　钒钛产品清洁生产涉及的清洁生产问题

钒钛产品分为钒钛应用产品和原料产品，钒钛产品生产过程副产伴随一些有毒有害元素，影响清洁生产，如钒产品本身具有毒性或者转化可能，加剧生产经营管理难度。

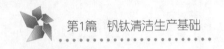

5.2.1 钛精矿选矿

钛铁矿一般都混杂有不少废砂石和复合其他矿物，其 TiO_2 品位较低。选矿就是根据这些矿物不同的组成和不同的物理化学性质，采用不同的选矿方法，将钛铁矿与它们分离，以提高 TiO_2 品位。由于钛铁矿常与许多矿物伴生在一起，只用单一的选矿手段，很难选得 TiO_2 品位高而杂质少的钛铁精矿。要提高 TiO_2 品位，必须根据不同的矿种，采用分段方式反复地选用不同的选矿方法组合加以选别。钛铁矿是从矿物中回收钛的主要矿物，主体为粒状，其次为板状或粒状集合体，晶度较粗，主要混存于磁选尾矿，经过弱磁选—强磁选—螺旋、摇床重磁选—浮硫—干燥电选，得到钛精矿、次铁精矿和浮硫尾矿。海砂矿选矿采用洗矿选矿工艺，在河床上的钛砂矿，常利用链斗式或搅吸式或斗轮式输送器将砂矿送至采矿船再处理。在沙滩上的，常利用推土机、铲运机、装载机、斗轮挖掘机经皮带运输机或砂泵管道送到粗选厂。采得的砂矿先经除渣、筛分、分级、脱泥和浓缩后进行粗选，中国云南残破砂矿选矿过程中有时还需要经湿辗。粗选是根据矿物的密度不同进行分离，丢弃密度小的脉石尾矿，获取密度大的重矿物约 90%，常用圆锥选矿机和螺旋选矿机，粗选厂都是移动式的，常与采矿结合在一起。精选是先进行湿法的重选、湿法磁选和浮选，再进行干法的磁选、电选和重力分离等。

海砂钛矿选矿破坏海岸环境，残破钛砂矿选矿破坏山体植被，矿泥淤积河床，尾矿堆积对小环境影响较大。攀枝花市现有钛精矿选场 230 多家，大多分布在东区、盐边和米易，目前还有一些厂家准备新上生产线，有的从磁选尾矿开始，有的从中矿开始，除攀钢等几个上规模的选场外，多数为小型选场，能力分散配套差，对外环境影响较大。钛精矿选矿主要污染物是磨矿机械噪声、粉尘、电磁辐射、尾矿、选矿废水、稀酸液、稀碱液和药剂残液等，环境危害包括对道路外环境、大气、水环境和声环境产生短期影响或者长期影响。

5.2.2 钛渣的生产

钛铁矿和还原剂中的 SiO_2、MnO 和 V_2O_5 等被部分还原成金属熔解进入铁水；TiO_2 部分被还原成 Ti 进入铁水，部分还原为 Ti^{3+} 进入钛渣；在还原气氛下，S 和 P 等依照渣铁平衡系数分配在渣铁之间；来自还原剂（无烟煤、焦炭和电极）的 C 部分还原转化为 CO 和 CO_2，部分溶解在铁水中；钛铁矿中的钛和非还原组分以及还原剂中的灰分进入熔炼渣中而成为钛渣，主要组成是 TiO_2 和 FeO，其余为 SiO_2、CaO、MgO、Al_2O_3 和 V_2O_5 等，同时含有 10% 左右的 Ti^{3+}。根据炉型特点和产品应用需要，分为轻度还原、中度还原和重度还原钛渣，中度还原和重度还原需要后序补充还原剂。在钛渣生产中，国外多用大型的密闭式电炉，最小功率在 16500kV·A。攀钢引进乌克兰技术建成 25MW 半密闭电炉进行酸溶性钛渣生产，攀枝花金江钛业有限公司引进 30000kV·A 矩形炉生产钛渣。

全国钛渣生产能力接近 100 万吨/a，攀枝花现有钛渣生产企业为 15 家，生产能力为 40 万吨/a，主要分布在盐边和钒钛产业园区，目前还有一些厂家准备新上生产线。钛渣冶炼对环境的主要污染物为一般粉尘、收尘渣、循环水、热空气、热粉尘、CO、CO_2、SO_2、煤气、热辐射、强电辐射和噪声等，主要表现为对大气环境和周围人群生产生活环境的影响，温室效应明显，一定程度促使气候变暖。

5.2.3 四氯化钛的生产

四氯化钛生产工序是将钛渣，或天然/人造金红石与石油焦混合，与氯气反应生成四氯化钛的过程。有三种氯化方式：竖炉氯化、熔盐氯化和沸腾氯化。沸腾氯化是世界先进的氯化技术，它以生产效率高、产能大、易实现连续生产等优点被世界上大多数生产国家认同和采用。生产精四氯化钛的原理是：通过蒸馏法除高沸点杂质，通过精馏法除低沸点杂质。由于钒在粗四氯化钛中以三氯氧钒（$VOCl_3$）的形式存在，由于其沸点与四氯化钛相近，相对挥发度 a 接近 1（为 1.22），用物理法除去很困难，也不经济，宜用化学法。化学法除去杂质钒有铝粉除钒、硫化氢除钒、铜丝（粉）除钒及矿物油除钒等方法，也有用分子筛吸附法除钒。铜粉除钒因系间歇操作、铜粉消耗大及劳动条件差而改为铜丝除钒。铜丝法除钒效果虽好，但除钒成本高，清洗铜丝劳动强度大，且会产生大量含铜废水，仅适合于处理含钒低的原料和小规模的海绵钛生产企业使用；硫化氢法除钒可适合于含钒高的原料，但硫化氢恶臭、剧毒且易爆炸，除钒后还要进行脱气操作，劳动条件极差；铝粉虽然除钒效果好，工艺设备简单，且可回收钒型工业生产，但有一定的控制难度。矿物油除钒是海绵钛生产企业普遍认为比较理想的一种除钒方法。

攀枝花精四氯化钛生产企业主要集中在钒钛产业园区，生产能力保持在 12 万吨/a 左右，目前还有一些厂家准备新上生产线，主要污染物包括氯化渣、尾氯、热空气、除钒渣、硅化物、氯化铁、盐酸雾、洗渣水、熔盐渣和废耐火材料等，特别是非热平衡状态排渣影响较大，主要表现为对大气环境和周围人群生产生活环境的影响，尤其是尾氯对生物损害较大。

5.2.4 海绵钛的生产

该工艺过程的原理是：精四氯化钛与过量的镁反应，得海绵钛和副产物氯化镁。还原结束后，将还原产物送真空蒸馏，或经冷却后破碎到一定粒度进行湿法处理，除去海绵钛中残留的氯化镁和过剩的镁以获得纯净的海绵钛。

主要污染物包括：氯盐、尾氯、盐酸雾、高温、化学处理液和惰性气体等，尾氯、盐酸雾和高温对周围环境、植物、动物及人群影响较大，尾氯则对大气环境影响较大，达到一定程度可以引起大气层变化，影响地球的生物活动。

5.2.5 钛白粉的生产工艺

目前，钛白粉比较成熟的工业化的生产工艺有硫酸法和氯化法两种。硫酸法始于 20 世纪 20 年代，迄今已有 90 多年的发展历史。该工艺是：钛精矿（或钛渣）经干燥、粉磨后用浓硫酸溶解，再以絮凝剂净化溶液，清除未分解的矿物沉淀后，在低温下分离硫酸亚铁；经过滤和浓缩后的溶液，在严格控制条件下将硫酸氧钛水解为水合二氧化钛，获得金红石型或锐钛型 TiO_2，最终经净化、过滤、煅烧、表面处理、细磨得到所需钛白粉产品。氯化法的研究始于 20 世纪 30 年代，该工艺包括原料制备、氯化、粗四氯化钛精制、气相氧化和后处理。即富钛料加入一定比例的石油焦（或优质焦炭），在 900~1150℃下氯化，反应是在沸腾氯化炉或熔盐氯化炉中进行的。未反应的固体和不挥发的氯化物经定期排渣或通过气固分离器从反应气体中分离出来，挥发性物质根据沸点高低冷凝分离得到粗

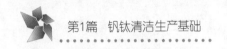

$TiCl_4$，再经精制得到精 $TiCl_4$；精 $TiCl_4$ 加入一定量的 $AlCl_3$ 后蒸发预热到 $400\sim500℃$，在特殊的氧化反应器中与约 $1500℃$ 的氧气迅速进行反应，得到以 Ti 和 Cl_2 为主的气体悬浮物。经骤冷和分离，Cl_2 返回氯化炉。氯化法比硫酸法在产品质量和减少环境污染、连续化自动化等方面都优越，因而发展很快，有逐步取代硫酸法之势。国外 20 世纪 80 年代末至 90 年代初建设的钛白粉厂，基本上都采用氯化法工艺。

硫酸法钛白生产过程的主要污染物是废酸、绿矾、酸解渣、酸解雾、SO_2 和 H_2S 等，处理不好可能对大气和水系影响较大，特别是绿矾和废酸具有数量大、占用空间大和储运难度大的缺点。

氯化法钛白生产过程的主要污染物与四氯化钛生产过程的主要污染物相同。

5.2.6　钒制品

矿石中的金属钒绝大多数与铁矿物类质同象，在选矿过程中进入铁精矿，经过烧结—高炉—铁水雾化提钒（或转炉提钒）得到钒渣，钒收得率为 42%。钒渣经多膛炉焙烧—浸出—沉淀—熔片—V_2O_5 成品，或还原生产 V_2O_3，V_2O_3 和 V_2O_5 电铝热法生产高钒铁，或生产钒氮合金。

钒制品生产紧随钢铁，流程长，前期矿物加工，中间高温冶金，后序提取冶金，主要污染物包括粉尘、SO_2、酸雾、提取尾渣（石煤提钒渣和钒渣提钒渣）、Cr^{6+}、V_2O_5、提钒废水、烟气、烟尘、收尘渣、循环水、热空气、热粉尘、CO、CO_2、煤气、热辐射、强电辐射和噪声等。

5.3　钒钛生产主要污染物的安全环境危害物质分析

钒钛生产是一个复杂过程，工序多杂反复，但多数是无机类简单反应，污染物单体及其复合物的危害可控，或者在可控范围内。

5.3.1　主要污染物成分性质

钒钛生产涉及污染物主体是原辅材料和中间产品的微细泄露，也有的是原料多元成分分离过程反应产物。

5.3.1.1　液 Cl_2

本品不会燃烧，但可助燃。若遇高热，容器内压增大，有开裂和爆炸的危险。一般可燃物大都能在氯气中燃烧，一般易燃气体或蒸气也都能与氯气形成爆炸性混合物。氯气能与许多化学品如乙炔、松节油、乙醚、氨气、燃料气、烃类、氢气、金属粉末等猛烈反应发生爆炸或生成爆炸性物质。它几乎对金属和非金属都有腐蚀作用。

5.3.1.2　CO

CO 是一种易燃易爆气体。与空气混合能形成爆炸性混合物，遇明火、高热能引起燃烧爆炸。

5.3.1.3　氨气

氨气与空气混合能形成爆炸性混合物。遇明火、高热能引起燃烧爆炸。与氟气、氯气等接触会发生剧烈的反应。若遇高热，容器内压增大，有开裂和爆炸的危险。

5.3.1.4 SO₂

无色气体，特臭，易被湿润的黏膜表面吸收生成亚硫酸、硫酸，能与碱性氧化物和氨发生反应，对金属有腐蚀性。

5.3.1.5 H₂S

硫化氢是无色、有毒、有恶臭的无色气体，属典型有臭鸡蛋气味的毒性气体。

5.3.1.6 HCl

HCl 是无色有刺激性气味的气体。

5.3.1.7 硫酸

硫酸纯品为无色透明油状液体，无臭，浓硫酸具有强氧化性和腐蚀性。

5.3.1.8 氮氧化物

氮氧化物（NO_x）种类很多，造成大气污染的主要是一氧化氮（NO）和二氧化氮（NO_2），因此环境学中的氮氧化物一般就指这两者的总称。

一氧化氮（NO）为无色气体，相对分子质量为 30.01，熔点为 -163.6℃，沸点为 -151.5℃，蒸汽压为 101.31kPa（-151.7℃）。溶于乙醇、二硫化碳，微溶于水和硫酸，水中溶解度为 4.7%（20℃）。性质不稳定，在空气中易氧化成二氧化氮（$2NO+O_2\rightarrow2NO_2$）。一氧化氮结合血红蛋白的能力比一氧化碳还强，更容易造成人体缺氧。不过，人们也发现了它在生物学方面的独特作用。一氧化氮分子作为一种传递神经信息的信使分子，在使血管扩张、免疫、增强记忆力等方面有着极其重要的作用。

二氧化氮（NO_2）在温度为 21.1℃时为红棕色刺鼻气体，在温度为 21.1℃以下时呈暗褐色液体。在温度为 -11℃以下时为无色固体，加压液体为四氧化二氮。相对分子质量为 46.01，熔点为 -11.2℃，沸点为 21.2℃，蒸汽压为 101.31kPa（21℃），溶于碱、二硫化碳和氯仿，微溶于水。性质较稳定。二氧化氮溶于水时生成硝酸和一氧化氮。工业上利用这一原理制取硝酸。二氧化氮能使多种织物褪色，损坏多种织物和尼龙制品，对金属和非金属材料也有腐蚀作用。

5.3.1.9 辐射

辐射分为电磁辐射和核辐射。核辐射的危害有：钴-60、铯-137、铱-192 源等产生的 γ 射线；Kr-85 源等产生的 β 射线；241Am-Be 源、24Na-Be 源、124Sb-Be 源及高能电子加速器产生的中子射线；非密封源所产生的 β 射线、α 射线；各种工业用、医疗用 X 射线设备产生的 X 射线等。随着核能和核技术在工业、农业生产、医疗卫生、科学研究和国防中的大量应用，受照射的人员越来越多，辐射的危害已不容忽视。长期受辐射照射，会使人体产生不适，严重的可造成人体器官和系统的损伤，导致各种疾病的发生，如白血病、再生障碍性贫血、各种肿瘤、眼底病变、生殖系统疾病、早衰等。

5.3.1.10 Cr^{6+}

六价铬为吞入性毒物/吸入性极毒物，皮肤接触可能导致敏感；更可能造成遗传性基因缺陷，吸入可能致癌，对环境有持久危险性。但这些是六价铬的特性，铬金属、三价或四价铬并不具有这些毒性。六价铬是很容易被人体吸收的，它可通过消化、呼吸道、皮肤及黏膜侵入人体。有报道，通过呼吸空气中含有不同浓度的铬酸酐时有不同程度的沙哑、鼻黏膜萎缩，严重时还可使鼻中隔穿孔和支气管扩张等。经消化道侵入时可引起呕吐、腹

痛。经皮肤侵入时会产生皮炎和湿疹。危害最大的是长期或短期接触或吸入时有致癌危险。

5.3.1.11　粉尘

粉尘（dust）是指悬浮在空气中的固体微粒。习惯上对粉尘有许多名称，如灰尘、尘埃、烟尘、矿尘、砂尘、粉末等，这些名词没有明显的界限。国际标准化组织规定，粒径小于 $75\mu m$ 的固体悬浮物定义为粉尘。在大气中粉尘的存在是保持地球温度的主要原因之一，大气中过多或过少的粉尘将对环境产生灾难性的影响。但在生活和工作中，生产性粉尘是人类健康的天敌，是诱发多种疾病的主要原因。

5.3.2　主要污染物成分危害

钒钛生产涉及污染物主体成分对环境是有害的，多元成分产生途径不同，但危害可能产生叠加效应。

5.3.2.1　Cl_2（液、气）

Cl_2 对眼、呼吸道黏膜有刺激作用。急性中毒：轻度者有流泪、咳嗽、咳少量痰、胸闷，出现气管炎和支气管炎的必须紧急处理；中度中毒发生支气管肺炎或间质性肺水肿，病人除有上述症状的加重外，出现呼吸困难、轻度紫绀等；重者发生肺水肿、昏迷和休克，可出现气胸、纵隔气肿等并发症。吸入极高浓度的氯气，可引起迷走神经反射性心跳骤停或喉头痉挛而发生"电击样"死亡。皮肤接触液氯或高浓度氯，在暴露部位可有灼伤或急性皮炎。慢性影响：长期低浓度接触，可引起慢性支气管炎、支气管哮喘等；可引起职业性痤疮及牙齿酸蚀症。对环境有严重危害，对水体可造成污染。本品助燃，高毒，具刺激性。LC_{50}：$850mg/m^3$，1h（大鼠吸入）。

5.3.2.2　CO

一氧化碳在血中与血红蛋白结合而造成组织缺氧。急性中毒：轻度中毒者出现头痛、头晕、耳鸣、心悸、恶心、呕吐、无力，血液碳氧血红蛋白浓度可高于10%；中度中毒者除上述症状外，还有皮肤黏膜呈樱红色、脉快、烦躁、步态不稳、浅至中度昏迷，血液碳氧血红蛋白浓度可高于30%；重度患者深度昏迷、瞳孔缩小、肌张力增强、频繁抽搐、大小便失禁、休克、肺水肿、严重心肌损害等，血液碳氧血红蛋白浓度可高于50%。部分患者昏迷苏醒后，经 2~60 天的症状缓解期后，又可能出现迟发性脑病，以意识精神障碍、锥体系或锥体外系损害为主。慢性影响：能否造成慢性中毒及对心血管的影响无定论。对环境有危害，对水体、土壤和大气可造成污染。LC_{50}：$0.69mg/m^3$，4h（大鼠吸入）。

5.3.2.3　$TiCl_4$

吸入本品烟雾，引起上呼吸道黏膜强烈刺激症状。轻度中毒有喘息性支气管炎症状；严重者出现呼吸困难，呼吸脉搏加快，体温升高，咳嗽，咯痰等，可发展成肺水肿。皮肤直接接触其液体，可引起严重灼伤，治愈后可见有黄色色素沉着。LC_{50}：$400mg/m^3$（大鼠吸入）。

5.3.2.4　氨气

低浓度氨对黏膜有刺激作用，高浓度可造成组织溶解坏死。急性中毒：轻度者出现流泪、咽痛、声音嘶哑、咳嗽、咯痰等；眼结膜、鼻黏膜、咽部充血、水肿；胸部 X 线征象符合支气管炎或支气管周围炎。中度中毒上述症状加剧，出现呼吸困难、紫绀；胸部 X 线征象符合肺炎或间质性肺炎特征。严重者可发生中毒性肺水肿，或有呼吸窘迫综合症，患者剧烈咳嗽、咯大量粉红色泡沫痰、呼吸窘迫、谵妄、昏迷、休克等。可发生喉头水肿或支气管黏膜坏死脱落窒息。高浓度氨可引起反射性呼吸停止。液氨或高浓度氨可致眼灼伤。对环境有严重危害，对水体、土壤和大气可造成污染。LD_{50}：350mg/kg（大鼠经口）。LC_{50}：1390mg/m^3，4h（大鼠吸入）。

5.3.2.5　V_2O_5

V_2O_5 对呼吸系统和皮肤有损害作用。急性中毒：可引起鼻、咽、肺部刺激症状，接触者出现眼烧灼感、流泪、咽痒、干咳、胸闷、全身不适、倦怠等表现，重者出现支气管炎或支气管肺炎。皮肤高浓度接触可致皮炎，剧烈瘙痒。慢性中毒：长期接触可引起慢性支气管炎、肾损害、视力障碍等。LD_{50}：10mg/kg（大鼠经口）。

5.3.2.6　SO_2

易被湿润的黏膜表面吸收生成亚硫酸、硫酸。对眼及呼吸道黏膜有强烈的刺激作用。大量吸入可引起肺水肿、喉水肿、声带痉挛而致窒息。急性中毒：轻度中毒时，发生流泪，畏光，咳嗽，咽、喉灼痛等；严重中毒可在数小时内发生肺水肿；极高浓度吸入可引起反射性声门痉挛而致窒息。皮肤或眼接触发生炎症或灼伤。慢性影响：长期低浓度接触，可有头痛、头昏、乏力等全身症状以及慢性鼻炎、咽喉炎、支气管炎、嗅觉及味觉减退等。少数工人有牙齿酸蚀症。

5.3.2.7　H_2S

当空气中含有 0.1%H_2S 时，就会引起人们头疼、晕眩。当吸入大量 H_2S 时，会造成昏迷，甚至死亡。与 H_2S 接触多，能引起慢性中毒，使感觉变坏，头疼、消瘦等。工业生产上，要求空气中 H_2S 的含量不得超过 0.01mg/L。H_2S 微溶于水，其水溶液叫氢硫酸。H_2S 化学性质不稳定，点火时能在空气中燃烧，具有还原性。能使银、铜制品表面发黑。与许多金属离子作用，可生成不溶于水或酸的硫化物沉淀。它和许多非金属作用生成游离硫。

5.3.2.8　HCl

本品对眼和呼吸道黏膜有强烈的刺激作用。急性中毒：出现头痛、头昏、恶心、眼痛、咳嗽、痰中带血、声音嘶哑、呼吸困难、胸闷、胸痛等。重者发生肺炎、肺水肿、肺不张。眼角膜可见溃疡或混浊。皮肤直接接触可出现大量粟粒样红色小丘疹而呈潮红痛热。慢性影响：长期较高浓度接触，可引起慢性支气管炎、胃肠功能障碍及牙齿酸蚀症。

5.3.2.9　硫酸

硫酸：对皮肤、黏膜等组织有强烈的刺激和腐蚀作用。蒸气或雾可引起结膜炎、结膜水肿、角膜混浊，以致失明；引起呼吸道刺激，重者发生呼吸困难和肺水肿；高浓度引起喉痉挛或声门水肿而窒息死亡。口服后引起消化道烧伤以致溃疡形成；严重者可能有胃穿孔、腹膜炎、肾损害、休克等。皮肤灼伤轻者出现红斑、重者形成溃疡，愈后瘢痕收缩影响功能。溅入眼内可造成灼伤，甚至角膜穿孔、全眼炎以至失明。慢性影响：牙齿酸蚀症、慢性支气管炎、肺气肿和肺硬化。

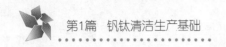

5.3.2.10 氮氧化物

氮氧化物（nitrogen oxides）包括多种化合物，如一氧化二氮（N_2O）、一氧化氮（NO）、二氧化氮（NO_2）、三氧化二氮（N_2O_3）、四氧化二氮（N_2O_4）和五氧化二氮（N_2O_5）等。除二氧化氮以外，其他氮氧化物均极不稳定，遇光、湿或热变成二氧化氮及一氧化氮，一氧化氮又变为二氧化氮。因此，职业环境中接触的是几种气体混合物常称为硝烟（气），主要为一氧化氮和二氧化氮，并以二氧化氮为主。氮氧化物都具有不同程度的毒性。

氮氧化物中氧化亚氮（笑气）作为吸入麻醉剂，不以工业毒物论；余者除二氧化氮外，遇光、湿或热可产生二氧化氮，主要为二氧化氮的毒作用，主要损害深部呼吸道。一氧化氮尚可与血红蛋白结合引起高铁血红蛋白血症。人吸入二氧化氮 1min 的 MLC 为 $200×10^{-4}$%。

氮氧化物可刺激肺部，使人较难抵抗感冒之类的呼吸系统疾病，呼吸系统有问题的人士如哮喘病患者，会较易受二氧化氮影响。对儿童来说，氮氧化物可能会造成肺部发育受损。研究指出长期吸入氮氧化物可能会导致肺部构造改变，但仍未能确定导致这种后果的氮氧化物含量及吸入气体时间。

以一氧化氮和二氧化氮为主的氮氧化物是形成光化学烟雾和酸雨的一个重要原因。汽车尾气中的氮氧化物与碳氢化合物经紫外线照射发生反应形成的有毒烟雾，称为光化学烟雾。光化学烟雾具有特殊气味，刺激眼睛，伤害植物，并能使大气能见度降低。另外，氮氧化物与空气中的水反应生成的硝酸和亚硝酸是酸雨的成分。大气中的氮氧化物主要源于化石燃料的燃烧和植物体的焚烧，以及农田土壤和动物排泄物中含氮化合物的转化。

氮氧化物主要包括一氧化氮、二氧化氮和硝酸雾，以二氧化氮为主。一氧化氮是无色、无刺激气味的不活泼气体，可被氧化成二氧化氮。二氧化氮是棕红色有刺激性臭味的气体。

5.3.2.11 辐射

电磁污染已被公认为排在大气污染、水质污染、噪声污染之辐射标志后的第四大公害。联合国人类环境大会将电磁辐射列入必须控制的主要污染物之一。电磁辐射既包括电器设备如电视塔、手机、电磁波发射塔等运行时产生的高强度电磁波，也包括计算机、变电站、电视机、微波炉等家用电器使用时产生的电磁辐射。这些电磁辐射充斥空间，无色无味无形，可以穿透包括人体在内的多种物质。人体如果长期暴露在超过安全的辐射剂量下，细胞就会被大面积杀伤或杀死。

据国外资料显示，电磁辐射已成为当今危害人类健康的致病源之一。电磁波磁场中，人群白血病发病为正常环境中的 2.93 倍，肌肉肿瘤发病为正常环境中的 3.26 倍。国内外多数专家认为，电磁辐射是造成儿童白血病的原因之一，并能诱发人体癌细胞增殖，影响人的生殖系统，导致儿童智力残缺，影响人的心血管系统，且对人们的视觉系统有不良影响。

电磁辐射对于高龄孕妇的影响比较大。医学研究和临床实践表明：女性的最佳生育年龄为 24~28 岁。这一时期女性发育完全成熟，卵子质量最好，盆内韧带和肌肉弹性最佳，子宫收缩力强。这个时期生育时，流产、早产、死胎、畸形和痴呆儿的发生率也最低。35

岁以后生育的妇女，卵子的质量开始下降，卵细胞易发生畸变，各种慢性疾病的积累，使胎儿发生染色体异常的概率就比常人高，早期流产、后期难产（臀位产、手术产和先天愚型）的发病率大大增加。该年龄段的孕妇骨盆和韧带功能退化，软产道组织弹性较小，子宫收缩力相应减弱，易导致产程延长而引起难产，造成胎儿产伤、窒息。另外，由于孕妇为高龄孕妇，胎儿畸形及某些遗传病的发生率也较高。临床统计资料显示：在 35 岁，怀上带畸形染色体的孩子的概率是 1/178，流产的概率是 1/200，是适龄生育者的 2~3 倍。

研究发现电脑产生的辐射会影响胎儿的发育，严重会造成胎儿畸形。对于已经怀孕的孕妈妈可以使用防辐射毯屏蔽电脑辐射，是遮盖在腹部防止电磁辐射的一种盖毯，采用金属纤维与纺织纤维混织，制造工艺较为复杂。也就是把金属抽成细丝，在面料内部形成网状结构。这种金属纤维网可以反射电磁波，当金属网孔径小于电磁波波长（波长＝光速/频率）1/4 时，就能有效将电磁辐射阻挡在体外。毯透气性好、可洗涤，屏蔽效果不会降低，对人体无任何副作用，这种防辐射服屏蔽值在 50DB 以上，能有效阻挡 99.99% 的辐射，适合长时间使用。致密的金属网在周身形成一个安全"防护罩"，能够有效阻挡、折射微量 X 射线、紫外线、低频辐射和微波辐射，避免人体及胎儿受害。舒适、干爽、透气、无刺激、无副作用，还有抑菌、抗静电、耐洗、效能持久等特点。

避免辐射危害重在加强防护。从事相关工作的人员必须遵守操作规章，以尽量减少遭受事故照射的机会。不要随意捡拾不明物体，以避免误拾放射源。

5.3.2.12　Cr^{6+}

六价铬为吞入性毒物/吸入性极毒物，皮肤接触可能导致过敏，更可能造成遗传性基因缺陷，吸入可能致癌，对环境有持久危险性。但这些是六价铬的特性，铬金属、三价或四价铬并不具有这些毒性。

六价铬是很容易被人体吸收的，它可通过消化、呼吸道、皮肤及黏膜侵入人体。呼吸空气中含有不同浓度的铬酸酐时有不同程度的沙哑、鼻黏膜萎缩，严重时还可使鼻中隔穿孔和支气管扩张等。经消化道侵入时可引起呕吐、腹痛。经皮肤侵入时会产生皮炎和湿疹。危害最大的是长期或短期接触或吸入时有致癌危险。

六价铬化合物在体内具有致癌作用，还会引起诸多的其他健康问题，如吸入某些较高浓度的六价铬化合物会引起流鼻涕、打喷嚏、瘙痒、鼻出血、溃疡和鼻中隔穿孔。短期大剂量的接触，在接触部位会产生不良后果，包括溃疡、鼻黏膜刺激和鼻中隔穿孔。摄入超大剂量的铬会导致肾脏和肝脏的损伤、恶心、胃肠道刺激、胃溃疡、痉挛甚至死亡。皮肤接触会造成溃疡或过敏反应（六价铬是最易导致过敏的金属之一，仅次于镍）。据实验研究表明，大剂量饲喂小鼠，六价铬会对小鼠的繁殖产生影响，造成每窝仔鼠的数量减少和胎鼠体重下降。危害最大的是长期或短期接触或吸入时有致癌危险。

过量的（超过 $10 \times 10^{-4}\%$）六价铬对水生物有致死作用。实验显示受污染饮用水中的六价铬可致癌。六价铬化合物常用于电镀等，动物喝下含有六价铬的水后，六价铬会被体内许多组织和器官的细胞吸收。

皮革中残留的六价铬，可以通过皮肤、呼吸道吸收，引起胃道及肝、肾功能损害，还可能伤及眼部，出现视网膜出血、视神经萎缩等。

在电子产品中的用途：六价铬常在电化学工业中作为铬酸。此外还用于色素中的着色剂（亦即铬酸铅）及冷却水循环系统中，如吸热泵、工业用冷冻库及冰箱热交换器中的防

腐蚀剂（重铬酸钠）。

5.3.2.13 粉尘

粉尘其过之一是污染大气，危害人类的健康。飘逸在大气中的粉尘往往含有许多有毒成分，如铬、锰、镉、铅、汞、砷等。当人体吸入粉尘后，小于 $5\mu m$ 的微粒，极易深入肺部，引起中毒性肺炎或矽肺，有时还会引起肺癌。沉积在肺部的污染物一旦被溶解，就会直接侵入血液，引起血液中毒，未被溶解的污染物，也可能被细胞所吸收，导致细胞结构的破坏。此外，粉尘还会沾污建筑物，使有价值的古代建筑遭受腐蚀。降落在植物叶面的粉尘会阻碍光合作用，抑制其生长。

粉尘其过之二是爆炸危害。相传，早在风车水磨时代，就曾发生过一系列磨坊粮食粉尘爆炸事故。到了 20 世纪，随着工业的发展，粉尘爆炸事故更是屡见不鲜，爆炸粉尘的种类也越来越多。

5.4 钒钛产品生产过程的安全环境潜在危险性分析

钒钛产业涉及两大循环介质，使用储存量大，性质特殊，环境安全危险性大，必须严格控制，限定使用。

5.4.1 涉氯企业生产过程危险性分析

由于四氯化钛生产是一个复杂的、连续化的过程，有些工艺设备和储罐（槽）具有高温、带压工作特点，储存的多为酸性腐蚀性和有毒物质，因此，在储存和生产过程中对设备、管道的密封、耐压和耐腐蚀性要求较严格，在生产中存在因设备管道腐蚀或密封件老化破裂而发生火灾、爆炸、有毒有害和腐蚀性物质泄漏等环境风险事故的潜在可能性，在公路运输过程中存在交通事故造成物料泄漏的危险。

5.4.1.1 液氯运输或储存过程及设施

液氯需要从氯碱企业输送，某厂采用汽车槽车运输，运输量为 $8\sim10t$/车，并且主要是在厂外公路运行，运距约 6km。液氯库设有液氯储罐（容积为 $40m^3$、容量为 40t/个）4 个，采用两备两用方式运行，最大储量为 80t，还有 3 个约 1400mm×2400mm 氯气蒸发器，3 个约 800mm×2100mm 氯气缓冲罐等。液氯在装卸、运输、储存和使用过程中，交通事故、设备管道和阀门腐蚀、密封件损坏等都可能引起液氯泄漏，甚至爆炸事故，造成环境污染和人员中毒等。

5.4.1.2 氯化过程及设施

液氯蒸发、氯气输送过程中，设备管道和阀门腐蚀、密封件损坏等有可能引发液氯（氯气）泄漏。液氯蒸发器内如残留三氯化氮，处理不当易引发爆炸事故，造成环境污染和人员中毒。

沸腾氯化炉中，高钛渣经高温氯化反应后，生产 $TiCl_4$、$FeCl_3$、$SiCl_4$ 等，同时还有 CO、HCl、CO_2 和未反应的氯气等。沸腾氯化法生产 $TiCl_4$ 存在温度高和物料腐蚀性强的特点。氯化过程及设施潜在的危险因素为设备管道和阀门腐蚀、密封件损坏等，有可能引发 $TiCl_4$、$FeCl_3$、$SiCl_4$、CO、HCl 和氯气泄漏，造成环境污染、人员中毒和高温灼伤。

5.4.1.3 $TiCl_4$ 生产过程及设施

$TiCl_4$ 蒸发、蒸馏、输送过程中，潜在的危险因素为设备管道和阀门腐蚀、密封件损坏等，有可能引发 $TiCl_4$、$SiCl_4$ 泄漏，造成环境污染、人员中毒和高温灼伤。

5.4.1.4　$TiCl_4$储运过程中的环境风险

某厂设有精制四氯化钛储罐（容积为 $110m^3$、容量为 $120t/$ 个）4 个，采用两备两用方式运行，最大储量为 240t。$TiCl_4$ 需要外卖时，采用汽车槽车运输，运输量为 8～10t/车，并且主要是在厂外公路运行，运距为 1～10km。$TiCl_4$ 在储存、装卸、运输过程中，设备管道和阀门腐蚀、密封件损坏、交通事故等都可能引发 $TiCl_4$ 泄漏，造成环境污染、人员中毒等。

氯气从设备和管道中泄漏而引发人员中毒和环境污染事故相对于爆炸事故更为常见。一般来说，造成氯气泄漏和爆炸事故的根本原因是设备及管道腐蚀、误操作、不严格执行安全操作规程等。其中设备及管道腐蚀泄漏事故最为典型。

5.4.1.5　最大可信事故概率确定

事故安全调查表明，风险最大的环节在于液氯的储运过程发生氯气设备泄漏事故，事故概率约为 $2.6×10^{-4}$（d/万吨）。

5.4.1.6　危险化学品泄漏量确定

氯气事故造成污染物排放与事故性质、生产工况、设备或管道损坏面积、泄漏时间等有关。氯气储罐、设备、管道和阀门泄漏方式有：腐蚀穿孔、外力冲击穿孔和裂口、NCl_3 含量超标或超温超压爆炸裂口。其中，NCl_3 含量超标爆炸裂口是造成氯气泄漏量最大和对环境影响最严重的泄漏方式。

5.4.2　涉及硫酸使用的企业

中国钛白粉生产绝大部分采用硫酸法生产工艺，在国内市场上有约一百家钛白粉的生产厂家。硫酸是硫酸法钛白生产的重要循环介质，硫酸法钛白的酸解主反应速度快、时间短、温度高、气量大，反应尾气对环境危害极大，从钛白系统输出大量含硫、热态、气体的污染物，含硫形态包括 H_2S、SO_2 和 H_2SO_4 雾。有时会出现急速冒锅现象，造成设备腐蚀、物料损失，间或人员伤害。硫酸法钛白使用的硫酸在酸解水解过程中硫酸逐步稀释，由浓变稀，主要成分和其他物质水溶性结合，出现硫酸盐的水解转化，浓度频繁产生瞬间波动，部分性质逆转，氧化性释放，对钢铁材料的腐蚀性加剧，防腐要求提高。

提钒过程属于一般用酸，只要重点管控储存和使用即可，但重点设备和槽罐管阀的防腐要求不可降低。

硫酸在储存和生产使用过程中对设备、管道的密封、耐压和耐腐蚀性要求较严格，重点管控硫酸存储罐和酸解工序的用酸安全，在生产储运过程中存在因设备管道腐蚀或密封件老化点蚀破裂而发生有毒有害和腐蚀性物质泄漏等环境风险事故的潜在可能性，在公路运输过程中存在交通事故造成物料泄漏的危险。

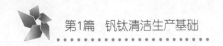

6 钒钛清洁生产

钒钛清洁生产具有区域性特征，需要集群化和集约化产业配置，实现最大限度的区域跨界跨行体系的内外平衡，体现在能源和物质层面的即是高效利用，产业的大型化和规模化以及控制技术的集成化则体现产业管理的高效，用分布式精细控制工序节点和输入输出水平。钒钛产业链的清洁生产要同时考虑产业的外在形象和影响，主要体现在钒钛产业链本身的产品价值表征，以及内在消解废副产物的水平和社会接纳接受能力及其公众形象，要求全钒钛产业链产品的多元化和社会大环境的无害化，整体具备清洁能源供应和原辅材料的优化以及高效工艺装备选择基础，逐步淘汰落后工艺产能，引进先进工艺技术和大型化先进装备，工序单元要求大集约和小集成，通过区域化集中、集约和集群实现产业链延伸升级，从而达到钒钛产业的产品高端化和高新技术化。

6.1 钛产业

钛产业清洁生产影响最明显的工艺工序包括硫酸法钛白、四氯化钛、人造金红石和钛渣生产，进入生产体系的有较多物质组元，多层次输入能源，动量传输转换频繁，体系平衡基准低。高端的氯化钛白和海绵钛由于使用了高纯 $TiCl_4$ 原料，钛加工选择真空设备，后序加工清洁生产达标率高。

6.1.1 硫酸法钛白

硫酸法钛白粉生产工艺自 1923 年到现在已有九十多年的历史，长期的研究与改进使其工艺基本趋于完善，除操作工艺、控制手段和设备选用不同外，不同生产公司的主要流程基本上是一致的。硫酸法的特点是原料（钛铁矿、硫酸）资源丰富廉价易得；工艺技术成熟，设备简单，易于操作管理。缺点是工艺流程长，间歇操作，废副（硫酸亚铁、稀废硫酸和酸性废酸）排放量大。用硫酸法生产钛白粉，无论采用钛精矿作为原料，还是采用高钛渣为原料生产钛白粉均要产生大量的稀硫酸。不同工厂由于所采用的矿源组成不同，所用装备不同，可有不太大的变化。因工艺分离技术的不同，所产生的稀硫酸的量和含量也有所不同，每生产 1t 钛白粉平均要副产浓度 20% 左右的废硫酸 6~8t，钛白粉水解废酸不同于一般的工业废酸，除排放量大之外，废酸中还含有大量的 Fe_2SO_4、$Al_2(SO_4)_3$、$MgSO_4$ 等无机盐以及 TiO_2；用 47%TiO_2 的攀枝花钛精矿生产钛白时，钛精矿中的铁大量地溶解于硫酸，生成硫酸亚铁，在冷冻除铁工序与钛液分离，结晶生成绿矾，每生产 1t 钛白粉产出绿矾（七水硫酸亚铁晶体）3.2t 左右。

硫酸法钛白粉典型技术以高钛渣和钛精矿配比（2:1）为原料，经酸解、沉降、控制过滤去除不溶性杂质，常压水解制得偏钛酸，偏钛酸经水洗、漂洗去除残留杂质后，经煅烧后制得 TiO_2，再经成品粉碎、后处理、包装得到金红石型钛白粉。整个生产过程由原矿粉碎、酸解沉降、钛液浓缩、钛液水解、偏钛酸分离、水洗、漂白及漂洗、盐处理、煅烧、粉碎、成品包装等工序组成。

6.1.1.1 硫酸法钛白工艺

图6-1 给出了硫酸法钛白粉清洁生产典型工艺流程接点及物料平衡图。

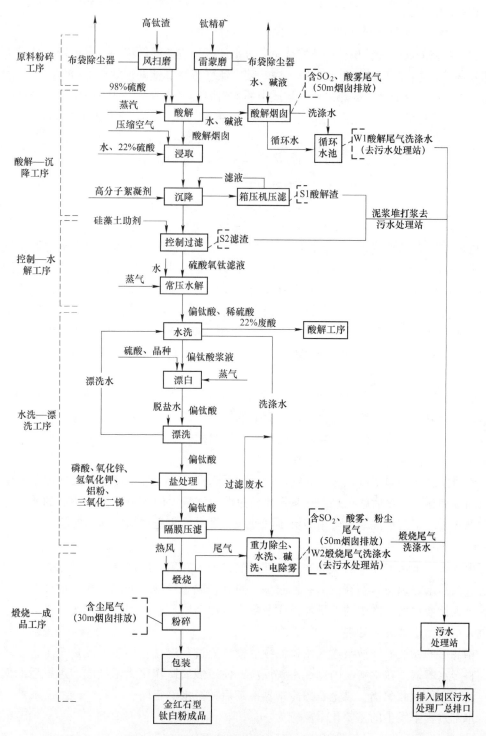

图6-1 硫酸法钛白粉清洁生产典型工艺流程

A　原矿粉碎

钛渣送入带热风干燥的风扫磨粉碎和干燥，钛精矿送入雷蒙磨进行粉碎，经分级后，粒径合格的矿粉被分别送入酸解工序。矿粉工序中会产生少量的粉尘经袋式除尘器处理后达标排放。

B　酸解—沉降处理工序

粉碎合格的钛渣和钛精矿经严格称量后分别加入相应的酸解锅内，酸解反应使钛渣中的大部分金属氧化物与硫酸发生复分解反应，其中钛以硫酸氧钛的形式作为分解产物。酸解反应为放热反应，反应放出的热量使酸解罐中的物料温度迅速升高至 $180\sim200\,^{\circ}\mathrm{C}$，温度的升高加速了酸解反应的进行，主反应持续 $10\sim15\mathrm{min}$。酸解过程中发生的主要化学反应为：

$$TiO_2 + H_2SO_4 \longrightarrow TiOSO_4 + H_2O \tag{6-1}$$

$$FeO + H_2SO_4 \longrightarrow FeSO_4 + H_2O \tag{6-2}$$

$$Fe_2O_3 + 3H_2SO_4 \longrightarrow Fe_2(SO_4)_3 + 3H_2O \tag{6-3}$$

$$CaO + H_2SO_4 \longrightarrow CaSO_4 + H_2O \tag{6-4}$$

$$MgO + H_2SO_4 \longrightarrow MgSO_4 + H_2O \tag{6-5}$$

酸解主反应完成后熟化一定时间（$1\sim2\mathrm{h}$），通过仪表计量加水、加废酸浸取，浸取结束后取样分析钛液指标，并调整钛液中的三价钛离子含量及 F 值。合格钛液用泵送到澄清工序。酸解反应产生的酸解尾气中含有大量的水蒸气、硫酸雾及微量的二氧化硫等污染物质，通过管道将酸解尾气引至酸解罐烟囱中，采用多级水喷淋洗涤后除去酸解尾气中的二氧化硫等污染物质，再经三段（并联）文丘里碱水喷淋后，最后经二段（并联）文丘里碱水喷淋的酸解尾气通过 50m 烟囱排放，经过反复冲洗的酸解尾气洗涤水最后进入厂区污水处理站处理。

稀释后的絮凝剂（其沉降作用，最后随酸渣进入污水处理站）按照一定的比例加入酸解锅内与酸解后的钛液充分混合。在絮凝剂的絮凝作用下，钛液中未反应的钛渣矿和其他不溶性的杂质在澄清槽内以泥浆的形式沉降到澄清槽的底部。吸取澄清槽上部澄清合格的清钛液用泵送钛液过滤工序进一步净化。

澄清槽底部的泥浆待积累到一定位置后用泵送到泥浆处理工序，泥浆在泥浆槽中通过蒸汽间接加热，加热后的泥浆用泥浆箱压机过滤，滤液返回到澄清槽，拦截的酸解渣用压缩空气吹干、工艺水洗涤，再用酸解尾气处理后废水打浆送污水处理厂处理。

C　控制过滤—水解工序

由酸解—沉降工序来的钛液送至钛液板框，加入硅藻土助剂（作为过滤介质，最后随滤渣进入污水处理站）进行二级控制过滤，进一步除去钛液中的细颗粒杂质及部分胶体杂质后进入钛液贮槽，产生的细颗粒杂质及部分胶体杂质及滤渣用酸解尾气处理后废水打浆后进入厂区污水处理站处理。

精滤后的钛液由钛液泵送入浓钛液预热槽，通过蒸汽盘管加热，预热至工艺要求温度后卸料至水解锅。在水解锅内完成水解反应，使硫酸氧钛转化为偏钛酸。水解后的偏钛酸经自流进入偏钛酸贮槽，泵至石墨冷却器冷却后送至水洗工段。

水解过程中发生的主要化学反应为：

$$TiOSO_4 + H_2O \longrightarrow H_2TiO_3 + H_2SO_4 \tag{6-6}$$

D 水洗—漂洗工序

水解工段送来的偏钛酸料浆泵至吸片槽中，用叶滤机进行真空吸滤上片，当叶滤机吸片厚度达到 35~40mm 时，将叶滤机提至水洗槽中用温水进行水洗，水洗合格后，将叶滤机提至卸料槽，偏钛酸经刮片打浆后用泵送至漂白罐中。

水洗吸片酸用 CN 过滤器进行回收，回收后的清废酸部分回用至酸解作为浸取酸使用。多余的稀酸处理或外售。

在漂白罐中加入硫酸、铝粉对偏钛酸进行漂白，漂好的偏钛酸按比例加入金红石晶种混合均匀后用泵送至吸片槽中进行吸片。当叶滤机吸片厚度达 35~40mm 时，将叶滤机提至漂洗槽用温水进行漂洗，漂洗合格后，将叶滤机提至卸料槽刮片打浆后用泵送至盐处理罐中，送至盐处理罐的物料加入 KOH、H_3PO_4 等盐处理剂进行盐处理调浆。

E 煅烧晶种制备

采用自生常压水解工艺使 $TiOSO_4$ 生成偏钛酸（H_2TiO_3），该法水解率可达到 96%，水解后的偏钛酸物料颗粒均匀、粒度分布窄，有利于水洗工序。

煅烧晶种的制备化学反应式为：

碱溶： $$H_2TiO_3 + 2NaOH \longrightarrow Na_2TiO_3 + 2H_2O \tag{6-7}$$

酸溶： $$Na_2TiO_3 + 2HCl \longrightarrow TiO_2 + 2NaCl + H_2O \tag{6-8}$$

二洗滤饼打浆后送至偏钛酸计量槽，计量后调浆至规定浓度后进行预热，预热至规定温度后自流放入碱溶槽，与碱溶槽内已预热好的液体 NaOH 进行反应，生成偏钛酸钠，保温熟化并经冷却后送至钛酸钠贮槽。然后泵入隔膜压滤机过滤洗涤，除去 NaOH、SO_4^{2-} 等杂质，打浆后送至酸（胶）溶槽中与盐酸（30%左右）发生反应，生成金红石晶型的溶胶，即煅烧晶种。制好的煅烧晶种放入晶种贮槽备用。晶种制备过程中产生含 NaOH 的碱性废水（约15%）送酸解和煅烧工序作尾气洗涤补充水。

F 盐处理

在偏钛酸中加入盐处理剂（磷酸、氧化锌、氢氧化钾、三氧化二锑），混合均匀后直接泵至煅烧工序偏钛酸料浆储槽，滤液送入煅烧工序作为煅烧尾气洗涤水。

G 煅烧工序

盐处理后的料浆送至煅烧工序偏钛酸料浆储槽，由泵送至隔膜压滤机进行压滤，滤饼卸至偏钛酸贮斗，底部皮带输送至加料螺旋加入窑内进行煅烧。随窑的转动，物料向前移动，经与高温气体逆流接触，逐步完成脱水、脱硫以及晶型转化至窑头落入下料管，经双翻板阀至冷却转筒同空气进行间接热交换后被冷却。煅烧过程中发生的主要化学反应为：

$$H_2TiO_3 \xrightarrow{\triangle} TiO_2 + H_2O\uparrow \tag{6-9}$$

离开窑尾的煅烧尾气经重力收尘器收尘除去煅烧尾气中大部分 TiO_2 粉尘，然后进入废水喷淋塔洗涤，再经碱喷淋塔洗涤后经电除雾器除去酸雾和粉尘，最后经风机由 50m 烟囱排放。经反复使用的煅烧尾气洗涤废水送厂区污水处理站处理。

H 成品工序

冷却后的 TiO_2 经雷蒙磨粉碎后送入旋风分离器中进行气固分离，顶部分离气体经袋式收尘器处理后排空，分离器底部出来的 TiO_2 经包装后外售。

6.1.1.2 硫酸法钛白主要原辅材料及典型厂消耗

硫酸法钛白粉典型技术以高钛渣和钛精矿为主钛原料，硫酸为分解介质和循环介质，主产品为高质量钛白，生产过程硫酸不进入主产品，经过过程稀释形成低浓度酸，脱离钛白体系，部分厂通过加热浓缩使酸浓度达到65%左右，返回酸解配酸工序，进入再循环，部分厂家生产的低浓度酸经过中和形成硫酸钙，部分厂家延伸引入有色金属和磷肥生产消耗低浓度酸。钛原料大量的铁生成绿矾硫酸亚铁，用钛精矿作为原料时由于产生量巨大一般要重点开发用途，或者生产铁系颜料，或者配合制硫酸形成铁—硫—钛循环，或者生产系列净水剂。国外通过原料优化，使用酸溶性钛渣，大规模降低绿矾硫酸亚铁的产出量。

A 主要原材料

表6-1给出了钛精矿的化学组成。

表6-1 钛精矿的化学组成 （%）

组分	TiO$_2$	FeO	Fe$_2$O$_3$	MgO	SiO$_2$	Al$_2$O$_3$	CaO	MnO
含量	≥46.5	34.27	5.85	6.12	<3.0	1.34	0.75	0.65
组分	S	Cu	P	V$_2$O$_5$	Ni	Co	Cr	As
含量	<0.19	0.0052	<0.0049	0.095	0.0087	0.0013	<0.0085	0.0077

表6-2给出了酸溶性高钛渣的化学组成。

表6-2 酸溶性高钛渣的化学组成 （%）

组分	TiO$_2$	Fe$_2$O$_3$	SiO$_2$	MgO	Al$_2$O$_3$	CaO
含量	74	16.4	6.14	1.91	2.35	1.25
组分	MnO	V$_2$O$_5$	SO$_3$	Nb$_2$O$_5$	ZrO$_2$	Cr
含量	1.23	0.62	0.18	450×10^{-4}	0.15	<0.005

表6-3给出了硫酸的化学组成。

表6-3 硫酸的化学组成 （%）

组分	硫酸	灰分	Fe	As	Pb	透明度	色度
含量	98.1	0.018	0.0046	0.0001	0.0038	160	2.0

主要原辅材料消耗见表6-4。

表6-4 主要原辅料消耗 （t）

系统名称	产品及物资名称	用量			吨产品消耗量		
		2010年	2011年	2012年	2010年	2011年	2012年
金红石型钛白粉系统	高钛渣	21085.294	23214.305	32129.177	1.16	1.16	1.15
	钛精矿	10135.420	11295.618	15604.005	0.56	0.56	0.56
	98%工业硫酸	52577.493	57985.514	77740.885	2.9	2.89	2.78
	铁粉	117.64	120.59	161.90	0.01	0.006	0.006
	盐酸	1176.43	1292.36	1777.01	0.06	0.06	0.06
	液碱	1447.92	1597.87	2190.98	0.08	0.08	0.08
	氧化锌	21.72	24.32	33.22	0.001	0.001	0.001
	氢氧化钾	149.50	165.82	230.01	0.008	0.008	0.008
	生石灰	53391.947	56236.713	70980.082	2.95	2.8	2.54

酸矿质量比参考见表 6-5。

表 6-5 酸矿质量比参考

氧化物	质量分数/%	硫酸系数	酸矿质量比
TiO_2	47.47	2.0	0.9494
总 FeO	34.62		
FeO(酸解氧化)	2.77	2.046	0.0567
FeO	31.85	1.364	0.4344
Fe_2O_3	5.61	1.841	0.1033
Cr_2O_3	0.005	1.934	0.0001
V_2O_5	0.096	2.692	0.0026
CaO	0.76	1.748	0.0133
MgO	6.18	2.431	0.1502
MnO	0.66	1.381	0.0091
Al_2O_3	1.35	2.883	0.0389
Nb_2O_5	0.001	1.842	0.00001
P_2O_5	0.005	2.071	0.0001
ZrO_2	0.001	0	0
SiO_2	3.03	0	0

B 主要能源结构

主要能源结构见图 6-2。

硫酸法钛白生产过程是一个液态流态化过程，能源结构的主体是化学能源和外加能源的结合体，化学能源主要是钛原料酸解过程的强放热反应和各种分解反应，由于酸解反应起点要求高，一般需要高温蒸汽引发反应，能源介质包括气、汽、水和固体实物，硫酸法钛白理论能耗为 0.567tce，硫酸法钛白实际能耗 2.13tce。

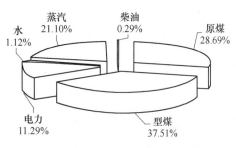

图 6-2 主要能源结构

能源介质计算能耗效率＝理论能耗/实际能耗

＝0.57/2.13＝26.6%

金红石钛白综合能耗分限额值 2008 年为 2.15tce，先进企业为 1.7tce，全国 30 家企业综合能耗为 1.82tec。

大量热释放体现为蒸汽冷凝和过程热气放散以及工序热冷交替热损耗，部分高温热可以转换回收，部分低温热可以考虑通过流程工序缜密衔接达到节能的目的。某厂保持图 6-2 的能源结构，表 6-6 给出了硫酸法钛白企业的基本能源消耗现状。

目前硫酸法钛白企业从能源结构看，对原煤和型煤依赖较深，达到 2/3，主要用于煅烧工序提供燃气和外加热工序所需的蒸汽，蒸汽达到 21%，电力使用主要是各种传动、提升、仪器仪表和照明用电，柴油是启动过程重要的快速启发热源。部分企业将能源结构改革优化，通过地域合作，外购专业化能源，某钛白典型企业主要能源结构转变见图6-3，表6-7给出了某钛白企业能耗现状。

表 6-6　能源消耗现状

序　号	能源种类	单位	实物消耗量	折标系数	当　量　值	
					tce	%
1	原煤	t	4983.32	0.7143	3559.59	28.69
2	型煤	t	7757.49	0.6	4654.49	37.51
3	电力	万千瓦·时	1140.03	1.229	1401.1	11.29
4	水	万吨	161.45	0.857	138.36	1.12
5	蒸汽	t	29093	0.09	2618.37	21.10
6	柴油	t	25.03	1.4571	36.47	0.29
企业能源消耗量合计					12408.38	

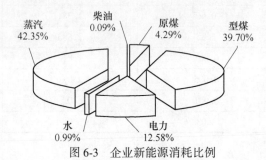

图 6-3　企业新能源消耗比例

表 6-7　企业能源消耗现状

序号	能源种类	单位	实物消耗量	折标系数	当　量　值	
					tce	%
1	原煤	t	925.29	0.7143	660.93	5.49
2	型煤	t	7938.71	0.6	4763.23	39.57
3	电力	万千瓦·时	1246.07	1.229	1531.42	12.72
4	水	万吨	155.52	0.857	133.28	1.11
5	蒸汽	t	54667.5	0.09	4920.08	40.87
6	柴油	t	19.37	1.4571	28.22	0.23
企业能源消耗量合计					12037.16	

某企业能源配置结构如图6-4所示，其对应的能源消耗状况如表6-8所示。

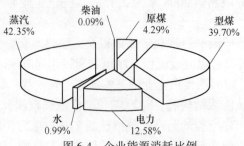

图 6-4　企业能源消耗比例

表 6-8 企业 2012 年能源消耗现状

序 号	能源种类	单位	实物消耗量	折标系数	当 量 值	
					tce	%
1	原煤	t	984.85	0.7143	703.48	4.29
2	型煤	t	10858.54	0.6	6515.12	39.70
3	电力	万千瓦·时	1680.42	1.229	2065.24	12.58
4	水	万吨	189.11	0.857	162.07	0.99
5	蒸汽	t	77233.5	0.09	6951.02	42.35
6	柴油	t	10.41	1.4571	15.17	0.09
企业能源消耗量合计					16412.1	

6.1.1.3 与清洁生产有关污染物的产生处置及排放情况

A 某钛白厂现有的主要废气产生与处置措施

a 有组织废气

有组织废气排放源主要来自金红石型钛白粉装置原料粉碎尘、酸解尾气、煅烧尾气、煤气放散气及锅炉房产生的燃煤烟气。

（1）原矿粉碎含尘废气。钛精矿和高钛渣粉碎过程中产生的含尘废气中主要为原矿粉尘，采用高效脉冲式布袋除尘器处理，除尘效率不小于 99%，净化后废气粉尘均能达标排放。

（2）酸解废气。酸解反应 15min，酸解尾气间歇产生，每天排放 10 次，尾气中含有 H_2SO_4 酸雾、SO_2 和大量的水蒸气。酸解尾气采用多级水喷淋洗涤后除去酸解尾气中的二氧化硫等污染物质，再经三段（并联）文丘里碱水喷淋后，最后经二段（并联）文丘里碱水喷淋的酸解尾气通过 50m 烟囱排放，由此通过多级洗涤后 SO_2 去除率达到 95% 以上，大大降低了 SO_2 排放量。喷淋后的水返回水池沉淀冷却后循环使用。

（3）煅烧尾气。煅烧尾气主要是偏钛酸煅烧过程中产生的废气。煅烧尾气含有大量的水蒸气，还有硫酸雾、SO_2 和含 TiO_2 粉尘。出窑废气经重力收尘器收尘除去煅烧尾气中大部分 TiO_2 粉尘后进入废水喷淋塔洗涤后，再经碱喷淋塔洗涤后经电除雾器除去酸雾和粉尘，最后经风机由 50m 烟囱排放。

（4）煤气站废气。气化用型煤进厂前已达到入炉所需合格尺寸，不需进行人工破碎，无粉尘产生。废气主要污染源是煤气站，在点炉后，送气前，有段时间（十多分钟）的煤气放散，在放散管上装有点火装置，将煤气烧掉。煤气浓度在达到燃烧浓度前被放散，由于这部分废气只有在停产检修时产生，一年只进行一次检修，产生量很小。

（5）锅炉燃煤烟气。利用一台 15t/h 循环流化床燃煤锅炉，采用掺烧石灰石的炉内脱硫措施，脱硫效率已达 80%。锅炉排出的含尘气体通过入炉主烟道进入旋风除尘器去除大部分烟尘后，再进入布袋除尘器进一步除尘，经两级除尘后烟气由锅炉引风机引至烟囱高空达标排放。

b 无组织废气

以钛白粉装置中的酸解罐为主，其次是煅烧、沉降槽、偏钛酸冷却槽、储煤仓、皮带

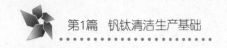

运输机等处有酸性气体或粉尘溢出。以上岗位均设排气或局部排风设施。

　　B　某钛白厂现有废水污染物的产生与处置措施

　　硫酸法钛白废水主要有钛白粉装置产生的酸性废水：酸解、煅烧尾气洗涤水，煤气发生炉产生的酚氰废水，循环水、排污水、各装置地坪冲洗水及生活污水。产生的生产废水送厂区污水处理站处理，厂区处理达标的废水部分回用于煅烧尾气洗涤、化灰站及锅炉循环水池补水外，其余废水与经生化处理达标的生活污水一起经污水厂总排口统一排放。20%左右清洁水返回厂区循环水池循环使用。

　　a　工业废水

　　（1）钛白粉装置废水。生产废水主要为酸性废水，主要来自钛白粉生产各装置酸解尾气洗涤水、煅烧尾气洗涤水、除盐水站反冲洗水。此部分废水送污水处理场石灰乳二级中和、曝气、压滤脱水，处理达标后部分回用，其余外排。

　　污水处理站废水的处理流程如图6-5所示。

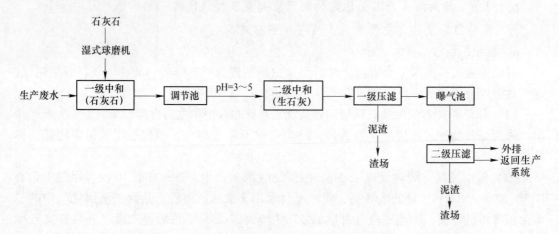

图6-5　污水处理站废水的处理工艺流程

　　（2）煤气发生炉废水。煤气站主要废水污染物是酚氰废水、急冷器冷却水和间冷器冷却水。

　　1）酚氰废水。煤气经间冷器冷却时，产生的冷凝水含有酚氰，采用焚烧法将酚氰废水焚烧掉，酚氰废水经锅炉高温裂解为 CO_2 和水蒸气。

　　2）急冷器间接冷却水。下段煤气的冷却采用急冷器冷却，冷却水经冷水循环池、冷却塔冷却后循环使用，属亏水运行，不外排。

　　3）间冷器间接冷却水。混合后的煤气采用间冷器冷却，冷却水经净水循环池冷却后循环使用，属亏水运行，不外排。

　　（3）冷却循环水。来自钛白装置、煤气站的净循环水及来自钛液浓缩、酸性尾气洗涤的酸性循环水，分别由专门的循环水系统循环使用，不外排。

　　（4）地坪冲洗水。来自各生产装置的车间地坪冲洗废水送污水处理场，经石灰乳二级中和、曝气、压滤脱水，处理达标后部分回用，其余外排。

　　b　生活污水及化验室废水

　　生活废水来源于食堂、车间办公室、洗浴室、办公用水，经化粪池及中和池处理后送地埋式二级生化反应池处理。化验室废水经中和处理后与生活污水一起送生化池处理。

C 某钛白厂现有噪声排放及治理措施

企业主要的噪声源为钛白装置风扫磨、雷蒙磨、压缩机、热风机、排风机、泵类等设备。

钛白企业除尽量选用技术先进的低噪设备外，并根据具体情况，采取相应的降噪措施，如：对压缩机类、泵类等设备均安装在室内，采用厂房隔声布置，以减轻噪声对室外环境的影响；设置消声器或隔声罩、基础减震；设置单独的值班室。本项目噪声经上述措施治理后，满足《工业企业噪声控制设计规范》（GB/T 50087—2013）的要求。

D 某钛白厂固体废弃物排放及处置措施

企业产生的主要固体废物有酸解泥渣、滤渣、煤气站煤渣、锅炉炉渣、污水处理石膏渣以及生活垃圾等。各种固体废弃物的来源及处理方法见表6-9。

表6-9 固体废弃物的来源及处理方法

序号	种 类	固体废物来源	处 理 方 法
1	酸解泥渣	酸解泥浆处理工序	与装置废水一同打浆
2	滤渣	控制-过滤工序	送污水处理站
3	煤气站煤渣	煤气站	送锅炉焚烧
4	锅炉炉渣	锅炉房燃煤工序	外售砖厂制砖
5	石膏渣	生产污水处理站	外售水泥厂综合利用，富余部分送园区渣场堆存
6	生活垃圾		由市政环卫统一处理

6.1.2 TiCl$_4$生产

四氯化钛（TiCl$_4$）是钛及其化合物生产过程中的重要中间产品，为钛工业生产的重要原料。主要用于生产金属钛、珠光颜料、钛酸酯系列、钛白及烯烃类化合物的合成催化剂等，在化工、电子工业、农业及军事等方面有广泛用途。

纯TiCl$_4$为无色透明液体，目视为无色就已达到很高的纯度，越透明纯度也越高。

6.1.2.1 四氯化钛生产工艺

A 配料工段

来自原料库房的高钛渣（富钛料）经皮带输送机送到氯化料仓，高钛渣的粒度由供应商按要求控制。来自库房的石油焦先经过球磨机研磨，粒度合格的石油焦用压缩空气输送到氯化前石油焦料仓。高钛渣（富钛料）与石油焦的加量由计量螺旋控制，两种原料按一定比例加入到一个混料螺旋中，混料螺旋混合均匀后通过进料螺旋从氯化炉中部进入氯化炉。

B 氯化工段

氯化工艺主要有沸腾氯化、熔盐氯化和竖炉氯化三种方法。沸腾氯化是现行生产四氯化钛的主要方法（中国、日本、美国采用），其次是熔盐氯化（独联体国家采用），而竖炉氯化已被淘汰。沸腾氯化一般是以钙镁含量低的高品位高钛渣（富钛料）为原料，而熔盐氯化则可使用含高钙镁的原料。

来自混合料仓的高钛渣（富钛料）和石油焦连续加入氯化炉，通入氯气在高温下反应生成含 $TiCl_4$ 的混合气体，向混合气体中喷入精制返回除钒渣泥浆和粗四氯化钛泥浆以回收 $TiCl_4$，并使热气流急剧冷却，在分离器中分离出除矾渣、钙、镁、铁等氯化物固体杂质。分离器顶部排出的含 $TiCl_4$ 气体进入冷凝器，用粗 $TiCl_4$ 循环冷却液将气态 $TiCl_4$ 冷凝，冷凝尾气再经冷冻盐水冷凝后，废气进入废气处理系统处理合格后由烟囱排空。粗 $TiCl_4$ 送至精制工段除钒。分离器排渣经处理后去专用渣场堆放。

熔盐氯化将磨细的钛渣（富钛料）和石油焦悬浮在熔盐介质（KCl 和 NaCl）中，从反应器底部通入氯气，氯化生成四氯化钛。当高速氯气流喷入熔盐后对熔盐和反应物产生了强烈的搅动。氯气流本身分散成许多小泡，逐渐由底部向上移动。在表面张力作用下，悬浮于熔盐中的固体粒子黏附在熔盐与氯气泡的界面上，随熔盐和气泡的流动而分散于整个熔体中，使反应物之间有良好接触，为氯化反应过程创造了良好的动力学条件。反应物根据其性质差异，低蒸汽压组分（$CaCl_2$、$MgCl_2$、$MnCl_2$、$FeCl_2$）以熔融态转入熔盐中，高蒸汽压组分（$TiCl_4$、$SiCl_4$、$AlCl_3$、$FeCl_3$）以气态从熔盐中逸出进入收尘冷凝系统。钛渣（富钛料）中难氯化组分（SiO_2、Al_2O_3）逐渐以固体渣形式在熔盐中积累。

钛渣（富钛料）熔盐氯化反应是在气（氯气）、液（熔盐）、固（钛渣（富钛料）和石油焦）三相体系中进行的。氯气在液相介质中溶解度非常小，反应过程也非常复杂。

氯化过程首先是附着在氯气泡表面的碳与氯气反应生成不稳定氯化物，然后该氯化物再与二氧化钛反应。当熔盐中存在变价元素，如铁、铝的氯化物时，氯化铁起了对金属氧化物传递氯的作用，钛的氯化速度得到提高。

C 精制工段

粗四氯化钛必须进行精制，否则由于杂质的存在将大大地影响下游钛产品的加工性能。粗四氯化钛是一种红棕色混浊液，含有许多杂质，成分十分复杂。其中，重要的杂质有 $SiCl_4$、$AlCl_3$、$FeCl_3$、$FeCl_2$、$VOCl_3$、$TiOCl_2$、Cl_2、HCl 等。这些杂质在四氯化钛液中的含量是随氯化所用原料和工艺过程条件不同而异的。这些杂质对于用作制取海绵钛的 $TiCl_4$ 原料而言，几乎都是程度不同的有害杂质，特别是含氧、氮、碳、铁、硅等杂质元素。

对于制取颜料钛白的原料而言，特别要除去使 $TiCl_4$ 着色（也就是使 TiO_2 着色）的杂质，如 $VOCl_3$、VCl_4、$FeCl_3$、$FeCl_2$、$CrCl_3$、$MnCl_2$ 和一些有机物等，但 $TiOCl_2$ 则不必除去。

精制的原理一般用蒸馏方法去除 $FeCl_3$ 等高沸点杂质，用精馏方法去除 $SiCl_4$ 等低沸点杂质，用置换等化学方法去除沸点相近杂质中的 $VOCl_3$。目前常用的除钒试剂有铜、铝粉、硫化氢和有机物等，但优缺点各异。中国采用铜丝除钒，前苏联采用铝粉除钒，而日本、美国采用 H_2S 和有机物除钒。

6.1.2.2 氯化原料与消耗

理论氯气的消耗见表 6-10。

表 6-10　理论氯气消耗

高钛渣中 成分名称	质量/kg	质量分数/%	完全反应需要的 氯气/kg	折算成成品单耗 （t/t TiO₂产品）
TiO_2	2337.50	89.20	4149.05	2.09
Al_2O_3	50.15	1.91	104.63	0.05
H_2O	7.15	0.27	28.14	0.01
SiO_2	48.35	1.85	114.12	0.06
Fe_2O_3	87.25	3.33	116.22	0.06
CaO	10.25	0.39	12.96	0.01
MnO	38.40	1.47	67.54	0.03
MgO	37.10	1.42	37.08	0.02
合计	2620.5	100	4634.83	2.33
杂质耗氯			485.78	0.24

　　由于氯化工序的主要物料包括高钛渣（富钛料）、石油焦、$TiCl_4$烟气、废盐、废渣、粗 $TiCl_4$、$TiCl_4$泥浆、淋洗尾气等，$TiCl_4$烟气、$TiCl_4$泥浆取样及分析比较困难，批次之间的指标差异较大，废盐、废渣的成分分析波动更明显，而且废盐于废渣的排放量也只能限于估计，因此综合上述原因，在取样分析的基础上，结合理论计算，按照物料平衡的原则，作出了氯化系统物料平衡图，高钛渣成分见表 6-11。

表 6-11　高钛渣成分　　　　　　　　　　（质量分数，%）

化学成分	TiO_2	Al_2O_3	H_2O	V_2O_5	SiO_2	Fe_2O_3	CaO	MnO	MgO	合计
含量	89.20	1.91	0.27	0.17	1.85	3.33	0.39	1.47	1.42	100

　　石油焦成分见表 6-12。

表 6-12　石油焦成分　　　　　　　　　　（质量分数，%）

化学成分	C	N_2	H_2O	灰分（按 SiO_2）	合计
含量	96.44	2.76	0.22	0.58	100.00

　　循环氯气成分见表 6-13。

表 6-13　循环氯气成分　　　　　　　　　　（质量分数，%）

化学成分	Cl_2	O_2	N_2	CO	CO_2	HCl	合计
含量	85.04	3.77	6.30	0.90	2.62	1.37	100.00

6.1.2.3　氯化过程各种产出构成

氯化炉喷泥浆成分见表 6-14。

表 6-14　氯化炉喷泥浆成分　　　　　　　　　　（质量分数，%）

化学成分	$TiCl_4$	TiO_2	$VOCl_3$	$SiCl_4$	合计
含量	95.38	1.91	0.33	2.37	100.00

氯化炉生成 $TiCl_4$ 烟气成分见表 6-15。

表 6-15　氯化炉生成 TiCl$_4$ 烟气成分　　　　　　　（质量分数，%）

化学成分	C	Cl$_2$	TiCl$_4$	O$_2$	AlCl$_3$	N$_2$	CO
含量	0.04	0.30	78.72	0.12	0.81	2.28	2.56
化学成分	CO$_2$	HCl	TiO$_2$	VOCl$_3$	SiCl$_4$	FeCl$_3$	合计
含量	9.92	0.66	1.34	0.21	2.00	1.04	100.00

表 6-16 给出了氯化炉排出废盐成分。

表 6-16　氯化炉排出废盐成分　　　　　　　（质量分数，%）

化学成分	Cl$_2$	AlCl$_3$	NaCl	TiO$_2$	SiO$_2$	FeCl$_3$	CaCl$_2$	MnCl$_2$	MgCl$_2$	合计
含量	5.65	1.23	47.07	8.80	0.63	3.34	3.82	17.08	12.39	100.00

表 6-17 给出了废渣成分。

表 6-17　计算物料平衡采用的废渣成分　　　　　　　（质量分数，%）

化学成分	C	TiCl$_4$	AlCl$_3$	TiO$_2$	VOCl$_3$	SiCl$_4$	FeCl$_3$	合计
含量	0.63	16.18	20.52	7.54	0.03	22.35	32.74	100.00

粗 TiCl$_4$ 成分见表 6-18。

表 6-18　粗 TiCl$_4$ 成分　　　　　　　（质量分数，%）

化学成分	TiCl$_4$	AlCl$_3$	TiO$_2$	VOCl$_3$	SiCl$_4$	FeCl$_3$	合计
含量	99.15	0.15	0.36	0.16	0.05	0.12	100.00

按照上述物料成分表，做出氯化工序的物料平衡图，如图 6-6 所示。

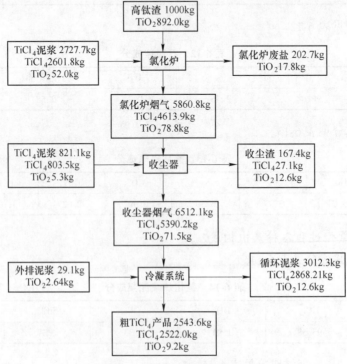

图 6-6　氯化系统物料平衡

表 6-19 给出了淋洗槽外排泥浆成分。

表 6-19　淋洗槽外排泥浆成分　　　　　　（质量分数，%）

化学成分	C	AlCl$_3$	TiO$_2$	VOCl$_3$	SiCl$_4$	合计
含量	3.67	23.36	9.07	9.30	54.60	100.00

表 6-20 给出了淋洗槽外排尾气成分。

表 6-20　淋洗槽外排尾气成分　　　　　　（质量分数，%）

化学成分	Cl$_2$	O$_2$	N$_2$	CO	CO$_2$	HCl	合计
含量	1.86	0.78	14.36	16.19	62.64	4.17	100.00

A　精制原料

粗 TiCl$_4$ 主要检测成分见表 6-21。

表 6-21　粗 TiCl$_4$ 主要检测成分　　　　　　（质量分数，%）

化学成分	TiCl$_4$	Fe	SiCl$_4$	V	Cl$_2$	其他杂质	固液比
含量	98.5	<0.00087	0.034	0.183	0.296	0.987	1.34

B　工艺原理

精制工序是将粗 TiCl$_4$ 中的有害杂质元素及固相物除去，为氧化钛白和海绵钛生产提供纯净 TiCl$_4$ 的过程。粗 TiCl$_4$ 实际含有多种元素，除表 6-21 中含有的元素之外，还含有 MgCl$_2$、CaCl$_2$、MnCl$_2$、AlCl$_3$ 等杂质元素，成分中的 Fe、V 主要以 FeCl$_3$、VOCl$_3$ 的形式存在。各种元素沸点如表 6-22 所示。

表 6-22　粗 TiCl$_4$ 主要成分沸点　　　　　　（℃）

化学成分	SiCl$_4$	VOCl$_3$	TiCl$_4$	FeCl$_3$	AlCl$_3$	MnCl$_2$	MgCl$_2$	CaCl$_2$
沸点	61.3	127	136	332	1227	1231	1418	2000

从表 6-22 中可以看出，利用沸点差，可将高沸点物质 FeCl$_3$、AlCl$_3$、MnCl$_2$、MgCl$_2$、CaCl$_2$ 及固相物质与低沸点物质 SiCl$_4$、VOCl$_3$、TiCl$_4$ 有效地分离，若采用 142℃进行精馏，可有效地分离杂质元素。

对于精 TiCl$_4$，V 为有害杂质，利用有机物（矿物油）可使粗 TiCl$_4$ 中 VOCl$_3$ 转变为 VOCl$_2$（VOCl$_2$ 的沸点较高，在 142℃条件下为沉淀物），起到分离钒的作用，或认为矿物油吸附钒杂质，达到除钒目的。

C　精制工艺流程简述

精制工艺采用矿物油除钒法，降低粗 TiCl$_4$ 中的 V 含量。粗 TiCl$_4$ 与矿物油按一定比例在混料罐中进行混合，混合充分后，利用液下泵（劳仑士泵）将混合物料送至反应器。物料进入反应器中开始被通过 U 形换热管的过热蒸汽加热，通过控制过热蒸汽量，使反应器中的混合物料温度稳定在 142℃。反应器中低沸点的物质进入精馏塔，高沸点物质及固相物质留在反应器中，当反应器中固相物含量达到要求浓度时，可将留在反应器中的物质（泥浆）排至泥浆罐，最后送氯化。

进入精馏塔的气相物质与来自回流罐的液相物质，在填料层不断地进行热量交换，最终达到气液平衡状态。在平衡状态下的液相物质返回反应器，气相物质进入冷凝器。气相物质经过冷凝器变为液相物质（精 $TiCl_4$）进入回流罐。到回流罐后一部分回流至精馏塔，一部分进入中间储罐。若在中间储罐的精 $TiCl_4$ 不合格，则返回混料罐继续进入精馏系统，若合格，则进入产品储罐，最后送至氧化工段。

D　泥浆处理

反应器中物料在蒸馏一段时间后，其固相物含量增加，当固相物含量达到 10%~15%（泥浆固相物含量体积分数为 20%~40%）时，则以泥浆的形式，通过溢流的方法，排入泥浆罐中。待泥浆罐中泥浆达到一定量时，通过劳仑士泵送至氯化系统收尘器中。通过通入 N_2，保持罐内压力为微正压。

每台反应器排泥浆量为 2t/h，泥浆成分见表 6-23。

表 6-23　泥浆成分　　　　　　　　　　　（质量分数,%）

泥浆成分	$TiCl_4$	V	Fe	$SiCl_4$	C	固含量（体积分数）/%
上清液	99.09	0.0269	<0.00087	0.0439	—	
固相物	28.83（Ti）	15.29	6.28	0.99（SiO_2）	14.43	24.0

E　尾气吸收

从混料罐、泥浆罐、回流罐、中间及产品储罐会产生大量的尾气，首先进入文丘里洗涤塔进行酸洗，剩余尾气进入碱洗塔进行碱洗，最后剩余的少量尾气则通过烟囱排空。

精制车间半年单耗统计见表 6-24。

表 6-24　精制工序半年吨精 $TiCl_4$ 物料消耗统计

物料名称	某年 1~6 月原料消耗		
	总耗量/kg	总产量/kg	单耗/$kg \cdot t^{-1}$
粗 $TiCl_4$	15375000	14781	1040.19
矿物油	22325	14781	1.519
工业碱	—	—	—
离子膜碱	194600	14781	13.17
水	99261000	14781	6715.45
蒸汽	12437000	14781	841.42
电	453320kW·h	14781kW·h	30.67kW·h/t
氮气	176624m^3	14781m^3	11.95m^3/t

由表 6-24 可知：

$$上半年精制 TiCl_4 平均收率 = \frac{吨精\ TiCl_4 \times 精\ TiCl_4\ 含量}{粗\ TiCl_4 \times 粗\ TiCl_4\ 含量}$$

$$= \frac{1000 \times 0.999}{1040.19 \times 0.985} \times 100\%$$

$$= 97.50\%$$

F 系统 TiCl₄ 收率

若不考虑泥浆罐中的 TiCl₄ 返回氯化系统，则由物料衡算可得精制系统的 TiCl₄ 收率。

$$精制\ TiCl_4\ 的收率 = \frac{产品\ TiCl_4\ 含量 \times 产品流量}{原料\ TiCl_4\ 含量 \times 原料流量} \times 100\%$$

$$= \frac{5000 \times 0.9996}{5533.33 \times 0.985} \times 100\%$$

$$= 91.71\%$$

若考虑泥浆罐中的 TiCl₄ 返回氯化系统，且氯化系统的收率为 90%，则由物料衡算可得精制系统的 TiCl₄ 的收率。

$$精制\ TiCl_4\ 的收率$$

$$= \frac{产品\ TiCl_4\ 含量 \times 产品流量 + 泥浆\ TiCl_4\ 含量 \times 泥浆流量 \times 0.9}{原料\ TiCl_4\ 含量 \times 原料流量} \times 100\%$$

$$= \frac{5000 \times 0.9996 + 476.12 \times 0.8495 \times 0.9}{5533.33 \times 0.985} \times 100\%$$

$$= 98.38\%$$

从上式可以看出，泥浆中的 TiCl₄ 含量及泥浆量对产品收率有很大的影响。影响泥浆 TiCl₄ 含量的主要因素是泥浆固相物含量，泥浆固相物含量越高，则泥浆 TiCl₄ 含量偏小。影响排泥浆量的主要因素就是粗 TiCl₄ 中的固相物含量。

对 10 月粗 TiCl₄ 固相物含量与排泥浆量进行统计，结果如表 6-25 所示。

表 6-25 粗 TiCl₄ 固相物含量与排泥浆量统计

时 间	粗 TiCl₄ 平均固相物含量（体积分数）/%	平均排泥浆量/t·班⁻¹
10 月 1~15 日	1.61	4.45
10 月 16~31 日	2.41	7.0

从表 6-25 中可以看出，粗 TiCl₄ 固相物含量越多，则单位时间所排泥浆量就越多。

若考虑泥浆罐中的 TiCl₄ 返回氯化系统，结合物料衡算，则尾气中 TiCl₄ 的流量是影响精制系统的最主要因素。尾气中 TiCl₄ 越多，则系统的 TiCl₄ 收率就越低。

从 TiCl₄ 收率和单耗统计部分的实际 TiCl₄ 收率可以看出，实际的 TiCl₄ 收率（97.5%）低于由物料衡算所得的 TiCl₄ 收率（98.38%），这可能是由于部分设备的不密闭性造成 TiCl₄ 损失，因为在物料衡算过程中并未考虑设备的不密闭性对 TiCl₄ 的损耗。

G 热利用率

给反应器加热的蒸汽流量为 1700kg/h，所具有的热量为 4830958.0kJ/h，过热蒸汽冷凝液带走的热量为 1180854.44kJ/h。系统热量的消耗可认为包括：粗 TiCl₄ 吸热、回流液吸热和热量损失。其中，粗 TiCl₄ 一部分以泥浆（142℃）的形式进入泥浆罐，一部分以气态（136℃）的形式进入冷凝系统。回流液（43℃）吸收热量转化为气态物质（136℃）进入冷凝系统。

通过计算，系统各部分热量及百分比见表 6-26。

表 6-26 热量平衡分析结果

物流名称	热量/kg·h^{-1}	比例/%
过热蒸汽总热量	4830958.0	100.0
过热蒸汽冷凝液	1180854.44	24.44
粗 TiCl$_4$→冷凝器（25℃→136℃）	1372663.33	28.41
粗 TiCl$_4$→泥浆罐（25℃→142℃）	52823.0	1.09
回流液吸热	2211365.0	45.78
热损	13252.24	0.27

由表 6-26 可以得出：

系统的实际热利用率=（1.0-0.2444-0.0027）×100%=75.29%

如物料及热量衡算计算过程所示，若过热蒸汽冷凝液全部为 0.4MPa、143℃的过热水（含热量为 1026137.0 kJ/h），则：

$$理论热利用率 = \frac{4830958.0 - 1026137.0 - 13252.24}{4830958.0} \times 100\% = 78.76\%$$

实际热利用率较低主要是由于反应器中矿物油在 142℃时易于炭化，炭化物质易黏结在换热管的壁面上，导致换热管换热效率降低，少量的过热蒸汽未来得及进行热交换，就被排出，导致系统的热利用率偏低。若过热蒸汽流量越大，则损耗的热量也越大。

6.1.2.4 三废处理处置

氯化产生的三废量不大，但成分复杂，处理处置难度较大。四氯化钛生产过程中产生的"三废"较多，如不治理，不仅对设备和建筑物严重腐蚀，对人体也有害，并会造成对大气、水域污染，破坏了自然环境和生态平衡。

炉渣中含有大量的碳和少量的 TiO$_2$，常用水洗重选将碳和 TiO$_2$ 分离。石油焦经烘干后可返回使用或用作其他燃料，TiO$_2$ 返回氯化或经煅烧后可用于制取人造金红石。

泥浆中含 TiCl$_4$ 高达 50% 左右，必须加以回收。从泥浆回收 TiCl$_4$，一般采用蒸发的方法，使泥浆中的 TiCl$_4$ 挥发出来。残渣处理变成金属氧化物后，弃去或作炼铁原料。

A 废气处理

氯化混合气体经收尘、循环淋洗冷凝后，不能冷凝的 CO、CO$_2$、Cl$_2$、O$_2$、N$_2$ 等气体，进入洗涤塔用水洗涤，洗涤液循环淋洗，HCl 气体被水溶解吸收，逐渐富集为盐酸，当浓度达 27%~31% 时，输送到盐酸储罐自用或出售。水洗涤后尾气进入中和塔洗涤进一步除去 HCl 和游离氯。碱液洗涤过程中用酚酞指示剂经常检查循环洗涤的碱液，若红色消退表示碱液失效，将碱液循环槽中的循环液排出，打开碱液高位槽阀门向碱液循环槽中补充新的 NaOH 溶液或补充新的石灰乳。未被洗涤出去的 CO、CO$_2$、O$_2$、N$_2$ 等气体，经尾气调节阀调节风量用空气稀释后经风机排空。

废气中有害成分除氯气外，还有一定含量的氯化物，如 HCl 和 TiCl$_4$ 等，必须加以处理。排泄废气的地方有下列几处：（1）氯化炉尾气，主要气体成分为 CO、CO$_2$、O$_2$、N$_2$、Cl$_2$、TiCl$_4$ 等，如果采用未煅烧石油焦，则还有较多的 HCl；（2）氯化炉排渣时泄漏的气体，含 Cl$_2$ 和 TiCl$_4$，虽然排渣时间不长，但排泄的气体量较大。

第一步，必须经湿法净制处理，即用排风机将废气送入净制设备内，用水喷淋进行洗涤。此时 HCl 溶于水，$TiCl_4$ 则水解，固体尘粒被洗入水中。湿法净制的设备可采用洗涤塔、离心洗涤器、喷洒吸收塔和泡沫除尘器等。

第二步，必须进一步除氯，方法有：排出废气的氯气浓度低时，常用石灰乳 $Ca(OH)_2$ 喷淋，氯气便与石灰乳反应生成 $Ca(ClO)_2$；排出的废气的氯气浓度低，但尾气量大时，由于排出的氯量大，常常采用 NaOH 或 Na_2CO_3，喷淋，氯便与它们反应生成可用作漂白粉的 NaClO。若废气中含有 CO_2 时，因其能和碱反应，会多消耗一些碱液；排出的废气的氯气浓度大，但尾气量小时，可用 $FeCl_2$ 喷淋吸收氯。$FeCl_2$ 淋洗液是预先将铁屑加 HCl 反应制得的，淋洗后生成 $FeCl_3$，$FeCl_3$ 再加铁屑又还原成 $FeCl_2$，以循环使用。碱液淋洗设备仍可用洗涤塔或喷洒吸收塔等，用耐碱泵将碱液循环使用。主要方法有：

（1）水吸收法。最经济的办法是用水淋洗，可使 HCl 溶于洗涤水中，回收稀盐酸。此外，将氯化工艺中的高位槽、计量槽、储罐和地罐等设备的排空废气接入淋洗装置，使氯化物发生水解产生的 HCl 也溶于洗涤水中，生产 1t 四氯化钛可以回收盐酸（HCl 质量分数为 20%）0.620t，而且改善了操作环境。

（2）碱中和法。采用石灰乳或稀烧碱液等碱液淋洗，尾气中的 Cl_2 与碱发生反应。在中和过程中，尾气中的其他氯化物也可相应地被除去。碱中和化学反应如下：

$$Cl_2 + 2NaOH \longrightarrow NaCl + NaClO + H_2O \tag{6-10}$$

$$HCl + NaOH \longrightarrow NaCl + H_2O \tag{6-11}$$

$$Na_2CO_3 + Cl_2 + H_2O \longrightarrow NaCl + NaClO + H_2CO_3 \tag{6-12}$$

$$2Ca(OH)_2 + 2Cl_2 \longrightarrow CaCl_2 + Ca(ClO)_2 + 2H_2O \tag{6-13}$$

尾气经水洗涤回收盐酸后的尾气，仍含有微量的氯和游离氯，用 NaOH 溶液、Na_2CO_3 溶液或 $Ca(OH)_2$ 溶液进行中和洗涤，进一步地除去氯。日本东邦公司经碱液中和洗涤后，烟囱排出口 $HCl < 4.0 \times 10^{-5} \mu g/L$、氯气浓度 $< 3.1 \times 10^{-5} \mu g/L$。采用石灰乳洗涤中和比较经济，要求石灰乳 CaO 含量为 $95 \sim 105 g/L$。

$\phi 1200mm$ 沸腾氯化炉氯化尾气经两级水洗涤回收盐酸和两级石灰乳洗涤中和氯和游离氯，经环境监测站在烟囱排放口进行取样检测分析，HCl 平均排放浓度（标准状态）为 $7.90 mg/dm^3$，平均排放量为 $0.20 kg/h$，执行标准值为 $100 mg/dm^3$（标准状态）和 $2.0 kg/h$；Cl_2 平均排放浓度为 $0.58 mg/dm^3$（标准状态）、平均排放量为 $1.43 \times 10^{-2} kg/h$，执行标准值为 $65 mg/dm^3$ 和 $1.89 kg/h$；CO 平均排放浓度为 $6.8 \times 10^3 mg/dm^3$（标准状态）、平均排放量为 $99.7 kg/h$，执行标准为 $178 kg/h$。均达到《大气污染物综合排放标准》（GB 16297—1996）中的二级标准限值。

（3）$FeCl_2$ 吸收。经过溶液吸收法处理。尾气仍然含有 Cl_2，可采用 $FeCl_2$ 溶液吸收，生成 $FeCl_3$：

$$2FeCl_2 + Cl_2 \longrightarrow 2FeCl_3 \tag{6-14}$$

$$2FeCl_3 + Fe \longrightarrow 3FeCl_2 \tag{6-15}$$

得到的 $FeCl_3$ 饱和溶液可回收用作净水剂。从反应式中可以看出，在反应过程中消耗的实际上只是废铁屑，因此，这是一种除氯效果很好、最经济的办法。

B 废渣处理

在氯化工序中排出废渣的主要成分是 TiO_2 粉末、石油焦粉末及少量的金属氯化物等，

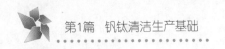

应分段治理。

（1）回收后循环利用。氯化炉气流带出的物料经收尘器收集下来与加入的新料充分混合后，直接送入系统中进行循环利用。

（2）泥浆雾化回收。过滤工序排出的泥浆（生产 1t 四氯化钛的滤渣量为 65~70kg）含 50%$TiCl_4$、未反应完的石油焦和高钛渣，可用泵直接送入收尘器，经雾化器雾化，泥浆中的 $TiCl_4$ 在约 400℃ 的高温下汽化，随炉气冷凝回收。干燥滤渣经收尘器收集下来，与新料充分混合后，直接送入氯化炉中进行反应。

（3）氯化炉排出的残渣。生产 1t 四氯化钛的残渣量为 45~52kg。加水打浆，使残渣中的部分金属氯化物溶于水后被带走，残渣烘干回收 TiO_2。

C　废水处理

氯化工序、尾气处理排出的废水大部分（约占 2/3）回收循环使用，用来冲渣、打浆，其余的 1/3 经处理达标后排放。

酸性废水与 $Ca(OH)_2$ 溶液或 10%NaOH 溶液，在常温下进行中和反应，其反应方程式如下：

$$2HCl + Ca(OH)_2 \longrightarrow CaCl_2 + 2H_2O \tag{6-16}$$

$$HCl + NaOH \longrightarrow NaCl + H_2O \tag{6-17}$$

四氯化钛生产中产生的酸性废水，主要有冲洗收尘渣废水、设备整洁的洗涤水、废气净制淋洗水、厂房地面冲洗水以及洗铜丝清洗水，酸性废水中主要含有 HCl 和 $FeCl_3$ 等成分。

酸性废水经酸沟流至污水处理池，加石灰水进行中和，pH 值调节到 6.5~8.6 后，送至板框压滤机进行过滤。

酸性废水经 $Ca(OH)_2$ 或 NaOH 溶液中和调节后，pH 值大于 6.5，控制在 6.5~7.5；经过滤后的澄清水，固体悬浮物（SS）≤250mg/L；COD_{Cr}<60mg/L；BOD_5<100mg/L。

酸性废水处理工艺见图 6-7。

D　回收处置

a　低沸点杂质馏出液

精馏馏出液，含 $SiCl_4$ 10%~15% 和 $TiCl_4$ 90%~85%，还有其他一些杂质。应合理地利用其中的有价成分，一般采用再精馏的办法，将 $TiCl_4$ 和 $SiCl_4$ 分离，并分别加以利用。

b　含铜钒废酸液的回收

用作除钒工艺的铜屑或铜丝外表黏附钒杂质后便影响除钒效果，应经洗涤再生操作。通常用盐酸洗涤，其中再生后的纯铜可以返回使用。而在酸洗液里含有 $CuCl_2$ 和 $VOCl_2$，由于批量小，可集中处理。从废酸液回收铜的处理方法有两种：一是废酸液直接电解法，由于含杂质多，只能制得粗铜（Cu>98%），这种铜必须进一步精炼；二是先用铁置换废酸液中的铜，然后再用硫酸处理，精制 $CuSO_4$ 溶液，再进行电解，可以制取纯铜。

c　氯化炉渣处置

为保证沸腾氯化炉良好的流态化状态，当炉内料层较厚，阻力较大时，必须排炉渣，φ1200mm 沸腾氯化炉正常生产时每天产生的炉渣量为 1.5~118t。炉渣中的主要成分为未反应的金红石 TiO_2 和固定碳，正常情况下，炉渣 TiO_2 含量应小于 10%，有时炉况不正常时，TiO₂含量可达25%左右，甚至更高。

氯化炉排出的炉渣可用重力选矿法分离出金红石和炭，并洗去炉渣中可溶性氯化物。重力选矿法，洗选操作在摇床上进行，在摇床往复运动和水流的作用下，达到分选的要求，湿金红石经干燥可返回氯化炉使用，或出售。选出的金红石品位 TiO₂含量在89%以上，经测定密度约为 4.26g/cm³，可用作422电焊条药皮敷料。

d 泥浆的水解、沉清、蒸发和中和处理

将蒸馏釜内的残留物通过泵送入水解槽，加入一定量的水进行水解，水解后的泥浆排入沉降槽澄清24h，将上层清液排放到浓密机进行进一步固体悬浮物沉降处理，浓密机的上清液送入氯化工段粗四氯化钛贮罐，固体悬浮物浆液送入氯化生产系统；沉降槽下层泥浆送入泥浆蒸发炉内进行泥浆蒸

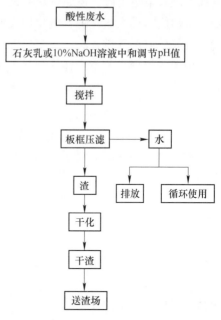

图 6-7 酸性废水处理工艺

发，蒸发温度控制在 300℃ 以下，待蒸发完成后加入一定量的石灰粉进行中和，当 pH 值达到 8~10 时停止中和，排出中和渣送入渣场进行填埋。

e 循环水洗涤回收盐酸

首先将尾气引入两级水洗涤循环吸收塔。水在吸收 HCl 气体时，是放热反应，1mol HCl 需用 5mol H₂O 吸收，放出 10kcal 热量，致使循环淋洗液的温度达到 60~70℃，严重影响循环淋洗液的吸收效果。1200mm 沸腾氯化炉尾气用水吸收回收盐酸采用石墨冷却器冷却降温，经计算冷却面积需 7.5m²。生产实际中采用 YKA 圆块孔式石墨换热器，设计温度为 −20~165℃，设计压力为 0.4MPa，公称换热面积为 10m²，运行效果较好，盐酸浓度可富集到 31%~33%。生产实际中氯化混合料使用煅后焦约 30%、延迟油焦 70% 的混合石油焦作还原剂，根据物料平衡计算，每小时可回收浓度为 31% 的盐酸 150~180kg。

6.1.3 人造金红石

人造金红石指利用化学加工方法，将钛铁矿中的大部分铁成分分离出去所生产的一种在成分上和结构性能上与天然金红石相同的富钛原料，其 TiO₂ 含量视加工工艺之不同波动在 91%~96%，是天然金红石的优质代用品。

6.1.3.1 典型工艺流程

A 预热、氧化还原工序

原料钛精矿提升至受料斗经给料螺旋，经预热室预热后，进入氧化反应器氧化，将锐钛型 TiO₂(anatase) 转化成金红石型 TiO₂(rutile)，FeO 氧化成 Fe₂O₃ 后进入还原反应器还原。在还原流化炉中，将 Fe₂O₃ 还原成 FeO，还原后的焙烧矿在隔绝空气的情况下水冷至

80℃以下进入下道工段。还原炉热源及还原性气氛由燃烧室提供，还原炉废气补充焦炉煤气经二次燃烧后进入氧化炉，氧化炉反应后的余热均进入预热装置。在预热装置尾气出口设置尾气风机，尾气进入除尘系统。

钛精矿的处理工艺主要包括预热氧化、还原焙烧、冷却等阶段。钛精矿提升至受料斗经给料螺旋，经预热室预热后，进入氧化反应器氧化，高温可使原料中的 TiO_2 全部金红石化：

$$TiO_2 \text{（anatase）} \xrightarrow{\text{高温}} TiO_2 \text{（rutile）} \tag{6-18}$$

氧化后进入还原反应器还原，钛精矿中的 Fe_2O_3 在还原反应器内被还原成 FeO，以利于提高铁的溶解率。

$$Fe_2O_3 + H_2 = 2FeO + H_2O \text{（还原）} \tag{6-19}$$

$$Fe_2O_3 + CO = 2FeO + CO_2 \tag{6-20}$$

还原后的焙烧矿在隔绝空气的情况下水冷至 80℃以下进入下道工段。

B　浸出工段

盐酸浸出采用常压浸出工艺，用盐酸将钛精矿中的杂质元素 Fe、Mg、Ca、Mn 等的氧化物溶解，而 TiO_2 不溶于盐酸，以达到富集钛料的目的。

改性钛精矿经水冷螺旋隔绝空气由约 850℃冷却到 80℃以下后进入斗提机，提升至盐酸浸出装置的计量斗，进入密闭的流态化浸出塔内，在约 103℃的温度下 Ca、Mg、Fe 等杂质氧化物与盐酸反应生成相应的氯化物。浸出完成后向浸出塔内通入洗涤水，使浸出液的温度降至 70~80℃，随后将浸出液放入循环槽冷却。

其主要反应式如下：

$$FeO \cdot TiO_2 + 2HCl = FeCl_2 + TiO_2 + H_2O \tag{6-21}$$

$$MgO \cdot TiO_2 + 2HCl = MgCl_2 + TiO_2 + H_2O \tag{6-22}$$

$$CaO \cdot TiO_2 + 2HCl = CaCl_2 + TiO_2 + H_2O \tag{6-23}$$

$$Fe_2O_3 \cdot TiO_2 + 6HCl = 2FeCl_3 + TiO_2 + 3H_2O \tag{6-24}$$

$$MnO_2 + 4HCl = MnCl_4 + 2H_2O \tag{6-25}$$

C　洗涤工序

浸出后的母液和物料在循环槽冷却至 50~60℃，经沉降分离后采用带式过滤机对物料进行三段逆流过滤洗涤，洗涤后要求物料中基本无盐酸。

D　干燥及成品工序

洗涤过滤后的物料经一条大倾角皮带机运至回转筒式干燥机进料螺旋，通过进料螺旋将物料加入回转筒式干燥机内，干燥后的物料经一条水冷螺旋冷却到常温后再经磁选后即为高品质富钛料。

主要工艺流程及产污位置见图 6-8。

6.1.3.2　主要原辅料及产品化学成分

表 6-27 给出了 20 号钛精矿成分。

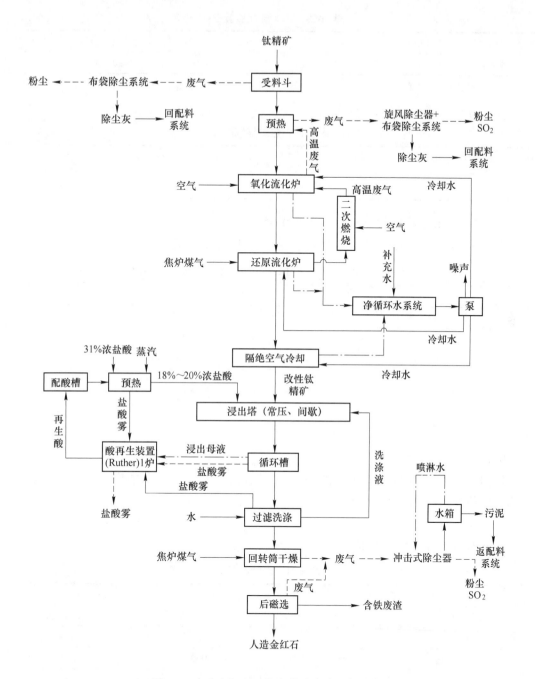

图 6-8　人造金红石工艺流程及清洁生产平衡

表 6-27　20 号钛精矿成分　（%）

成分	TiO$_2$	SiO$_2$	Al$_2$O$_3$	CaO	MgO	TFe	FeO	Fe$_2$O$_3$	S	P
含量	45.91	3.95	1.70	0.93	6.50	30.86	34.74	5.52	0.178	0.013

表 6-28 给出工业盐酸质量指标。

表 6-28 工业盐酸质量指标　　　　　　　　　　　　（%）

产品名称	HCl	Fe	SO$_4^{2-}$	As	氯化物（Cl$^-$）	灼烧残渣
工业盐酸	31	≤0.008	≤0.01	≤0.0001	≤0.008	≤0.1

注：工业盐酸有刺激性臭味，有强烈的腐蚀性，储运时应防止碰撞，注意密封，防止氯化氢气体逸出污染大气。

表 6-29 给出了焦炉煤气的典型成分。

表 6-29 焦炉煤气成分　　　　　　　　　　　　　　（%）

成分	CO$_2$	C$_n$H$_m$	O$_2$	CO	H$_2$	CH$_4$	N$_2$	热值（标准状态）/J·m^{-3}	H$_2$S（标准状态）/mg·m^{-3}
指标	2.4	2.0	0.2	8.0	60.75	19.88	6.75	3793.5	150

6.1.3.3 主要原辅材料、水、动力消耗

表 6-30 给出了 5000t/a 人造金红石主要原辅材料、水、动力消耗。

表 6-30 5000t/a 人造金红石主要原辅材料、水、动力消耗

序号	物料名称	单位	单耗	年耗	备注
1	钛精矿	t	2.1	10500	
2	31%盐酸	t	0.01	55.16	补充新酸
3	焦炉煤气	m^3（标准状态）	644	5.55×10^6	
4	电	kW·h	562	2.81×10^6	
5	水	t	8	40000	
6	蒸汽	t	6	30000	

6.1.3.4 物料平衡

根据生产工艺流程和原辅料化学成分、年消耗量等，作出总物料平衡、Fe 平衡、Ti 平衡、Cl 平衡、S 平衡及水量平衡。

A 总物料平衡

表 6-31 给出了总物料平衡。

表 6-31 总物料平衡

物料进入		物料产出	
原料名称	用量/t·a^{-1}	产品名称	产出量/t·a^{-1}
钛精矿	10500	人造金红石	5000
补充盐酸含氯化氢	55.16	氧化铁粉	5000
		CO$_2$、SO$_2$、粉尘、水蒸气等	96
		含铁废渣	457
		盐酸雾	2.16
合计	10555.16	合计	10555.16

B Fe、Ti、Cl 及 S 平衡

表 6-32 给出了项目的 Fe 平衡。

表 6-32　Fe 平衡

物　料　进　入				物　料　产　出			
原料名称	用量 /t·a^{-1}	Fe 含量 /%	带入 Fe 量 /t·a^{-1}	产品名称	产出量 /t·a^{-1}	Fe 含量/%	带出 Fe 量 /t·a^{-1}
钛精矿	10500	30.86	3147.72	金红石	5000	2.4	120
				氧化铁粉	5000	56.19	2809.5
				含铁渣	457	47.75	218.22
合　计			3147.72	合　计			3147.72

表 6-33 给出了项目 Ti 平衡（以 TiO_2 计）。

表 6-33　Ti 平衡（以 TiO_2 计）

物　料　进　入				物　料　产　出			
原料名称	用量 /t·a^{-1}	TiO_2 含量 /%	带入 TiO_2 量 /t·a^{-1}	产品名称	产出量 /t·a^{-1}	TiO_2 含量/%	带出 TiO_2 量 /t·a^{-1}
钛精矿	10500	45.91	4682.82	金红石	5000	88	4500
				含铁渣	457	40	182.82
合　计			4682.82	合　计			4682.82

表 6-34 给出了项目 Cl 平衡。

表 6-34　Cl 平衡

物　料　进　入				物　料　产　出			
原料名称	用量 /t·a^{-1}	Cl 含量 /%	带入 Cl 量 /t·a^{-1}	产品名称	产出量 /t·a^{-1}	Cl 含量/%	带出 Cl 量 /t·a^{-1}
31%盐酸	55.16	31	17.10	盐酸雾进入大气	2.16	—	2.16
				氧化铁粉	5000	0.3	15
合　计			17.16	合　计			17.16

表 6-35 给出了项目 S 平衡。

表 6-35　S 平衡

物　料　进　入				物　料　产　出			
原料名称	用量 /t·a^{-1}	S 含量 /%	带入 S 量 /t·a^{-1}	产品名称	产出量 /t·a^{-1}	S 含量/%	带出 S 量 /t·a^{-1}
钛精矿	10200	0.178	18.16	人造金红石	5000	0.16	8.0
焦炉煤气	$5.55×10^6$ m^3 （标准状态）	150mg/m^3 （标准状态， H_2S 含量）	0.78	氧化铁粉	5000	0.16	8.0
				进入大气	—	—	2.94
合　计			18.94	合　计			18.94

C 水量平衡

工业总用水量为 96.58t/h。其中：补充水用量 8.2t/h，循环水 88.38t/h，循环率为 91.52%。

水量平衡见表 6-36 及图 6-9。

表 6-36 供排水量统计

序号	生产用水系统	总用水量 /m³·h⁻¹	其中			废水排放量 /m³·h⁻¹
			补充水用量 /m³·h⁻¹	循环水量 /m³·h⁻¹	循环率 /%	
1	净环水系统	66	1.5	64.5	97.73	0
2	过滤洗涤装置用水	3	3	0	0	0
3	盐酸浸出装置用水	23.4	0	23.4	100	0
4	干燥筒除尘系统补水	0.5	0.02	0.48	98	0
5	盐酸再生用水	3.6	3.6	0	0	0
6	生活用水	0.08	0.08	0	0	
合计		96.58	8.2	88.38	91.52	

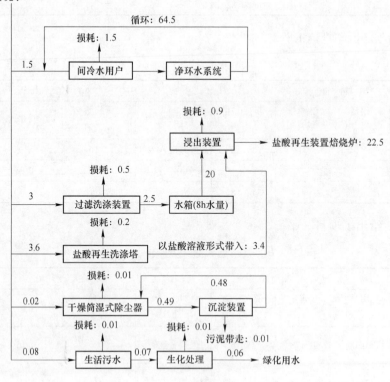

图 6-9 水量平衡

6.1.3.5 工程主要污染源及污染物产生量分析

A 废气污染物排放及治理

主要大气污染源是原料进料粉尘、氧化还原烟气、回转筒干燥粉尘和盐酸雾等。

a 原料配料粉尘

在原料进料时产生粉尘,连续产生,对此采用集气罩收集,然后集中采用一台布袋除尘器除尘,除尘后烟尘排放浓度(标准状态)小于 100mg/m³,低于排放标准,经 15m 排气筒排放。

b 氧化还原烟气

在预热、氧化还原反应时产生废气,连续产生,污染物主要是烟尘、SO_2,采用旋风除尘器和布袋除尘器对氧化还原炉烟气进行净化,废气经净化后由 25m 排气筒排放。系统流程为:

空气、焦炉煤气→还原炉→还原炉烟气→二次燃烧室→氧化炉→原料预热器→旋风除尘器→脉冲布袋除尘器→风机→管道→经 25m 排气筒达标排放。

c 回转筒干燥粉尘

在回转筒干燥湿物料时产生废气,连续产生,污染物主要是烟尘、SO_2,采用冲击式除尘器对氧化还原炉烟气进行净化,废气经净化后由 15m 排气筒排放。

废气污染物排放情况及治理措施见表 6-37。

表 6-37　项目工业废气主要污染物产生、治理、排放情况一览

污染源	主要污染物	治理前产生量(标准状态)	治理措施	治理后排放浓度(标准状态)	排放量		标准限值(标准状态)/mg·m⁻³
					kg/h	t/a	
原料进料粉尘	废气量	10000m³/h	集气罩+袋式除尘器($\eta \geqslant 99.9\%$)+15m 排气筒	10000m³/h			粉尘≤120
	粉尘	1500mg/m³		1.5mg/m³	0.015	0.108	
氧化还原烟气	废气量	5500m³/h	旋风除尘($\eta \geqslant 80\%$)+袋式除尘器($\eta \geqslant 99.9\%$)+25m 排气筒	5500m³/h			粉尘≤200 SO₂≤550
	粉尘	5000mg/m³		1mg/m³	0.0055	0.04	
	SO₂	442mg/m³		442mg/m³	2.43	1.75	
回转筒干燥烟气	废气量	10000m³/h	冲击式除尘器($\eta \geqslant 99\%$)+15m 排气筒	10000m³/h	—		粉尘≤200 SO₂≤550
	烟尘	2000mg/m³		20mg/m³	0.1	1.8	
	SO₂	4.23mg/m³		4.23mg/m³	0.042	0.3	
氧化铁贮仓粉尘	废气量	6800m³/h	袋式除尘器($\eta \geqslant 99.9\%$)+15m 排气筒	6800m³/h			粉尘≤120
	粉尘	2500mg/m³		2.5kg	0.017	0.12	
盐酸回收装置(含浸出塔、洗涤盐酸雾)	废气量	12000m³/h	旋风除尘、洗涤塔($\eta \geqslant 99.2\%$)+30m 排气筒	12000m³/h	—		SO₂≤550 HCl≤100
	SO₂	7.58mg/m³		7.58mg/m³	0.091	0.66	
	粉尘	4500mg/m³		40mg/m³	0.48	3.46	
	HCl	3125mg/m³		25mg/m³	0.3	2.16	
无组织排放	粉尘	25mg/m³		25mg/m³			粉尘≤25
合计		全年排放:烟(粉)尘　5.528t/a,SO₂　2.71t/a,HCl 2.16t/a					

d 盐酸雾

浸出液密闭的盐酸浸出塔被冷却至 70~80℃后,放入循环槽中,浸出液会挥发一定的

盐酸雾，其产生量为 3.57kg/h，在循环槽上部设置有导管将盐酸雾导出，盐酸雾在经过冷凝之后进入盐酸再生装置淋洗塔净化后排放。系统流程为：

循环槽→酸雾管→冷凝器→2 级酸雾洗涤塔→液滴分离器→30m 排气筒达标排放。

e 废盐酸再生装置盐酸雾

废盐酸经高温焙烧反应生成 Fe_2O_3 及盐酸雾，燃烧废气经双旋风分离器分离出氧化铁，旋风分离器出来的盐酸雾气体经洗涤塔净化后得到浓度 18%~20% 的再生酸，净化后的废气与来自酸洗线的盐酸雾再经过洗涤塔进一步净化后，再经液滴分离器将气液分离后由 30m 排气筒排入大气。分离出来的氧化铁由焙烧炉输送进入储仓时产生粉尘，在仓顶设置一台布袋除尘器。

f 无组织排放

无组织排放主要来源于：（1）转运、加工原辅料时逸出的少量粉尘；（2）氧化还原反应过程中捕集不完而逸出的烟气，其无组织排放量约为 0.5kg/h，无组织排放浓度（标准状态）约为 25mg/m³，排放速率为 0.5kg/h。

B 废水污染物排放及治理

生产过程中产生的废水主要有以下几类：间接冷却水、回转筒除尘系统冲洗废水、洗涤装置的洗涤水、浸出装置废酸、生活污水。

a 间接冷却水

由于是在高温下操作，为了保护高温工作的氧化还原装置、干燥转筒、除尘风机、真空泵等正常工作，生产过程中需进行循环冷却，冷却用水约为 66m³/h（47.52×10⁴t/a），蒸发损失按照 2.3% 计算，损失 1.5m³/h，排放 64.5m³/h。因此，冷却水需新补充水 1.5m³/h（1.08×10⁴t/a）。

b 回转筒除尘系统冲洗废水

回转筒除尘系统采用湿式除尘，用水量为 0.5m³/h，间断使用，喷水时间为 4h/次，每天喷水 6 次，喷淋后排出量为 0.49m³/h。废水进入系统自带水箱进行沉淀处理污泥产生量 24kg/h，沉淀处理后的水经循环泵送回转筒除尘系统回用。

c 洗涤装置的洗涤水

洗涤装置的洗涤水产生量为 3 m³/h，当浸出反应完成时将洗涤水直接通入浸出装置作为冷却水。

d 浸出装置废酸

浸出反应完成后，浸出液放入循环槽中沉降分离，上部的废酸送再生装置进行再生处理，不外排。废盐酸再生利用采用喷雾焙烧再生工艺（鲁茨纳法），该装置酸回收率高，副产品氧化铁可作磁性材料工业的原料。废盐酸再生站的设计最大处理能力为 108m³/d（4.5m³/h）。废盐酸再生站处理能力满足处理需求。工业废水的产生情况见表 6-38。

表 6-38 工业废水产生情况

废水	污水源	污染物	排放规律	排放量/t·h⁻¹	排放情况
间冷水	氧化还原流化炉 干燥转筒等	—	连续	64.5	循环使用不外排

废水	污水源	污染物	排放规律	排放量/t·h⁻¹	排放情况
喷淋水	干燥筒除尘系统	SS	间断	0.49	沉淀后循环使用
洗涤水	洗涤装置	HCl	间断	3.0	作浸出装置直接冷却水
废酸	循环槽	HCl	间断	4.8	送废酸再生装置

6.1.4　钛渣

二氧化钛在自然界通常以含 TiO_2 30%~65%并伴随着不同量的铁、锰、铬、钒、镁、钙、硅、铝和其他元素的氧化物杂质的钛铁矿形式存在。在工业上通常是采用电冶炼的方法进行钛富集，钛渣生产以钛铁精矿为原料，焦炭或者无烟煤为还原剂，采用矿热电炉设备在非常高的温度（熔融状态）下将钛铁矿还原提纯成含 TiO_2 70%~90%的钛渣，充分回收利用钛精矿中的铁资源。钛渣是钛精矿电炉熔融态还原除铁浓缩的富钛产物，属于钛生产的中间原料产品，具有 TiO_2 品位高和杂质含量低的特点，适应了现代化工精料使用原则，广泛应用于硫酸法钛白、氯化法钛白、电焊条和海绵钛生产，是重要的钛制品生产原料，为行业环境保护和污染治理做出了贡献。钛渣的主体是包含 TiO_2 的高温熔炼产物，与生产要素和市场要素密切相关，不同层次钛渣包含不同的价值利用取向，具有定性分类和定位分类特征，按照正常的生产和产生途径划分，可以分为产品型和废弃物两大类型，产品型钛渣通过定位与钛产业结合紧密，而废弃物型钛渣属于提钛后废弃，有的是其他冶炼过程产生，暂时达不到目前技术可利用标准，部分经过转化可以与钛产业再结合利用，有的直接与水泥结合消化，有的处理后仍不具有可利用价值，只有保护性储存，等待技术突破后作为后备钛资源。

6.1.4.1　生产工艺流程

钛精矿和无烟煤在配料车间进行配料后，由带式输送机送往电炉车间中间高位料仓，然后，经由皮带输送机送往电炉顶部加料仓储存。待上一周期熔炼的钛渣和铁水放出后，通过加料系统将电炉顶部储存的混合料放入炉内，送电进行熔炼。熔炼结束后，将合格的钛渣和铁水由电炉内放出，钛渣和铁水经过渣铁分离器分别注入渣槽和铁水包。酸溶性钛渣分别经过水冷或自然冷却、破碎、磁选、球磨后成为合格的钛渣产品，送到成品钛渣储仓。铁水则送往精炼车间作进一步处理。电炉烟气经除尘器收尘后，打包收集处理，净化后的尾气进入气柜储存。达到国家排放标准的烟气经烟囱排空。工艺流程见图 6-10。

A　配料

电炉车间每台电炉设钛精矿料仓、无烟煤和返回料料仓。料仓下面出口处配有螺旋给料机和电子皮带秤，控制这些装置可以定量地向同一带式输送机供料。三种不同的物料在经过不同的带式输送机输送过程中既达到输送的目的，又进行了混合，最终将混合料输送到电炉顶部的料仓内。采用一次配料方式，即 100%的还原剂参加配料。

B　电炉熔炼

将检验合格的钛精矿和焦粉原料分别推入原料仓，经仓下的给料机进入可调式称量皮带，通过配料设备按工艺要求进行配料，配好的炉料再经过皮带机运送至高位料仓。高位料仓下部安装有布料皮带，布料皮带的作用是将高位料仓的炉料分布于电炉的各个加料料仓。加料料仓下部安装有定量给料机和加料管与电炉相连，根据工艺要求控制给料机给料量完成对电炉加料。

电炉采用薄料层连续加料间接出渣、出铁。反应中产生的一氧化碳气体从渣中逸出从而使渣呈泡沫状膨胀，同时遮蔽和包裹电弧，电弧热也通过泡沫渣传递给了熔池使反应得以继续进行。

首先将预先贮存于电炉顶部混合料料仓内的混合料通过加料管连续加入已出完渣、铁的电炉内，送电启动电炉。将负荷逐渐加大到额定负荷，然后开始自动配电进行钛渣冶炼。冶炼过程中电炉内发生的主要反应如下：

$$FeTiO_3 + C = Fe + TiO_2 + CO\uparrow$$
$$(6\text{-}26)$$

$$3/4FeTiO_3 + C = 3/4Fe + 1/4Ti_3O_5 + CO\uparrow$$
$$(6\text{-}27)$$

$$2/3FeTiO_3 + C = 2/3Fe + 1/3Ti_2O_3 + CO\uparrow$$
$$(6\text{-}28)$$

$$1/2FeTiO_3 + C = 1/2Fe + 1/2TiO + CO\uparrow$$
$$(6\text{-}29)$$

图 6-10 工艺流程

熔炼过程中主要控制铁渣中的氧化亚铁含量，当电炉冶炼耗电能分别为总消耗电能的 60%、70%、80%、90% 时，取样快速分析渣中氧化亚铁含量，当钛渣中氧化铁含量达到酸溶性钛渣成分要求时，熔炼结束并停电。

熔炼过程结束后，实行渣铁分出，人工用氧气枪打开出渣口，渣从出渣口流入炉前渣盘中；每出 2~3 次渣后出一次铁，铁水口也用氧枪打开，铁水直接进入钢包。放渣结束后，通过绞车将装有酸溶性钛渣的渣槽运至电炉车间外部进行喷水冷却，后运至精整车间自然冷却。待钛渣凝固后，用行车将钛渣从渣盘取出放到破碎平台。铁水在脱硫前，需进行一些准备工作，即确定铁水的特性。然后由行车送往精炼炉。冶炼过程中所产生的烟气经旋风器、冷却器后进入烟气处理及预热回收车间进行处理。然后再往炉内加入新料，重新进行下一周期的冶炼作业。

C 钛渣破碎

出炉后的钛渣完全冷却后，运往破碎车间。第一级破碎采用锤式破碎机。经初碎后的钛渣粒度不大于 400mm，然后送至颚式破碎机进行第二级破碎，破碎后的粒度为 50~75mm。第三级破碎采用双辊破碎机，破碎后的粒度为 10~30mm。最后采用管磨机粉碎，粉碎后的粒度为 0.1~0.074mm，该粒度范围的总量大于 80%（质量分数），最后进行磁选筛分，得到成品钛渣。

6.1.4.2 主要清洁生产影响因素

主要工业废气污染源包括原料准备、电炉还原、除钒氧化；烟气中主要污染物为烟粉尘、SO$_2$ 及 NO$_x$；原料输送、储存、配料等，主要污染物为粉尘。

A　原料车间粉尘产生及治理措施

原料在输送、储存、转运等过程中产生粉尘。

主要治理措施：采取集中式除尘，即各产尘点设置集气罩，集中使用 1 套气箱脉冲布袋除尘器。处理废气量为 $3×10^4 m^3/h$，废气含尘浓度为 $100～500mg/m^3$；粉尘捕集率为95%，除尘效率为 99.9%，除尘后粉尘经 15m 排气筒达标排放。系统流程为：

各产尘点粉尘→集气罩→气箱脉冲布袋除尘器→风机→15m 排气筒达标排放。

B　电炉车间炉顶料仓及加料工段粉尘产生及治理

主要治理措施：采取集中式除尘，即各产尘点设置集气罩，每台电炉配套 1 套气箱脉冲布袋除尘器，粉尘捕集率为 95%，除尘效率为 99.9%，除尘后烟气经 15m 排气筒达标排放。

系统流程为：

各产尘点粉尘→集气罩→气箱脉冲布袋除尘器→风机→15m 排气筒达标排放。

C　电炉炉气治理

依据《攀枝花钛精矿粉矿密闭电炉冶炼钛渣试验报告》，3 台电炉炉气产量共计约为 $5000m^3/h$。3 套钛渣熔炼电炉是最大的废气污染源之一。在熔分过程中，一氧化碳气体连续产生，炉料中的细微粉尘在气流作用下与一氧化碳混合形成电炉炉气，主要成分为 CO、CO$_2$、N$_2$、H$_2$，同时含有少量 TiO$_2$、CaO、MgO、NO$_x$、SO$_2$ 及水蒸气等，主要污染物是烟尘、NO$_x$、SO$_2$。由于熔炼电炉不采用矿热法工艺而采用薄料层连续操作的熔分工艺，可使得炉气的产生较为稳定，为收集处理提供了方便。

（1）炉气自电炉炉顶引出经两根高温汽化烟道进入喷雾冷却塔进行冷却粗除尘，除尘效率为 80%。每台电炉配套 2 套喷雾冷却塔，共计 6 套。

（2）粗除尘冷却后炉气进入气箱脉冲袋式除尘器进行精除尘，除尘效率为 99.9%。净化后炉气由引风机压送至三通切换阀。事故放散时，切换至 40m 放散烟囱点燃放散；回收时，切换至煤气管道送煤气缓冲柜储存，最终经燃气锅炉燃烧后通过 45m 排气筒达标排放。炉气回收处理工艺流程如下：

自电炉炉顶引出的炉气→高温汽化冷却烟道→喷雾冷却塔→气箱脉冲袋式除尘器→管道→煤气引风机→三通切换阀→煤气鼓风机→煤气缓冲柜→燃气锅炉。

事故排放时少量煤气经 40m 放散烟囱点燃放散。

（3）炉气中污染物产生及排放情况。依据《攀枝花钛精矿粉矿入密闭电炉冶炼钛渣试验报告》，3 台电炉炉气产量共计约为 $5000m^3/h$，3 台电炉经燃气锅炉燃烧后烟气量合计约为 $21×10^4 m^3/h$，烟气主要污染物为烟粉尘、SO$_2$ 和 NO$_x$。其中烟尘产生及排放浓度均为 $20mg/m^3$；SO$_2$ 产生及排放浓度均为 $50mg/m^3$；NO$_x$ 产生为 $200mg/m^3$，采用低氮燃烧技术治理，脱氮效率为 55%，排放浓度为 $90mg/m^3$。烟尘最终经 45m 排气筒达到《大气污染物排放标准》（GB 13271—2014）排放。

D　出渣/铁口烟气治理

电炉采用连续加料、间断出铁/渣方式，电炉一个熔分周期流程为：

熔分（2.0h）→出渣（0.5h）→熔分（1.0h）→出铁（0.5h）

电炉在出铁/渣时散发一定量的烟气，烟气间歇式逸出，烟气中主要成分为 TiO_2、Fe_2O_3、CaO、MgO、CO_2、水蒸气等，主要污染物是烟尘，烟气温度约为 200℃。

在出铁/渣口设置集烟罩，烟气经集烟罩、排烟管进入布袋除尘系统净化处理。烟气捕集率为 95%，除尘效率为 99.9%，除尘后烟气经 15m 排气筒达到《镁、钛工业污染物排放标准》（GB 25468—2010）排放。

系统流程为：

出铁/渣口烟气→集气罩→管道→脉冲布袋除尘器→风机→管道→15m 排气筒达标排放。

每台电炉分别在出铁口、出渣口配套新建 1 套脉冲布袋除尘器，共计 6 套，处理烟气量合计为 $6.0×10^4 m^3/h$，烟尘产生浓度约为 $1.0g/m^3$，排放浓度为 $50mg/m^3$。

E　除钒钢包烟气治理

在前一阶段的熔炼过程中，炉料中绝大部分的钒被还原而进入铁相，这时对铁水进行吹氧，则钒与部分杂质被选择氧化而形成钒渣，该过程同时产生大量低温含尘烟气需要加以收集处理。

在包口设置集烟罩，烟气经集烟罩、排烟管进入脉冲布袋除尘器净化处理。烟气捕集率为 95%，除尘效率为 99.9%。除尘后烟气经 15m 排气筒达标排放。

系统流程为：

除钒烟气→集气罩→管道→脉冲布袋除尘器→风机→管道→15m 排气筒达标排放。

配套建设 3 套脉冲布袋除尘器，处理烟气量合计为 $3.0×10^4 m^3/h$，烟气的含尘量为 $20mg/m^3$。

无组织排放主要来源如下：

1）原料工段，原料车间转运时逸出的粉尘；

2）加料工段，电炉炉顶料仓连续加料时逸出的粉尘；

3）熔分工段，生产过程中出铁/渣时逸出的烟气，工程每 4h 出铁/渣各 1 次，每次持续时间约 30min；

4）氧化除钒工段：生产过程中逸出的烟尘。

无组织排放浓度约为 $25mg/m^3$，排放速率为 2.5kg/h。拟采取的主要控制措施为：

1）原辅料装卸、物料厂内储存、输送、转运尽量做到密闭作业；

2）生产过程中熔炼密闭作业；

3）水淬水冷车间密闭作业；

4）电炉维持在微负压工作状态；

5）对厂区地面进行硬化，对厂区道路定期洒水除尘，尽量绿化。

采取上述措施后最终排放浓度约为 $25mg/m^3$，排放速率为 1.0kg/h。

6.1.4.3　主要职业危害因素分析

A　噪声危害因素分析

噪声是一种在生产劳动过程中普遍存在的物理性危害因素。生产性噪声由于产生的动力和方式不同，一般分为机械性噪声、空气动力性噪声和电磁性噪声。噪声能引起人听觉功能敏感度下降甚至造成职业性声聋或神经衰弱、心血管疾病等发生，并使操作人员失误率升高，造成事故隐患。

在噪声干扰下，人们感到烦躁，注意力不能集中，反应迟钝，不仅影响工作效率，而且降低工作质量。在生产作业场所，由于噪声的影响，掩盖了异常的声音信号，容易发生各种事故，引起人员伤亡及财产损失。

生产过程中的噪声源来自于生产过程中使用的各类电机、除尘风机、各类破碎机、泵、皮带等设备和装置运转时产生的噪声，如果没有采取防护措施将对作业人员产生职业健康危害。

B　粉尘危害因素分析

根据化学成分不同，粉尘对人体可有致纤维化、刺激、中毒和致敏作用。粉尘中游离二氧化硅含量越高，致肺纤维化作用越强，对人体的危害越大。铅、砷等有毒性粉尘可在呼吸道溶解吸收，其溶解度越高，对人体毒作用越强；石英粉尘很难溶解，可在体内持续产生危害作用。

高浓度可燃粉尘可引起爆炸，煤、铅、锌等可氧化的粉尘，在适宜的浓度下（如煤尘 $35g/m^3$），一旦遇到明火、电火花和放电时，会发生爆炸，导致大量人员伤亡和财产损失事故。

生产过程主要粉尘来自于原料生产、原料储存、原料输送、钛渣破碎等工序产生的粉尘。

6.2　钒产业

提钒工艺以钒渣为原料，采用化学处理提取多钒酸铵，经分解熔化得到片状五氧化二钒。钒渣是由含钒钛磁铁矿的矿石经过选矿和炼铁，经过转炉提钒富集后产生的。在钒渣中，钒主要以钒尖晶石的形态存在。钒渣磨细除去所夹带的金属铁后，配入适当的钠盐添加剂，经过氧化钠化焙烧，钒铁尖晶石中的不溶性钒化合物氧化成五氧化二钒，并随即与钠盐反应，生成可溶性钒酸钠（偏钒酸钠），用热水将钒酸钠浸取制得钒溶液。钒溶液净化后，加入适量硫酸和氯化铵（或者硫酸铵，或者氨水），生成多钒酸铵沉淀，将多钒酸铵在适当温度下分解、熔化，再结晶成为片状五氧化二钒。

6.2.1　五氧化二钒生产工艺流程

采用传统的钠化焙烧、水浸提钒工艺，钒渣焙烧后利用热水将可溶性钒酸钠浸出，通过硫酸调整 pH 值，并加入硫酸铵生成钒酸铵沉淀，后将钒酸铵干燥还原，生成三氧化二钒。其工艺过程可分成原料储运、原料预处理、氧化焙烧、熟料浸出、沉钒过滤及干燥还原几个工序。

6.2.1.1　原料预处理

外购钒渣由汽车运入钒渣处理间，堆存于原料堆场。其他原料如纯碱、硫酸铵等在其他地方采购，用汽车运输进厂，全部袋装进厂，送原料库贮存；所需硫酸采用槽车运输进厂，输入专用硫酸罐内储存。钒渣进厂时已达到相关粒径要求，若未达到，则用球磨机进行球磨。按工艺所要求的比例，将中间粉料仓内原料通过料车称量后分别与纯碱和水加入混料机内混合均匀，后用斗提机卸入回转窑中间料仓暂存。

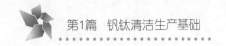

6.2.1.2　氧化焙烧

为将钒渣中钒尽量提取出来，钒渣采用回转窑或者多膛炉焙烧提钒，也可用闷烧窑，混匀后的含钒混合料通过加料器定量加入回转窑或者多膛炉内，回转窑和多膛炉以煤气或者天然气为燃料。窑内物料在氧化气氛下氧化钠化焙烧，焙烧过程为从低温到高温，再逐渐降温的三个连续过程，从物料进窑到出窑可分为氧化带、钠化带和冷却带。

（1）氧化带。该段主要完成混合料脱水及金属铁、低价氧化物氧化和分解的过程，其炉温一般控制在 600℃ 以下，反应时间约为 2h，以确保低价钒充分被氧化为五价钒。

$$V_2O_3 + O_2 \longrightarrow V_2O_5 \tag{6-30}$$

（2）钠化带。经氧化后的炉料进入钠化带内，完成五氧化二钒与钠盐反应生成可溶性钒酸钠（即偏钒酸钠）的反应过程。该过程反应温度一般控制在 800~850℃，反应时间约为 2h。钠化带物料主要反应过程为：

$$V_2O_5 + Na_2CO_3 \longrightarrow 2NaVO_3 + CO_2 \tag{6-31}$$

（3）冷却带。窑内从钠化焙烧最高温度降至 600℃ 称为冷却带。在此过程中熟料由 850℃ 降至 600℃，该过程持续时间较短，控制炉料自窑尾进入冷却筒温度不低于 550℃，以防生成的可溶性偏钒酸钠在结晶时脱氧转变为不溶于水的物质。干法排料操作简单，不易堵料。

6.2.1.3　熟料浸出

熟料浸出可以采用球磨热水浸出，也可采用真空过滤机连续浸出工艺。真空过滤机连续浸出的主要工艺为从焙烧炉出来的熟料先经水冷内螺旋冷却并进入湿球磨，经湿球磨磨制成固液混合浆料，再用泵输送到带式真空过滤机过滤。一般有 4 个滤室，每个滤室设 1 个集液罐，从过滤机尾部至头部依次为一洗室、二洗室、三洗室和四洗室，一洗室滤液为浓液，由泵送至浓液罐，二洗室滤液供湿球磨机制浆，一部分供一洗室淋洗，三洗室滤液供二洗室淋洗，四洗室滤液供三洗室淋洗，四洗室淋洗液为新水。过滤滤渣为顺流洗涤，后一级滤液供前一级淋洗。尾渣由头部溜槽直接进可逆皮带机，一部分返回焙烧配料，大部分经斗提机进弃渣斗，然后由汽车运走。尾渣中的二氧化硅等不溶杂质全部进入浸取渣。

浸出系统生产的含钒溶液用泵输送到澄清罐，同时添加配制好的沉降液，经重力沉降后，上清液溢流进入混后罐，然后输送进贮液罐储存，供沉淀工序沉钒。澄清罐底流定期清理送入底流储罐，经厢式压滤机过滤，滤液返回澄清罐。除磷的同时也有部分钒反应生成钒酸钙沉淀进入脱磷渣中。

$$Na_3PO_4 + CaCl_2 \longrightarrow Ca_3(PO_4)_2 + NaCl \tag{6-32}$$

加 $CaCl_2$ 除磷后的合格液送往沉钒工序。浸出液的浓度可控制在 4g/L 左右。

6.2.1.4　沉钒、过滤

沉钒采用在酸性条件下用铵盐沉钒法。经除磷后的浸取液送往反应釜内，利用硫酸调节 pH 值至 4~5，过量加入反应系数为 1.3~1.6 倍的氯化铵，然后再用硫酸调节 pH 值至 2~2.5，并用蒸汽直接加热、搅拌，控制温度在 80℃。在此条件下浸取液与氯化铵反应，结晶出橘黄色的多钒酸铵（APV）沉淀，待钒酸铵基本沉淀完全后，上清废液送往废水处理站处理。沉淀物经水洗、压滤机脱水后送往熔化工段，滤液及水洗液也送废水处理站处理。

沉钒反应如下：

$$6NaVO_3 + 2NH_4Cl + 2H_2SO_4 \longrightarrow (NH_4)_2V_6O_{16} + 2Na_2SO_4 + 2NaCl + 2H_2O$$

$$(6\text{-}33)$$

6.2.1.5 熔化

钒酸铵被送往熔化炉，熔化炉由燃料（可用煤、重油、焦油、煤气等）燃烧加热，这里采用煤气作燃料。钒酸铵经熔化分解，生成五氧化二钒和氨气。熔化炉烟气温度为900~1000℃，氨气大部分不发生分解。熔化的五氧化二钒从炉门流出，由旋转粒化台（间接水冷）铸锭成薄片，然后装桶外运。

$$(NH_4)_2V_6O_{16} \cdot nH_2O \longrightarrow (NH_4)_2V_6O_{16} + nH_2O \qquad (6\text{-}34)$$

$$(NH_4)_2V_6O_{16} \longrightarrow 2NH_3 + 3V_2O_5 + H_2O \qquad (6\text{-}35)$$

五氧化二钒生产工艺流程及产污示意图见图6-11。

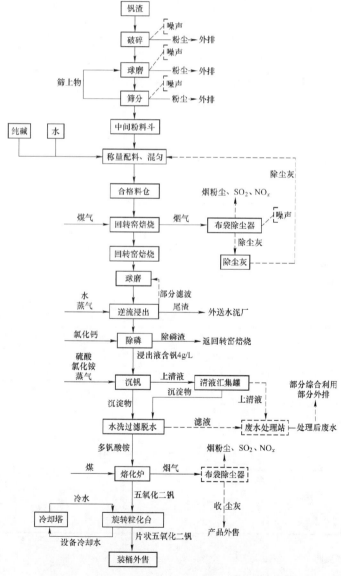

图 6-11　五氧化二钒生产工艺流程及产污示意图

6.2.2 主要原辅材料消耗

表6-39给出了主要原辅材料消耗。

表6-39 主要原辅材料消耗 （t/tV₂O₅）

项　　目	物料名称	单耗量
五氧化二钒	钒渣	13
	纯碱	0.65
	氯化铵	0.6
	氯化钙	0.05
	硫酸	0.6
水、动力、能源	工艺用水	87
	煤气	$5500m^3/tV_2O_5$
	电	$2500kW \cdot h/tV_2O_5$

表6-40给出了各用煤设备主要原辅材料消耗。

表6-40 各用煤设备主要原辅材料消耗

物　料　名　称		单　耗　量	年消耗量/$t \cdot a^{-1}$
煤气发生炉	烟煤	$0.35kg/m^3$煤气	16128
锅炉	原煤	—	11521

6.2.3 主要原辅材料成分

6.2.3.1 钒渣

钒渣的化学成分见表6-41。

表6-41 钒渣典型化学成分 （%）

成分	V_2O_5	TFe	P	SiO_2	CaO/V_2O_3
含量	16.5	30.0	0.3	20.24	0.16

6.2.3.2 工业硫酸

表6-42给出了工业硫酸的化学成分。

表6-42 工业硫酸化学成分 （%）

指　标　名　称	浓硫酸合格品
硫酸（H_2SO_4）含量	≥92.5
灰分	≤0.10

6.2.3.3 纯碱

纯碱化学成分及国家标准见表6-43。

表 6-43　固体纯碱化学成分及国家标准（GB 210—92 中 Ⅱ、Ⅲ 类）　　　（%）

指 标 项 目	指　　标	
	Ⅱ类合格品	Ⅲ类合格品
总碱量（以 Na_2CO_3 计）	≥98.0	≥98.0
氯化物含量（以 NaCl 计）	≤1.20	≤1.20
铁含量（以 Fe 计）	≤0.010	≤0.10
水不溶物含量	≤0.15	≤0.15
烧失量	≤1.3	≤1.3

6.2.3.4　氯化铵

表 6-44 给出了氯化铵化学成分。

表 6-44　氯化铵化学成分（国家标准 GB 535—79 二级品以上）　　　（%）

指 标 名 称	一等品
氮含量（以 N 计，以干基计）	≥25.0
水　分	≤0.7
钠盐含量（以 Na 计）	≤1.0
粒度（1.0~4.0mm 颗粒）	—
松散度（孔径 5.0mm）	—

6.2.4　现有污染源治理及排放现状

6.2.4.1　现有废气污染源治理及排放现状

A　现有生产线原料预处理和配料粉尘

现有五氧化二钒生产线原料预处理和配料工序中尾渣破碎、球磨、转运至中间料仓和精渣料仓等预处理工段中都将产生一定量的粉尘。

对破碎、筛分等产尘环节，采取喷水抑尘等湿式除尘方式处理。现有原料处理及配料工序的各产尘点目前呈散排状态，其粉尘排放量为 105t/a。

B　尾渣回转窑焙烧烟气

回转窑采用煤气发生炉煤气为燃料，主要污染因子为烟粉尘、SO_2。

焙烧炉出口烟气温度为 350~450℃。烟气含尘浓度（标准状态）为 10~40g/m³。烟气成分：CO_2 7%，O_2 11%，N_2 63%，H_2O 18.5%。粉尘成分主要为尾渣和碳酸钠的混合物，粉尘粒度为小于 200μm 的占 98%，粉尘比电阻为 $5×10^9~1×10^{10}Ω·cm$。

回转窑烟气共用一套除尘系统（旋风+布袋），其中每套除尘系统设计处理风量（标准状态）为 60000m³/h，排气筒高度为 15m，烟气除尘效率为 99.7%。收集的已经运行的其回转窑监测及日常例行监测报告见表 6-45。

根据例行监测结果可见，回转窑烟气烟尘、二氧化硫能达到《钒工业污染物排放标准》（GB 26452—2011）中表 4 现有企业大气污染物排放浓度限值。

表 6-45 回转窑例行监测结果统计

废气污染源	监测项目及监测内容		监测结果	例行监测结果			标准值/mg·m⁻³
				2011 年 11 月 10 日			
				1	2	3	
回转窑	烟气流量（标准状态）/m³·h⁻¹		—	43040	41840	43230	1
	烟尘	排放浓度/mg·m⁻³	64.4	74.1	60.8	58.2	100
	SO₂	排放浓度/mg·m⁻³	57	56	58	56	700
	NOₓ	排放浓度/mg·m⁻³	269	268	270	270	1

C 沉钒工段废气

本项目沉钒工段需要使用硫酸调节 pH 值，第一次调节控制 pH 值为 4~5，第二次调节 pH 值为 2~2.5。按最大酸浓度 pH 值为 2 计算（硫酸的浓度为 0.49g/L），沉钒罐中硫酸浓度小于 0.49g/L。根据环境统计手册，当硫酸浓度小于 10% 时，酸槽中蒸发产生的废气主要为水蒸气，含有很少量的酸雾。因此目前企业未采取捕集集中排放措施。

D 熔化炉烟气

钒酸铵分解熔化以煤气为燃料，熔化炉产生烟气量（标准状态）约为 2000m³/h，主要污染因子为烟粉尘、SO₂ 和 NH₃。熔化炉烟气温度为 900~1000℃，此条件下氨气基本不发生分解反应，仍以氨气的形式存在。

熔化炉烟气采取布袋除尘器 + 水喷淋除尘，排气筒高度为 10m，除尘效率不小于 99.9%。

E 脱氨塔废气

脱氨塔采取蒸汽为热源，对沉钒废水进行蒸氨处理，主要污染因子为氨，经酸喷淋吸收后排放。除氨效率不小于 90%，烟囱高度为 10m。收集的已经运行的脱氨塔日常例行监测报告见表 6-46。

表 6-46 脱氨塔例行监测结果统计表

废气污染源	监测项目及监测内容		监测结果	例行监测结果			标准值/mg·m⁻³
				2011 年 11 月 19 日			
				1	2	3	
锅炉	烟气流量/m³·h⁻¹			10860	10860	10860	1
	氨	排放浓度/mg·m⁻³	7	0.015	0.015	0.015	200
			0.0002	0.0002	0.0002	0.0002	900

根据例行监测结果可见，脱氨塔排放氨能达到《四川省大气污染物排放标准》（DB 51/186—93）二类标准排放要求。

F 无组织排放

使用原辅料大部分为散状料，在原料堆场、原料渣棚、浸废渣棚及车间内均易产生扬尘，呈无组织排放。另外多钒酸铵干燥、还原产生氨无组织排放。厂区现采取的无组织排放控制措施有：（1）对生产过程中的主要产尘点设置捕集罩，降低粉尘无组织排放；（2）

对原料渣、临时堆渣等采取洒水抑尘的措施。

面源参数统计见表 6-47。

表 6-47　面源参数统计

面　源	面源长度 /m	面源宽度 /m	面源起始 高度/m	与正北夹 角/(°)	排放时间 /h	源强/kg·h⁻¹	
						烟粉尘	NH₃
某生产车间	200	150	13	60	7200	58.3	0.25

6.2.4.2　现有废渣污染源治理及排放现状

尾渣的化学成分见表 6-48。

表 6-48　尾渣的化学成分

成分	V₂O₅	SiO₂	Cr₂O₃	TiO₂	CaO	MgO	MnO	Al₂O₃	TFe	Fe₂O₃
含量	1.0	15~16	0.6~0.8	8~8.5	2.5~3.0	2.2~2.8	4~6	0.50	35.05	约50

脱磷工序产生脱磷渣，脱磷渣主要成分见表 6-49。

表 6-49　脱磷渣主要成分

成分	TV	SV（可溶性）	不溶钒	P	Ca	H₂O	其他
含量	12.5	3.6	8.9	4.8	12.9	64.0	5.8

除尘灰及尘泥包括：（1）回转窑除尘灰均属于一般固废，全部返回原料系统配料，综合利用，不外排；（2）五氧化二钒熔化炉烟气净化系统产污泥 121t/a，主要成分为五氧化二钒等，全部经收集后作为产品外售。

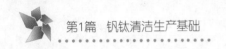

7 钒钛清洁生产的技术理论支撑

钒钛产业发展在生产全方位钒钛产品的同时，由于原料、工艺、设备、产品和技术的多样性，形成了种类繁多和性质各异的二次三次资源，造成安全环境问题，严重挤占生产生活空间，给经济社会的可持续发展造成影响。

7.1 钒钛清洁生产的技术理论基础

钒钛清洁生产与扩散现象成正关联，优化控制扩散可以提高物质和能源的利用效率。

7.1.1 扩散

扩散现象是指物质分子从高浓度区域向低浓度区域转移，直到均匀分布的现象，速率与物质的浓度梯度成正比。扩散是由于分子热运动而产生的质量迁移现象，主要是由密度差引起的。分子热运动目前认为在绝对零度以下不会发生。气体分子热运动的速率很大，分子间极为频繁地互相碰撞，每个分子的运动轨迹都是无规则的杂乱折线。温度越高，分子运动就越激烈。在0℃时空气分子的平均速率约为400m/s，但是，由于极为频繁的碰撞，分子速度的大小和方向时刻都在改变，气体分子沿一定方向迁移的速度就相当慢，所以气体扩散的速度比气体分子运动的速度要慢得多。

生理学家阿道夫·菲克最早于1855年发表著名的定律，这定律支配所有通过扩散所进行的质量运输。菲克的研究受到之前托马斯·格雷姆的实验所启发，但这些实验就差在没有提出任何基础定律，而菲克就因提供了这样的定律而闻名。菲克定律与同时代的其他著名科学家所发现的定律有近似的地方，如达西定律（水流）、欧姆定律（电荷运输）及傅里叶定律（热运输）。

菲克的实验（模仿格雷姆的实验）主要由两个盐槽组成，两个槽由多条含水的管道连接，实验量度水管中的盐浓度及通量。有一点值得注意的是，菲克主要研究的是液体的扩散，而不是固体，因为当时普遍认为固体扩散并不可行。在研究固体、液体及气体扩散（假设后两者不会有大团的流体运动）时，菲克定律还是我们理解的核心。当扩散不遵从菲克定律时（确实有这种情况），我们把这种过程称为"非菲克扩散"，把它们称作例外的这点，证实了菲克于1855年提出的定律的重要性。

7.1.1.1 扩散基础特性

扩散（diffusion）：物质分子从高浓度区域向低浓度区域转移，直到均匀分布的现象。扩散的速率与物质的浓度梯度成正比。

由于分子（原子等）的热运动而产生的物质迁移现象一般可发生在一种或几种物质于同一物态或不同物态之间，由不同区域之间的浓度差或温度差所引起，前者居多。一般从浓度较高的区域向较低的区域进行扩散，直到同一物态内各部分各种物质的浓度达到均匀或两种物态间各种物质的浓度达到平衡为止。显然，由于分子的热运动，这种"均匀"

"平衡"都属于"动态平衡",即在同一时间内,界面两侧交换的粒子数相等,如红棕色的二氧化氮气在静止的空气中的散播,蓝色的硫酸铜溶液与静止的水相互渗入,钢制零件表面的渗碳以及使纯净半导体材料成为 N 型或 P 型半导体掺杂工艺等都是扩散现象的具体体现;在电学中半导体 PN 结的形成过程中,自由电子和空穴的扩散运动是基本依据。扩散速度在气体中最大,液体中其次,固体中最小,而且浓度差越大、温度越高,参与的粒子质量越小,扩散速度越大。

扩散过程,是分子挣脱彼此间分子引力的过程,这个过程,分子需要能量来转化为动能,也就需要从外界吸收热量。

晶体学中,扩散是物质内质点运动的基本方式,当温度高于绝对零度时,任何物系内的质点都在作热运动。当物质内有梯度(化学位、浓度、应力梯度等)存在时,由于热运动而导致质点定向迁移即所谓的扩散。因此,扩散是一种传质过程,宏观上表现出物质的定向迁移。在气体和液体中,物质的传递方式除扩散外还可以通过对流等方式进行;在固体中,扩散往往是物质传递的唯一方式。扩散的本质是质点的无规则运动。晶体中缺陷的产生与复合就是一种宏观上无质点定向迁移的无序扩散。晶体结构的主要特征是其原子或离子的规则排列。然而实际晶体中原子或离子的排列总是或多或少地偏离了严格的周期性。在热起伏的过程中,晶体的某些原子或离子由于振动剧烈而脱离格点进入晶格中的间隙位置或晶体表面,同时在晶体内部留下空位。显然,这些处于间隙位置上的原子或原格点上留下来的空位并不会永久固定下来,它们将可以从热涨落的过程中重新获取能量,在晶体结构中不断地改变位置而出现由一处向另一处的无规则迁移运动。在日常生活和生产过程中遇到的大气污染、液体渗漏、氧气罐泄漏等现象,则是有梯度存在情况下,气体在气体介质、液体在固体介质中以及气体在固体介质中的定向迁移即扩散过程。由此可见,扩散现象是普遍存在的。

晶体中原子或离子的扩散是固态传质和反应的基础。无机材料制备和使用中很多重要的物理化学过程,如半导体的掺杂、固溶体的形成、金属材料的涂搪或与陶瓷和玻璃材料的封接、耐火材料的侵蚀等都与扩散密切相关,受到扩散过程的控制。通过扩散的研究可以对这些过程进行定量或半定量的计算以及理论分析。无机材料的高温动力学过程——相变、固相反应、烧结等进行的速度与进程亦取决于扩散进行的快慢。并且,无机材料的很多性质,如导电性、导热性等亦直接取决于微观带电粒子或载流子在外场——电场或温度场作用下的迁移行为。因此,研究扩散现象及扩散动力学规律,不仅可以从理论上了解和分析固体的结构、原子的结合状态以及固态相变的机理,而且可以对无机材料制备、加工及应用中的许多动力学过程进行有效控制,具有重要的理论及实际意义。

扩散现象是气体分子的内迁移现象。从微观上分析是大量气体分子做无规则热运动时,分子之间发生相互碰撞的结果。由于不同空间区域的分子密度分布不均匀,分子发生碰撞的情况也不同。这种碰撞迫使密度大的区域的分子向密度小的区域转移,最后达到均匀的密度分布。

7.1.1.2 分子扩散

扩散是在浓度差或其他推动力的作用下,扩散分子、原子等的热运动所引起的物质在空间的迁移现象,是质量传递的一种基本方式。以浓度差为推动力的扩散,即物质组分从高浓度区向低浓度区的迁移,是自然界和工程上最普遍的扩散现象;以温度差为推动力的

扩散称为热扩散；在电场、磁场等外力作用下发生的扩散，则称为强制扩散。

在化工生产中，物质在浓度差的推动下在足够大的空间中进行的扩散最为常见，一般分子扩散就指这种扩散，它是传质分离过程的物理基础，在化学反应工程中也占有重要地位。此外，还经常遇到流体在多孔介质中的扩散现象，它的扩散速率有时控制了整个过程的速率，如有些气固相反应过程的速率。至于热扩散只在稳定同位素和特殊物料的分离中有所应用，强制扩散则应用甚少。

A 热扩散

温度梯度加于静止的气体或液体混合物时，一种分子趋向高温区，另一种趋向低温区，从而在混合物内产生浓度梯度，这种现象又称为沙莱特效应。在两组分混合物中，给定组分 A 的热扩散通量用下式表示：

$$J_{AT} = D_T \rho \frac{\mathrm{d}(\ln T)}{\mathrm{d}x} \tag{7-1}$$

式中，D_T 为热扩散系数；T 为绝对温度；ρ 为流体密度。热扩散系数取决于分子的尺度和化学本质，其值常常比分子扩散系数小得多，很少大于分子扩散系数的 30%。因此，除非在温度差很大且流体严格保持层流时，热扩散在大多数的传质操作中并不重要。

B 浓度梯度扩散

固体分子间的作用力很大，绝大多数分子只能在各自的平衡位置附近振动，这是固体分子热运动的基本形式。但是，在一定温度下，固体里也总有一些分子的速度较大，具有足够的能量脱离平衡位置。这些分子不仅能从一处移到另一处，而且有的还能进入相邻物体，这就是固体发生扩散的原因。固体的扩散在金属的表面处理和半导体材料生产上很有用处，例如，钢件的表面渗碳法（提高钢件的硬度）、渗铝法（提高钢件的耐热性），都利用了扩散现象；在半导体工艺中利用扩散法渗入微量的杂质，以达到控制半导体性能的目的。

液体分子的热运动情况跟固体相似，其主要形式也是振动。但除振动外，还会发生移动，这使得液体有一定体积而无一定形状，具有流动性，同时，其扩散速度也大于固体。

将装有两种不同气体的两个容器连通，经过一段时间，两种气体就在这两个容器中混合均匀，这种现象叫做扩散。用密度不同的同种气体实验，扩散也会发生，其结果是整个容器中气体密度处处相同。在液体间和固体间也会发生扩散现象。例如清水中滴入几滴红墨水，过一段时间，水就都染上红色；又如把两块不同的金属紧压在一起，经过较长时间后，每块金属的接触面内部都可发现另一种金属的成分。

在扩散过程中，气体分子从密度较大的区域移向密度较小的区域，经过一段时间的掺和，密度分布趋向均匀。在扩散过程中，迁移的分子不是单一方向的，只是密度大的区域向密度小的区域迁移的分子数，多于密度小的区域向密度大的区域迁移的分子数。

C 多孔介质中的扩散

物质在多孔介质中的扩散，根据孔道的大小、形状以及流体的压强不同分为三类情况。

a 容积扩散

当毛细管孔道直径远大于分子平均自由程，即 $1/2r \leqslant 1/100$（r 为毛细孔道的平均半径）时，在分子的运动中主要发生分子与分子间的碰撞，分子与管壁的碰撞所占比例很小。其扩散机理与分子扩散相同，故也称分子扩散。孔内所含流体的分子扩散，仍可用菲克定律来计算；只需考虑多孔介质的空隙率 ε 和曲折因数 τ（表示因毛细孔道曲折而增加的扩散距离），对一般的分子扩散系数加以修正。此时有效扩散系数为：

$$D_{ABp} = D_{AB}\varepsilon/\tau \tag{7-2}$$

b 克努森扩散

如气体压强很低或毛细管孔径很小，气体分子平均自由程远大于毛细孔道直径，即 $1/2r \geqslant 10$，这就使分子与壁面之间的碰撞机会大于分子间的碰撞机会。此时，物质沿孔扩散的阻力主要取决于分子与壁面的碰撞。根据气体分子运动论，可以推导出克努森扩散系数：

$$D_{kp} = 97.0r\left(\frac{T}{m_A}\right)^{1/2} \tag{7-3}$$

式中，r 为毛细孔道的平均半径；T 为绝对温度；m_A 为组分 A 的相对分子质量。

c 过渡区扩散

物质在毛细管中的运动情况介于上述分子扩散与克努森扩散之间，扩散系数为：

$$D_p = \left(\frac{1}{D_{ABp}} + \frac{1}{D_{kp}}\right)^{-1} \tag{7-4}$$

此式中如果 $1/D_{kp}$ 项可以忽略，则扩散为分子扩散；如果 $1/D_{ABp}$ 项可以忽略，则扩散为克努森扩散。

7.1.2 粉尘

粉尘（dust）为较长时间悬浮于空气中的固体颗粒物惯用的总称，又称尘。公认粉尘粒径小于 $75\mu m$。严格地命名，粉尘只是指由固体物料经机械撞击、研磨、碾轧而分散形成的颗粒物。

7.1.2.1 形成

粉尘在矿石采掘、铲运、破碎和粉料筛选等生产工艺中产生，其粒径大部分为 $0.25 \sim 20\mu m$，其中绝大部分为 $0.5 \sim 5\mu m$。金属在熔炼过程中产生的氧化物或升华、凝结形成微粒，燃料在燃烧过程中产生的微粒则称为"烟"（英文中 fume 指金属熔炼过程中产生的烟，smoke 指燃烧过程中产生的烟），一般也被泛指为"烟尘"，其粒径常小于 $1\mu m$，多数为 $0.01 \sim 0.1\mu m$。蒸汽冷凝或溶液受冲击形成溶液粒子，其粒径为 $0.01 \sim 10\mu m$，称为"雾"或"霭"（英文 mist 指液体蒸发或破碎形成的液粒，fog 指大气中水蒸气凝结成的液粒），雾、霭中的液体蒸发后残留的尘粒或凝结的溶质悬浮于空气中仍称为"尘"，例如各种熔渣水淬，对各种高温物料喷水冷却或是喷漆作业等生产过程产生这种粉尘。大气中一些气态物质在特定条件下，经过物理、化学反应形成固态粒子，其粒径往往在 $0.005 \sim 0.05\mu m$ 之间，称作"烟雾"（smog），亦属"尘"。自空气中沉降或析出的固体颗粒虽已非悬浮颗粒物，但被混称为粉尘，实际上沉积粉尘的集合体应称作粉料或粉体，在环境科学中称为"落尘"或"降尘"。按胶体化学观点，含尘空气中的空气是分散介质，固体尘粒是分散相，因而含尘空气可被视为在空气中分散有固体微粒的"气溶胶"（aerosol）。含尘空气与气溶胶的区别是含尘空气中粉尘粒径可达 $75\mu m$，而气溶胶中的粉尘粒径则一般小于 $1\mu m$。由于空气动力学分析直径小于 $10\mu m$ 的粉尘在大气中能长期地悬浮，环境科学中称这种粉尘为"飘尘"（suspended particle）。

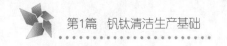

7.1.2.2 粉尘危害

粉尘随呼吸进入人体，其中一部分沉着于肺部经长期积累，而导致尘肺病（见尘肺、矽尘、呼吸性粉尘）；有些粉尘含有毒物质或放射性物质，吸入人体可产生中毒症状或放射性疾患（见有毒粉尘、放射性粉尘、职业中毒、放射性疾病）；有些粉尘系易燃、易爆物质，在空气中的浓度达到爆炸界限且有火源的条件下，会引起粉尘爆炸（见爆炸性粉尘）；空气中存在大量粉尘尚会降低能见度；粉尘还会使机械、设备受到磨损。为此，必须采取相应的防尘措施，以减轻粉尘的危害性。

7.1.2.3 粉尘分类

粉尘通常按其组成、粒径、形状和物理化学特性进行分类。

A 物质组成分类

按物质组成，粉尘分为有机尘、无机尘、混合尘。有机尘包括植物尘、动物尘、加工有机尘；无机尘包括矿尘、金属尘、加工无机尘等。冶金企业中的粉尘主要是矿尘、金属尘、加工无机尘、燃料尘和有机尘。进而细分，矿尘又可分为矽尘、放射性矿尘，含铁、铜、铅、锰等的矿物粉尘。金属尘又可分为铁、铜、铅、锰等金属及其氧化物粉尘；加工无机尘又可分为烧结、耐火、水泥、炭素粉尘；燃料尘包括煤尘、焦炭尘、重油烟、燃气燃烧产生的烟尘；有机物尘包括蒽、萘等有机物原料或产品所产生的粉尘。

B 粒径分类

按尘粒大小或在显微镜下可见程度，粉尘分为：（1）粗尘，粒径大于 $40\mu m$，相当于一般筛分的最小粒径；（2）细尘，粒径为 $10 \sim 40\mu m$，在明亮光线下肉眼可以见到；（3）显微尘，粒径为 $0.25 \sim 10\mu m$，用光学显微镜可以观察；（4）亚显微尘，粒径小于 $0.25\mu m$，需用电子显微镜才能观察到。不同粒径的粉尘在呼吸器官中沉着的位置也不同，从这方面粉尘又分为：（1）可吸入性粉尘（inhalable particulate），即可以吸入呼吸器官，空气动力学直径小于 $15\mu m$ 的粉尘；（2）呼吸性粉尘（respirable dust），可以吸入肺泡，一般认为空气动力学直径小于 $10\mu m$ 的粉尘；（3）微细粒子（fine particle），即空气动力学直径小于 $2.5\mu m$ 的细粒粉尘，沉降于肺泡中者绝大部分是这类粉尘。

C 形状分类

不同形状的粉尘可以按粒子长、宽、高的比例分为三类：（1）三向等长粒子，即长、宽、高的尺寸相同或接近的粒子，如正多边形及其他与之相接近的不规则形状的粒细子；（2）片形粒子，即两方向的长度比第三方向长得多，如薄片状、鳞片状粒子；（3）纤维形粒子，即在一个方向上长得多的粒子，如柱状、针状、纤维状粒子。

D 物理化学特性分类

由粉尘的湿润性、黏性、燃烧爆炸性、导电性、流动性可以区分不同属性的粉尘。按粉尘的湿润性分为湿润角小于 $90°$ 的亲水性粉尘和湿润角大于 $90°$ 的疏水性粉尘；按粉尘的黏性力分为拉断力小于 $60Pa$ 的不粘尘，$60 \sim 300Pa$ 的微粘尘，$300 \sim 600Pa$ 的中粘尘，大于 $600Pa$ 的强粘尘；按粉尘燃烧、爆炸性分为易燃、易爆粉尘和一般粉尘；按粉尘的导电性和静电除尘的难易分为大于 $10^{11}\Omega \cdot cm$ 的高比电阻粉尘，$10^4 \sim 10^{11}\Omega \cdot cm$ 的中比电阻粉尘，小于 $10^4\Omega \cdot cm$ 的低比电阻粉尘；按粉料流动性可分为安息角小于 $30°$ 的流动性好的粉尘，安息角为 $30° \sim 45°$ 的流动性中等的粉尘及安息角大于 $45°$ 的流动性差的粉尘。

7.1.2.4 粉尘参量

影响粉尘性质及其危害性的参量有粒径、成分、形状、密度、比表面积和粉尘浓度。

A 粒径

粉尘粒径影响粉尘悬浮、扩散、附着等物理特性，也是粉尘能否被吸入人体的决定因素，为粉尘的重要参量。形状规则的粉尘，如球形颗粒可以用直径表示，正方形颗粒可以用一边边长表示。但工业生产中产生的大多数粉尘颗粒形状是不规则的，只能以一定的几何或物理当量径来表示。

当用显微镜观察时，获得定向投影径，用筛分分级方法获得筛分径。与粉尘某一实测几何量（如投影面积、体积、表面积、周长等）相当的球形颗粒粒径称为该粉尘相应几何量的当量径（如等投影面积径、等体积径、等表面积径、等周长径等）；与粉尘某一实测物理量（如运动阻力、沉降速度等）相当的球形颗粒粒径称为该粉尘相应物理量的当量径（如等阻力径、等沉降径等）；尘粒沉降速度与密度为 $1g/cm^3$ 的球形粒子终端沉降速度相当时，以球形粒子的直径作为该尘粒的空气动力径。生产过程中产生的粉尘是由多种不同粒径粉尘组成的集合体，常用不同粒径范围内的粉尘个数或质量占全量的百分比来表示，称为粉尘的数量或质量频率分布或分散度。当一个集合体中粉尘粒子粒径基本相同时叫单分散相粉尘，反之称多分散相粉尘。多分散相粉尘的粒径频率分布或分散度可以用表格、直方图或频率曲线、累计频率曲线来表示，也可以近似地用一些分布函数表示。常用的分布函数有正态分布函数、对数正态分布函数、罗辛-勒姆拉（rosin-rammler）函数等。往往还用一些代表粒径来代表多分散相粉尘，常用的有平均径、中位径和最大频率径。以粉尘的不同几何量（直径、表面积、体积）的总合除以粉尘的颗粒数获得各几何量（直径、表面积、体积）平均径；将粉尘分为质量或数量相同两部分的界限粒径称为该粉尘的质量或数量中位径，常以 d_{50} 表示；出现频率最高的粒径值称为该粉尘的最大频率径。

B 成分

成分即组成粉尘物质的组分。它决定粉尘的性质及其危害性，常以各种物质质量分数表示。粉尘中有害成分，如游离二氧化硅、有毒物质、放射性物质、易燃易爆物质等的含量与防尘技术密切相关，需要经过检测判明。

C 形状

形状即不同粉尘形状各异，一般都是非球形的。为了评价其对球形的偏离程度，应用了"球形系数"，球形系数是指同样体积球形粒子的表面积与尘粒实际表面积之比。球形粒子的系数为1，其他形状粒子系数均小于1。

D 密度

密度即单位体积粉尘的质量，有真密度、假密度和堆积密度之分。不包括存在于粉尘颗粒内部封闭孔洞的情况下，单位体积密实粉尘的质量称真密度；包括存在于尘粒内部封闭孔洞体积的密实粉尘，其单位体积的质量称为假密度，或称为表观密度。物料经机械性研磨、破碎形成的粉尘一般无内部的封闭孔洞，这些粉尘真假密度相等。单位体积松散粉尘的质量称为粉尘的堆积密度。

E 比表面积

单位质量粉尘的表面积称为比表面积。比表面积与粒径成反比，粒径越小，比表面积

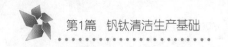

越大。比表面积对粉尘表面活性、附着、吸附、燃烧、爆炸等特性均有影响。

F 浓度

浓度即单位空气体积中粉尘的量。粉尘浓度是衡量空气污染程度的重要指标，与作业人员罹患疾病和粉尘爆炸界限等有关。粉尘浓度分数量浓度和质量浓度。数量浓度是单位体积空气中粉尘的颗粒数，单位为 n/cm^3；质量浓度是单位体积空气中的粉尘质量，单位为 mg/m^3。在大多数场合下采用质量浓度，但对洁净车间或石棉等粉尘仍用数量浓度。

7.1.2.5 PM2.5

细颗粒物又称细粒、细颗粒、PM2.5。细颗粒物指环境空气中空气动力学当量直径不大于 $2.5\mu m$ 的颗粒物。它能较长时间悬浮于空气中，其在空气中含量浓度越高，就代表空气污染越严重。虽然 PM2.5 只是地球大气成分中含量很少的组分，但它对空气质量和能见度等有重要的影响。与较粗的大气颗粒物相比，PM2.5 粒径小，面积大，活性强，易附带有毒、有害物质（例如，重金属、微生物等），且在大气中的停留时间长、输送距离远，因而对人体健康和大气环境质量的影响更大。

2013 年 2 月，全国科学技术名词审定委员会将 PM2.5 的中文名称命名为细颗粒物。细颗粒物的化学成分主要包括有机碳（OC）、元素碳（EC）、硝酸盐、硫酸盐、铵盐、钠盐（Na^+）等。

PM2.5 产生的自然源包括土壤扬尘（含有氧化物矿物和其他成分）、海盐（颗粒物的第二大来源，其组成与海水的成分类似）、植物花粉、孢子、细菌等。自然界中的灾害事件，如火山爆发向大气中排放了大量的火山灰，森林大火或裸露的煤原大火及尘暴事件都会将大量细颗粒物输送到大气层中。

PM2.5 产生的人为源包括固定源和流动源。固定源包括各种燃料燃烧源，如发电、冶金、石油、化学、纺织印染等各种工业过程、供热、烹调过程中燃煤与燃气或燃油排放的烟尘。流动源主要是各类交通工具在运行过程中使用燃料时向大气中排放的尾气。

PM2.5 可以由硫和氮的氧化物转化而成。而这些气体污染物往往是人类对化石燃料（煤、石油等）和垃圾的燃烧造成的。在发展中国家，煤炭燃烧是家庭取暖和能源供应的主要方式。没有先进废气处理装置的柴油汽车也是颗粒物的来源。燃烧柴油的卡车，排放物中的杂质导致颗粒物较多。

除自然源和人为源之外，大气中的气态前体污染物会通过大气化学反应生成二次颗粒物，实现由气体到粒子的相态转换。如：

$$H_2SO_4 + NH_3 \longrightarrow NH_4HSO_4 \tag{7-5}$$

$$H_2SO_4 + 2NH_3 \longrightarrow (NH_4)_2SO_4 \tag{7-6}$$

$$HNO_3 + NH_3 \longrightarrow NH_4NO_3 \tag{7-7}$$

其中气态硫酸来自 OH 自由基氧化二氧化硫 SO_2 的气态反应。盐的水合物：如 $xCl \cdot yH_2O$、$xNO_3 \cdot yH_2O$、$xSO_4 \cdot yH_2O$，随着湿度的变化，水合物对 PM2.5 的影响较大，水不仅与盐化合物生成水合物，由于湿度的改变还形成了盐的微小溶液液滴。

细颗粒物的标准，是由美国在 1997 年提出的，主要是为了更有效地监测随着工业化日益发达而出现的、在旧标准中被忽略的对人体有害的细小颗粒物。细颗粒物指数已经成为一个重要的测控空气污染程度的指数。

到 2010 年底为止，除美国和欧盟一些国家将细颗粒物纳入国家标准并进行强制性限制外，世界上大部分国家都还未开展对细颗粒物的监测，大多数国家只对 PM10 进行监测。

虽然细颗粒物只是地球大气成分中含量很少的组分，但它对空气质量和能见度等有重要的影响。与较粗的大气颗粒物相比，细颗粒物粒径小，富含大量的有毒、有害物质且在大气中的停留时间长、输送距离远，因而对人体健康和大气环境质量的影响更大。研究表明，颗粒越小对人体健康的危害越大。细颗粒物能飘到较远的地方，因此影响范围较大。

细颗粒物对人体健康的危害要更大，因为直径越小，进入呼吸道的部位越深。$10\mu m$ 直径的颗粒物通常沉积在上呼吸道，$2\mu m$ 以下的可深入到细支气管和肺泡。细颗粒物进入人体到肺泡后，直接影响肺的通气功能，使机体容易处在缺氧状态。

人们一般认为，PM2.5 只是空气污染。其实，PM2.5 对整体气候的影响可能更糟糕。PM2.5 能影响成云和降雨过程，间接影响着气候变化。大气中雨水的凝结核，除了海水中的盐分，细颗粒物 PM2.5 也是重要的源。有些条件下，PM2.5 太多了，可能"分食"水分，使天空中的云滴都长不大，蓝天白云就变得比以前更少；有些条件下，PM2.5 会增加凝结核的数量，使天空中的雨滴增多，极端时可能发生暴雨。

7.1.2.6 特性

特性即粉尘有很多特殊的属性，其中对防尘密切相关的有悬浮特性、扩散特性、附着特性、吸附特性、燃烧和爆炸特性、电特性、光特性以及粉料的流动特性等。

A 悬浮特性

悬浮特性即在静止空气中，尘粒受重力作用而沉降。当尘粒较细，沉降速度不高时，可按斯托克斯（Stoke's）公式求得重力与空气阻力大小相等、方向相反时尘粒的沉降速度，称尘粒沉降的终端速度。计算公式为 $V_f = \rho_p d^2 g / 18\mu$。式中，$\rho_p$ 为粒子密度，kg/m^3；d 为粉尘粒径，m；g 为重力加速度，m/s^2；μ 为空气黏性系数，$Pa \cdot s$。若再附加一些修正因素，计算密度为 $1kg/m^3$、球形粒径为 $1\mu m$ 尘粒的终端沉降速度为 $0.0035cm/s$；粒径 $10\mu m$ 的尘粒的终端沉降速度为 $0.31cm/s$。实际空气绝非静止，存在各种扰动气流，因而可以视小于 $10\mu m$ 的尘粒能长期悬浮于空气中。即便是大于 $10\mu m$ 的尘粒，当处于上升气流中，若流速达到尘粒终端沉降速度，尘粒也将处于悬浮状态，该上升气流流速称为悬浮速度。作业场所存在自然风流、热气流、机械运动和人员行动而带动的气流，使尘粒能长期悬浮。

B 扩散特性

扩散特性即微细粉尘不仅可随气流携带而扩散，即使在相对静止的空气中，尘粒受到空气分子布朗运动的不断撞击也能形成类似于布朗运动的曲折位移。对于 $0.4\mu m$ 的尘粒，单位时间布朗位移的均方根值已略大于其重力沉降的距离；对于 $0.1\mu m$ 的尘粒，布朗位移的均方根值相当于重力沉降距离的 40 余倍。这种运动使粉尘粒子不断由高浓度区向低浓度区扩散，也是尘粒流经微小通道向周壁沉降的主要原因。粒子受到热与光的辐照或存在于有温差的环境中，空气分子的布朗撞击使粉尘粒子向低受能面的一面移动，这一现象称为粒子的热致迁移或热泳（thermophoresis）以及光致迁移或光泳（photopheresis）。

C 附着特性

附着特性即尘粒有黏附于其他粒子或其他物质表面的特性。主要附着力有三种，即范

德华（Vander waals）力、静电力和液膜的表面张力。微米级尘粒的附着力远大于重力，由于存在这一特性，当悬浮尘粒相互接近时，彼此吸附聚集成大颗粒，当悬浮微粒接近其他物体时即会附着其表面，必须有一定的外加力才能使其脱离。集合的粉尘体之间亦存在粉体间的吸附力，一般称为粉尘的黏性力，若需将集合的粉尘体拉断或是由沉积物上剥离，必须施加必要的拉断力。

D 吸附特性

范德华力使尘粒表面有吸附气体、蒸汽和液体的能力，粉尘粒子表面吸附气体与蒸汽的量是气体、尘粒物质性质和气体压强、温度等的复杂函数，通过试验才能获得准确的吸附量。粉尘颗粒越细，比表面积越大，单位质量粉尘表面吸附的气体和蒸汽的量越多。单位质量粉尘粒子表面吸附水蒸气量用以衡量粉尘的吸湿性，该性质与粉尘粒子间的附着力密切关联。当液滴与尘粒表面接触，除存在液滴与尘粒表面吸附力外，液滴尚存在自身的凝聚力，两种力量平衡时，液滴表面与尘粒表面间形成湿润角，表征尘粒的湿润性能。湿润角越小，表示液体易于向尘粒表面铺开，粉尘湿润性好；反之，说明粉尘湿润性差。

E 燃烧和爆炸特性

物料转化为粉尘，比表面积增加，提高了物质的活性，在一定条件下，可燃粉尘氧化放热反应速度超过其散热能力，最终转化为燃烧，称粉尘自燃。当易爆粉尘浓度达到爆炸界限并遇明火时，产生粉尘爆炸。煤尘、焦炭尘、铝、镁和某些含硫分高的矿尘均系爆炸性粉尘。

F 电特性

由于天然辐射，离子或电子附着，尘粒之间或粉尘与物体之间的摩擦，或由物料转化为粉尘的过程中，粒子与物料脱离等原因，使尘粒带有电荷。其带电量和电荷极性（负或正）与工艺过程、环境条件、粉尘化学成分及其接触物质的电介常数等有关。尘粒在高压电晕电场中，依靠电子和离子碰撞或离子扩散作用使尘粒得到充分的荷电。粉尘成分、粒度、表面状况等决定粉尘的导电性。当温度低时，电流流经尘粒表面称表面导电；温度高时，尘粒表面吸附的湿蒸汽或气体减少、施加电压后电流多在粉尘粒子体中传递，称体积导电。面积为 $1cm^2$、厚 1cm 的粉尘层的电阻值称为比电阻，单位为 $\Omega \cdot cm$，用以表示粉层的导电性。

G 光特性

光通过含尘空气会被吸收和散射。影响光吸收或散射的主要因素在于尘粒大小和光波波长。光线照射远大于可见光波长的尘粒，例如粒径大于 $2\mu m$，服从以光吸入为主的兰伯特贝尔定律；照射远小于可见光波长的尘粒，例如小于 $0.05\mu m$，产生散射现象，服从瑞利光散射定律；与可见光波长相近的粒径，即 $0.1 \sim 1\mu m$ 的尘粒，其光的传递特性需用复杂得多的梅（Mie）理论来描述。

H 流动特性

尘粒的集合体在受外力时，尘粒之间发生相对位置移动，近似于流体运动的特性。粉尘粒子大小、形状、表面特征、含湿量等因素影响粉料的流动性，由于影响因素多，只能通过实验评定粉料的流动性能，粉料自由堆置时，料面与水平面间的交角称安息角，安息角的大小在一定程度上能说明粉料的流动性能。此外，尚可用流动速度或流动性指数法来评价粉料的流动性。

7.1.3　扩散

扩散体现了分子运动的需要。

7.1.3.1　扩散系数

物质的分子扩散系数表示它的扩散能力，是物质的物理性质之一。根据菲克定律，扩散系数是沿扩散方向，在单位时间每单位浓度梯度的条件下，垂直通过单位面积所扩散某物质的质量或物质的量，即

$$D = \frac{435.7T^{3/2}}{p(V_A^{1/3} + V_B^{1/3})^2}\sqrt{\frac{1}{\mu_A} + \frac{1}{\mu_B}} \tag{7-8}$$

式中，T 为热力学温度，K；p 为总压强，Pa；μ_A、μ_B 为气体 A、B 的相对分子质量；V_A、V_B 为气体 A、B 在正常沸点时液态克摩尔容积，$cm^3/(g \cdot mol)$。

菲克定律可以看出，质量扩散系数 D 和动量扩散系数 ν 及热量扩散系数 α 具有相同的单位（m^2/s）或（cm^2/s），扩散系数的大小主要取决于扩散物质和扩散介质的种类及其温度和压力。质扩散系数一般要由实验测定。

液相质扩散，如气体吸收，溶剂萃取以及蒸馏操作等的 D 比气相质扩散的 D 低一个数量级以上，这是由于液体中分子间的作用力强烈地束缚了分子活动的自由程，分子移动的自由度缩小。

二元混合气体作为理想气体，用分子动力理论可以得出 D 正比于 $p^{-1}T^{3/2}$ 的关系。不同物质之间的分子扩散系数是通过实验来测定的。在压强 $p_0 = 1.013\times10^5 Pa$、温度 $T_0 = 273K$ 时各种气体在空气中的扩散系数 D_0，在其他 p、T 状态下的扩散系数可用式（7-8）换算。

换算两种气体 A 与 B 之间的分子扩散系数可用吉利兰（Gilliland）提出的半经验公式估算。

按式（7-9），扩散系数 D 与气体的浓度无直接关系，它随气体温度的升高及总压强的下降而加大。这可以用气体的分子运动论来解释。随着气体温度升高，气体分子的平均运动动能增大，故扩散加快，而随着气体压强的升高，分子间的平均自由行程减小，故扩散就减弱。当然，按状态方程，浓度与压力、温度是相互关联的，所以质扩散系数与浓度是有关的，就像导热系数与温度有关一样。式（7-9）中 D 的单位是 cm^2/s，它和动量扩散系数 $\nu = \mu/\rho$ 以及热扩散系数 $\alpha = \lambda/c\varphi$（$\alpha$ 为热扩散系数，m^2/s；λ 为导热系数，$W/(m \cdot K)$；c 为比热容，$J/(kg \cdot K)$；ρ 为密度，kg/m^3）的单位相同，在计算质扩散通量或摩尔扩散通量时，D 的单位要换算为 m^2/s。

分子扩散传质不只是在气相和液相内进行，同样可在固相内存在，如渗碳炼钢、材料的提纯等。在固相中的质扩散系数比在液相中将低大约一个数量级，这可用分子力场对过程的影响更大，使分子移动的自由度更小作为合理的定性解释。

二元混合液体的扩散系数以及气-固、液-固之间的扩散系数，比气相之间的扩散系数要复杂得多，只有用实验来确定。

表征物质分子扩散能力的物理量，受系统的温度、压力和混合物中组分浓度的影响。根据菲克定律，组分 A 在组分 B 中的分子扩散系数，其值等于该物质在单位时间内、单位

浓度梯度作用下，经单位面积沿扩散方向传递的物质量。

氧随温度变化的扩散系数见图7-1。

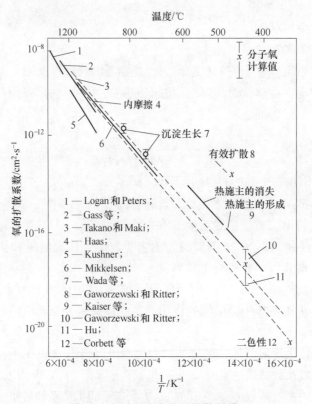

图7-1　氧随温度变化的扩散系数

组分在气体中分子扩散系数为 $10^{-5} \sim 10^{-4} \, m^2/s$，在液体中约为 $10^{-9} \sim 10^{-10} \, m^2/s$，在固体中约为 $10^{-9} \sim 10^{-14} \, m^2/s$。分子扩散系数的准确数值是通过实验测定的。气体和液体中的分子扩散系数，也用一些半经验公式估算。

对于压力不太高的双组分气体混合物，将分子结构和运动作适当简化后，用气体分子运动论能够导出计算分子扩散系数的理论式，再根据实验结果作适当修正得出半经验的计算式。例如：

$$D_{AB} = \frac{1.00 \times 10^{-7} T^{1.75} (1/M_A + 1/M_B)^{1/2}}{p[(\sum V)_A^{1/3} + (\sum V)_B^{1/3}]^2} \qquad (7\text{-}9)$$

式中，D_{AB} 为组分 A 在组分 B 中的分子扩散系数；M_A 和 M_B 分别为组分 A 和 B 的相对分子质量；p 为总压力；T 为绝对温度；$(\sum V)_A$、$(\sum V)_B$ 分别为组分 A 和 B 的分子体积。此式的计算值与实测值的平均偏差为 $4\% \sim 7\%$，对含强极性分子的系统尤为准确。

曾有人对于稀溶液中溶质的分子扩散作过一些理论分析，导出了如下的关系式：

$$\frac{D_{AB} \mu_B}{T} = F(V) \qquad (7\text{-}10)$$

式中，μ_B 为溶剂黏度；$F(V)$ 为与混合物分子体积有关的函数。在这个基础上提出的半经验式，可用以计算非电解质组分 A 在其稀溶液中的分子扩散系数。例如：

$$D_{AB} = \frac{7.4 \times 10^{-8} (\Phi_B M_B)^{1/2} T}{\mu_B V_A^{0.6}}$$ (7-11)

式中，V_A 为组分 A 在正常沸点下的摩尔体积；Φ_B 为溶剂的缔合因子，对于水其推荐值为 2.6，甲醇为 1.9，乙醇为 1.5，苯、醚、庚烷等非缔合溶剂为 1.0。此式计算值与实测偏差在 13% 以内。液体中的分子扩散系数与溶液的浓度密切相关。

若固体内部存在某一组分的浓度梯度，也会发生扩散，例如氢气透过橡皮的扩散，锌与铜形成固体溶液时在铜中的扩散，以及粮食内水分的扩散等。物质在固体中的扩散系数随物质的浓度而异，且在不同方向上其数值可能有所不同，目前还不能进行计算。各种物质在固体中的扩散系数差别可以很大，如氢在 25℃时在硫化橡胶中为 0.85×10^{-9} m²/s，氮在 20℃时在铁中为 2.6×10^{-13} m²/s。

7.1.3.2　有效扩散系数

有效扩散系数（也被称作表观扩散系数）是描述固态多晶硅材料（如金属及其合金）中原子扩散的一个概念，通常是被描绘成一个加权平均的晶界扩散系数与晶格扩散系数的比值。沿晶界和晶格内的扩散都可以用一个阿伦尼斯方程建模。晶界的扩散活化能与晶格扩散活化能的比值通常是 0.4~0.6，所以温度下降，晶界扩散成分增加。提高温度能增加粒度以及晶格扩散成分，因此经常在 0.8 倍的铝熔融温度时，晶界成分可以忽略不计。

半导体中载流子的扩散系数就是表征在浓度梯度驱动下扩散运动快慢的一个重要物理参量。一般多是指一种载流子（主要是少数载流子）的扩散系数。但是如果在大注入情况下，电子和空穴的浓度相当，其作用也都同等重要，因此载流子的扩散系数和寿命就需要采用另外等效的相关物理量来表示，这就是双极扩散系数和双极寿命。

质量传递作用，即扩散效应在使用多孔固体催化剂的工业过程中，对于产品的生产率有着巨大的影响。因此关于催化剂有效扩散性的测定是十分重要的。

7.1.3.3　影响扩散系数的因素

扩散是一个基本的动力学过程，对材料制备、加工中的性能变化及显微结构形成，以及材料使用过程中性能衰减起着决定性的作用。

扩散系数是决定扩散速度的重要参量。扩散系数计算式如下：

$$D = D_0 \exp(-Q/RT)$$ (7-12)

从数学关系上看，扩散系数主要取决于温度，其他一些因素则隐含于 D_0 和 Q 中。这些因素可分为外在因素和内在因素两大类。

（1）扩散介质结构的影响。通常扩散介质结构越紧密，扩散越困难，反之亦然。

（2）扩散相与扩散介质的性质差异。一般说来，扩散相与扩散介质性质差异越大，扩散系数也越大。这是因为当扩散介质原子附近的应力场发生畸变时，就较易形成空位和降低扩散活化能而有利于扩散。故扩散原子与介质原子间性质差异越大，引起应力场的畸变也越烈，扩散系数也就越大。

7.1.3.4　菲克定律

A　菲克第一定律

假设从高浓度区域往低浓度流的通量大小与浓度梯度（空间导数）成正比，通过这个假设，菲克第一定律把扩散通量与浓度联系起来。在一维空间下的菲克定律如下：

$$J = - D \frac{\partial \phi}{\partial x} \tag{7-13}$$

式中，J 为扩散通量（在某单位时间内通过某单位面积的物质的量），$mol/(m^2 \cdot s)$，J 度量在一段短时间内物质流过一小面积的量；D 为扩散系数或扩散度，m^2/s；ϕ 为浓度（假设为理想混合物），mol/m^3；x 为位置（长度），m。

根据斯托克斯-爱因斯坦关系，D 的大小取决于温度、流体黏度与分子大小，并与扩散分子流动的平均速度平方成正比。在稀的水溶液中，大部分离子的扩散系数都相近，在室温下其数值大概在 $0.6 \times 10^{-9} \sim 2 \times 10^{-9} \, m^2/s$。而生物分子的扩散系数一般介于 $10^{-11} \sim 10^{-12} \, m^2/s$ 之间。

在二维或以上的情况下，我们必须使用 ∇（劈形或梯度算子）来把第一导数通用化，得：

$$J = - D \nabla \phi \tag{7-14}$$

一维扩散的驱动力为 $-\frac{\partial \phi}{\partial x}$，而对理想混合物而言，这股驱动力就是浓度的梯度。在非理想溶液或混合物的化学系统中，每一种物质的扩散驱动力则为各自种类的化学势梯度。此时菲克第一定律（一维状况）为：

$$J_i = - \frac{Dc_i}{RT} \times \frac{\partial \mu_i}{\partial x} \tag{7-15}$$

式中，标记 i 代表第 i 种物质；c 为摩尔浓度，mol/m^3；R 为通用气体常数，$J/(K \cdot mol)$；T 为绝对温度，K；μ 为化学势，J/mol。

B　菲克第二定律

菲克第二定律预测扩散会如何使得浓度随时间改变：

$$\frac{\partial \phi}{\partial t} = D \frac{\partial^2 \phi}{\partial x^2} \tag{7-16}$$

式中，ϕ 为浓度，mol/m^3；t 为时间，s；D 为扩散系数，m^2/s；x 为位置（长度），m。

可从菲克第一定律及质量守恒定律导出菲克第二定律：

$$\frac{\partial \phi}{\partial t} = - \frac{\partial J}{\partial x} = \frac{\partial}{\partial x} \left(D \frac{\partial \phi}{\partial x} \right) \tag{7-17}$$

假设扩散常数 D 不变（常数），用链式法则展开，得：

$$\frac{\partial}{\partial x} \left(D \frac{\partial \phi}{\partial x} \right) = D \frac{\partial}{\partial x} \frac{\partial}{\partial x} \phi = D \frac{\partial^2 \phi}{\partial x^2} \tag{7-18}$$

由此可得上述的菲克方程。

对于二维或以上的扩散，其菲克第二定律为：

$$\frac{\partial \phi}{\partial t} = D \nabla^2 \phi \tag{7-19}$$

其形式跟热传导方程类似。

若扩散常数不是常数，但大小取决于坐标及（或）浓度，则菲克第二定律为：

$$\frac{\partial \phi}{\partial t} = \nabla \cdot (D \nabla \phi) \tag{7-20}$$

其中一个重要的例子就是，当 ϕ 处于稳定态的时候，即浓度不会因时间而变动，因此方程的左边等于零。在 D 不变及一维的情况下，浓度会随位置 x 作线性的变动。在二维或以上情况则：

$$\nabla^2 \phi = 0 \tag{7-21}$$

即拉普拉斯方程，数学家将该方程的解叫做调和函数。

C 一维解（扩散长度）

在一维（x 轴）扩散的情况下，设时间为 t，初始点位于 $x=0$ 的边界上，该点浓度值为 $n(0)$，则扩散情况为：

$$n(x,\ t) = n(0)\,\mathrm{erfc}\left(\frac{x}{2\sqrt{Dt}}\right) \tag{7-22}$$

式中，erfc 为互补误差函数；长度 $2\sqrt{Dt}$ 为扩散长度，用于量度浓度在 x 方向在时间 t 后传播了多远。

互补误差函数在泰勒级数展开后的首两项，可被用作的该函数的快捷近似：

$$n(x,\ t) = n(0)\left(1 - 2 \times \frac{x}{2\sqrt{Dt\pi}}\right) \tag{7-23}$$

不同领域在需要模拟运输过程时，普遍地都会用到各种基于菲克定律的方程，这些领域包括食品、神经元、生物聚合物、药剂、有孔土壤、族群动态及半导体掺杂过程等。所有电压电流测定法的方法都是基于菲克方程的解。聚合物科学及食品科学的大量实验研究指出，在玻璃转化下需要使用更通用的手法来描述运输的分量。在玻璃转化发生时，周围的流动会变得"非菲克"。

D 液体的菲克流

当两种互溶液体接触时，扩散发生，宏观（或平均）浓度会跟随菲克定律而定。在介观角度下，也就是介于菲克定律所描述的宏观及分子的微观（分子随机运动发生的比例）的角度下，不可以忽略涨落。这个时候可以使用兰道-李佛西兹涨落水动力学来进行模拟。在这个理论框架下，扩散的起因是涨落，这些涨落的大小可由分子比例至宏观比例。

涨落水动力方程含有一个描述菲克流的项，内有扩散系数，还有描述涨落的随机项及水动力方程。在使用微扰手法计算涨落时，其零度近似菲克定律。通过第一度近似可得涨落，然后涨落造成扩散。因为这个由低度近似描述的现象是高度近似的结果，所以某程度上这代表一个永真式。只须把水动力方程重整化就可以解决这个问题。

7.1.4 渗透与反渗透

7.1.4.1 渗透

渗透（osmosis）是水分子经半透膜扩散的现象。它由高水分子区域（即低浓度溶液）渗入低水分子区域（即高浓度溶液），直到细胞内外浓度平衡（等张）为止。水分子会经由扩散方式通过细胞膜，这样的现象称为渗透。细胞借由渗透作用得到水分，但是也有可能因此丧失水分或得到过多的水分，例如将细胞放入浓食盐水中，由于浓食盐水中水的含量比例较细胞质低，胞内的水会不断地往胞外渗透，导致细胞脱水、萎缩；相反的，将细胞放入蒸馏水中，由于细胞内的水含量比例较蒸馏水低，外界的水分子会不断往胞内渗透，导致细胞膨胀，甚至造成破裂。

对于植物细胞而言，由于其细胞壁和原生质层的渗透性不同，当细胞外浓度高于内部时，细胞会出现质壁分离现象，即细胞壁与原生质层分离，反之，会出现质壁分离复原现象。

A　正向渗透

正向渗透分离技术，是"渗透"的自然扩展，是现代水处理、海水淡化，药物缓释等的热点。

B　化学渗透

化学渗透（或称化学渗透偶联）是离子经过半透膜扩散的现象，跟渗透差不多。它们由较多离子的区域渗入较少离子的区域，直到内外浓度平衡为止。化学渗透通常是发生在细胞的呼吸作用中的 ATP 合酶（三磷酸腺苷合酶）里，利用该特性来制造 ATP（三磷酸腺苷）。

7.1.4.2　反渗透

A　反渗透工艺运行操作的控制要素

为了确保反渗透处理系统正常、可靠地运转，需要对工艺系统操作运行的工况条件加以控制，具体控制要素包括以下几个方面。

a　pH 值

不同材质的反渗透膜具有不同的 pH 值适用范围，如醋酸纤维膜的 pH 值适用范围为 3~8，芳香聚酰胺膜 pH 值范围为 4~10，杜邦型尼龙中空纤维膜 pH 值范围为 1.5~12。料液的 pH 值超出膜的使用限定范围时，将会对膜产生水解和老化等有害作用，引起产水量下降，并造成膜的性能的持续性降低，直至膜的损坏。通常，醋酸纤维膜运行时的 pH 值应控制在 4~7 之间，而芳香聚酰胺膜运行时的 pH 值应控制在 3~11，复合膜的 pH 值允许范围为 2~11。

b　温度

反渗透过程中，料液温度随操作的进行会有所提高。在一定范围内，温度升高引起料液黏度的降低，有利于反渗透产水量的增加，通常温度增加 $1℃$，膜的透水能力约增加 2.7%。商品膜所标注的膜透水能力一般为水温在 24~25℃ 的数据，需通过校正系数推算工况温度下的实际透水能力。应注意的是，操作温度不可超过膜的耐热温度，否则将影响膜的使用寿命。

c　预处理料液的 pH 值、所含悬浮物及微生物量的高低等

预处理料液的 pH 值、所含悬浮物及微生物量的高低等都会影响反渗透的效果，因此必要时需对原水采取行之有效的预处理措施，如 pH 值调节、过滤、消毒等，以充分发挥反渗透的工作效率。

d　操作压力

在反渗透过程中，维持和提高操作压力有利于提高透水率，并且由于膜被压密，盐的透过率会减小。但操作压力超出一定极限时，由于膜压实变形严重，会导致膜的透水能力衰退和膜的老化。因此，应根据实际处理料液和所选反渗透膜的耐压性能，选择适当的运行操作压力。

B 膜组件

膜污染是反渗透运行中必然产生的一种影响系统正常运行的现象。即使在操作之前对料液进行预处理，也不能完全消除膜的污染，膜污染产生后，轻则引起产水量及除盐率下降，重则对膜的寿命产生极大影响，甚至造成处理系统运行瘫痪。因此，需要根据实际情况定期对膜组件进行清洗。

膜的清洗分物理法和化学法两种。

(1) 物理法。物理法包括水力冲洗、冰汽混合冲洗、逆流冲洗及海绵球冲洗。水力冲洗主要采用减压后高流速的水力冲洗以去除膜面污染物。水汽混合冲洗是借助于汽液与膜面发生剪切作用而消除极化层，压力约为 0.3MPa，用淡水或空气与淡水的混合液冲洗膜面，清洗时间一般为 30min。逆流清洗是在中空纤维式组件中，将反向压力施加于支撑层，引起膜透过液的反向流动，以松动和去除膜进料侧活化层表面的污染物。海绵球清洗是依靠水力冲击使直径稍大于管径的海绵球流经膜面，以去除膜面的污染物。但此法仅限于在内压管式膜组件中使用。

(2) 化学法。化学法是采用一定的化学清洗剂，在一定的条件下一次冲洗或循环冲洗膜面的方法。在化学清洗中，必须考虑到两点：

1) 清洗剂必须对污染物有很好的溶解和分解能力；

2) 清洗剂必须不污染和不损伤膜面。

因此，根据不同的污染物确定其清洗工艺时，要考虑到膜所允许使用的 pH 值范围、工作温度及膜对清洗剂本身的化学稳定性。常用的清洗药剂包括硝酸、磷酸、柠檬酸、氢氧化钠以及洗涤剂等。清洗剂种类、浓度及清洗时间的选择需视实际具体情况，根据经验或清洗试验的结果确定。

C 反渗透装置运行过程中的工艺参数

a 盐除率与水回收率

根据溶质的物料平衡有：

$$Q_f C_f = Q_c C_c + Q_p C_p$$

式中，Q_f、Q_c 和 Q_p 分别为进水、浓水和淡水流量；C_f、C_c 和 C_p 分别为进水、浓水和淡水浓度。

浓水侧溶质平均浓度可用下式计算：

$$C_m = \frac{Q_f C_f + Q_c C_c}{Q_f + Q_c}$$

盐（溶质）去除率可用下式计算：

$$R_m = \frac{C_m - C_p}{C_m}$$

水回收率可用下式计算：

$$y = \frac{Q_p}{Q_f}$$

海水脱盐水回收率一般为 25% ~ 35%，操作压高至 8.3MPa 时，回收率可达 50%。

b　膜平均透水量和反渗透装置工作压力

在固定膜进水浓度和流速情况下，透水量是膜两侧压力差 Δp 的函数。

实际工作压力要比溶液初始渗透压大 3～10 倍，例如大多数苦咸水渗透压为 0.2～1.05MPa，工作压力在 2.8MPa 以上，海水渗透压为 2.7MPa，工作压力为 10.5MPa。

c　膜的透盐量

计算公式如下：

$$F = \Delta Cxd$$

式中，d 为透盐常数，代表膜的透盐能力，cm/s；ΔC 为膜两侧的浓度差，mg/cm。

d　浓差极化

反渗透中也有浓差极化现象，引起渗透压升高和溶质扩散增加，分离效力下降，能耗增加。为降低浓差极化，采用提高流速、激烈搅拌、浓水循环等方法。

e　膜污染与清洗

引起膜污染的主要是原水中悬浮物质、油类有机物质、微生物和无机盐类沉淀，可用预处理水，物理及化学法清洗膜。

D　反渗透能量回收装置的作用

能量回收装置是反渗透装置中的节能设备，可有效降低能耗，降低运行费用。反渗透装置高压浓缩水排放量可占进水流量的 60%～70%，压力一般从 0.5～1.0MPa 降至常压，能量损失约 70%。为了降低淡化水的操作费用，通常在浓盐水排放管线上安装能量回收装置。用于回收高压浓盐水能量的设备有涡轮机（包括冲击式水轮机），各种旋转泵（离心泵和叶片泵），正移泵和流动装置。通常涡轮机和旋转泵仅限于大型海水淡化装置，小型装置多用其他回收装置。一般的能量回收装置可以回收浓盐水能量的 60%～90%，大大降低了运行费用。用于海水淡化的能耗已降到 3kW·h/m。

E　反渗透工艺渗透膜胶体污染预处理

胶体污染可严重影响反渗透元件性能。胶体污染物主要是指原水中含有细菌、黏土、胶状硅和铁的腐蚀产物等。胶体污染的一个重要控制指标是污染密度指数（SDI），不同膜组件要求进水有不同的 SDI 值，中空纤维组件一般要求 SDI 值为 3 左右，卷式组件 SDI 值为 5 左右。反渗透工艺渗透膜胶体污染预处理一般采用如下方法。

a　滤料过滤

双层滤料过滤可去除悬浮物与胶体颗粒。当水流过此种颗粒床时，会附着在过滤颗粒的表面，滤出液的品质取决于悬浮固体的过滤体的大小、表面电荷、几何形状以及水质和操作参数。一个设计及操作良好的过滤，通常可达 SDI 值小于 5 的标准。最常用的过滤介质为砂。

b　氧化转化

氧化过滤水中还原态的 Fe^{2+} 极易转化为 Fe^{3+}，继而产生不溶性氢氧化物的胶体。当以地下水为水源，含铁量较高时可采用曝气法，使水中 Fe^{2+} 氧化成 Fe^{3+}，由于氧化生成的 $Fe(OH)_3$ 在水中溶解度极小，进一步用天然锰砂滤池过滤除去 $Fe(OH)_3$ 沉淀。

c　混凝沉淀

如原水悬浮物及 SDI 均较高，可采用混凝、沉淀过滤后作为 RO 进水。

d　保安过滤器

进入反渗透装置前的最后一道过滤为保安过滤器。

e 微滤、超滤

由微滤（Mtr）或超滤（UF）处理过的水可除去所有悬浮物，设计良好及操作维护得当的微滤及超滤系统 SDI 值小于 1。

f 原水处理

原水预处理作用是使进水符合设备运行要求，保障反渗透设备正常运行，保证膜的使用寿命。预处理过程中包括以下内容：

（1）杀菌、灭藻。用药剂如液氯、$NaClO_3$、$CuSO_4$ 等消毒杀菌灭藻，防止菌类、藻类堵塞膜通道，缩短膜的使用寿命和降低反渗透装置效率。

（2）絮凝过滤。加无机和有机絮凝剂，如 $FeCl_3$、聚铝、聚铁、聚丙烯酰胺等使水体中胶体悬浮物凝聚沉降，经澄清池澄清后过滤，除去悬浮颗粒，防止悬浮物堵塞渗透膜。进高压泵前的保安过滤用滤芯，阻挡粒径大于絮凝颗粒的杂质进入高压泵，确保系统安全长期运行。

（3）化学调节处理。当原水盐度高，硬度大时，对设备腐蚀较大，水体中的碳酸钙、硫酸钙结垢后可堵塞膜孔，降低反渗透设备的工作效率。其解决办法：可用离子交换法软化原水，或向原水中加入阻垢剂和加酸调节水的 pH 值到 6.0~7.0，防止碳酸钙沉淀。

（4）除余氯。当水体用液氯杀菌灭藻时，余氯对膜起氧化作用而影响膜使用寿命，可通过加活性炭或还原性物质如硫代硫酸钠、亚硫酸钠、亚硫酸氢钠等去除余氯，要求进水余氯含量在 0.1×10^{-5}（质量分数）以下，氧化还原电势在 280~320mV。亚硫酸氢钠投加量是余氯量的 3 倍。

7.1.5 污染物城市和山地扩散模式

7.1.5.1 扩散模式

攀枝花是典型的内陆山区城市，产业重点是高新材料和高效农业，综合发展人居环境。城市污染物扩散包括线源扩散和面源扩散，山地污染物扩散模式包括山谷扩散和封闭山谷扩散。攀枝花作为山区城市，受特殊气候影响，污染物扩散受到严重限制，风季和夜间风速和方向多变，产生扬尘机会多，影响波及范围广，有利于污染物的扩散和浓度降低；除风季以外，白天一般风速较小，沿江通道扩散受阻受限，高浓度污染物严重影响周围环境和居民生产生活安全，是造成环保事故高发的态势的重要原因，必须高度重视环保。

7.1.5.2 污染物高斯扩散模式

高斯扩散模式适用于均一的大气条件，以及地面开阔平坦的地区，点源的扩散模式。排放大量污染物的烟囱、放散管、通风口等，虽然其大小不一，但是只要不是讨论烟囱底部很近距离的污染问题，均可视其为点源。

高斯扩散模式有 5 点假设条件：（1）污染物的浓度在 y、z 轴上都是正态分布；（2）在整个扩散空间中，风速均匀不变；（3）污染源的源强是连续的、均匀的；（4）在扩散过程中污染物的质量是不变的，不发生沉降和化学反应。

在下风向任意点（x，y，z）的污染物浓度公式为：

$$C(x, y, z, H) = \frac{Q}{2\pi \bar{u} \sigma_y \sigma_z} \exp\left(-\frac{y^2}{2\sigma_y^2}\right) \left\{ \exp\left[-\frac{(z-H)^2}{2\sigma_z^2}\right] \right\}$$

式中　　C——任意点的污染物浓度，mg/m^3 或 g/m^3；

Q——源强，单位时间内污染物排放量，mg/s 或 g/s；

σ_y——侧向扩散系数，污染物在 y 方向分布的标准偏差，是距离 x 的函数；

σ_z——竖向扩散系数，污染物在 z 方向分布的标准偏差，是距离 x 的函数；

$\bar{u}$——排放口处的平均风速，m/s；

H——烟囱的有效高度，简称有效源高，m；

x——污染源排放点至下风向上任一点的距离，m；

y——烟气的中心轴在直角水平方向上到任意点的距离，m；

z——从地表到任一点的高度，m。

7.1.5.3　污染物扇形扩散模式

污染物扇形扩散模式见图 7-2。

（1）同一扇形内各角度的风向频率相同，即在同一扇形内同一距离上，污染物浓度在 y 方向是相等的。

（2）当吹某一扇形风时，全部污染物都落在这个扇形里。

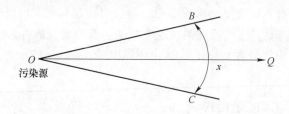

图 7-2　污染物扇形扩散模式

7.2　钒钛清洁生产的技术装备支撑

钒钛产业涉及较多的粉尘颗粒，部分与有毒有害烟气混杂结合，形成复杂多变的烟尘，作为生产体系多余能量的载体，从不同的工序环节向外输出，需要采取收尘除尘措施，选取适当的技术装备支撑。

7.2.1　除尘技术

除尘技术一般包括机械式除尘、湿式除尘、静电除尘和袋式除尘。机械式除尘是利用粉尘的重力沉降、惯性或离心力分离粉尘，其除尘效率一般在 90% 以下，除尘效率低、阻力低、节省能源。

湿式除尘是利用气液接触洗涤原理，将含尘气体中的粉尘分离到液体中，以去除气体中的粉尘。其除尘效率稍高于机械式除尘，但易造成洗涤液体的二次污染。

静电除尘是将含尘气体通过强电场，使粉尘颗粒带电，在其通过除尘电极时，带正/负电荷的微粒分别被负/正电极板吸附，从而去除气体中的粉尘。静电除尘器除尘效率较高，但其除尘效率受粉尘比电阻的影响很大，易导致除尘效率不稳定。20 世纪 90 年代以后，静电除尘器在火力发电、水泥窑等高温、大烟气量、工况较复杂的烟尘污染治理中应用广泛。袋式除尘器是利用纤维滤料捕集含尘气体中的固体颗粒物，形成过滤尘饼，并通过过滤尘饼进一步过滤微细尘粒，以达到高效除尘的目的。袋式除尘技术可以稳定地达到很高的除尘效率，粉尘排放量可以达到 $5mg/m^3$ 以内，且除尘效率不受粉尘比电阻等粉尘特性的影响。一般来说，粒径小于 $10\mu m$ 的粉尘（即可吸入颗粒物）对人类健康影响较大，袋式除尘器对可吸入颗粒物具有很高的分离效率。袋式除尘器在处理常温烟气（<120℃）污染中应用范围逐步扩大，随着耐高温滤料及脉冲清灰等技术的进一步发展，袋式除尘器凭借优异的除尘性能，在处理高温、高浓度烟气治理领域中得到越来越广泛的应用。

随着工业化和城市化进程的加快，我国大气污染日益严重，大气污染物排放标准日趋严格，高除尘效率的静电除尘器、袋式除尘器得到了广泛应用。当前，静电除尘和袋式除尘是我国主流的除尘技术。

袋式除尘器较静电除尘器在节能减排方面具有更大的优势，在国家排放标准越来越严格的形势下，使用袋式除尘器将成为控制粉尘污染的主要选择。

7.2.2　除尘设备

除尘设备包括：（1）机械力除尘设备，其包括重力除尘设备、惯性除尘设备、离心除尘设备等；（2）洗涤式除尘设备，其包括水浴式除尘设备、泡沫式除尘设备、文丘里管除尘设备、水膜式除尘设备等；（3）过滤式除尘设备，其包括布袋除尘设备和颗粒层除尘设备等；（4）静电除尘设备；（5）磁力除尘设备。

7.2.2.1　除尘类型

除尘设备的性能用可处理的气体量、气体通过除尘设备时的阻力损失和除尘效率来表达。同时，除尘设备的价格、运行和维护费用、使用寿命长短和操作管理的难易也是考虑其性能的重要因素。

A　过滤元件除尘

除尘设备的核心是过滤元件，可以由棉毛纤维、玻璃纤维或各种化学纤维经过纺织（或针刺）成滤料，再缝制成垂直悬挂的滤袋，不同场合要选用不同的滤料。在滤袋上收集到的粉尘通过周期性的机械抖动、过滤后的烟气反吹或压缩空气的脉冲反吹等途径使布袋变形而将灰清除。

除尘设备使用过程中，烟气能够通过滤袋和滤料表面所形成的滤饼（滤床）是依靠滤层两边的压差——这个压差通常称为管板压差（有时也称为滤床压差）。飞灰收集中，一个特殊的参数是过滤烟速——每分钟每平方米的滤布所过滤的气量。滤床的压差与烟速呈线性比例关系，因此也与烟气流量呈线性比例关系。这个固定的比例关系系数通常称为滤阻。按此定义，滤阻与烟气流量无关，有点类似于电阻的概念。我们把平均的过滤速度表示为气布比——它是烟气量与整个过滤面积之比（单位为 $m^3/(m^2 \cdot min)$）。这个参数在布袋除尘设备的选择和设计中是一项非常重要的技术指标。

布袋除尘设备其余的压力损失是由布袋除尘设备进口法兰之间的烟道和挡板门所产生的。这个压降的大小与烟气的流速的平方成正比关系。

$$\Delta p_{total} = K_1 Q_1 + K_2 Q_2 \tag{7-24}$$
$$K_1 = K_{drag}/A$$

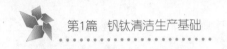

式中，K_{drag} 为滤阻；A 为过滤的表面积；K_2 为烟气道和挡板门的压损系数；Q 为烟气量。

B　机械力除尘

惯性除尘设备是使含尘气体与挡板撞击或者急剧改变气流方向，利用惯性力分离并捕集粉尘的除尘设备。惯性除尘设备亦称惰性除尘设备。

惯性除尘设备分为碰撞式和回转式两种。前者是沿气流方向装设一道或多道挡板，含尘气体碰撞到挡板上使尘粒从气体中分离出来。显然，气体在撞到挡板之前速度越高，碰撞后越低，则携带的粉尘越少，除尘效率越高。后者是使含尘气体多次改变方向，在转向过程中把粉尘分离出来。气体转向的曲率半径越小，转向速度越高，则除尘效率越高。

惯性除尘设备的性能因结构不同而异。当气体在设备内的流速为 10m/s 以下时，压力损失在 200~1000Pa 之间，除尘效率为 50%~70%。在实际应用中，惯性除尘设备一般放在多级除尘系统的第一级，用来分离颗粒较粗的粉尘。它特别适用于捕集粒径大于 $10\mu m$ 的干燥粉尘，而不适宜于清除黏结性粉尘和纤维性粉尘。惯性除尘设备还可以用来分离雾滴，此时要求气体在设备内的流速以 1~2m/s 为宜。

C　生物纳膜

生物纳膜除尘设备是近年来在国外开始兴起的除尘设备，运用了当今最先进的生物纳膜技术，通过将 BME 纳膜喷附在物料表面，最大限度地抑制物料在生产加工过程中产生的粉尘。这类除尘技术属于粉尘散发前除尘，相比其他的在生产后除尘，具有很大的优势，使得在物料生产的整个过程中，都能够有效地控制粉尘的散发。破碎过程中产生的粉尘都聚集成细料，最终成为成品料，能增加 0.5%~3% 的产量，除此之外，还能有效防治 PM2.5、PM10 污染，符合国家有关环保及节能减排技术政策。相比湿式除尘和袋式除尘来说，生物纳膜抑尘没有水污染，制剂对环境不会产生副作用，不影响成品料品质，投入成本较低，适用于矿山、建筑、采石场、堆场、港口、火电厂、钢铁厂、垃圾回收处理等场所的粉尘污染治理。纳膜除尘已在海外有不同的应用，目前在国内多省市也逐步开始应用。

D　洗涤式除尘

喷淋式除尘设备是在除尘设备内水通过喷嘴喷成雾状，当含尘烟气通过雾状空间时，因尘粒与液滴之间的碰撞、拦截和凝聚作用，尘粒随液滴降落下来。

这种除尘设备构造简单、阻力较小、操作方便。其突出的优点是除尘设备内设有很小的缝隙和孔口，可以处理含尘浓度较高的烟气而不会导致堵塞。

又因为它喷淋的液滴较粗，所以不需要雾状喷嘴，这样运行更可靠，喷淋式除尘设备可以使用循环水，直至洗液中颗粒物质达到相当高的程度为止，从而大大简化了水处理设施。所以这种除尘设备至今仍有不少企业采用。它的缺点是设备体积比较庞大，处理细粉尘的能力比较低，需用水量比较多，所以常用来去除粉尘粒径大、含尘浓度高的烟气。

常用的喷淋式除尘设备依照气体和液体在除尘设备内的流动形式分为三种结构：
（1）顺流喷淋式，即气体和水滴以相同的方向流动；（2）逆流喷淋式，即液体逆着气流喷射；（3）错流喷淋式，即在垂直于气流方向喷淋液体。

E　气雾式

气雾式除尘改变了传统意义上的喷淋式除尘设备所引起的体积比较大、除尘能力低、用水量大的缺点，大大提高了除尘效果。

实施重力降尘及水雾压尘，通过压力将液体和气体输送到喷嘴，液体和气体在喷头处混合产生细小的雾化液滴喷出喷嘴外，从而产生直径在 $1 \sim 10 \mu m$ 极小的水雾颗粒，对悬浮在空气中的粉尘进行有效的吸附，快速凝聚成颗粒受重力作用而沉积下来，达到抑制粉尘，改善环境的目的。

系统具有良好的雾化调节功能，可通过改变气体和液体的压力来调整雾化装置，从而达到理想的气体流率与液体流率之比，提供微细液滴尺寸的喷雾。

F 电除尘

电除尘设备是火力发电厂必备的配套设备，它的功能是将燃煤或燃油锅炉排放烟气中的颗粒烟尘加以清除，从而大幅度降低排入大气层中的烟尘量，这是改善环境污染、提高空气质量的重要环保设备。它的工作原理是烟气通过电除尘设备主体结构前的烟道时，使其烟尘带正电荷，然后烟气进入设置多层阴极板的电除尘设备通道。

由于带正电荷烟尘与阴极电板的相互吸附作用，使烟气中的颗粒烟尘吸附在阴极上，定时打击阴极板，使具有一定厚度的烟尘在自重和振动的双重作用下跌落在电除尘设备结构下方的灰斗中，从而达到清除烟气中的烟尘的目的。由于火电厂一般机组功率较大，如60万千瓦机组，每小时燃煤量达180t左右，其烟尘量可想而知。因此对应的电除尘设备结构也较为庞大。一般火电厂使用的电除尘设备主体结构横截面尺寸为 $(25 \sim 40)m \times (10 \sim 15)m$，如果再加上 6m 的灰斗高度，以及烟质运输空间密度，整个电除尘设备高度均在35m 以上，对于这样的庞大的钢结构主体，不仅需要考虑自主、烟尘荷载、风荷载、地震荷载作用下的静、动力分析，同时还须考虑结构的稳定性。

电除尘设备的主体结构是钢结构，全部由型钢焊接而成，外表面覆盖蒙皮（薄钢板）和保温材料，为了设计制造和安装的方便。结构设计采用分层形式，每片由框架式的若干根主梁组成，片与片之间由大梁连接。为了安装蒙皮和保温层需要，主梁之间加焊次梁，对于如此庞大结构，如何进行实物连接，其工作量与单元数将十分庞大。

按工程实际设计要求和电除尘设备主体结构设计，主要考察结构强度、结构稳定性及悬挂阴极板主梁的最大位移量。对于局部区域主要考察阴极板与主梁连接处在长期承受周期性打击下的疲劳损伤，阴极板上烟尘脱落的最佳频率选择，风载作用下结构表面蒙皮（薄板）与主、次梁连接以及它们之间刚度的最佳选择等。

7.2.2.2 适用除尘装置

A 袋式除尘

袋式收尘器主要用途有两种：一种是除去空气中的粉尘，改善环境，减少污染，所以有时候又把这种用途的收尘设备叫做除尘设备，比如工厂的尾气排放使用的收尘设备；另一种用途是通过收尘设备筛选收集粉状产品，如水泥系统对成品水泥的收集提取。

工业中用得比较多的是袋式除尘器。它利用滤袋进行过滤除尘。滤袋的材质有天然纤维、化学合成纤维、玻璃纤维和金属纤维。形式：气体由滤袋外到内部，粉尘在滤袋外表面，气体由滤袋内到外部，粉尘在滤袋内表面，气体由滤袋内渗透到外部。

B 静电除尘

静电除尘器工作原理：利用高压电场使烟气发生电离，气流中的粉尘荷电在电场作用下与气流分离。负极由不同断面形状的金属导线制成，叫放电电极。正极由不同几何形状

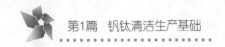

的金属板制成，叫集尘电极。静电除尘器的性能受粉尘性质、设备构造和烟气流速等三个因素的影响。

静电除尘器的优点：（1）净化效率高，能够捕集 0.01μm 以上的细粒粉尘。在设计中可以通过不同的操作参数，来满足所要求的净化效率；（2）阻力损失小，一般在 20mm 水柱以下，和旋风除尘器比较，即使考虑供电机组和振打机构耗电，其总耗电量仍比较小；（3）允许操作温度高，如 SHWB 型电除尘器最高允许操作温度为 250℃，其他类型还有达到 350~400℃ 或者更高的；（4）处理气体范围量大；（5）可以完全实现操作自动控制。

静电除尘器的缺点：（1）设备比较复杂，要求设备调运和安装以及维护管理水平高；（2）对粉尘比电阻有一定要求，所以对粉尘有一定的选择性，不能使所有粉尘都获得很高的净化效率；（3）受气体温度、湿度等的操作条件影响较大，同是一种粉尘如在不同温度、湿度下操作，所得的效果不同，有的粉尘在某一个温度、湿度下使用效果很好，而在另一个温度、湿度下由于粉尘电阻的变化几乎不能使用电除尘器了；（4）一次投资较大，卧式的电除尘器占地面积较大；（5）在某些企业使用效果达不到设计要求。

C 脉冲除尘器

除尘器主要由上箱体、中箱体、灰斗、进风均流管、支架滤袋及喷吹装置、卸灰装置等组成。含尘气体从除尘器的进风均流管进入各分室灰斗，并在灰斗导流装置的导流下，大颗粒的粉尘被分离，直接落入灰斗，而较细粉尘均匀地进入中部箱体而吸附在滤袋的外表面上，干净气体透过滤袋进入上箱体，并经各离线阀和排风管排入大气。随着过滤工况的进行，滤袋上的粉尘越积越多，当设备阻力达到限定的阻力值（一般设定为 1500Pa）时，由清灰控制装置按差压设定值或清灰时间设定值自动关闭一室离线阀后，按设定程序打开电控脉冲阀，进行停风喷吹，利用压缩空气瞬间喷吹使滤袋内压力骤增，将滤袋上的粉尘进行抖落（即使黏细粉尘亦能较彻底地清灰）至灰斗中，由排灰机构排出。

D 旋风除尘器

旋风除尘器加设旁路后其工作原理是含尘气体从进口处切向进入，气流在获得旋转运动的同时，气流上、下分开形成双旋涡运动，粉尘在双旋涡分界处产生强烈的分离作用，较粗的粉尘颗粒随下旋涡气流分离至外壁，其中部分粉尘由旁路分离室中部洞口引出，余下的粉尘由向下气流带入灰斗。上旋涡气流对细颗粒粉尘有聚集作用，从而提高除尘效率。这部分较细的粉尘颗粒，由上旋涡气流带向上部，在顶盖下形成强烈旋转的上粉尘环，并与上旋涡气流一起进入旁路分离室上部洞口，经回风口引入锥体内与内部气流汇合，净化后的气体由排气管排出，分离出的粉尘进入料斗。

E 单机除尘器

含尘气体进入箱体内，由扁布袋过滤器进行过滤，粉尘被阻留在滤袋外表面，已净化的气体通过滤袋进入风机，由风机吸入直接排出，随着过滤时间的增加，滤袋外面黏附的粉尘也不断增加，滤袋阻力也相应增大，从而影响了除尘效率，此时启动振打机构使黏附在滤袋表面的粉尘抖落下来，落在抽屉中的粉尘由人工拉出清除。

单机除尘器的工作原理：含尘气体由进风口进入箱体，由滤袋进行过滤，粉尘被阻留在滤袋外表面，净化后的气体由风机经出风口排出箱体外，直接排入室内（亦可接风管排至室外）。

随着主机连续工作，滤袋外面黏附的粉尘不断增加，使设备阻力不断上升，为此必须进行清灰，使粘在滤袋外面的粉尘抖落下来，经灰斗落至集尘器（抽屉）中，由人工清除。

F　多管除尘器

含尘气体由总进气管进入气体分布室，随后进入陶瓷旋风体和导流片之间的环形空隙。导流片使气体由直线运动变为圆周运动，旋转气流的绝大部分沿旋风体自圆筒体呈螺旋形向下，朝锥体流动，含尘气体在旋转过程中产生离心力，将密度大于气体的尘粒甩向筒壁。尘粒与筒壁接触，便失去惯性力而靠入口速度的动量和向下的重力沿壁面向下落入排灰口进入总灰斗。旋转下降的外旋气流到达锥体下端位时，因圆锥体的收缩即以同样的旋转方向在旋风管轴线方向由下而上继续做螺旋形流动（净气），经过陶瓷旋风体排气管进入排气室，由总排气口排出。

袋式除尘器的降尘效率与滤袋性质、过滤速度、气体的含尘浓度和连续运行时间等因素有关，而这些因素又是相互联系和相互作用的，因此，在选择袋式除尘器的设计参数时应全面分析和综合考虑。当然，与袋式除尘器配套的风机风压和风量等除尘配件参数也会直接影响除尘效果，在设计、使用过程中亦应一起考虑。随着袋式除尘器的理论和技术研究的不断深入，如设计参数、过滤机理、滤料性能、设备结构和清灰方法等工作的进一步研究，袋式除尘器在造纸工业的生产和环境保护中将发挥更大的作用。

8 钒钛产业清洁生产的环境保护基础

钒钛产业具有一般产业的共同属性，需要满足国家环境保护和清洁生产相关法律规定以及技术规范的要求。环境保护（environmental protection）涉及的范围广、综合性强，它涉及自然科学和社会科学的许多领域，还有其独特的研究对象。环境问题是中国 21 世纪面临的最严峻挑战之一，保护环境是保证经济长期稳定增长和实现可持续发展的基本国家利益。环境问题解决得好坏关系到中国的国家安全、国际形象、广大人民群众的根本利益，以及全面小康社会的实现，为社会经济发展提供良好的资源环境基础，使所有人都能获得清洁的大气、卫生的饮水和安全的食品，是政府的基本责任与义务。环境保护方式包括：采取行政、法律、经济、科学技术、民间自发环保组织等，合理地利用自然资源，防止环境的污染和破坏，以求自然环境同人文环境、经济环境共同平衡可持续发展，扩大有用资源的再生产，保证社会的发展。

8.1 环境保护对象

保护环境是中国长期稳定发展的根本利益和基本目标之一，实现可持续发展依然是中国面临的严峻挑战。政府在人类社会发展进程中同时扮演着保护环境与破坏环境的双重角色，负有不可推卸的环境责任。环境保护是政府必须发挥中心作用的重要领域。毫无疑问，导致资源破坏和环境污染的两大重要原因是市场失灵和政府失灵，这两方面原因都同发展和政府有着密切的关系。因此，环境保护在很大程度上依赖于政府，也是国家长期坚持做的一项民生工程。同样意味着城市将成为环境治理的主要推动者，也将是城市环境改善、公共设施建设和项目技术的最大买家群体。

8.1.1 生态环境

1972 年联合国人类环境会议以后，"环境保护"这一术语被广泛采用。如苏联将"自然保护"这一传统用语逐渐改为"环境保护"；中国在 1956 年提出了"综合利用"工业废物方针，20 世纪 60 年代末提出"三废"处理和回收利用的概念，到 20 世纪 70 年代改用"环境保护"这一比较科学的概念。根据《中华人民共和国环境保护法》的规定，环境保护的内容包括保护自然环境和防治污染以及其他公害等方面。也就是说，要运用现代环境科学的理论和方法，在更好地利用资源的同时深入认识、掌握污染和破坏环境的根源和危害，有计划地保护环境，恢复生态，预防环境质量的恶化，控制环境污染，促进人类与环境的协调发展。

8.1.1.1 物种灭绝

中国是世界上生物多样性最丰富的国家之一，高等植物和野生动物物种均占世界的10%左右，约有 200 个特有属。然而，环境污染和生态破坏导致了动植物生活环境的破坏，物种数量急剧减少，有的物种已经灭绝。据统计，中国高等植物大约有 4600 种处于濒危或受威胁状态，占高等植物的 15% 以上，近 50 年来约有 200 种高等植物灭绝，平均每年灭绝 4 种；野生动物中约有 400 种处于濒危或受威胁状态，非法捕猎、经营、倒卖、食用野生动物的现象屡禁不止。

8.1.1.2　植被破坏

森林是生态系统的重要支柱。一个良性生态系统要求森林覆盖率仅为 13.9%。尽管建国后开展了大规模植树造林活动，但森林破坏仍很严重，特别是用材林中可供采伐的成熟林和过熟林蓄积量已大幅度减少。同时，大量林地被侵占，自然植被破坏呈逐年上升趋势，在很大程度上抵消了植树造林的成效。草原面临严重退化、沙化和碱化，加剧了草地水土流失和风沙危害。

8.1.1.3　土地退化

中国是世界上土地沙漠化较为严重的国家，土地沙漠化急剧发展，20 世纪 50~70 年代年均沙化面积为 1560 平方公里，70~80 年代年均扩大到 2100 平方公里，总面积已达 20.1 万平方公里。目前已初步治理了 50 多万平方公里，而水土流失面积已达 179 万平方公里。中国的耕地退化问题也十分突出。如原来土地肥沃的北大荒地区，土壤的有机质已从原来的 5%~8% 下降到 1%~2%（理想值应不小于 3%）。同时，由于农业生态系统失调，全国每年因灾害损毁的耕地约 200 万亩。

8.1.2　自然环境

为了防止自然环境的恶化，应对山脉、绿水、蓝天、大海进行保护。这里就涉及了不能私自采矿滥伐树木，尽量减少乱排（污水）、乱放（污气），不能过度放牧，不能过度开荒，不能过度开发自然资源，不能破坏自然界的生态平衡等，这个层面属于宏观的，主要依靠各级政府行使自己的职能进行调控，才能够解决。

生态保护措施包括物种的保全，植物植被的养护，动物的回归，维护生物多样性，转基因的合理、慎用，濒临灭绝生物的特殊保护，灭绝物种的恢复，栖息地的扩大，人类与生物的和谐共处，不欺负其他物种等。

8.1.3　人类环境

生态保护使环境更适合人类工作和劳动的需要。这就涉及人们的衣、食、住、行、玩的方方面面，都要符合科学、卫生、健康、绿色的要求。这个层面属于微观的，既要靠公民的自觉行动，又要依靠政府的政策法规作保证，依靠社区的组织教育来引导，要工学兵商各行各业齐抓共管，才能解决。地球上每一个人都是有权力保护地球的，也有权力享有地球上的一切，海洋、高山、森林这些都是自然，也是每一个人应该去爱护的。

8.2　环境保护措施

环境保护就是通过采取行政的、法律的、经济的、科学技术等多方面的措施，保护人类生存的环境不受污染和破坏；还要依据人类的意愿，保护和改善环境，使它更好地适合于人类劳动和生活以及自然界中生物的生存，消除那些破坏环境并危及人类生活和生存的不利因素。环境保护所要解决的问题大致包括两个方面的内容：一是保护和改善环境质量，保护人类身心的健康，防止机体在环境的影响下变异和退化；二是合理利用自然资

源，减少或消除有害物质进入环境，以及保护自然资源（包括生物资源）的恢复和扩大再生产，以利于人类生命活动。

8.2.1 防治污染

防治污染包括防治工业生产排放的"三废"（废水、废气、废渣）、粉尘、放射性物质以及产生的噪声、振动、恶臭和电磁微波辐射，交通运输活动产生的有害气体、液体、噪声，海上船舶运输排出的污染物，工农业生产和人民生活使用的有毒有害化学品，城镇生活排放的烟尘、污水和垃圾等造成的污染。

8.2.2 防止破坏

包括防止由大型水利工程、铁路、公路干线、大型港口码头、机场和大型工业项目等工程建设对环境造成的污染和破坏，农垦和围湖造田活动，海上油田、海岸带和沼泽地的开发，森林和矿产资源的开发对环境的破坏和影响，新工业区、新城镇的设置和建设等对环境的破坏、污染和影响。

8.2.3 自然保护

包括对珍稀物种及其生活环境、特殊的自然发展史遗迹、地质现象、地貌景观等提供有效的保护。另外，城乡规划，控制水土流失和沙漠化、植树造林、控制人口的增长和分布、合理配置生产力等，也都属于环境保护的内容。环境保护已成为当今世界各国政府和人民的共同行动和主要任务之一。中国则把环境保护宣布为中国的一项基本国策，并制定和颁布了一系列环境保护的法律、法规，以保证这一基本国策的贯彻执行。

8.3 环境降级成本与影响危害

环境保护工作的好坏，直接与国家的安定有关，对保障社会劳动力再生产免遭破坏有着重要的意义。随着人类对环境认识的深入，环境是资源的观点，越来越为人们所接受。空气、水、土壤、矿产资源等，都是社会的自然财富和发展生产的物质基础，构成了生产力的要素。由于空气污染严重，国外曾有空气罐头出售；由于水体污染、气候变化、地下水抽取过度，世界许多地方出现水荒；人口猛增、滥用耕地、土地沙漠化，使得土地匮乏等。由此我们可以看到，不保护环境，不保护环境资源，就会威胁到人类社会的生存，也关系到国民经济能否持续发展下去。

工业发达国家在20世纪初，只注意发展经济，不顾环境保护，以牺牲环境作代价去谋求经济的发展。当污染形成公害，引起广大人民的强烈反对并影响到经济的顺利发展时，才被迫去治理，付出了昂贵的代价。被后人称之为走了一条"先污染后治理"的发展道路。这种发展方式，不但使国民经济发展缓慢，甚至会破坏国民经济发展的物质基础。另外，人类不按照环境科学规律办事，肆意破坏生态环境，也必然会遭到环境的报复。统计资料表明：云南省1950年森林覆盖率为50%。由于乱砍滥伐等破坏，到1980年森林覆盖率仅为24.9%，影响了对气候的调节作用，平均九年遭到一次大的水旱灾害，1950～1980年间竟发生了11次灾害，使农业生产遭到严重破坏。这是环境给予人类的报复。

环境降级成本分为环境保护支出和环境退化成本，环境保护支出指为保护环境而实际支付的价值，环境退化成本指环境污染损失的价值和为保护环境应该支付的价值。自然环境主要提供生存空间和生态效能，具有长期、多次使用的特征，也类似于固定资产使用特征。这样，由经济活动的污染造成环境质量下降的代价即环境降级成本，也就具有"固定资产折旧"的性质。

8.3.1 污泥化学固化剂的产生

随着城市污水处理厂的大量建设，污水处理量和污泥产量都不断增加，污泥化学固化剂产生，尤其是河道污泥或市政污水污泥的固化。污泥中含有大量的微生物、病原体、重金属以及有机污染物，其含水量一般都在80%以上，处理不当，将造成二次污染。污泥的处理方式主要有农业、焚烧和填埋，还有很大量的污泥没有经过任何处理，随意丢弃。由于污泥的含水率高，土力学性能差，污染物含量高，当前的处理方式都存在环境污染，处理成本过高，同时也容易引起填埋场工程地质灾害。

污泥能否填埋取决于污泥或者污泥与其他添加剂形成的混合体的岩土力学性能，污泥填埋时要求十字板抗剪强度不小于25kPa，无侧限抗压强度不小于50kPa。污泥经过常规脱水后，含水率为75%~85%，字板抗剪强度小于10kPa，不能满足填埋的最低要求。需要提高污泥的力学性质，降低含水率。传统的方式是添加水泥和石灰等固化剂，也使用矿化垃圾作为添加混合料，这些方式需要添加大量的材料，添加量小于30%，增加了垃圾量，如果再遇水，将转变成污泥。采用添加化学药剂的方式固化污泥，添加量可以控制在10%以内，一般养护时间在1~3天，即可达到填埋要求的强度和含水率。若合理使用，成本低，效果好。

8.3.2 土壤破坏

全球有110个国家可耕地的肥沃程度在降低。在非洲、亚洲和拉丁美洲，由于森林植被的消失、耕地的过分开发和牧场的过度放牧，土壤剥蚀情况十分严重。裸露的土地变得脆弱了，无法长期抵御风雨的剥蚀。在有些地方，土壤的年流失量可达每公顷100t。化肥和农药过多使用，与空气污染有关的有毒尘埃降落，泥浆到处喷洒，危险废料到处抛弃，所有这些都在对土地构成一般来说是不可逆转的污染。

土壤是指陆地表面具有肥力、能够生长植物的疏松表层，其厚度一般在2m左右。土壤不但为植物生长提供机械支撑能力，并能为植物生长发育提供所需要的水、肥、气、热等肥力要素。由于人口急剧增长，工业迅猛发展，固体废物不断向土壤表面堆放和倾倒，有害废水不断向土壤中渗透，大气中的有害气体及飘尘也不断随雨水降落在土壤中，导致了土壤污染。凡是妨碍土壤正常功能，降低作物产量和质量，还通过粮食、蔬菜、水果等间接影响人体健康的物质，都叫做土壤污染物。

8.3.3 空气污染

多数大城市里的空气含有许多取暖、运输和工厂生产带来的污染物。这些污染物威胁着数千万市民的健康，导致许多人失去了生命。城市大气污染物主要为一氧化碳、二氧化硫、二氧化氮和可吸入颗粒物。

大城市的生活条件将进一步恶化：拥挤、水被污染、卫生条件差、无安全感，这些大

城市的无序扩大也损害到了自然区。因此，无限制的城市化应当被看做是文明的新弊端。

8.3.4　森林面积减少

热带地区国家森林面积减少的情况也十分严重。在 1980~1990 年，世界上有 1.5 亿公顷的森林消失了。

8.3.5　极地臭氧层空洞

尽管人们已签署了《蒙特利尔协定书》，但每年春天，在地球的两个极地的上空仍再次形成臭氧层空洞，北极的臭氧层损失为 20%~30%，南极的臭氧层损失 51% 以上。

8.3.6　生物多样性减少

由于城市化、农业发展、森林减少和环境污染，自然区域变得越来越小了，这就导致了物种的灭绝。因为一些物种的绝迹会导致许多可被用于制造新药品的分子归于消失，还会导致许多能有助于农作物战胜恶劣气候的基因归于消失，甚至会引起瘟疫。

生物多样性的意义主要体现在生物多样性的价值。对于人类来说，生物多样性具有直接使用价值、间接使用价值和潜在使用价值威胁。请记住，我们不能造水，我们只能设法保护、珍惜水。在过去的三个世纪里，人类提取的淡水资源量增加了 35 倍，1970 年达到了 3500 平方公里。20 世纪的后半叶，淡水提取量每年增加 4%~8%，其中农业灌溉和工业用水占了增长的主要部分，特别是 70 年代"绿色革命"期间，灌溉用水翻了一番。

据有关国际组织预测，到 2050 年，预测生活在缺水国家中的人口将增加到 10.6 亿~24.3 亿，占全球预测人口的 13%~20%。

8.3.7　能源浪费

据 2500 名有代表性的专家预计，海平面将升高，许多人口稠密的地区（如孟加拉国、中国沿海地带以及太平洋和印度洋上的多数岛屿）都将被水淹没。气温的升高也将对农业和生态系统带来严重影响。据预计，1990~2010 年，亚洲和太平洋地区的能源消费将增加 1 倍，拉丁美洲的能源消费将增加 50%~70%。因此，西方和发展中国家之间应加强能源节约技术的转让进程。我们特别应当采用经济鼓励手段，使工业家们开发改进工业资源利用效率的工艺技术。

8.3.8　海洋的污染

由于过度捕捞，海洋的渔业资源正在以令人可怕的速度减少。因此，许多靠摄取海产品蛋白质为生的穷人面临着饥饿的威胁。集中存在于鱼肉中的重金属和有机磷化合物等物质有可能给食鱼者的健康带来严重的问题。沿海地区受到了巨大的人口压力。全世界有 60% 的人口挤在离大海不到 100 公里的地方。这种人口拥挤状态使常常很脆弱的这些地方失去了平衡。

8.4　环境保护实践

烟气是气体和烟尘的混合物，是污染居民区大气的主要原因。烟气的成分很复杂，气体中包括水蒸气、SO_2、N_2、O_2、CO、CO_2、碳氢化合物以及氮氧化合物等，烟尘包括燃料的灰分、煤粒、油滴以及高温裂解产物等。因此烟气对环境的污染是多种毒物的复合污染。烟尘对人体的危害性与颗粒的大小有关，对人体产生危害的多是直径小于 $10\mu m$ 的飘尘，尤其以 $1\sim2.5\mu m$ 的飘尘危害性最大。

8.4.1 烟尘的主要危害

烟尘对空气的污染与气象条件关系密切，风、大气稳定度、湍流等与大气污染状况关系密切，此外光化学、生物化学对烟气的污染亦有一定影响。

对人体的危害一方面取决于污染物质的组成、浓度、持续时间及作用部位，另一方面取决于人体的敏感性。烟气浓度高可引起急性中毒，表现为咳嗽、咽痛、胸闷气喘、头痛、眼睛刺痛等，严重者可死亡。最常见的是慢性中毒，刺激呼吸道黏膜导致慢性支气管炎等。1961 年日本的四日市哮喘是烟气慢性毒害的典型例子。另外烟气尚含有苯丙芘等强烈致癌物质。

目前还没有足够的资料说明汽车废气中各种有害成分对人类及其他哺乳动物健康危害的综合作用，多借助个别成分的毒性作用来评价其危害。一氧化碳主要通过与血红蛋白结合使之丧失携氧功能，严重时可引起死亡。氮氧化合物吸入后刺激呼吸道黏膜，引起肺炎。碳氧化合物主要是一些多环芳烃，除具有致癌作用外，尚可刺激皮肤、黏膜，尤其是与氮氧化合物形成光化学烟雾，刺激性更强，重者可危及生命。此外汽车废气中含有铅，可导致慢性铅中毒。

8.4.2 烟气污染防治

8.4.2.1 空气中常见有害气体

空气中常见有害气体有 CO、NO_2、SO_2、NH_3、H_2 和甲烷（瓦斯）。

8.4.2.2 烟尘

烟尘指企业厂区内燃料燃烧产生的烟气中夹带的颗粒物。工业粉尘指在生产工艺过程中排放的能在空气中悬浮一定时间的固体颗粒，如钢铁企业的耐火材料粉尘、焦化企业的筛焦系统粉尘、烧结机的粉尘、石灰窑的粉尘、建材企业水泥粉尘等，不包括电厂排入大气的烟尘。

颗粒物，又称尘，为大气中的固体或液体颗粒状物质。颗粒物可分为一次颗粒物和二次颗粒物。一次颗粒物是由天然污染源和人为污染源释放到大气中直接造成污染的颗粒物，例如土壤粒子、海盐粒子、燃烧烟尘等。二次颗粒物是由大气中某些污染气体组分（如二氧化硫、氮氧化物、碳氢化合物等）之间，或这些组分与大气中的正常组分（如氧气）之间通过光化学氧化反应、催化氧化反应或其他化学反应转化生成的颗粒物，例如二氧化硫转化生成硫酸盐。

要预防其污染可通过以下途径：改革燃料，推广无铅汽油以及寻找石油代用品等；改进汽车发动机构造，使燃料尽可能充分燃烧。同时应加强城市街道环境的监测。目前监测分析烟气污染物的方法包括使用便携式烟气分析仪和在线式连续烟气分析仪（CEMS）。烟气分析仪能够分析烟气中的国家标准规定的各类污染物排放，包括二氧化硫（SO_2）、氮

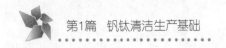

氧化物（NO_x）等。

8.4.2.3 污染源监测

在线式烟气分析仪，又称 CEMS 或烟气污染源连续监测仪。不同于便携式烟气分析仪，其可连续分析烟气成分，采样探头永久安装，仪表位置永久固定。按照主污染源可以分为：

（1）以二氧化硫为主的硫化合物；

（2）以一氧化氮和二氧化氮为主的氮化合物；

（3）以烷烃、烯烃、芳香烃及其衍生物（如萘、蒽、苯并芘等）为主的碳氢化合物；

（4）一氧化碳、二氧化碳；

（5）卤素化合物。

国内控制烟气指标主要有两方面：烟尘和二氧化硫。除尘工艺主要有湿式除尘、布袋除尘、电除尘、袋电复合除尘。脱硫工艺分为干法、半干法、湿法三大类。干法脱硫是使用粉状吸收剂去除烟气中的 SO_2，常用的典型方法有炉内喷钙（石灰/石灰石）等。炉内喷钙具有无废水产生，无二次污染的优点，但是由于脱硫效率低，设备庞大，操作要求高等，所以工业应用较少。

8.4.2.4 粉尘产生

煤和石油燃烧产生的一次颗粒物及其转化生成的二次颗粒物曾在世界上造成多次污染事件。一次颗粒物的天然源产生量每天约为 $4.41×10^6$ t，人为源每天约为 $0.3×10^6$ t。二次颗粒物的天然源产生量每天约为 $0.6×10^6$ t，人为源每天约为 $0.37×10^6$ t。就总量来说，一次颗粒物和二次颗粒物约各占一半。颗粒物大部分是天然源产生的，但局部地区，如人口集中的大城市和工矿区，人为源产生的数量可能较多。从 18 世纪末期开始，煤的用量不断增多。20 世纪 50 年代以后，工业、交通迅猛发展，人口越发集中，城市更加扩大，燃料消耗量急剧增加，人为原因造成的颗粒物污染日趋严重。

8.4.2.5 粉尘危害

1978 年，Whitby 将颗粒物粒径分为三模态：核模（nucleation），$0.002 \sim 0.1 \mu m$；积聚模（accumulation），$0.1 \sim 1 \mu m$；粗模（coarse），$>1 \mu m$。其中核模又可分为纯核模（pure nucleation），$0.002 \sim 0.02 \mu m$ 和爱根核模（Aitken），$0.02 \sim 0.1 \mu m$，积聚模分为冷凝模（condensation），$0.1 \sim 0.6 \mu m$ 和微滴模（droplet），$0.6 \sim 1 \mu m$。

颗粒物的组成十分复杂，而且变动很大。大致可分为三类：有机成分、水溶性成分和水不溶性成分，后两类主要是无机成分。有机成分含量可高达 50%（质量），其中大部分是不溶于苯、结构复杂的有机碳化合物。可溶于苯的有机物通常只占 10% 以下，其中包括脂肪烃、芳烃、多环芳烃和醇、酮、酸、脂等。有一些多环芳烃对人体有致癌作用，如苯巴芘等。可溶于水的成分主要有硫酸盐、硝酸盐、氯化物等，其中硫酸盐含量可高达 10% 左右。颗粒物中不溶于水的成分主要来源于地壳，它能反映土壤中成土母质的特征，主要由硅、铝、铁、钙、镁、钠、钾等元素的氧化物组成。其中二氧化硅的含量占 10%~40%，此外还有多种微量和痕量的金属元素，有些对人体有害，如汞、铅、镉等。

颗粒物中 $1 \mu m$ 以下的微粒沉降速度慢，在大气中存留时间久，在大气动力作用下能够吹送到很远的地方。所以颗粒物的污染往往波及很大区域，甚至成为全球性的问题。粒径在 0.1~1μm 的颗粒物,与可见光的波长相近,对可见光有很强的散射作用。这是造成大气能见度降低的主要原因。由二氧化硫和氮氧化物化学转化生成的硫酸和硝酸微粒是造成酸雨的主要原因。大量的颗粒物落在植物叶子上影响植物生长,落在建筑物和衣服上能起沾污和腐蚀作用。粒径在 3.5μm 以下的颗粒物,能被吸入人的支气管和肺泡中并沉积下来,引起或加重呼吸系统的疾病。大气中大量的颗粒物,干扰太阳和地面的辐射,从而对地区性甚至全球性的气候发生影响。来自欧洲的一项研究称,长期接触空气中的污染颗粒会增加患肺癌的风险,即使颗粒浓度低于法律上限也是如此。另一项报告称,这些颗粒或其他空气污染物短期内还会浓度上升,还会增加患心脏病的风险。欧洲流行病学家发现,肺癌与局部地区的空气污染颗粒有明显的关联。研究人员还发现,即使污染水平短暂升高——类似城市发出雾霾警告的同时,也会使心力衰竭住院或死亡的风险上升 2%~3%。这项研究将这些数据应用于美国,发现如果每立方米空气中的 PM2.5 减少 3.9μg,每年就可以避免近 8000 例心力衰竭导致的住院治疗。

颗粒物分为两类:PM2.5 和 PM10,前者直径不超过 2.5μm,是人类头发直径的 1/30,后者则较粗大,当前的欧盟空气质量标准限定,一个人每年吸入的 PM2.5 最多为每立方米 40μg,PM10 为每立方米 25μg。联合国世界卫生组织的指导原则建议:PM2.5 和 PM10 的年接触量分别为每立方米 20μg 和每立方米 10μg。

对颗粒物尚无统一的分类方法,按尘在重力作用下的沉降特性可分为飘尘和降尘。习惯上分为:

(1) 尘粒,较粗的颗粒,粒径大于 75μm。

(2) 粉尘。粒径为 1~75μm 的颗粒,一般是由工业生产上的破碎和运转作业所产生。

(3) 亚微粉尘。粒径小于 1μm 的粉尘。

(4) 炱。燃烧、升华、冷凝等过程形成的固体颗粒,粒径一般小于 1μm。

(5) 雾尘。工业生产中的过饱和蒸汽凝结和凝聚、化学反应和液体喷雾所形成的液滴。粒径一般小于 10μm。由过饱和蒸汽凝结和凝聚而成的液雾也称霾。

(6) 烟。由固体微粒和液滴所组成的非均匀系,包括雾尘和炱,粒径为 0.01~1μm。

(7) 化学烟雾。它分为硫酸烟雾和光化学烟雾两种。硫酸烟雾是二氧化硫或其他硫化物、未燃烧的煤尘和高浓度的雾尘混合后起化学作用所产生,也称伦敦型烟雾。光化学烟雾是汽车废气中的碳氢化合物和氮氧化物通过光化学反应所形成,光化学烟雾也称洛杉矶型烟雾。

(8) 煤烟。煤不完全燃烧产生的炭粒或燃烧过程中产生的飞灰,粒径为 0.01~1μm。

(9) 煤尘。烟道气所带出的未燃烧煤粒。

粉尘由于粒径不同,在重力作用下,沉降特性也不同,如粒径小于 10μm 的颗粒可以长时间飘浮在空中,称为飘尘,其中 10~0.25μm 的又称为云尘,小于 0.1μm 的称为浮尘。而粒径大于 10μm 的颗粒,则能较快地沉降,因此称为降尘。

8.4.2.6　大气颗粒去除

大气中的颗粒物可以通过以下三种途径得到自然清除:(1) 雨除(作为凝结核形成雨滴而降落)和降水冲刷。这是最有效的清除途径。(2) 在大气动力作用下由于撞击而被捕获在地面、植物或其他物体表面上。(3) 由于本身重量而自然沉降。

8.4.3　脱除 SO_2

据统计，1984 年有 SO_2 控制工艺 189 种，目前已超过 200 种。主要可分为四类：（1）燃烧前控制——原煤净化；（2）燃烧中控制——流化床燃烧（CFB）和炉内喷吸收剂；（3）燃烧后控制——烟气脱硫；（4）新工艺（如煤气化/联合循环系统、液态排渣燃烧器）。大多数国家采用燃烧后烟气脱硫工艺。烟气脱硫则以湿式石灰石/石膏法脱硫工艺作为主流。

自 20 世纪 30 年代起已经进行过大量的湿式石灰石/石膏法研究开发，60 年代末已有装置投入商业运行。ABB 公司的第一套实用规模的湿法烟气脱硫系统于 1968 年在美国投入使用。1977 年比晓夫公司制造了欧洲第一台石灰/石灰石石膏法示范装置。IHI（石川岛播磨）的首台大型脱硫装置 1976 年在矶子火电厂 1 号、2 号机组应用，采用文丘里管 2 塔的石灰石石膏法混合脱硫法。三菱重工于 1964 年完成第一套设备，根据其运转实绩，进行烟气脱硫装置的开发。

烟气脱硫（flue gas desulfurization，简称 FGD）的工艺有很多种，如石灰石-石膏法（WLST）、海水法（FGD）、氨法、电子束法、循环流化床法等。而国内最常用的脱硫工艺有三种，即石灰石-石膏法、海水法、氨法，其中石灰石-石膏法脱硫是国内大部分内陆燃煤电厂首选的脱硫工艺，海水脱硫由于工艺本身的特点，地域性比较强，主要用于沿海地区，氨法脱硫主要应用于烟气处理量不大的中小型锅炉，主要是生产型企业自备锅炉的烟气净化。

在 FGD 技术中，按脱硫剂的种类划分，可分为以下五种方法：以 $CaCO_3$（石灰石）为基础的钙法，以 MgO 为基础的镁法，以 Na_2CO_3 为基础的钠法，以 NH_3 为基础的氨法和以有机碱为基础的有机碱法。

8.4.3.1　脱硫方式

世界上普遍使用的商业化技术是钙法，所占比例在 90% 以上。按吸收剂及脱硫产物在脱硫过程中的干湿状态又可将脱硫技术分为湿法、干法和半干（半湿）法。湿法 FGD 技术是用含有吸收剂的溶液或浆液在湿状态下脱硫和处理脱硫产物，该法具有脱硫反应速度快、设备简单、脱硫效率高等优点，但普遍存在腐蚀严重、运行维护费用高及易造成二次污染等问题。干法 FGD 技术的脱硫吸收和产物处理均在干状态下进行，该法具有无污水、废酸排出，设备腐蚀程度较轻，烟气在净化过程中无明显降温，净化后烟温高，利于烟囱排气扩散，二次污染少等优点，但存在脱硫效率低，反应速度较慢、设备庞大等问题。半干法 FGD 技术是指脱硫剂在干燥状态下脱硫、在湿状态下再生（如水洗活性炭再生流程），或者在湿状态下脱硫、在干状态下处理脱硫产物（如喷雾干燥法）的烟气脱硫技术。特别是在湿状态下脱硫、在干状态下处理脱硫产物的半干法，以其既有湿法脱硫反应速度快、脱硫效率高的优点，又有干法无污水废酸排出、脱硫后产物易于处理的优势而受到人们广泛的关注。按脱硫产物的用途，可分为抛弃法和回收法两种。

目前，国内外常用的烟气脱硫方法按其工艺大致可分为三类：湿式抛弃工艺、湿式回收工艺和干法工艺。

A　干式脱硫

该工艺用于电厂烟气脱硫始于 20 世纪 80 年代初，与常规的湿式洗涤工艺相比有以下优点：投资费用较低；脱硫产物呈干态，并和飞灰相混；无须装设除雾器及再热器；设备不易腐蚀，不易发生结垢及堵塞。其缺点是：吸收剂的利用率低于湿式烟气脱硫工艺；用于高硫煤时经济性差；飞灰与脱硫产物相混合可能影响综合利用；对干燥过程控制要求很高。

B 喷雾脱硫

喷雾干式烟气脱硫（简称干法 FGD），是最先由美国 JOY 公司和丹麦 NiroAtomier 公司共同开发的脱硫工艺，20 世纪 70 年代中期得到发展，并在电力工业迅速推广应用。该工艺用雾化的石灰浆液在喷雾干燥塔中与烟气接触，石灰浆液与 SO_2 反应后生成一种干燥的固体反应物，最后连同飞灰一起被除尘器收集。我国曾在四川省白马电厂进行了旋转喷雾干法烟气脱硫的中间试验，取得了一些经验，为在 200～300MW 机组上采用旋转喷雾干法烟气脱硫优化参数的设计提供了依据。

C 煤灰脱硫

日本从 1985 年起，研究利用粉煤灰作为脱硫剂的干式烟气脱硫技术，到 1988 年底完成工业实用化试验，1991 年初投运了首台粉煤灰干式脱硫设备，处理烟气量（标准状态）为 644000m³/h。其特点：脱硫率高达 60% 以上，性能稳定，达到了一般湿式法脱硫性能水平；脱硫剂成本低；用水量少，无须排水处理和排烟再加热，设备总费用比湿式法脱硫低 1/4；煤灰脱硫剂可以复用；没有浆料，维护容易，设备系统简单可靠。

8.4.3.2 化学处理

烟气中的 SO_2 实质上是酸性的，可以通过与适当的碱性物质反应从烟气中脱除 SO_2。烟道气脱硫最常用的碱性物质是石灰石（碳酸钙）、生石灰（氧化钙，CaO）和熟石灰（氢氧化钙）。石灰石产量丰富，因而相对便宜，生石灰和熟石灰都是由石灰石通过加热来制取的。有时也用碳酸钠（纯碱）、碳酸镁和氨等其他碱性物质。所用的碱性物质与烟道气中的 SO_2 发生反应，产生了一种亚硫酸盐和硫酸盐的混合物（根据所用的碱性物质不同，这些盐可能是钙盐、钠盐、镁盐或铵盐）。亚硫酸盐和硫酸盐间的比率取决于工艺条件，在某些工艺中，所有亚硫酸盐都转化成了硫酸盐。SO_2 与碱性物质间的反应或在碱溶液中发生（湿法烟道气脱硫技术），或在固体碱性物质的湿润表面发生（干法或半干法烟道气脱硫技术）。

半干法是新兴的一种脱硫技术。目前使用较多的有旋转喷钙法，将石灰制成石灰浆液，在塔内吸收 SO_2，但反应效率低，Ca/S 比较大，一般在 2.5 以上。主要是一些大型锅炉的火电厂采用。湿法烟气脱硫工艺是目前在烟气脱硫使用最广泛的脱硫工艺，湿法烟气脱硫占脱硫总量的 80% 以上。湿法脱硫根据脱硫剂的选择不同又可分为石灰石/石灰法、氨法、钠钙双碱法、氧化镁法、碱性硫酸铝法等，其中石灰石/石灰法、氨法、钠钙双碱法以及氧化镁法使用较为普遍。

8.4.3.3 石灰法

石灰石/石灰法采用石灰石/石灰粉，将其制成石灰石/石灰浆液，在脱硫吸收塔内通过喷淋，将石灰石/石灰浆液雾化使其与烟气混合接触，从而达到脱硫的目的。该工艺需配备石灰石/石灰粉碎系统与石灰石/石灰化浆系统。石灰比石灰石的活性高，可以减少用量，降低运行费用。但无论使用石灰石还是石灰，液气比都较高（15～22），通过高液气

比来保证足够的脱硫效率，因此运行费用较高。石灰石/石灰法主要存在的问题是塔内容易结垢，副产物亚硫酸钙或硫酸钙容易引起气液接触器（喷头或塔板）、管道等的结垢堵塞。适用于大型电厂锅炉烟气脱硫。

8.4.3.4　氨法

氨法采用氨水作为二氧化硫的吸收剂，SO_2 与 NH_3 反应可产生亚硫酸铵、亚硫酸氢铵与部分因氧化而产生的硫酸铵。由于吸收液处理方法的不同，氨法可分为氨-酸法、氨-亚硫酸氨法和氨-硫酸铵法。

氨法主要优点是脱硫率高（与钠碱法相同），副产物可作为农业肥料。由于氨的易挥发性，造成吸收剂消耗量增加，脱硫剂利用率不高；另外氨水的来源地和行业的限制大，氨水的费用也高。脱硫对氨水的浓度有一定的要求，若氨水浓度太低，影响脱硫效率，水循环系统无疑将增大，使运行费用增加；浓度增大，导致蒸发量增大，产生氨气的恶臭，对工作环境产生影响，而且氨易挥发，与净化后烟气中的 SO_2 反应，形成气溶胶，使得烟气无法达标排放。

氨法副产物回收的过程是较为困难的，投资费用较高，需配备制酸系统或结晶回收装置（需配备中和器、结晶器、脱水机、干燥机等），系统复杂，设备繁多，管理维护要求高。副产物硫铵市场准入困难。适用中小锅炉烟气脱硫和易得到氨水的化工企业锅炉烟气脱硫。

8.4.3.5　钠碱法

钠碱法采用碳酸钠或氢氧化钠等碱性物质吸收烟气中的二氧化硫的方法，它具有吸收剂不挥发、溶解度大、活性高、脱硫系统不堵塞等优点，并可得到副产物 Na_2SO_3，或转化为高浓度二氧化硫气体利用，适合于所排烟气中二氧化硫浓度比较高的废气吸收处理。但存在副产物、回收困难、工艺投资较高、钠碱的价格高造成运行费用高等问题。

8.4.3.6　氧化镁法

氧化镁法是将氧化镁制成浆液，作为脱硫吸收剂吸收 SO_2，生成产物为硫酸镁或亚硫酸镁，副产物抛弃或干燥煅烧后，再生成氧化镁。该工艺的优点是脱硫效率在90%以上，较石灰石/石灰法的结垢问题轻，硫酸镁、亚硫酸镁的溶解度相对硫酸钙、亚硫酸钙大。缺点是氧化镁的价格高，脱硫费用相对较高。氧化镁回收过程工艺较复杂，但若直接采用抛弃法，镁盐会导致二次污染。钠钙双碱法是结合石灰石/石灰法和钠碱法两者的优点，以钠碱为脱硫剂，石灰为再生剂，通过在循环水系统中投加石灰，生成亚硫酸钙和钠碱，亚硫酸钙沉淀，钠碱随脱硫循环水循环利用。该种工艺既解决了石灰石/石灰法易结垢的问题，同时兼有钠碱法脱硫效率高的优点。并且主要消耗的为廉价的石灰石/石灰，运行费用也低。脱硫副产物亚硫酸钙、硫酸钙不会造成二次污染。脱硫液循环利用，不产生水污染的问题。混入硫酸钙、亚硫酸钙的煤粉渣，是较好的制备水泥的原料和路基填充料。适用于各种中小锅炉的烟气脱硫。挡板的烟道，烟气温度较低，烟气含湿量较大，容易对烟道产生腐蚀，需进行防腐处理。

烟气挡板是脱硫装置进入和退出运行的重要设备，分为 FGD 主烟道烟气挡板和旁路烟气挡板。前者安装在 FGD 系统的进出口，它是由双层烟气挡板组成，当关闭主烟道时，双层烟气挡板之间连接密封空气，以保证 FGD 系统内的防腐衬胶等不受破坏。旁路挡板安装在原锅炉烟道的进出口。当 FGD 系统运行时，旁路烟道关闭，这时烟道内连接密封空气。旁路烟气挡板设有快开机构，保证在 FGD 系统故障时迅速打开旁路烟道，以确保锅炉的正常运行。

经湿法脱硫后的烟气从吸收塔出来一般在 46～55℃，含有饱和水汽、残余的 SO_2、SO_3、HCl、HF、NO_x，其携带的 SO_4^{2-}、SO_3^{2-} 盐等会结露，如不经过处理直接排放，易形成酸雾，且将影响烟气的抬升高度和扩散。为此湿法 FGD 系统通常配有一套气-气换热器（GGH）烟气再热装置。气-气换热器是蓄热加热工艺的一种，即常说的 GGH。它用未脱硫的热烟气（一般 130～150℃）去加热已脱硫的烟气，一般加热到 80℃ 左右，然后排放，以避免低温湿烟气腐蚀烟道、烟囱内壁，并可提高烟气抬升高度。烟气再热器是湿法脱硫工艺的一项重要设备，由于热端烟气含硫最高、温度高，而冷端烟气温度低、含水率大，故气-气换热器的烟气进出口均需用耐腐蚀材料，如搪玻璃、柯登钢等，传热区一般用搪瓷钢。

从电除尘器出来的烟气温度高达 130～150℃，因此进入 FGD 前要经过 GGH 降温器降温，避免烟气温度过高，损坏吸收塔的防腐材料和除雾器。烟气处理设备主要包括烟气脱硫塔、烟气洗涤塔、吸收塔、吸收介质传输管网、烟囱及烟道等，烟气处理设备主要应用于电力行业、化工行业、焦化行业、冶金行业以及具有自备锅炉的制造行业等，其主要功能是将燃料燃烧产生的烟气中具有污染性、腐蚀性气态离子或分子通过化学反应吸收，使烟气得到净化，可以直接排放到大气中而不污染环境。

在湿法烟气脱硫系统中，碱性物质（通常是碱溶液，更多情况是碱的浆液）与烟道气在喷雾塔中相遇。烟道气中 SO_2 溶解在水中，形成一种稀酸溶液，然后与溶解在水中的碱性物质发生中和反应。反应生成的亚硫酸盐和硫酸盐从水溶液中析出，析出情况取决于溶液中存在的不同盐的相对溶解性。例如，硫酸钙的溶解性相对较差，因而易于析出。硫酸钠和硫酸铵的溶解性则好得多。SO_2 在干法和半干法烟道气脱硫系统中，固体碱性吸收剂喷入烟道气流中或使烟气穿过碱性吸收剂床，使其与烟道气相接触。无论哪种情况，SO_2 都是与固体碱性物质直接反应，生成相应的亚硫酸盐和硫酸盐。为了使这种反应能够进行，固体碱性物质必须是十分疏松或相当细碎。在半干法烟道气脱硫系统中，水被加入到烟道气中，在碱性物质颗粒物表面形成一层液膜，SO_2 溶入液膜，加速了与固体碱性物质的反应。

8.4.4 湿法脱硫 FGD 工艺

世界各国的湿法烟气脱硫工艺流程、形式和机理大同小异，主要是使用石灰石（$CaCO_3$）、石灰（CaO）或碳酸钠（Na_2CO_3）等浆液作洗涤剂，在反应塔中对烟气进行洗涤，从而除去烟气中的 SO_2。这种工艺已有 50 年的历史，经过不断的改进和完善后，技术比较成熟，而且具有脱硫效率高（90%～98%），机组容量大，煤种适应性强，运行费用较低和副产品易回收等优点。据美国环保局（EPA）的统计资料，全美火电厂采用湿式脱硫装置中，湿式石灰法占 39.6%，石灰石法占 47.4%，两法共占 87%；双碱法占 4.1%，碳酸钠法占 3.1%。在中国的火电厂钢厂，90% 以上采用湿式石灰/石灰石-石膏法烟气脱硫工艺流程。但是在中国台湾、日本等脱硫处理较早的国家和地区基本采用镁法脱硫，占到95% 以上。

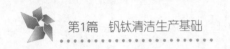

湿式镁法主要的化学反应机理为:

$$MgO + H_2O \Longrightarrow Mg(OH)_2 \tag{8-1}$$

$$Mg(OH)_2 + SO_2 \Longrightarrow MgSO_3 + H_2O \tag{8-2}$$

$$MgSO_3 + \frac{1}{2}O_2 \Longrightarrow MgSO_4 \tag{8-3}$$

$$MgSO_3 + H_2O + SO_2 \Longrightarrow Mg(HSO_3)_2 \tag{8-4}$$

其主要优点是脱硫效率高,同步运行率高,且其吸收剂的资源丰富,副产品可吸收,商业价值高。目前,镁法脱硫在日本等烟气控制严格的地区引用较多,尤其最早进行脱硫开发的日本地区有 100 多例应用,中国台湾电站有 95% 以上是用的镁法。对硫煤要求不高,适应性好。无论是高硫煤还是低硫煤都有很好的脱出率,可达到 98% 以上。

镁法脱硫主要的问题是吸收剂单价较高,副产品设备复杂。但是优点是高脱除率,高运行率,副产品经济效益好等。

8.4.5 湿法 FGD 工艺

湿法 FGD 工艺较为成熟的还有海水法、氢氧化钠法、美国 DavyMckee 公司 Wellman-LordFGD 工艺和氨法等。

在湿法工艺中,烟气的再热问题直接影响整个 FGD 工艺的投资。因为经过湿法工艺脱硫后的烟气一般温度较低(45℃),大都在露点以下,若不经过再加热而直接排入烟囱,则容易形成酸雾,腐蚀烟囱,也不利于烟气的扩散。所以湿法 FGD 装置一般都配有烟气再热系统。目前,应用较多的是技术上成熟的再生(回转)式烟气热交换器(GGH)。GGH 价格较贵,占整个 FGD 工艺投资的比例较高。近年来,日本三菱公司开发出一种可省去无泄漏型的 GGH,较好地解决了烟气泄漏问题,但价格仍然较高。德国 SHU 公司开发出一种可省去 GGH 和烟囱的新工艺,它将整个 FGD 装置安装在电厂的冷却塔内,利用电厂循环水余热来加热烟气,运行情况良好,是一种十分有前途的方法。

1927 年英国为了保护伦敦高层建筑的需要,在泰晤士河岸的巴特富安和班支赛德两电厂(共 120MW),首先采用石灰石脱硫工艺。

第一代 FGD 系统。从 20 世纪 70 年代美国和日本开始安装 FGD 系统。早期的 FGD 系统包括以下一些流程:石灰基流质,钠基溶液,石灰石基流质,碱性飞灰基流质,双碱(石灰和钠),镁基流质和 Wellman-Lord 流程。采用了广泛的吸收类型,包括通风型、垂直逆流喷射塔、水平喷射塔,并采用了一些内部结构如托盘、填料、玻璃球等来增进反应。

第一代 FGD 的效率一般为 70%~85%。

除少数外,副产品无任何商用价值只能作为废料排放,只有镁基法和 Wellman-Lord 法产出有商用价值的硫和硫酸。特征是初投资不高,但运行维护费高而系统可靠性低。结垢和材料失效是最大的问题。随着经验的增长,对流程做了改进,降低了运行维护费,提高可靠性。

第二代 FGD 系统。在 20 世纪 80 年代早期开始安装第二代 FGD 系统。为了克服第一代 FGD 系统中的结垢和材料问题,出现了干喷射吸收器,炉膛和烟道喷射石灰和石灰石也接近了商业运行。然而占主流的 FGD 技术还是石灰基、石灰石基的湿清洗法,利用填料和玻璃球等的通风清洗法消失了。改进的喷射塔和淋盘塔是最常见的。流程不同，其效率也不同。最初的干喷射 FGD 可达到 70% ~ 80%，在某些改进情形下可达到 90%，炉膛和烟道喷射法可达到 30% ~ 50%，但反应剂消耗量大。随着对流程的改进和运行经验的提高，可达到 90% 的效率。美国所有第二代 FGD 系统的副产物都作为废物排走了。然而在日本和德国，在石灰石基湿清洗法中把固态副产品强制氧化，得到在某些工农业领域中有商业价值的石膏。

第二代 FGD 系统在运行维护费用和系统可靠性方面都有所进步。第三代 FGD 系统炉膛和烟道喷射流程得到了改进，而 LIFAC 和流化床技术也发展起来了。通过广泛采用强制氧化和钝化技术，影响石灰、石灰石基系统可靠性的结垢问题基本解决了。随着对化学过程的进一步了解和使用二基酸（DBA）这样的添加剂，这些系统的可靠性可以达到 95% 以上。钝化技术和 DBA 都应用于第二代 FGD 系统以解决存在的问题。许多这些系统的脱硫效率达到了 95% 或更高。有些系统的固态副产品可以应用于农业和工业。在德国和日本，生产石膏已是电厂的一个常规项目。随着设备可靠性的提高，设置冗余设备的必要性减小了，单台反应器的烟气处理量越来越大。在 20 世纪 70 年代因投资大、运行费用高和存在腐蚀、结垢、堵塞等问题，在火电厂中声誉不佳。经过多年实践和改进，工作性能与可靠性有很大提高，投资和运行费用大幅度降低，使它的下列优点较为突出：（1）有在火电厂长期应用的经验；（2）脱硫效率和吸收利用率高（有的机组在 Ca/S 接近于 1 时，脱硫率超过 90%）；（3）可用性好（最近安装的机组，可用性已超过 90%）。人们对湿法的观念，从而发生转变。

8.4.6 脱硝

氮氧化物（NO_x）是主要的大气污染物，主要包括 NO、NO_2、N_2O 等，可以引起酸雨、光化学烟雾、温室效应及臭氧层的破坏。自然界中的 NO_x 63% 来自产业污染和交通污染，是自然发生源的 2 倍，其中电力产业和汽车尾气的排放各占 40%，其他产业污染源占 20%。在通常的燃烧温度下，燃烧过程产生的 NO_x 中 90% 以上是 NO，NO_2 占 5% ~ 10%，另有极少量的 N_2O。NO 排到大气中很快被氧化成 NO_2，引起呼吸道疾病，对人类健康造成危害。目前烟气脱硝技术可分为干法和湿法两大类，其中干法脱硝中的选择性催化还原（SCR）和选择性非催化还原（SNCR）技术是市场应用最广（约占 60% 烟气脱硝市场）、技术最成熟的脱硝技术。

火电厂的 NO_x 主要是燃料在燃烧过程中产生的。其中一部分是由燃料中的含氮化合物在燃烧过程中氧化而成的，称燃料型 NO_x；另一部分由空气中的氮高温氧化所致，即热力型 NO_x，化学反应为：

$$N_2 + O_2 \longrightarrow 2NO \tag{8-5}$$

$$NO + 1/2O_2 \longrightarrow NO_2 \tag{8-6}$$

还有极少部分是在燃烧的早期阶段由碳氢化合物与氮通过中间产物 HCN、CN 转化为 NO_x，简称瞬态型 NO_x。

减少 NO_x 排放有燃烧过程控制和燃烧后烟气脱硝两条途径。现阶段主要通过控制燃烧过程 NO_x 的产生，通过各类低氮燃烧器得以实现。这是一个既经济又可靠的方法，对大部分煤质通过燃烧过程控制可以满足目前排放标准。

8.4.6.1 相关化学反应

NO 的分解反应（式（8-5）的逆反应）在较低温度下反应速度非常缓慢，迄今为止还没有找到有效的催化剂。因此，要将 NO 还原成 N_2，需要加进还原剂。氨（NH_3）是至今已发现的最有效的还原剂。有氧气存在时，在 $900 \sim 1100 ℃$，NH_3 可以将 NO 和 NO_2 还原成 N_2 和 H_2O，反应如式（8-7）、式（8-8）所示。还有一个副反应，副反应产物为 N_2O，N_2O 是温室气体，因此，式（8-9）的反应是不希望发生的。

$$4NO + 4NH_3 + O_2 \longrightarrow 4N_2 + 6H_2O \tag{8-7}$$

$$2NO_2 + 4NH_3 + O_2 \longrightarrow 3N_2 + 6H_2O \tag{8-8}$$

$$4NO + 4NH_3 + 3O_2 \longrightarrow 4N_2O + 6H_2O \tag{8-9}$$

在 $900 ℃$ 时，NH_3 还可以被氧气氧化，如式（8-10）~式（8-12）所示。

$$2NH_3 + 3/2O_2 \longrightarrow N_2 + 3H_2O \tag{8-10}$$

$$2NH_3 + 2O_2 \longrightarrow N_2O + 3H_2O \tag{8-11}$$

$$2NH_3 + 5/2O_2 \longrightarrow 2NO + 3H_2O \tag{8-12}$$

这就意味着 NH_3 除了担任 NO、NO_2 的还原剂外，还有相当一部分被烟气中的氧气氧化，而氧化的产物中有 N_2、N_2O 和 NO，后者增加了 NO 的浓度却降低了脱硝效率。

8.4.6.2 非选择性催化还原工艺

非选择性催化还原工艺（selective non-catalytic reduction，SNCR）利用锅炉顶部 $850 \sim 1050 ℃$ 的高温条件，喷进 NH_3 在没有催化剂作用下还原 NO_x，在锅炉中的布置如图 8-1 所示。不用催化剂，则不需设置催化反应器，故 SNCR 工艺简单、投资省，对没有预留脱硝空间的现有锅炉改造工作量少。可是在 $850 \sim 1050 ℃$ 时，NH_3 的氧化反应（式（8-10）~式（8-12））全部可以发生，确定了该工艺的脱硝效率不高，一般仅为 50%，同时还要求有较高的 NH_3/NO 摩尔比，增加了 NH_3 的消耗与逃逸。故 SNCR 工艺难以满足环保要求高的大型燃煤锅炉。

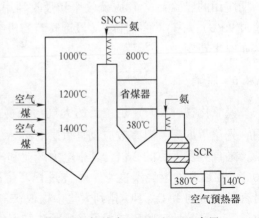

图 8-1 锅炉中 SNCR 和 SCR 布置

8.4.6.3 选择性催化还原

选择性催化还原（selective catalytic reduction，SCR）的原理是在催化剂作用下，还原剂 NH_3 在相对较低的温度下将 NO 和 NO_2 还原成 N_2，而几乎不发生 NH_3 的氧化反应，从而进一步增加了 N_2 的选择性，减少了 NH_3 的消耗。该工艺 20 世纪 70 年代末首先在日本开发成功，80 年代和 90 年代以后，欧洲和美国相继投入产业应用，现已在世界范围内成为大型产业锅炉烟气脱硝的主流工艺。在 NH_3/NO_x 的摩尔比为 1 时，NO_x 的脱除率可达 90%，NH_3 的逃逸量控制在 5mg/L 以下。为避免烟气再加热消耗能量，一般将 SCR 反应器置于省煤器后、空气预热器之前，即高飞灰布置。氨气在加进空气预热器前的水平管道上加进，与烟气混合。对于新建锅炉，由于预留了烟气脱氮空间，可以方便地放置 SCR 反应器和设置喷氨槽，流程如图 8-2 所示。

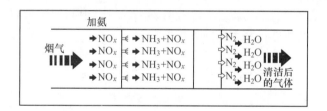

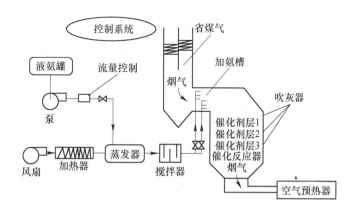

图 8-2　电站锅炉 SCR 工艺流程

SCR 系统由氨供给系统、氨气/空气喷射系统、催化反应系统以及控制系统等组成，催化反应系统是 SCR 工艺的核心，设有 NH_3 的喷嘴和粉煤灰的吹扫装置，烟气顺着烟道进入装载了催化剂的 SCR 反应器，在催化剂的表面发生 NH_3 催化还原成 NO_x。

8.4.7　SCR 工艺采用的催化剂

催化剂由催化组元和载体构成，催化有多组元和单组分，载体包括载体物质和载体装置。

8.4.7.1　催化剂的化学组成

催化反应器中装填的催化剂是 SCR 工艺的核心。金属氧化物催化剂，如 V_2O_5、Fe_2O_3、CuO、Cr_2O_3、Co_3O_4、NiO、CeO_2、La_2O_3、Pr_6O_{11}、Nd_2O_3、Gd_2O_3、Yb_2O_3 等，催化活性以 V_2O_5 最高。V_2O_5 同时也是硫酸生产中将 SO_2 氧化成 SO_3 的催化剂，且催化活性很高，故 SCR 工艺中将 V_2O_5 的负载量减少到 1.5% （质量分数）以下，并加进 WO_3 或 MoO_3 作为助催化剂，在保持催化还原 NO_x 活性的基础上尽可能减少对 SO_2 的催化氧化。助催化剂的加进能进一步提高水热稳定性，抵抗烟气中 As 等有毒物质。催化剂是分散在 TiO_2 上，以 V_2O_5 为主要活性组分，WO_3 或 MoO_3 为助催化剂的钒钛体系，即 $V_2O_5\text{-}WO_3/TiO_2$ 或 $V_2O_5\text{-}MoO_3/TiO_2$。

8.4.7.2　催化反应原理

催化反应原理是 NH_3 快速吸附在 V_2O_5 表面的 B 酸活性点，与 NO 按照 Eley-Rideal 机理反应，形成中间产物，分解成 N_2 和 H_2O，在 O_2 的存在下，催化剂的活性点很快得到恢

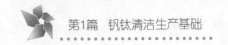

复，继续下一个循环，其化学吸附与反应过程如图 8-3 所示。反应步骤可分解为：
（1）NH_3 扩散到催化剂表面；（2）NH_3 在 V_2O_5 上发生化学吸附；（3）NO 扩散到催化剂表面；（4）NO 与吸附态的 NH_3 反应，生成中间产物；（5）中间产物分解成终极产物 N_2 和 H_2O；（6）N_2 和 H_2O 离开催化剂表面向外扩散。

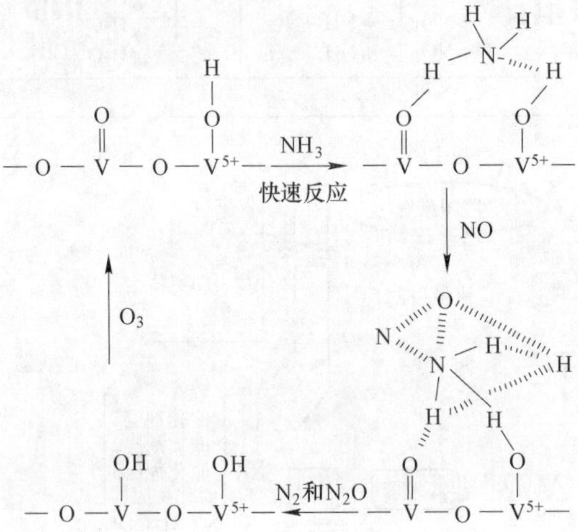

图 8-3　V_2O_5 上 NH_3 吸附及与 NO 反应

8.4.7.3　催化剂的结构形式

催化剂是 SCR 脱硝技术的核心，其催化活性直接影响 SCR 系统的整体脱硝效果。国内现行使用的 SCR 催化剂绝大部分为进口的以 TiO_2 为载体的整体催化剂，TiO_2 约占催化剂总质量的 80% 左右，存在成本高、活性组分利用率低等问题。整体式催化剂是以活性组分和载体为基体，与黏合剂、造孔剂以及润滑剂等混合后通过捏合、挤压成型、干燥和煅烧等过程获得，但目前在催化剂成型过程中，仍存在不同程度的催化活性降低问题。

由于 SCR 反应器布置在除尘器之前，大量飞灰的存在给催化剂的应用增加了难度，为防止堵塞、减少压力损失、增加机械强度，通常将催化剂固定在不锈钢板表面或制成蜂窝陶瓷状，形成了不锈钢波纹板式和蜂窝陶瓷的结构形式，如图 8-4 和图 8-5 所示。板式催化剂的生产过程为，将催化剂原料（载体、活性成分与助催化剂）均匀地碾压在不锈钢板上，切割并压制成带有褶皱的单板，煅烧后组装成模块，便于安装和运输。蜂窝式催化剂的主要生产步骤为，将 3 种化学原料与陶瓷辅料搅拌，混合均匀，通过挤出成型设备按所要求的孔径制成蜂窝状长方体，进行干燥和煅烧，再切割成一定长度的蜂窝式催化剂单体，组装成模块。催化剂形式可分为三种：板式、蜂窝式和波纹板式。三种催化剂在燃煤 SCR 上都拥有业绩，其中板式和蜂窝式较多，波纹板式较少。

板式和蜂窝式催化剂的主要成分与催化反应原理相同，只是结构形式有所区别。相比板式催化剂，蜂窝式催化剂可通过更换挤出机模具方便地调节蜂窝的孔径，从而进一步改变表面积，因此应用范围更宽，除燃煤锅炉外，还用于燃油、燃气锅炉，在很高的空速（GHSV）下获得较高的脱硝效率，其市场率占 70%；板式催化剂在燃煤锅炉应用中有一定优势，发生堵塞的概率小，板式催化剂中的 30% 应用在燃煤电站。

目前 SCR 商用催化剂基本都是以 TiO_2 为基材，以 V_2O_5 为主要活性成分，以 WO_3、

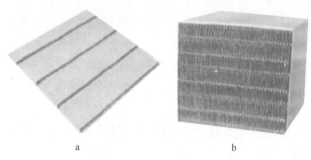

图 8-4　不锈钢板式催化剂
a—不锈钢单板；b—板式催化剂单元

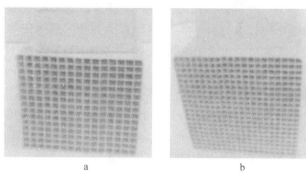

图 8-5　蜂窝式催化剂
a—15 孔×15 孔；b—20 孔×20 孔

MoO_3 为抗氧化、抗毒化辅助成分的。催化剂形式可分为三种：板式、蜂窝式和波纹板式。板式催化剂以不锈钢金属板压成的金属网为基材，将 TiO_2、V_2O_5 等的混合物黏附在不锈钢网上，经过压制、煅烧后，将催化剂板组装成催化剂模块。蜂窝式催化剂一般为均质催化剂。将 TiO_2、V_2O_5、WO_3 等混合物通过一种陶瓷挤出设备，制成截面为 150mm×150mm，长度不等的催化剂元件。

波纹板式催化剂的制造工艺一般以用玻璃纤维加强的 TiO_2 为基材，将 WO_3、V_2O_5 等活性成分浸渍到催化剂的表面，以达到提高催化剂活性、降低 SO_2 氧化率的目的。

最初的催化剂是 Pt-Rh 和 Pt 等金属类催化剂，以氧化铝等整体式陶瓷做载体，具有活性较高和反应温度较低的特点，但是昂贵的价格限制了其在发电厂中的应用。

8.5　国家环境保护法规

1979 年中国通过了第一部环境保护法律《中华人民共和国环境保护法（试行）》。改革开放以来，中国逐步形成了环境保护法律体系。1973 年中国的第一个环境标准《工业"三废"排放试行标准》诞生。中国历年来共发布国家环境标准 412 项，现行的有 361 项，其中环境质量标准 10 项，污染物排放标准 80 项，环境监测方法标准 230 项，环境标准样品标准 29 项，环境基础标准 12 项，历年共发布国家环境保护总局标准（即环境行业标准）34 项。与此同时到 1998 年，中国共颁布了环境保护法律 6 部、与环境相关的资源法律 9 部、环境保护行政法规 34 件、环境保护部门规章 90 多件、环境保护地方性法规和地方政府规章 900 余件、环境保护军事法规 6 件，缔结和参加了国际环境公约 37 项，初步形成了具有中国特色的环境保护法律体系，成为中国社会主义法律体系中的一个重要组成部分。尤其是，为适应经济发展和环境保护的客观需要，1995 年和 1996 年，全国人民代表大会常务委员会分别通过了关于修订《大气污染防治法》和《水污染防治法》的决定。1997 年 3 月，修订后的《中华人民共和国刑法》增加了"有关破坏环境资源保护罪"的规定。中国环境保护法的基本原则是：经济建设与环境保护协调发展；预防为主、防治结合；污染者付费；政府对环境质量负责；依靠群众保护环境。2002 年 10 月，《中华人民共和国环境影响评价法》颁布，为项目的决策、项目的选址、产品方向、建设计划和规模以及建成后的环境监测和管理提供了科学依据。

国家环保法律和行业规范包括：(1)《中华人民共和国环境保护法》，1989 年 10 月 26 日；(2)《中华人民共和国大气污染防治法》，2000 年 4 月 29 日；(3)《中华人民共和国水污染防治法》，2008 年 2 月 28 日；(4)《中华人民共和国固体废物污染环境防治法》，2005 年；(5)《中华人民共和国环境噪声防治法》，1995 年 10 月 30 日；(6)《中华人民共和国清洁生产促进法》，2002 年 6 月 29 日；(7)《关于有效控制城市扬尘污染的通知》（国家环保总局建设部环发〔2001〕56 号）；(8)《钢铁产业发展政策》第 35 号，2005 年 7 月 20 日；(9)《产业结构调整指导目录（2005 年本）》（国家发改委令第 40 号），2005 年 12 月 2 日；(10)《建设项目环境保护管理条例》（中华人民共和国国务院第 253 号令）；(11)《国务院关于落实科学发展观加强环境保护的决定》（国发〔2005〕39 号）；(12)《国务院关于印发节能减排综合性工作方案的通知》（国发〔2007〕15 号）；(13)《关于加强工业节水工作的意见》（国经贸资源〔2000〕1015 号）；(14)《国务院关于加快发展循环经济的若干意见》（国发〔2005〕22 号）；(15)《国务院关于加强节能工作的决定》（国发〔2006〕28 号）；《锅炉大气污染物排放标准》（GB 13271—91）。

8.6 钒钛产业环境风险

钒钛产业是一个大产业链，长产业链，部分涉及冶金，部分是化工，部分是化工和冶金兼而有之，产业链具有地域特色，环境风险随着工序产品发生变化，一般来讲，与冶金有关的部分，基本与钢铁、有色以及铁合金联动，在钢铁冶金、有色冶金和铁合金行业中只要兼顾钒钛特色就可以解决，钒钛产业真正的风险在于中间产品的危险化学品性质以及低价化合物性质的多变性导致的环境灾害，而且危害具有长期性和致命性。

8.6.1 环境影响因子识别及筛选

富钛料属于原料富集加工项目，四川攀枝花某企业已建成投产，对项目环境影响总结发现，项目本身化工特性明显，物料大进大出，反应组元复杂多变，物相转换循环，工序对接不充分，气体进入混合相参与过程反应，设备跨越高中低温不同阶段，管路阀门的防腐要求高，高温段自生煤气和燃气发生煤气交织，盐酸介质循环再生补充，工辅设施围绕主生产体系多元配套，工序部分自动化水平低，调节转换造成系统卸载，副产物量大，项目具有一般环境风险特性。

环境影响因子识别和筛选见表 8-1。

表 8-1　环境影响因子识别和筛选

设施 环境因子		施工期 厂区及其他 设施建设	营　运　期			
			钒钛项目	通风除尘、废水 处理等辅助设施	供配电、给排 水等公用工程	储运 设施
环境 质量	大气	−1A	−2A	+2A		−2A
	地表水	−1A	−2A	+2A	−2A	
	声环境	−1A	−2A	−2A	−2A	−2A
生态 环境	水土流失					
	地表搅动					
社会经 济环境	移民拆迁					
	就业机会	+1A		+2A	+2A	+2A
	经济发展	+1A				
	交通	+1A	+2A			+2A
	人均收入	+1A		+2A	+2A	+2A

注：表中+、−表示有利或不利影响；1、2分别表示短期、长期，A、B分别表示直接或间接。

8.6.2　环境影响评价重点及评价因子

8.6.2.1　评价重点

环境评价确定以废气、生产废水对区域大气环境及地表水的影响、环境风险评价、废水处理措施和风险防范措施有效性和可靠性作为评价重点。

8.6.2.2　评价因子

A　现状评价因子

环境空气：PM_{10}、SO_2、NO_2 和 HCl；

地表水：pH 值、SS、COD_{Cr}、BOD_5、NH_3-N、粪大肠菌群、Cr^{6+}、铁、钒、钛、石油类；

噪声：厂界噪声、环境噪声。

B　影响评价因子

环境空气：HCl、PM_{10}；

地表水：COD_{Cr}、NH_3-N；

噪声：厂界噪声、环境噪声。

8.6.3　评价标准

8.6.3.1　环境质量标准

表 8-2 给出钒钛产业执行环保标准。

表 8-2 钒钛产业执行环保标准

标　准　类　别		执行标准名称	标准代号	执行级别
环境质量标准	地表水	《地表水环境质量标准》	GB 3838—2002	Ⅲ类水域
	地下水	《地下水质量标准》	GB/T 14848—2008	Ⅲ类
	环境空气	《环境空气质量标准》	GB 3095—1996	二级
		《工业企业设计卫生标准》	TJ 36—79	居住区
	环境噪声	《声环境质量标准》	GB 3096—93	三类

8.6.3.2 污染物排放标准

表 8-3 给出了污染物排放标准。

表 8-3 污染物排放标准

污染物排放标准	废水	《钢铁工业水污染物排放标准》	GB 13456—92	一级
		《污水综合排放标准》	GB 8978—1996	一级
	废气	《大气污染物综合排放标准》	GB 16297—1996	二级
	噪声	《工业企业厂界环境噪声排放标准》	GB 12348-2008	Ⅲ类
		《建筑施工场界噪声限值》	GB 12523—90	

8.6.3.3 环境质量标准限值

环境质量标准限值见表 8-4。

表 8-4 环境质量标准限值

标准类别	标准名称及代号	执行级别	标　准　值
地表水	《地表水环境质量标准》 （GB 3838—2002）	Ⅲ类	pH 值：6~9；COD_{Cr}：≤20mg/L； BOD_5：≤4mg/L；NH_3-N：≤1.0mg/L； DO：≥5.0mg/L；粪大肠菌群：≤10000 个； 铁：≤0.3mg/L；钛：≤0.1mg/L； 石油类：≤0.05mg/L；钒：≤0.05mg/L
地下水	《地下水质量标准》 （GB/T 14848—93）	Ⅲ类	pH 值：6.5~8.5；NH_3-N：≤0.2mg/L； 铁：≤0.3mg/L；钒：≤0.05mg/L； 钛：≤0.1mg/L
环境空气	《环境空气质量标准》 （GB 3095—1996）	二级	SO_2：日平均值（标准状态）≤0.15mg/m³； 　　　小时平均值（标准状态）≤0.50mg/m³； PM_{10}：日平均值（标准状态）≤0.15mg/m³； NO_2：日平均值（标准状态）≤0.08mg/m³； 　　　小时平均值（标准状态）≤0.12mg/m³
	《工业企业设计卫生标准》 （TJ 36—79）	居住区	氯化氢：一次最高允许浓度（标准状态）0.05mg/m³； 日平均最高允许浓度（标准状态）0.015mg/m³
环境噪声	《声环境质量标准》 （GB 3096—93）	三类	昼间：65dB；夜间：55dB

8.6.3.4 环境污染物排放标准限值

环境污染物排放标准限值见表8-5。

表8-5 环境污染物排放标准限值

废水	《钢铁工业水污染物排放标准》（GB 13456—92）	一级	pH 值：6~9；COD$_{Cr}$：≤500mg/L；石油类：≤8mg/L
	《污水综合排放标准》（GB 8978—1996）	一级	pH 值：6~9；SS：≤70mg/L；COD$_{Cr}$：≤100mg/L；BOD$_5$：≤20mg/L；石油类：≤5mg/L；NH$_3$-N：≤15mg/L
废气	《大气污染物综合排放标准》（GB 16297—1996）	二级	粉尘：≤120mg/m³，无组织排放浓度监控：≤1.0mg/m³；SO$_2$：≤550mg/m³，无组织排放浓度监控：≤0.4mg/m³；HCl：≤100mg/m³，无组织排放浓度监控：≤0.2mg/m³
厂界噪声	《工业企业厂界噪声标准》（GB 12348—90）	Ⅲ类	昼间：65dB；夜间：55dB
施工噪声	《建筑施工场界噪声限值》（GB 12523—90）		土石方：昼间75dB，夜间：55dB；打　桩：昼间85dB，夜间：禁止；结　构：昼间70dB，夜间：55dB；装　修：昼间65dB，夜间：55dB

8.6.4 评价等级

8.6.4.1 大气环境影响评价工作等级

大气污染源主要是原料进料粉尘、氧化还原烟气、回转筒干燥粉尘、盐酸再生装置盐酸雾，其主要污染物为盐酸雾、粉尘和SO$_2$。

根据《环境影响评价技术导则　大气环境》（以下简称《导则》）（HJ/T2.2—93）规定的评价工作级别的划分原则和方法，按如下模式计算出等标排放量：

$$P_i = Q_i/C_{oi} \times 10^9 \qquad (8-13)$$

式中　P_i——等标排放量，m³/h；

Q_i——单位时间排放量，t/h；

C_{oi}——大气环境质量标准，mg/m³。

本项目大气环境影响评价工作等级的确定见表8-6。

表8-6 大气环境影响评价工作等级的确定

大气污染物	工程大气污染物排放量/t·h⁻¹	环境空气质量标准（标准状态）/mg·m⁻³	污染物等标排放量 P_i/m³·h⁻¹	《导则》判定标准			本工程执行级别
				地形	P_i 的范围	级别	
PM$_{10}$	0.77×10⁻³	0.15	0.05×10⁸	复杂地形	P_i<2.5×10⁸	三级	三级
SO$_2$	3.76×10⁻⁴	0.50	0.0075×10⁸	复杂地形	P_i<2.5×10⁸	三级	

根据计算结果确定项目大气环境影响评价工作级别为三级。

8.6.4.2 地表水环境影响评价工作等级

项目所有废水均在厂内污水站处理达标后循环使用，不排放。某钒钛项目附近地表水

体金沙江多年平均流量为1690m³/s，属大河，该河段地表水水域功能划分为Ⅲ类水域。地面水环境影响评价工作等级的判定见表8-7。

表 8-7　地面水环境影响评价工作等级的判定

判定内容／对照	建设工程污水排放量／m³·d⁻¹	建设工程污水水质复杂程度	地面水水域规模（大小规模）	地面水水质要求（水质类别）	环境影响评价工作等级
《环境影响评价技术导则——地面水环境》规定的三级评价工作等级的判定条件	<1000 ≥200	简单（污染物类型数为3，预测浓度的水质参数数目<7）	大河：≥150m³/s	Ⅰ～Ⅳ	三级
工程废水	0	简单（污染物类型数为1，预测水质参数为2）	多年平均流量1690m³/s，属大河	Ⅲ	判定本工程低于三级

8.6.4.3　声学环境评价等级

区域属于 GB 3096—93 规定的 2 类标准地区；本项目厂址周围 200m 范围内主要是厂区及公路，没有集中生活居住区，因此项目建成前、后，噪声对环境影响变化不大。

综合上述情况，按照环境影响评价技术导则声学环境（HJ/T2.4—1995）中的有关规定，确定本工程声学环境评价为三级评价。

8.6.5　环境风险评价工作等级

钒钛项目涉及危险物质，项目风险评价定为定性分析和定量分析。

8.6.6　污染控制目标

具体如下：

（1）杜绝工程废气事故性排放，不因工程的建设而恶化评价区域的空气环境质量，区域地表水环境功能不降低；噪声和固废的影响控制在规定的范围内。

（2）对工程导致的社会及自然环境影响能妥善解决，不因工程建设造成水土流失，对区域生态环境不造成恶化。

（3）加强管理，严格做到生产废水达标排入污水管网，不降低区域地表水水体功能。

（4）固体废物妥善处置，避免工业废渣乱堆乱放，避免造成二次污染。

（5）强化环境风险事故防范，尽量避免和减缓事故带来的环境不利影响。

第2篇　钒钛生产过程二次资源利用

9　钒钛清洁生产典型二次资源利用

钒钛清洁生产涉及的二次资源比较多，有的属于反应介质的低浓度转换，如盐酸、氯气和硫酸，经过处理纯化可以再次进入介质循环系统；有的需要多层次深加工处理形成新产品，如钒系统的固体废物硫酸钠；有的气态载能物质可以用作工业民用能源，如钛渣生产回收的煤气，引进成熟的煤气发电系统。钒钛清洁生产涉及的二次资源属性比较复杂，包含大量的能源物质和有价元素，通过系统或者区域循环转化，可以提高资源的综合回收率，实现钒钛产业的可持续发展目标。

9.1　提钒副产硫酸钠利用

钠盐法提钒过程中添加剂为碳酸钠，在焙烧阶段与五氧化二钒反应生成可溶性钒酸钠，沉钒阶段用硫酸调节 pH 值，与多钒酸铵沉淀分离，转化形成硫酸钠溶液。攀枝花某企业采用"钠盐焙烧—水浸出—酸性铵盐沉钒"工艺生产氧化钒产品，约 1.5 万吨/a。在沉钒过程中，伴随 $1800 \sim 2000 m^3/d$ 的含 V^{5+}、Cr^{6+}、高盐分、高氨氮酸性废水产生。鉴于溶液含有高价铬离子，需要用焦硫酸钠还原转化，现采用还原—中和—沉淀—蒸发浓缩—自然结晶处理工艺处理，处理后产生钒铬渣、硫酸钠废渣（约含 20%$(NH_4)_2SO_4$、20%水分及微量的钒和铬）及冷凝水。钒铬渣外运专项处理，硫酸钠废渣主要依托周边以废渣为主要原料生产硫化碱的工厂来消化，冷凝水回用，实现了废水的零排放。

9.1.1　生产硫化钠

硫化钠又称臭碱、臭苏打、黄碱、硫化碱。硫化钠为无机化合物，纯硫化钠为无色结晶粉末。硫化钠吸潮性强，易溶于水。水溶液呈强碱性反应。触及皮肤和毛发时会造成灼伤。故硫化钠俗称硫化碱。硫化钠水溶液在空气中会缓慢地氧化成硫代硫酸钠、亚硫酸钠、硫酸钠和多硫化钠。由于硫代硫酸钠的生成速度较快，所以氧化的主要产物是硫代硫酸钠。硫化钠在空气中潮解，并碳酸化而变质，不断释放出硫化氢气体。工业硫化钠因含有杂质其色泽呈粉红色、棕红色、土黄色。密度、熔点、沸点，也因杂质影响而异。

9.1.1.1　硫化钠生产的基本原理

将原料硫酸钠和原料煤按一定比例混合加入平式气化沸腾炉中，经外供燃气热源直接加热，在850~1150℃进行还原反应，炽热的煤具有从硫酸钠内夺取氧的能力，而得到粗碱，经浸取、蒸发、包装即得到成品硫化钠。

A　主要反应

原料硫酸钠和原料煤粉在高温下，炉中的主要反应是：

$$Na_2SO_4 + 2C \longrightarrow Na_2S + 2CO_2 \uparrow - 560.6kJ \tag{9-1}$$

$$Na_2SO_4 + 4C \longrightarrow Na_2S + 4CO \uparrow - 129kcal \tag{9-2}$$

$$Na_2SO_4 + 4CO \longrightarrow Na_2S + 4CO_2 \uparrow + 31kcal \tag{9-3}$$

大部分硫酸钠按式（9-1）的反应被还原，少量硫酸钠按反应式（9-3）被CO还原，生成的CO_2与煤反应后重新变成CO，总的结果是使一部分过程按反应式（9-2）进行。反应时，硫酸钠和煤的颗粒越小，接触面积越充分，硫酸钠转化为硫化钠也越充分。

B　炉内粗碱生成的四个阶段

进入炉内的硫酸钠和煤的还原反应过程可以分为预热、熔化、"沸腾"和成熟四个阶段。

（1）预热阶段：装入炉内的炉料，借助炉头燃烧煤气（黄磷尾气）供给的热量，首先是将硫酸钠和煤中的水分蒸干，炉料温度逐渐增高，所以叫预热阶段。

（2）熔化阶段：此阶段的特点是硫酸钠被加热并逐渐熔融，同时还原过程的速度逐渐增加。纯硫酸钠的熔点为888℃，但其中有杂质时熔点下降。

（3）"沸腾"阶段：此阶段的特点是熔融液"沸腾"，即强烈地产生气体。这个阶段熔体变成液态，相应地还原过程的速度最大。由于大量的气体逸出，使液态熔体好像在沸腾一样，炉内得到的硫化钠在熔体中溶解，因而与硫酸钠一同形成液态熔融液。

（4）成熟阶段：此阶段是还原过程的末期，其特点是炉料变稠，同时由于液相中硫酸钠浓度下降，使硫化钠量的增长速度降低。在此阶段由于液相中硫酸钠浓度降低，硫酸钠与碳之间的反应性质发生变化，此时按照反应式（9-2）进行。由于放出一氧化碳的可燃性，它以淡黄色的长条火焰，即"蜡火"在熔体的表面上燃烧，此时熔体变稠至粥状物并开始由炉衬上脱落时，即可出炉。

熔体在成熟期因含有17%~25%的流质，因而具有流动性，能从炉内流出。这种流质主要由硫酸钠、碳酸钠和硅酸钠构成。

C　生成杂质的副反应

原料与煤在还原煅烧中，除生成硫化钠主要反应外，还有副反应发生，其结果在粗碱中出现一些杂质：Na_2SO_3、Na_2CO_3、Na_2SiO_3、$Na_2S_2O_3$及其他杂质。

（1）由于硫酸钠反应不完全而生成亚硫酸钠（例如配料时硫酸钠多煤少的情况下）。反应式如下：

$$Na_2SO_4 + C \longrightarrow Na_2SO_3 + CO \uparrow \tag{9-4}$$

（2）由于烟道气中二氧化碳和水蒸气与硫化钠相互作用而生成碳酸钠。反应式如下：

$$Na_2S + CO_2 + H_2O \longrightarrow Na_2CO_3 + H_2S \uparrow \tag{9-5}$$

（3）上述反应生成的硫化氢气体，使硫遭受损失，一部分硫化氢气体燃烧生成二氧化硫或单体硫。反应式如下：

$$2H_2S + O_2 \longrightarrow 2H_2O + 2S \tag{9-6}$$

$$2H_2S + 3O_2 \longrightarrow 2H_2O + 2SO_2 \uparrow \tag{9-7}$$

（4）在炉内还原反应的成熟阶段，由于气体不再从熔体中猛烈逸出，熔体容易和烟道气接触，在此情况下当空气漏入炉内，或烟道气中含氧时，熔体中的硫可能部分燃烧而同时生成纯碱。反应式如下：

$$2Na_2S + 3O_2 \longrightarrow 2Na_2O + 2SO_2 \uparrow \tag{9-8}$$

$$2Na_2O + 2CO_2 \longrightarrow 2Na_2CO_3 \tag{9-9}$$

（5）当粗碱出炉后，温度低于400℃时，粗碱被氧化而生成硫酸钠。反应式如下：

$$Na_2S + 2O_2 \longrightarrow Na_2SO_4 \tag{9-10}$$

（6）当粗碱在炉内停留过久，还原煤的配比不当，物料中水分的影响以及空气的侵入，使硫变成二氧化硫、硫化氢、硫代硫酸钠，均可使硫化钠的含量降低。反应式如下：

$$2Na_2S + 3O_2 \longrightarrow 2Na_2O + 2SO_2 \uparrow \tag{9-11}$$

$$Na_2S + H_2O \longrightarrow Na_2O + H_2S \uparrow \tag{9-12}$$

粗碱溶于水时，硫化钠在空气中氧的参与下与粗碱中的硫相互作用而生成硫代硫酸钠。反应式如下：

$$2Na_2S + 2S + 3O_2 \longrightarrow 2Na_2S_2O_3 \tag{9-13}$$

由于原固废硫酸钠中含有一定水分，故原料进入沸腾炉时应进行预处理，对硫酸钠加热蒸馏处理，除去其所吸附的水分，其所蒸发处理的水分可集中收集送至钒制品厂回收处理。

（7）副反应生成的碳酸钠和煤中灰分里的二氧化硅反应生成硅酸钠。反应式为：

$$Na_2CO_3 + SiO_2 \longrightarrow Na_2SiO_3 + CO_2 \uparrow \tag{9-14}$$

（8）由于原料硫酸钠中含有一定量的硫酸铵，其在炉内受热后会分解生成氨气、三氧化硫和水分。反应式为：

$$(NH_4)_2SO_4 \longrightarrow 2NH_3 \uparrow + SO_3 \uparrow + H_2O \uparrow \tag{9-15}$$

9.1.1.2 主要生产工艺

A 原料计量配比

硫酸钠与原料无烟煤（白煤）配料，按照一定比例（约20%白煤）配好后用皮带机输送到料仓，加料时间间隔为90min，加料过程耗时2min，出料过程耗时5min。

B 硫酸钠在平式气化沸腾炉反应

混合均匀的硫酸钠与原料无烟煤通过上料装置进入平式气化沸腾炉。通入煤气（黄磷尾气）进入平式气化沸腾炉燃烧室内燃烧，供给平式气化沸腾炉中硫酸钠和无烟煤进行还原反应所需要的热量，当物料温度达到850~1150℃时，生成硫化钠半成品粗碱。将生成的粗碱卸入粗碱火箱中，用牵引车送至化碱器进行热溶。

平式气化沸腾炉产生的高温烟气加热余热锅，废气通过内置烟道高压水喷淋洗去大部分尾气中的氨气，产生的氨水将循环使用，浓度达到一定值后外售给有资质单位处理。再经湿式除尘器（以10%NaOH为吸收剂）处理后通过烟囱外排，产生的碱水循环使用，浓度达到一定值后外售给有资质单位处理。余热锅炉产生的沸水进入化碱器，热交换产生的冷凝水收集后排入循环水池，循环使用。

C 硫化钠的浸取、沉降过滤、洗泥工序

粗碱稍经冷却后人工引导注入化碱器内，用5%~8%碱化液注入化碱器，让Na₂S大量溶入水中。当水到一定量时浸泡30min，即放入洗渣器内。把炉后通过余热加热的水第二次放入化碱器内，每分钟放水量不得超过5L，浸泡30min，经搅拌机边机搅拌边放入洗渣器内。

当稀卤在洗渣器内沉淀20min后，就可将稀卤打入到浓卤器内进行稀、浓卤的置换，并在浓卤器内过滤一些渣泥，并在浓卤器内加热后就可以将浓卤打入到浓缩锅内。

化碱器和洗渣器产生的碱进入堆渣槽，经氧化后送入化渣器加热至80~100℃进行溶解。溶解过程中产生废气进入湿式除尘器处理，吸收5h后将卤水打入蒸发锅内，由燃气热源直接加热蒸发至58%~62%时放至冷却槽。边冷却边搅拌，经18~20h后即可筛选分离得到硫化硫酸钠。

D 蒸发浓缩工序

浓卤水送入浓缩锅，用燃气热源直接加热蒸发浓缩，将质量分数25%~30%的浓卤水浓缩至60%后，利用离心泵送入制片机制片。燃气热源供热过程中产生的废气经集中收集送至平流式沸腾炉内，最终进入湿式除尘器处理。

E 硫化钠的制片、包装处理

浓缩后的硫化碱液经化验合格后，流入制片机碱盘内，经制片机滚筒中循环冷却水冷却后，用刮刀刮下，片碱落入皮带输送机计量后包装为成品，送入库房。包装要注意防潮防氧化。装卸时应轻拿轻放，防止包装受损。产品存放的库房应保持干燥。滚筒内的冷却水是靠水泵供给，进行换热后的水流入紧靠生产车间的循环水助冷装置冷却后循环使用，该装置设置有过滤网，可防止每次循环后水中离子浓度增加导致结晶堵塞。

9.1.1.3 主要原料

A 固废硫酸钠

固废硫酸钠为某提钒公司提供的，其产生的固废硫酸钠成分见表9-1。

表9-1 硫酸钠主要成分　　　　　　　　　　　　　　　　（%）

项目	Na_2SO_4	$(NH_4)_2SO_4$	K_2O	CaO	Cr_2O_3	Fe_2O_3	Cl	V_2O_5	SiO_2	H_2O
指标值	68	20	0.23	0.28	0.13	0.15	0.8	0.1	0.91	9.4

B 低硫煤

典型低硫煤煤质见表9-2。

表9-2 白煤煤质分析　　　　　　　　　　　　　　　　（%）

项目	总固定碳	灰分	挥发分	水分	硫	其他
指标值	≥70	≤15	≤10	≤4	≤0.50	≤0.50

C 燃料

生产燃料包括发生炉煤气和某公司供应的回收煤气，其成分比例见表9-3。

表9-3 黄磷尾气组成成分　　　　　　　　　　　　　　　　（%）

项目	CO	H_2	SO_2	P	CH_4	NO_2	发热值/kcal
指标值	75	15	0.5	0.2	3	1.3	28000

9.1.1.4 物料平衡

整体物料平衡及工艺流程见图 9-1。

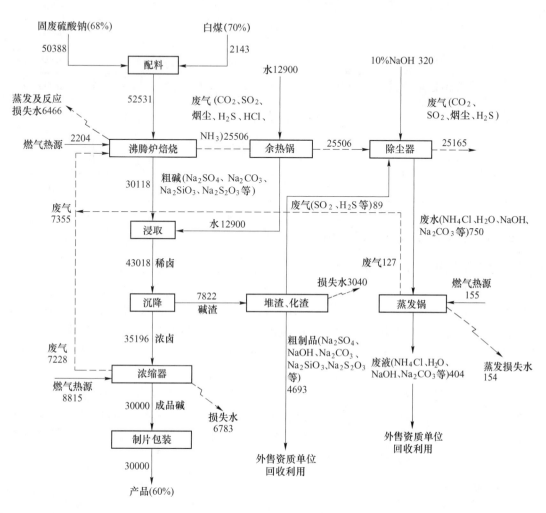

图 9-1 物料平衡及工艺流程

(图中数据的单位为 t)

A 计算依据

具体如下：

（1）原料规格。原料为固废硫酸钠（$Na_2SO_4 \geqslant 68\%$）。原料煤为白煤（固定碳 $\geqslant 70\%$）。

（2）产品质量指标。产品质量指标执行硫化碱国家标准（GB/T 10500—2000），物料衡算时以 60% 硫化钠为计算基准。

（3）年操作时间。年操作时间为 7200h。

B 物料平衡

30000t/a 硫化钠生产线的物料平衡见表 9-4。

表 9-4 物料平衡 (t/a)

加 入 物 料			产 出 物 料		
序号	名称	加入量	序号	名称	产出量
1	固废硫酸钠	50388	1	产品（60%NaS）	30000
2	白煤	2143	2	废渣（可回收利用）	4693
3	燃气热源	11174	3	水烧失、反应、蒸发损失、	16443
4	水	12900	4	废气（CO_2、SO_2、烟尘、H_2S）	25165
5	10%NaOH	320	5	废液（可回收）	404
合　计		76925	合　计		76925

9.1.2 分步结晶回收硫酸钠和硫酸铵

攀枝花某提钒企业钠盐提钒废水现采用"还原—中和—沉淀—蒸发浓缩—自然结晶"处理工艺处理，处理后产生钒铬渣、硫酸钠废渣（6 万~8 万吨/年，约含 20%（NH_4）$_2SO_4$、20%水分及微量的钒和铬等）及冷凝水。该工艺存在废水处理运行成本高，钠盐和铵盐未能有效资源化回收利用等缺点，所产生的硫酸钠废渣在处置利用时易产生严重的二次污染，环境风险巨大，处置困难，已成为生产发展的制约因素之一，同时冷凝水氨含量较高，回用过程中氨逸出较为严重，对岗位操作环境影响较大。

沉钒废水通过分步结晶生产无水硫酸钠和硫酸铵，可以循环回用硫酸铵和冷凝水。沉钒废水分步结晶工艺流程为：中间水池沉钒废水→废水预处理系统→MVR 蒸发浓缩系统→浓缩液 MVR 蒸发结晶与分离系统→富铵液冷却结晶精制系统，在富铵液冷结晶精制系统中设复盐返回溶配辅助系统。

9.2 提钒尾渣利用

提钒尾渣是钒渣提钒后的残渣，攀西地区年产提钒尾渣约 20 万吨，占用土地，造成区域环境污染。

提钒尾渣化学组成当中有 80%以上的黑色氧化物，为利用其特殊的化学和物相组成制备集热材料提供了可能性。

以普通陶瓷原料经常规加工后用塑性挤制的方法挤出成型制备陶瓷中空板囊坯。提钒尾渣经过球磨、制浆等预处理，将提钒尾渣浆料喷涂在陶瓷中空板素坯上制成钒钛黑瓷陶瓷中空板素坯。然后进行高温焙烧制成钒钛黑瓷板；将钒钛黑瓷中空集热板与钢化玻璃、骨架配件和保温材料等进行组装，制备钒钛黑瓷平板集热器。

2.5%钒钛黑瓷阳光吸收率为 0.9，具有很低的生产成本、优良的理化性能以及良好的光热转换性能，历经 10 年而未见性能衰减，可以作为光热转换元件的基体材料和结构材料，是制造太阳能房顶最好的材料之一。

工艺流程见图 9-2。

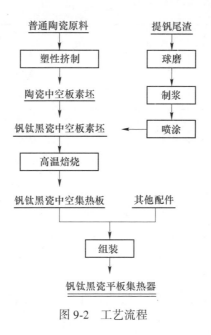

图 9-2　工艺流程

9.3　煤气回收利用

钛渣冶炼过程产生大量煤气，敞口电炉在料面适时点火燃烧，半密闭电炉一般设置内燃烧室，密闭电炉要求净化收集煤气，作为能源物质使用，或者与其他产业结合，或者结合民用，或者配置发电机组就地转化，形成补充电源。

9.3.1　煤气回收

3 台 12500kV·A 电炉满负荷运转，炉气产量约为 5000m³/h。在熔炼过程中，一氧化碳气体连续产生，炉料中的细微粉尘在气流作用下与一氧化碳混合形成电炉炉气，主要成分为 CO、CO_2、N_2、H_2，同时含有少量 TiO_2、CaO、MgO、NO_x 和 SO_2 及水蒸气等，主要污染物是烟尘、NO_x 和 SO_2。采用薄料层连续操作的冶炼工艺，可使得炉气的产生较为稳定，为收集处理提供了方便。

炉气自电炉炉顶引出经两根高温汽化烟道进入喷雾冷却塔进行冷却粗除尘，除尘效率为 80%。每台电炉配套 2 套喷雾冷却塔，共计 6 套，相关技术参数见表 9-5，粗除尘冷却后炉气进入气箱脉冲袋式除尘器进行精除尘，除尘效率为 99.9%。净化后炉气由引风机压送至三通切换阀。事故放散时，切换至 40m 放散烟囱点燃放散；回收时，切换至煤气管道送煤气缓冲柜储存，最终经燃气锅炉燃烧后通过 45m 排气筒达标排放。炉气回收处理工艺流程如图 9-3 所示。

表 9-5　炉气处理相关技术参数

项　　目	参　　数
冷却塔进口温度	正常波动范围为 950~850℃
冷却塔出口温度	175℃

续表 9-5

项　　目	参　　数
水压力要求	工作水压：30~50N
气压力要求	工作水压：30~50N
喷枪及喷嘴	不锈钢喷枪：316SS/304SS 型，以及 SEDF2 型喷嘴
喷枪数量	3 支
喷嘴喷水方式	双流体方式
水泵	型号：CR3-19，流量：3.2t/h，扬程：90m，功率：1.5kW
允许最大雾粒	880μm
雾化平均粒径	允许最大雾粒 880μm，喷雾最大雾粒 120μm，平均 40μm
喷雾控制系统	塔顶喷枪部分，自动喷雾机器（阀架系统）和温度测量元件
雾化效果	不湿壁、底，无淌水现象，达到充分雾化全蒸发

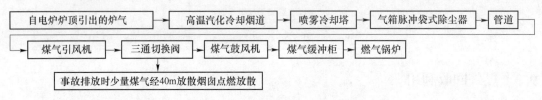

图 9-3　炉气回收处理工艺流程

全密闭电炉排出 850℃、5000m³/h 的炉气首先采用喷雾降温除尘器，降尘降温，温度降至 180℃ 左右时粉尘除去 80% 左右；然后采用布袋除尘。将降温降尘后的净化煤气通过输送管道（管道根据工艺设计，在不同部分设置有加臭装置，监控尾气在输送过程中是否存在 CO 泄露及其泄露程度）进行加压后输送至 6000m³ 的缓冲储气罐。

9.3.2　煤气发电

从储气罐出来的气体进入燃气锅炉，采用尾气在锅炉内燃烧产生的热量将液态水气化成 380℃ 的气态水蒸气，然后利用该水蒸气通过凝汽式汽轮机带动发电机进行发电，同时汽轮机的水由气态重新冷凝成液态水，通过水箱和水泵循环进入燃气锅炉。

配套全厂熔炼电炉净化炉气新建 1 套 6000m³ 煤气缓冲柜＋1 套 20t 燃气锅炉＋1 套 3000kW 凝汽式发电机组。发电机输出电压为 10~10.5kV，经过发电机出口开关并连接到 10kV 母线段，并入电力系统。该电压可以直接使用，不需要升压。

9.3.3　发电装置配套

煤气发电的原理为利用煤气驱动和发电机相连的发动机发电，发动机与发电机同轴连接，并置于整机底盘上，再将消声器和调速器连接在发动机上，由燃气源通入发动机内的燃气通道，连接在发动机上带拉绳的反冲启动器以及连接在发电机输出端的电压调节器。其中燃气源内置放的可燃气体是天然气，或液化石油气，或沼气。使用燃气发电机组与汽油发电机组、柴油发电机组相比降低了对环境的污染，是一种环保节能型的发电机。而且燃气发电机组结构简单，使用安全可靠，输出的电压和频率稳定。

9.3.3.1 锅炉

锅炉主蒸汽压力、温度、流量等参数要求应与汽轮机参数相匹配。

锅炉蒸汽参数：额定蒸汽流量为 20t/h；额定蒸汽压力为 2.45MPa；额定蒸汽温度为 380℃；给水温度为 105℃。

锅炉热力特性：设计热效率（按低位发热量）为 87%；余热烟气进口温度为 180℃；排烟温度为 165℃；热风温度为 200℃。

9.3.3.2 汽轮机

汽轮机主要参数：汽轮机为多级冷凝式汽轮机；额定功率为 3000kW；进汽压力为 2.35MPa；进汽温度为 370℃；排汽压力为 0.008MPa；额定参数时汽耗率为 5.8kg/(kW·h)；额定功率时进汽流量为 17.5t/h；额定转速为 5600r/min；叶轮级数为 9；汽机转向为从汽机端向发电机端看为逆时针；减速装置变比为 5600/3000；机组连续运行时间不小于 8000h；汽轮机外形尺寸为约 4112mm×2652mm×2515mm。

9.3.3.3 发电机

发电机主要参数：发电机为三相交流隐极无刷式同步发电机；额定电压为 10.5kV；额定电流为 206A；额定功率为 3000kW；功率因数为 0.8（滞后）；效率不小于 95%；额定频率为 50 Hz；定转速为 1500r/min；转向为顺时针（从驱动端视）；接线形式为三相四线制；励磁方式为自励（无刷）；运行方式为 S1，并联运行；电机额定运行时海拔不超过 1300m；绝缘等级为 F 级；温升等级为 F 级；稳态电压调整率待定；不带下垂补偿装置，≤±0.5%；带下垂补偿装置，≤±2.5%；效率为 94%；绕组温升不低于 105K（电阻法）；空载线电压波形畸变率不低于 5%。

煤气发电系统配置见图 9-4。

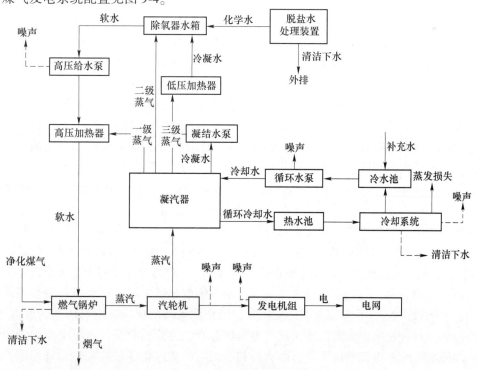

图 9-4　煤气发电系统配置

9.4　氯化镁电解循环氯气和镁

　　海绵钛生产整体是一个氯、镁和钛补充循环过程，生产前端四氯化钛生产需要氯气，海绵钛生产需要镁还原，氯镁结合生成氯化镁，通过能源物质转换电解氯化镁可以得到氯气和金属镁，实现系统循环。

9.4.1　传统氯化镁熔盐电解工艺

　　传统的氯化熔盐电解法包括氯化镁的生产及电解制镁两大过程。该方法又可分为以菱镁矿为原料的无水氯化镁电解法和以海水为原料制取无水氯化镁的电解法。其中后者最大的难点是如何去除 $MgCl_2 \cdot 6H_2O$ 中的结晶水。一般来说，采用普通的加热法可以去除部分结晶水，生成 $MgCl_2 \cdot 3/2H_2O$。但 $MgCl_2 \cdot 3/2H_2O$ 在空气中加热时很容易发生水解反应，生成不利于电解过程的杂质，如 $Mg(OH)_2$。电解法生产镁的工艺很多，但基本原理相同，其中最有代表性的有 DOW 工艺、I. G. Farben 工艺、Magnola 工艺等。1916 年 DOW 工艺在美国 Michighn 的 Midland 首次得到应用。当时所用的制备 $MgCl_2$ 的方法是将海水与煅烧白云石一起制成泥浆，与盐酸反应，生成氯化镁溶液，将其浓缩并干燥处理后生成 $MgCl_2 \cdot 3/2H_2O$。这种原料直接加入电解槽内进行反应，副产物氯气可以回收利用。1941 年道屋（DOW）化学公司在塔克赛斯自由港建立了一个工厂，从海水中提取镁的电解原料。海水由引水槽引入，滤过淤泥后导入沉淀池，与石灰混合，过滤后与 20%HCl 反应生成 $MgCl_2$，蒸发后得到固体氯化镁，然后经干燥炉干燥得到低水合氯化镁（ $MgCl_2 \cdot 3/2H_2O$ ），成为 DOW 工艺电解制镁的原料。许多生产厂家都采用与 DOW 工艺类似的方法电解海水来生产镁，主要差别在于提取无水氯化镁的方法不同。DOW 化学公司通过在含大量 $MgCl_2$、NaCl 和 $CaCl_2$ 混合溶液的电解池中直接加入少量部分脱水氯化物来迅速脱水。挪威诺斯克-希德罗（Norsk-Hydro）公司是欧洲最主要的镁生产商，通过在干燥的氯化氢气氛中加热 $MgCl_2 \cdot 6H_2O$ 来实现完全脱水。前独联体则主要采用往电解池中加入无水光卤石来脱水。最近，澳大利亚金属镁公司开发了一种制备无水氯化镁原料的全新工艺，在氯化镁溶液中加入一种称为 Gylcol 的物质，蒸馏脱水，然后喷雾氨生成六氨合氯化镁，接着焙烧制备高质量的无水氯化镁。在该工艺中，溶剂和氨都可以循环使用。DOW 工艺中所用电解槽，锥形电极直接焊接在不锈钢内壁上。由于使用的原料含有部分结晶水，电极磨损较大。另外电解副产物也不容易排除。生产 1t 镁约可获得 2t 氯。电解后废的电解质中含有很高的碳酸钾，可用于生产肥料。I. G. Farben 工艺在 20 世纪初期由德国 IG. Farben 工业公司首先使用，欧洲主要镁生产商海德鲁公司（Norsk-Hydro）也曾经使用过这种工艺。在该工艺中，将氢氧化镁与焦炭均匀混合在一起后放在竖炉内煅烧，然后进行氯化处理，生成电解用原料无水 $MgCl_2$，通过电解法得到镁，电解副产物 Cl_2 可以回收利用。IG 电解槽，每个槽内有 4~5 个石墨电极（阳极），均匀排布在一个长方形的、以耐火材料为内衬的钢壳内。每个阳极以夹层式置于两只钢制阳极中间。耐火材料隔板浸入到电解质中，将阳极产物 Cl_2 和阴极产物 Mg 隔开，阻止两者间的反应。电解质的密度大于镁。通过电阻加热来控制电解质的温度。该类电解槽存在的主要问题是：由于电极间的距离被耐火材料隔板加大，电流密度下降；耐火材料受到电解质的化学侵蚀和热循环冲刷，其使用寿命大大缩短，从而使得 LG 电解槽的使用寿命不太理想。Magnola 工艺利用蛇纹石中的氯化镁进行电解来生产镁，采用浓盐酸浸泡石棉矿尾渣制备氯化镁溶液，通过调节 pH 值和离子交换技术生产浓缩的超高纯度 $MgCl_2$ 溶液，然后进行脱水和电解。加拿大也开发了这种工艺，利用石棉矿尾渣中的硅酸镁来制备镁。

9.4.2 海绵钛配套镁电解

海绵钛配套的镁电解及精炼工序就是向 $MgCl_2$–KCl–$NaCl$ 三元电解质体系通入直流电，在电解槽中将氯化镁电解得到粗镁和氯气，氯气经除尘、压缩后送氯化工序作为原料使用，电解粗镁进一步精炼后得到精镁送还原工序使用，主要包括镁电解、镁精炼、氯气净化压送三部分。

9.4.2.1 镁电解工艺

镁电解：将电解质熔体在头槽内完成初步净化和成分、温度的调整，在两个上插阳极电解槽内，进一步净化电解质中的有害杂质并电解得到镁和氯气，再经过下插阳极流水线电解槽电解得到镁和氯气，镁在分离槽分离并汇集，电解质经真空离心泵返回头槽循环使用，阳极氯气通过每个电解槽上的氯气管道送氯气净化压缩处理系统。

镁精炼：将电解产生的粗镁和外购镁锭熔化后的液镁精炼成符合要求的精镁。

氯气净化压送：以氯压机产生的负压为动力，通过氯气管道将电解产生的阳极氯气送袋式过滤器除去电解升华物，再送硫酸干燥塔干燥、过滤，最后将在氯压机内压缩为 0.10~0.15MPa 压力的氯气后送氯化工序。

海绵钛配套镁电解主要工艺系统主要物料平衡见图 9-5。

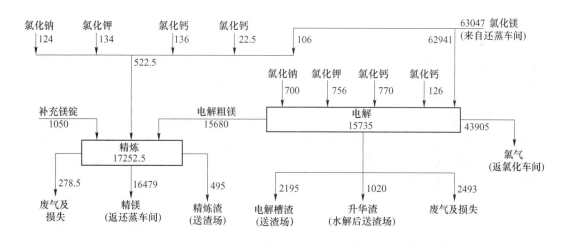

图 9-5　海绵钛配套镁电解工艺系统主要物料平衡

(图中数据单位为 t/a)

氯平衡：镁电解生产系统氯元素带入主要来自还原蒸馏车间的 $MgCl_2$ 及电解工序和精炼工序加入的熔盐，电解过程中绝大部分 Cl 形成氯气经净化后返回氯化车间循环使用，其余部分进入废气和废渣中。

镁电解生产系统中氯元素平衡见表 9-6。

表 9-6 镁电解生产系统中氯元素平衡

工序	投 入				产 出			
	物料名称	数量/t·a⁻¹	Cl含量/%	Cl量/t	物料名称	数量/t·a⁻¹	Cl含量/%	Cl量/t
电解车间	氯化镁	62941	75	47206	粗镁	15680	0.5	78.4
	氯化钠	700	58	406	氯气	43905	100	43905
	氯化钾	756	45	340	电解槽渣	2195	60	1317
	氯化钙	770	61	470	升华渣	1020	57.2	583
					损失			132.6
					废气			1596
					其中中和废液	19450	80	(1556)
					外排废气	133330	30	(40)
	合计			48422	合计			48422
精炼车间	粗镁	15680	1	78.4	精镁	16479	0.005	1
	氯化镁	106	75	80	精炼渣	495	40	197.6
	氯化钠	124	58	72	损失			106
	氯化钾	134	45	60	废气			68.8
	氯化钙	136	61	83	其中中和废液	830	80.9	(67.15)
					外排	8000	30	1.65
	合计			373.4	合计			373.4

注：表中带括号的数据为平均值。

9.4.2.2 镁电解生产系统

A 镁电解集镁室

电解槽由电解室和集镁室两部分组成，钢阴极和石墨阳极位于电解室，$MgCl_2$ 在电解室电解成 Mg 和 Cl_2，Cl_2 汇集在电解室上部空间，由 Cl_2 支管排出，经氯压机送至氯化工段，电解好的熔体镁汇集在集镁室，集镁室气体中含有一定量的 Cl_2、HCl，采用密闭+收尘罩收集，经卫生排气管引入地下烟道进入尾气处理系统处理。

B 电解渣分离槽

电解车间安装 2 台渣分离槽，电解槽定期出渣，渣与电解质被吸入真空抬包，放入渣分离槽进行保温沉降，使渣沉至槽底部，电解质在渣层上面，用真空抬包抽出返回电解槽。在渣沉淀、出渣过程中有微量 HCl 和升华物排出，为减少 HCl 和升华物对车间内工作环境的影响，在渣分离槽上设有卫生排气管，将废气经地下烟道引入尾气处理系统处理。

C 精炼炉

精炼车间在生产过程中，精炼炉和清洗炉均有微量 HCl 和升华物产生，为减少废气对车间环境的影响，设置卫生排气管将废气经地下烟道送入尾气处理系统处理。

D 镁电解车间尾气处理系统

镁电解车间尾气处理系统：集镁室、电解渣分离槽、精炼炉废气进入尾气处理系统，系统1组清洗塔，采用四级（三级碱洗+一级气液分离）串联式洗涤塔。第一、二、三级洗涤塔采用NaOH溶液喷淋，洗涤Cl_2、HCl，Cl_2净化效率大于98%、HCl净化效率大于99%，第四级塔为气液分离塔。经处理后由一座120m排气筒排放，排放气体中的Cl_2浓度小于20mg/m³、HCl浓度小于1.0mg/m³，满足《大气污染物综合排放标准》二级的要求。

还原蒸馏废气和镁电解车间废气分别经净化装置处理后共用1根120m排气筒排放。

E 无组织排放废气处理系统

氯化精制、还原蒸馏、镁电解等生产过程中，会产生大量无组织废气，主要污染物为Cl_2、HCl和颗粒物，企业主要通过将各无组织排放废气转化为有组织并通过净化处理后排放，但仍会有部分污染物外逸，是不可避免的，其排放量主要与工艺技术水平、设备、仪表、管线质量及操作管理水平等诸多因素有关。针对这些无组织排放废气，企业主要通过加强操作管理水平，对设备和管道进行维护检修，加强车间通风，配套自动报警装置以及在贮存区划设卫生防护距离等措施减少无组织排放量及降低事故风险。

9.5 废盐酸再生

钛产业运转过程中产生废盐酸的途径比较多，一方面氯化过程产生废盐酸，另一方面人造金红石生产过程混杂氯化铁的低浓度盐酸，由于含有相当多的杂质，同时盐酸浓度比较低，活性差，应用受到限制，必须考虑再生利用。

9.5.1 氯化铁体系盐酸再生

在人造金红石生产过程中，随着钛铁矿或者钛渣中非钛可溶杂质在盐酸中的充分溶解，盐酸浓度和活性降低，铁、钙、镁以及极少量钛溶解进入溶液，形成以铁为主的盐酸介质多元素可溶体系溶液，持续积累后再生盐酸，回收氧化铁。

直接焙烧法有逆流加热的喷雾焙烧法和顺流加热的流化床焙烧法，两者原理相同。利用$FeCl_2$在高温、有充足水蒸气和适量空气的条件下能定量水解的特性，在焙烧炉中直接将$FeCl_2$转化为盐酸和Fe_2O_3，反应生成的和从酸里蒸发出来的HCl气体被水吸收得到质量分数为18%左右的再生盐酸。

Fe_2O_3进入反应炉底部，通过输送管道进入铁粉料仓。该法既可回收资源，又解决了废酸的环保问题，属于国家鼓励的治理技术。流化床焙烧法处理废液量大，温度较低，反应时间较长，盐酸回收率高，环保效果好。喷雾焙烧法反应温度高，盐酸再生率达99%以上，回收的盐酸质量分数约为18%，无二次污染。但该法投资大，占地面积大，运行成本高，消耗大量冷却水、电、燃料（天然气、液化气等），因此喷雾焙烧法仅适合于大型企业。

废酸通过预浓缩器循环泵送至预浓缩器顶部进行喷洒。与来自焙烧炉的炉气（400℃）进行直接热交换，将废酸中的部分水分蒸发掉，废酸液得到了浓缩。浓缩后的废酸由焙烧炉给料泵经废酸过滤站送至焙烧炉顶部，再经喷杆、喷嘴进入焙烧炉进行喷洒。焙烧炉设有3杆喷枪，每杆喷枪上各装有5个喷嘴，喷枪可自动地插入焙烧炉内部。

废酸再生系统焙烧炉本体是一个钢壳，其内衬有耐火耐酸砖，在本体上呈切线布置3个烧嘴加热，烘干来自喷嘴的预浓缩酸液滴，而在焙烧炉的热区域内（500~800℃），$FeCl_2$按照下述方程分解：

$$2FeCl_2 + 2H_2O + 1/2O_2 \rightleftharpoons Fe_2O_3 + 4HCl \tag{9-16}$$

固体颗粒（Fe_2O_3）以粉末的形式落在焙烧炉下部锥形体中，并用一个旋转阀排放出去，旋转阀可以使焙烧炉内部的气体同外部气体隔离开。在旋转阀的上部安装了一个氧化物块破碎。

9.5.2　废盐酸再生

钛产业在四氯化钛生产过程中产生一定量的废盐酸，含铁等杂质，品位波动大，直接应用比较困难。

9.5.2.1　萃取法

萃取是溶质在两种互不混溶的溶剂中具有不同溶解度的基础上实现物质的提纯分离。一种方法是在废酸液中使用萃取剂，它能溶解氯化氢但不能溶解氯化亚铁，从而使废酸液中的氯化氢和氯化亚铁分离，再用水把已溶解在萃取剂中的氯化氢进行反萃取，得到盐酸。这种方法酸的回收率较高，为所用酸的80%～90%，仅次于喷雾焙烧法。另一种方法是用萃取剂将废酸中的酸与$FeCl_2$分离，通过补充Cl_2使$FeCl_2$成为$FeCl_3$。

该法仅能回收废酸中的游离酸，回收酸的浓度为4%～8%，需浓缩后加入新酸才能使用，酸的回收率仅为所用酸的20%～25%。有研究将负压蒸馏与萃取浓缩结合处理糖精钠生产中的含铜废酸液，得到浓度为30%的盐酸，该盐酸可直接应用于工业。也有研究采用25%N235+65%煤油+10%丙三醇（均为体积分数）的有机相组成，在相比O/A＝1或1级萃取的条件下，处理含铁（11g/L）、高酸（5.85mol/LHCl）废溶液。结果表明铁的萃取率达99.8%，萃余液废盐酸浓度为5.4mol/L、铁质量浓度小于0.05g/L，实现了铁、酸的分离，盐酸得到再生利用。某发明的一种稀废盐酸半连续萃取蒸馏制取浓盐酸的方法，在蒸馏釜中加入摩尔分数为25.0%～32.3%的硫酸作萃取剂，加热沸腾；稀废盐酸半连续加入，硫酸水溶液始终处于沸腾状态进行常压或减压萃取蒸馏，釜温为155～165℃时馏出物为氯化氢气体，稀盐酸的回收率在93%以上，该法适合于含HCl质量分数为3.0%～27%的各类稀废盐酸的回收。

9.5.2.2　中和置换法

中和法采用大量石灰与废盐酸发生中和反应，而后将其直接排放。这是处理酸洗废液最古老的一种方法。该法工艺简单，对设备要求不高。但在处理废酸液过程中，会产生氢氧化铁和大量废水，致使污水难以达标排放，带来二次污染；同时，该法需人力较多，占用场地大，还需要进一步解决废渣堆放、运输问题。因此该法只适用于规模小的废酸处理企业。由于采用简单蒸发工艺得到的盐酸浓度低，而且量少，有研究提出了硫酸置换法——在废盐酸中加入硫酸，使其与废酸中的氯化亚铁发生置换反应，得到硫酸亚铁和HCl。最后通过负压蒸发，分离出硫酸亚铁和盐酸。也有研究采用硫酸置换法处理金属表面酸洗废液，再生盐酸浓度高，且回收的硫酸亚铁可达工业级标准。同样有研究通过单因素实验与正交试验研究了氢氧化钙中和废酸，指出：在最佳的工艺参数下，铁的去除率可达76.0%；与硫酸置换过程中，在最适的工艺参数下，再生盐酸浓度可达23.1%。有研究将废酸通过浓缩精馏、酸化制得HCl气体，在吸收成盐酸的处理中，废酸中Cl^-的回收率达到85%，得到的盐酸浓度达34%，同时副产氧化铁红和磷肥。

9.5.2.3 膜分离法

离子交换法、扩散渗析法、电渗析法都属于膜分离法，他们都能实现酸盐的分离。离子交换法是利用某些离子交换树脂从废酸溶液中吸收酸，排放金属盐的功能实现酸盐分离的方法，回收率达 70% 以上。该法能耗低；工艺流程短，易操作；若常温处理，可提高设备和管道的使用寿命，减少氯化物的溢出。但是，常温处理回收盐酸的浓度偏低，需添加浓盐酸才能使用。有研究采用强碱性阴离子交换树脂使铁铸件盐酸洗液得到循环利用。也有研究采用阴离子交换膜对盐酸酸洗废液进行了分离，酸的回收率达到 90%，回收酸中亚铁盐的质量浓度小于 10g/L。

另有研究从稀土金属开采产生的盐酸废液中利用阴离子交换树脂回收再生盐酸，采用以废治废的原则，使处理后的盐酸溶液可以继续循环利用。扩散渗析是使高浓度溶液中的溶质透过薄膜向低浓度溶液中迁移的过程，渗析过程能耗低、运转费用省、环境污染小，但该法分离效率低，设备投资较大。也有研究采用 DF120 膜，水酸流量比为 1 时，流量在 0.35L/h 的条件下，实现了盐酸再生利用。同样有研究采用扩散渗析法（S-203 膜）处理不同行业生产中的酸洗废液，如某厂中盐酸的回收率达 72% ~ 87.18%、某高校完成的 $AlCl_3$ 和 HC 废液的分离回收试验，盐酸回收率达 85% ~ 90%。

膜蒸馏法是一种利用疏水性微孔膜、以膜两侧的蒸汽压力差为驱动力的膜分离过程。首先利用低温膜蒸馏技术分离亚铁盐和盐酸，亚铁盐溶液经浓缩结晶制成亚铁盐晶体，稀盐酸经浓缩膜蒸馏技术浓度提高到 20% 左右。这种方法几乎可以回收全部盐酸，再生盐酸浓度达 20%，能有效地进行酸洗重复使用，且铁盐综合回收率在 98% 以上。膜蒸馏法比扩散渗析法能耗高，但是盐酸再生能带来可观的经济效益。有研究根据盐酸酸洗钢板废液的特点，将废液经升膜蒸发器蒸发后再进行降膜蒸发器蒸发，将升膜蒸发器和降膜蒸发器产生的盐酸气体经冷凝器冷却制得盐酸，降膜蒸发器产生的高温残液经冷却、分离后得到氯化亚铁固体，实现了盐酸的再生利用。电渗析是利用电产生的推动力使阴、阳离子分别向阴、阳膜移动并通过，从而达到分离的目的。这种方法不仅能有效回收废水中的有用物质，还可以使废液中的酸达到一定浓度，进而循环利用。但该法会产生副产物氯气，而氯气会破坏膜。也有研究采用 DF120 型均相阴离子交换膜进行电渗析处理酸洗废水，在静态条件下电解反应 240min 后，铁的回收率可达 95%，阴极液出水 pH 值（由 HCl 控制）为 5.13，Fe^{2+} 小于 60mg/L，阳极液出水 pH 值为 1.43；动态条件下，盐酸酸洗废水中的铁回收率可达 91.8%，阴极液出水 pH 值为 6.00，Fe^{2+} 质量浓度小于 60mg/L，阳极液出水 pH 值为 1.00，Fe^{2+} 质量浓度小于 25mg/L，实现了酸与盐的分离。

9.5.2.4 稀盐酸的处理方法

A 蒸发浓缩法

氯化聚乙烯、聚氯乙烯及异氰酸酯类企业产生的不含亚铁离子且纯度较高的稀盐酸的处理方法，主要采用蒸发浓缩法进行回收。某厂将过量的氯化氢气体经过泡沫塔吸收成盐酸，再通过脱吸塔返回氯化氢系统，进行循环利用，既避免了废酸的排放，又减少了因排放而带走的部分氯乙烯气体，改善了工作环境。

B 盐酸解析法

盐酸解析是浓盐酸在低压高温的解析塔内与经过再沸器加热的高温氯化氢与水蒸气进

行连续接触逆流传质、传热的过程中，浓盐酸靠重力沿填料表面下降，与上升的气体接触，从而使上升气体中氯化氢含量不断增加，在塔顶得到含饱和水的氯化氢气体，通过常温一级冷却与深度二级冷却得到 99%以上的氯化氢气体，而塔底得到的恒沸酸在高压高温的解析塔内与破沸剂溶液混合，利用打破共沸点的原理，将氯化氢气体再次分离出来，破沸剂溶液经处理后循环使用。有研究将杨酸解析工艺应用于 PAC 副产废酸治理的生产技术中，将解析出的 HCl 气体作为合成 VCM 的原料气，回收率达 85%。但是，在盐酸溶液加热解析出高纯度氯化氢气体的工艺中，要求盐酸的质量分数在 28%~32%的范围内，否则蒸汽消耗太大，操作运行成本较高。也有研究利用盐酸零解析工艺将合成氯乙烯后的废酸水解析，得到高纯度的氯化氢气体，使最终废水中含酸量小于 1%，提高了 PAC 产能。同样有研究采用盐酸解吸工艺处理副产盐酸，使得年副产约 6 万吨（质量分数为 30%）的盐酸经解析装置处理，成为 HCl 气体生产聚氯乙烯，使资源得到充分利用，提高了企业的经济效益。

C　电解法

在氯碱行业中，有研究采用隔膜电解法对低浓度盐酸废液回用。实验采用工业中的滤压式电解槽对 HCl 进行电解，生成的 Cl_2 直接进入合成流程。当电解液为质量分数 7%HCl 与 NaCl 的混合液，电解温度为 70℃，流量为 8mL/min，电流密度为 0.2A/cm^2 时，电解效果最佳。电解法虽然耗电量大，但以较高纯度的稀盐酸替代水溶解食盐进行电解制备氯气，减少了纯水的用量，产生的氯气回用于化工生产，可以实现资源的循环利用。

10　钛白副产绿矾硫酸亚铁综合利用

目前国内98%以上钛白生产厂家都采用硫酸法生产，在硫酸法生产钛白的过程中，根据钛精矿矿源不同，每生产1t钛白将产生2.5~4t七水硫酸亚铁（俗称绿矾），硫酸亚铁中除了含主要成分绿矾外，还含有一定的 $MgSO_4 \cdot 7H_2O$、$MnSO_4 \cdot 5H_2O$、$Al_2(SO_4)_3 \cdot 18H_2O$、$CaSO_4 \cdot 2H_2O$ 等物质。这些硫酸亚铁若不经处理直接排放，不仅污染环境，还造成资源的严重浪费。如何处理这些硫酸亚铁，综合利用其中有价值的部分已成为钛白生产者和科研工作者亟待解决的难题。随着钛白粉产量的不断增多，硫酸亚铁的综合利用问题越来越突出。

硫酸亚铁是一种具有较高价值的物质，通过适当的物理化学方法进行除杂提纯，可对这些废副硫酸亚铁加以利用，提高硫酸亚铁资源利用的附加值，这样既可解决硫酸亚铁排放带来的环保问题，又可给钛白企业带来了经济效益。纵观国内外学者对硫酸亚铁综合利用的研究以及对各种利用途径的比较，氧化铁颜料、肥料和饲料添加剂是硫酸亚铁综合利用的两种主要途径。因此，中小型钛白企业首先应考虑通过生产氧化铁颜料的方式利用硫酸亚铁，其次应根据自身资源优势处理硫酸亚铁，而大型钛白企业应综合考虑多种方法利用硫酸亚铁。随着钛白工业的发展，副产硫酸亚铁越来越多。因此，根据市场需求，不断开发以硫酸亚铁为原料的新技术新产品，并使之工业化，这对充分利用废物资源，变废为宝，发展国民经济有着十分重要的现实意义。而在钛白生产过程中，要想彻底消除硫酸亚铁，应大力提倡利用酸溶性钛渣代替钛精矿。

10.1　绿矾硫酸亚铁的精制和提纯

七水硫酸亚铁是硫酸法钛白工业的副产物，分子式为 $FeSO_4 \cdot 7H_2O$，相对分子质量为278.05，为蓝绿色单斜晶体，易溶于水，呈偏酸性，暴露在空气中易氧化，表面会生成棕黄色的碱式硫酸铁，在64℃时，容易失去6个结晶水，成为一水硫酸亚铁，300℃时，失去全部结晶水成无水物。七水硫酸亚铁含有约8%的吸附水和45%的结晶水，其有效含量仅为47%，加上自身的经济价值较低，容易造成污染不宜长距离运输。

表10-1给出了硫酸法钛白副产绿矾的化学组成，硫酸亚铁中含有多种杂质，如不经过净化直接用做颜料，或用作净水剂，它将影响其使用。当硫酸亚铁中 TiO_2 含量超过0.3%时，对氧化铁颜料的色相大有影响，因此在使用前必须预先精制提纯。而提纯的方法有沉淀分离法、还原及重结晶法、离子交换法等。

表 10-1　绿矾硫酸亚铁的组成　（%）

化学成分	$FeSO_4 \cdot 7H_2O$	$MgSO_4 \cdot 7H_2O$	$MnSO_4 \cdot 5H_2O$	$Al_2(SO_4)_3 \cdot 18H_2O$	$CaSO_4 \cdot 2H_2O$	$TiOSO_4$	水不溶物	其他
含量	88~95	1~6	0.3~3	0.25~0.8	0.1~0.9	0.1~0.6	1~5	0.2~0.8

10.1.1　沉淀分离法

将硫酸亚铁溶解于水，制成一定浓度的溶液，投入少量铁屑并加以搅拌，溶液中的Fe^{3+}还原成Fe^{2+}，经过一段时间后，让溶液静置，使剩余铁屑及不溶物沉降。取出上层清液，加入约0.1%硫化钡饱和溶液，在搅拌下加热至沸腾，并保温2h，此时大多数金属杂质成为硫化物沉淀，而钛则水解为偏钛酸析出。趁热加入0.3%~0.5%的絮凝剂聚丙烯酰胺，搅拌2~3min，沉淀物迅速沉降。

再取出上层清液，将少量铁屑投入清液中，并将溶液蒸发浓缩，在70~80℃进行热过滤，冷却至10℃以下并缓慢搅拌，$FeSO_4 \cdot 7H_2O$结晶析出，经离心除去母液，用少量纯硫酸酸化至pH值为3的冷蒸馏水洗涤，取出硫酸亚铁结晶，在常温风干24h后成为产品。经此方法处理前后的硫酸亚铁质量对比见表10-2。

表10-2　硫酸亚铁处理前后对比

项　目	$FeSO_4 \cdot 7H_2O$/%	Mn/%	Ti（定性）	重金属（定性）
处理前	90.00	0.25	有	有
处理后	96.95	0.08	无	无

10.1.2　还原及重结晶法

若$FeSO_4 \cdot 7H_2O$含量在90%~95%，则加热至80℃左右，用水溶解成饱和溶液，用H_2SO_4调节pH值至2.0~2.5，并在熔池内投入一定量的铁屑，使Fe^{3+}还原成Fe^{2+}。若含量低于90%，则还应重结晶，重结晶法除杂质利用硫酸亚铁溶解度随温度变化较大的原理。

10.1.3　离子交换法

前苏联国立涂料研究设计院用离子交换法处理硫酸亚铁，其方法过程大致为：把硫酸亚铁在钛白水解废酸（15%~20%）中打浆，此时硫酸亚铁仍为固相，而硫酸亚铁中的杂质经过打浆进入液相废酸中，然后经真空或离心分离即可获得精制提纯的硫酸亚铁。

10.2　制备氧化铁颜料

人工合成的氧化铁颜料也称为马斯颜料（Mars Pigment），包括红、黄、黑、棕等各种颜色的氧化铁系颜料品种，氧化铁颜料是一种重要的无机颜料，一般都具有耐碱、耐晒、无毒、价廉等优点，广泛应用于涂料、塑料、橡胶、建筑等行业，是硫酸亚铁综合利用的主要途径之一。

10.2.1　氧化铁红

氧化铁红是纯粹的氧化铁，化学式为Fe_2O_3，红色粉末，由于其遮盖力和着色力很强，且具有优良的耐光、耐高温、耐一切碱类等性质，普遍用于建筑、油漆、塑料等工业，它是铁系颜料中最重要的一种。用硫酸亚铁制备氧化铁红可分为干法和湿法两种。

10.2.1.1 干法

干法生产氧化铁红有喷雾煅烧法、直接煅烧法、一水硫酸亚铁加炭煅烧法、一水硫酸亚铁加硫黄煅烧法等方法。其中直接煅烧法由于工艺简单、设备要求低、经济效益好、无"三废"排放等优点，普遍应用于钛白企业。

直接煅烧法是将提纯后的绿矾放入脱水炉（锅）中，用炉火加热脱水。当100~300℃物料逐渐脱水，有绿色结晶变为白色粉团，即为 $FeSO_4 \cdot H_2O$，然后在800℃下煅烧生成粗氧化铁红（Fe_2O_3），把此粗氧化铁红粉碎、水洗、干燥、再粉碎即为成品，废气 SO_3 可回收用于制硫酸，该法煅烧温度很重要，温度偏低时色相带黄相，温度偏高时色相带蓝相，其化学反应式如下：

$$FeSO_4 \cdot 7H_2O \xrightarrow{\triangle} FeSO_4 \cdot H_2O + 6H_2O \qquad (10\text{-}1)$$

$$6FeSO_4 \cdot H_2O + 1.5O_2 \xrightarrow{\triangle} Fe_2O_3 + 2Fe_2(SO_4)_3 + 6H_2O \qquad (10\text{-}2)$$

$$2Fe_2(SO_4)_3 \xrightarrow{\triangle} 2Fe_2O_3 + 6SO_3 \qquad (10\text{-}3)$$

其工艺流程示意见图 10-1。

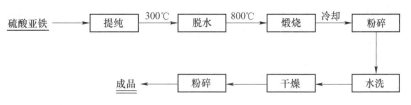

图 10-1 直接煅烧法生产氧化铁红工艺流程

10.2.1.2 湿法

典型的湿法生产氧化铁红经过硫酸亚铁的精制提纯、晶种的制备以及铁红的合成等三个步骤。

A 晶种制备

将精制提纯的硫酸亚铁溶液取出一部分稀释到一定浓度后，在搅拌下缓慢加入氨水，在常温下进行反应，调节 pH 值至8.5~9之间，当获得墨绿色沉淀后，向浆液连续通入压缩空气进行氧化反应，直到生成红色的 γ-FeOOH 晶体，作为晶种，其反应式为：

$$2FeSO_4 + 4NH_4OH + 0.5O_2 \longrightarrow 2\gamma\text{-}FeOOH + 2(NH_4)_2SO_4 + H_2O \qquad (10\text{-}4)$$

B 铁红的合成

把上述制备好的晶种悬浮液加热到80℃，在连续通入压缩空气的同时，加入精制的硫酸亚铁溶液及中和剂氨水，控制 pH 值为5~6，最后氧化得到 α-$Fe_2O_3 \cdot H_2O$。晶种也转化为 α-$Fe_2O_3 \cdot H_2O$，其反应式为：

$$2FeSO_4 + 0.5O_2 + 4NH_4OH \longrightarrow \alpha - Fe_2O_3 \cdot H_2O + 2(NH_4)_2SO_4 + H_2O$$
$$(10\text{-}5)$$

$$2\gamma\text{-}FeOOH \longrightarrow \alpha - Fe_2O_3 \cdot H_2O \qquad (10\text{-}6)$$

经沉降、压滤、洗涤，在105℃以下进行干燥，温度在800℃下煅烧即得到氧化铁红，反应式为：

$$\alpha - Fe_2O_3 \cdot H_2O \xrightarrow{\triangle} Fe_2O_3 + H_2O \qquad (10\text{-}7)$$

其工艺流程示意见图 10-2。

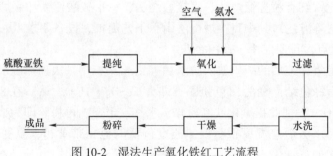

图 10-2　湿法生产氧化铁红工艺流程

10.2.2　氧化铁黄

氧化铁黄也是铁系颜料中的一种，正确名称应为 α-水合氧化铁，分子式为 $FeSO_4 \cdot H_2O$，属于针铁矿型，其制法与湿法制备氧化铁工艺类似。

10.2.2.1　晶种制备

将绿矾配成 45%~50% 的溶液，澄清后加入晶种桶，然后加入 NaOH 溶液使其生产 $Fe(OH)_2$，再在常温下通入空气进行氧化生成淡黄棕色的 $Fe_2O_3 \cdot H_2O$ 的胶状晶核，即为晶种。其反应式如下：

$$FeSO_4 + 2NaOH \longrightarrow Fe(OH)_2 \downarrow + Na_2SO_4 \tag{10-8}$$

$$4Fe(OH)_2 + O_2 \longrightarrow 2Fe_2O_3 \cdot H_2O + 2H_2O \tag{10-9}$$

10.2.2.2　制取氧化铁黄

将晶种作为反应基质，在晶种悬浮液中加入绿矾作为反应介质，同时加入铁屑，并加热到 70~75℃，鼓入空气使 $FeSO_4$ 进行水解和氧化，生成 $Fe_2O_3 \cdot H_2O$ 和 H_2SO_4，新生成的 H_2SO_4 又与铁屑作用生成新的 $FeSO_4$，$FeSO_4$ 继续生成 $Fe_2O_3 \cdot H_2O$。而新生成的 $Fe_2O_3 \cdot H_2O$ 包裹着晶核，不断长大，颜料粒子的色泽逐渐由浅到深，直到其颜色与标准样品相同，即可停止氧化，制取完成。其反应式为：

$$4FeSO_4 + 6H_2O + O_2 \longrightarrow 2Fe_2O_3 \cdot H_2O \downarrow + 4H_2SO_4 \tag{10-10}$$

$$H_2SO_4 + Fe \longrightarrow FeSO_4 + H_2 \uparrow \tag{10-11}$$

10.2.3　氧化铁黑

氧化铁黑是铁系颜料中的一种，其化学式为 Fe_3O_4，主要用于建筑工业，用硫酸亚铁制氧化铁黑主要采用两种方式。

（1）在硫酸亚铁溶液内加入纯碱，用水蒸气加热至 95℃，然后过滤、水洗、烘干、粉碎制得。其化学反应式如下：

$$6FeSO_4 + 6Na_2CO_3 + O_2 \longrightarrow 2Fe_3O_4 + 6Na_2SO_4 + 6CO_2 \uparrow \tag{10-12}$$

在制造时，纯碱的加入量要一直加到溶液具有较强的碱性才行，因为氧化铁黑是在碱性高温溶液中反应生成的。

（2）硫酸亚铁与氢氧化钠反应生成氢氧化亚铁，然后高温脱水获得氧化亚铁，新生成的氧化亚铁再与三氧化二铁反应生成黑色的四氧化三铁。其反应式为：

$$FeSO_4 + 2NaOH \longrightarrow Fe(OH)_2\downarrow + Na_2SO_4 \qquad (10-13)$$

$$Fe(OH)_2 \xrightarrow{\triangle} FeO + H_2O \qquad (10-14)$$

$$FeO + Fe_2O_3 \longrightarrow Fe_3O_4 \qquad (10-15)$$

制造时原料配比为：$FeSO_4 : Fe_2O_3 : NaOH = 2.2 : 1 : 2.2$，先把 $FeSO_4$ 溶液加热到 60℃左右，加入 Fe_2O_3，升温至沸腾，缓慢加入 NaOH 中和至 pH 值为 7~8，然后检查色光是否合格，色光可通过调整 $FeSO_4$ 的加入量来控制，色光达到要求后，继续第二次按上述比例加入物料进行中和反应，反应接近灰点时加入 NH_4NO_3 溶液，使残存的 Fe^{2+} 转化为 Fe^{3+}，当色光达到标样以后停止搅拌放料，沉淀、水洗、压滤、干燥，粉碎即为成品。其工艺流程见图 10-3。

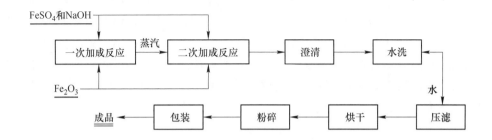

图 10-3　生产氧化铁黑工艺流程

10.2.4　其他铁系颜料

把上述铁系颜料进一步深加工，还可以制得其他衍生铁系颜料，如把氧化铁红、氧化铁黑以及少量的氧化铁黄，按一定比例混合分散，可以制得氧化铁棕颜料。氧化铁棕颜料也可以用硫酸亚铁和硫酸铝与碳酸钠反应，把其沉淀物在 400℃下煅烧后得到。

硫酸亚铁也可以生产铁蓝，铁蓝又称华蓝，化学式为 $FeNH_4Fe(CN)_6$，它是在涂料和油漆中被广泛使用的一种无机颜料，可以用硫酸亚铁与黄血酸盐（钾或钠）反应制得。

生产时把 $FeSO_4$ 事先用 H_2SO_4 和 Fe 屑净化，使亚铁中的 Fe^{3+} 还原呈 Fe^{2+}，把净化后的 $FeSO_4$ 溶液加到黄血酸盐溶液中，升温至 90~100℃，加入 $(NH_4)_2SO_4$，同时加入 H_2SO_4 熟化 2h，随后冷却至 70~75℃，缓慢加入 $KClO_3$ 溶液进行氧化，保温 2~3h 使 Fe^{2+} 氧化成 Fe^{3+} 呈蓝色，然后过滤、水洗，加入奈酸锌或环烷酸锌助剂以提高它在研磨时的润湿性和分散性并能防止退色，接着干燥，粉碎后即为铁蓝成品。

10.3　净水絮凝剂

10.3.1　直接作净水絮凝剂

经提纯处理后的硫酸亚铁可以代替明矾在自来水和工业废水的处理中直接做净水絮凝剂。它对凝聚物沉降快，絮凝的压缩比小，价格低廉，加入量随水的浓度而异，通常为 $(5~25)\times10^{-6}$。

将硫酸亚铁溶液直接加到被处理的水中，在水中通入 Cl_2 氧化，并且在水中溶解的 O_2 或鼓入的 O_2 将 Fe^{2+} 氧化成 Fe^{3+}，然后水解生成胶体 $Fe(OH)_3$，胶体 $Fe(OH)_3$ 在凝聚的过程中，与水中的固体杂质发生共沉淀作用，使水得到净化。其反应式为：

$$6FeSO_4 + 3Cl_2 \longrightarrow 2Fe_2(SO_4)_3 + 2FeCl_3 \qquad (10\text{-}16)$$

$$12FeSO_4 + 6H_2O + 3O_2 \longrightarrow 4Fe_2(SO_4)_3 + 4Fe(OH)_3\downarrow \qquad (10\text{-}17)$$

$$Fe_2(SO_4)_3 + 6H_2O \longrightarrow 2Fe(OH)_3\downarrow + 3H_2SO_4 \qquad (10\text{-}18)$$

$$FeCl_3 + 3H_2O \longrightarrow Fe(OH)_3\downarrow + 3HCl \qquad (10\text{-}19)$$

10.3.2　生产聚合硫酸铁作净水剂

聚合硫酸铁又称为羟基硫酸铁，简称聚铁（PFS），它是 20 世纪 70 年代发展起来的净水絮凝剂。1976 年日本公开了第一专利（日特昭 51-17516），以绿矾为原料，在催化剂 $NaNO_2$ 存在下，温度为 20~70℃，压力为 490.3Pa，以氧气进行氧化而制得。1980 年日本专利（日特昭 56-104925）和同年苏联专利（SU966016）分别提出以硫酸法钛白生产中的废酸和副产硫酸亚铁为原料制备聚合硫酸亚铁的方法。我国在 20 世纪 80~90 年代初亦公布了多项关于该制法的专利，这些专利对原料来源、技术条件、操作步骤、催化剂和氧化剂的选择等方面作了大量的改进。

聚铁是一种高效光谱的高分子无机絮凝剂，具有多核配离子结构，属于阳离子电荷密度很高的高效无机高分子混凝剂，其分子式为 $\left[Fe_2(OH)_n(SO_4)_3 - \frac{n}{2}\right]_m$，式中，$n$ 小于 2，m（聚合度）大于 10，$m = f(n)$。聚铁有液体和固体两种形式，其制法各有不同。

10.3.2.1　液体聚铁的制法

液体聚铁的制备方法主要有两种。

A　催化氧化法

把硫酸亚铁溶液与硫酸和催化剂（$NaNO_2$、H_2O_2 和 MnO）混合，用氧气直接氧化，由于催化剂存在可以使硫酸亚铁在酸性条件下氧化，其化学反应式为：

$$2FeSO_4 + 2NaNO_2 + H_2SO_4 \longrightarrow 2Fe(OH)SO_4 + Na_2SO_4 + 2NO \qquad (10\text{-}20)$$

$$FeSO_4 + NO \longrightarrow Fe(NO)SO_4 \qquad (10\text{-}21)$$

$$2Fe(NO)SO_4 + 0.5O_2 + H_2O \longrightarrow 2Fe(OH)SO_4 + 2NO \qquad (10\text{-}22)$$

$$2NO + 0.5O_2 \longrightarrow N_2O_3 \qquad (10\text{-}23)$$

$$2NO + O_2 \longrightarrow 2NO_2 \qquad (10\text{-}24)$$

$$2FeSO_4 + N_2O_3 + H_2O \longrightarrow 2Fe(OH)SO_4 + 2NO \qquad (10\text{-}25)$$

$$2FeSO_4 + NO_2 + H_2O \longrightarrow 2Fe(OH)SO_4 + NO \qquad (10\text{-}26)$$

由于此法工艺简单，成本低，我国大部分工厂都采用此法，但是此法是气液反应，反应时间长，催化剂用量大，反应产生的 NO、NO_2 污染环境需要处理。

B　直接氧化法

此法是把氧化剂（H_2O_2、$KClO_3$ 和 HNO_3）等直接与 $FeSO_4$ 溶液进行氧化反应，其中 H_2O_2 法是把 $FeSO_4$ 溶液与 H_2SO_4 混合加热搅拌升温至 50℃，加入 H_2O_2 进行氧化，即可制得液体聚铁。但是 H_2O_2 价格昂贵，不易保存，使用效率低。另外一种方法是把一部分

$FeSO_4$ 溶液与 H_2O_2 反应制得氧化剂（A），再用氨水中和另一部分 $FeSO_4$ 溶液至 pH 值到 8~9,生成一种墨绿色母液（B），然后按一定比例将 A、B 两种溶液在常温下混合反应 1.5h，即得到红棕色的液体聚铁。

由于 $KClO_3$ 在酸性条件下是强氧化剂，操作时把 $FeSO_4$ 溶液与 H_2SO_4 混合加热至 40~50℃，加入 $KClO_3$ 进行氧化即可得到聚铁，但此法中混有 Cl^- 根和残留的 $KClO_3$，在有些领域中不能使用，而且 $KClO_3$ 价格也较贵。

HNO_3 法是把 $FeSO_4$、H_2SO_4 和 HNO_3 按一定比例混合，在 50~70℃，0.1~0.2MPa 下通入空气氧化，然后在 102~103℃下完成水解聚合，该法反应时间较短，仅为 2h，所得产品浓度较高，但是加压生产，设备投资高，同样存在 NO、NO_2 污染问题。

10.3.2.2 固体聚铁的制法

固体聚铁的生产方法有很多，重点有两种制备方法。

（1）把 $FeSO_4$ 在回转窑内加热至 150~400℃脱水，同时通入空气使其氧化（也可以直接通入氧气），待氧化完全后缓慢加入 H_2SO_4 进行酸化聚合，然后冷却粉碎，该法能耗高，质量不稳定，环境污染严重。

（2）用液体聚铁直接喷雾干燥，一步法从液体聚铁制成固体（粉状）聚铁，该法生产的产品质量好，总铁含量高，颜色浅，溶解速度快，但能耗大，成本比较高。也可以把液体聚铁先浓缩再烘干后粉碎。

美国专利 USP 4507273 介绍，在流化床内加热先生成 $FeSO_4 \cdot 5.5H_2O$，然后继续升温脱水生成 $FeSO_4 \cdot 4H_2O$，最后在 250℃使 80%~90% 的 $FeSO_4$ 转化成 $Fe_2(SO_4)_3$，接着在 180~200℃下加入 96% H_2SO_4，生成含有 26% 的 Fe^{3+}，1.96% 的 Fe^{2+} 和 1.87% 游离 H_2SO_4 的产物，继续在流化床内鼓入空气冷却至室温出料，该法操作复杂、能耗高，工业化生产采用的很少。

10.3.3 生产氯化硫酸铁净水絮凝剂

氯化硫酸铁是一种硫酸铁和氯化铁等摩尔的混合液体，使用时将其直接加入待澄清的水中产生絮凝作用。此种产品的制法比较简单，把一定浓度的 $FeSO_4$ 溶液通入 Cl_2 进行氯化反应，根据氯化增重判断反应终点，在氯化过程中当反应液的重量增加达到了等摩尔所需的质量时，即系反应终点。

10.4 肥料和饲料添加剂

10.4.1 肥料添加剂

铁肥是微量元素肥料之一，能使植物充分吸收氮和磷，可以调节植物体内的氧化还原过程，加速土壤有机物的分解。因此，硫酸亚铁可作为肥料的添加剂，广泛应用于农业肥料中。

硫酸亚铁作为铁肥在农业上可用作基肥，种肥或根外追肥，也可直接给树干注射；用它与有机肥料混合环施，能防止植物缺绿病。国内曾用 10% 硫酸铵、40% 硫酸亚铁和 50% 草木灰制成复合肥可使玉米、春谷增产 14.9%~37.1%。用硫酸亚铁溶液浸渍大麦、小麦的种子可预防黑穗病和条纹病，某些花卉也需要硫酸亚铁肥料。

另外，硫酸亚铁属于酸性无机盐，它与绿肥制成的堆肥可改良盐碱地，在碱性土壤中二价铁会逐步氧化成三价铁被土壤固定住，中国北方地区许多地方属于石灰性土壤，缺铁问题突出，是主要使用铁肥的地方。日本专利（JK-61-252289）中介绍用80%的硫酸亚铁与20%的煤灰混合，在65~85℃下加热0.5~1h，脱水后作为土壤的改良剂。

10.4.2 饲料添加剂

铁是构成血红蛋白、肌红蛋白、细胞色素和多种氧化酶的成分之一，铁对猪、鸡、鸭食用的棉籽饼中所含的毒素棉酚具有脱毒作用，还可以使猪避免贫血、活力下降、毛质粗硬、呼吸紧促等，因此，硫酸亚铁可作为禽畜饲料添加剂。目前国内大多数钛白企业的硫酸亚铁作为饲料添加剂出售。

10.5 硫酸亚铁其他利用途径

10.5.1 生产硫酸

$FeSO_4 \cdot 7H_2O$在高温下脱水生产$FeSO_4 \cdot H_2O$，然后跟黄铁矿一同焙烧制取硫酸。该工艺特点是充分利用黄铁矿氧化时的热量，使硫酸亚铁分解从而降低焙烧温度，提高SO_2的浓度，同时还能除去部分砷等杂质，含硫量28%~30%的黄铁矿中可以渗入30%的$FeSO_4 \cdot 7H_2O$。此法已在德国克朗诺斯公司、意大利蒙特迪森公司以及中国杭州硫酸厂成功应用。同理也可以把硫酸亚铁渗入硫黄中一同焙烧生产硫酸。

英国和前苏联把硫酸亚铁脱水后与煤粉一同高温焙烧，炉气中含SO_2 9.2%、SO_3 0.5%，可用于生产硫酸。日本石原公司用硫铁矿、硫酸亚铁和石油精制残渣一道焙烧生产硫酸。

10.5.2 作还原剂处理含氰、含铬废水、铬渣等

以医院排放的高浓度含氰废水为研究对象，采用"硫酸亚铁+曝气"初级化学处理和ClO_2二级深度氧化处理相结合的处理模式，使含氰废水实现无毒处理，为医院高浓度含氰废水的治理提供了一种新的方法。

通过氧化还原、中和沉淀、分离等步骤研究了用硫酸亚铁处理含铬废水，其工艺流程见图10-4。试验中探索了最佳工艺条件：铁铬比为20；氧化还原反应的pH值为3.5~4.0，

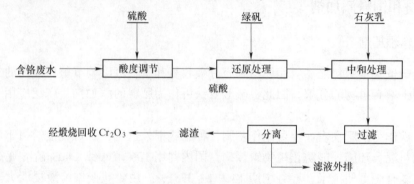

图10-4 用硫酸亚铁处理含铬废水工艺流程

时间为 15~20min；中和反应 pH 值为 6.5，时间为 10~15min。这样铬的去除率达到 97.4%以上，处理后的水样中 Cr^{6+} 含量小于 0.50mg/L，总铬含量小于 1.0mg/L，且近似中性，符合国家排放标准。

10.5.3 制造硫酸锰和碳酸锰

用硫酸法钛白的两大废副——硫酸亚铁和水解废酸与软锰矿反应可以生产硫酸锰。为了提高锰的利用率，可以把母液与碳酸铵与碳酸氢铵反应生成碳酸锰，其化学反应式为：

$$MnO_2 + 2FeSO_4 + 2H_2SO_4 \longrightarrow MnSO_4 + Fe_2(SO_4)_3 + 2H_2O \qquad (10-27)$$

$$MnSO_4 + (NH_4)_2CO_3 \longrightarrow MnCO_3 + (NH_4)_2SO_4 \qquad (10-28)$$

$$MnSO_4 + NH_4HCO_3 + NH_3 \longrightarrow MnCO_3 + (NH_4)_2SO_4 \qquad (10-29)$$

生产时按一定比例把软锰矿粉、废酸和硫酸亚铁一同加热，同时加入铁屑使 Fe^{3+} 还原成 Fe^{2+}，由于溶液中 Fe^{3+} 的含量较高，不能用常规生成 $Fe(OH)_3$ 沉淀的办法除铁，否则溶液中的 $Fe(OH)_3$ 胶体使溶液过滤困难，一般用 $(NH_4)_2SO_4$ 除铁。使其生成黄铵铁矾沉淀 $[(NH_4)_2Fe_6(SO_4)_4(OH)_{12}]$ 除去，过滤后的溶液再用 $MnCO_3$ 调节 pH 值至 5.4，加入 MnS 使溶液中的重金属离子生成难溶的硫化物沉淀。

10.5.4 软锰矿生产硫酸锰

10.5.4.1 工艺流程

采用软锰矿作原料生产金属锰时，首先对软锰矿进行细磨，将软锰矿细磨至 100 目（0.074mm），计量后加入反应池中，按比例通入硫酸亚铁溶液 170g/L 和废酸溶液 450g/L，硫酸亚铁与钛白废硫酸调节，按照 1:(6~7) 浸出固液比加入反应池，加热搅拌 4~6h。板框压滤，浸出液经过澄清过滤后，用氨水、MnO_2（可用阳极泥）或者石灰乳中和至 pH 值到 6.5，沉淀分离出氢氧化铁、氢氧化铝、二氧化硅、砷、钼和镍等杂质，滤液加硫化铵 $[(NH4)_2S]$ 或者硫化氢（H_2S），将剩余的微量铁、砷、铜、锌、镍等沉淀分离，同时加入少量的硫酸亚铁除去胶体及硫化物。

工艺流程见图 10-5。

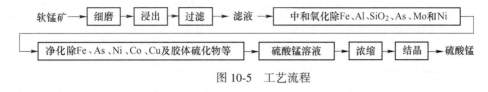

图 10-5 工艺流程

10.5.4.2 硫酸锰质量标准

硫酸锰生产标准分为工业硫酸锰行业标准和饲料级硫酸锰行业标准。

A 硫酸锰的性质

硫酸锰是一种水溶性盐，极易溶于水，晶体可以带 1~7 个结晶水，硫酸锰在水中的溶解度比较特殊，当溶液温度小于 50℃ 时，硫酸盐的溶解度随温度升高增加，以后随温度升高而较低。一水硫酸锰结构比较稳定，市场上大多数硫酸锰产品是 $MnSO_4 \cdot H_2O$，一水硫酸锰是淡玫瑰红色粉末，相对密度为 2.95g/cm³，相对分子质量为 169.01，在空气中容易粉化。一水硫酸锰在 200℃ 以上开始失去结晶水，280℃ 失去大部分结晶水，500℃ 失去全部结晶水生成白色的无水硫酸锰，700℃成为熔融物，850℃时开始分解，因条件不同而放出 SO_3、SO_2 或者 O_2，残留物为黑色不溶性 Mn_3O_4，约在1150℃完全分解。

硫酸锰水溶液与 CO_3^{2-} 作用，生成白色的碳酸锰沉淀。硫酸锰在微酸性环境下遇 S^{2-} 则生成浅红色硫化锰沉淀。与氯化钡反应时，生产氯化亚锰和硫酸钡沉淀。与高硫酸盐 $S_2O_8^{2-}$ 共热，即生成黑色水合氧化锰 $MnO(OH)_2$：

$$MnSO_4 + (NH_4)_2S_2O_8 + 3H_2O \rule[0.5ex]{2em}{0.4pt} MnO(OH)_2 + (NH_4)_2SO_4 + 2H_2SO_4 \quad (10\text{-}30)$$

有足够量的过量 $S_2O_8^{2-}$ 及 Ag^+ 存在时，则能进一步氧化成高锰酸 $HMnO_4$，使溶液变为紫色。

$$2MnSO_4 + (NH_4)_2S_2O_8 + 8H_2O \rule[0.5ex]{2em}{0.4pt} 2HMnO_4 + (NH_4)_2SO_4 + 2H_2SO_4 + 5H_2$$
$$(10\text{-}31)$$

硫酸锰在酸性环境下能被铋酸盐直接氧化成高价锰。

$$10MnSO_4 + 10NaBiO_3 + 5H_2SO_4 + 10H_2O \rule[0.5ex]{2em}{0.4pt} 5Bi_2(SO_4)_3 + 10NaMnO_4 + 15H_2$$
$$(10\text{-}32)$$

硫酸锰水溶液与 OH^- 反应生成白色氢氧化锰沉淀。

$$MnSO_4 + 2NaOH \rule[0.5ex]{2em}{0.4pt} Mn(OH)_2 + Na_2SO_4 \quad (10\text{-}33)$$

B 硫酸锰的标准

工业硫酸锰行业标准见表10-3，饲料级硫酸锰行业标准见表10-4。

表 10-3 工业硫酸锰行业标准

指 标 项 目	指 标
硫酸锰($MnSO_4 \cdot H_2O$)/%	≥98.3
含锰量(以 Mn 计)/%	≥31.8
铁(Fe)/%	≤0.004
氯化物(Cl)/%	≤0.005
水不溶物/%	≤0.05
pH 值	5.0~6.5

表 10-4 饲料级硫酸锰行业标准

指 标 项 目	指 标
硫酸锰($MnSO_4 \cdot H_2O$)/%	≥98.0
含锰量(以 Mn 计)/%	≥31.8
砷(As)/%	≤0.0005
铅(Pb)/%	≤0.005
水不溶物/%	≤0.05
细度(通过250μm 筛)/%	≥95

C 硫酸锰的用途

硫酸锰是最重要的基础锰盐，世界上80%的锰产品是利用硫酸锰或者通过硫酸锰溶液生产出来的，硫酸锰是电解金属锰的生产原料，同时被用作油漆和油墨的催干剂、合成脂肪酸的催化剂、陶瓷着色剂、纺织印染剂和 Ca^{2+} 的净化剂等。

通过过滤除去硫化物沉淀的溶液，为了防止其水解，再用 H_2SO_4 把 pH 值调至 4.5 后进行浓缩、结晶，析出粉红色的硫酸锰，母液再与 $(NH_4)_2CO_3$ 和 NH_4HCO_3 反应制备 $MnSO_4$。

除了上述几方面的应用外，绿矾还可回收提纯结晶状 $FeSO_4$ 直接在市场出售，作为土壤的改良剂，用作水泥添加剂，用作吸附剂，制作触媒催化剂等。

以硫酸亚铁为原料，加入碳酸氢铵和氯化钾，反应后，过滤、蒸发、煅烧等步骤可制得硫酸钾、氯化铵、氧化铁红和液态二氧化碳。该工艺具有反应在常温常压下进行、原料利用率高、无废料或废水排放、工艺操作简便、设备结构简单、对材质无特殊要求、投资少等优点。

以硫酸亚铁、氯化钾和氨水为原料，采用硫酸钾铵法生产硫酸钾。该工艺流程简单，操作控制方便，生产过程中产生的废水可以循环利用，以补充因加热而蒸发的水，产品质量符合国家一级品要求。

10.6 硫酸亚铁规模化利用

10.6.1 制硫酸

将七水硫酸亚铁中的 6 个结晶水脱去形成一水硫酸亚铁，在制硫酸过程中与硫铁矿结合，利用硫铁矿焙烧时放出大量的化学反应热，使硫酸亚铁吸热分解成制酸的 SO_2 炉气和氧化铁产品，使硫酸亚铁变成生产硫酸和氧化铁的原料，把七水硫酸亚铁中的硫生产硫酸作为生产钛白粉的循环元素反复使用，而铁元素变成氧化铁作为钢铁冶金原料全部加以利用。在解决硫酸亚铁困扰的同时，实现系统的硫资源不损失或少损失，从钛白产业的首端和末端保证正常运行，建立围绕铁–钛–硫产业的能源利用、资源回收和循环发展模式。

10.6.1.1 硫酸亚铁分解反应

硫酸亚铁分解过程较复杂，在不同的条件下，有不同的分解反应方程和不同的生成物。如：

（1）在 5%SO_2，95% 空气，升温速度为 1℃/min 加热硫酸亚铁时的反应：

$$FeSO_4 \cdot 7H_2O \xrightarrow[-3H_2O]{<60℃} FeSO_4 \cdot 4H_2O \xrightarrow[-3H_2O]{64 \sim 90℃}$$

$$FeSO_4 \cdot H_2O \xrightarrow[-H_2O]{300 \sim 350℃} FeSO_4 \xrightarrow{630℃} Fe_2(SO_4)_3 \xrightarrow{670℃} Fe_2O_3 + 3SO_3 \qquad (10\text{-}34)$$

（2）隔绝空气加热时：

$$2FeSO_4 \Longleftrightarrow Fe_2O_3 + SO_2 + SO_3 \qquad (10\text{-}35)$$

（3）在空气中加热时：

$$6FeSO_4 + 3/2O_2 \Longrightarrow 2Fe_2(SO_4)_3 + Fe_2O_3 \qquad (10\text{-}36)$$

$$Fe_2(SO_4)_3 \Longrightarrow Fe_2O_3 + 3SO_3 \qquad (10\text{-}37)$$

（4）有还原剂 S 或 C 等存在加热时：

$$4FeSO_4 + S \Longrightarrow 2Fe_2O_3 + 5SO_2 \qquad (10\text{-}38)$$

或 $$3FeSO_4 + S \Longrightarrow Fe_3O_4 + 4SO_2 \qquad (10\text{-}39)$$

（5）在沸腾炉中有硫铁矿存在时的高温反应时：

$$4FeSO_4 + S + 4FeS_2 + 11O_2 \xrightarrow{\quad\quad} 4Fe_2O_3 + 13SO_2 \tag{10-40}$$

反应式（10-40）就是硫酸亚铁在高温条件下，全部分解为 SO_2 气体和 Fe_2O_3 烧渣，这就是硫酸亚铁制酸和生产氧化铁的基本原理。

10.6.1.2 试验装置的工艺计算

A 每吨一水硫酸亚铁分解时的吸热量计算

按反应式：

$$2FeSO_4 \cdot H_2O \xrightarrow{\quad\quad} Fe_2O_3 + \frac{1}{2}O_2 + 2SO_2 + 2H_2O - 95140kcal/mol \tag{10-41}$$

$$\begin{array}{lllll} 340 & 160 & 16 & 128 & 36 \\ 1000 & 470.6 & 47.06 & 376.5 & 105.9 \end{array}$$

a 物料平衡

1t 一水硫酸亚铁分解反应后的生成物：

Fe_2O_3：470.6kg；

O_2：1.47kmol；

SO_2：5.88kmol；

H_2O：5.88kmol。

b 热量衡算

（1）分解热：$\dfrac{1000 \times 95140}{2 \times 170} = 280 \times 10^3 kcal$；

（2）SO_2 带出热：$5.88 \times 12 \times 880 = 62.093 \times 10^3 kcal$；

（3）H_2O 带出热：$105.9 \times 0.505 + 105.9 \times 595 = 63.064 \times 10^3 kcal$；

（4）Fe_2O_3 带出热：$470.6 \times 0.24 \times 920 = 99.391 \times 10^3 kcal$；

（5）O_2 带出热：$1.47 \times 7.74 \times 880 = 10.018 \times 10^3 kcal$。

1t 一水硫酸亚铁在焙烧温度 920℃、炉气温度 880℃时所需要的总热量为：$514.56 \times 10^3 kcal$。

B 每吨硫铁矿分解时的放热量计算

每吨硫铁矿含硫 43%，含铁 42%，含水 6%，空气含水 40kg，过剩 O_2 5%的工艺计算。

反应式：

$$4FeS_2 + 11O_2 \xrightarrow{\quad\quad} 2Fe_2O_3 + 8SO_2 + 815000kcal/mol \tag{10-42}$$

$$\begin{array}{llll} 480 & 325 & 320 & 512 \\ 1000 & 591.25 & 738 & 860 \end{array}$$

a 物料衡算

1t 硫精砂反应后的生成物：

Fe_2O_3：738kg；

SO_2：860kg = 13.437kmol；

矿中 H_2O：60kg；

空气中 H_2O：40kg；

合计：100kg。

1mol SO_2 需 1.375molO_2。

则燃烧 1t 硫精砂所需的氧量为：13.437×1.375 = 18.48mol；

过剩氧为 5%，则 1t 矿的氧量为 18.48×（1+0.05）= 19.4mol；

氮气的量为：$N_2 = 19.4 \times \dfrac{79}{21} = 73$mol。

b　热量衡算

反应热：$\dfrac{1000 \times 0.43 \times 815000}{64 \times 4} = 1368945.3$kcal；

空气带入热（空气温度 300℃）：92.4×28.8× 300/4.18 = 190989.5kcal；

干矿带入热：1000×0.54×32 = 17280kcal；

炉内的热量总量为：1577214.8。

c　带出热

干炉气带出热量：（13.437×12+73×7.74）×880 = 639112.3kcal；

过剩氧带出的热：0.924×7.74×880 = 6017.1kcal；

水带出热：100×0.505+100×595 = 59550.5kcal；

矿渣带出热：738×0.24×920 = 162950.4kcal；

合计：867630.3kcal。

炉壁散热按总热 2.5% 计：1577214.8×2.5% = 39430.37kcal。

总带出热：907060.67kcal。

C　沸腾炉内热平衡计算

沸腾炉内多余的热量为：

$$1577214.8 - 907060.67 = 670154.13 \text{kcal}$$

D　沸腾炉余热利用计算

焙烧 1t 硫精砂矿的多余热量可以分解一水硫酸亚铁的量为：

$$670154.13/514560 = 1.3t$$

$$\text{硫铁矿：一水硫酸亚铁} = 1：1.3（质量比）$$

每吨酸需硫精矿 514kg，一水硫酸亚铁 668.2kg（95% 的纯度），满足煅烧硫酸亚铁的沸腾炉的热平衡要求。

10.6.1.3　生产一水硫酸亚铁

一水硫酸亚铁为硫酸法钛白的副产物七水硫酸亚铁脱去 6 个结晶水后的产物。生产一水硫酸亚铁的原料，主要来自硫酸法钛白粉企业副产的七水硫酸亚铁，由于七水硫酸亚铁含水量太大，不适合直接作制酸的原料，而是把七水硫酸亚铁脱去 6 个结晶水，变成一水硫酸亚铁后才能作制酸的原料。七水硫酸亚铁脱去 6 个结晶水，一般有两种工艺：一是干法，直接对七水硫酸亚铁加热到 90~100℃后，变成一水硫酸亚铁；二是湿法，将七水硫酸亚铁溶解后，对溶液加热到 64℃以上，就能脱去 6 个结晶水变成一水硫酸亚铁。干法工艺能耗较高，同时需要特殊的干燥设备生产才能正常运行。湿法能耗较低，设备简单，操作较方便，一水硫酸亚铁生产的工艺流程如图 10-6 所示。

七水硫酸亚铁与一水硫酸亚铁主要化学成分对比见表 10-5。

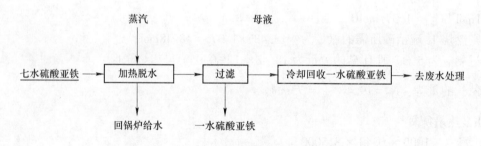

图 10-6 一水硫酸亚铁生产的工艺流程

表 10-5 七水硫酸亚铁与一水硫酸亚铁主要化学成分对比

七水硫酸亚铁组分（干基计算）		一水硫酸亚铁组分（干基）	
名　　称	含量（质量分数）/%	名　　称	含量（质量分数）/%
$FeSO_4 \cdot 7H_2O$	95.15	$FeSO_4 \cdot H_2O$	95.14
$MgSO_4 \cdot 7H_2O$	2.32	$MgSO_4 \cdot H_2O$	2.48
$MnSO_4 \cdot 5H_2O$	0.9	$MnSO_4 \cdot H_2O$	0.9
$Ae_2(SO_4)_3 \cdot 18H_2O$	0.31	$Ae_2(SO_4)_3 \cdot 2H_2O$	0.4
$CaSO_4 \cdot 2H_2O$	0.17	$CaSO_4$	0.13
$TiOSO_4$	0.16	水不溶物	0.95
水不溶物	0.45		
H_2SO_4	0.54		

10.6.1.4　煅烧焙烧工艺

一水硫酸亚铁与硫精砂（硫铁矿）按工艺计算，经各自的皮带秤计量，在螺旋输送机内混合均匀后，均匀送入沸腾炉中，由转化余热预热的空气进行高温焙烧，利用进沸腾炉空气的显热和硫铁矿的燃烧反应热，将硫酸亚铁加热分解，生成氧化铁和制酸的 SO_2 炉气。利用硫酸亚铁分解的吸热反应控制一水硫酸亚铁的加入量和速率，维持没有换热装置的沸腾炉内的热平衡，并保持沸腾炉的沸腾层温度为 900℃ 左右。

根据硫酸亚铁制酸的原理：在沸腾炉中有硫铁矿存在时，硫酸亚铁在高温条件下，全部分解为 SO_2 制酸的炉气和 Fe_2O_3（或 Fe_3O_4）的炉渣。由于硫酸亚铁在沸腾炉分解时不需要空气，而放出氧和 SO_2，所以沸腾炉出口炉气的 SO_2 浓度可达到 20% 左右，比一般硫黄制酸 SO_2 浓度 12.5%~14.5%、硫铁矿制酸 SO_2 浓度 12.5%~13.5%，都高得多，炉气出口温度约为 880℃，含尘量（标准状态）约为 500g/m³，进入余热锅炉、旋风收尘器和电除尘器经降温收尘后，出电除尘器的温度降至 300~320℃，尘含量（标准状态）约为 0.2g/m³，进入净化工段。

来自沸腾炉和余热锅炉收集的硫酸渣一起进入冷却滚筒冷却后排出，旋风收尘和电除尘收集的渣尘，进入另一冷却滚筒冷却后排出，净化工段除下的烟尘，经压滤机分离后，与冷却滚筒排出的渣，都是氧化铁的产品，运到氧化铁产品仓库。

一水硫酸亚铁在空气中单独煅烧的过程：当温度升至 310℃ 时，最后一个结晶水析出，迅速蒸发，并开始缓慢分解黄色的 SO_2 气体，随着温度的升高，分解的速度越来越快，温度升高到 800~830℃时，硫酸亚铁基本分解完毕，其气体组成如下：

SO_2 14%，SO_3 6.0%，O_2 18.3%，其渣为红色的 Fe_2O_3，由于 SO_3 成分较高，不适宜用湿法净化工艺流程生产硫酸。

10.6.1.5 烟气净化

由电除尘出来的炉气温度为 300~320℃，含尘量（标准状态）为 $0.2g/m^3$，进入净化工段的文氏管洗涤器，用 0.5% 浓度的稀酸进一步除尘和降温至 65℃ 左右，进入填料塔再次用 0.5% 浓度的冷稀酸洗涤，进一步除去残存的矿尘和杂质，并把炉气温度降至 37℃ 以下，进入电除雾器，除雾后的酸雾含量（标准状态）约为 $0.03g/m^3$，进入干燥塔并在干燥塔前补充一定的空气，控制炉气中 SO_2 浓度为 9%，用 94% 浓度的硫酸吸收炉气中的水分，使炉气中的水分含量（标准状态）小于 $0.1g/m^3$，经金属丝网除沫器除沫后，经 SO_2 风机加压进入转化工段。

10.6.1.6 转化吸收

自干燥塔来（含水 $<0.1g/m^3$，含酸雾 $<0.03g/m^3$，含尘 $<0.005g/m^3$，SO_2 浓度 9%）的炉气经 SO_2 风机加压，经第Ⅲ换热器、第Ⅰ换热器换热后，使炉气温度升至约 420℃ 进入转化的第一段催化剂床层进行转化反应。SO_2 转化反应方程为：

$$2SO_2 + O_2 \xrightarrow{\text{催化剂}} 2SO_3 + Q \qquad (10\text{-}43)$$

SO_2 转化为 SO_3 为放热反应，使转化一段出口温度达 590℃ 左右，经第Ⅰ换热器换热后，炉气温度降至 460℃ 左右，进入转化器第二段催化床层进行反应，反应后转化二段的出口温度升至 510℃ 左右，经第Ⅱ换热器换热后，炉气温度降至 440℃ 左右，进入转化第三催化剂床层进行反应，反应后的第三段出口温度达 460℃ 左右，经第Ⅲ换热器和空气换热器换热后的炉气温度降至 160℃ 左右进入第一吸收塔，用浓硫酸吸收已经转化为 SO_3 的气体变成硫酸。经第一吸收塔吸收 SO_3 后，仍有部分没有转化的 SO_2 炉气，经第Ⅳ换热器升温至 420℃ 进入转化器第四催化剂床层，进行第二次转化，转化后的四段出口温度约为 435℃，经第Ⅳ换热器降温至 160℃ 后进入第二吸收塔，用 98% 浓硫酸再次吸收已转化的 SO_3，变成硫酸，尾气经尾吸塔用碱喷淋把残存的 SO_2 吸收后，尾气达标排放。

10.6.1.7 成品

由转化器三段转化后的炉气，经第Ⅲ和空气换热器冷却至 160℃ 后进入第一吸收塔，用温度约为 75℃、酸浓度为 98% 的硫酸从塔顶喷淋，吸收炉气中已转化的 SO_3 后，酸浓升高，自塔底流出经酸冷器冷却后，一部分进入循环槽，另一部分串入干燥循环槽用以维持由于干燥塔的喷淋酸吸收炉气中的水分后，使酸浓度不至于降低。同时，又把干燥塔吸收水分后浓度降低的部分酸串入第一吸收塔循环槽，使第一吸收塔的酸浓度不至于升得过高，维持 98% 左右的酸浓度，这就是干吸塔的串酸工艺，都是为了维持吸收塔和干燥塔的喷淋酸浓度基本不变的措施。同样道理，第二吸收塔与第一吸收塔也必须进行串酸工艺，使生产维持正常运行。若炉气中的含水量不能维持干燥吸收的酸浓时，就必须在吸收循环槽内加工艺水（或稀酸）来维持干燥和吸收的酸浓度，多余的吸收酸（浓度为 98%）就是成品酸产品。

SO_3 吸收反应为：

$$SO_3 + H_2O =\!=\!= H_2SO_4 + Q \tag{10-44}$$

反应方程式的 H_2O 为硫酸浓度 98% 中的水分，反应为放热反应，用酸冷器维持干燥和吸收酸温以保持吸收酸的基本不变。

10.6.1.8 主要影响因素

以钛白副产物硫酸亚铁为主要原料生产硫酸和氧化铁有两个体系：制酸体系和氧化铁体系，这两种体系可以同在一个设备中一步法得到完成。硫铁矿在沸腾炉中经高温空气焙烧后，产生的烧渣的组成主要是 Fe_2O_3（或 Fe_3O_4），它为氧化铁（产品）的主要组成部分，产生的高温炉气是分解硫酸亚铁所需的热量，而硫铁矿焙烧和硫酸亚铁分解产生的 SO_2 炉气是另一产品硫酸的基本原料。因此，沸腾炉的工艺指标，如入炉原料配比、硫含量、水分、预热空气温度、风量、沸腾炉温度、SO_2 浓度、SO_3 的控制等都影响着沸腾炉的运行状态，都影响着两个体系的正常生产和产量、质量指标。

A 原料配比的影响

制酸原料为一水硫酸亚铁和硫精砂（硫铁矿），硫铁矿在沸腾炉焙烧为放热反应，一水硫酸亚铁在沸腾炉中是吸热反应，利用过硫酸亚铁的吸热反应替代一般沸腾炉的冷却换热装置以维持沸腾炉的热平衡。硫铁矿含硫量越高，在沸腾炉中反应热越多，一水硫酸亚铁的加入量就越多。一水硫酸亚铁：硫铁矿的配比就越高，当硫铁含硫高达 46% 时，一水硫酸亚铁加入量：硫铁矿 = 1.2∶1，即一水硫酸亚铁加入量占投矿总量的 54.5%。

若硫铁矿含硫为 43% 时，一水硫酸亚铁：硫铁矿 = 1.05∶1，即一水硫酸亚铁加入量占投矿总量的 51.2%。

B 原料水分的影响

原料的水分包括硫铁矿带入的水分和一水硫酸亚铁的一个结晶水和表面水的总和。入炉水分越多，水分带出的热量就越多，用于分解一水硫酸亚铁的热量就越少，一水硫酸亚铁加入量就减少。原料水分每增加 1%，一水硫酸亚铁加入量就减少 3.1%。

C 预热空气温度的影响

国内硫铁矿制酸装置进沸腾炉的空气都是常温，是利用转化的余热预热进沸腾炉的空气达到 250~300℃，这部分空气的显热能分解一水硫酸亚铁的量比常温空气多约 170kg/吨酸。若由于制酸系统工艺的变化使转化的余热利用变化时，预热空气的显热也发生改变。当预热空气的温度降低时，一水硫酸亚铁加入量也会相应的减少。

D 沸腾炉温度的影响

沸腾炉的温度取决于沸腾炉内热平衡的控制，制酸系统沸腾炉的温度控制考虑如下几个因素：沸腾炉内的物料不能产生高温结疤；硫铁矿和硫酸亚铁反应完全；反应速度较快；矿渣残硫较低等。国内硫铁矿制酸考虑上述因素后，一般沸腾层的温度为 930~950℃，温度越高，炉气、矿渣、水分带出的热量越多，一水硫酸亚铁加入量就越少，温度较低（能维持制酸系统正常运行的温度），炉气、矿渣水分带出的热量越少，加入的一水硫酸亚铁就越多。沸腾炉温度设计为 900℃，炉气出口温度为 880℃，能使硫酸亚铁加入量最大化。

E 沸腾炉中 SO_2 浓度的影响

沸腾炉中的 SO_2 浓度取决于原料的硫含量、进炉的空气量和焙烧工艺的操作，国内硫

铁矿制酸沸腾炉的 SO_2 浓度一般为 12.5% ~ 13.5%。制酸原料以一水硫酸亚铁为主（质量比），而硫酸亚铁在有硫铁矿存在的体系中，分解的产物为 Fe_2O_3（或 Fe_3O_4）和 SO_2 炉气。在加热分解中不消耗空气反而放出氧气，因此沸腾炉的 SO_2 高达 20% 左右。SO_2 浓度越高，加入的硫酸亚铁越多。SO_2 浓度越低，加入的硫酸亚铁越少。

F　SO_3 的影响

硫酸亚铁的分解由于反应条件不同，有不同的反应生成物。在空气中加热时，反应的生成物，有 Fe_2O_3（或 Fe_3O_4）、SO_2 和 SO_3。SO_3 会给湿法净化的制酸工艺带来很多的负面影响，如操作不好会腐蚀设备；湿法净化时 SO_3 变成稀酸，使硫的回收率减少；增加废水处理的成本；加快净化设备的腐蚀等。因此，湿法净化制酸工艺尽量避免 SO_3 的产生。采用高温弱氧焙烧工艺，同时控制硫铁矿反应时单体硫的烧出条件，使硫酸亚铁在有单体硫存在的条件下分解，就可减少 SO_3 的烧出。

10.6.1.9　产品

硫酸亚铁是硫和铁的载体，采用煅烧法工艺处理钛白副产物硫酸亚铁时，得到的产物为 SO_2 和 Fe_2O_3，SO_2 作为生产硫酸的原料，若硫酸亚铁很纯时（杂质很少），分解的 Fe_2O_3 是没有杂质的（或很少杂质），则铁的含量接近 70%。Fe_2O_3 的含量可达 98% 以上，符合 GB 1863—89 中铁红的一级品指标。就是说较纯的硫酸亚铁分解时，可以达到铁红的品质要求。

由于硫酸亚铁分解是吸热反应，从制酸要求和硫酸亚铁分解的实际，用硫黄或硫铁矿焙烧时的放热反应，都可达到硫酸亚铁分解的目的。硫黄的纯度一般为 99.5%，含的杂质很少，若用硫黄作为热源分解较纯的硫酸亚铁，就能得到硫酸产品和铁红产品。

若用硫铁矿作为热源，由于硫铁矿含的杂质一般超过 15%，用于分解硫酸亚铁，氧化铁中铁的含量一般为 62% ~ 64%，达到优质铁精矿的指标。

分解硫酸亚铁的产品定位在于提供分解硫酸亚铁的热源的原料。选择用作铁精矿产品硫酸亚铁不需作深度净化。作为铁红产品，硫酸亚铁必须把有害杂质除去，得到较纯的硫酸亚铁与硫酸一起焙烧就可得到铁红产品。铁红产品是铁系列颜料的基础原料，还可以深加工为软磁材料和超细铁粉等，其经济效益更加明显。

10.6.2　制铁系颜料

氧化铁颜料是仅次于钛白的第二大无机颜料，也是第一大彩色无机颜料，氧化铁被广泛用于涂料、油墨、建材、橡胶、塑料、陶瓷、电子、医药、磁性材料等行业，氧化铁的生产工艺主要是湿法（沉淀法）、干法（热分解法）和苯胺法，品种有氧化铁红、氧化铁黄、氧化铁黑、氧化铁棕等，按物理形态分为粉末状、液体浆料和颗粒状的。

10.6.2.1　硫酸法钛白副产绿矾氨中和氧化生产铁黑及硫酸铵工艺

用水蒸气加热溶解硫酸法钛白副产绿矾，同时加入铁屑中和，絮凝处理溶液，一次沉降去除浆料，澄清液用氨水控制性中和氧化处理，一次浆料和中和氧化液过滤，得到固体沉淀物和滤液，固体沉淀物经过干燥细磨得到铁黑产品，滤液净化处理后结晶得硫酸铵。工艺流程见图 10-7。

具体操作为绿矾在蒸汽加热条件下用水溶解，加入铁屑调节，絮凝一次沉淀，一次滤

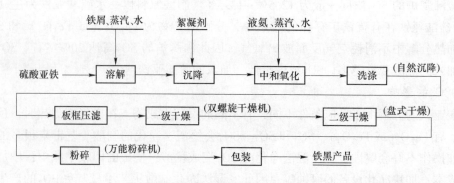

图 10-7 铁黑生产工艺流程

液加氨通空气氧化，控制溶液色泽，过滤得到等比氢氧化铁和氢氧化亚铁沉淀，沉淀经过洗涤后，干燥得到铁红，滤液净化后结晶硫酸铵。

10.6.2.2 硫酸法钛白副产绿矾氨中和氧化生产铁红及硫酸铵工艺

首先将钛白副产绿矾用水溶解，添加晶种和催化剂，用氨水调节溶液 pH 值，通压缩空气氧化处理溶液，溶液色泽变黄后过滤，过滤的固体沉淀物煅烧制取铁红，铁红低层次应用可作为炼铁原料，也可深加工生产颜料铁红，或生产制备软磁铁氧体材料，具体工艺流程见图 10-8。

工艺特点是利用绿矾硫酸亚铁的水解特性，在溶液状态下用碱中和，同时调节溶液酸碱度，控制不同的 pH 值条件得到铁水化合物混合沉淀，在不同氧化程度下干燥煅烧，即可得到铁红或者产品。

10.6.2.3 产品特性

氧化铁黑简称铁黑，分子式为 Fe_3O_4 或 $Fe_2O_3 \cdot FeO$，化学名为四氧化三铁，属于尖晶石型。它具有饱和的蓝墨光黑色，相对密度为 $4.73g/cm^3$，遮盖力和着色力均很高，对光和大气的作用十分稳定，不溶于碱，微溶于稀酸，在浓酸中则完全溶解，耐热性能差，在较高的温度下容易氧化，生成红色的氧

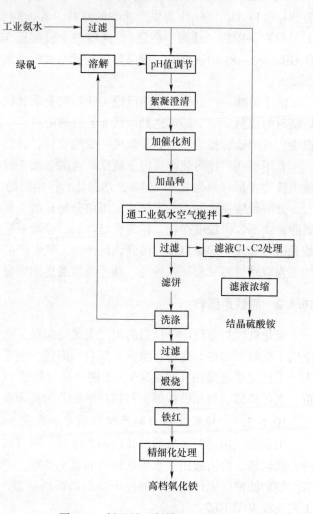

图 10-8 绿矾处理制铁红工艺流程

化铁。一般情况下，经过200℃焙烧可转变为γ-Fe_2O_3，而在300℃以上则转变为α-Fe_2O_3。它还带有很强的磁性，能被磁铁所吸引。氧化铁黑因遮盖力、着色力强和耐光性能好而应用于涂料和制漆行业外，还由于耐碱能和水泥混合而广泛用于建筑行业水泥着色，如磨光地面和人造大理石等。此外在油墨、印刷、塑料着色、抛光以及金属探伤等方面也被使用。

氧化铁红是颗粒直径为0.5~2μm的红色或深红色粉末，密度为5.24g/cm^3，熔点为1565℃，无毒，具有很强的遮盖力和着色力，其耐光性、耐热性、耐碱性、耐稀酸、耐腐蚀性气体等性能均较好。主要用作橡胶制品、油漆、塑料、油墨的着色剂，也可作为地坪、建筑物的着色剂；在电子、电讯工业中，氧化铁红是制造铁氧体元件的重要原料；在化工生产中，可作为触媒和生产其他含铁产品的原料；氧化铁红还可用于玻璃、五金零件的抛光等。

10.6.2.4 延伸生产铁粉

铁是一种化学元素，化学符号是Fe，原子序数为26，是最常用的金属，也是过渡金属的一种，属于地壳含量第二高的金属元素。铁是一种光亮的银白色金属。密度为7.86g/cm^3，熔点为1535℃，沸点为2750℃。常见化合价为+2和+3，有好的延展性和导热性。铁粉是粉末冶金工业的基础原料之一，世界铁粉年产量约在85万吨。铁粉产量的85%用于粉末冶金零件的制造，其中70%~83%的粉末冶金零件用于汽车工业。其余铁粉用于化工、磁性材料、切割、焊条、发热材料等。

铁粉主要包括还原铁粉和雾化铁粉，它们由于不同的生产方式而得名，国内外工业用铁粉品种较多，机械制造工业是粉末冶金制品最主要的应用领域。铁粉是尺寸小于1mm铁的颗粒集合体。颜色为灰黑色，是粉末冶金的主要原料。按粒度，习惯上分为粗粉、中等粉、细粉、微细粉和超细粉五个等级。粒度为150~500μm范围内的颗粒组成的铁粉为粗粉，粒度在44~150μm的为中等粉，10~44μm的为细粉，0.5~10μm的为极细粉，小于0.5μm的为超细粉。一般将能通过325目（0.043mm）标准筛即粒度小于44μm的粉末称为亚筛粉，若要进行更高精度的筛分则只能用气流分级设备，但对于一些易氧化的铁粉则只能用JZDF氮气保护分级机来做。

A 铁粉化学性质

铁粉能溶于稀酸，不溶于水，暴露于空气和湿气中易氧化。具有危险性质，储存方式：密封干燥处保存。

B 铁粉质量标准

铁粉质量标准见表10-6。

表10-6 铁粉质量标准

项 目	分析纯（AR）	化学纯（CP）
含量（Fe）/%	≥99.0	98.0
硫酸不溶物/%	≤0.1	0.5
水溶物/%	≤0.03	0.1
硫化合物（以SO_4计）/%	≤0.06	0.15

续表 10-6

项 目	分析纯（AR）	化学纯（CP）
氮化合物（以 N 计)/%	≤ 0.005	0.01
铜（Cu)/%	≤ 0.005	0.02

超细铁粉化学成分见表 10-7。

表 10-7 超细铁粉化学成分 （%）

化学成分	TFe	C	Si	Mn	P	S	酸不溶物
含量	≥98.5	≤0.10	≤0.15	≤0.35	≤0.02	≤0.02	≤0.4

超细铁粉物理特性见表 10-8。

表 10-8 超细铁粉物理特性

名称	松装比重/g·cm⁻³	压缩性（392MPa)/g·cm⁻³	成型性/MPa	平均粒度/μm
指标	0.6~1.2	≥6.3	≥300	10~20

C 铁粉生产工艺

还原铁粉通常是利用固体或气体还原剂（焦炭、木炭、无烟煤、水煤气、转化天然气、分解氨、氢等）还原铁的氧化物（铁精矿、轧钢铁鳞、铁红等）来制取海绵状的铁。还原过程分为（固体碳还原）一次还原和二次还原，一次还原就是固体碳还原制取海绵铁，一次还原主要流程：铁精矿、轧钢铁鳞、铁红等→烘干→磁选→粉碎→筛分→装罐→进入一次还原炉→海绵铁。二次精还原流程：海绵铁→清刷→破碎→磁选→二次还原炉→粉块→解碎→磁选→筛分→分级→混料→包装→成品。用还原法所生产的优质铁粉，各项参数达标，Fe 含量不小于 98%，碳含量不大于 0.01%，磷和硫都小于 0.03%，氢损为 0.1%~0.2%。

图 10-9 给出了铁红生产铁粉的工艺流程。有厂家利用净化硫酸亚铁与草酸铵反应，生成草酸亚铁，分离草酸亚铁，用以制备超细还原铁粉；也有机构对纯净硫酸亚铁电解生产高纯超细铁粉。

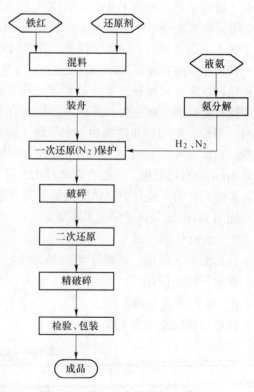

图 10-9 铁红生产铁粉的工艺流程

表 10-9 给出了还原工艺条件及膜的质量厚度。

表 10-9 还原工艺条件及膜的质量厚度

还原过程	坩埚	还原时间/min	还原温度/℃	还原效率/%	质量厚度/mg·cm⁻²
Fe₂O₃→Fe	玻璃	20	500	>99	0.4

图 10-10 给出了还原装置图。

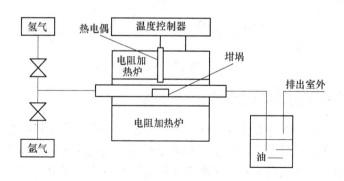

图 10-10　还原装置

D　生产原理

从热力学上看，根据还原反应的自由能的计算就可判定氧化物是否能用氢气还原。金属氧化物（M_xO_y）与 H_2 在一定温度下发生反应：$M_xO_y+yH_2\!=\!=\!yH_2O+xM$。该反应的进行由平衡常数 $\left(\dfrac{pH_2O}{pH_2}\right)$ 来决定。此比值为水蒸气和氢气分压之比。平衡常数与生成自由能的关系为：

$$\Delta F = - RT\ln\left(\frac{p_{H_2O}}{p_{H_2}}\right) \tag{10-45}$$

式中，ΔF 为生成自由能；R 为摩尔气体常数；T 为绝对温度。

由式（10-45）可知，平衡常数是随温度而改变的，通常温度越高，平衡常数越大，还原容易进行。热力学数据可以大体指出还原所使用的温度范围和氢气的水分量。但是，还原反应的具体情况只有通过实验才能详细了解。将氧化物（铁红）装入坩埚，在大气中加热至 500 ℃，保持 1h，以去除水分和吸附的气体。然后将其放入反应管内，将温度控制器的控制温度调至还原温度，启动电炉电源，电阻炉自动加热至预定温度并保持恒定。在加热过程中，打开氩气阀门，以 3~5L/min 的流量向反应管内充氩气，赶走系统中的空气。当反应管达到还原温度时，关掉氩气，以 1~2L/min 的流量充氢气（99.99%）进行还原反应。还原结束后，用移动杆将坩埚拉到冷却区，以缩短冷却时间。还原温度是氢气还原的主要参数之一。一般情况下，还原温度越高，还原也就越容易进行。但温度过高则升温和冷却时间增加。此外，选择还原温度时，还要考虑氧化物、反应中间产物及还原后的金属的蒸汽压。

E　铁粉用途

还原铁粉一般由四氧化三铁在高热条件下在氢气流或一氧化碳气流中还原生成，主要成分为结构疏松的单质铁。由于还原铁粉本身已为粉末状，再加之其微观结构又十分疏松，故其表面积极大。

在化工生产及实验室作业中常用作优质还原剂。主要用于化工催化剂、贵金属还原、合金添加、铜置换等。

F 化学反应、配料计算与平衡

（1）化学反应：

$$Fe_2O_3 + 3H_2 = 2Fe + 3H_2O \qquad (10\text{-}46)$$

（2）配料计算与平衡：

1t 铁粉 = 1.58t 铁红 + 0.054t 氢气

10.7 硫酸亚铁利用途径的比较

表 10-10 为硫酸亚铁利用途径的比较。综上所述，硫酸亚铁的利用途径比较多，包括制备氧化铁颜料、净水絮凝剂、肥料和饲料添加剂等。氧化铁颜料由于产品销量大、工艺简单，广泛应用于国内外钛白企业；净水絮凝剂附加值较高，但由于工艺复杂、设备要求较高，且制备液体聚铁过程中存在污染，限制了其应用；肥料和饲料添加剂由于工艺简单、处理方便，因此国内钛白企业直接出售；其他途径利用硫酸亚铁主要是根据钛白企业自身地理条件和资源优势而采用的方法，此方法局限性较大，不能推广引用。

表 10-10　硫酸亚铁利用途径的比较

途径	工艺过程	设备要求	经济性	销量	环境影响	国内外使用情况
氧化铁颜料	简单	较低	好	大	无	广泛
净水絮凝剂	复杂	较高	较好	小	有	少
肥料和饲料添加剂	简单	低	好	大	无	广泛
其他途径	较简单	较高	较好	较大	无	较少

11 硫酸法钛白副产废硫酸利用

硫酸法钛白粉生产工艺自 1918 年到现在已有九十多年的历史，长期的研究与改进使其工艺趋于完善，除操作工艺、控制手段和设备选用不同外，各公司的主要流程基本上是一致的。硫酸法的优点是原料（钛铁矿、硫酸）资源丰富、廉价易得，工艺技术成熟，设备简单易于操作管理；缺点是工艺流程长，间歇操作，废副（硫酸亚铁、稀废硫酸和酸性废酸）排放量大。

11.1 钛白废酸的产生与危害

用硫酸法生产钛白粉，无论采用钛精矿作为原料，还是采用高钛渣为原料均要产生大量的稀硫酸。不同工厂由于所采用的矿源组成不同，所用装备不同，可有不大的变化。因工艺分离技术的不同，所产生的稀硫酸的量和含量也有所不同，污染十分严重。每生产 1t 钛白粉平均要副产浓度 20% 左右的废硫酸 6~8t，钛白粉水解废酸不同于一般的工业废酸，除排放量大之外，废酸中还含有大量的 Fe_2SO_4、$Al_2(SO_4)_3$、$MgSO_4$ 等无机盐以及 TiO_2，其典型组分见表 11-1。

表 11-1 钛白水解废酸的组成

项目	相对密度 /g·cm^{-3}	游离酸 (H_2SO_4) /%	硫酸亚铁 ($FeSO_4$) /%	硫酸钛 ($Ti(SO_4)_2$) /%	硫酸铝 ($Al_2(SO_4)_3$) /%
指标	1.10~1.22	17~20	5~8	1~2	1.5~2.5

在钛白粉工业生产中，长期以来环保问题是制约发展的主要因素，硫酸法涉及大量的稀硫酸和其他废物的排放问题。因此成为人们争论不休的中心，几十年来硫酸法钛白粉的环保问题一直成为人们关注的焦点。

废酸排放到水体中会对生态造成危害。可溶性的硫酸亚铁通过化学反应，会变成不溶性的氢氧化铁，从而使水中的氧含量大大降低，氧含量的不足，会危害水生物，甚至使水生物窒息。氢氧化铁聚集会形成"红泥"。氢氧化铁能够吸附重金属，使水边污泥带有毒性。氢氧化铁沉入水底，盖住水生植物，使其不能正常生长。水体中接受大量废酸，使水体突然酸化，杀死水中的浮游生物。正是这种浮游生物，成为水生物的基本食物，并且使水体中产生氧气。

从国外硫酸钛白粉的生产历史看，硫酸法钛白生产因为环保问题不断遭到群众抗议和政府及环保部门的严格管理。一些工厂被迫罚款、停工或关闭，部分工厂转为氯化法生产或以高钛渣为原料减少废、副的排放量，所有尚存的硫酸法工厂不得不花费巨额投资新建和完善"三废"处理装置。在国外硫酸法钛白生产历史上，因环保问题发生的最著名的事件为：20 世纪 60 年代日本石原公司就遭到过附近渔民的抗议，日本海上保安厅曾对该公司的四日市工厂进行过强制性的调查。意大利蒙特迪森公司因向海上抛弃废物，在海岸上冲击形成大量"红泥"而遭到科西嘉岛上的渔民和邻国（法国）的抗议而一度停产。原法国塞恩一米卢兹公司也因向耶鲁河排放废物受到限产的制裁。美国国民铅业公司（NL）和氰胺公司也发生过水质污染事件，1976 年 NL 公司的塞里维尔工厂、1978 年 3 月圣路易斯工厂都先后因此而被迫停产。NL 公司曾是美国也是世界上最大的硫酸法工厂被迫关闭了在美国的所有生产线，部分工厂移至国外子公司生产。

国外钛白粉工厂经历了 20 世纪 60～70 年代的污染事件后，各国政府（包括欧共体）都相继制定了严厉的排放限制规定，迫使钛白粉工厂不断完善"三废"治理措施，并改用酸溶性钛渣为原料来生产以减少排放量、减轻治理时的负担。20 世纪 80 年代以后欧洲、美国、日本、澳大利亚等国家和地区的硫酸法工厂已完全能够治理达标后排放，例如，德国的拜耳公司、萨其宾公司以及最近英国二氧化钛集团在马来西亚新建的工厂都能做到废物不排放生产。

20 世纪 80 年代末各国政府颁布限制和停止向江河海洋中排放 TiO_2 生产废副的法律，制约着国外硫酸法生产钛白粉的发展，因生态方面的要求，导致西欧部分地区发展废副量少的氯化法生产（原西德、英国），但是除美国之外，硫酸法仍然占主导地位。而硫酸法的三废治理和综合利用乃是硫酸法生死存亡的关键。尽管氯化法在废物处理和产品质量方面具有显而易见的优越性，西欧各 TiO_2 公司仍然没有与古老的、技术成熟的硫酸法握手告别，而是采取强有力的措施来解决硫酸盐废物的利用问题。这些措施不外乎是，采用钛渣做原料，改进工艺以便降低废副物数量，以及开发经济合理的废副物的综合利用方法。

西欧经济共同体委员会在保护环境和防止废副物污染自然界的新指令方案中，逐步禁止排放固体废副物和减少液体废副物的排放量，在世界环保管理条例的压力下，各大 TiO_2 生产公司，不得不着手环保的治理工作，甚至使钛白粉成本提高 10%～15%。

在 20 世纪 80 年代后期和 90 年代初期，国外硫酸法钛白粉生产工艺引入不同的改进方法，对废酸、废水、废气进行综合开发治理，使硫酸法与氯化法在环保不再有更大差别，硫酸法钛白粉的生产才爆发出蓬勃的生机。

中国目前在生产的钛白粉工厂绝大多数是硫酸法，以前由于规模小、布局较分散、绝对排放量不大，还没有发生像国外那样严重影响生态环境的污染事故。但是 20 世纪 80 年代后期由于席卷全国的"钛白热"，在国内各地兴建了许多家大小硫酸法工厂。有些工厂几乎没有什么治理措施，群众意见很大，不少小厂后来在当地环保部门的干预下被迫停产下马，部分大厂和骨干企业也相继增添了"三废"治理装置，如酸解废气水喷淋，煅烧废气水喷淋或静电除雾，酸性废水采用白云石、石灰石、石灰中和等，虽然还不十分完善，但污染程度有所减轻。进入 20 世纪 90 年代后由于国家加大环境治理的力度和国民环保意识进一步加强，各地工厂面临环保工作的力度越来越大，一些地处市区历史悠久的老厂（如无锡、张家港、上海、杭州、济宁等地）也被迫关闭，其他工厂纷纷拨出巨款进一步完善和健全"三废"治理设施，否则也要面临停产的危险。近年来，江苏某家钛白粉厂也因污染严重被迫搬迁，四川某厂也因环境污染被迫停产。

由于我国氯化法钛白粉生产刚刚起步，要达到工业化连续生产还需要一段时间 而酸溶性钛渣由于成本问题还未推广应用，因此目前的硫酸法工厂的"三废"治理问题，不仅仅是改善环境、减少污染，也关系到我国民族钛白粉工业的生存与发展。

11.2 废酸处理的办法及其优缺点

硫酸法钛白生产过程中产生的"三废"的治理归根结底是技术经济问题，而不是纯技术问题，除因地制宜选择治理路线实现清洁生产之外，关键是使其生产工艺少产生废副产物，改变矿源结构，使用钛渣代替钛铁矿，消除大量的绿矾产生，改进酸解工艺，扩大水解废酸的回用量。

此外，以前工厂为了获取更多的利润都千方百计地扩大经济规模，而且都认为只有经济规模大了才能消化掉"三废"治理的巨额费用，但是近来人们研究发现，由于硫酸法"三废"治理后的废副产品附加值都较低，市场容量有限，又受运输半径的制约，硫酸法工厂无论建在何处，采用何种原料和处理方法，以及加工成什么副产品，其废物的堆放、副产品的运输和销售都比较困难。

11.2.1 国外水解废酸回收利用状况

早期国外 TiO_2 生产厂的水解废酸基本上都不处理或稍作处理便排放到水体中。美国、日本、德国以及意大利的 TiO_2 生产厂，都曾用专门的驳船，把废酸驳到深海中倒掉。由于废酸直接排放对环境构成严重危害，一些 TiO_2 生产厂开始对水解废酸进行处理，采用浓缩并返回利用的技术，将废酸中和以后用于生产石膏，将废酸转化成硫酸铵用于生产肥料，将废酸用于生产人造金红石等。

11.2.1.1 拜耳公司无公害的硫酸法钛白生产工艺

世界上最早将水解废酸浓缩并回收利用的是拜耳公司。拜耳公司无公害的硫酸法钛白生产工艺流程见图 11-1。1982 年 3 月，拜耳公司在德国的硫酸法 TiO_2 生产厂首次实现废酸闭路回收循环。到 20 世纪 80 年代末，德国 Lurgi 工程公司开发设计的废酸浓缩装置为萨其宾化学公司建设了一套类似拜耳公司的废酸浓缩装置，每年可以处理 80 万吨 23% 的废硫酸，浓缩后的废酸浓度可达 70%~80%，废酸中的硫酸亚铁用于焙烧生产硫酸。Lurgi 公司还为 Tioxide 公司在西班牙的硫酸法 TiO_2 生产厂设计了废酸浓缩装置。由加拿大 Chemetics 公司为 Tioxide 公司在加拿大的硫酸法 TiO_2 生产厂设计建设了一套日处理 110t 的废酸浓缩装置，废酸浓缩后可达 93%~96%。瑞士 Sulzer Escher Wyss 公司为波兰波利斯公司的钛白粉厂、芬兰凯米拉公司、德国 Kronos 公司建了 3 套每小时处理 11~24t 废酸浓缩装置，浓缩后的废酸浓度可达 70%。

11.2.1.2 托普索-尼罗雾化法的废硫酸裂解回收工艺

托普索公司针对处理钛白水解废酸于 20 世纪 80 年代研究开发了"托普索-尼罗雾化法"的废硫酸裂解装置，取得了较好的经济效益和社会效益。其流程如图 11-2 所示。

11.2.1.3 废酸蒸汽减压多级浓缩

国外废酸浓缩的方法较普遍的是采用两级浓缩至 50%，或三级浓缩至 70%，为了防止一水硫酸亚铁在管壁结晶堵塞蒸发器的列管，通常采用一种特殊的泵进行强制循环，然后过滤分离一水硫酸亚铁，这种一水硫酸亚铁含有一定的游离酸无法直接使用，大部分工厂加水溶解后进行重结晶生成七水硫酸亚铁后再出售。常用的废酸三段浓缩流程，由于浓缩过程中大量水分被蒸发，因此蒸汽冷凝热要回收利用，第一级的热源来自第二级的蒸汽，第二级和第三级采用新鲜蒸汽，第二级在常压下工作，第三级在真空下工作。用这种方法需要在第二级把废酸冷却析出硫酸亚铁或用泵强制循环。工艺流程图见图11-3。

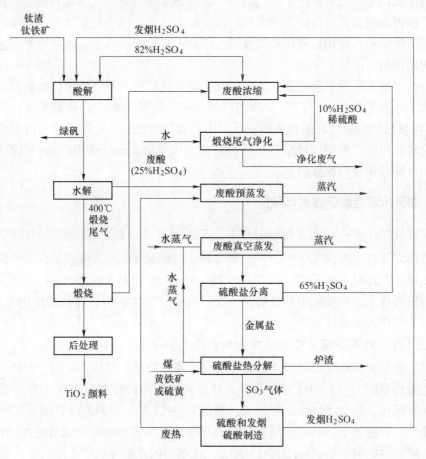

图11-1　拜耳公司硫酸法钛白无公害生产流程

还有一种方法是先在常压下把20%的废酸浓缩至50%~60%，因为硫酸亚铁在硫酸中的溶解度在50%~60%浓度时最低，然后在70~80℃下熟化3h，使硫酸亚铁晶体增长后，再过滤分离硫酸亚铁（熟化温度不能低于50℃，否则过滤困难），废酸接着在真空下继续浓缩到60%~80%，然后再热化结晶，再次分离滤渣和结晶，最后获得80%~85%的回收浓硫酸。

真空蒸发浓缩，可以根据其蒸发强度、浓缩级数，分别把20%左右的废酸浓缩至40%、50%、70%甚至达到90%以上，德国拜耳公司硫酸法钛白粉工厂采用废酸回收循环利用的流程。近年来该公司又与瑞士的贝特拉姆斯公司联合开发了废硫酸的浓缩工艺，废酸先在多效降膜蒸发器和强制循环的浓缩器中，以蒸汽为热源把20%废酸浓缩到78%，再用新型浓缩器从78%浓缩到96%，在拜耳公司勒费库森工厂建立了日产43t（折合100% H_2SO_4）的废酸浓缩系统。

韩国Hankook Titanium Ind公司由三星工程公司设计的废酸浓缩装置，采用水蒸气四级真空浓缩废酸工艺，将20%的废酸浓缩到76%并返回酸解工序使用。废酸通过三级浓缩到68%后冷却到60℃熟化结晶，压滤分离废酸中的硫酸亚铁。

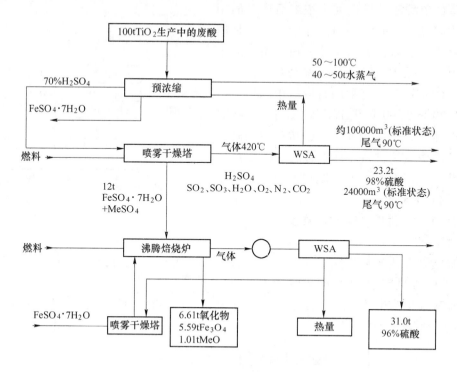

图11-2　完全再生废酸的托普索-尼罗雾化法流程

　　进行水解废酸浓缩并循环利用，可以消除硫酸法 TiO_2 生产厂的废酸污染。把废酸浓缩到50%~80%后其运输和应用的范围就大得多，采用浓缩的方法治理钛白粉生产中所水解废酸在欧洲和日本比较流行，但是废酸浓缩设备十分昂贵，能耗和操作费用也很高。

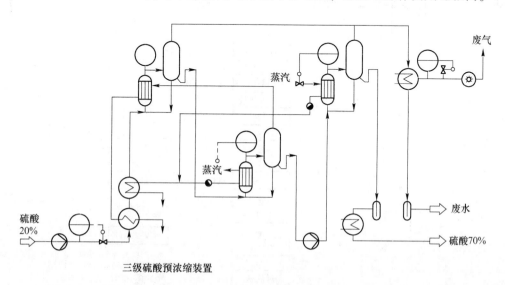

图11-3　三级硫酸浓缩装置

11.2.1.4　利用废酸生产石膏

美国的硫酸法工厂也因为浓缩后废酸的用途及成本问题，一般不采用浓缩工艺，而是用废酸中和生产石膏，美国氰胺公司采用废酸中和生产石膏。SCM 公司和 Kemira 公司在美国的硫酸法 TiO_2 生产厂早已采用将废酸中和用于生产石膏。20 世纪 90 年代 Tioxide 公司的一些硫酸法 TiO_2 生产厂也采用此工艺，所产生的副产物石膏可用作建筑材料。日本有的 TiO_2 生产厂也采用此法生产石膏。美国氰胺公司的废酸处理流程见图 11-4。

11.2.1.5　利用废酸生产硫铵、人造金红石等化工产品

将废酸转化成硫酸铵用于生产肥料，日本石原公司在 20 世纪 60 年代便进行了工业化生产。其他日本 TiO_2 生产厂也采用该工艺。日本曾有近 60% 的水解废酸用于生产硫酸铵。石原法废酸处理流程见图 11-5。

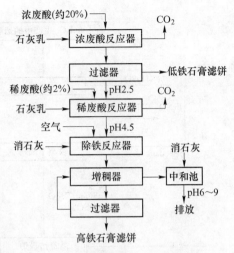

图 11-4　美国氰胺公司废酸处理流程

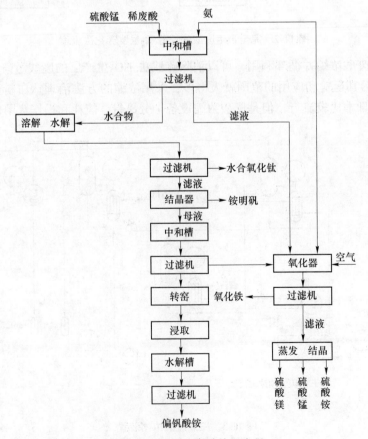

图 11-5　石原法废酸处理流程

将废酸用于生产人造金红石，是石原公司的独家技术。石原公司在四日市硫酸法 TiO_2 生产厂的水解废酸的90%用于生产人造金红石，但是仍产生5%的废酸，可以返回系统循环利用。工艺流程见图11-6。

还有研究利用废酸来浸取索雷尔渣，提高索雷尔渣品位以生产人造金红石的。工艺流程见图11-7。

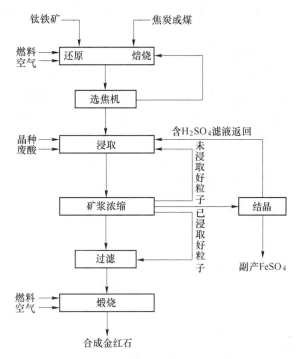

图 11-6　日本石原利用废酸生产人造金红石的工艺流程

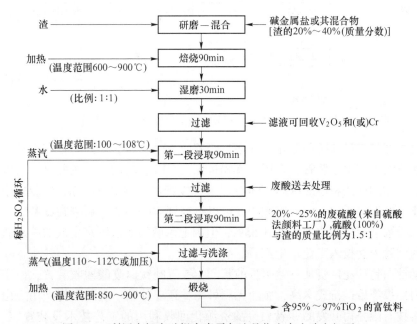

图 11-7　利用水解废酸提高索雷尔渣品位生产人造金红石

11.2.2　国内水解废酸回收利用状况

中国以前的用硫酸法生产钛白粉的工厂，由于规模小、布局较分散、绝对排放量不大，部分工厂将废酸因地制宜地处理：供给附近的钢铁厂用于酸洗钢材、供给造纸厂、印染厂等处理碱性废水，但是远离这些用户的工厂由于运输和储运的问题而无法借鉴。浓缩1t废酸的成本要比购买1t新鲜硫酸贵得多，因此我国大多数中小型硫酸法钛白粉工厂不敢问津。

随着国内钛白粉产量的不断提高，装置的大型化，环保要求越来越严的情况下，钛白粉厂积极开展了对钛白水解废酸的处理。目前处理钛白水解废酸的方法较多，大多厂家直接将10%~20%的废酸返回酸解工序利用，其余的废酸采用石灰中和法，石灰中和工艺流程见图11-8。少数厂家直接或浓缩后用于生产其他化工产品，如磷酸、磷肥、硫酸锰等。国内有学者提出利用水解废酸生产硫酸钾、硫酸铵、硫酸镁等化工产品的思路，但均因经济效益问题（蒸发产品中的水分或废水处理成本高）而难于实施。引进国外劳玛公司废酸浓缩装置投资大，还有人提出采用减压膜蒸馏法直接浓缩。

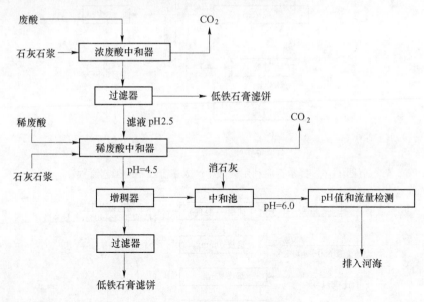

图 11-8　石灰中和工艺流程

中国化工部第三设计院和原化工部涂料研究所20世纪80年代初曾在南京、镇江等地建立了废酸浓缩中试生产装置，采用的流程是先把20%左右的水解废酸进行沉降净化，然后采用真空浓缩的办法将废酸浓缩至30%以上，接着在0~5℃下冷冻，使废酸中的铁盐以七水硫酸亚铁的形式析出，同时废酸浓度可以提高到40%左右。后来在此基础上又增加第二段，第二段浓缩废酸的浓度提高到65%，但因七水硫酸亚铁脱水生成的一水硫酸亚铁堵塞蒸发器的列管未能投入工业化生产。

国内某钛白粉厂花巨资从芬兰引进的年产1.5万吨钛白废酸回收装置，由于热量分配设计等原因，投产后运行成本高，企业无利可图，还要补贴一定的运行费用。由南通三圣石墨设备科技有限公司开发的"钛白废酸资源化回收利用的工艺技术及装置"，已经在国内多家钛白粉生产厂建成运行或准备进行废酸浓缩企业主要有：武汉方圆钛白粉有限责任公司8kt/a钛白废酸回收装置；湖南衡阳新华化工冶金总公司（现湖南天友化工）30kt/a钛白废酸回收装置；江西添光钛白有限公司15kt/a钛白废酸回收装置；山东金虹钛白化工有限公司40kt/a钛白废酸回收装置；河南漯河兴茂钛有限公司40kt/a钛白废酸回收装置；镇江钛白粉股份有限公司40kt/a钛白废酸回收装置；中核华原钛白粉股份有限公司60kt/a钛白废酸回收装置；东佳集团废酸回收装置等。南通三圣石墨设备科技有限公司的废酸浓缩回收工艺流程为：先采用钛白煅烧尾气将废酸浓缩到30%，再采用水蒸气在减压的条件下将废酸浓缩到68%。南通三圣石墨设备科技有限公司的废酸浓缩回收工艺流程如图11-9所示。

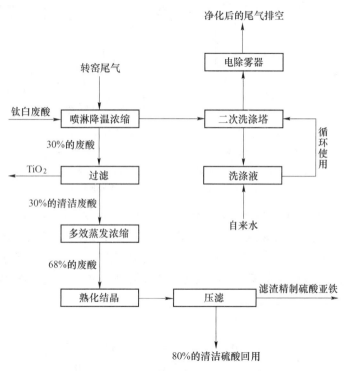

图11-9 钛白粉生产废酸回收工艺流程

武汉方圆钛白粉有限责任公司结合南通三圣石墨设备科技有限公司开发的工艺，并根据钛白粉生产水洗过程需要热水的工艺要求，设计了一次钛白煅烧尾气喷雾浓缩，一次真空浓缩的工艺，工艺流程图见图11-10。

四川龙蟒集团依其自身及社会的发展需要，根据多年来在无机化工特别是湿法无机化工（矿物化工）生产上总结的一套技术创新，以及领先市场的行之有效的经验，提出了喷雾浓缩除铁处理废酸并将之用于磷化工生产的绿色生产工艺。在2000年开展了"硫酸法钛白粉废副综合利用与提高产品质量系列科研课题的研究"，共完成科研课题6项，申请发明专利4项，省级科技成果2项；完成室验室试验后，于2001年投入1300多万元进行工业性中间研究试验，连续一个月到500km外的重庆市买回高价硫酸法钛白粉废酸，借以获得和检验这些专利和科技成果的可靠性。于2003年建成了4万吨硫酸法钛白粉废酸回收处理新装置。该装置经过四年的实际生产，不仅达到且超过设计能力和预期的工艺技术指标，而且投资与运行成本均远低于欧洲先进装置水平。

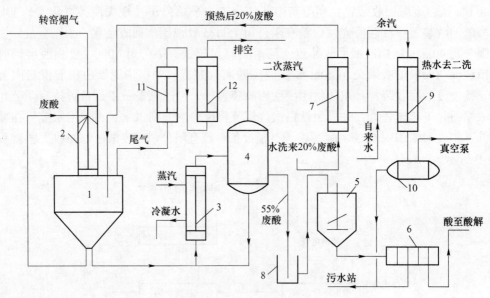

图 11-10　与钛白粉生产过程相结合的浓缩工艺

1—酸储槽；2——次浓缩；3，7—二次浓缩；4—二次蒸汽；5—搅拌槽；

6—压滤机；8—浓缩酸储槽；9—蒸汽冷凝；10—酸水储槽；

11—尾气一次处理；12—尾气二次处理

　　四川龙蟒集团根据磷化工生产中的喷雾浓缩磷酸工艺开发了喷雾浓缩处理废酸，其工艺主要为钛白水解废酸通过喷雾浓缩塔一次浓缩到70%左右，进入喷雾浓缩塔的燃气为燃煤净化尾气、锅炉高温尾气、天然气或燃油燃烧产生的高温尾气。该工艺主要简化了工艺流程，取消了换热器等设备，可以利用锅炉尾气余热来降低浓缩成本。工艺流程见图 11-11。

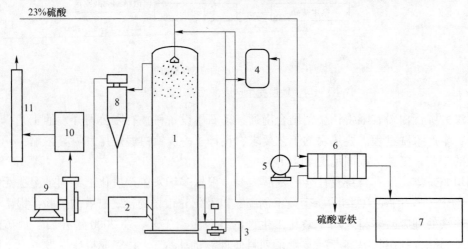

图 11-11　喷雾浓缩废酸工艺流程

1—雾化器；2—热发生器；3—浓缩酸泵；4—浓缩酸储槽；

5—过滤酸泵；6—过滤机；7—浓缩成品酸；8—汽水分离；

9—风机；10—气雾处理；11—烟囱

11.2.3　化工行业硫酸浓缩方法及利用

11.2.3.1　硫铁矿焙烧气体净化装置中洗涤酸的浓缩

硫铁矿焙烧气体净化装置中洗涤酸浓度为 30% 左右，硫铁矿装置的气量为 12000～15000m³/h。工艺流程如图 11-12 所示。该方法实质是，利用低位热能将稀酸加热至沸点以下，在雾化情况下与干燥空气进行热、质交换，使其浓缩。浓度为 30% 左右的洗涤酸，先经过滤器除去杂质，再鼓空气脱除二氧化硫后进入储罐 13，由泵 14 送入一级浓缩塔 4。在此塔中，平衡后的酸浓度为 55%，温度为 70℃。由泵 3 打循环，通过换热器 2，加热至 80℃，自塔顶喷淋，使水分蒸发。蒸发的水蒸气与二级浓缩塔 5 来的热空气混合，经捕沫器后排空。在不断补充洗涤酸的情况下一级浓缩塔中的酸量逐渐增加，便溢流入二级浓缩塔 5。在此塔中，平衡后的酸浓度为 70%，温度为 75℃，由泵 6 打循环，通过换热器 10 加热至 80℃，自塔顶经文氏管喷淋，在文氏管中与 50℃ 的浓缩空气混合，使水分进一步蒸发。二级浓缩塔中的酸，逐渐溢流至成品酸罐 7。由泵 8 送往冷却器 9，冷却至 25～30℃，再经压滤机 1 除去硫酸亚铁结晶后，作为成品酸送往肥料厂。循环酸的加热，采用硫酸厂新生产出的温度为 120℃ 的浓硫酸。在酸/酸换热器中，低浓度酸走管内，高浓度酸走管外。带有蒸气的空气，由浓硫酸在空气浓缩塔 11 中直接吸湿浓缩。酸浓缩后的尾气除沫，温度为 80℃，经烟囱排放。

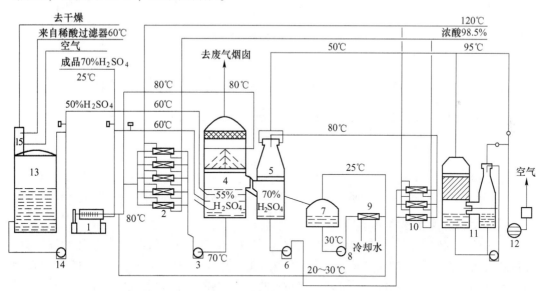

图 11-12　稀硫酸浓缩流程

1—压滤器；2—第一级酸-酸换热器；3—泵；4—第一级浓缩塔；5—第二级浓缩塔；6，14—泵；
7—成品酸罐；8—成品酸泵；9—成品酸冷却器；10—第二级酸-酸换热器；11—空气干燥塔；
12—风机；13—带 SO₂ 沉降器的酸储槽；15—气液分离器

11.2.3.2　废酸热解再生

将废酸加热分解再生是一个较老的方法，世界上目前从废酸中再生出来的硫酸约占硫酸总产量的 9%。在温度 850℃ 时，硫酸即开始分解，但反应速度缓慢。图 11-13 给出了废酸再生制造硫酸工艺流程，为获得较适宜的热分解速度，工业上一般分解过程的温度控制在1000℃左右。分解出来的二氧化硫气体，经气体净化、转化、吸收等工序，再制成浓硫酸和发烟硫酸。硫酸分解气体的温度约1000℃，其热能大部分可以回收利用，许多家工厂证实这种方法在经济上是可行的，故在国外有数家规模较大的再生酸厂。如鲁奇公司建设的处理360t/d废酸的再生酸厂等。有一些硫酸厂，为简化处理过程，把净化废酸喷入沸腾炉内，使其在950℃下热分解回收制酸，这也是一种切实可行的方法。虽然用热分解法将污浊稀酸制成再生硫酸是目前可靠的、唯一能够取得高质量产品的办法。但是，它的成本总归难与硫黄、硫铁矿之类常规制成的硫酸相匹敌，再加上技术上的原因，采用该法单独设厂仍有较大的局限性。

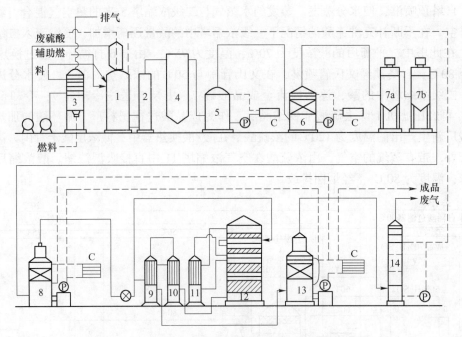

图11-13　废酸再生制造硫酸工艺流程

1—分解炉；2—二次燃烧室；3—空气预热器；4—废热锅炉；5—冷却塔；6—洗涤塔；7a—一段电除雾器；
7b—二段电除雾器；8—干燥塔；9~11—热交换器；12—转化器；13—吸收塔；14—废气洗涤塔

11.2.3.3　浸没燃烧式浓缩

就是把燃烧器内产生的高温气体（1200℃左右）直接喷入液面下，使气体和液体直接进行热交换，使废酸中的水分蒸发而起到浓缩废酸的作用。在燃烧室内产生1500~1700℃的高温气体，经浸没管在液面下400~800mm处，以100m/s的速度喷入酸液中。喷出的热气体直接与硫酸接触，变成无数的气泡，使硫酸中的水分迅速蒸发。硫酸浓度的提高使溶解于废酸中的硫酸亚铁以一水硫酸亚铁的形式析出，该法浓缩后的硫酸浓度不高，而且设备腐蚀很厉害。该法的主要特点是热效率高，可达85%~90%。前苏联有用此方法把废硫酸浓缩至55%后出售或供生产磷肥使用。

图11-14给出了浸没燃烧高温结晶法工艺流程。

11.2.3.4　鼓式浓缩

这种浓缩装置创始于20世纪20年代初期。该法被公认为是最经济、操作最稳定的浓缩方法，可把稀硫酸浓缩到93%以上，曾被广泛采用，在1940年以前鼓式浓缩装置为单

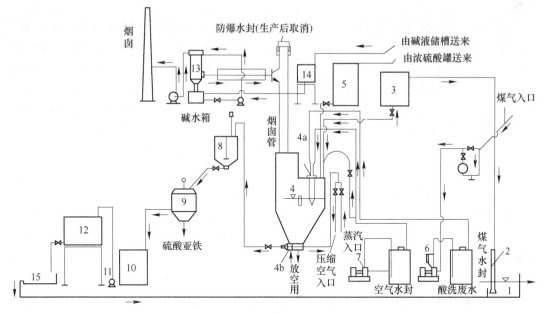

图 11-14　浸没燃烧高温结晶法工艺流程

1—储酸池；2—耐酸立式泵；3—废酸高位槽；4—蒸发器；4a—燃烧室；4b—提液器；5—浓酸高位槽；6，7—鼓风机；
8—中间槽；9—离心机；10—母旋桶；11—耐酸泵；12—再生酸储槽；13—酸雾净化器；14—碱液高位槽；15—酸洗槽

鼓式，以后不断改进为三鼓式，硫酸与热风逆流接触，从而提高了热效率，减少了酸雾生成量。由空气加热器来的约 650~700℃ 的热烟气，经两根插入液面下 50~150mm 的高硅铸铁管，以 30~40m/s 的速度，分别喷入前两鼓的前室内，引起剧烈的气液接触，使硫酸中的水分蒸发。由前两鼓出来的废气经导管吹入第三鼓的酸液面下，进行原料稀酸的预热和硫酸蒸汽的吸收。然后再经洗涤分离后放空。

11.2.3.5　SM 式浓缩

这是一种间接加热的真空蒸发设备。自 1921 年开发以来，已被广泛用作硫酸浓缩设备。这种浓缩设备，能把各种稀硫酸浓缩到 93% 的浓度，而不生成酸雾。一般采用 1~2MPa 的蒸汽进行加热和抽真空。真空度的大小，视稀酸浓缩的程度而定。稀酸从 20% 浓缩至 50%，一般需保持 13KPa 的绝对压力。设备配置多为 3 级，分别进行加热、抽真空和分离。稀酸经浓缩到 93% 后，由第三级浓缩器出来经冷却后送入储槽存放。如酸较脏，可用过滤机或离心分离机等设备除去杂质后再送入储槽储存。

11.2.3.6　冷凝成酸的生产浓硫酸

冷凝成酸多用于采用湿法转化的硫酸厂，气体中含有大量的水蒸气（一般水蒸气的含量超过三氧化硫的含量），三氧化硫与水生成硫酸的反应主要在气相中进行，而后对气体进行冷却降温，使硫酸蒸气冷凝成液体硫酸。冷凝成酸过程是放热的。反应完全与否与温度有关，降低温度有利于二氧化硫和水朝着生成硫酸的方向进行。当转化气同淋洒酸接触时，转化气温度不断下降，气体中的三氧化硫和水蒸气也就不断结合为硫酸蒸气，并进一步冷凝成硫酸。硫酸蒸气有两种冷凝方式：

一种是转化后气体中的三氧化硫和水蒸气首先生成硫酸蒸气，当硫酸蒸气压超过饱和蒸气压时，则硫酸蒸气在酸液表面或设备表面冷凝成液体硫酸。这种冷凝方式称为表面冷凝。

另一种是随着转化气温度的下降，生成的硫酸蒸气越来越多，当在表面冷凝的硫酸量比反应生成的硫酸蒸汽量少，或因气体温度下降得过快来不及进行表面冷凝时，气体中的硫酸蒸气便达到最大过饱和状态即临界过饱和度，发生硫酸蒸气分子在空间相互凝聚或凝结在气体中尘粒等微粒表面上，成为雾滴悬浮在气体中，即通称的酸雾。这种冷凝方式一般称为空间冷凝。所谓空间冷凝基本上也是一种表面冷凝，同表面冷凝所不同的是冷凝表面是肉眼看不见的。

在20世纪70年代初期，托普索公司开始开发一种新工艺，被称为WSA（湿法硫酸）工艺，其主要目的是能够提供一种可处理含硫气体的有吸引力的工艺，自20世纪80年代中期成功引入市场后，丹麦托普索公司WSA工艺已被公认为是处理来自焦化厂、煤气化含硫废气的最佳工艺。经过短短20余年，全球在建、投用的WSA装置已达到55个。其中，中国有7套WSA装置。WSA的特点可概括为简单、有效。主要特点有：硫回收率超过99%，二氧化硫的排放低于国家环保排放标准GB 16297—1996要求；唯一的产品，即商业级硫酸（浓度超过97%）；氧化物脱除超过95%；不消耗化学品（当安装SCR工艺脱氮氧化物时，要消耗氨）；不产生废物或废水；回收大量的工艺热；冷却水消耗少；布局简单；操作经济；操作弹性范围大。

WSA工艺装置的硫酸冷凝系统为托普索公司独特的直接冷凝工艺，SO_3和工艺气体中的水分发生水合反应后直接在冷凝器玻璃管表面上降膜冷凝成硫酸，工艺流程简单而可靠。在H_2S含量相当高的情况下，可能会出现工艺气中的水分不足，为了保持工艺过程中的水平衡，必要时可在蒸汽过热器的锥形出口管上向工艺气中补充适量的过热蒸汽。WSA硫酸冷凝器是一个降膜式冷凝器，由多组并联的玻璃管组成，玻璃管内安装有螺旋线，管口安装有除雾填料。WSA硫酸冷凝器为托普索公司的专有技术，是WSA装置的核心设备。工艺气体及所含的H_2SO_4的颗粒和在对流冷却过程中SO_3发生水合反应并凝结出来的H_2SO_4在管程内向上流动，而被冷却空气冷凝出来的H_2SO_4沿玻璃管壁流到底部的酸收集器中，冷凝器底部的H_2SO_4温度约为260℃。

WSA工艺采用先进的酸雾控制手段，在进入硫酸冷凝器之前，由托普索公司专门配置的两台酸雾控制器产生适量的、含气化硅油颗粒的燃烧气体加入到工艺气中，增加工艺气在冷凝器中的冷凝效率，同时也将控制净化气中的酸雾含量。

工艺气体离开冷凝器的温度约为100℃，排放尾气的SO_2含量低于$200×10^{-4}$%，酸雾含量低于$4×10^{-4}$%，能直接送入烟道，排放的SO_2浓度（标准状态）控制在960mg/m^3以下，低于国家环保排放标准GB 16297—1996二氧化硫的排放要求。WSA冷凝器的一个很显著的特点就是，气体中含酸雾极少。WSA工艺的排放尾气在环保达标上优于目前国内传统的制酸工艺或者硫黄处理、废酸回收、酸气处理等生产装置。

WSA冷凝器是一个垂直降膜冷凝器/浓缩器，装有耐酸并抗震的玻璃管。气体在管子中被外部常温空气冷却，硫酸在管子中与热工艺气体逆向冷凝浓缩，流向底部。硫酸收集在有砖衬里的冷凝器底部并在板式热交换器中冷却到30~40℃，再用泵输送到储存器中，硫酸浓度通常控制在98%左右，是商品级的浓硫酸，直接市售或自用。

冷却空气离开WSA冷凝器的温度约为200℃，部分热空气作为焚烧炉的燃烧气，其余可与工艺气混合送入烟道增加浮力排出或用于锅炉水预热。

除了在设计温度要求是耐热钢材（不锈钢或钼合金），构造材料一般均是碳钢。燃烧室和废热锅炉内部有耐火衬里保护。接触冷凝酸的冷凝器部分，有氟聚合物衬里保护。底部部分是耐酸砖衬里。酸冷却器通常是由哈司特镍合金 C 制成。

由于 WSA 硫酸冷凝器承受的是温度高、腐蚀性极强的高浓度硫酸，因此本设备的内件安装及防腐措施极为复杂，要求极高，施工时由德国 DSB 公司的专业人员现场指导并完成安装。

11.2.3.7 高炉煤气喷雾浓缩钛白水解废酸

以某高炉煤气为燃气，采用三次喷雾浓缩的工艺。硫酸钛白生产过程产生的水解废酸进入废酸收集槽，通过沉降后，由泵送到钛白煅烧尾气喷雾浓缩塔，尾气经过喷淋降温后，直接排放；产生的 30% 左右的废酸，送到废酸槽，再用泵送到一次喷雾浓缩塔进行第一次喷雾浓缩，尾气经洗涤后排放；产生的 60% 左右的废酸送到废酸槽，用泵再送到二次喷雾浓缩塔进行第二次喷雾浓缩，尾气经洗涤后排放；产生的 75% 左右的废酸送到废酸产品贮槽，用于钛白粉生产。在各槽产生的铁泥用泵送到硫酸亚铁喷雾干燥塔中，产生的尾气送到一次高炉煤气浓缩塔，产生的一水硫酸亚铁用于硫酸生产或外销。一次、二次喷雾浓缩塔和硫酸亚铁喷雾干燥塔所需的热风由高炉煤气燃烧产生的燃气供给，热风的温度为 470℃，尾气出塔温度为 90~130℃。

某钛白公司偏钛酸煅烧采用人工煤气和轻柴油混合燃料，尾气温度为 400℃，废酸浓缩第一段采用钛白煅烧尾气喷雾浓缩。硫酸溶液通过喷雾实现与尾气进行传热和传质，硫酸溶液部分水汽化实现硫酸溶液的浓缩。即 20% 的硫酸溶液通过加热后在预定的压力、温度下分离为平衡的汽液两相。可以起到一个平衡级的分离作用，是单级平衡分离过程，也称为平衡汽化过程或闪蒸过程。某钛白公司偏钛酸煅烧每吨钛白粉尾气流量（标准状态）为 9737.775m^3/h，产生 20% 的废酸量 6t，废酸温度为 70℃ 时（实际废酸温度为 45℃ 左右），经过尾气喷雾浓缩可以将废酸浓度提高到 30% 左右。

可利用的焦炉煤气、高炉煤气和转炉煤气组成见表 11-2。

表 11-2 焦炉煤气量、高炉煤气量、转炉煤气量以及组成 （%）

组分名称	CO_2	C_mH_n	O_2	CO	H_2	CH_4	N_2
焦炉煤气	2.0~3.0	2.0	0.2~0.4	7.0~9.5	62~63	19~20	4~6
高炉煤气	15~19		0.2~0.4	24~26	0.9~1.1	0.2	54~58
转炉煤气	16		0.5	66.6			16.9

进行直燃式喷雾浓缩废酸，燃料含氢越低产生的燃气含水就越少，因此所需要的燃料要求氢含量越低越好，可利用的煤气中转炉煤气和高炉煤气都是含氢极低的燃料。高炉煤气的平均组成见表 11-3。

表 11-3 高炉煤气的平均组成 （%）

组分名称	CO_2	O_2	CO	H_2	CH_4	N_2	热值/GJ·km^{-3}
高炉煤气	16.3	0.3	25.5	1.0	0.2	56.5	3.37

采用高炉煤气做燃料直燃式的方案，就是高炉煤气燃烧产生的烟道气直接进入喷雾浓缩塔。采用高炉煤气为燃料产生燃气进行喷雾浓缩，考虑热损失 5%，将 4t 30%的废酸浓缩为 2t 60%的废酸要消耗高炉煤气 1800m³（标准状态），可以直接由 30%一步浓缩到 60%。

将 2t 60%的废酸浓缩为 75%的 1.6t 废酸，消耗高炉煤气 600m³（标准状态），空气配比为 4，燃烧产生的烟气温度为 470℃。采用高炉煤气将 60%的硫酸进行喷雾浓缩到 75%必须在空气配比较大的情况下进行，浓缩后产生的尾气温度较高，达到 140℃的情况下，水由硫酸溶液转移到气相才具有较大的推动力。

采用高炉煤气将 4t 30%的废酸浓缩到 1.6t 75%的硫酸，需要消耗高炉煤气 2400m³（标准状态），相当于消耗热量 8.08GJ，当然第二步的尾气可以引到第一步去，按照高炉煤气 8 元/GJ 的价格，则燃料费用为 64.7 元，每吨 75%的硫酸燃料费用为 40.44 元，比使用蒸汽浓缩费用 224.62 元/t 低 180 元/t 左右，因此采用高炉煤气进行喷雾浓缩干燥具有较大的成本优势。

11.2.3.8 采用硫黄制酸过程的废热为热源的浓缩工艺

钛白粉生产过程需要消耗大量的硫酸，而硫酸生产过程有大量的废热产生，水解废酸浓缩需要消耗大量的能源，因此我们从资源综合利用方面提出了采用硫黄制酸过程的废热为热源的浓缩工艺，可以实现大幅度降低废酸浓缩费用的目的。

采用硫铁矿生产硫酸，沸腾炉焙烧硫铁矿的过程会放出大量的热量，含硫 35%的硫铁矿，焙烧每公斤矿大约放出 4521.7kJ，其中 40%左右的热量消耗于烟气和灰渣的加热，60%的热量如果不回收利用就必须移去，否则会影响焙烧反应的进行。即焙烧每公斤含硫 35%矿（FeS_2）需要移去 2721~2931kJ 热量，相当于使用 1t 矿可得到 100kg 标准煤的发热量，如果用于生产蒸汽则可产生 1.0~1.2t。从沸腾炉出来的炉气，一般温度高达 850~950℃，现在国内一般都是采用废热锅炉用于生产蒸汽。在硫酸转化后有大量的低温热量，约占硫酸总余热量的 30%，进入吸收工序，这些热量均被冷却水带走。190℃的一转后的气体直接进入一吸塔，215℃的二转后的气体进入二吸塔，这些热量都被冷却水带走。采用硫黄为原料生产硫酸，焚硫炉出口 950℃左右的高温气体，经过锅炉冷却到 410℃左右，直接进入转化塔，生产每吨硫酸一般产生蒸汽 1t；转化 SO_2 的反应热和由焚硫炉转移到转化系统的热量一般产生蒸汽 0.6t，即采用硫黄为原料生产 1t 硫酸产生蒸汽 1.6t。

随着能源短缺和价格暴涨，现代国际最新硫黄制酸设计的理念是，主产品是利用热能进行发电，副产品才是硫酸，即主要是热能利用。废热回收在硫黄制酸装置中占越来越重要的地位。美国孟山都、加拿大凯米迪、德国鲁奇分别进行了探索，并提出了自己的流程，其中以孟山都的 HRS（heat recovery System）最为著名。该技术的核心是大大提高中间吸收塔的酸的温度，用废热锅炉代替传统的酸冷却器，可产生 0.3~1.0MPa 的低压蒸汽，每吨酸产蒸汽量为 0.4~0.6t，且所产蒸汽可用于发电，从而使硫酸装置的废热回收率从 50%~70%提高到 90%以上。采用硫黄生产硫酸一般焚硫炉出口 950℃左右的高温气体，经过锅炉冷却到 410℃左右，过滤后直接进入转化塔，SO_2 浓度为 10%~12%，一段转化产生的热量用于产生蒸汽，再预热一吸塔出来的过程气体，190℃的一转后的气体直接进入一吸塔，二段转化出来的气体主要用于产生蒸汽，215℃的二转后的气体进入二吸塔，这些热量都被冷却水带走。设计考虑主要是过程气体的温度要高于露点温度。进入一吸塔过程气体中的水蒸气分压 p_{H_2O} 为 0.099966 mmHg❶，气相中三氧化硫分压 p_{SO_3} 为

---

❶ 1mmHg = 133.3224Pa。

77.46719mmHg，气体的露点温度为 179.02℃；进入二吸塔过程气体中的水蒸气分压 p_{H_2O} 为 0mmHg，气相中三氧化硫分压 p_{SO_3} 为 6.334775mmHg，气体的露点温度为 155.4℃。因此尽管这部分过程气体温度较高，在进入吸收塔前是不能够再通过换热降低温度的。采用硫黄生产硫酸可以利用的热量为焚硫炉出口过程气体、一段转化放出的部分热量和二段转化出口的过程气体。前两部分通过与融盐换热进而用融盐预热空气，再用热空气进行喷雾浓缩废硫酸，二段转化出口的气体直接进行喷雾浓缩废硫酸。

通过对硫黄制酸过程热量和物料衡算表明：在焚硫炉至转化工序和转化工序 SO_2 产生的反应热，每生产 1t 硫酸，需要移走热量 3003765kJ，这些热量用融盐移走与空气换热，理论上可以将 3886m³ 空气预热到 440℃，而第四段出口的转化过程气体温度高达 450℃，流量为 1745 m³。因此通过这些热量来浓缩废酸，可以达到降低生产成本的目的。

（1）用含 TiO_2 75%的钛渣生产钛白粉，与之匹配的硫黄制酸装置产生的废热浓缩硫酸，用含 TiO_2 75%的钛渣每生产 1t 钛白粉需补充硫酸约 1.5t，产生的废酸先采用煅烧尾气浓缩到 30%，再用热空气进行第二次浓缩，再用硫酸尾气进行第三次浓缩，生产 1.5t 硫酸产生的热空气 440℃，5829m³，可以将废酸的浓度浓缩到 48%左右。

生产 1.5t 硫酸产生二次转化出口气体 2618m³，温度为 450℃，二次转化出口气体直接浓缩可以将 48%左右的废酸浓缩到 60%，加上气体中的 SO_3 产生的硫酸，最终硫酸浓度可以达到 62%。

（2）用含 50%TiO_2 钛精矿生产钛白粉，与之匹配的硫黄制酸装置产生的废热浓缩硫酸，用含 50%TiO_2 钛精矿每生产 1t 钛白粉需补充硫酸约 2.9t，产生的废酸先采用煅烧尾气浓缩到 30%，再用热空气进行第二次浓缩，再用硫酸尾气进行第三次浓缩。生产 2.9t 硫酸产生的热空气 440℃，11269m³，可以将废酸的浓度浓缩到 60%左右。生产 2.9t 硫酸产生二次转化出口气体 5061m³，温度为 450℃，二次转化出口气体直接浓缩可以将 60%左右的废酸浓缩到 80%，加上气体中的 SO_3 产生的硫酸，最终硫酸浓度可以接近 85%。

如果焚硫炉后的高温气体热量不用于产生热空气，进而进行废酸浓缩，只利用四段转化后的热量来浓缩废酸，通过计算，也能够将废酸的浓度提高到 60%左右。通过模拟计算表明，采用硫黄生产硫酸过程中产生的废热用于钛白水解废酸浓缩是可行的。

采用硫铁矿生产硫酸与废酸浓缩相结合的工艺，因转化系统没有多余的热量，只能回收利用硫铁矿焙烧产生的热量，即硫铁矿焙烧后高温炉气不用于生产蒸汽，直接通过文丘里洗涤器喷洒废酸来降低炉气的温度，用含 50%TiO_2 钛精矿生产钛白粉，与之匹配的硫铁矿制酸，用硫铁矿焙烧产生热量用于浓缩废酸，理论模拟计算表明可以将废酸的浓度提高 65%左右。浓缩后的硫酸含有的杂质较多，如果不通过净化不能直接用于钛白粉的生产，最好用于湿法磷酸的生产。

硫黄制酸与废酸浓缩相结合的工艺为：硫黄燃烧产生的高温气体通过与融盐换热，温度降到 430℃后直接进入转化塔的第一段，第一段出口的高温气体与热空气进行换热后，进入二段转化，二段转化出口的气体与第一吸收塔来的过程气体进行换热后，进入三段转化，三段转化出口的气体与第一吸收塔来的过程气体进行换热后直接进入第一吸收塔。从第一吸收塔出来的气体通过三段转化、二段转化出口的气体预热后，进入四段转化，四段转化出口的气体直接与浓废酸喷雾浓缩塔。融盐与硫黄燃烧产生的高温气体换热到 370℃，用于加热空气，热空气再与一段转化产生的高温气体换热后，进入热空气浓缩塔。

工艺流程见图 11-15。

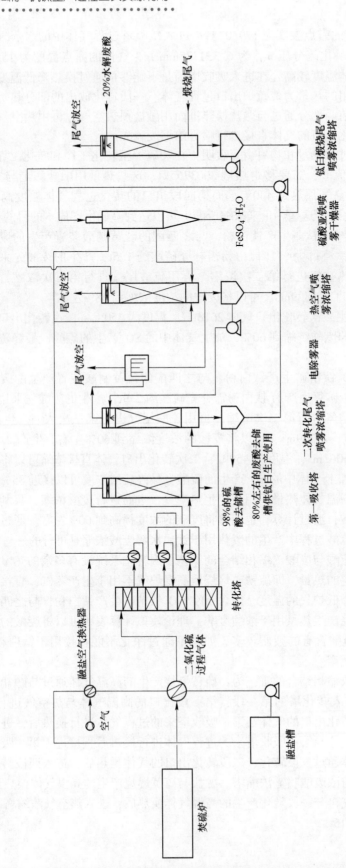

图11-15 硫醇钛白水解废酸喷雾浓缩与硫黄制酸相结合的工艺流程

11.3　国内外现行的成熟技术

国内外现行成熟的工艺主要为：石灰中和法，中和后将产生的废水直接外排，部分企业生产石膏；蒸汽加热减压多级浓缩，根据生产情况将废酸浓缩到 50% ~ 96%；生产硫铵；生产人造金红石；生产其他化工产品；燃气喷雾浓缩。按照生产 10 万吨/a 的生产装置，产生废酸 60 万吨/a，计算中的参数见表 11-4，采用各工艺经济效益比较结果见表 11-5。

表 11-4　工艺比较计算参数

序号	原燃料或产品名称	规格	价格
1	低压蒸汽	0.6MPa	72 元/t
2	电		0.62 元/kW·h
3	循环水	32℃	0.3 元/t
4	制冷水	5℃	2 元/t
5	高炉煤气	3.37GJ/km³	8 元/GJ
6	天然气		1 元/m³（标准状态）
7	燃料油		2000 元/t
8	动力煤炭	5233kcal/kg	400 元/t
9	硫酸	98%	500 元/t
10	硫酸		按照浓度折算

表 11-5　各种废酸处理工艺经济效益比较

序号	工艺名称	技术特点	工艺优缺点	投资	应用厂家	运行费用
1	石灰中和法	酸碱中和	工艺简单，生产操作容易控制，但是产生二次污染，每生产1t钛白粉产生石膏5t，外排废水呈浓红色	6000万元	美国的公司多采用，国外的公司较少采用，其中美国氰胺公司（1700万美元），日本等公司生产建筑石膏，我国大多数规模较小的厂家采用	美国氰胺公司处理每吨废酸90美元，水泥石膏13美元/t，农用石膏4美元/t（1980年价格）。攀钢钛业废酸石灰中和费用：30元/t废酸，180元/t钛白
2	拜耳公司废酸回收循环利用的流程	钛白粉煅烧尾气初步浓缩，水蒸气减压多级浓缩，最终浓度为82%，并将硫酸亚铁生产为硫酸，废酸浓缩过程中的废热用于硫酸生产	废酸和硫酸亚铁全部处理，还利用部分10%左右的稀硫酸，但工艺流程复杂，投资费用高，运行费用高	不详，估计为20000万元	拜耳公司，萨其宾化学公司80万吨/a的钛白，Tioxide公司5t/d，波兰波利斯公司的钛白，德国Kronos公司粉，芬兰凯米拉公司11~24t/h	硫酸亚铁与铁矿混合制酸，运行成本高。利用煅烧尾气制酸，废酸浓度为25%，利用煅烧尾气和硫酸生产的废热，浓缩成本低
3	托普索-尼罗索罗雾化法	喷雾浓缩，采用WSA工艺，硫酸浓度达到96%，硫酸亚铁通过喷雾浓缩和硫酸生产，废酸先用喷雾浓缩到热浓缩的废热浓缩70%	废酸和硫酸亚铁全部处理，喷雾浓缩，硫酸浓度高，硫酸中的无机盐基本去除，投资大、生产运行费用高	不详，估计30000万元	整套工艺装置未见报道，但是WSA工艺生产硫酸应用广泛，全球在建、投用的WSA装置已达到55套。其中，中国有7套	硫酸亚铁单独制酸，采用WSA，生产成本较高，废酸浓缩到96%消耗热量10GJ，运行费用高
4	水蒸气加热减压多级浓缩	采用两级、三级、四级浓缩，废酸大流量强制循环，水蒸气加热，硫酸浓度根据熟化结晶品分离出硫酸盐，硫酸浓度根据需要浓缩到50%、68%、76%、90%	只处理水解废酸，硫酸浓度根据用户需要调节，可以利用二次水蒸气进行废酸的初步浓缩，也可以用钛白的烧结尾气进行初步浓缩，工艺流程复杂，存在堵塞的可能，运行费用较高	2500万元（三圣）	拜耳公司勒费库华森工厂日产43t（折合100%H_2SO_4），在2,3项中包含，国外应用广泛。韩国Hankook Titanium Ind公司四级浓缩。在国内近年来武汉方圆钛白粉有限责任公司8kt/a，湖南衡阳新华化工冶金总公司（现湖南天友化工）30kt/a，江西添光钛白粉有限公司15kt/a，山东金虹钛白化工有限公司40kt/a，河南焦河兴发钛白粉有限公司40kt/a，镇江钛白粉股份有限公司40kt/a，中核华原钛白粉股份有限公司40kt/a，宁波新福60kt/a，湖南东佳集团50kt/a，南京钛白50kt/a，中核集团30kt/a，东纳达30kt/a，安利30kt/a，淮安飞洋20kt/a废酸回收装置等	韩国Hankook将22.5%的废酸浓缩到68%，消耗电为：蒸汽532kg/t，电30kW·h/t，循环水50t/t，制软水0.3t/t，运行费用：72.72元/t废酸，387.84元/t钛白。三圣工艺：将19%的废酸浓缩到68%，烧结尾气初步浓缩、蒸汽二级浓缩，消耗电410kg/t，电25kW·h/t，循环水0.3t/t，运行费用：45.92元/t废酸，290.02元/t钛白

续表 11-5

序号	工艺名称	技术特点	工艺优缺点	投资	应用厂家	运行费用
5	废酸转化成硫酸铵、人造金红石	利用废酸中的硫酸与氨生产硫酸铵；利用废酸中的硫酸浸取钛铁矿中的铁，提高原料品位，废液循环需要蒸发同样多的水分	利用了废酸中的硫酸，蒸发同样多的水分生产硫酸铵，产品质量不容易控制；生产人造金红石工艺复杂，可以利用金红石生产过程的废热，副产硫酸亚铁，因产品硫酸亚铁，形成二次污染，浓度低，生产设备庞大，蒸发设备容易堵塞	不详	日本石原公司 钢研院已经做过生产硫酸的研究	不详，估计生产硫酸成本很高。生产人造红金石副产硫酸亚铁需要单独处理，如单独生产硫酸亚铁运行费用高，如处理废酸相结合运行费用稍高
6	废酸生产硫酸锰、硫酸钾、硫酸镁等化工产品，酸洗钢板除锈	利用废酸中的硫酸	投资少，工艺简单，废酸中的硫酸亚铁等无机盐没有有效处理，形成二次污染，处理废酸量很小		在国内小厂使用的较多，应用范围有限，处理量小	成本很低，主要是运输废酸的成本
7	减压膜蒸馏法直接浓缩	利用膜蒸馏技术			研发阶段，无工业应用	

续表11-5

序号	工艺名称	技术特点	工艺优缺点	投资	应用厂家	运行费用
8	喷雾浓缩除铁处理废酸	利用燃气进行一次喷雾浓缩生产70%的硫酸,用于磷化工生产磷酸的绿色生产工艺	工艺简单,投资少,但是采用一次浓缩工艺,设备庞大,运行费用高	10000万元	四川龙蟒集团钛业公司已经成功运行4年	将20%的废酸浓缩到70%消耗为:天然气300 m³/t,电20kW·h/t,运行费用:312.4元/t废酸,1874.4元/t钛白或煤80kg/t,20kW·h/t,运行费用:44.4元/t废酸,266.4元/t钛白
9	采用高炉煤气产生的热源二次喷雾浓缩工艺	先采用钛白煅烧尾气将废酸喷雾浓缩到30%,再采用高炉煤气进行喷雾浓缩到75%,废酸中硫酸亚铁采用喷雾干燥生产一水硫酸亚铁	工艺简单,利用煅烧尾气的余热,采用高炉煤气为燃料产生的二次热源,燃气中含水量低,并采用二次浓缩工艺,降低浓缩能耗,其中二次浓缩过程中,但是需要铺设很长的高炉煤气管道	4000万元(不含高炉煤气管道)	自行开发。但是钛白煅烧尾气喷雾浓缩在很多厂有应用,四川龙蟒集团钛业公司采用其他燃料产生喷雾浓缩装置已经成功运行4年	将20%的废酸浓缩到75%,消耗:煤气400m³/t,电力15kW·h/t,运行费用:12.32元/t废酸,73.94元/t钛白
10	采用硫酸黄制酸过程的余热为热源二次喷雾浓缩工艺	先采用钛白煅烧尾气将废酸喷雾浓缩到30%,硫黄燃烧产生的高温气体通过与融盐换热到370℃,用于加热空气,热空气再与一段转化产生的高温气体换热后,进行一次喷雾浓缩;四段转化出口的气体直接与浓废酸进行二次喷雾浓缩,硫酸浓度可以达到85%。废酸中硫酸亚铁采用喷雾干燥生产一水硫酸亚铁	充分利用煅烧钛白产生的尾气的余热和硫黄制酸过程中的产生的废热,运行费用低,投资少,工艺较复杂	9000万元(20万吨硫黄制酸)废酸浓缩4000万元	自行开发。但是钛白煅烧尾气喷雾浓缩在很多厂有应用,四川龙蟒集团钛业公司采用煅烧尾气进行喷雾浓缩装置已经成功运行4年。硫酸生产中有融盐换热在WSA工艺中有应用,属于干成硫酸黄制酸工艺也属于成熟工艺	钛白全部采用钛精矿为原料,将20%的废酸浓缩到70%,煅烧尾气燃烧热量预热空气初步浓缩,二转化二级浓缩,消耗气体三级浓缩,消耗为:电20kW·h/t,相当于消耗蒸汽300kg/t,运行费用:34元/t废酸,204元/t钛白

第3篇　钒钛生产过程有价元素回收

12　攀枝花钒钛磁铁矿——回收利用铬资源

　　1797 年法国化学家沃克兰（L. N. Vauquelin）在西伯利亚铅矿（铬铅矿）中发现一种新元素，次年用碳还原，得到金属铬。因为铬能够生成美丽多色的化合物，根据希腊字 chroma（颜色）命名为 chromium。按照在地壳中的含量，铬属于分布较广的元素之一。它比在它以前发现的钴、镍、钼、钨都多。这可能是由于铬的天然化合物很稳定，不易溶于水，还原比较困难。有人认为沃克兰取得的金属铬可能是铬的碳化物。

12.1　铬

　　铬的基本性质见表 12-1。

表 12-1　铬的主要性质

英文名称	chromium	电子亲和能/kJ·mol^{-1}	0
中文名称	铬	晶胞参数	$a = 291\,pm$ $b = 291\,pm$ $c = 291\,pm$ $\alpha = 90°$ $\beta = 90°$ $\gamma = 90°$
元素符号	Cr	原子半径/nm	0.185
原子序数	24	共价半径/nm	0.118
组数	5	离子半径/nm	0.062（+3）
相对原子质量	51.996	密度（20℃）/g·cm^{-3}	7.1
元素类型	金属	液态密度/g·cm^{-3}	6.9
原子体积/cm^3·mol^{-1}	7.23	熔点/℃	1860
元素在太阳中的含量/%	20×10^{-10}	沸点/℃	2680
海水中含量/%	太平洋表面 0.00015×10^{-10}	平均比热容 (0~100℃)/J·(kg·K)$^{-1}$	461
地壳中含量/%	100×10^{-10}	熔化热/kJ·mol^{-1}	20.99（估算值）

续表 12-1

质子数	24	汽化热/kJ·mol^{-1}	3242.1
中子数	28	热导率（0~100℃）/W·(m·K)$^{-1}$	91.3
所属周期	4	电阻率(20℃)/μΩ·cm	13.2
所属族数	ⅥB	莫氏硬度	9
电子层分布	2-8-13-1	电离能/kJ·mol^{-1}	M－M+ 652.7 M+－M2+ 1592 M2+－M3+ 2987 M3+－M4+ 4740 M4+－M5+ 6690 M5+－M6+ 8738 M6+－M7+ 15550 M7+－M8+ 17830 M8+－M9+ 20220 M9+－M10+ 23580
外围电子层排布	3d5 4s1		
电子层	K-L-M-N		
电负性	1.66		
核外电子排布	2，8，13，1		
晶体结构	晶胞为体心立方晶胞，每个晶胞含有 2 个金属原子	声音在其中的传播速率/m·s^{-1}	5940
氧化态	主要是 Cr^{3+}；其余是 Cr^{2-}，Cr^{-}，Cr^{0}，Cr^{+}，Cr^{2+}，Cr^{4+}，Cr^{5+}，Cr^{6+}	同位素及放射线	^{49}Cr，^{50}Cr，^{51}Cr，^{52}Cr，^{53}Cr，^{54}Cr；放射性铬：^{49}Cr 和 ^{51}Cr
发现者	沃克兰（L. N. Vauquelin）	发现时间	1797 年

12.1.1　铬的物理性质

铬是银白色有光泽的金属，纯铬有延展性，含杂质的铬硬而脆。

12.1.2　铬的化学性质

铬为不活泼性金属，在常温下对氧和湿气都是稳定的，但和氟反应生成 CrF_3。温度高于 600℃时铬和水、氮、碳、硫反应生成相应的 Cr_2O_3，Cr_2N 和 CrN，Cr_7C_3 和 Cr_2S_3。铬和氧反应时开始较快，当表面生成氧化薄膜之后速度急剧减慢；加热到 1200℃时，氧化薄膜破坏，氧化速度重新加快，至 2000℃时铬在氧中燃烧生成 Cr_2O_3。铬很容易和稀盐酸或稀硫酸反应，生成氯化物或硫酸盐，同时放出氢气。

金属铬在酸中一般以表面钝化为其特征。一旦去钝化后，即易溶解于几乎所有的无机酸中，但不溶于硝酸。铬在硫酸中是可溶的，而在硝酸中则不易溶。在高温下被水蒸气所氧化，在 1000℃下被一氧化碳所氧化。在高温下，铬与氮起反应并为熔融的碱金属所侵蚀。

铬能慢慢地溶于稀盐酸、稀硫酸，而生成蓝色溶液。与空气接触则很快变成绿色，是因为被空气中的氧气氧化成绿色的 Cr_2O_3。

$$Cr + 2HCl \rightleftharpoons CrCl_2 + H_2 \uparrow \tag{12-1}$$

$$4CrCl_2 + 4HCl + O_2 =\!=\!= 4CrCl_3 + 2H_2O \qquad (12\text{-}2)$$

铬与浓硫酸反应，则生成二氧化硫和硫酸铬（Ⅲ）：

$$2Cr + 6H_2SO_4 =\!=\!= Cr_2(SO_4)_3 + 3SO_2\uparrow + 6H_2O \qquad (12\text{-}3)$$

但铬不溶于浓硝酸，因为表面生成紧密的氧化物薄膜而呈钝态。在高温下，铬能与卤素、硫、氮、碳等直接化合。

铬与稀硫酸反应：

$$Cr + H_2SO_4 =\!=\!= CrSO_4 + H_2\uparrow \qquad (12\text{-}4)$$

12.1.3　铬对人的生理功能影响

铬是人体内必需的微量元素之一，它在维持人体健康方面起关键作用。铬是对人体十分有利的微量元素，不应该被忽视，它是正常生长发育和调节血糖的重要元素。铬在人体内的含量约为 7mg，主要分布于骨骼、皮肤、肾上腺、大脑和肌肉之中。随着年龄的增长而逐渐减少，铬的需要量很少，铬作为一种必要的微量营养元素在所有胰岛素调节活动中起重要作用，它能帮助胰岛素促进葡萄糖进入细胞内，是重要的血糖调节剂。在血糖调节方面，特别是对糖尿病患者而言有着重要的作用。它有助于生长发育，并对血液中的胆固醇浓度也有控制作用，缺乏时可能会导致心脏疾病。当缺乏铬时，就很容易表现出糖代谢失调，如不及时补充这种元素，就会患糖尿病，诱发冠状动脉硬化导致心血管病，严重的会导致白内障、失明、尿毒症等并发症。铬还是葡萄糖耐量因子的组成成分，它可促进胰岛素在体内充分地发挥作用。在生理上对机体的生长发育来说，胰岛素和生长激素同等重要，缺一不可。胰岛素在人体内的作用非常大，既是体内重要的合成激素可促进葡萄糖的摄取、贮存和利用，又可促进脂肪酸的合成，还能促进蛋白质的合成和贮存。青少年科学的成长发育，一定不能缺少铬。

如果摄取过量铬的毒性与其存在的价态有极大的关系，六价铬的毒性比三价铬高约100 倍，但不同化合物毒性不同。六价铬化合物在高浓度时具有明显的局部刺激作用和腐蚀作用，低浓度时为常见的致癌物质。在食物中大多为三价铬，其口服毒性很低，可能是由于其吸收非常少。

铬虽然人体需要量很少，但作用很大。它是使胰岛素起作用的一种重要元素。糖尿病人存在缺铬和缺锌的问题，并且有并发症时患者的铬、锌含量均显著低于无并发症患者。三价铬可以改善胰岛素的敏感性。

含铬量比较高的食物主要是一些粗粮，如我们通常食用的小麦、花生、蘑菇等，另外胡椒，以及动物的肝脏、牛肉、鸡蛋、红糖、乳制品等都是铬元素含量比较高的食品。多吃这些食品，就能保证人体铬元素的充足。当然，前提是保证流失不会过多。

富铬酵母是在酵母培养的过程中加入无机铬，通过酵母在生长过程中对铬的自主吸收和转化，降低铬的毒性，使铬能够被人体更高效、安全地吸收利用。

富铬酵母铬含量高：富铬酵母的铬含量为 2000mg/kg 以上；利用率高：通过酵母吸收转化，人体吸收利用率远远高于无机铬；毒性低：富铬酵母的毒性大大低于三氯化铬。

富铬酵母应用于各种食品、保健食品和药品的原料以及营养强化食品，如乳制品、饼干、饮料、果汁、面粉、婴幼儿配方食品中铬营养素强化的原料。

12.1.4　铬的健康危害

三价铬对人体几乎不产生有害作用，未见引起工业中毒的报道。进入人体的铬被积存在人体组织中，代谢和被清除的速度缓慢。铬进入血液后，主要与血浆中的球蛋白、白蛋白、γ-球蛋白结合。六价铬还可透过红细胞膜，15min内可以有50%的六价铬进入细胞，进入红细胞后与血红蛋白结合。铬的代谢物主要从肾排出，少量经粪便排出。六价铬对人主要是慢性毒害，它可以通过消化道、呼吸道、皮肤和黏膜侵入人体，在体内主要积聚在肝、肾和内分泌腺中。通过呼吸道进入的则易积存在肺部。六价铬有强氧化作用，所以慢性中毒往往以局部损害开始逐渐发展到不可救药。经呼吸道侵入人体时，开始侵害上呼吸道，引起鼻炎、咽炎和喉炎、支气管炎。

美国纽约大学研究员贝兰博士对大量青少年近视病例进行研究之后指出，体内缺乏微量元素铬与近视的形成有一定的关系。铬元素在人体中与球蛋白结合，为球蛋白正常代谢必需的。在糖与脂肪的代谢中，铬协助胰岛素发挥重要的生理作用。处于生长发育旺盛时期的青少年，铬的需求比成人大。铬主要存在于粗粮、红糖、蔬菜及水果等食物中，有些家长不注意食物搭配，长期给孩子吃一些精细食物，从而造成缺铬，眼睛晶体渗透压的变化，使晶状体变凸，屈光度增加，产生近视。

12.1.5　铬的毒理学及环境行为

六价铬污染严重的水通常呈黄色，根据黄色深浅程度不同可初步判定水受污染的程度。刚出现黄色时，六价铬的浓度为2.5~3.0mg/L。致癌性判定：动物为可疑反应；危险特性：其粉体遇高温、明火能燃烧；燃烧（分解）产物：自然分解产物未知。

12.1.5.1　铬的现场应急监测方法

铬的现场应急监测方法有速测管法、目视比色法、便携式分光光度法（见《突发性环境污染事故应急监测与处理处置技术》）和便携式比色计（六价铬）。

12.1.5.2　实验室监测方法

总铬的监测方法：水质（总铬），高锰酸钾氧化-二苯碳酰二肼光度法（GB 7466—87）；土壤（总铬），火焰原子吸收法（GB/T 17137—1997）；二苯碳酰二肼光度法；直接火焰原子吸收法（GB/T 1555.5—1995）；硫酸亚铁铵容量法（GB/T 1555.8—1995）；硫酸亚铁铵容量法。

六价铬的监测方法：二苯碳酰二肼光度法（GB/T 1555.4—1995），固体废物浸出液（六价铬）；二苯碳酰二肼光度法（GB 7467—87），水质（六价铬）；二苯碳酰二肼比色法（CJ/T 97—1999），城市生活垃圾（总铬）；二苯碳酰二肼光度法《空气和废气监测分析方法》（国家环保局编），空气和废气（六价铬）；原子吸收法《固体废弃物试验分析评价手册》中国环境监测总站等译，固体废弃物（总铬）。

12.1.5.3　环境标准

中国居住区大气中有害物质的最高容许浓度（TJ 36—79）为0.0015mg/m^3（一次值，六价铬）。中国大气污染物综合排放标准（GB 16297—1996）（铬酸雾）：(1) 最高允许排放浓度（mg/m^3）：0.080 (1)，0.070 (2)；(2) 最高允许排放速率（kg/h）：二级

0.009～0.19，三级 0.014～0.29（1），二级 0.008～0.16，三级 0.012～0.25（2）；（3）无组织排放监控浓度限值：0.070mg/m³（2），0.080mg/m³（1）。

中国生活饮用水水质标准（GB 5749—85）0.05mg/L（六价铬）。中国农田灌溉水质标准（GB 5048—92）0.1mg/L（水作、旱作、蔬菜，六价铬）。中国地下水质量标准（GB/T 14848—93）（mg/L，六价铬）Ⅰ类、Ⅱ类、Ⅲ类、Ⅳ类和Ⅴ类分别为 0.005，0.01，0.05，0.1，>0.1。中国渔业水质标准（GB 11607—89）0.1mg/L。中国海水水质标准（GB 3097—1997）（mg/L）Ⅰ类、Ⅱ类、Ⅲ类和Ⅳ类，六价铬分别为 0.005、0.010、0.020 和 0.050；总铬分别为 0.05、0.10、0.20 和 0.50。

中国地表水环境质量标准（GHZB1—1999）（mg/L，六价铬）Ⅰ类、Ⅱ类、Ⅲ类、Ⅳ类和Ⅴ类，分别为 0.01、0.05、0.05、0.05 和 0.1。

中国土壤环境质量标准（GB 15618—1995）（mg/kg）一级、二级和三级，水田（90～250）～（350～400）；旱地（90～150）～（250～300）。中国固体废弃物浸出毒性鉴别标准（GB 5058.3—1996）为 10mg/L（铬），1.5（六价铬）。中国（GB 8172—87）城镇垃圾农用控制标准为 300mg/kg。

12.1.5.4　铬对人体的伤害

A　铬性皮肤溃疡（铬疮）

铬化合物并不损伤完整的皮肤，但当皮肤擦伤而接触铬化合物时即可发生伤害作用。铬性皮肤溃疡的发病率偶然性较高，主要与接触时间长短、皮肤的过敏性及个人卫生习惯有关。铬疮主要发生于手、臂及足部，但只要皮肤发生破损，不管任何部位，均可发生。指甲根部是暴露处，容易积留脏物，皮肤也最易破损，因此这些部位也易形成铬疮。形成铬疮前，皮肤最初出现红肿，有瘙痒感，不作适当治疗可侵入深部。溃疡上盖有分泌物的硬痂，四周部隆起，中央深而充满腐肉，边缘明显，呈灰红色，局部疼痛，溃疡部呈倒锥形，溃疡面较小，一般不超过 3mm，有时也可大至 12～30mm，或小至针尖般大小，若忽视治疗，进一步发展可深放至骨部，剧烈疼痛，愈合甚慢。

B　铬性皮炎及湿疹

接触六价铬也可发生铬性皮炎及湿疹，患处皮肤瘙痒并形成水泡，皮肤过敏者接触铬污染物数天后即可发生皮炎，铬过敏期长达 3～6 个月，湿疹常发生于手及前臂等暴露部分，偶尔也发生在足及踝部，甚至脸部、背部等。

C　铬性鼻炎

接触铬盐常见的呼吸道职业病是铬性鼻炎，该病早期症状为鼻黏膜充血，肿胀，鼻腔干燥、搔痒、出血，嗅觉减退，黏液分泌增多，常打喷嚏等，继而发生鼻中隔溃疡，溃疡部位一般在鼻中隔软骨前下端 1.5cm 处，无明显疼痛感。铬性鼻炎根据溃疡及穿孔程度，可为三期：糜烂性鼻炎，鼻中隔黏膜糜烂，呈灰白色斑点；溃疡性鼻炎，鼻中隔变薄，鼻黏膜呈凹性缺损，表面有浓性痂盖，鼻中黏膜苍白，嗅觉明显衰退。

鼻中隔穿孔，鼻中隔软骨可见圆形成三角形孔洞，穿孔处有黄色痂，鼻黏膜萎缩，鼻腔干燥。

D　铬对眼及耳伤害

眼皮及角膜接触铬化合物可能引起刺激及溃疡，症状为眼球结膜充血、有异物感、流泪刺痛、视力减弱，严重时可导致角膜上皮脱落。铬化合物侵蚀鼓膜及外耳引起溃疡仅偶然发生。

E　铬对肠胃道伤害

误食入六价铬化合物可引起口腔黏膜增厚，水肿形成黄色痂皮，反胃呕吐，有时带血，剧烈腹痛，肝肿大，严重时使循环衰竭，失去知觉，甚至死亡。六价铬化合物在吸入时是有致癌性的，会造成肺癌。

F　铬全身中毒

铬全身中毒情况甚少，症状是：头痛消瘦，肠胃失调，肝功能衰竭，肾脏损伤，单接血球增多，血钙增多及血磷增多等。

12.1.5.5　应急处理处置方法

A　泄漏应急处理

切断火源，戴好口罩和手套，收集回收。国内处理含六价铬废水的常用方法有硫酸亚铁-石灰法、离子交换法和铁氧体法等。

B　防护措施

一般不需特殊防护，但需防止烟尘危害。

C　急救措施

皮肤接触：脱去污染的衣着，用流动清水冲洗；眼睛接触：立即翻开上下眼睑，用流动清水或生理盐水冲洗；吸入：脱离现场至空气新鲜处；食入：给饮足量温水，催吐，就医。

灭火方法：干粉、砂土。

D　铬的测定湿式消解法

铬的测定湿式消解法：准确称取 1.0~2.0g 样品，置于消解瓶中，同时做试剂空白。如为干燥固体样品，可酌加适量的水，使含水约 75% 以上，加硝酸 10~15mL，混合放置，然后徐徐加热。待激烈反应停止并冷却后，加硫酸 5~7.5mL，再徐徐加热。如消解过程中有大量气泡可加辛醇 2~3 滴。溶液如变为暗色时，再加 2~3mL 硝酸继续加热，至产生三氧化硫白烟而溶液呈现淡黄色或无色时消解完成。若消解不完全可再加少量硝酸及高氯酸 1mL，加热以加速消解，消解液冷却后加 5mL 水及 5mL 草酸铵溶液，加热至生成三氧化硫白烟为止，冷后加水使成 50mL 作为待测溶液，同时做试剂空白。吸取铬标准溶液（3.2）0mL，0.20mL，0.50mL，1.00mL，2.00mL，4.00mL，6.00mL，8.00mL，分别置于 150mL 三角瓶中，加纯水至 50mL。向标准系列中加 0.5mL 1+1 硫酸，0.5mL 1+1 磷酸及 2~3 滴 6% 高锰酸钾溶液。如紫红色消退则应再加高锰酸钾溶液。各加几粒玻璃珠，加热煮沸，如紫红色消退，需补加高锰酸钾至煮沸后仍需保持紫红色。

冷却后向各瓶中加 1mL 20% 尿素溶液，然后滴加 2% 亚硝酸钠溶液，每加 1 滴需充分振摇，直到紫红色刚退去为止。待瓶中不冒气泡后再将溶液转移到 50mL 比色管中，用纯水稀释至刻度。向比色管各加入 2.5mL 1+7 硫酸，0.5mL 1% 二苯碳酰二肼，立即摇匀放置 10min，在波长 540nm 下用 3cm 比色皿以纯水作参比测定吸光度值，绘制标准曲线。

12.1.5.6　铬害防护

铬酸盐、重铬酸盐等对人体的黏膜起强烈的腐蚀作用，吸入含有铬化合物的粉尘和蒸气会损坏鼻黏膜，并使鼻中软骨穿孔。受到大量铬的侵害时会出现肾脏病。当铬化合物的作用受到吸烟的助长，特别容易促致肺癌。因此，要求铬的生产设备密闭，有高效能除尘设施，操作场所通风良好。

12.2 铬的资源

铬具有亲氧性和亲铁性，以亲氧性较强，只有在还原和硫的逸度较高的情况下才显示亲硫性。在内生作用条件下铬一般呈三价。六次酸位的 Cr^{3+} 和 Al^{3+}、Fe^{3+} 的离子半径相接近，故它们之间可以呈广泛的类质同象。此外，可与铬类质同象代替的元素还有 Mn、Mg、Ni、Co、Zn 等，所以在镁铁硅酸盐矿物和副矿物中有铬的广泛分布。在表生带强烈氧化条件下（碱性介质），Cr^{3+} 氧化成 Cr^{6+} 形式的铬酸根离子，使不活动的铬离子变成易溶的铬阴离子发生迁移。遇极化性很强的离子（如 Cu、Pb 等），则形成难溶的铬酸性矿物。世界铬铁矿矿床主要分布在东非大裂谷矿带、欧亚界山乌拉尔矿带、阿尔卑斯—喜马拉雅矿带和环太平洋矿带。近南北向褶皱带中的铬铁矿资源量占世界总量的90%以上。其中南非、哈萨克斯坦和津巴布韦占世界已探明铬铁矿总储量的85%以上，占储量基础的90%以上，仅南非就占去了约3/4的储量基础。

在自然界中已发现的含铬矿物有 50 余种，分别属于氧化物类、铬酸盐类和硅酸盐类。此外还有少数氢氧化物、碘酸盐、氮化物和硫化物。其中氮化铬和硫化铬矿物只见于陨石中。具有工业价值的铬矿物都属于铬尖晶石类矿物，它们的化学通式为 $(Mg、Fe^{2+})$ $(Cr、Al、Fe^{3+})_2O_4$ 或 $(Mg、Fe^{2+})O(Cr、Al、Fe^{3+})_2O_3$，其 Cr_2O_3 含量为 18%~62%。

资源工业上使用的铬矿石为铬铁矿，属尖晶石（$MgO \cdot Al_2O_3$）和磁铁矿（$FeO \cdot Fe_2O_3$）类，其通用化学式是 $(Fe、Mg)O \cdot (Cr、Fe、Al_2O_3)$。由于二价元素（$Mg^{2+}$、$Fe^{2+}$、$Zn^{2+}$）和三价元素（$Al^{3+}$、$Fe^{3+}$、$Cr^{3+}$）相互置换，可以出现不同成分的矿石，除主成分的 FeO 及 Cr_2O_3 外，一般含有不同成分的 MgO、Al_2O_3 及其他杂质。矿石结构组成对使用有明显的影响，如铬尖晶石比铬铁矿（$FeO \cdot Cr_2O_3$）难于还原；含蛇纹石的铬铁矿，若其中挥发物大于2%，用它制造的铬质耐火砖在加热到1000℃时，会因释放结晶水而炸裂。

有工业价值的铬矿物，其 Cr_2O_3 含量一般都在30%以上，下面是几种常见的有工业价值的铬矿物。

（1）铬铁矿。铬铁矿化学成分为 $(Mg、Fe)Cr_2O_4$，介于亚铁铬铁矿（$FeCr_2O_4$，含 32.09%FeO、67.91%Cr_2O_3）与镁铬铁矿（$MgCr_2O_4$，含 20.96%MgO、79.04%Cr_2O_3）之间，通常亚铁铬铁矿和镁铬铁矿也都称为铬铁矿。铬铁矿为等轴晶系，晶体呈细小的八面体，通常呈粒状和致密块状集合体，颜色黑色，条痕褐色，半金属光泽，硬度为 5.5，相对密度为 4.2~4.8，具有弱磁性。铬铁矿是岩浆成因矿物，产于超基性岩中，当含矿岩石遭受风化破坏后，铬铁矿常转入砂矿中。铬铁矿是炼铬的最主要的矿物原料，富含铁的劣质矿石可作高级耐火材料。

（2）富铬类晶石。富铬类晶石又称铬铁尖晶石或铝铬铁矿。化学成分为 $Fe(Cr、Al)_2O_4$，含 32%~38%Cr_2O_3。其形态、物理性质、成因、产状及用途与铬铁矿相同。

（3）硬铬尖晶石。硬铬尖晶石化学成分为 $(Mg、Fe)(Cr、Al)_2O_4$，含 32%~50% Cr_2O_3。其形态、物理性质、成因、产状及用途也与铬铁矿相同。

亚铬酸盐在地壳中的自然储量超过18亿吨，可开采储量超过8.1亿吨，其中规模化开采的有南非、哈萨克斯坦、印度、津巴布韦和芬兰等。中国铬矿资源比较贫乏，按可满足需求的程度看，属短缺资源。总保有储量矿石1078万吨，其中富矿占53.6%。铬矿产地有56处，分布于西藏、新疆、内蒙古、甘肃等13个省（区），以西藏为最主要，保有储量约占全国的一半。中国铬矿床是典型的与超基性岩有关的岩浆型矿床，绝大多数属蛇绿岩型，矿床赋存于蛇绿岩带中。西藏罗布莎铬矿和新疆萨尔托海铬矿等皆属此类。从成矿时代来看，中国铬矿形成时代以中生代、新生代为主。

12.3 铬的提取冶炼

金属铬生产则采用金属热还原（铝热）法及电解法。钢铁工业中广泛应用的铬铁合金和硅铬合金是用电炉冶炼的。

12.3.1 铝热法生产

铝热法生产包括铬矿制取氧化铬和铝还原氧化铬制得金属铬两道工序。

12.3.1.1 氧化铬制取

铬铁矿磨细至160~200目（0.096~0.074mm），配加纯碱和白云石，于1050~1150℃下氧化焙烧，再用水逆流浸出和过滤，获得含Na_2CrO_4大于200g/L的溶液，加硫酸中和铬酸钠溶液，使其pH值为7~8，滤出氢氧化铝杂质后蒸发到含Na_2CrO_4大于450g/L，滤出Na_2SO_4结晶。溶液用硫酸调整pH值为4±0.2，再滤出Na_2SO_4结晶，获得重铬酸钠（$Na_2Cr_2O_7$）溶液。浓缩溶液到约含$Na_2Cr_2O_7$1100g/L时，冷却滤出Na_2SO_4结晶，再将溶液浓缩到含$Na_2Cr_2O_7$1500~1550g/L，并于90~100℃保温8h，然后冷却到35℃以下，结晶出重铬酸钠。铬酸钠转化成重铬酸钠可用碳酸法，即在15~16atm❶下通入含50%CO_2的气体，析出的沉淀为碳酸氢钠：

$$2Na_2CrO_4 + 2CO_2 + H_2O \longrightarrow Na_2Cr_2O_7 + 2NaHCO_3 \qquad (12-5)$$

碳酸氢钠可回收利用。此法可把在焙烧中配加的纯碱重新回收一半，较硫酸法获得硫酸钠为有利，但铬酸钠不能完全转化为重铬酸钠。

三氧化二铬制备可用：

（1）氯化铵还原法。即在重铬酸钠晶体中配入一定量的氯化铵，混匀后在还原炉中于700~800℃还原，然后洗去NaCl，过滤获得三氧化二铬的滤饼，经过过滤、破碎，在回转窑中于1150~1200℃煅烧，但生产工序多，并产生有害气体HCl。

（2）煅烧铬酸酐法。即把重铬酸钠加入反应锅中，注入浓硫酸，在200℃下重铬酸钠与硫酸反应生成铬酸酐：

$$Na_2Cr_2O_7 + 2H_2SO_4 \longrightarrow 2CrO_3 + 2NaHSO_4 + H_2O \qquad (12-6)$$

静置后铬酸酐和硫酸氢钠沉积成两层。将上部的硫酸氢钠舀出，留在锅中的铬酸酐在加热，用水洗去残留的硫酸钠，从底部放出铬酸酐。铬酸酐在800~950℃下煅烧分解，用水洗去未分解的铬酸酐，过滤获得三氧化二铬。用此法工序少，但产品杂质含量高。

（3）煅烧氢氧化铬法。即将含Na_2CrO_4大于200g/L的溶液加温至95℃以上，加入纯

---

❶ 1atm=101325Pa。

净的硫化钠溶液，搅拌后成大颗粒氢氧化铬 Cr(OH)$_3$ 沉淀。氢氧化铬在回转窑中于 1300℃ 煅烧分解为三氧化二铬 Cr$_2$O$_3$。此法工序少，产品成本低，纯度高，但颗粒细，易损失。

12.3.1.2　铝热还原

铝热还原要求原料含 Cr$_2$O$_3$ 大于 99%，含硫低于 0.02%，含铅、砷、锡、锑各低于 0.001%。铝粒粒度应小于 0.5mm，铝量应不大于理论量的 98%。用硝石、镁屑和铝粒作引火剂。反应为：

$$1/2Cr_2O_3 + Al \longrightarrow 1/2Al_2O_3 + Cr \tag{12-7}$$

反应焓 $\Delta H_{298}^{\ominus}$ = −65.0kcal❶/mol（铝）。为了保持自热反应过程并使金属粒与渣顺利分离，$\Delta H_{298}^{\ominus}$ 至少应为 −72kcal/mol，要添加硝酸钠、氯酸钾、铬酸酐或碱金属重铬酸盐等供氧剂补充热量；也可将混合料预热到 350~400℃ 再行入炉。还原反应在内砌镁砖的圆锥形炉筒内进行。先在炉内加入部分混合炉料，在料面中心加引火剂，点燃后在炉料开始反应时，用流槽连续送入其余炉料。反应终止，冷却至室温，拆开炉筒取出金属锭，喷砂清除表面夹渣和氧化膜。生产大金属锭，能提高铬的回收率，渣的流动性也好，铝热法可获得大于 98.5% 的金属铬，其中含铝量不大于 0.5%。渣中含 Al$_2$O$_3$ 量高达 90%，可作研磨材料。

12.3.2　电解法生产

目前一般用碳素铬铁作原料，采用铬铵矾法电解流程。把碳素铬铁粉碎，溶于电解阳极返回液、结晶母液和硫酸的混合液中，过滤除去硅酸盐等残渣，滤液用硫酸铵处理并除铁。纯铬铵矾溶液经陈化（保持 30~35℃，放置 15d）后，结晶出纯铬铵矾 Cr$_2$(SO$_4$)$_3$(NH$_4$)$_2$SO$_4$·24H$_2$O。纯铬铵矾溶于热水送入隔膜电解槽电解。用不锈钢作阴极，铅银合金（1%银）作阳极，电流密度为 753A/m^2，槽电压为 4.2V，电解液温度为 52~54℃。应控制溶液的 pH 值为 2.1~2.4。平均电流效率为 45%，电耗约为 18.5kW·h/kg。产品纯度为 99.2%~99.4% 的片状金属铬，含氧 0.3%~0.5%，呈脆性。为了提高金属铬的纯度，可通过真空处理或氢还原降低含氧量。用 +6 价铬溶液电解（电流密度 9500A/m^2，温度 84~87℃），可得高纯度金属铬（含氧 0.01%~0.02%），但电流效率很低（6%~7%）。

12.3.3　铬铁合金

碳铬铁的生产方法有电炉法、竖炉（高炉）法、等离子法和熔融还原法。竖炉法现在只生产低铬合金（Cr<30%），较高铬含量（例如 Cr>60%）的竖炉法生产工艺尚处在研究阶段；后两种方法是正在探索中的新兴工艺；冶炼高碳烙铁的原料有铬矿、焦炭和硅石。其中焦炭以及硅石作为还原剂，一般要求采用铬精矿。

12.3.3.1　原料选择

铬矿石选矿方法有：（1）重选，如跳汰、摇床、螺旋溜槽、重介质旋流器等；（2）磁电选，包括高强场磁选、高压电选；（3）浮选和絮凝浮选；（4）联合选，如重选—电选；（5）化学选矿：处理极细粒难选贫铬矿。

---

❶　1cal = 4.1868J。

A　铬矿

在上述铬矿选矿方法中，生产上主要采用重选方法，常采用摇床和跳汰选别。有时重选精矿用弱磁选或强磁选再选，进一步提高铬精矿石的品位和铬铁比。

铬矿必须按比例进行搭配，在高碳铬铁的实际生产中往往需要选择合适的矿种搭配以及搭配比例。铬矿搭配的原则主要有：（1）合适的铬铁比（$Cr_2O_3/TFeO$）。一般来说，冶炼含铬量大于 50% 的合金要求入炉综合矿的 $Cr_2O_3/TFeO$ 比值大于 2.0；而冶炼含铬量大于 60% 的合金要求此比值大于 2.6。（2）合适的 MgO/Al_2O_3 比值。它不但影响熔渣的导电性能和还原性能，而且影响合金的含碳量。在实际生产中，使用 MgO/Al_2O_3，比值偏低的铬矿需配足量的焦炭，以增加焦炭层的厚度，一方面是为了保证炉底不易损坏，另一方面也是为了增加未还原矿核在焦炭层的滞留时间。减少渣中跑铬。（3）合适的块度搭配。单独使用粉矿时，易造成粉矿烧结，使料面透气性变差，严重破坏了冶炼气氛；使用块度大的铬矿易增加精炼层厚度，造成合金含碳量偏低。（4）合适的熔化性能。单纯使用易熔铬矿会造成成渣过早，使熔化速度快于还原速度，易造成渣中跑铬高现象；单纯使用难熔铬矿会增厚精炼层，出现大量未还原矿核以及合金含碳量偏低等现象，给正常冶炼带来了很大的困难。合理搭配铬矿使熔渣有合理的熔点，对改善经济指标非常重要。

B　还原剂

在合金生产中，使用最为普遍的是最便宜的一种还原剂——冶金焦"碎块"（高炉用焦经筛选后的筛下焦）。由于炼焦用煤的质量及焦化厂生产焦炭的条件不同，碎焦块的质量也各异。但是它们有一个共同的缺点，就是电阻不高，反应性能欠佳，灰分和硫、磷的含量较高，同时水分含量也较高，而且还不稳定。焦炭中含有的硫主要是有机硫及大量的硫化物，还有少量的硫酸盐和极少量以碳中固溶体状态存在的元素硫。焦炭的磷含量也各不相同。焦块具有海绵状组织，并有大量的裂纹，其气孔率波动于 35%~55% 范围内，焦炭的视密度为 $0.8~1t/m^3$。焦炭的性质依其块度不同而变化，如表 12-2 所示。

块度为 25~40mm 的焦块的电阻比焦粒（10~25mm）低 10%~15%。生产铁合金用焦炭在破碎时产生的粉末量应尽量少，这一点是非常重要的，而且灰分成分应尽可能有利于所炼的铁合金品种。

表 12-2　焦炭性质随块度变化情况

块度/mm		13~25	6~13	6
含量/%	挥发分	2.5	4.0	6.0
	灰分	6.5	8.0	10.0
	固定碳	91.0	88.0	84.0

12.3.3.2　原料的处理

A　原料的质量要求

对原料的质量要求具体如下：

（1）原料的品位和纯洁度。冶炼要求原料有尽可能高的品位。纯洁度高的原料可以取得高产、优质、低消耗的效果。

（2）原料中的有害杂质。原料中的杂质以硫、磷最为有害，因为它们进入铬铁合金后，最终将影响钢和钢材的质量。

（3）原料的粒度。原料粒度是否合适对冶炼进程是有很大的影响。原料粒度过大会造成不易熔化，还原因难，导电性增加，使渣量增大，炉况恶化，冶炼的各项技术经济指标变坏。但如原料粒度过小，粉末多，则会使炉料的透气性不好，电极周围压力大，造成刺火。而且粉末料易熔化，会使上层炉料烧结而悬料，导致塌料，其结果是电极不稳，刺火塌料频繁，未还原料直接进入坩埚，同样会使技术经济指标变坏。因此对矿热炉的原料粒度应有严格的要求。

铬矿中 $Cr_2O_3 > 40\%$，$Cr_2O_3/TFeO > 2.5$，$S < 0.05\%$，$P < 0.07\%$，MgO 和 Al_2O_3 含量不能过高；粒度为 $10 \sim 70mm$，如系难熔矿，粒度应适当小些。

焦炭要求含固定碳不小于 84%，灰分小于 15%，$S < 0.6\%$，粒度 $3 \sim 20mm$。

硅石要求含 SiO_2 97%，$Al_2O_3 < 1.0\%$，热稳定性能好，不带泥土，粒度 $20 \sim 80mm$。

B　原料的干燥

原料的干燥也很重要，特别是焦炭更需干燥。因为使用湿焦有以下几方面缺点：（1）焦炭孔隙度大，故吸水性很强。焦炭中水分的波动，首先影响到炉料中固定炭配比的准确性，其次水分的蒸发也消耗热量。特别当塌料时，湿料直接进入坩埚区，吸收大量的热，使耗电量增加。上述因素直接影响炉况的稳定性，造成操作困难，产量下降，单位电耗增加。（2）湿焦破碎后，其粉末常把筛孔堵塞或使筛孔变小，结果焦末筛不下来，使焦炭中粉末增多。（3）湿焦炭装入到密闭炉，易使料管堵塞产生悬料，当料崩塌时，会带入空气，炉内压力迅速增高，有可能产生爆炸事故；干燥焦炭可用转筒干燥机。转筒干燥机的直径为 $1.5m$、长 $12m$，通入转筒的热风温度为 $200℃$，这种干燥机每小时每立方米容积能蒸发水分 $24kg$。

C　破碎与筛分

由于入炉的原料有一定的粒度规格，而使用直接从矿山开采来的矿石往往不能满足这个要求，因此必须先进行破碎筛分达到所规定的粒度才能入炉使用。目前，破碎铬矿和硅石的设备大多使用颚式破碎机。矿石在不动颚板和可动颚板之间进行破碎。偏心轴旋转时，通过连杆与推板使可动颚板做前后往复运动，达到压矿排矿的目的。

矿热炉要求焦炭的粒度比矿石小。对冶炼要求小粒度的原料或焦炭可采用对辊破碎机破碎。对辊破碎机由铸铁机架和一组互相对滚的水平轴组成，对辊的辊面是平的，也可以有一条宽 $15 \sim 20mm$、深 $4 \sim 5mm$ 的小槽。对辊为硬面铸铁件，其质量好坏影响其使用寿命，质量好的对辊一般使用 3 个月。对辊破碎机的碎矿比一般为 $3 \sim 4$。

D　原料的输送与称量

原料破碎后，再筛分，经过称量配料，送到炉顶料仓，通过料管加入炉或送至加料平台。上料（即原料的输送）设备与称量必须简单可靠，目前采用的上料方式有以下两种：一种是用皮带运输机将料送到料仓，然后按配料比在配料车（又称作称量车）将料配好卸入炉顶料仓。配料车上装有可开式料斗和称料用的弹簧秤，配料车挂在电葫芦上。电葫芦沿着炉子周围的单轨运行，配料工借电钮装置开动料仓的给料机，依次将炉料按要求配比称好，送至一定的料仓；另一种上料方式是用上料小车沿斜桥将炉料送到炉顶平台。上料小车在原料仓，用杠杆式秤配料，配好的炉料卸入上料小车，然后用卷扬机从斜桥把炉料运到炉顶平台上，再用小车把料推到炉顶料仓。在用手工加料的小电炉上，配好的炉料直接送到加料平台上。配料时，称量的准确度要求达到5kg。

炉料的混合是靠下料和倒运时进行的。因此在称量时，应当把密度较小的料配在底部，以便下料时达到混合均匀的目的。

E　原料的预处理

为降低高碳铬铁生产设备的造价，各厂都趋向使用大型还原密闭电炉，这些电炉必须使用硬块铬铁矿。由于硬块铬铁矿供应困难，这就迫使各厂使用价廉的碎铬铁矿和粉矿，但这类矿必须经过预处理才能入炉。

造球工艺：铬矿资源中块矿只占总量的20%，其余80%是粉矿。有相当一部分铬矿属于易碎矿石，在开采和贮存过程中极易碎裂成细小的颗粒。即使强度高的块矿在加工过程也产生大量的细粉。粉矿直接入炉不仅会造成大量有用元素随炉渣和炉气流失，还会直接威胁电炉的运行安全。此外，生产过程产生的大量粉尘也需要造块处理。目前球团和造块工艺已经成为铬铁生产工艺流程的重要组成部分，主要球团生产工艺有冷压块（又称冷固结球团）、热压块、蒸汽养生球团、碳酸化球团、烧结球团、预还原球团等。常用造球设备有压块机、圆筒造球机、圆盘造球机等。

焙烧工艺过程：原料矿石中通常含有大量的高价氧化物、化合水、碳酸盐和硫化物。焙烧是在适当温度和气氛条件下，使矿石发生脱水、分解、氧化、还原过程，改善入炉矿石的物理性质和化学组成。

烧结工艺：烧结是利用矿石出现熔化或矿石与焙剂之间的固-固反应产生液相来润湿和黏结矿石颗粒，冷却后形成多孔的具有足够强度的烧结矿的工艺过程。烧结过程是物质表面能降低的过程。粉矿具有较高的分散度，其比表面积大于相同质量的块矿。烧结后的矿物表面积减少，体系的自由能 ΔG 降低。这是一个自发进行的过程。

12.3.3.3　高碳铬铁的冶炼

A　冶炼基本原理

电炉法冶炼高碳铬铁的基本原理是在电弧加热的高温区用碳还原铬矿中铬和铁的氧化物，称为电碳热法。埋弧还原电炉是电炉的一种，在铬铁生产中用于对矿石等炉料进行还原熔炼。其特点是正常熔炼过程中电弧始终埋在炉料之中。按炉口形式分为高烟罩敞口式、矮烟罩敞口式（将高烟罩降低后，短网由烟罩上部引入的一种改进型）、半密闭式和密闭式四种。前两种为早期使用的形式，日趋淘汰。目前广泛采用的是半密闭式和密闭式。其中半密闭式还原电炉应用最广，这种电炉（特别是中、小型的）便于观察和调整炉况，可适应不同原料条件，有利于改炼品种。电炉烟罩多为矮烟罩演变而成的半密闭罩，通常在其侧部设置若干个可调节启闭度的炉门，以便既可在需要加料、捣炉操作时开启，又可按要求控制进风量，调节炉气温度，实现烟气除尘甚至余热利用。密闭式还原电炉，亦即带炉盖的密闭电炉，炉内产生的煤气由导管引出，再经净化处理后可回收利用。为便于操作检修，并保证安全运行，密闭电炉炉盖上设置若干个带盖的窥视、检修和防爆孔。这类电炉操作和控制技术要求较高，全密闭式还原电炉主要由配料站、主厂房及辅助设施等组成。

B　冶炼操作

冶炼操作工艺：电炉熔剂法生产高碳铬铁采用连续式操作方法。原料按焦炭、硅石、铬矿顺序进行配料，以利于混合均匀。敞口炉通过给料槽把料加到电极周围，料面呈大锥体。密闭炉由下料管直接把料加入炉内。无论是敞口炉还是密闭炉，均应随着炉内炉料的下沉而及时补充新料，以保持一定的料面高度。

电炉内所发生化学反应生产高碳铬铁的主要过程是：碳还原氧化铬生成 Cr_3C_2 的开始温度为 1385K，生成 Cr_7C_3 的反应开始温度为 1453K，而还原生成铬的反应开始温度为 1520K，因而在碳还原铬矿时得到的是铬的碳化物，而不是金属铬。因此，只能得到含碳较高的高碳铬铁。而且铬铁中含碳量的高低取决于反应温度。生成含碳量高的碳化物比生成含碳量低的碳化物更容易。实际生产中，炉料在加热过程中先有部分铬矿与焦炭反应生成 Cr_3C_2，随着炉料温度升高，大部分铬矿与焦炭反应生成 Cr_7C_3，温度进一步升高，三氧化二铬对合金起精炼脱碳作用。氧化铁还原反应开始温度比三氧化二铬还原反应开始温度低，因而铬矿中的氧化铁在较低的温度下就充分地被还原出来，并与碳化铬互溶，组成复合碳化物，降低了合金的熔点。同时，由于铬与铁互相溶解，使还原反应更易进行。

12.4 铬渣利用

铬渣是各种铬铁矿加工后必然产生的残渣，其中的六价铬化合物具有很强的氧化性，会严重污染环境并危及人体健康，具有很强的毒性。铬渣处理有干法解毒和高温熔融解毒两种常见方式。

干法解毒将铬渣与煤粒在回转窑混合煅烧，比例为 100∶15，温度控制在 880~950℃，六价铬还原为无毒的三价铬，需增加除烟除尘设备除去煅烧过程中的烟气，避免二次污染。

干法解毒用于水泥制造。水泥煅烧窑的高温还原气氛能将六价铬还原为无毒的三价铬，铬渣可以起到水泥烧制时氟化钙作用，起矿化剂作用，煤耗可下降 5%~10%，电耗下降 3~6kW·h/t，水泥生产成本降低 1.33 元/t。

高温熔融解毒，高炉内高温、高还原性、熔融状态下，高炉内焦炭与空气反应生产的 CO 将六价铬、三价铬等氧化态的铬还原为零价的铬，铬大部分进入到铁水中，达到回收金属铬资源的目的。高温熔融法将铬渣作为原料，生产自熔性烧结矿，冶炼含铬铁水是目前国内外铬渣处理的最好方法之一。据统计，配加铬渣后，炼铁烧结矿成本将低 2.48 元/t。

高温熔融下烧制玻璃，铬渣被微量的 CO 彻底还原为三价铬，起染色剂作用，将玻璃染成绿色。还可以用铬渣处理制造微晶玻璃。国内某公司投资建立一条生产线，批量处理铬渣，大量代替花岗石和大理石用于建筑装饰。此外，微生物法的微生物的柱浸、微波辐射高温改性是在研究中的两种铬渣领先处理法，处于试验阶段，部分已用于大量铬渣中试实验。

12.5 攀枝花提铬工艺

攀枝花红格矿区 Cr_2O_3 为 0.25%，高于国内其他矿区 $0.029\%Cr_2O_3$ 的水平，经过选矿最高可以达到 1%。

峨眉综合利用研究所工艺：

铁精矿—造球—回转窑无烟煤还原—电炉冶炼—含钒铬铁水—感应炉吹炼—钒铬渣，钒铬渣含 V_2O_5 9.42%，Cr_2O_3 19.25%，钒铬渣没有进行提钒铬试验。

攀钢工艺：

先提钒铬工艺：铁精矿+苏打+芒硝—造球—干燥—氧化焙烧—浸出—浸出液—分离钒铬，提钒后球团—通 H_2 和 CO 竖炉还原—金属化球团—破碎至 200 目—磁选—铁粉和钛精矿，过程 Fe 回收率为 97.9%，Ti 回收率为 83.12%。

后提钒铬工艺：铁精矿+苏打—造球—干燥—磁化焙烧—浸出—通 H_2 和 CO 竖炉还原—金属化球团—破碎至 200 目—磁选—铁粉和钛钒铬精矿，钛钒铬精矿—氧化焙烧—浸出—过滤—钛精矿，滤液—分离钒铬。

基于钒铬金属走向趋同，建议采用高炉流程，吹钒过程钒铬一起富集回收。

13　攀枝花钒钛磁铁矿——回收利用钴镍铜硫资源

攀枝花钒钛磁铁矿具有储量大和伴生有价元素的特点，在规模化利用铁钒钛资源的同时必须实施有效的综合利用，体现不同元素的资源价值。攀枝花钒钛磁铁矿除铁、钒、钛元素以外，还含有大量的钴、镍、铜和硫等有价元素，集中以硫化物形式存在。在钛精矿选矿过程中，对粗钛精矿浮硫，使主要硫化物集中在浮硫尾矿中。浮硫尾矿经过浮选处理，可以精选出含钴、镍、铜和铁的硫化物矿物，即硫钴精矿，可作为提钴制硫酸的重要原料之一。攀枝花硫钴精矿选矿从 20 世纪 70 年代就开始开展工作，曾对不同矿点原矿进行了选别硫钴精矿试验，获取了大量试验数据。随着钛精矿生产规模的扩大和钛白厂的建成投产，粗硫钴精矿的利用就显得十分重要。

经过选钛工艺和设备攻关，粗硫钴精矿可达到 50 万吨。开发利用硫钴精矿资源，不仅可以净化选钛过程，降低废物排放水平，制取国内短缺的金属钴，回收金属铜和镍，而且可以利用硫化物焙烧产生的烟气制硫酸，为钛白生产提供原料，多元产品有较好的市场和经济前景。

13.1　钴

1742 年瑞典化学教授布兰特研究辉钴矿时，发现了一种不知名的金属（也就是钴），他把这种金属列为半金属。在 1730 年，斯德哥尔摩（瑞典首都）的化学家 Georg Brandt 感兴趣于从本地铜加工而来的一种深蓝色的矿石，他最终证明其包含一种未知的金属，并且他以在德国被矿工诅咒的矿石给它命名，有时它会和一种银矿石搞混。他在 1739 年公布了他的发现。多少年来他因声称其是一种新的金属而和其他化学家争论，他们说他的新元素其实只是铁和砷的化合物，但最终它作为一种新的元素被认可了。金属钴是在 1735 年首次获得的，但人类在公元前 5000 年远古时代的埃及、伊朗、印度等国就已经知道蓝色钴颜料，并广泛用于制陶和玻璃工业中。1907 年发现硬质合金后，它在冶炼优质钢中的作用大大提高，从而使钴的开采量和冶金产量不断增加。

13.1.1　钴的性质和用途

13.1.1.1　钴的物理化学性质

钴是银白色金属，表面抛光后有淡蓝光泽，硬度和延展性均比铁强，熔点为 1495℃，熔化热为 4.1kcal/mol，沸点为 2870℃，室温下密度为 8.71g/cm^3，弹性模量为 307×10^{11} Pa。钴位于元素周期表的Ⅷ族，原子序数为 27，相对原子质量为 58.933，常见化合价有 +2 价和+3 价。钴有两种同素异形体，在低于 420℃时为 β 密排六方钴，高于此温度转化为 α 面心立方钴，转变热为 250.8J/g 和 15048J/mol。比热容为 20cal/（g·℃），德拜温度为 172℃，电阻率为 5.57×10^{-6}cm/℃，室温下的高斯磁化强度为 1422T，它有 16 种天然和人造同位素，放射性同位素有 ^{56}Co、^{57}Co、^{58}Co、^{59}Co、^{60}Co 和 ^{61}Co。^{60}Co 的相对丰度几乎为

100%，居里点为1015℃，磁性比任何金属和合金都高，也是唯一能增加铁的磁化的元素。

抗张强度为237.48MPa，导电系数为铜的21%，能吸收氢和一氧化碳。

钴在常温下与水和空气不反应，能溶解于稀盐酸和硫酸，易溶于硝酸，缓慢溶解在矿物酸中，不会与氢气、氮气直接反应，能与碳、磷、硫等在加热条件下反应生成相应的化合物，在300℃以上能分解水。

钴没有铁活泼，在大气中很稳定，空气中加热首先氧化为Co_3O_4，在900℃下氧化为CoO。强碱对钴不起作用，是一种高熔点、耐腐蚀、具有磁性的金属。

钴的许多最重要的最终用途，根本没有有效的代用品，大部分的代用金属也是战略金属并带来类似的问题，唯一的方法是减少钴的用量甚至甘愿消除钴合金的使用。

含钴的高温合金在900~1000℃下仍然有很高的强度和抗蠕变性能，钴能提高铁基、铝镍基和稀土金属合金的磁饱和强度和居里点，使其具有高的矫顽磁力，也可作为硬质合金的黏结剂。

13.1.1.2　钴的用途

钴大部分用于制造合金，生产耐高温、防腐、磁性、硬质合金和超导合金，如耐热钢和工具钢、永久磁铁、超硬度合金、精密合金、热强合金、硬质合金、焊接合金以及各种合金钢、钻头。钴钢比钨钢、铝钢、铬钢都硬，是制造飞机、导弹和火箭发动机部件及火车、汽车的燃气轮机不可缺少的材料，是一种战备金属。钴用于碳化物和特殊钢，特别是磁铁钢、金属切削硬质合金和耐高温合金、高速钢、模具和阀门钢、焊条、碳化物型合金和抗腐蚀的钢。钴在高温下保持不变的能力使它用于喷气飞机引擎的制造。

A　耐高温耐磨合金

钴常被用作合金元素，钴用于制造极硬的合金如斯特莱特硬质合金和科尔莫诺伊合金等，在拉丝板牙、冷压冲头、轧辊、粉末冶金用压实模子、塑料工业等设备制造中有决定性优点，用量不断增加。钴作为碳化钨切割刀具生产中的结合集体，是刃具生产的重要原料。钴也用于高速钢生产，并和铬、铝一起被用于坎萨尔型铬铝电阻发热元件的生产。在某些高温下使用的高温高强度合金制造中，钴的应用也十分普遍，如维塔利姆高钴铬钼耐蚀热合金。Tribaloy合金是使用较多的一种，它由坚硬的中间金属相（如CoMoSi或Co_3MO_2Si）组成，中间合金相分散在柔软的钴基体中，在腐蚀剂和极限润滑条件下，有显著耐磨能力。

钴在某些高级合金中的应用也十分引人注目。耐高温钴合金在飞机燃气涡轮、电力地面燃气涡轮、能源和冶金化工设备制造中有特殊的作用；钢铁工业为了提高钢坯加热炉效率，采用UMCo-50导轨，不仅可节约燃料，还可提高质量，调整轧制产品尺寸，延长轧辊的寿命。有一种组成为53.8%Fe、29%Ni、17%Co和0.2%Mn的合金与含0.15%C和46%Ni的高镍钢相似，其线膨胀系数与玻璃相同，可以熔焊到玻璃中，同时对汞蒸气的作用具有高度稳定性，从而在电气、无线电以及照明工业方面得到广泛的应用。

B　永磁材料

钴在永久磁铁材料应用比例相当大，如在最流行的材料$AlNiCo_5$中，钴的含量从过去的24%提高到42%。用钴稀土合金磁铁代替一般磁铁，质量比可达30:1。常用的钐钴MM磁铁、$SmCo_5$和Co_5-稀土型合金等，在直流电机、手表、电钟、速调管放大器、波导管和磁轴承等方面有十分重要的用途。铑、镉或铝的铁酸钴，周围有一种极高的磁光学性质，是光存储器的选用材料。$(Fe_{1-x}Co_x)_2P$ 具有热剩磁特性，可用于放大磁录音带。镍钴能制成永久磁铁，广泛用于机电设备、袖珍电录机、无线电零件、测量仪器和声学器材等。

C 催化剂和吸气剂

CoMo 加氢脱硫催化剂在处理含硫高烟煤和油母页岩提油氢化裂解中可发挥重要作用，它为煤的液化和气化提供了可能。同时钴在消除工业气味中起重要作用，Co_3O_4 在较低温度下能催化氧化丁酸，用钼酸钴或类似钴成分的催化剂，可以在工业条件下氧化含量低于 5562.372mg/m³ 的硫化氢，在低温条件下（约275℃）可降至 0.00973mg/m³。

13.1.2 钴化合物的性质和用途

13.1.2.1 CoO

CoO 的颜色与制取方法有关，从灰绿色到暗灰色，晶体形状呈立方体，密度为6.25~6.6g/cm³，熔点为1810℃，在400℃时空气中氧化为 Co_3O_4。在 120~200℃时能被氢和碳所还原。极易溶解于热酸中。其主要作为陶瓷或玻璃的着色剂，颜料、触媒及家畜营养剂。

13.1.2.2 Co₂O₃

Co_2O_3 是深棕色或灰黑色结晶粉末，密度为 5.18g/cm³。不溶于水和醇，溶于热盐酸和稀硫酸，分别释放出 Cl_2 和 O_2。125℃时还原为 Co_3O_4，200℃时还原为 CoO，250℃时还原为 Co，它在895℃分解。Co_2O_3 不稳定，主要用于制取 Co、不含镍的钴盐、颜料和陶瓷釉料、氧化剂和催化剂。

13.1.2.3 Co₃O₄

Co_3O_4 为灰色或黑色，呈立方体，密度为 5.8~6.3g/cm³，在空气中易吸收水分，缓慢溶解于有机酸，1200℃受热离解为 CoO，不同温度下离解蒸气压见表13-1。

表 13-1 不同温度下离解蒸气压

温度/℃	850	850	900	950	970
p_{O_2}/Pa	10	25	144	521	765

13.1.2.4 硫化物

钴的硫化物有 CoS、Co_4S_3、Co_6S_5、Co_3S_4 和 CoS_2。CoS 为六方晶系，属稳定化合物，接近熔点1160℃才开始分解。空气中的氧化作用于840℃开始，它在650℃时被水蒸气分解；Co_4S_3 与斑铜矿晶格相同，为体心立方；Co_6S_5 为 CoS 与 Co_4S_3 的化合物；CoS_2 与黄铁矿晶格相似，在700℃时分解压为 40mmHg❶。

13.1.2.5 砷化物

钴与砷的化合物有四种，分别为 Co_5As_2、Co_2As、Co_3As_2 和 $CoAs_2$。Co_5As_2 在 923℃熔

---

❶ 1mmHg = 133.3224Pa。

化并发生分解，同时生成 $CoAs_2$；$CoAs_2$ 的熔点为 1180℃，其他的钴砷化合物均由 $CoAs_2$、$CoAs$ 生成。

13.1.2.6 硫酸盐

硫酸钴为结晶水合物 $CoSO_4 \cdot 6H_2O$，棕红色或粉红色的单斜或斜方结晶。密度为 195g/cm³，熔点为 96.8℃，420℃失去结晶水，在空气中稳定。在空气流中，硫酸钴于 270℃开始脱水。硫酸钴易溶于水及醇。

它用于制造瓷釉料、油漆干燥剂、染料及其他钴盐，可作碱性电池和立德粉的添加剂。

13.1.2.7 氯化物

氯化钴 $CoCl_2$ 为无水的浅蓝色菱方形晶体，密度为 3.35g/cm³，熔点为 724℃，沸点为 1049℃。有空气存在时，它按 $3CoCl_2 + 2O_2 \rightarrow Co_3O_4 + 3Cl_2$ 进行反应，反应于 180℃开始；带结晶水的氯化钴 $CoCl_2 \cdot 6H_2O$ 为玫瑰色或红宝石红色的单斜晶体，密度为 192g/cm³，熔点为 86℃，不潮解。室温下稳定，遇热变蓝色，在潮湿的空气中冷却又变为红色，溶于水、乙醇、丙酮、甘油，微溶于乙酸。

它可以作为油漆的干燥剂、陶瓷着色剂、啤酒泡沫稳定剂、化学反应催化剂、制造毒气罩、显影墨水、试纸、变色硅胶、氨吸收剂、干湿指示剂、比重剂、气压计、医药试剂、复配混合饲料、电镀添加剂。

13.1.2.8 硝酸盐

硝酸钴 $Co(NO_3)_2 \cdot 6H_2O$ 为红色柱状结晶，密度为 1.87g/cm³，熔点为 556℃，易溶于水、酒精、丙酮，微溶于氨水，遇有机物能燃烧、爆炸。

主要用途是制取其他钴盐如催化剂、环烷酸钴等的原料，油漆干燥剂、氰化物中毒的解毒剂、隐显墨水的颜料、生产硝酸钴钠和陶瓷生产。

13.1.2.9 氟化钴

氟化钴 CoF_3 为褐色粉末，六方晶系结晶，易潮解，有毒，潮湿空气中变成暗褐色，升温分解为 CoF_2。它是强氟化剂，主要用于有机合成的氟化剂如全氟烷合成等。

13.1.2.10 碳酸钴

碳酸钴为红色单斜结晶粉末，不溶于水和醇，不与冷硝酸和盐酸反应，加热分解释放 CO_2，在大气中和弱氧化剂中逐渐氧化成碳酸高钴，350℃分解为 CoO。

它可用作选矿剂、伪装涂料、瓷器色料、制造钴盐、化学温度指示剂、微量元素肥料等。

13.1.2.11 醋酸钴

醋酸钴 $C_4H_6Co \cdot 4H_2O$ 为紫红色的晶体，熔点为 140℃，密度为 1.704g/cm³，溶于水、酸和乙醇，易潮解。

它主要应用于化工上的催化剂、油漆和涂料的干燥剂、印染的媒染剂、玻璃钢固化的促进剂、钴盐生产、陶瓷或玻璃的着色、颜料、隐显墨水、矿物添加剂、麦芽饮料稳定剂等。

13.1.2.12 环烷酸钴

环烷酸钴为棕色或无定型粉末或紫色坚硬树脂状固体，有时呈深红色半固体或黏稠油状液体，易燃，不溶于水，稍溶于乙醇，溶于苯、甲苯、二甲苯、松节油及汽油等，有毒。

它主要用作不饱和聚酯树脂的促进剂和氧化反应的催化剂，作油漆、油墨的催干剂及颜料等。

13.1.2.13 其他钴盐

在工业上应用的钴盐有许多种，表13-2列出了其他钴盐的成分和用途。在氧化钴系列产品中，作为颜料的钴氧化物的组成及颜色见表13-3。

表13-2 其他钴盐的成分和用途

名　称	分子式	用　途
醋酸钴	$Co(CH_3COO)_3$	催化剂
乙酰丙酮钴	$Co(C_5H_7O_2)_3$	气相扩散镀钴
铝酸钴	$CoAl_2O_3$	颜料、催化剂、细化剂
硫酸氨钴	$CoSO_4(NH_4)_2SO_4 \cdot 6H_2O$	催化剂、电镀液
砷酸钴	$Co_3(AsO_4)_2 \cdot H_2O$	油漆颜料、玻璃、陶瓷作色
溴酸钴	$CoBr_2$	催干剂、液体比重计
碱式碳酸钴	$2CoCO_3 \cdot Co(OH)_2H_2O$	化学品
羰基钴	$Co(CO)_8$	催化剂
铬酸钴	$CoCrO_4$	颜料
柠檬酸钴	$Co_3(C_6H_5O_7)_2 \cdot H_2O$	医疗药剂、维生素中间体
铁酸钴	$CoFe_2O_4$	催化剂、颜料
氟硅酸钴	$CoSiF_6 \cdot 6H_2O$	陶瓷
甲酸钴	$Co(CHO)_2 \cdot 2H_2O$	催化剂
氢氧化钴	$Co(OH)_2$	涂料、化学试剂、催化剂、油墨
碘化钴	CoI_2	温度指示剂
亚油酸钴	$Co(C_{18}H_{31}O_2)_2$	涂料油漆干燥剂
锰酸钴	$CoMn_2O_4$	催化剂、电合成催化剂
2-乙基乙酸钴	$Co(C_8H_{17}O_2)_2$	油漆催干剂
油酸钴	$Co(C_{18}H_{33}O_2)_2$	油漆催干剂
氧化钴锂	$LiCoO_2 \cdot NaCoO_2$	蓄电池电极
四氧化钴锰	$MnCo_2O_4$	催化剂
三氧化二镧钴	$LaCoO_3$	氧气产生剂、电极材料
磷酸钴	$Co(PO_4)_2 \cdot 8H_2O$	釉彩、颜料、钢铁预处理剂
亚硝酸钴钾	$K_3Co(NO_2)_6 \cdot 1.5H_2O$	颜料
琥珀酸钴	$Co(C_2H_4O_4) \cdot 4H_2O$	医疗药剂、维生素中间体
树脂酸钴	$Co(C_{44}H_{62}O_4) \cdot 4H_2O$	油漆催干剂、催化剂
氨基磺酸钴	$Co(NH_2SO_3)_2 \cdot 3H_2O$	电镀电解液
硫化钴	CoS	催化剂
钨酸钴	$CoWO_4$	油漆、油墨催干剂

表 13-3　钴氧化物的组成及颜色

混合氧化物中金属	颜色	含钴氧化物颜料的组成	颜色
Co、Al	蓝色	Co_3O_4 68.0%，SiO_2 12.0%，$CaCO_3$ 4.0%，Cornish 石头 16.0%	深蓝色
Co、P	紫色	Co_3O_4 33.3%，SiO_2 16.7%，$CaCO_3$ 50.0%	柳紫色
Co、Zn	绿色	Co_3O_4 44.6%，Al_2O_3 55.4%	黑色
Co、Sn、Si	浅蓝色	Co_3O_4 20.0%，Al_2O_3 60.0%，ZnO 20.0%	暗蓝色
Co、Cr、Al	绿蓝色	Co_3O_4 41.8%，Al_2O_3 39.0%，Cr_2O_3 19.2%	暗蓝色
Co、Mg	粉红色	Co_3O_4 20.6%，Fe_2O_3 41.1%，Cr_2O_3 32.4%，MnO_2 5.9%	蓝绿色
Co、Fe	棕褐色		

13.1.3　钴资源

钴在地壳中的含量为 0.003%，是一种稀有的元素。自然界中几乎到处都有，但单独钴矿石矿床不多。已知的含钴矿物有一百余种，多数伴生在镍、铜、铁、锌、钴等矿床中。钴矿物含量十分稀少，主要的含钴矿物有硫钴矿（Co_3S_4）、纤维柱石（$CuCo_2S_4$）、辉砷钴矿（CoAsS）、砷钴矿（$CoAs_2$）、钴华（$2Co_2O_3 \cdot As_2O_3 \cdot 8H_2O$）、钴毒砂（(Co，Fe)AsS），砷钴镍铁矿（(Co，Ni，Fe)As_2）、硫镍钴矿（(Co，Ni，Fe)$_3S_4$）、钴土矿（(CoO，NiO)$Mn_2O_3 \cdot H_2O$）、球泡菱钴矿（$Co(CO_3)_2$）、纯钴土（$HCoO_2$）等。

工业上有开采价值的钴矿有含钴的铜镍硫化物矿床、含钴的铜铁矿床、银钴镍多金属矿床、红土矿、含钴的层状铜矿、砷化钴、硫化钴和钴土矿等。

世界钴储量基础估计有 834 万吨，查明总资源有 1100 万吨，包括海底结核含有数百万吨的潜在钴资源。现查明工业储量有 360 万吨，主要分布在扎伊尔、赞比亚等。世界主要钴资源国家的钴储量见表 13-4。

表 13-4　世界主要钴资源国家的钴储量

国家	储量/万吨	国家	储量/万吨	国家	储量/万吨
扎伊尔	136.0	菲律宾	13.5	印度	1.8
古巴	102.5	美国	10.0	希腊	1.5
赞比亚	36.0	加拿大	4.5	博茨瓦纳	1.0
新客里多尼亚	22.5	澳大利亚	2.5	前南斯拉夫	1.0
印度尼西亚	18.0	芬兰	2.5	巴西	0.5
前苏联	13.5	南非	2.0	津巴布韦	0.2

扎伊尔铜矿石中 Co 的平均品位为 0.3%~20%，赞比亚铜矿石中 Co 平均品位为 0.07%~0.25%，钴在有些国家中的储量和原矿品位均很高。就现有的世界静态钴资源可以保证世界钴使用 100 年以上。因此世界上钴的资源也算比较丰富。

中国可规划利用钴矿区 85 个，已利用矿区 65 个，保有总储量 47.16 万吨，其中 A+B+C组共计 7.45 万吨。分布在全国 24 个省区，其中主要有甘肃、山东、云南、河北、青海和山西。这 6 个省的合计储量占全国保有储量的 70%，其中以甘肃最多，达 30.5%，其他省区为山东 10.4%、云南 8.5%、河北 7.3%、青海 71%、山西 6%。此外安徽、四川、海南、新疆和西藏等省也有一定的分布，中国主要的钴资源类型和所占的比例见表13-5。

表 13-5　中国钴资源类型和所占比例

类型	亚　类	占保有储量比例%	典型矿床
岩浆	硫化铜镍钴矿	38.5	金川白家嘴子铜镍钴矿
	钒钛磁铁矿钴矿	0.6	四川米易潘家田-安宁村铁矿
热液	夕卡岩铁、铜矿	29.0	山东淄博北金岭铁矿
	斑岩铜钴矿	7.5	山西曲县铜矿峪铜矿
	脉状多金属钴矿	1.5	多为小型矿山
沉积	火山、火山碎屑沉积铁铜或多金属钴矿	14.6	四川会理拉拉铜矿
	沉积变质（砂岩）铜钴矿	2.1	无中型以上矿床
风化	红土镍矿	3.9	云南元江
	钴土矿和其他风化矿	2.3	海南文昌蓬莱钴土矿

中国的硫化铜镍钴矿是吕梁晚期形成的，其中钴金属储量达10万余吨，主要矿床有金川自家嘴子铜镍矿。华力西期形成的产于橄榄岩、二辉橄榄岩和辉石岩等的含钴矿床有吉林磐石红旗岭、四川杨柳坪、云南白马寨、新疆黄山、攀枝花钒钛磁铁矿等。中生代末期形成的夕卡岩铁、铜钴矿和脉状多金属钴矿床有河北邯郸和山东莱芜地区的铁钴矿，湖北大冶和安徽铜陵的铁铜钴矿床，这四个钴矿床的钴占中国钴总保有储量的27%。产于元古和古生代的火山、火山矿红沉积（变质）铁铜钴或多金属矿床有辽宁周家、山西箆子沟、青海德尔尼、海南石碌、四川拉拉铜矿、云南大红山铜矿，这些矿山的钴占钴储量的13.8%。风化钴矿主要有云南元江—墨江镍矿、海南蓬莱地区钴矿床，其合计钴占中国钴总保有储量的14%。斑岩铜矿中也含有一定量的钴，如山西垣曲铜矿峪铜钴矿、西藏王龙铜钴矿，两者占中国钴总保有储量的7.5%。

现在开采的钴矿山金川自家嘴子铜镍矿、吉林磐石红旗岭和通化赤柏松铜镍矿、湖北铁山铁矿和大冶铜绿山铜铁矿、山东金岭铁矿、山西箆子沟铜矿和四川会理拉拉铜矿等。金川白家嘴子铜镍矿中的钴产量在20世纪90年代占全国总产量的90%。全国的铜矿山产量现在仅600~800t。

中国钴资源有这样的特点：（1）绝大多数是伴生矿，品位低，钴主要作为副产品加以回收。在现有的50个储量大于1000t矿山的统计分析得知，钴的平均品位为0.02%，因此生产过程中钴金属回收率低、工艺复杂、成本高。（2）可利用的钴资源主要伴生在铜镍矿中，其占探明资源储量的50%。（3）中国单一的钴矿为钴土矿，其仅占全国钴总储量的2%。

钴的矿物以硫化矿、硫砷化钴和氧化矿为主要存在形式，常用的红土矿和钴土矿为主要的氧化矿，硫钴精矿和含钴黄铁矿等为主要的硫化矿，硫化钴与其他硫化物（如铜、镍和铁）共生。

现在中国已利用的钴矿物主要为铜镍钴矿、铜钴矿、铁钴矿和钴土矿。全国回收钴的矿山主要分布在甘肃、湖北、山东、四川、海南、安徽、吉林、新疆、云南、湖南等省，产量很低，无法满足国内的需求。值得一提的是攀枝花钒钛磁铁矿中钴的储量达70万吨

（在储量计算中可能来考虑该储量），是中国可能最大的提钴资源。总之，中国的钴矿石品位低，生产工艺流程复杂，采、选、冶回收率偏低，致使生产成本高，产量低。同时许多钴矿床由于品位低，无法实现工业开采，如云南的元江镍钴矿。正是如此，造成中国钴生产资源贫乏，每年都需要进口大量的各类含钴物料，以满足国内的钴需求。中国进口的主要钴原料有：（1）钴矿及精矿，主要来自中国香港和非洲；（2）氧化物和氢氧化物，主要来自中国香港；（3）钴锭及未锻轧钴，主要来自中国香港和荷兰；（4）锻轧钴及钴产品，主要来自美国。

13.1.4　国内外主要的钴生产工艺

不论采用何种钴原料，钴的生产工艺均可分解为三部分：（1）溶性钴的制取。根据原料的不同，采用氧化或还原使钴成为酸溶性的物质。（2）溶液化学净化或萃取净化。化学净化是利用 Co（Ⅲ）的氢氧化物具有较低的溶度积，同时氢氧化钴（Ⅲ）可以还原溶解于酸溶液中，这样反复可以得到比较纯净的钴盐溶液；萃取除杂是利用不同的萃取剂对不同金属离子的选择性溶解使得钴溶液得到净化。（3）净化得到的钴溶液可直接生产各类钴盐，或草酸沉淀得到草酸钴，然后煅烧得到各类氧化物，或不溶阳极电解得到电解钴，或对得到的氧化钴还原，然后进行可溶阳极电解得到电解钴。净化后的钴盐溶液可根据市场需求的不同有效地调整产品结构以满足市场的需求。

13.1.4.1　国外主要的钴生产工艺

A　含钴黄铁矿处理工艺

国外含钴黄铁矿的处理工艺基本上相近，仅在原料的预处理上有一定的差异，有的是将黄铁矿焙烧焙砂急冷后直接浸出，目的是使焙烧焙砂中的 Fe 尽可能转化为不溶于酸的铁氧化物，这样在浸出液的处理上可以简化，降低处理成本。还有一种方法是将焙烧焙砂氯化，使含钴等金属易于浸出，使之与铁尽可能分离开。其详细流程见图 13-1。

图 13-1 是芬兰某钴厂黄铁矿生产金属钴流程，所处理的黄铁矿含 Co 0～0.7%，图 13-2 是德国的某黄铁矿处理厂，均采用黄铁矿烧渣生产钴的流程，对黄铁矿烧渣采用高温氯化焙烧处理，烧渣成分为：Cu 0.8%～1.5%，Co 0.3%～0.5%，Zn 2.0%～3.5%，Fe 54%～58%，S 2.5%～4.0%，Pb 0.3%～0.7%，Au 0.5～1g/t，Ag 25～50g/t，Cd 40～100g/t。

美国某厂也是采用含钴黄铁矿为原料，其黄铁矿含钴达 1.5%，其生产工艺也与德国的某工艺相似。

B　铜钴矿的处理工艺

以含钴和铜为主的氧化矿或硫化矿是世界钴生产的主要原料，由该原料生产的钴量每年在 1 万吨以上，其典型的生产流程如图 13-2 所示。图 13-2a 是扎伊尔某公司的冶炼厂与比利时某公司的深加工厂的联合流程。铜钴合金是在冶炼厂加工成为铜钴铁合金，它处理氧化铜钴精矿，含 Co 6%～8%，Cu 5%～12%，产出含 Co 45%、Cu 15%、Fe 39% 和 Cu 89%、Co 4.5%、Fe 4% 的合金，该合金然后送到深加工厂加工生产出金属钴和钴盐。图 13-2b 是赞比亚某公司的钴厂的处理工艺，它所处理的铜钴矿精矿成分：Co 3%～4%，Cu 18%～30%。在铜钴硫化精矿的湿法处理中因原料的差异，工艺上有一定的不同，如扎伊尔公司的净化工艺采用 NaHS 除镍和 H_2S 除锌，但工艺的其他部分没

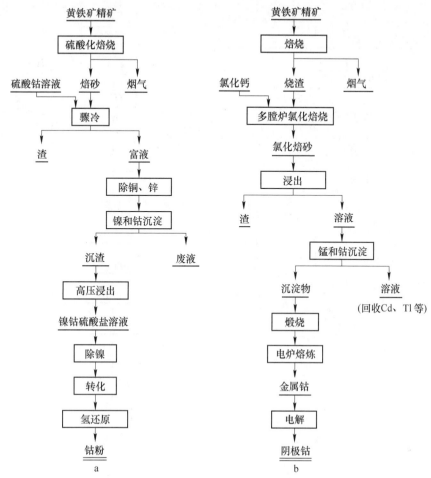

图 13-1 国外含钴黄铁矿处理工艺流程

有较大的差异。

C 砷钴矿的处理工艺

每年世界范围以砷钴精矿为原料生产的钴估计为 3000~5000t。处理工艺如图 13-3 所示。图 13-3a 是法国某公司的深加工厂的处理工艺流程，它处理摩洛哥的含 Co 10%、As 50%的砷钴矿，是一个全湿法处理流程。图 13-3b 是加拿大的某公司的钴厂的处理工艺流程，它也是处理摩洛哥硫砷钴矿和加拿大自产的银砷钴矿，电炉熔炼产出的黄渣经焙烧后成为可溶性的钴，电炉渣则经鼓风炉熔炼产出砷冰铜，鼓风炉和黄渣焙烧烟尘回收 As_2O_3；砷冰铜和黄渣浸出后的浸出液合并采用化学法净化，然后生产金属钴。

D 铜镍钴矿的处理工艺

大量的钴是从镍生产系统中综合回收的。每年全世界以此类含钴原料中生产的钴在 1 万吨左右。从镍冶金工艺中回收钴以镍冶金工艺的不同而不同。在镍的电解工艺中基本上采用非常类似的工艺，只是在最近将新工艺溶剂萃取技术用于 Ni、Co 分离。其工艺流程如图 13-4 所示。图 13-4a 是加拿大某公司的钴厂采用的生产工艺，镍电解废液中含 Co 0.1g/L，Ni 50g/L，Cu 0.3g/L，Fe 0.1g/L，该工艺中采用化学方法净化含钴溶液。图 13-4b

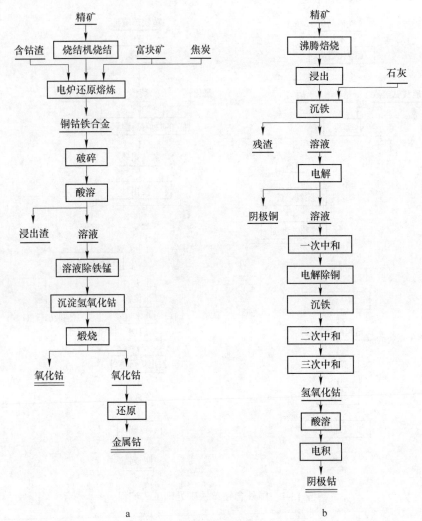

图 13-2 国外铜钴矿处理工艺流程

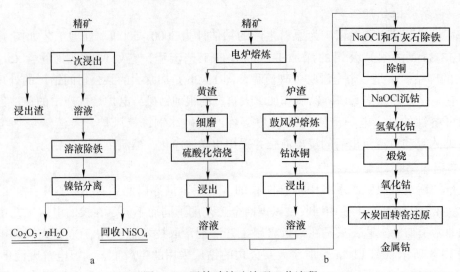

图 13-3 国外砷钴矿处理工艺流程

是英国的某公司的镍厂采用的生产工艺流程，钴主要从镍羰基法生产工艺的残渣中回收钴。

这两个工艺在一定程度上相似。首先将钴转化到富钴溶液中，然后用化学的方法净化处理，最后得到金属钴或氧化钴。

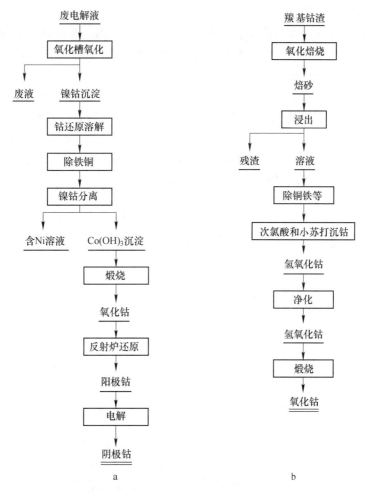

图 13-4　国外铜钴镍矿处理工艺流程

E　锌冶金含钴料钴回收工艺

少数钴处理厂以锌冶金过程中净化处理时得到的含钴料为原料生产金属钴或氧化钴。澳大利亚的某公司的锌厂用 α-亚硝基-β-奈酚除钴得到的钴渣提钴。这种钴渣经过选矿获得钴精料后煅烧得到氧化钴。而意大利的某公司的锌厂则用 α-亚硝基-β-奈酚除钴得到的钴渣经过直接煅烧，然后用硫酸进行"调浆—硫酸化焙烧—浸出—除铁—除铜、锌、镉—沉 $CoCO_3$—溶解—电解"的工艺得到电解钴。

从上述分析可知，世界上各国由于含钴原料的不同采用的生产方法各不一样。但基本上都是将含钴的物料溶解使钴进入溶液，然后采用化学净化法或萃取等方法除去各种杂质，特别是 Fe、Cu、As 等，然后进行 Ni、Co 分离，镍钴分离通常利用 Co(Ⅲ) 有较低的溶度积，用各类氧化剂将 Co(Ⅱ) 氧化为 Co(Ⅲ) 后与 Ni 分离或萃取分离 Ni 和 Co，分离过程有时要反复进行，使得钴中的杂质有效地被分离。

13.1.4.2 中国钴生产工艺

中国的钴冶金工艺与国外的钴冶金工艺相比，技术水平基本上相当，所采取的工艺流程相似，仅原料相差比较大。

A 钴土矿处理工艺

中国钴土矿主要在云南、江西、广东、福建、浙江等地，随着近年来的开采和冶金处理，主要矿源已基本上枯竭。云南易门有色选冶厂的钴土矿处理工艺是硫酸浸出—萃取净化—草酸沉钴—煅烧—氧化钴。

B 砷钴矿的处理工艺

中国砷钴矿的处理以赣州某厂的处理工艺为代表。它所处理的砷钴矿是从摩洛哥进口，处理工艺流程如图 13-5 所示。图 13-5 中虚线部分的工艺为改进后的工艺。砷钴矿火法焙烧，使砷以 As_2O_3 的形态从物料中挥发出来，钴转化为易于酸浸的氧化物，然后在溶液中净化—分离除杂后得到钴盐，并还原成金属钴。

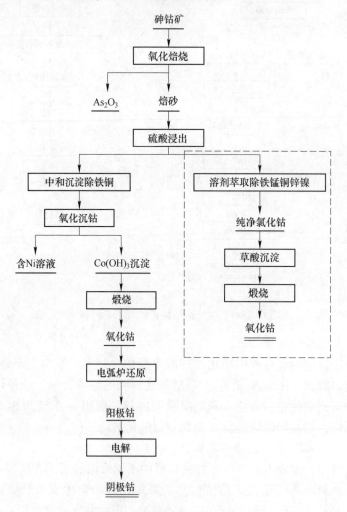

图 13-5 中国砷钴矿处理工艺流程

C 硫钴矿的处理工艺

在中国的钴资源中，硫钴精矿的钴占现有钴资源总量的 30% ~ 40%，是重要的钴资源之一。以硫钴精矿为原料的生产处理厂所采取的工艺流程基本上相似，如图 13-6 所示。图 13-6a 是辽宁某厂的硫钴精矿生产氧化钴及金属钴的工艺流程，多数以硫钴精矿为原料的厂家采用这种工艺。图 13-6b 是湖北某公司的处理工艺流程，它所处理的硫钴精矿是湖北大冶的含钴黄铁矿。部分黄铁矿用来焙烧生产硫酸，其产出的焙砂与黄铁矿精矿再混合配成含硫 12% 的混合矿，然后进入沸腾炉焙烧。硫钴精矿和烧渣平均含钴各为 0.245% 和 0.258%。山东某公司生产工艺与湖北某公司的处理工艺相似，它所处理的矿以山东金岭铁矿的硫钴精矿为主，外购海南、中条山和大冶等地的硫钴精矿，金岭铁矿的硫钴精矿含钴 0.25% ~ 0.35%。

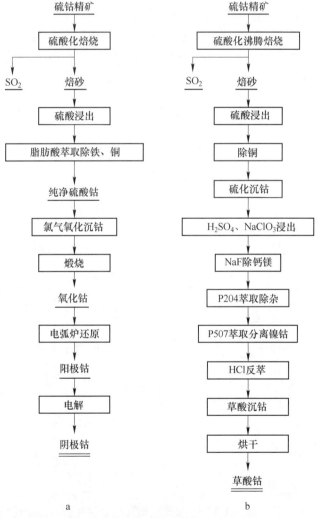

图 13-6 中国硫钴精矿处理工艺流程

D 铜镍钴矿的处理工艺

伴生钴的铜镍矿是中国重要的钴资源之一，其占可供应钴资源量的 50% 以上。在镍的冶金过程中，矿石在造锍熔炼时 90% 以上的钴随镍一道进入高镍锍中，高镍锍电解或加压浸出时进入溶液，溶液或电解液中的钴用黑镍氧化沉淀钴得到钴渣，这种含钴渣即为提钴的原料。镍钴渣的处理工艺流程如图 13-7 所示。它是甘肃某有色公司的处理工艺流程，采用纯化学和萃取的方法处理钴渣。虚线柜中的工艺为萃取工艺。新疆某公司也采用萃取工艺，但镍钴分离所使用的萃取剂不是 P507，而是 Cyanex272，其他基本上相似。

四川某公司所采用的工艺与甘肃某有色公司不同。在四川某公司工艺中，镍钴渣用 HCl 还原溶解，黄钠铁矾除铁（或仲辛醇萃取除铁），再用 N235 萃取分离镍钴，HCl 反萃后的钴溶液用 330 树脂除铅，717 树脂除锌，再用 330 树脂除镍，一系列离子交换技术进行深度净化后，溶液电解得到电解钴。重庆某冶炼厂又与四川某公司、甘肃某有色公司工艺不同。镍钴渣用 HCl 还原溶解，用 N235、TBP 及溶剂油萃取除铁，溶液浓缩后用 N235 萃取分离镍钴，反萃后的钴溶液 H_2S 除铜，氯气氧化除 As、Fe，然后加高锰酸钾除锰，活性炭吸附有机物，330 树脂除微量镍，最后电解得到金属钴。

对于富钴锍则采用加压氧化浸出，然后硫代硫酸钠除去部分铜，除铜后液用 P204 深度除铜，再用 P507 进行镍钴分离，HCl 反萃，反萃液氯化钴用草酸沉淀，得到草酸钴。草酸钴用回转窑煅烧得到氧化钴。

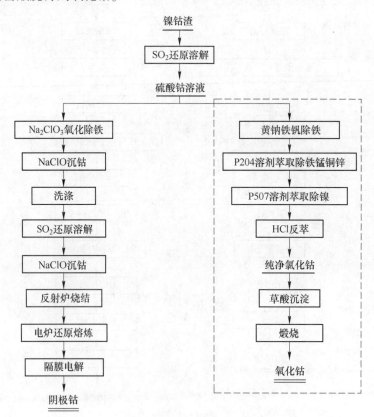

图 13-7 镍钴渣处理工艺流程

13.2 镍

在 1751 年，工作于斯德哥尔摩（瑞典首都）的 Alex Fredrik Cronstedt 研究一种新的金属，叫做红砷镍矿（NiAs），其来自瑞典的海尔辛兰的 Los。他以为其包含铜，但他提取出的是一种新的金属，于 1754 年他宣布并命名为 nickel（镍）。许多化学家认为它是钴、砷、铁和铜的合金——这些元素以微量的污染物出现。直到 1775 年纯净的镍才被 Torbern Bergman 制取，这才确认了它是一种元素。陨石包含着铁和镍，早期它们被作为上好的铁使用。因为这种金属不生锈，它被秘鲁的土著看做是银。一种含有锌镍的合金被叫做白铜，在公元前 200 年的中国被使用。有些甚至延伸到了欧洲。

13.2.1　物理化学性质

镍是银白色金属，具有磁性和良好的可塑性。金属镍具有良好延展性，具有中等硬度，有好的耐腐蚀性，它能够高度磨光。溶于硝酸后，呈绿色。主要用于合金（如镍钢和镍银）及用作催化剂（如兰尼镍，尤指用作氢化的催化剂）。

镍密度为 $8.902g/cm^3$，熔点为 1453℃，沸点为 2732℃。

外围电子排布为 $3d^84s^2$，位于第四周期第Ⅷ族。化学性质较活泼，但比铁稳定。室温时在空气中难氧化，不易与浓硝酸反应。细镍丝可燃，加热时与卤素反应，在稀酸中缓慢溶解。能吸收相当数量氢气。

镍不溶于水，常温下在潮湿空气中表面形成致密的氧化膜，能阻止本体金属继续氧化。在稀酸中可缓慢溶解，释放出氢气而产生绿色的正二价镍离子 Ni^{2+}，耐强碱。镍可以在纯氧中燃烧，发出耀眼白光。同样的，镍也可以在氯气和氟气中燃烧。对氧化剂溶液包括硝酸在内，均不发生反应。镍是一个中等强度的还原剂。镍在盐酸、硫酸、有机酸和碱性溶液对镍的浸蚀极慢。镍在稀硝酸缓慢溶解。发烟硝酸能使镍表面钝化而具有抗腐蚀性。镍同铂、钯一样，钝化时能吸大量的氢，粒度越小，吸收量越大。镍的重要盐类为硫酸镍和氯化镍。实验室中也常用到硝酸镍，带有结晶水，化学式为 $Ni(NO_3)_2 \cdot 6H_2O$，绿色透明的颗粒，易吸收空气中的水蒸气。与铁、钴相似，在常温下对水和空气都较稳定，能抗碱性腐蚀，故实验室中可以用镍坩埚熔融碱。硫酸镍（$NiSO_4$）能与碱金属硫酸盐形成矾 $Ni(H_2O)_6[SO_4]$，其中镍可被铁和镁代替，还可混入 Co、Zn、Cu、Al 等金属。+2 价镍离子能形成配位化合物。常压下，镍即可与一氧化碳反应，形成剧毒的四羰基镍（$Ni(CO)_4$），加热后它又会分解成金属镍和一氧化碳。

镍原子序数为 28，相对原子质量为 58.71，金属半径为 124.6pm，第一电离能为 741.1kJ/mol，电负性为 1.8，主要氧化数为 +2、+3、+4。

13.2.2　同位素

镍同位素见表 13-6。

表 13-6　镍同位素

同位素	丰度	半衰期	衰变模式	衰变能量	衰变产物
^{56}Ni	人造	6.077 天	电子捕获	2.136	^{56}Co
^{58}Ni	68.077%	稳定			
^{59}Ni	人造	76.000 年	电子捕获	1.072	^{59}Co
^{60}Ni	26.233%	稳定			

同位素	丰度	半衰期	衰变模式	衰变能量	衰变产物
^{61}Ni	1.14%	稳定			
^{62}Ni	3.634%	稳定			
^{63}Ni	人造	100.1 年	β 衰变	2.137	^{63}Cu
^{64}Ni	0.926%	稳定			

13.2.3 镍化合物

镍化合物可以分为稳定二价和三价化合物以及配合物。镍能抗氧腐蚀，因为其表面生成 NiO 致密薄膜，能阻止进一步氧化。也能抗强碱腐蚀，它在稀盐酸和硫酸中溶解很慢，但稀硝酸能与之作用。镍与氧生成三种化合物，即氧化亚镍（NiO）、四氧化三镍（Ni_3O_4）和三氧化二镍（Ni_2O_3），只有 NiO 在高温下稳定。镍与硫生成四种化合物，即 NiS_2、Ni_6S_5、Ni_3S_2 和 NiS，在冶炼高温下只有 Ni_3S_2 稳定。冶金上最有意义的是镍与 Co 生成的羟基镍 $Ni(CO)_4$，它是挥发性化合物，沸点为 43℃，分解温度为 180℃。

镍与碳可以形成 Ni_3C，在 380℃ 以上时分解成镍和碳。但是在液体中的 Ni_3C，直到 2000℃ 以上是稳定的。

镍与硅可形成一系列硅化物，如 Ni_3Si、Ni_5Si_2、Ni_2Si、Ni_3Si_2、NiSi 和 $NiSi_2$。

镍和氧能形成 NiO，NiO 系菱面体晶，加热至 200℃ 以上时则变成立方晶。氧在固态镍中的溶解度，随温度的升高而下降。

镍与硫可以形成 Ni_3S_2、Ni_6S_5、Ni_7S_6、NiS、Ni_3S_4 和 NiS_2 等硫化镍。在工业镍锍中，找不到存在于自然界中的硫化镍 NiS 和 NiS_2，因为这两种硫化镍在熔点以下就早已分解了。

镍和铁在 γ 区内形成连续固溶体。液相线在 1436℃ 下，含镍 65%~72% 时，出现一个不很明显的最低点。镍可以扩大 γ 区，在固态时，分成数个相，回火时从这数个相中，都可形成 $FeNi_3$。根据镍铁合金中的居里点的变化，α-镍在 360℃ 以下为面心立方晶，β-镍在 1130℃ 以下为六方晶，γ-镍在熔点之前为立方晶。

13.2.3.1 镍（Ⅱ）化合物

（1）氧化镍生成反应：

$$NiC_2O_4 === NiO + CO + CO_2 \tag{13-1}$$

（2）氢氧化镍生成反应：

$$Ni^{2+} + 2OH^- === Ni(OH)_2 \tag{13-2}$$

（3）硫酸镍生成反应：

$$2Ni + 2H_2SO_4 + 2HNO_3 === 2NiSO_4 + NO_2 + NO + 3H_2O \tag{13-3}$$

$$NiO + H_2SO_4 === NiSO_4 + H_2O \tag{13-4}$$

$$NiCO_3 + H_2SO_4 === NiSO_4 + CO_2 + H_2O \tag{13-5}$$

（4）卤化镍生成反应：

主要包括 NiF_2、$NiCl_2$、$NiBr_2$ 和 NiI_2。

13.2.3.2 镍（Ⅲ）化合物

（1）氧化高镍生成反应：

$$4NiO + O_2 \Longrightarrow 2Ni_2O_3 \tag{13-6}$$

$$2Ni(OH)_2 + Br_2 + 2OH^- \Longrightarrow Ni_2O_3 + 2Br^- + 3H_2O \tag{13-7}$$

$$2Ni_2O_3 + 4H_2SO_4 \Longrightarrow 4NiSO_4 + O_2 + 4H_2O \tag{13-8}$$

$$Ni_2O_3 + 6HCl \Longrightarrow 2NiCl_2 + Cl_2 + 3H_2O \tag{13-9}$$

（2）氢氧化高镍生成反应：

$$4NiCO_3 + O_2 \Longrightarrow 2Ni_2O_3 + 4CO_2 \tag{13-10}$$

$$2Ni(OH)_2 + NaClO + H_2O \Longrightarrow 2Ni(OH)_3 + NaCl \tag{13-11}$$

$$2Ni(OH)_3 + 6HCl \Longrightarrow 2NiCl_2 + Cl_2 + 6H_2O \tag{13-12}$$

13.2.3.3 配合物

镍的配合物有：

（1）氨配位化合物，$[Ni(NH_3)_6]^{2+}$；

（2）氰配位化合物，$[Ni(CN)_4]^{2-}$；

（3）螯合物，$[Ni(en)_3]^{2+}$；

（4）羰基配位化合物，$Ni(CO)_4$ 和 $(C_2H_5)_2Ni$。

13.2.3.4 羰基镍

金属镍几乎没有急性毒性，一般的镍盐毒性也较低，但羰基镍却能产生很强的毒性。羰基镍以蒸气形式迅速由呼吸道吸收，也能由皮肤少量吸收，前者是作业环境中毒物侵入人体的主要途径。羰基镍在浓度为 $3.5\mu g/m^3$ 时就会使人感到有如灯烟的臭味，低浓度时人有不适感觉。吸收羰基镍后可引起急性中毒，10min 左右就会出现初期症状，如头晕、头疼、步态不稳，有时恶心、呕吐、胸闷；后期症状是在接触 12~36h 后再次出现恶心、呕吐、高烧、呼吸困难、胸部疼痛等。接触高浓度时发生急性化学肺炎，最终出现肺水肿和呼吸道循环衰竭而致死亡，接触致死量时，事故发生后 4~11d 死亡。人的镍中毒特有症状是皮肤炎、呼吸器官障碍及呼吸道癌。

致突变性：肿瘤性转化，仓鼠胚胎 $5\mu mol/L$。生殖毒性：大鼠经口最低中毒剂量（TDL0）为 158mg/kg（多代用），胚胎中毒，胎鼠死亡。

致癌性：IARC 致癌性评论，动物为阳性反应。

迁移转化：天然水中的镍常以卤化物、硝酸盐、硫酸盐以及某些无机和有机配合物的形式溶解于水。水中的可溶性离子能与水结合形成水合离子 $(Ni(H_2O)_6)^{2+}$，与氨基酸、胱氨酸、富里酸等形成可溶性有机配离子，它们可以随水流迁移。镍在水中的迁移，主要是形成沉淀和共沉淀以及在晶形沉积物中向底质迁移，这种迁移的镍共占总迁移量的 80%；溶解形态和固体吸附形态的迁移仅占 5%。为此，水体中的镍大部分都富集在底质沉积物中，沉积物含镍量可达 0.0018%~0.0047%，为水中含镍量的 38000~92000 倍。土壤中的镍主要来源于岩石风化、大气降尘、灌溉用水（包括含镍废水）、农田施肥、植物和动物遗体的腐烂等。植物生长和农田排水又可以从土壤中带走镍。通常，随污水进入土壤的镍离子被土壤无机和有机复合体所吸附，主要累积在表层。

13.2.4 镍的用途

镍是周期表中仅有的三个磁性金属之一，为许多磁性合金材料的成分。镍能与许多金属组成合金，这些合金包括耐高温合金、不锈钢、结构钢、磁性合金和有色金属合金等。镍是高温合金和其他耐热材料的重要组成分，高温合金用作火箭和高速喷气机部件。镍金属具有良好的延展性，可制成很薄的镍片（小于0.02mm厚）；纯镍用于电镀、电子工业和精密合金。

镍主要用于合金（配方）（如镍钢和镍银）及用作催化剂（如拉内镍，尤指用作氢化的催化剂），可用来制造货币等，镀在其他金属上可以防止生锈。主要用来制造不锈钢和其他抗腐蚀合金，如镍钢、镍铬钢及各种有色金属合金，含镍成分较高的铜镍合金，就不易腐蚀。也作加氢催化剂和用于陶瓷制品、特种化学器皿、电子线路、玻璃着绿色以及镍化合物制备等。

电解镍是使用电解法制造镍，用它制造的不锈钢和各种合金钢被广泛地用于飞机、坦克、舰艇、雷达、导弹、宇宙飞船和民用工业中的机器制造、陶瓷颜料、永磁材料、电子遥控等领域。

因为镍的抗腐蚀性佳，常被用在电镀上；镍镉电池含有镍。

13.2.5 镍矿资源

全球镍资源储量十分丰富，镍在地球中的含量仅次于硅、氧、铁、镁，居第五位，地核中含镍最高，是天然的镍铁合金。镍矿在地壳中的含量为0.018%，在地壳中铁镁质岩石含镍高于硅铝质岩石，例如橄榄岩含镍为花岗岩的1000倍，辉长岩含镍为花岗岩的80倍。世界上镍矿资源分布中红土镍矿约占55%，硫化物型镍矿占28%，海底铁锰结核中的镍占17%。其中，海底铁锰结核由于开采技术及对海洋污染等因素，目前尚未实际开发。根据美国地质调查局2009年资料显示，全球探明镍基础储量约6900万吨，资源总量14800万吨，基础储量的72.2%为红土镍矿，27.8%为硫化镍矿。

13.2.5.1 区域分布

A 硫化镍矿

中国甘肃省金川镍矿带、吉林省磐石镍矿带，加拿大安大略省萨德伯里（Sudbury）镍矿带，加拿大曼尼托巴省林莱克的汤普森（Lynn Lake-Thompson）镍矿带，前苏联科拉（Kojia）半岛镍矿带，俄罗斯西伯利亚诺里尔斯克（HophHjibck）镍矿带，澳大利亚坎巴尔达（KaMbalda）镍矿带，博茨瓦纳塞莱比-皮奎（Selebi Phikwe）镍矿带，芬兰科塔拉蒂（Kotalahti）镍矿带。

B 红土镍矿

南太平洋新喀里多尼亚（New Caledonia）镍矿区，印度尼西亚的摩鹿加（Moluccas）和苏拉威西（Sulawesi）地区镍矿带，菲律宾巴拉望（Palawan）地区镍矿带，澳大利亚的昆士兰（Queensland）地区镍矿带，巴西的米纳斯吉拉斯（Minas Gerais）和戈亚斯（Goias）地区镍矿带，古巴的奥连特（Oriente）地区镍矿带，多米尼加的班南（Banan）地区镍矿带，希腊的拉耶马（Larymma）地区镍矿带，以及前苏联和阿尔巴尼亚等国的一些镍矿带。

13.2.5.2 国家分布

A 红土型镍矿

主要分布在赤道附近的古巴、新喀里多尼亚、印尼、菲律宾、缅甸、越南、巴西。

B 硫化物型镍矿

主要分布在加拿大、俄罗斯、澳大利亚、中国和南非等国。根据美国地质调查局 2014 年发布数据显示，全球镍储量为 7400 万吨，包括澳大利亚 1800 万吨，新喀里多尼亚 1200 万吨，巴西 840 万吨，巴西 550 万吨，印尼 390 万吨，中国 300 万吨，加拿大 330 吨。

13.2.5.3 世界最大镍矿区

在加拿大安大略省东南部，休伦湖北侧，有一个矿业城市——萨德伯里。它是目前世界上最大的镍矿区。近年来，人们在该镍矿体周围发现，这里有陨石坑所特有的冲击构造，冲击变质的矿物和散布在周围岩石中的冲击角砾岩。这就使人们相信：萨德伯里矿体可能是个陨石坑，曾经有一块巨大的富含铁、镍的陨石，击穿了萨德伯里的地壳，为地壳的基性岩浆的上升开辟了通道，而富含铁、镍的炽热的基性岩浆在上升过程中融合陨石本身丰富的铁镍金属后，经过改造、冷凝，形成了今日的巨大镍矿。

13.2.5.4 中国镍矿

中国硫化物型镍矿资源较为丰富，主要分布在西北、西南和东北的 19 个省份，其保有储量占全国总储量的比例分别为 76.8%、12.1% 和 4.9%。就各省（区）来看，甘肃储量最多，占全国镍矿总储量的 62%（金昌的镍产提炼规模居全球第二位），随后是新疆（11.6%）、云南（8.9%）、吉林（4.4%）、湖北（3.4%）和四川（3.3%）。中国三大镍矿分别为金川镍矿、喀拉通克镍矿和黄山镍矿。主要生产厂家有金川集团有限公司，吉林吉恩镍业股份有限公司和新疆有色金属工业（集团）阜康冶炼厂。其中金川集团是中国最大的电解镍生产商，主要生产镍、铜、钴、铂族贵金属、有色金属压延加工产品、化工产品、有色金属化学品等。目前，金川集团的年度镍产量居全球第四位，已形成年产镍 15 万吨的生产能力。

中国也是红土镍矿资源比较缺乏的国家之一，目前全国红土镍矿保有量仅占全部镍矿资源的 9.6%，不仅储量比较少，而且国内红土镍矿品位比较低，开采成本比较高，这就意味着中国在红土镍矿方面并没有竞争力。而中国又是不锈钢产品主产国，红土镍矿是镍铁的主要原料，且镍铁又是不锈钢的主要原料，因此中国每年都需要大量进口红土镍矿来发展不锈钢工业。主要进口国家为印尼、澳大利亚和菲律宾等地。

13.2.5.5 攀西钴硫镍矿

攀枝花矿产资源丰富，地质勘测表明，钒钛磁铁矿储量达 100 亿吨，占全国铁矿储量的 20%，钒资源储量 1578.8 万吨，占全国钒资源储量的 62%，占世界钒储量的 11.6%，钛资源储量 8.7 亿吨，占全国钛资源储量的 90.5%，占世界钛储量的 35.2%。此外还伴生有 90 万吨钴、70 万吨镍、25 万吨钪、18 万吨镓以及大量的铜、硫等资源。

钒钛磁铁矿中，主要钴镍矿物有硫钴矿、钴镍黄铁矿、辉钴矿、紫硫铁镍矿和针镍矿等，其中攀枝花、太和矿区以钴镍黄铁矿和硫钴矿为主，白马矿区以镍黄铁矿为主，辉钴矿在三个矿区都存在。钴镍金属除以硫化物的包裹体或细脉石状存在于钛磁铁矿、钛铁矿等矿物中以外，其余部分主要以含镍、钴的独立矿物存在于硫化矿物中，这种镍、钴矿物粒度微细，不能破碎解离，只能富集到硫化物精矿中。硫化物在矿石中分布不均，颗粒大小不等，但大部分可以单独回收。在回收钛精矿过程中，以浮硫精选尾矿形式（硫钴精矿）存在，镍、钴品位达到工业利用标准。

13.2.6　镍的生产方法

现代生产镍的方法主要有火法和湿法两种。根据世界上主要两类含镍矿物（含镍的硫化矿和氧化矿）的不同，冶炼处理方法各异。

含镍硫化矿目前主要采用火法处理，通过精矿焙烧反射炉（电炉或鼓风炉）冶炼铜镍锍吹炼镍精矿电解得金属镍。氧化矿主要是含镍红土矿，其品位低，适于湿法处理；主要方法有氨浸法和硫酸法两种。氧化矿的火法处理是镍铁法。

13.2.6.1　含镍硫化矿火法处理

镍与硫元素的亲和力很强，因此，镍在成矿阶段主要构成镍的硫化物，由于砷、碲元素与硫元素有相近的化学性质，也会形成镍的砷碲化合物，镍还可以取代脉石矿物的铁或镁，形成类质同象分散在脉石中。硫化镍矿床大都伴生有铜、钴、金、银、铂、钯、锇、钌、铱、锗等多种元素，而硫化镍矿物的可浮性比红土镍矿好，通常大都采用浮选工艺流程处理。

在自然界中，铜矿物经常与镍矿物共生，形成硫化型铜镍矿床。原生的铜镍矿床中主要的矿物有黄铜矿、镍黄铁矿、磁黄铁矿等，次生的硫化铜镍矿床中主要的矿物有黄铜矿、黄铁矿以及紫硫镍铁矿等。

硫化铜镍矿石中的矿物组成、性质以及有用成分的不同，决定了硫化镍的提取工艺流程。在生产实践中，镍的回收工艺主要有以下几种：阶段磨选、磁浮联合、泥砂分选和分离浮选等。

脉石矿物蛇纹石、滑石和绿泥石等都是在磨矿过程中容易泥化的矿物，需要采用预先脱泥再浮选的流程。在浮选时，矿泥会影响硫化镍矿物与药剂作用，最终影响产品的回收率和品位，并且会导致药剂的大量消耗。金川一矿区贫矿经两段磨选，尾矿脱泥，泥砂分别再选均获得了较好的效果。

硫化镍精矿的火法冶炼其主要工艺特点如下：（1）熔炼。镍精矿经干燥脱硫后即送电炉（或鼓风炉）熔炼，目的是使铜镍的氧化物转变为硫化物，产出低冰镍（铜镍锍），同时脉石造渣。所得到的低冰镍中，镍和铜的总含量为 8% ~ 25%（一般为 13% ~ 17%），含硫量为 25%。（2）低冰镍的吹炼。吹炼的目的是为了除去铁和一部分硫，得到含铜和镍 70% ~ 75% 的高冰镍（镍高锍），而不是金属镍。转炉熔炼温度高于 1230℃，由于低冰镍品位低，一般吹炼时间较长。（3）磨浮。高冰镍细磨、破碎后，用浮选和磁选分离，得到含镍 67% ~ 68% 的镍精矿，同时选出铜精矿和铜镍合金分别回收铜和铂族金属。镍精矿经反射炉熔化得到硫化镍，再送电解精炼或经电炉（或反射炉）还原熔炼得粗镍再电解精炼。（4）电解精炼。粗镍中除含铜、钴外，还含有金、银和铂族元素，需电解精炼回收。与铜电解不同的是这里采用隔膜电解槽。用粗镍做阳极，阴极为镍始极片，电解液用硫酸盐和氯化盐混合溶液。通电后，阴极析出镍，铂族元素进入阳极泥中，另行回收。产品电镍纯度为 99.85% ~ 99.99%。

13.2.6.2　氧化镍矿处理

硅酸氧化矿可以用火冶法熔炼，经还原、熔化和精炼得到镍。还原时要争取使氧化镍完全变为金属镍。熔化时镍铁将同较轻的渣分开。镍铁的含镍量取决于部分还原过程的选择能力。采用焦炭作还原剂，也可采用硅铁作还原剂。为了除去粗镍铁中的杂质碳、硫、磷和铬，必须进行精炼。

在电炉中用碳直接部分还原炼制镍铁，在矿热炉中采用碳热法将矿石还原成镍铁，随后进行精炼。所用矿石的成分为：Ni 2.8%，CoO 0.06%，Fe 13%，Cr_2O_3 2%，MgO 24%，SiO_2 39%，化合水 12%。这种矿石经干燥后，放在回转窑内预热到 750℃ 左右。重油的消耗量为每吨干矿石 65~85L。在经预热的热矿石中，加入约 4% 的焦粉，然后即将这种混合料，放在还原电炉中冶炼。矿热炉的容量为 12500kV·A，电极直径为 1250mm，炉膛内径为 11m。冶炼时每吨矿石的耗电量为 600kW·h。每天可冶炼 450t 矿石，镍铁出炉温度为 1500℃，出渣温度为 1600℃。炉料中 90% 以上的镍回收到成分为（Ni+Co）24%，Si 3%，C 2%，Cr 1.6%，P 0.03% 的粗镍铁中。

在铸桶中用苏打处理两次而将硫除掉，在酸性转炉中把铬、硅、碳和磷吹掉。精炼好的镍铁大约 1650℃ 时出炉，铸成约 20kg 重的锭块。最终产品含（Ni+Co）29%，C 0.02%，Cr 0.02%，余量为铁。

用冶炼镍锍的方法制取镍丸采用的方法是，先将矿石作成球团，经烧结后同焦炭和石膏一起加到低炉身电炉中进行还原冶炼。硫酸钙被还原后，与镍和铁反应生成硫化物。约含 Ni 27%、Fe 60%、S 10% 的铁镍锍，同附加料一起装在转炉中用空气吹炼，使铁渣化，成为约含有 Ni 78%、S 22% 的贫铁镍锍。然后采用流化床法或在回转窑中将硫焙烧到 0.005% 以下。这种氧化镍经磨细加糊加黏合剂混合后压成 3cm×2cm 的圆柱形料块。

料块经干燥后混加大量木炭，放在加热的立式碳化硅马弗炉中，于约 1300℃ 下用一氧化碳还原，这种炉子与锌竖罐法用的炉子相似。生产出镍粒约含 Ni 99%，Cu 0.07%，Co 0.5%，Fe 0.1%，C 0.04%，S 0.004%。

用硅铁部分还原的方法冶炼镍铁，矿石经在回转窑中干燥后，进行分级，并除掉低品位的粗块，这时的成分大致为：Ni 1.65%，Co 0.02%，Fe 12%，SiO_2 50%，MgO 25%，Cr_2O_3 1.5%，Al_2O_3 1.3%，化合水 7%。

干燥的矿石经破碎后，筛出小于 0.08mm 的筛下料，并放在多层焙烧炉中进行预焙烧。筛上料则放在用煤气加热的回转窑中，加热到 700℃ 左右，以除去水分和预热矿石。加热好的热料即送到炉前料仓内，接着再从料仓将料装入 14000kV·A 开口式电炉中，电炉自焙电极直径约 1000mm，并配有水冷炉壁。冶炼每吨矿石的耗电量约为 760kW·h，电极消耗量为 5kg。往熔化的氧化矿和金属的混合液中添加一种强还原剂，并将矿石、还原剂和液态金属充分混合。还原剂采用含硅 50% 的硅铁。熔池的搅动是通过在两个铸桶间的快速倒来倒去的方法实现的。其还原顺序如下：

$$(2Fe_2O_3) + [FeSi] \!=\!=\! 4(FeO) + (SiO_2) + [Fe] \tag{13-13}$$

$$(2NiO) + [FeSi] \!=\!=\! 2[Ni] + [Fe] + (SiO_2) \tag{13-14}$$

$$(2FeO) + [FeSi] \!=\!=\! 3[Fe] + (SiO_2) \tag{13-15}$$

硅铁中的铁直接进入金属相。来自前一步工序的 1650℃ 的液态矿石、硅铁（1.5L/kg 液态矿石中的镍）和镍铁，采用在两个铸桶（叫做"跳转混合器"）间倒来倒去的方法进行混合。同硅铁的反应是放热的，所以可防止温度在混合时下降得过多。每操作一次可生产出 400kg 镍铁，因而在 2500kV·A 的电炉中要定期装入 4000kg 精矿用的炉料。

粗镍铁含磷达 0.4%，这些磷可在电弧炉中，采用氧化钙含量很高的渣，用铁矿石氧化成 P_2O_5 后除掉。液态镍铁用硅铁脱氧后铸成 13kg 重的锭，其大致成分如下：Ni 48%，S 0.005%，P 0.01%，C 0.02%，Cr 0.02%，Si 0.9%，Co 0.5%，Cu 0.1%，其余为铁。

13.2.6.3 红土镍矿火法工艺

处理含镍红土矿的火法冶金有两种熔炼方法：一种是用鼓风炉或电炉还原熔炼得到镍铁；一种是硅镁镍矿外加硫化剂硫化熔炼得到镍锍。

A 镍铁工艺

镍铁工艺一般分四个步骤：干燥（矿石准备）、煅烧与预还原、熔炼和精炼。在回转窑内，将氧化镍矿预热或部分预还原，然后加入焦炭粉，在电炉内还原熔炼产出粗镍铁，吹炼产出含镍、钴约 29% 的精制镍铁，或用氧气吹炼得含镍、钴 90% 的镍铁。还原焙烧主要是将镍、铁等有价金属的氧化物还原成高磁性的金属相，之后通过磁选分离的方法将磁性物与脉石等杂质成分分离，达到富集镍铁的目的。

生产镍铁原理为：在焙烧过程中，固体碳和 CO_2 反应，吸收大量热能，生成 CO，进行碳的气化反应（布多尔反应），产生的 CO 参与镍矿石的间接还原，从总的结果看消耗的不是 CO，而是碳，这就是固体碳还原氧化物的两步还原机理。用镍铁法处理氧化镍矿，镍回收率高，钴在精炼过程中部分回收，该法适合于处理硅镁镍矿。处理含铁高的镍红土矿时，铁的回收率较低，且电能消耗大。

镍铁工艺易于处理含钴、铬元素比较少的矿石，并且该类矿石含有碳、硅、硫、磷等杂质较少。这样才能生产出高质量的镍铁合金，产品才能用于炼钢和铸铁的工艺。但是此法在实际生产中，大都采用电炉熔炼，工艺比较简单，耗能较高，对环境污染大。

B 镍锍工艺

镍锍生产工艺是在 1500~1600℃ 熔炼过程中，加入硫化剂。造锍熔炼一般在鼓风炉或电炉中进行，镍锍的成分可以通过还原剂（焦炭粉）和硫化剂（石膏）的加入量加以调整。得到的低镍锍（通常含 Ni+Co=20%~30%），再送到转炉中吹炼成高镍锍，使用的硫化剂主要是黄铁矿（FeS_2）、石膏（$CaSO_4 \cdot 2H_2O$）、硫黄（S）和含硫的镍原料等。

造锍熔炼的基本原理为：加入炉料中的焦炭被鼓入的空气氧化成 CO 和 CO_2，氧化产生的热量使炉料熔化。矿石中的镍、钴和铁被 CO 还原，又被炉料中的硫化剂（石膏、黄铁矿）硫化成硫化镍、硫化钴和硫化铁的混合熔体，即低镍锍。炉料中的其他氧化物与熔剂 SiO_2 反应形成炉渣，与低镍锍分离。

镍锍工艺在火法处理镍矿时常用，镍、钴的回收率和品位都比较高。并且高镍锍产品对后续的精炼工艺的适应性比较灵活，可以直接生产镍粉和镍丸以及不锈钢等。此法最适合处理镁质硅酸镍矿，但能耗也比较高，对环境也有污染。

13.2.6.4 红土镍矿的湿法工艺

湿法冶金方法不仅可使镍和钴进入单独产品内，还可减少环境污染，改善劳动条件，使工艺作业达到机械化与自动化。湿法冶金主要形成了两种工艺：硫酸加压酸浸工艺（简称为 HPAL）和还原焙烧—氨浸工艺（简称为 RRAL）。

A 加压酸浸工艺

传统的加压酸浸工艺是用稀硫酸将镍和钴等有价金属与铁、铝矿物一起溶解，在随后的反应中，控制一定的 pH 值等条件，使铁、铝和硅等杂质元素水解进入渣中，镍和钴选择性进入溶液。浸出液用硫化氢还原中和、沉淀，产出高质量的镍钴硫化物。镍钴硫化物通过传统的精炼工艺产出最终产品。

工艺改进方法：一是降低酸消耗量，将加压酸浸工艺（HPAL）与常压工艺（AL）进行结合，形成 HPAL-AL 工艺或 EAPL 工艺。二是综合利用矿石中有价金属及浸出介质循环再生角度进行工艺改进。某研究总院采用非常规介质工艺，在合理利用镁资源的同时实现浸出介质循环再生，从而提高工艺的经济性，增加加压酸浸工艺的适用性。

该工艺适于处理含 MgO 比较低的褐铁矿型的镍红土矿，最大优点是钴的浸出率比较高，而且在能耗及药剂上的费用低于氨浸。但此工艺对含泥量、铝镁等杂质含量较高的镍矿效果不好，会加大酸耗，并且生成的铝铁和硅的沉淀会引起结垢现象，浸出时使用的高盐度水腐蚀设备严重。

B 还原焙烧—氨浸工艺

还原焙烧的目的是使硅酸镍和氧化镍最大限度地被还原成金属，同时控制还原的条件，使大部分 Fe 还原成 Fe_3O_4，只有少部分 Fe 被还原成金属。焙烧矿再用 NH_3 及 CO_2 将金属镍和钴转为镍氨及钴氨配合物进入溶液，金属铁先生成铁氨配合物进入溶液，然后再氧化成 Fe^{3+}，水解生成氢氧化铁沉淀，氢氧化铁沉淀时会造成较大的钴损失，大部分钴以沉淀物形式除去。因此这个流程的最大缺点就是钴的回收率比较低。

在常温常压下采用氨浸法可以有效地回收镍、铁，而且浸出剂可以循环使用，设备运行安全可靠，可取得较好的经济效益。但此法不适合处理含铜和含钴高的氧化镍矿以及硅镁镍型（新喀里多尼亚）的氧化镍矿，只适合于处理表层的红土镍矿，这就极大地限制了氨浸工艺的发展。其次，不能很好地回收钴，经济价值上也不如火法和加压酸浸工艺。

13.2.6.5 红土镍矿的其他处理工艺

火法工艺处理镍矿，其能源消耗高，而湿法工艺中 HPAL 法虽然已实现工业化和产业化，但也存在工艺复杂、流程相对较长、对设备要求高的缺点。因而，目前国内外对低品位红土镍矿的其他处理工艺也进行了广泛的研究，并且提出了一些方法，比如微波加热—FeCl 氯化法、硫化焙烧—水浸法、常压酸浸处理红土镍矿工艺、生物法处理红土镍矿工艺、还原焙烧过程中添加新型添加剂处理红土镍矿工艺等新的方法和技术。

13.2.6.6 金属镍的生产方法

A 电解法

将富集的硫化物矿焙烧成氧化物，用炭还原成粗镍，再经电解得纯金属镍。

B 羰基化法

将镍的硫化物矿与一氧化碳作用生成四羰基镍，加热后分解，又得纯度很高的金属镍。

C 氢气还原法

用氢气还原氧化镍，可得金属镍。

D　鼓风炉法

在鼓风炉中混入氧置换硫，加热镍矿可得到镍的氧化物。而此种氧化物再与铁反应过的酸液进行作用就能得到镍金属。

　　E　氧化还原法

矿石经煅烧成氧化物后，再用水煤气或炭还原得到镍。

13.3　铜

铜元素是一种金属化学元素，也是人体所必需的一种微量元素，铜也是人类发现最早的金属之一，是人类广泛使用的一种金属，属于重金属。

铜是人类最早使用的金属。早在史前时代，人们就开始采掘露天铜矿，并用获取的铜制造武器、工具和其他器皿，铜的使用对早期人类文明的进步影响深远。铜是一种存在于地壳和海洋中的金属。铜在地壳中的含量约为 0.01%，在个别铜矿床中，铜的含量可以达到 3%~5%。自然界中的铜，多数以化合物即铜矿物存在。铜矿物与其他矿物聚合成铜矿石，开采出来的铜矿石，经过选矿而成为含铜品位较高的铜精矿。铜是唯一的能大量天然产出的金属，也存在于各种矿石（例如黄铜矿、辉铜矿、斑铜矿、赤铜矿和孔雀石）中，能以单质金属状态及黄铜、青铜和其他合金的形态用于工业、工程技术和工艺上。

13.3.1　铜的物理化学性质

13.3.1.1　铜的基本性质

铜的基本性质见表 13-7。

表 13-7　铜的基本性质

中文名	铜	应用	导线、器皿、艺术品
英文名	copper	莫氏硬度	3
化学式	Cu	原子半径/pm	145
相对分子质量	63.546	化合价	+4，+3，+2，+1，其中以+2 最为常见
CAS 登录号	7440-50-8	磁性	抗磁性
熔点/K	1357.77（1083.4℃）	原子序数	29
沸点/K	2868（2567℃）	所属周期	4
水溶性	不溶于水	所属族数	I_B
密度/kg·m^{-3}	8960（固态）	元素类别	过渡金属
外观	常温下为紫红色固体	元素分区	d_s
晶体类型	面心立方结构	同位素	Cu(63) 和 Cu(65) 很稳定，Cu 在自然存在的铜中约占 69%；它们的自旋量子数都为 3/2
电阻率/Ω·m	1.75×10^{-8}	比热容/J·(kg·K)$^{-1}$	370

声音在其中的传播速率（室温）/m·s^{-1}	3810	热导率/W·(m·K)$^{-1}$	400
液态密度/kg·m^{-3}	8091	电离能/eV	7.726
在地壳中的含量/%	50×10^{-4}	在太阳中的含量/%	0.7×10^{-4}
电子层	K-L-M-N	电子层分布	2-8-18-1
电子排布式	$1s^2 2s^2 2p^6 3s^2 3p^6 3d^{10} 4s^1$		

13.3.1.2 铜的化学性质

A 与氧气及空气的反应

a 与氧气的反应

铜是不太活泼的重金属，在常温下不与干燥空气中的氧化合，加热时能产生黑色的氧化铜：

$$2Cu + O_2 \xrightarrow{\triangle} 2CuO \tag{13-16}$$

铜与氧气在加热条件下反应的方程式如下，如果继续在很高温度下燃烧，就生成红色的 Cu_2O：

$$4Cu + O_2 = 2Cu_2O \tag{13-17}$$

b 与空气的反应

在潮湿的空气中放久后，铜表面会慢慢生成一层铜绿（碱式碳酸铜），铜绿可防止金属进一步腐蚀，其组成是可变的。

$$2Cu + O_2 + CO_2 + H_2O = Cu(OH)_2 \cdot CuCO_3 \tag{13-18}$$

铜丝和铜粉参与的反应式如下：

$$2Cu + O_2 + H_2O + CO_2 = Cu_2(OH)_2CO_3 \tag{13-19}$$

B 与卤素、硫及氯化铁的反应

a 与卤素的反应

铜在常温下就能与卤素直接化合，也可在点燃条件下进行，化学反应如下：

$$Cu + Cl_2 = CuCl_2 \tag{13-20}$$

b 与硫的反应

加热时，铜与硫直接化合生成 Cu_2S，化学反应如下：

$$2Cu + S = Cu_2S \tag{13-21}$$

c 与氯化铁溶液反应

在电子工业中，常用 $FeCl_3$ 溶液来刻蚀铜，以制造印刷线路，化学反应如下：

$$Cu + 2FeCl_3 = 2FeCl_2 + CuCl_2 \tag{13-22}$$

C 与酸的反应

a 与空气和稀酸反应

在电位序（金属活动性顺序）中，铜族元素都在氢以后，所以不能置换稀酸中的氢。但当有空气存在时，铜先生成氧化铜，然后再与酸作用然后缓慢溶于这些稀酸中：

$$2Cu + 4HCl + O_2 = 2CuCl_2 + 2H_2O \tag{13-23}$$

$$2Cu + 2H_2SO_4 + O_2 \Longrightarrow 2CuSO_4 + 2H_2O \tag{13-24}$$

b 与浓盐酸反应

反应式如下：

$$2Cu + 8HCl(浓) \Longrightarrow 2H_3[CuCl_4] + H_2\uparrow \tag{13-25}$$

c 与氧化性酸反应

铜易为 HNO_3、热浓硫酸等氧化性酸氧化而溶解：

$$Cu + 4HNO_3(浓) \Longrightarrow Cu(NO_3)_2 + 2NO_2\uparrow + 2H_2O \tag{13-26}$$

$$3Cu + 8HNO_3(稀) \Longrightarrow 3Cu(NO_3)_2 + 2NO\uparrow + 4H_2O \tag{13-27}$$

$$Cu + 2H_2SO_4(浓) \Longrightarrow CuSO_4 + SO_2\uparrow + 2H_2O \tag{13-28}$$

D 催化剂

能充当一些有机物的催化剂：

$$2CH_3CH_2OH + O_2 \xrightarrow{Cu\,或者\,Ag,\,加热} 2CH_3CHO + 2H_2O \tag{13-29}$$

13.3.2 铜化合物

铜最常见的价态是+1 和+2。

13.3.2.1 铜（Ⅰ）化合物

铜（Ⅰ）又称亚铜，氯化亚铜、氧化亚铜都是常见的一价铜化合物。$[Cu(NH_3)_2]$ 是亚铜和氨的配离子，无色，易被氧化。

13.3.2.2 铜（Ⅱ）化合物

铜（Ⅱ）是铜最常见的价态，它可以和绝大部分常见的阴离子形成盐，如众所周知的硫酸铜，存在白色的无水物和蓝色的五水合物。碱式碳酸铜，又称铜绿，有好几种组成形式。氯化铜和硝酸铜也是重要的铜盐。

铜（Ⅱ）可以形成一系列的配离子，如 $[Cu(H_2O)_4]$ 蓝色、$[CuCl_4]$ 黄绿、$[Cu(NH_3)_4]$ 深蓝等，它们的颜色也不尽相同。

13.3.2.3 常用铜化合物

常用铜化合物为硫酸铜（五水、一水和无水）、醋酸铜（$(CH_3COO)_2Cu \cdot H_2O$）、氧化铜（CuO）和氧化亚铜（Cu_2O）、氯化铜（$CuCl_2$）和氯化亚铜（CuCl）、氯化铜（$CuCl_2$）、硝酸铜（$Cu(NO_3)_2$）、氰化铜（$Cu(CN)_2$）、脂肪酸铜、环烷酸铜（$C_{22}H_{14}CuO_4$）等。

13.3.2.4 硫酸铜

A 五水合硫酸铜

化学式为 $CuSO_4 \cdot 5H_2O$，呈蓝色，俗称蓝矾。它往往也是生产其他许多盐类的原料。

B 无水硫酸铜

无水硫酸铜用作分析试剂、醇类和有机化合物的脱水剂，也用作气体干燥剂、实验中检验水蒸气（观察其是否变蓝）及铜的着色。有毒，急性毒性：LD_{50} 为 300 mg/kg（大鼠经口）。

13.3.3　铜的用途

铜是与人类关系非常密切的有色金属，铜作为内芯的导线被广泛地应用于电气、轻工、机械制造、建筑工业、国防工业等领域，在中国有色金属材料的消费中仅次于铝。铜是一种红色金属，同时也是一种绿色金属。说它是绿色金属，主要是因为它熔点较低，容易再熔化、再冶炼，因而回收利用相当地便宜。古代主要用于器皿、艺术品及武器铸造，比较有名的器皿及艺术品如司母戊鼎、四羊方尊。

13.3.3.1　电器和电子市场

在许多电器产品中（如电线、母线、变压器绕组、重型马达、电话线和电话电缆），铜的使用寿命都相当地长，只有经过 20~50 年以后，里面的铜才可以进行回收利用。其他含铜的电器和电子产品（如小型电器和消费电子产品）使用寿命则比较短，一般是 5~10 年。商业性电子产品和大型电器产品通常要回收，因为它们除含有铜以外，还有其他珍贵的金属。尽管如此，小型的电子消费产品的回收率还是相当低的，因为它们里面几乎没有多少铜元素。

随着电子领域科学技术的快速发展，一些陈旧的含铜产品越来越过时了。比如，在 20 世纪 80 年代，电话转换站和中央营业所是铜和铜合金碎屑的主要来源，但是数字转换的出现使得这些笨重的、金属密集的东西变得越来越过时了。

13.3.3.2　交通设备

交通设备是铜的第三大市场，约占总数的 13%，与 20 世纪 60 年代基本相同。尽管交通的重要性没有改变，但是铜的使用形式却发生了很大的变化。许多年来，自动散热器是这方面最重要的终端用户；然而，铜在自动电器和电子产品中的使用飞速增长，而在热交换器市场中的使用则有所下降。小轿车的平均使用寿命是 10~15 年，几乎所有的铜（包括散热器和配线）都是在它的整体拆卸和回收前来进行回收的。

13.3.3.3　工业机器和设备

工业机器和设备是另外一个主要的应用市场，在当中铜往往有比较长的使用寿命。硬币和军火是这方面主要的终端用户。子弹很少回收，一些硬币可以熔化，而还有许多则由收藏者或储蓄者保存，不可以进行回收。在机械和运输车辆制造中，用于制造工业阀门和配件、仪表、滑动轴承、模具、热交换器和泵等。

在化学工业中广泛应用于制造真空器、蒸馏锅、酿造锅等。

在国防工业中用以制造子弹、炮弹、枪炮零件等，每生产 300 万发子弹，需用铜 13~14t。

在建筑工业中，用做各种管道、管道配件、装饰器件等。

13.3.3.4　医学

医学中，铜的杀菌作用很早就被认知。自 20 世纪 50 年代以来，人们还发现铜有非常好的医学用途。20 世纪 70 年代，中国医学发明家刘同庆研究发现，铜元素具有极强的抗癌功能，并成功研制出相应的抗癌药物"克癌症 7851"，在临床上获得成功。后来，墨西哥科学家也发现铜有抗癌功能。21 世纪，英国研究人员又发现，铜元素有很强的杀菌作用。相信不久的将来，铜元素将为提高人类健康水平做出巨大贡献。

13.3.3.5 有机化学

有机化学中，有机铜锂化合物是一类重要的金属有机化合物。

13.3.3.6 铜合金

铜可用于制造多种合金。

（1）黄铜。黄铜是铜与锌的合金，因色黄而得名。黄铜的力学性能和耐磨性能都很好，可用于制造精密仪器、船舶的零件、枪炮的弹壳等。黄铜敲起来声音好听，因此锣、钹、铃、号等乐器都是用黄铜制作的。

（2）航海黄铜。铜与锌、锡的合金，抗海水侵蚀，可用来制作船的零件、平衡器。

（3）青铜。铜与锡的合金叫青铜，因色青而得名。在古代为常用合金（如中国的青铜时代）。青铜一般具有较好的耐腐蚀性、耐磨性、铸造性和优良的力学性能。用于制造精密轴承、高压轴承、船舶上抗海水腐蚀的机械零件以及各种板材、管材、棒材等。青铜还有一个反常的特性——"热缩冷胀"，用来铸造塑像，冷却后膨胀，可以使眉目更清楚。

（4）磷青铜。铜与锡、磷的合金，坚硬，可制弹簧。

（5）白铜。白铜是铜与镍的合金，其色泽和银一样，银光闪闪，不易生锈。常用于制造硬币、电器、仪表和装饰品。

（6）十八开金（18K 金或称玫瑰金）。十八开金为 6/24 的铜与 18/24 的金的合金。它呈红黄色，硬度大，可用来制作首饰、装饰品。

13.3.4 铜资源

世界铜矿资源比较丰富。铜不难从它的矿石中提取，但可开采的矿藏相对稀少。有些，如在瑞典法伦的铜矿，从 13 世纪开始，曾是巨大财富的来源。一种提取这种金属的方法是烘烤硫化矿石，然后用水分离出其形成的硫酸铜。之后流淌过铁屑表面铜就会沉淀，形成的薄层很容易分离。世界上已探明的铜为 3.5 亿~5.7 亿吨，其中斑岩铜矿约占全部总量的 76%。从地区分布看，全球铜蕴藏量最丰富的地区共有三个：

（1）非洲。刚果卢伊卢（科卢韦齐）、希图鲁，赞比亚卢安夏和巴利巴、穆富利拉、恩昌加 TLP、恩卡纳（罗卡纳）。

（2）亚洲：中国依照资源分布特点，在甘肃白银（金川）、山东阳谷、湖北大冶、江西贵溪、辽宁葫芦岛、上海、天津和云南等地围绕资源中心建立了冶炼生产企业；印度有伯尔拉铜（代海伊）和杜蒂戈林；伊朗有萨尔和切什梅；日本有别子/爱媛（东予冶炼厂）。小坂（秋田）、直岛（香川）、小名滨（福岛）、佐贺关（大分）、玉野（冈山）等；哈萨克斯坦有巴尔卡什斯和杰兹卡兹甘冶炼厂；韩国有温山冶炼厂Ⅰ和温山冶炼厂Ⅱ、菲律宾有伊莎贝尔/莱特（菲律宾熔炼与精炼协会）；乌兹别克斯坦有阿尔马雷克冶炼厂。

（3）欧洲：奥地利有布里克斯莱格；比利时有贝尔瑟；霍博肯和 UM 皮尔多普；芬兰有哈尔亚瓦尔塔；德国有汉堡、黑特施泰和吕嫩 Lunen 170；意大利有波代马格拉；波兰有格沃古夫Ⅰ、格沃古夫Ⅱ和莱格尼察冶炼厂；罗马尼亚有兹拉特纳冶炼厂；俄罗斯有基洛夫格拉德（卡拉塔）、克拉斯诺乌拉尔斯克冶炼厂、纳杰日金斯基、诺里尔斯克冶炼厂和中乌拉尔斯克冶炼厂；西班牙有韦尔瓦；瑞典有伦岛；英国有沃尔索尔；塞尔维亚有博尔。

炼铜的原料是铜矿石。铜矿石可分为三类：

（1）硫化矿，如黄铜矿（$CuFeS_2$）、斑铜矿（Cu_5FeS_4）和辉铜矿（Cu_2S）等。

（2）氧化矿，如赤铜矿（Cu_2O）、孔雀石 $[Cu_2(OH)_2CO_3]$、蓝铜矿 $[2CuCO_3 \cdot Cu(OH)_2]$、硅孔雀石（$CuSiO_3 \cdot 2H_2O$）等。

（3）自然铜。铜矿石中铜的含量在 1% 左右（0.5%～3%）的便有开采价值，因为采用浮选法可以把矿石中一部分脉石等杂质除去，而得到含铜量较高（8%～35%）的精矿砂。

13.3.5 铜的冶炼方法

火法炼铜通过熔融冶炼和电解精炼生产出阴极铜，即电解铜，一般适于高品位的硫化铜矿。火法冶炼一般是先将含铜百分之几或千分之几的原矿石，通过选矿提高到 20%～30%，作为铜精矿，在密闭鼓风炉、反射炉、电炉或闪速炉进行造锍熔炼，产出的熔锍（冰铜）接着送入转炉进行吹炼成粗铜，再在另一种反射炉内经过氧化精炼脱杂，或铸成阳极板进行电解，获得品位高达 99.9% 的电解铜。该流程简短、适应性强，铜的回收率可达 95%，但因矿石中的硫在造锍和吹炼两阶段作为二氧化硫废气排出，不易回收，易造成污染。20 世纪 90 年代出现如白银法、诺兰达法等熔池熔炼以及日本的三菱法等、火法冶炼逐渐向连续化、自动化发展。

以黄铜矿为例，首先把精矿砂、熔剂（石灰石、砂等）和燃料（焦炭、木炭或无烟煤）混合，投入“密闭”鼓风炉中，在 1000℃ 左右进行熔炼。于是矿石中一部分硫成为 SO_2（用于制硫酸），大部分的砷、锑等杂质成为 As_2O_3、Sb_2O_3 等挥发性物质而被除去：$2CuFeS_2+O_2 = Cu_2S+2FeS+SO_2\uparrow$。一部分铁的硫化物转变为氧化物：$2FeS+3O_2 = 2FeO+2SO_2\uparrow$。$Cu_2S$ 跟剩余的 FeS 等便熔融在一起而形成“冰铜”（主要由 Cu_2S 和 FeS 互相溶解形成的，它的含铜率在 20%～50% 之间，含硫率在 23%～27% 之间），FeO 跟 SiO_2 形成熔渣：$FeO+SiO_2 = FeSiO_3$。熔渣浮在熔融冰铜的上面，容易分离，借以除去一部分杂质。然后把冰铜移入转炉中，加入熔剂（石英砂）后鼓入空气进行吹炼（1100～1300℃）。由于铁比铜对氧有较大的亲和力，而铜比铁对硫有较大的亲和力，因此冰铜中的 FeS 先转变为 FeO，跟熔剂结合成渣，而后 Cu_2S 才转变为 Cu_2O，Cu_2O 跟 Cu_2S 反应生成粗铜（含铜量约为 98.5%）。$2Cu_2S+3O_2 = 2Cu_2O+2SO_2\uparrow$，$2Cu_2O+Cu_2S = 6Cu+SO_2\uparrow$，再把粗铜移入反射炉，加入熔剂（石英砂），通入空气，使粗铜中的杂质氧化，跟熔剂形成炉渣而除去。在杂质除到一定程度后，再喷入重油，由重油燃烧产生的一氧化碳等还原性气体使氧化亚铜在高温下还原为铜。得到的精铜约含铜 99.7%。

除了铜精矿之外，废铜作为精炼铜的主要原料之一，包括旧废铜和新废铜，旧废铜来自旧设备和旧机器，废弃的楼房和地下管道；新废铜来自加工厂弃掉的铜屑（铜材的产出比为 50% 左右），一般废铜供应较稳定，废铜可以分为：（1）裸杂铜，品位在 90% 以上；（2）黄杂铜（电线），含铜物料（旧马达、电路板）；（3）由废铜和其他类似材料生产出的铜，也称为再生铜。

湿法炼铜一般适于低品位的氧化铜，生产出的精铜称为电积铜。现代湿法冶炼有硫酸化焙烧—浸出—电积，浸出—萃取—电积，细菌浸出等法，适于低品位复杂矿、氧化铜矿、含铜废矿石的堆浸、槽浸选用或就地浸出。湿法冶炼技术正在逐步推广，预计 21 世纪末可达总产量的 20%，湿法冶炼的推出使铜的冶炼成本大大降低。

13.4　攀枝花钒钛磁铁矿回收利用钴镍铜有价金属

攀枝花钒钛磁铁矿含矿岩体沿安宁河、攀枝花两条深断裂带断续分布，一般多浸入震旦系灯影组白云岩中，或震旦系与前震旦系不整合面之间。岩体由辉长岩、橄榄辉长岩和橄长岩组成，含矿岩体为海西晚期富铁矿，为高钙、贫硅、偏碱性的基性超基性岩体，矿床为典型的晚期岩浆结晶分凝成因，分异好，呈层状构造，其中大型矿床有攀枝花、太和、白马和红格等，矿体赋存于韵律层的下部，呈层状，似层状，透镜状，多层平行产出，单层矿体长达 1000m 以上，厚几十厘米至几百米。四大矿区中，攀枝花矿区矿石中 Fe 含量为 31%~35%，TiO_2 含量为 8.98%~17.05%，V_2O_5 含量为 0.28%~0.34%，Co 含量为 0.014%~0.023%，Ni 含量为 0.008%~0.015%，与太和矿同属高钛高铁矿石；白马矿是高铁低钛型矿石，TiO_2 含量为 5.98%~8.17%，平均矿石品位 Fe 28.99%，V_2O_5 为 0.28%，Co 为 0.016%，Ni 为 0.025%；红格矿属低铁高钛型矿石，TiO_2 含量为 9.12%~14.04%，其他组元平均品位 Fe 为 36.39%，V_2O_5 为 0.33%，同时矿石中含镍量比较高，平均为 0.27%。攀枝花、白马、太和三矿区矿石化学组元基本相同，只是含量有所变化。随矿石中铁品位的升高，TiO_2、V_2O_5、Co 和 NiO 的含量增加，SiO_2、Al_2O_3、CaO 的含量降低，MgO 的含量对于攀枝花、太和矿区，随铁品位增高而降低，但对于白马矿区则相反。

矿石中主要金属矿物有：钛磁铁矿（系磁铁矿、钛铁晶石、铝镁尖晶石和钛铁矿片晶的复合矿物相）和钛铁矿，其次为磁铁矿、褐铁矿、针铁矿、次生黄铁矿；硫化物以磁黄铁矿为主，另有钴镍黄铁矿、硫钴矿、硫镍钴矿、紫硫铁镍矿、黄铜矿、黄铁矿和墨铜矿等。

脉石矿物以钛普通辉石和斜长石为主，另有钛闪石、橄榄石、绿泥石、蛇纹石、伊丁石、透闪石、榍石、绢云母、绿帘石、葡萄石、黑云母、石榴子石、方解石和磷灰石等。

13.4.1　硫钴精矿选别

在攀枝花钒钛磁铁矿中，主要的硫钴矿物有硫钴矿、钴镍黄铁矿、辉钴铁镍矿等，矿石中钴主要存在于矿石的硫化物和氧化物中，其中以硫化物形式存在的钴约占矿石中钴总量的 33%~55%，这部分钴是可以用机械选矿方法回收的。另外存在于磁铁矿、钛铁矿，以及钛普通辉石和橄榄石等氧化矿中的钴，主要以微细机械夹杂物存在，机械选矿不能单独回收。

Co_3S_4 是主要的含钴矿物，包裹于磁黄铁矿中，当磁黄铁矿蚀变为黄铁矿或磁铁矿时，硫钴便产在其中。硫钴矿在磁黄铁矿中呈针状、片状分布于其边沿，粒径一般小于 0.01mm。而在磁黄铁矿呈粒状者，其粒径较大。

钴黄铁矿和镍黄铁矿的通式为 $[(Co，Fe，Ni)_9S_4]$，也包裹于磁黄铁矿中，常呈字型粒状产生，粒度微细，不能破碎解离，只能富集在硫化物精矿中，硫化物在矿石中分布不均，颗粒大小不一，但大部分可以单独回收。

13.4.1.1　矿物性质

粗硫钴精矿筛分结果见表 13-8，从筛分结果可以看出，粗硫钴精矿中硫和钴近乎均匀地分布在各个粒级中，整个粒级适合用浮选方法选别，S 品位随着钴近乎均匀地分布在各个粒级中，整个粒级适合用浮选方法选别，S 品位随着粒度的降低而降低，Co 品位则相反，S 和 Co 的集中在+0.045mm 和−0.045mm 粒级的占有率分别为 1.77%和 2.93%。

表 13-8　粗硫钴精矿筛分结果

粒级/μm	产率/%	S 品位/%	Co 品位/%	S 占有率/%	Co 占有率/%
+0.250	4.52	33.63	0.177	5.04	3.36
+0.154	15.08	32.10	0.189	16.06	13.55
+0.100	19.10	33.58	0.208	21.28	18.02
+0.074	23.62	33.11	0.231	25.95	24.75
+0.045	34.67	25.99	0.236	29.90	37.12
−0.045	3.01	17.69	0.221	1.77	2.93
合　计	100.00	30.14	0.220	100.00	100.00

13.4.1.2　硫钴精矿选别

浮选就是利用矿物表面的物理化学性能差异选别矿物，浮选矿粒因表面的疏水特性或经浮选药剂作用后产生的疏水性，从而在液气或水油界面发生聚合。硫化矿有较好的可浮性，一般在弱酸性至弱碱性介质中选别。用黄药湿润硫化物颗粒，促使起浮，达到捕收的目的。

半工业试验浮选机，浮选槽体积为 2m³，示意图如图 13-8 所示。

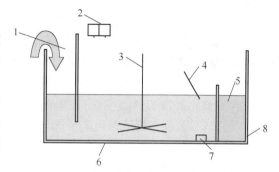

图 13-8　半工业和工业试验用浮选设备
1—矿浆入口；2—加药装置；3—搅拌；4—刮板；5—精矿；6—浮选槽；7—尾矿排口；8—出料槽

将粗硫钴精矿和水按一定比例混合均匀后，加入浮选机中，开动电源鼓气搅拌，加入酸或碱调节介质 pH 值，滴入黄药，加起浮剂，气动搅拌计时，计时合格后，启动浮板开关，接出起浮的粗硫钴精矿，经过滤干燥，然后称重，取样分析。浮出的粗硫钴精矿经再次浮选，方法同上。再次浮选得到的精选硫钴精矿根据要求，可再选或直接成产品。

在工业规模浮选机上进行试验，根据实验室试验参数和工艺流程进行工业试验，准备下一步原料。

图 13-9 给出了硫钴精矿选别工艺。

硫钴精矿选矿分别进行了实验室试验、半工业试验和工业试验，研究分析了介质 pH 值、捕收剂用量、给矿浓度等对矿物收率和硫钴精矿品位的影响，试验过程同时为后步试验制备了原料。

实验室试验中研究分析了介质 pH 值、捕收剂用量、给矿浓度等对矿物回收率和硫钴精矿钴、硫品位的影响，并

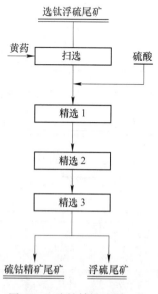

图 13-9　硫钴精矿选别工艺

进行了物相和 Co、Ni、Cu、S 和 Fe 赋存状态鉴定，为焙烧试验制备原料 5kg，试验过程中硫钴精矿精选矿物硫元素作业回收率为 77.60%，矿物钴元素的作业回收率为 87.04%。实验室试验产品硫钴精矿的化学成分见表 13-9。

表 13-9　实验室试验产品硫钴精矿产品化学成分　　　　（%）

化学成分	Co	Cu	Ni	Fe	Zn	Pb	CaO
含量	0.30	0.09	0.20	56.37	0.013	0.01	0.63
化学成分	MgO	Al_2O_3	SiO_2	S	Mn	As	
含量	0.79	1.40	2.49	36.98	0.007	<0.001	

经过电镜分析认定，在实验室试验的硫钴精矿产品中，$250 \sim 500 \mu m$ 的粗颗粒占 25%，$120 \sim 250 \mu m$ 的中等颗粒占 55%，$100 \sim 150 \mu m$ 的细颗粒占 20%。

硫钴精矿矿物的主体是硫铁矿，并含有少量的氧化物（主要在硫少的区域）和含 Si、Al、Mg、Ca 等元素的非金属矿物。硫铁矿含硫在 30% 左右，个别颗粒含硫约 50%，这种颗粒有较平的解离面。钴元素与铁共同存在，大部分在硫铁矿中，但也发现少数颗粒的局部区域上钴较富集，比平均数大 1 倍左右，而该处的硫含量不足平均含硫量的一半，此区域为硫化物和氧化物的混杂部位。铜元素的分布不均匀，只在少数矿粒上发现铜的富集区域，含铜比例接近 40%，个别细颗粒含铜可达 60%。镍的含量少，富集情况不明显。少数颗粒所含主要元素为 Ti-Fe、Ca-Ti、Zn-S、Si-Mg-Fe、Si-Ca-Mg-Al-Fe 等。

在开路试验流程，粗硫钴精矿精选一次获得的硫钴精矿含钴品位偏低，因此要精选两次以提高硫钴精矿的含钴品位；精选 1 的尾矿中含钴和含硫品位都偏高，因此增设 1 次扫选。按开路试验流程，粗硫钴精矿矿浆加入硫酸、TNa 和 2 号油第一次精选，较低品级的硫钴精矿加 TNa 和 2 号油经精选 2 得到扫选精矿和尾矿，高品级矿经精选 3 得到中矿和硫钴精矿。试验结果见表 13-10。

表 13-10　　开路流程试验结果　　　　（%）

产品名称	产率	含 S 品位	含 Co 品位	S 回收率	Co 回收率
硫钴精矿	63.71	37.43	0.291	77.60	87.04
中　矿	2.08	30.25	0.162	1.37	1.58
扫选精矿	7.56	19.36	0.109	4.76	5.64
尾　矿	26.65	18.76	0.060	16.27	5.74
合　计	100.00	30.73	0.213	100.00	100.00

在实验室试验的基础上，采用多次浮选的办法为后步半工业试验准备原料，半工业试验共生产硫钴精矿 2t，矿物利用率 80% 左右，精选硫钴精矿化学成分见表 13-11。

表 13-11　半工业试验硫钴精矿产品化学成分　　　　（%）

化学成分	Co	Cu	Ni	Fe	Zn	Pb	CaO
含量	0.30	0.083	0.14	48.82	0.022	0.005	0.76
化学成分	MgO	Al_2O_3	SiO_2	S	Mn	As	
含量	1.62	3.10	4.05	30.79	0.033	<0.01	

批量攀枝花硫钴精矿钴元素的化学物相分析见表 13-12，铁元素的化学物相见表 13-13。

表 13-12 攀枝花硫钴精矿钴的化学物相分析 （%）

项目	硫化物中 Co	铁矿物中 Co	脉石矿物中 Co	总 Co
含量	0.28	0.004	0.018	0.30
占有率	93.33	0.67	6.0	100.00

表 13-13 攀枝花硫钴精矿中铁的化学物相

项目	磁铁矿	磁黄铁矿	黄铁矿	赤褐铁矿	钛铁矿	硅酸盐	磁钛铁矿	总 Fe
分子式	Fe_3O_4	Fe_nS_{n+1}	FeS_2	$Fe_2O_3 \cdot 2Fe_2O_3 \cdot H_2O$	$FeTiO_3$	$(Fe，Mg)O \cdot SiO_2$	$FeTiO_3 \cdot Fe_3O_4$	
含量/%	4.20	22.18	6.16	16.2	0.43	0.09	1.29	50.37
占有率/%	8.34	44.03	11.23	31.80	0.85	0.19	2.56	100

工业试验共生产硫钴精矿 125t，矿物利用率 75% 左右，精选硫钴精矿化学成分见表 13-14。

表 13-14 工业试验精选硫钴精矿化学成分

化学成分	Co	S	Fe	Ni	SiO_2	Al_2O_3	CaO	TiO_2	As
含量/%	0.23~0.29	27~34	48.00	0.16	4.05	3.1	0.8	2.3	<0.01

在硫钴精矿精选过程中，硫钴精矿品级、收率和可选性与来矿特性、选矿介质碱度、介质矿物浓度、捕收剂用量等因素密切相关，通过选择单一因素，固定其他条件，考察该因素的影响水平。

（1）pH 值对浮选过程的影响。pH 值调节是浮选的关键，根据实践经验，硫钴精矿的浮选适合在弱酸性至弱碱性矿浆中进行，在试验过程中选择了硫酸和碳酸钠作为粗硫钴精矿精选的介质调节剂，试验结果见表 13-15。

表 13-15 pH 值对浮选的影响

调整剂用量/mL	产品名称	产率/%	含 S 品位/%	含 Co 品位/%	S 回收率/%	Co 回收率/%
碳酸钠 5	硫钴精矿	43.27	35.03	0.296	59.39	63.82
	尾矿	56.73	18.27	0.128	40.61	36.18
	合计	100.00	25.52	0.201	100.00	100.00
硫酸 2.5	硫钴精矿	48.85	36.07	0.324	68.50	75.21
	尾矿	51.15	15.84	0.102	31.50	24.79
	合计	100.00	25.72	0.211	100.00	100.00
硫酸 7	硫钴精矿	58.29	35.53	0.278	51.73	50.00
	尾矿	61.71	20.57	0.160	48.27	50.00
	合计	100.00	26.30	0.198	100.00	100.00

由表 13-15 结果可以看出，硫钴精矿浮选过程中，采用酸性介质和碱性介质生产的硫钴精矿的 Co 和 S 品位均能达到产品销售质量标准，但碱性介质条件下 Co 和 S 的矿物收得率偏低，在硫酸用量为 2.5mL 时，Co 和 S 的矿物收得率最高，分别达到 75.21% 和 68.50%。

（2）捕收剂用量对浮选的影响。硫化物的天然可浮性虽然比氧化物好，但在一定的矿浆介质环境中也不能顺利上浮，需要加入合适的捕收剂，改变硫化物的表面性质，增强硫化物表面的疏水性，为此试验过程选择了丁基黄药为硫钴精矿的捕收剂，促使丁基黄药在硫钴精矿表面生成双黄药和金属黄原酸盐，以达到疏水的目的。试验结果见表 13-16。

从表 13-16 数据可以看出，捕收剂丁基黄药的用量变化对硫钴精矿含硫品位和含钴品位影响较小，但对硫和钴的回收率影响显著，且规律性较强，丁基黄药的用量在 10.5mL 左右为宜。

表 13-16 捕收剂对浮选过程的影响

捕收剂用量 /mL	产品名称	产率/%	含 S 品位/%	含 Co 品位/%	S 回收率/%	Co 回收率/%
5.0	硫钴精矿	60.32	37.83	0.284	74.60	77.44
	尾矿	39.68	19.58	0.126	25.40	22.56
	合计	100.00	30.59	0.222	100.00	100.00
7.5	硫钴精矿	63.79	37.98	0.280	75.42	79.13
	尾矿	36.21	21.80	0.130	24.58	20.87
	合计	100.00	32.12	0.226	100.00	100.00
10.5	硫钴精矿	65.88	37.84	0.287	81.40	81.89
	尾矿	34.12	16.70	0.114	18.60	18.11
	合计	100.00	30.63	0.215	100.00	100.00

（3）给矿浓度对浮选过程的影响。浮选给矿浓度也是影响浮选效果的重要因素，考虑到试验过程的实际情况和精选的需要，浮选给矿浓度有些小。试验结果见表 13-17。

表 13-17 给矿浓度对浮选过程的影响 （%）

给矿浓度	产品名称	产率	含 S 品位	含 Co 品位	S 回收率	Co 回收率
25	硫钴精矿	58.31	39.14	0.321	74.27	85.41
	尾矿	41.69	18.97	0.075	25.73	14.59
	合计	100.00	30.73	0.213	100.00	100.00
30	硫钴精矿	63.98	37.98	0.298	79.07	89.51
	尾矿	36.02	17.85	0.062	20.93	10.49
	合计	100.00	30.51	0.204	100.00	100.00
35	硫钴精矿	65.16	34.73	0.235	73.64	71.89
	尾矿	34.84	23.25	0.172	26.36	28.11
	合计	100.00	30.68	0.214	100.00	100.00

从表13-17数据可以看出，浮选给矿浓度增加，硫钴精矿中的含硫品位和含钴品位明显下降，回收率升高，适宜的给矿浓度应该为30%左右。

从粗硫钴精矿精选条件试验和开路试验的情况看，采用二精一扫浮选流程可以获得理想指标，考虑到以后硫钴精矿生产和工序衔接等因素，建议采用"三精一扫"工艺流程，在必要时实施配矿和前置磨矿，增加矿物的可选性水平，预计对硫钴精矿的焙烧制硫酸有好处。推荐的硫钴精矿精选流程如图13-10所示。

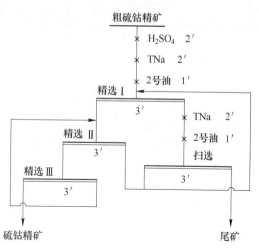

图13-10 推荐的硫钴精矿精选流程

从粗硫钴精矿精选试验情况看，通过调节浮选介质pH值和配加黄药，在浮选设备上可以获得合格的硫钴精矿产品，品级和质量满足要求，矿物钴回收率为87%，硫回收率为77%，生产流程顺行，工艺条件可控性好，技术指标稳定，可以实现批量硫钴精矿生产。

13.4.2 硫钴精矿提钴利用

硫钴精矿一般由Co、Fe、Ni和Cu的硫化物组成。用硫钴精矿提钴制硫酸首先要实现两个转化：一是其中的硫转化为SO_2，用于硫酸生产；二是将有价金属元素（Co、Ni和Cu等）转化为可溶性硫酸盐，并抑制较为大量的Fe元素转化。当温度选择合适时，对硫钴精矿进行硫酸化焙烧，可使Co、Ni和Cu等的硫化物进行硫酸化焙烧，转化形成可溶性硫酸盐，铁的硫化物氧化焙烧，铁以不可溶性氧化物存在，焙烧烟气进入制硫酸体系。其主要化学反应式如下：

$$2(Cu, Ni, Co)S + 3O_2 \longrightarrow 2(Cu, Ni, Co)O + 2SO_2$$

(13-30)

$$(Cu, Ni, Co)O + SO_2 + 1/2O_2 + Na_2SO_4 \longrightarrow (Cu, Ni, Co)SO_4 \cdot Na_2SO_4$$

(13-31)

由于硫钴精矿物形态差异较大，以上化学反应仅代表反应变化趋势，具体过程相当复杂。

在含钴焙砂浸出过程中，$(Cu, Ni, Co)SO_4 \cdot Na_2SO_4$溶解进入液相，同时随着水溶液酸度的增加，一些杂质元素进入溶液中。

硫钴精矿原料化学成分见表13-18。原料原矿200目占20%，湿式球磨半小时后，粒度200目占60%，原矿中有磁铁矿成分。

表13-18 攀枝花硫钴精矿化学成分 (%)

化学成分	Co	Ni	Cu	Fe	S	CaO	MgO	Al$_2$O$_3$	SiO$_2$
含量	0.31	0.14	0.076	50.31	32.66	1.0	1.70	2.10	3.57

焙砂由硫酸化沸腾焙烧稳定试验制备而得，化学成分见表13-19。

序 号	Co	Ni	Cu	Fe
1	0.31	0.12	0.089	52.72
2	0.30	0.11	0.087	53.71
3	0.31	0.12	0.089	53.72

表 13-19　焙砂化学成分　　　　　　　　　　　　（％）

分析纯化学药品（扩大试验用分析纯不宜），Na_2SO_4 含量不小于 99.93%。

沸腾焙烧装置为 $\phi115mm$ 沸腾炉一台，加料量、温度、空气流量、压力等均可控制，如图 13-11 所示。

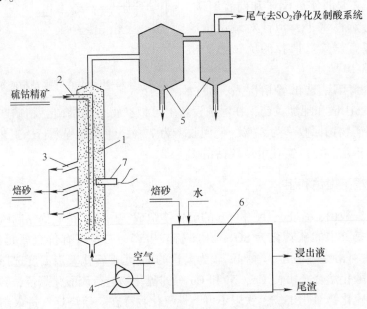

图 13-11　沸腾焙烧及焙砂浸出装置示意
1—沸腾焙烧炉；2—进料口；3—出料口；4—鼓风机；5—气固分离；6—浸出系统；7—热电偶

将攀枝花硫钴精矿与一定比例的硫酸钠混合，通过上部螺旋加料机加入沸腾焙烧炉中，进行硫酸化焙烧，通过对不同情况（几种影响参数变化，如过剩空气系数、线速度、焙烧温度、焙烧时间、排料方式、沸腾床高度和硫酸钠配比等）主金属铜、钴和镍的硫酸化率和烟气 SO_2 浓度分析，确定对提钴制硫酸过程的影响程度。产品为钴焙砂和 SO_2 气体。

将含钴焙砂按一定的固液比加入浸出反应槽中，用水溶出主金属硫酸盐组分，浸出渣逆流水洗涤，最后得到含钴浸出液和浸出渣。影响因素包括浸出温度、浸出时间、酸度、固液比等。

在实验室试验基础上，确定焙烧试验温度为 550~640℃，过剩空气系数为 1.5~1.9，沸腾床高 1.5~2.0m，线速度为 0.20~0.25m/s，加料速度为 0.89~2.04kg/h，添加剂配比为 1.0%~2.5%。

（1）焙烧温度的影响。在硫钴精矿硫酸化沸腾焙烧过程中，温度升高有利于有价元素的硫酸化转化，温度过高，如超过 650℃ 则容易使物料烧结，恶化流态化状态，特别是有硫酸钠添加剂尤为明显。图 13-12 给出了随温度变化的金属钴的硫酸化转化浸出率和烟气 SO_2 浓度曲线。试验结果表明，当温度为（600±10）℃时，金属钴的硫酸化转化浸出率和烟气 SO_2 浓度均比较高。

（2）焙烧时间的影响。硫钴精矿的焙烧时间主要体现为加料速度大小，加料速度是调节炉内温度的重要手段，加料速度增加过快，焙烧时间减少，炉内负荷增大，会使炉内温度降低，焙烧效果变差加料速度降低过快，焙烧时间加长，炉内负荷降低，同样会使炉内温度降低，焙烧效果变差，有流态化床死床的危险。图 13-13 给出了随焙烧时间变化的金属钴的硫酸化转化浸出率和烟气 SO_2 浓度曲线。试验结果表明，1h 焙烧效果最好。

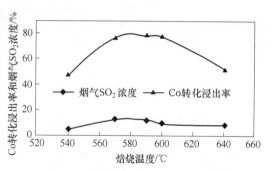

图 13-12　随温度变化的金属钴的硫酸化
转化浸出率和烟气 SO_2 浓度曲线

（3）硫酸钠配比的影响。硫酸钠配比增加可明显改善硫酸化效果，传统经验认为，硫酸钠配比超过 7%，可使物料的烧结概率增大，影响炉况顺行，增加消耗。焙烧过程的硫酸钠配比试验结果如图 13-14 所示。硫酸钠配比 1.5%~2.0% 均可保持较高的钴的硫酸化转化浸出率和烟气 SO_2 浓度。

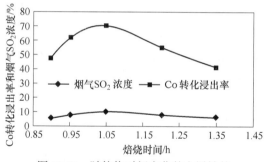

图 13-13　随焙烧时间变化的金属钴的
硫酸化转化浸出率和烟气 SO_2 浓度曲线

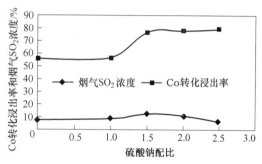

图 13-14　焙烧过程的硫酸钠配比试验结果

（4）过剩空气系数的影响。过剩空气系数增大，可加速硫酸化转化过程，有利于流态化的实现，同时可调节炉内温度，但过剩空气系数过大，将会降低炉内的二氧化硫浓度，对制硫酸产生不利的影响。表 13-20 给出了 $1\% Na_2SO_4$、$v=0.2m/s$、$H=1.5m$、$t=590℃$ 时的过剩空气系数对比试验结果，结果表明，保持过剩空气系数 1.7 效果比较好。

表 13-20　过剩空气系数对比试验结果

过剩空气系数	Co 转化浸出率/%	烟气 SO_2 浓度/%
1.5	53.53	6.5
1.7	71.04	8.8
1.9	61.67	6.0

（5）线速度的影响。线速度是保持流态化的重要条件，一般取决于焙烧矿物的密度、粒度和设备条件。线速度增加，烟尘量增加，线速度过小，则流态化效果变差，物料的沸腾焙烧目的不易达到。线速度对比试验（$1\% Na_2SO_4$，$a=1.7$，$H=1.5m$，$t=600℃$，加料速度 $=1.16kg/h$）结果见表 13-21，可以看出，线速度保持 0.22m/s 较好。

表 13-21　线速度对比试验结果

线速度/m·s⁻¹	Co 的转化浸出率/%	烟气 SO₂ 浓度/%
0.20	43.84	6.2
0.22	74.89	9.8
0.25	45.29	8.15

（6）返烧渣比例的影响。返烧渣是平衡和稳定流态化过程的重要因素，可以在一定条件下平衡反应热，减缓反应速度，特别是硫含量较高的矿物，返烧渣比例升高，反应趋稳，返烧渣比例降低，反应速度加快，反应热增加，炉温升高，有烧结的可能，表 13-22 给出了 $1.5\%Na_2SO_4$、$v=0.22m/s$、$a=1.7$、$H=1.5m$，$t=590℃$ 时的试验结果，22% 的返烧渣比例较好。

表 13-22　返渣比例对比

返烧渣比例/%	Co 的转化浸出率/%	烟气 SO₂ 浓度/%
20	53.47	5.2
21	76.50	9.8
23	74.07	9.3
40	46.04	5.8

（7）沸腾床高度的影响。保持较高的沸腾床高度，流态化效果较好，有利于提高有价元素的硫酸化转化率，1.5m 和 2.0m 床高的对比试验结果见表 13-23。当其他条件保持 $1.5\% Na_2SO_4$，$v=0.22m/s$，$a=1.7$，$t=590℃$，加料速度 1.06kg/h，2.0m 床高优于 1.5m 床高度。

表 13-23　不同高度沸腾床对比试验结果

沸腾床高度/m	Co 的转化浸出率/%	烟气 SO₂ 浓度/%
1.5	59.30	4.9
2.0	71.01	

焙砂浸出扩大试验共处理合格硫钴精矿焙砂 600kg，每浸出反应釜加入焙砂 200kg，加水 450L，保持温度 70℃，加入工业硫酸 2.5L，浸出 2.0h 后过滤，将滤液和洗液合并计量体积，得到含钴浸出液 1660L，浸出渣 468.02kg。

表 13-24 和表 13-25 分别给出了硫钴精矿焙砂浸出结果和有价元素浸出率计算。可以看出在浸出过程中，用经过实验室条件优化选择，选取扩大试验条件，结果令人满意。有价元素保持了较高的浸出率，特别是 Co 与实验室小试验结果（87%）相当，液计浸出率低于实验室试验 6% 的结果。

表 13-24　有价元素浸出率计算

槽数	浸出液/g·L⁻¹					浸出渣/%				
	V/L	Co	Ni	Cu	Fe	m/kg	Co	Ni	Cu	Fe
1	585	0.94	0.2	0.26	7.2	152.5	0.10	0.09	0.031	56.70
2	538	0.93	0.19	0.28	6.2	162.8	0.11	0.08	0.032	58.53
3	537	1.04	0.21	0.29	4.9	152.6	0.10	0.09	0.030	58.55

表 13-25　有价元素浸出率计算　　　　　　　　　　（%）

槽数	液计浸出率				渣计浸出率			
	Co	Ni	Cu	Fe	Co	Ni	Cu	Fe
1	88.71	48.75	85.39	3.92	75.40	40.27	72.58	19.51
2	83.33	46.36	86.78	3.10	70.14	34.85	70.98	11.27
3	90.00	47.08	88.64	2.48	73.70	39.57	72.52	15.87
平均	87.34	47.40	86.93	3.17	73.08	38.56	72.02	15.55

13.4.3　攀枝花钴镍的回收利用技术试验

1970~1976 年受冶金工业部和攀钢委托，攀枝花钢铁研究院与北京矿冶研究总院合作，用攀枝花太和磁选尾矿再浮选得到的钴硫精矿，进行了小型试验和焙烧的扩大试验，扩大试验在 ϕ100mm 的沸腾炉上进行。从粗钛精矿浮选得到的硫钴精矿，含钴 0.384%、镍 0.20%、硫 26.10%。攀枝花钢铁研究院和北京矿冶研究院等研究采用硫酸化焙烧、萃取净化、富集、分离铜-镍-钴、草酸沉钴、氢还原工艺制备适合做硬质合金的钴粉。其特点是用萃取法代替现生产厂所用反复酸溶——沉钴法除锰和镍的烦琐操作。焙烧产出的含 SO_2 烟气，适于制取硫酸；从焙砂和烟尘中回收钴 65%、回收镍 40%；浸出液中和除硅、锰、铜、钴、镍，可回收纯钴、电镍、电铜、电锌、电锰五种金属并副产硫酸和硫酸钠；浸出渣可做炼铁原料，中和渣可做高炉渣水泥激发剂。只有脂肪酸萃取时除钙不好，反萃时大量硫酸钙析出，设备操作复杂，溶剂消耗量也大，尚待改进。根据国内外的技术发展情况推荐了 "硫钴精矿硫酸化焙烧—焙砂浸出—萃取分离" 的技术路线，完成两份报告。硫酸化焙烧获得钴的转化率达到 82%。

重庆硅酸盐研究所研究用硫钴精矿焙烧得到的钴镍氧化物，不需提纯，配置搪瓷密着剂，代替原来以纯氧化钴、镍化钴配置搪瓷密着剂。由重庆搪瓷厂用这种新密着剂试制了 200 套口径为 20cm 的带盖搪瓷钵和工业搪瓷试块 20 件，其理化和外观质量均达到部颁标准。此工艺方法，钴的回收利用率达到 70%；由于省去多次净化工序，因而成本低 55.8%（钴镍氧化物已加 30% 利税）。在日用搪瓷上，比当前使用的锑铜密着剂质量好，稍加努力，成本与之相当。

1998~2000 年攀钢在冶金工业部支持下再次将钴硫精矿的综合利用列入了 "九五" 攻关重点项目。北京矿冶研究总院与攀枝花钢铁研究院合作再次针对攀枝花钴硫精矿综合利用进行了试验研究，处理了 800kg 钴硫精矿，根据国内外的技术最新发展，重新制定工艺流程，完成了小型试验和实验室扩大试验，优化了工艺流程，产出了合格的产品，为工业设计提供了依据。

2006 年四川铜镍有限责任公司与攀枝花德铭化工有限责任公司联合组建攀枝花德铭有色有限公司，以攀枝花硫钴精矿和拉拉铜矿硫钴精矿结合使用，在攀枝花钒钛高新技术产业园区建成 80t 金属钴生产线，综合回收利用钴镍铜硫资源，取得了良好的经济和社会效益。

13.4.4　攀枝花硫钴精矿利用与富钴料结合生产工艺

攀枝花硫钴精矿经过硫酸化焙烧，使钴镍铜的硫化矿物脱硫，经过硫酸化焙烧，生成可溶性硫酸盐，焙砂浸出时进入溶液，SO_2 进入制酸系统，钴镍铜的硫酸盐溶液经过净化处理后沉淀，得到富钴产物，与富钴料生产结合。

硫酸钴净化工艺流程见图 13-15。

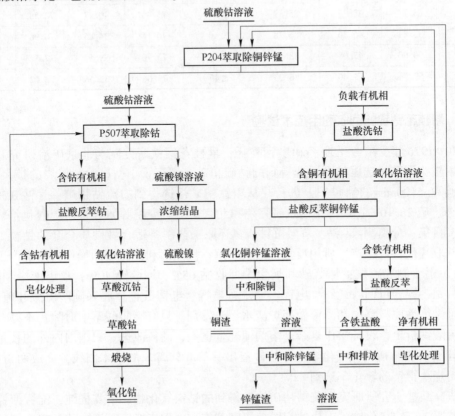

图 13-15　硫酸钴净化工艺流程

13.4.4.1　焙烧过程

富钴物料经自然风干后加入回转窑内进行氧化焙烧，焙烧温度为 600~700℃，高温停留时间为 20~40min，焙砂产率为 94.0%~96.0%，烟尘率为 8.0%~100%，焙烧各元素的直收率：Co 90.0%~92.0%，Cu 90.0%~92.0%，As 90.0%~92.0%，Zn 90.0%~92%，Ni 90.0%~92%。各元素的回收率：Co 99.0%~99.5%，Cu 99.0%~99.5%，As 99.0%~99.5%，Ni 99.0%~99.5%，Zn 99%~99.5%。焙烧时物料可能在窑内结窑，因此需要清理回转窑。焙烧温度范围大，焙烧作业比较容易控制；焙烧的烟气和烟尘在收尘系统中进行收尘，所得的烟尘和焙砂一同进入浸出工序。含尘烟气经收尘系统收尘，烟气含尘达到国家排放标准。由于采用氧化焙烧，烟气中有害成分几乎为零，因此烟气对环境的污染很小。

富钴料生产工艺流程见图 13-16。

13.4.4.2　浸出过程

浸出过程由两段逆流浸出所组成，各种洗涤水和二段浸出液为一段浸出的原液，并补充适量的酸、水进行浸出。浸出的上清液过滤进入置换沉铜，底流进入二段浸出。二段浸出类似一段浸出。

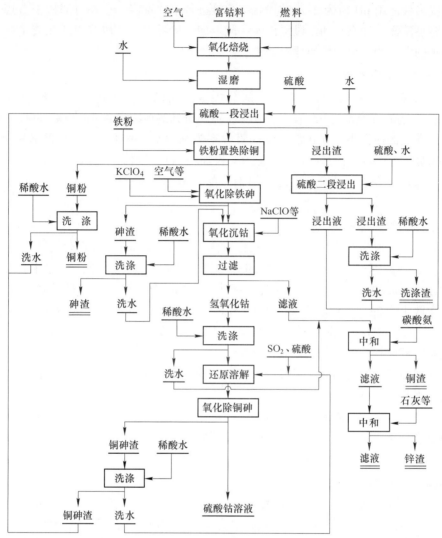

图 13-16 富钴料生产工艺流程

A 一段浸出

浸出温度为 50~70℃，浸出时间为 60~90min，浸出原液酸度为游离 H_2SO_4 100~150 g/L，浸出终点 pH 值 1.5~2.0，液固比 4.0~4.5。各元素的浸出率：Cu 75.0%~80.0%，Co 30.0%~40.0%，As 35.0%~45.0%，Ni 35.0%~45.0%，Zn 30.0%~40.0%。一段浸出渣率为 55.0%~60.0%。

B 二段浸出

浸出温度为 50~70℃，浸出时间为 120~150min，浸出原液酸度为游离 H_2SO_4 250~300g/L，浸出终点 pH 值小于 0.5，液固比 4.0~4.5。各元素的浸出率（占焙砂即整个浸出过程）：Cu 20.0%~25.0%，Co 60.0%~70.0%，As 55.0%~65.0%，Ni 55%~65.0%，Zn 60.0%~70.0%，浸出渣率 15.0%~17.0%。

整个浸出过程的各元素的浸出率：Cu 96.0%~98.0%，Co 98.0%~99.0%，As 98.5%~99.5%，Ni 96.0%~98.0%，Zn 98.5%~99.5%。

二段浸出残渣用 pH 值为 2~3 的稀硫酸溶液进行浆化洗涤，或在过滤机上直接进行洗涤，该渣容易洗涤。洗涤水和二段浸出液一同返回一段浸出。二段浸出洗涤渣主要是硫酸铅和硫酸钙的混合物，可作为铅原料销售。

13.4.4.3 置换沉铜

置换沉铜温度：溶液的自然温度，铁粉用量：理论量的 110%~120%，置换时间：120~150min。铜的置换率为 92.0%~95.0%，置换得到的海绵铜含 Cu 70%~80%，置换沉铜时钴入海绵铜的损失小于 0.03%。钴的直收率为 95.0%~98.0%，钴回收率为 99.0%~99.5%。铁粉在 120min 内均匀分段加入，铁粉加完后再搅拌 30min 即可。洗涤用 pH 值 2.5~3.5 的稀硫酸溶液。置换产出的海绵铜产品含铜 70%~85%，含 Co 小于 0.03%，其他为 Fe 等。

13.4.4.4 氧化除砷铁

氧化除砷铁温度为 60~70℃，空气氧化时间为 150~180min，氯酸钾加入量为理论量的 5%~10%，氯酸钾加入后氧化 10~20min，调整 pH 值至 2.5~3.5，再搅拌 20~30min。铁的脱除率为 95.0%~98.0%，砷的脱除率为 98.0%~99.5%。脱除砷铁后液含砷小于 0.3g/L，含铁小于 2g/L。钴的直收率为 95.0%~96.0%，钴的回收率为 96%~98%。铁砷渣用 pH 值为 2.0~3.0 的稀硫酸溶液进行浆化洗涤，或在洗涤机上洗涤，洗涤水返回浸出或返回置换后液或和溶液一同进入氧化沉钴工序。铁砷渣基本上为砷酸铁（Ⅲ），其与自来水脱砷处理的工艺原理相同，形成的砷铁渣的物理化学性质相同，因此所得的砷铁渣对环境特别是水几乎没有污染。

砷铁渣进入专门的浸渣池浸泡，浸泡后的水作为浸出时补加的新水。浸泡池由两个逆流浸泡池组成。这样可保证将砷铁渣中未洗涤下来的含钴溶液完全洗涤下来，保证钴的回收率。

13.4.4.5 氧化沉钴

钴（Ⅱ）用氯气或漂白水氧化成为氢氧化钴（Ⅲ）沉淀，氧化温度为 40~50℃，氧化时间为 120~150min。氧化沉钴的钴直收率为 98.0%~99.0%，回收率为 98.0%~99.0%。

氧化沉淀所得的氢氧化钴（Ⅲ）用 pH 值为 2.5~3.0 的稀硫酸溶液进行浆化洗涤，或在洗涤机上洗涤，洗涤水返回一段浸出。氧化沉钴后的溶液主要含 Zn、Ni，该溶液用石灰进行中和，中和至 pH 值 7.5~8.0，沉淀出以锌为主的锌渣，其可作为锌冶炼厂焙砂浸出中和剂，回收其中的锌。溶液再中和至 pH 值 10.0~11.0，使溶液中的 Ni 等沉淀入渣，该渣主要含 Ni，可以作为 Ni 冶金的原料或生产硫酸镍等产品。残液用酸调整 pH 值至 7.0~8.0 后作为废水排放。

13.4.4.6 氢氧化钴的还原溶解

沉淀的氢氧化钴（Ⅲ）调浆后加入还原剂 SO_2 或亚硫酸钠搅拌 120~150min，自热，使氢氧化钴完全溶解于硫酸溶液中，溶出液固比为 1:(10~12)，终点 pH 值为 1.5~2.0。钴的溶出率为 99.0%~99.5%，钴的直收率为 99.0%~99.5%，钴的回收率为 99.5%~99.8%。

13.4.4.7 深度除铁铜砷

如果化学净化工序杂质脱除不好，则氧化沉钴时进入氢氧化钴（Ⅲ）的杂质含量就高，还原溶解溶液的杂质含量高，为保证萃取工序的正常进行，必须将部分的杂质脱除。通常采用氧化中和的方法脱除铜铁砷。氧化温度为 65~75℃，氧化时间为 30~60min，中和时间为 40~80min，中和终点 pH 值为 5.5~6.0。钴的直收率为 97.0%~98.0%，钴的回收率为 98.5%~99.5%。氧化中和渣返回一段浸出回收渣中的有价金属。

13.4.4.8 萃取净化

P204 萃取时，萃取剂用 P204，稀释剂用优质煤油，有机相组成（体积分数）为 10%~12%，有机相用 500g/L 的 NaOH 皂化，皂化 30~60min，皂化率为 50%~70%；混合时间为 6min，相比有机相/无机相为 1.2:1，萃取共 10 级。有机相用稀盐酸洗涤，首先用 0.8~1.2mol/L 的盐酸洗涤钴，相比有机相/无机相为 12:1，洗钴共 5 级；2.8mol/L 盐酸洗涤铜锌锰，相比有机相/无机相为 24:1，洗铜等 4 级，最后用 6.0mol/L 盐酸洗涤铁，相比有机相/无机相为 3:1，沉铁 3 级；洗涤后静置 2 级。萃取洗涤为室温。钴的直收率和回收率为 99.0%~99.5%。

洗涤铜锌锰的溶液用 Na₂S 沉铜锌锰，残液中和排放。沉淀物作为铜精矿外售。洗涤铁的溶液中和排放。

P507 萃取时，萃取剂用 P507，稀释剂用优质煤油，有机相组成（体积分数）：18%~22%煤油。有机相用 500g/L 的 NaOH 皂化，皂化 30~60min，皂化率为 50%~60%，混合时间为 6min，相比有机相/无机相为 1.5:1，萃取共 8 级。有机相用稀盐酸洗涤，首先用 0.3mol/L 的盐酸洗涤镍，相比有机相/无机相为 27:1，洗镍共 5 级；然后用 2.4~2.6mol/L 盐酸反萃钴；相比有机相/无机相为（4.75~6.75）:1，反萃钴共 6 级，最后用 6.0mol/L 盐酸洗涤铁，相比有机相/无机相为 6.75:1，共 4 级；反萃后 1 级静置，萃取、反萃、洗涤过程为室温。钴的直收率和回收率为 99.0%~99.5%。P507 萃取工序的洗涤铁溶液中和排放，萃取后的水相中和排放或蒸发浓缩生产硫酸镍。硫酸镍成为产品外售，在整个萃取过程中，钴的直收率和回收率为 98.0%~99.5%。

13.4.4.9 草酸沉淀

反萃氯化钴溶液用草酸沉淀，沉淀温度为 45~55℃，沉淀终点 pH 值为 2.0~2.2。沉钴前液钴浓度为 60~70g/L，沉钴后液含钴 0.08~0.3g/L。沉淀后液中和至 pH 值 10.0~11.0，沉淀残余有价金属，残渣返回浸出，溶液酸化至 pH 值 7.0~8.0 后排放。草酸钴用纯水洗涤至 pH 值 6.0~7.0，洗涤水排放。草酸沉钴时钴的直收率为 99.5%~99.8%，回收率为 99.7%~99.9%。

13.4.4.10 煅烧

草酸钴在 430~460℃下煅烧，在回转窑内总共停留 180~240min，烟尘率为 10%~15%，烟尘回收后和煅烧产物一同作为产品销售。此时可根据需要对煅烧产物进行细磨。煅烧时钴的直收率和回收率为 99.5%~99.8%。

14　钒钛磁铁矿回收钪镓

钪是地球上丰度较低的金属元素，存在面很广。一般能作为提钪矿物的有钪钇石、钨矿石和各种冶金渣等，攀枝花可作为提钪原料的包括高炉渣和钛精矿。镓是重要的稀散金属，它的半导体化合物具有优良的性能。它广泛应用于电子、宇航和军工等领域。世界上尚未发现独立的镓矿物，一般伴生于铝土矿、闪锌矿和铁矿石中，世界大多数企业从 Al_2O_3 生产中回收镓，其次是从锌冶炼厂废渣或烟尘中回收镓。攀枝花矿中镓富集在提钒弃渣中，可以作为重要的提镓原料。

14.1　钪

钪是一种轻质的银白色金属，化学性质也非常活泼，可以和热水反应生成氢气。

19 世纪晚期，对稀土元素的研究成为一股热潮。在钪被发现之前一年，瑞士的马利纳克（de Marignac）从玫瑰红色的铒土中，通过局部分解硝酸盐的方式，得到了一种不同于铒土的白色氧化物，他将这种氧化物命名为镱土，这就是稀土元素发现里面的第六名。瑞典乌普萨拉大学的尼尔森（L. F. Nilson，1840~1899 年）按照马利纳克的方法将铒土提纯，并精确测量铒和镱的原子量（因为他这个时候正在专注于精确测量稀土元素的物理与化学常数以期对元素周期律作出验证）。当他经过 13 次局部分解之后，得到了 3.5g 纯净的镱土。但是这时候奇怪的事情发生了，马利纳克给出的镱的原子量是 172.5，而尼尔森得到的则只有 167.46。尼尔森敏锐地意识到这里面有可能是什么轻质的元素。于是他将得到的镱土又用相同的流程继续处理，最后当只剩下 1/10 样品的时候，测得的原子量更是掉到了 134.75，同时光谱中还发现了一些新的吸收线。尼尔森用他的故乡斯堪的纳维亚半岛给钪命名为 Scandium。1879 年，他正式公布了自己的研究结果，在他的论文中，还提到了钪盐和钪土的很多化学性质。不过在这篇论文中，他没有能给出钪的精确原子量，也还不确定钪在元素周期中的位置。

尼尔森的好友，也是同在乌普萨拉大学任教的克莱夫（P. T. Cleve，1840~1905 年）也在一起做这个工作。他从铒土出发，将铒土作为大量组分排除掉，再分出镱土和钪土之后，又从剩余物中找到了钬和铥这两个新的稀土元素。作为副产物，他提纯了钪土，并进一步了解了钪的物理和化学性质。这样一来，门捷列夫放出的漂流瓶沉睡了十年之后，终于被克利夫捞了起来。钪就是门捷列夫当初所预言的"类硼"元素。他们的发现再次证明了元素周期律的正确性和门捷列夫的远见卓识。而钪金属在 1937 年才由电解熔化的氯化钪生产出来。

14.1.1　钪的性质

钪的主要性质见表 14-1。

表 14-1 钪的主要性质

英文名称	Scandium	比热容/J·(kg·K)$^{-1}$	568
中文名称	钪	原子半径/pm	160(184)
元素符号	Sc	共价半径/pm	144
原子序数	21	密度(20℃)/g·cm^{-3}	2.985
组数	4	蒸汽压(1812K)/Pa	22.1
相对原子质量	44.955912	熔点/℃	1541(1814K)
元素类型	过渡金属	沸点/℃	2830(3103K)
原子体积/m^3·mol^{-1}	15.00×10^{-6}	比热容/J·(kg·K)$^{-1}$	568
地壳中含量/%	5×10^{-4}	熔化热/kJ·mol^{-1}	314.2
质子数	21	汽化热/kJ·mol^{-1}	314.2
中子数	23	热导率(0~100℃)/W·(m·K)$^{-1}$	15.8
所属周期	4	电离能/kJ·mol^{-1}	第一电离能 633.1 第二电离能 1235.0 第三电离能 2388.6 第四电离能 7090.6 第五电离能 8843 第六电离能 10679 第七电离能 13310 第八电离能 25150 第九电离能 17370 第十电离能 21726
所属族数	ⅢB		
电子层分布	3d^{1}4s^2		
电负性	1.36(鲍林标度)		
晶体结构	六方密排晶格		
氧化态	Sc$_2$O$_3$	电导率/S·m^{-1}	1.77×10^6
发现者	尼尔森和克莱夫	发现时间/年	1879

钪（原子量：44.955912（6））的一个特征是同位素较多，共有 37 个同位素，其中只有 1 个同位素（^{47}Sc）在大自然中是稳定存在的。表 14-2 给出了钪的同位素。

表 14-2 钪的同位素

符号	质子	中子	质量	半衰期	核自旋
^{36}Sc	21	15	36.01492（54）#		
^{37}Sc	21	16	37.00305（32）#		7/2- #
^{38}Sc	21	17	37.99470（32）#	<300 ns	(2-) #
^{39}Sc	21	18	38.984790（26）	<300 ns	(7/2-) #
^{40}Sc	21	19	39.977967（3）	182.3（7）ms	4-
^{41}Sc	21	20	40.96925113（24）	596.3（17）ms	7/2-
^{42}Sc	21	21	41.96551643（29）	681.3（7）ms	0+
^{43}Sc	21	22	42.9611507（20）	3.891（12）h	7/2-
^{44}Sc	21	23	43.9594028（19）	3.97（4）h	2+
^{45}Sc	21	24	44.9559119（9）	稳定	7/2-

符号	质子	中子	质量	半衰期	核自旋
^{46}Sc	21	25	45.9551719 (9)	83.79 (4) d	4+
^{47}Sc	21	26	46.9524075 (22)	3.3492 (6) d	7/2-
^{48}Sc	21	27	47.952231 (6)	43.67 (9) h	6+
^{49}Sc	21	28	48.950024 (4)	57.2 (2) min	7/2-
^{50}Sc	21	29	49.952188 (17)	102.5 (5) s	5+
^{51}Sc	21	30	50.953603 (22)	12.4 (1) s	(7/2) -
^{52}Sc	21	31	51.95668 (21)	8.2 (2) s	3 (+)
^{53}Sc	21	32	52.95961 (32) #	>3 s	(7/2-) #
^{54}Sc	21	33	53.96326 (40)	260 (30) ms	3+ #
^{55}Sc	21	34	54.96824 (79)	0.115 (15) s	7/2- #
^{56}Sc	21	35	55.97287 (75) #	35 (5) ms	(1+)
^{57}Sc	21	36	56.97779 (75) #	13 (4) ms	7/2- #
^{58}Sc	21	37	57.98371 (86) #	12 (5) ms	(3+) #
^{59}Sc	21	38	58.98922 (97) #	10# ms	7/2- #
^{60}Sc	21	39	59.99571 (97) #	3# ms	3+ #

注：画上#号的数据代表没有经过实验的证明，只是理论推测而已，而用括号括起来的代表数据不确定性。

14.1.2 钪的化合物

钪被空气氧化时略带浅黄色或粉红色，容易风化并在大多数稀酸中缓慢溶解。但是在强酸中表面易形成一个不渗透的钝化层，因此它不与硝酸（HNO_3）和氢氟酸（HF）1∶1混合物反应。

钪土 Sc_2O_3，其密度为 $3.86g/cm^3$，碱性强于氧化铝，弱于氧化钇和氧化镁，与氯化铵不反应。

钪盐类无色，各种盐类均难以完好结晶，与氢氧化钾和碳酸钠形成胶体沉淀，硫酸盐极难结晶。

碳酸盐不溶于水，可能形成碱式碳酸盐沉淀。碳酸钪不溶于水，并容易脱掉二氧化碳。

硫酸复盐可能不形成矾，钪的硫酸复盐不成矾。

无水氯化物 $ScCl_3$ 挥发性低于氯化铝，比氯化镁更容易水解。$ScCl_3$ 升华温度为 850℃，$AlCl_3$ 则为 100℃，在水溶液中水解。

14.1.3 钪的提取与保存

在被发现后相当长一段时间里，因为难于制得，钪的用途一直没有表现出来。随着对稀土元素分离方法的日益改进，如今用于提纯钪的化合物，已经有了相当成熟的工艺流程。因为钪比起钇和镧系元素来，氢氧化物的碱性是最弱的，所以包含了钪的稀土元素混生矿，经过处理转入溶液后用氨处理时，氢氧化钪将首先析出，故应用"分级沉淀"法可比较容易地把它从稀土元素中分离出来。另一种方法是利用硝酸盐的"分级分解"进行分离，由于硝酸钪最容易分解，可以达到分离出钪的目的。另外，在铀、钍、钨、锡等矿藏中综合回收伴生的钪也是钪的重要来源之一。

获得了纯净的钪的化合物之后，将其转化为 $ScCl_3$，与 KCl、LiCl 共熔，用熔融的锌作为阴极进行电解，使钪就会在锌极上析出，然后将锌蒸去可以得到金属钪。

金属钪一般被密封在瓶子里，用氩气加以保护，否则钪会很快生成一个暗黄色或者灰色的氧化层，失去那种闪亮的金属光泽。

14.1.4 钪的应用领域

钪及其化合物具有一些特殊性质，使其在电光源、宇航、电子工业、核技术、超导技术等方面得到广泛应用。由于富含钪的矿物稀少，钪的分离提取比较困难，致使钪及其化合物的价格昂贵，从而影响了它的应用。

14.1.4.1 新型电光源材料和光学材料

钪的第一件法宝叫做钪钠灯，可以用来给千家万户带来光明。这是一种金属卤化物电光源；钪的第二件法宝是太阳能光电池，可以将散落地面的光明收集起来，变成推动人类社会的电力。在金属-绝缘体-半导体硅光电池和太阳能电池中，钪是最好的阻挡金属。

钪作为电光源材料，用碘化钪（ScI_3）和钪箔制成的金属卤化灯——钪钠灯，早已进入商品市场。该灯是一种卤化物放电灯，在高压放电下，充有 NaI/ScI_3 管内的钠原子和钪原子受激发，当从高能级的激发态跳回到较低能级时，就辐射出一定波长的光。钠的谱线为 589~589.6nm 黄色光，钪的谱线为 361.3~424.7nm 的近紫外和蓝色光，钪、钠两种谱线匹配恰好接近太阳光。回到基态的钪、钠原子又能与碘化物化合成，这样循环可在灯管内保持较高的原子浓度并延长使用寿命。一盏相同照度的钪钠灯，比普通白炽灯节电 80%，使用寿命长达 5000~25000h。正是由于钪钠灯具有发光效率高、光色好、节电、使用寿命长和破雾能力强等特点，使其可广泛用于电视摄像和广场、体育馆、马路照明，被称为第三代光源。美国卤化灯的普及率已超过 50%，每年产高压钠灯超过 1000 万只，日本的产品也超过 1000 万只，钪的用量达 40kg 以上。

在灯泡中充入碘化钠和碘化钪，同时加入钪和钠箔，在高压放电时，钪离子和钠离子分别发出它们的特征发射波长的光，钠的谱线为 589.0nm 和 589.6nm 两条著名的黄色光线，而钪的谱线为 361.3~424.7nm 的一系列近紫外和蓝色光发射，因为互为补色，产生的总体光色就是白色光。

将纯度为 99.9%~99.99% 的 Sc_2O_3 加入到钇镓石榴石（GGG）制得钇镓钪石榴石（GSGSS），后者的发射功率较前者提高了 3 倍。GSGG 可用于反导弹防御系统、军事通讯、潜艇用水下激光器以及工业各领域，主要应用者为美国和日本。

含 Sc_2O_3 的 $LiNbO_3$ 晶体的二次光折射率降低，适于制造参数频率选择器、波导管和光导开关。在光学玻璃、硅酸盐玻璃和硼玻璃中添加钪，可以提高玻璃的折射指标，改善反射性能。氟化钪玻璃可以制作光谱中红外区光导纤维。

钪的第三件法宝叫做 γ 射线源，这个法宝自己就能大放光明，不过这种光亮我们肉眼接收不到，是高能的光子流。我们平常从矿物中提炼出来的是 ^{45}Sc，这是钪的唯一一种天然同位素，每一个 ^{45}Sc 的原子核中有 21 个质子和 24 个中子。倘若我们像把猴子放到太上老君的炼丹炉中炼上七七四十九天一样将钪放在核反应堆中，让它吸收中子辐射，原子核中多一个中子的^{46}Sc就诞生了。^{46}Sc这种人工放射性同位素可以当做γ射线源或者示踪原子，还可以用来对恶性肿瘤进行放射治疗。还有像钇镓钪石榴石激光器，氟化钪玻璃红外光导纤维，电视机上钪涂层的阴极射线管之类的用途很多。说明钪生来就和光明有缘。

14.1.4.2　合金工业

单质形式的钪，已经被大量应用于铝合金的掺杂。在铝中只要加入千分之几的钪就会生成Al_3Sc新相，对铝合金起变质作用，使合金的结构和性能发生明显变化。加入0.2%~0.4%的Sc（这个比例也真的和家里炒菜放盐的比例差不多，只需要那么一点）可使合金的再结晶温度提高150~200℃，且高温强度、结构稳定性、焊接性能和抗腐蚀性能均明显提高，并可避免高温下长期工作时易产生的脆化现象。高强高韧铝合金、新型高强耐蚀可焊铝合金、新型高温铝合金、高强度抗中子辐照用铝合金等，在航天、航空、舰船、核反应堆以及轻型汽车和高速列车等方面具有非常诱人的开发前景。

钪还可用作高温钨和铬合金的添加剂。因为钪具有较高熔点，而其密度却和铝接近，也被应用在钪钛合金和钪镁合金这样的高熔点轻质合金上，但是因为价格昂贵，一般只有航天飞机和火箭等高端制造业才会使用。

通过添加微量钪有希望在现有铝合金的基础上开发出一系列新一代铝合金材料，如超高强高韧铝合金、新型高强耐蚀可焊铝合金、新型高温铝合金、高强度抗中子辐照用铝合金等，在航天、航空、舰船、核反应堆以及轻型汽车和高速列车等方面具有非常诱人的开发前景。俄罗斯已经开发出了一系列性能优良的加钪改良铝合金，并正在走向推广应用和工业化生产。1420合金已广泛用作米格-29、米格-26型飞机，图-204客机及雅克-36垂直起落飞机等的结构件。1421合金还以挤压异形材的形式用于安东诺夫运输机作机身的纵梁。此外，美国、日本、德国和加拿大以及中国、韩国等也相继展开对钪合金的研究。近几年，美国已将钪铝合金用于制造焊丝和体育器械（例如棒球和垒球棒，曲棍球杆，自行车横梁等），钪铝合金制造的棒球棒和垒球棒已在多项世界大赛及夏季奥运会的比赛中得到使用。

由于钪的熔点（1540℃）远比铝的熔点（660℃）高，钪的密度（3.0g/cm^3）则与铝的密度（2.7g/cm^3）相近，曾考虑用钪代替铝作火箭和宇航器中的某些结构材料。美国在研究宇宙飞船的结构材料时要求在920℃下材料还应具有较高的强度和抗腐蚀稳定性，且密度要小，人们认为钪钛合金和钪镁合金是具有熔点高、密度小和强度大等特点的理想材料之一。钪也是铁的优良改化剂，少量钪可显著提高铸铁的强度和硬度。钪也可用作高温钨和铬合金的添加剂。

14.1.4.3　陶瓷材料

单质的钪一般应用于合金，而钪的氧化物也是物以类聚地在陶瓷材料上面起到了重要的作用。像可以用作固体氧化物燃料电池电极材料的四方相氧化锆陶瓷材料有一种很特别的性质，这种电解质的电导会随着温度和环境中氧的浓度增高而增大。但是这种陶瓷材料的晶体结构本身不能稳定存在，不具有工业价值，必须要在其中掺杂一些能够将这种结构固定下来的物质才能够保持原有的性质。掺入6%~10%的氧化钪就好像混凝土结构一样，让氧化锆能够稳定在四方形的晶格上。

氧化钪作为增密剂，可以在细小颗粒的边缘生成难熔相 $Sc_2Si_2O_7$，从而减小工程陶瓷的高温变形性，与添加其他氧化物相比能更好改善氮化硅的高温力学性能。

氧化钪比其他具有类似特性的金属氧化物的价格要高得多，因而在陶瓷中应用得并不很普遍。然而，氧化钪以其独特的性质在一些高级陶瓷中具有特殊用途，其中最突出的是作为氧化锆的稳定剂和氮化硅的致密助剂以及用于合成特定铁电陶瓷。此外，钪也可用来对碳化硅以及氮化铝进行改性。

A　氧化锆稳定剂

氧化锆基电解质用作许多电化学器件。氧化锆中加入一些特定氧化物可以稳定其立方相或四方相而形成氧离子空穴。在一定温度和氧气分压范围内这种电解质的氧离子电导有很大增加，可用来开发氧传感器。这种氧传感器件可用于冶金工业燃烧过程的监控以及用作固体氧化物燃料电池（SOFC）。燃料电池是一种直接将燃料能转化为电能的新型电池，具有很高的能量转化率，被认为是 21 世纪的新能源之一，对克服人类所面临的能源危机具有重大意义。SOFC 是继磷酸盐燃料电池和熔融碳酸盐型燃料电池后发展起来的第三代全固态化电池，具有高可靠性、高的能量质量比和能量体积比、构造简单和污染少等优点，已成为各国竞相发展的重点对象。

目前的固体电解质多采用8%（摩尔体积）Y_2O_3作稳定剂的 ZrO_2（YSZ），1000 ℃时的电导率为 0.16S/cm。6%～10%的氧化钪可以稳定氧化锆的立方相，在 800～1000℃产生很高的离子电导率。Sc_2O_3作稳定剂的 ZrO_2（SSZ）电解质中，当含8%Sc_2O_3时具有最大的氧离子湍度，1000℃时的电导率为 0.38S/cm。四方相 Sc_2O_3 稳定的 ZrO_2（2.9%Sc_2O_3）的电导率也比氧化钇或 YSZ 的要高。有人对 SSZ（11%Sc_2O_3）在 1000℃进行了 2000h 的测试，发现这种电解质的电导率稳定在 0.31S/cm。氧化铝颗粒在 SSZ 表面的分散会降低其离子电导，却使其弯曲强度增加了 40%～50%，从而更适合于开发 SOFC。日本研制的平板 SOFC，以 SSZ（8%Sc_2O_3）替代 YSZ（8%Sc_2O_3），使 SOFC 的功率密度提高到 1.6W/cm^2，为后者的 1.5～2 倍，明显提高了 SOFC 的可用性。SSZ 很少在高于 1100～1200℃的温度下使用，此温度下它的电导率和力学性能会随时间而降低。

基于四方氧化钪稳定的氧化锆氧传感器已实现商业化，应用于一些现场控制，但尚未得到广泛使用。SSZ（4.5% Sc_2O_3）用于气体涡轮机和柴油发动机的热绝缘涂层时，表现出良好的抗腐蚀性。SSZ 以其相对低密度、低蒸气压以及固相稳定性等特点而成为一种很有前途的结构材料。

B　氮化硅致密助剂

在氮化硅中添加氧化钪作为增密剂与添加其他氧化物相比，可以提高其高温力学性能。这种氧化钪致密的氮化硅（Sc_2O_3-Si_3N_4）还具有在干燥或潮湿环境中很高的抗氧化性。氧化钪还是氮化硅的良好烧结助剂，它不易生成四价金属和硅的氮氧化物，从而避免了因氧化膨胀而导致的开裂。这种优异的高温抗变形性，可归结于在细小颗粒的边缘生成了难熔相 $Sc_2Si_2O_7$。在室温和1370℃下进行快速断裂抗扰试验，Sc_2O_3-Si_3N_4的快折断强度分别为 748MPa 和 496MPa，比其他稀土致密的氮化硅的快折断强度大得多。而且，Sc_2O_3-Si_3N_4的抗蠕变性的数值比 MgO-Si_3N_4高一到两个数量级。Sc_2O_3-Si_3N_4在 1300℃的空气中氧化 100h 的重量为 0.1mg/cm^3，仅为相同条件下 Y_2O_3-Si_3N_4 的一半。钪 SiAlON （β'-(Sc-Si-Al-O-N)）陶瓷也具有良好的抗氧化性。

C　铁电陶瓷

氧化钪可用于制造基于张弛振荡器的铁电陶瓷：钽酸铅钪 $PbSc_{0.5}Ta_{0.5}O_3$（PST）和铌酸铅钪 $PbSc_{0.5}Nb_{0.5}O_3$（PSN）。PSN 具有大的机电耦合指数和高的介电常数，是一种可用于转换器的很有前途的材料。PST 在偏压作用下呈现反热电效应，可用于热量的探测器。

14.1.4.4　催化化学

在化学化工中，钪常被作为催化剂使用，Sc_2O_3 可用于乙醇或异丙醇脱水和脱氧、乙酸分解，由 CO 和 H_2 制乙烯等中。含 Sc_2O_3 的 Pt-Al 催化剂更是在石油化工中作为重油氢化提净、精炼流程的重要催化剂。而在诸如异丙苯催化裂化反应中，Sc-Y 沸石催化剂比硅酸铝的活性大 1000 倍，和一些传统的催化剂比起来，钪催化剂的发展前景是很光明的。

石油工业是目前工业上应用钪较多的部门之一。活性氧化铝浸渍 $ZrO(NO_3)_2$、$Sc(NO_3)_3$、H_2PtCl_6 和 $RhCl_3$ 后煅烧所制得催化剂，可用于净化汽车尾气等高温废气。在异丙基苯裂化时，ScY 沸石催化剂比硅酸铝的活性大 1000 倍。

14.1.4.5　核能工业

在高温反应堆核燃料中 UO_2 加入少量 Sc_2O_3 可避免因 UO_2 向 U_3O_8 转化发生的晶格转变、体积增大和出现裂纹。

14.1.4.6　燃料电池

同样，在镍碱电池中加入 2.5%～25% 的钪，会增加使用寿命。

14.1.4.7　农业育种

在农业上可以对玉米、甜菜、豌豆、小麦、向日葵等种子做硫酸钪（浓度一般为 10^{-3}～10^{-8} mol/L 不同的植物会有所不同）处理，已取得促进发芽的实际效果，8h 后根和芽的干燥质量和幼苗相比，分别增加 37% 和 78%，但原因机理尚在研究中。

14.1.4.8　电子与磁学材料

钪作为氧化物阴极的激活剂用于电子阴极管，可大大增加热电子发射，提高电子管阴极寿命，从而适应当前显像管、显示管、投影管向高清晰度、高亮度、大型化方向发展的需要。日本三菱、东芝、日立、松下等公司都在竞相开发新型彩色显像管阴极。这种涂有钪层的新型阴极，使用寿命长达 3 万小时，为一般阴极的 3 倍，且画面明亮，清晰度高，图像也更鲜明。

Sc_2Se_3 和 Sc_2Te_3 是半导体材料，Sc_2S_3 可作热敏电阻和热电发生器，ScB_6 可作电子管阴极，Sc_2O_3 单晶用于仪器制造。钪的倍半亚硫酸盐以其熔点高、空气中蒸发压力小的特点，在半导体应用上引起人们极大兴趣。用氧化钪取代铁氧体中部分氧化铁，可提高矫顽力，从而使计算机记忆元件性能提高。少量钪加到钇铁石榴石中可改进磁性。钪代替铁使其磁矩和磁导增强，并使居里温度降低，有利于在微波技术中应用。钪和稀土元素可用于制造高质量铁基永磁材料。Sc-Ba-Cu-O 系超导材料，实验临界温度达 98K 水平。

14.1.4.9　能源和放射化学

金属钪热稳定性好，吸氟性能强，已成为原子能工业不可缺少的材料。用钪片制成的氟钪靶装在加速器中，可进行各种核物理实验；装在中子发生器中可产生高能中子，是活化分析、地质探矿等的中子源。由于钪原子半径与钚相似，它可作富 δ 相的稳定剂。在高

温反应堆 UO_2 核燃料中加入少量 Sc_2O_3 可避免 UO_2 变成 U_3O_8，发生晶格转变、体积增大和出现裂纹。钪经过照射产生放射性同位素 ^{46}Sc 可作为 γ 射线源和示踪原子而用于科研和生产各个方面，医疗上用它治疗深部恶性癌瘤。钪的氘化物（ScD_3）和氚化物（ScT_3）用于铀矿体探测器元件。在金属-绝缘体-半导体硅光电池和太阳能电池中，钪是最好的阻挡金属，其效率为 10%～15%，Ag-O 碱性蓄电池的 Ag-O 阴极中加 Sc_2O_3 可防止高温蓄电时 Ag-O 分解释出氧并改进电池效率。

14.1.5　人体危害

钪单质被认为是无毒的。钪化合物的动物试验已经完成，氯化钪的半数致死量已被确定为 4mg/kg 腹腔和 755mg/kg 口服给药。从这些结果看来钪化合物应处理为中度毒性化合物。

14.1.6　攀枝花钒钛磁铁矿提钪

在攀枝花钒钛磁铁中，钪主要分布于钛普通辉石、钛铁矿和钛磁铁矿中，在选矿产品中的分布随前两种矿物的含量而变化，钪在其中以类质同象形式赋存。在钛普通辉石中，Sc^{3+} 以异价类质同象方式置换 Fe^{2+} 与 Mg^{2+}，电价平衡依靠 Fe^{3+}、Al^{3+} 替代 Si^{4+} 实现。置换关系式为：

$$Sc^{3+} + Al^{3+} \longrightarrow (Fe^{2+}, Mg^{2+}) + Si^{4+} \tag{14-1}$$

钛铁矿中钪的类质同象置换关系式为：

$$Sc^{3+} + (Fe^{3+} + Al^{3+}) \longrightarrow (Fe^{2+}, Mg^{2+}) + Ti^{4+} \tag{14-2}$$

钛磁铁矿中钪的赋存主要与其中的钛铁矿、钛铁晶石溶出物有关。

选矿产品中最富含钪的是电选尾矿，含 Sc_2O_3 达 77μg/g，其次为铁精矿和重选尾矿，含 Sc_2O_3 分别为 63μg/g 和 51.4μg/g。从这几种原料中提取钪的常规方法概述如下。

14.1.6.1　电选尾矿及重选尾矿

钪主要富存于钛普通辉石中。关于辉石中钪的回收，目前大致有两种方法：

（1）酸法处理。用硫酸分解，加热搅拌 4～5h，直至完全排除 SO_2 蒸气；或用盐酸（HCl+NaF）分解，温度 80～100℃，处理 4～5h。

（2）碱法处理。将矿物分别与 $NaHSO_4$ 和 NaOH 一起熔融 1h，温度 500～600℃。将碱熔法所得水合物过滤并沉淀除碱，然后在盐酸中加热溶解。用氨从溶液中沉淀水合物，过滤并煅烧成氧化物。

14.1.6.2　钛精矿

钪在钛精矿电炉冶炼过程中，主要富集在高钛渣中，高钛渣进一步在沸腾炉内进行高温氯化生产四氯化钛时，大部分钪被氯化成 $ScCl_3$ 挥发进入烟尘，冷却后被收尘器收集，Sc_2O_3 含量可达 736μg/g。

20 世纪 80 年代，随着世界市场钪价格的狂涨，国内掀起了分离钪的研究热潮，提取主要集中于含钛原料——生产钛白粉的硫酸废液、钛生产过程中的氯化烟尘以及选钛尾矿。国内生产单位有上海东昇钛白粉厂、广西平桂矿务局、湖南稀土金属材料研究所、江西赣州钴冶炼厂、广州钛白粉厂等。进入 20 世纪 90 年代以后，由于前苏联国家大量出售其过去的存货以及国内的过度生产，世界钪市场呈现供过于求，钪的价格大幅度降低，直接影响了钪的生产。

A　从钛白废酸中提取钪

硫酸法从钛铁矿生产钛白粉时，水解酸性废液中含钪量约占钛铁矿中总含量的80%。我国生产的氧化钪，绝大部分来自钛白粉厂。上海东昇钛白粉厂、上海跃龙化工厂和广州钛白粉厂等都建立了氧化钪生产线。杭州硫酸厂投产了一套年产30kg氧化钪的工业装置，形成了"连续萃取—12级逆流洗钛—化学精制"三级提钪工艺路线，产品含量稳定在98%～99%。上海跃龙化工厂采用P204-TBP-煤油协同萃取初期富集钪，NaOH反萃，盐酸溶解，再经55%～62%TBP（或P350）萃淋树脂萃取色谱分离净化钪，最后经草酸精制得纯度大于99.9%的Sc_2O_3，整个方法钪的收率大于70%。

前苏联以0.4mol/L P204自钛白母液中提取钪，有机相/无机相=1/100时钪差不多能完全同钛、铁、钙等杂质分离，用固体NaF反萃钪，再用3%H_2SO_4溶解，扩大试验钪的收率为85%～90%。有研究在用P204-TBP从钛白母液中提钪时，先加入抑制剂，抑制P204对铁、钛的萃取，而后用混酸及硫酸洗涤萃取有机相，使有机相中TiO_2含量降至0.1mg/L，Fe含量降至0.5mg/L。又有研究以P507-N7301-煤油混合萃取剂提钪，萃取率达95%以上，二次草酸沉淀Sc_2O_3产品纯度达99%以上。也有研究采用两段提钪，第一段采用P507-癸醇-煤油萃取，第二段用P5709-TBP-煤油萃取，钪浓缩50倍多。还有研究先用N1923选择性萃钪，而后再加TBP萃钪进一步除杂，两段钪总共浓缩了50多倍，草酸精制后Sc_2O_3纯度为99%，回收率为84%。此外离子交换法、乳状液膜法也已用于钛白废液提钪。

B　从氯化烟尘中提取钪

在钛铁矿进行电弧炉熔炼高钛渣时，由于Sc_2O_3与铌、铀、钒等氧化物一样生成热高，故很稳定，不会被还原而留在高钛渣中。将此高钛渣进行高温氯化生产$TiCl_4$时，钪在氯化烟尘中被富集。抚顺铝厂五一分厂建成的生产线年生产氧化钪20～30kg。试验证实钪在氯化烟尘中含量可达0.03%～0.12%，主要形式是$ScCl_3$；并研究了湿法冶金提取Sc_2O_3的流程，包括水浸、TBP煤油溶液萃取、草酸沉淀净化及灼烧等单元操作，得到纯度99.5%的Sc_2O_3产品；从氯化烟尘到产品，钪回收率为60%。还有研究采用低浓度的烷基膦（磷）酸（P507，P204）在小相比下，直接从存在大量Fe^{3+}的浸出液中萃取钪。采用乙醇为助反萃剂，可在室温下反萃钪；并使用0.4%HF洗锆使钪锆分离系数达$\beta_{Sc/Zr}=1893$；有研究者采用P5709-N235-煤油萃取钪，5mol/L HCl 60℃反萃，可使Sc^{3+}与Fe^{3+}、Fe^{2+}、Ti^{3+}、Al^{3+}、Mn^{2+}、Ca^{2+}等完全分离，较好解决了Sc^{3+}/Fe^{3+}分离及分相慢等问题；有试验从氯化烟尘中提钪时，采用P204萃取分离铁锰，NaOH反萃，钪富集83倍；化学精制采用盐酸溶解，TBP-浓盐酸萃取钪分离RE和Dowex50W-X8交换树脂吸附钪，得到Sc纯度大于99.5%，实收率大于56%；有试验研究以一种有机多元弱酸沉淀剂沉淀氯化烟尘盐酸浸出液中的钪，经两次沉淀、两次酸解后，浸出液中的铁锰去除率达99.8%以上，钪的沉淀率可达100%；继而采用P204+改质剂+磺化煤油为萃取剂，有机相/无机相=1/20，室温下萃取钪，D_{Sc}达139，钪与铁、锰的分离系数分别达到9270和10700；5%NaOH反萃钪，反萃率达99.6%。也有试验采用苄基化氧萃取钪，钪的收率为98.3%。

C　从选钛尾矿中提取钪

攀枝花已建成设计规模1350万吨/a的选矿厂，年产铁精矿588.3万吨，年产的尾矿达 745.53 万吨，亟待综合利用。在国家"八五"攻关"攀枝花钒钛磁铁矿综合提钪试验研究"时检测当时铁选厂原矿含钪 27.00g/t。他们以含钪 63g/t 选钛尾矿为原料，采用预处理磁选或加药剂处理电选的工艺，可分选出尾矿中的钛辉石、长石，含钪分别为 114g/t、121g/t；采用加助溶剂盐酸浸出钪，浸出率可达 93.64%；采用碱熔合水解盐酸浸出钪，浸出率可达 97.90%；用 TBP 萃取钪，萃取率可达 98.90%；用水反萃，反萃取率为 98.00%；再用草酸精制可得到品位为 99.95% 的 Sc_2O_3 产品。

14.1.6.3　铁精矿

铁精矿中钪的品位为 Sc_2O_3 $20\mu g/g$，钪在烧结、炼钢过程中的走向是主要富集在炼铁高炉渣中，可以考虑从中回收。苏联 20 世纪 50 年代就开始了这方面的研究，采用碱-碳酸盐法从高炉渣中回收钪。即用硫酸分解炉渣，然后进行碱化处理析出氢氧化物，再用碳酸盐处理制取钪精矿，最后用硫代硫酸盐萃取和草酸盐沉淀，煅烧草酸盐而获得 Sc_2O_3。

试验证实，钛白母液中的钪呈离子态，提取工艺简单，故早期氧化钪的生产多以此为原料；但其中钪的含量低（$10\sim25\mu g/g$），且受钛白粉生产的制约（年产 1000t 钛白粉可回收几十公斤氧化钪）。氯化烟尘中的钪以 $ScCl_3$ 形式存在，回收难度也不大，问题是氯化烟尘的资源是否充足；假设其中的氧化钪含量平均为 $500\mu g/g$，若要得到 50kg 氧化钪产品，至少要处理 100t 氯化烟尘，处理量是相当大的。钛尾矿中钪主要赋存在（Ca、Mg、Al、Ti）Si_2O_6 硅酸盐结构的辉石中，尾矿的分解是难点，往往要经过酸化或碱化高温（约 1000℃）熔融，但尾矿产出量很大，伴随采出的钪的绝对量相当可观，为钪的生产提供了充足的原料。不过，处理尾矿还必须兼顾其他资源的综合利用。

1987 年攀钢钢研院利用攀钢高炉渣高温碳化-低温氯化的氯化烟尘提取钪，将氯化烟尘中以氯化钪形式存在的钪洗涤进入溶液，通过萃取除杂处理提取三氧化二钪，或者制备形成富钪原料。由于当时攀钢高炉渣高温碳化-低温氯化试验规模小，氯化烟尘量小，加之分析方法欠缺，该项工作只进行了资料收集和溶解试验。

1988 年攀钢钢研院用攀钢高炉渣作原料，采用"酸解—熟化—溶解—过滤—滤液脱铝—水解除钛—除钛后液 P507 萃取—负载有机相—洗涤—反萃—沉淀 $Sc(OH)_3$—酸解—沉淀 $Sc_2(C_2O_4)_3$—煅烧—Sc_2O_3"工艺提钪，过程主要杂质为硅和镁，实验室试验得到品位为 91%~98% 的 Sc_2O_3，钪总收率为 65.8%。

1990~1995 年国家"九五"计划期间，攀钢在冶金工业部立项进行了高炉渣综合利用研究，攀钢与中南工业大学以及北京建材研究院合作，进行了高炉渣硫酸法制钛白和提钪研究，试验在中南工业大学、北京建材研究院和株洲化工厂进行，成功提取了钛白和 Sc_2O_3，并实现了酸解渣制水泥。

14.2　镓

1871 年，元素周期性的发现者门捷列夫曾预言"类铝"（镓）元素的存在。1875 年，法国化学家布瓦博德朗（Boisbaudran L. de，1839~1912 年）在用光谱法分析从比利牛斯的闪锌矿得到的提取物时，发现两条从未见过的新谱线，其波长在 417nm 的地方，进一步确定为一新元素。他用电解的方法得到了金属镓。布瓦博得朗为了纪念自己的祖国法兰西，把新发现的元素命名为"Gallium"（镓），就是法国的古名"家里亚"，它源自于法国的拉丁名称：Gallia。中文根据音译成"镓"，元素符号为 Ga。镓在地壳中的含量为 $5\times 10^{-4}\% \sim 15\times 10^{-4}\%$，以很低的含量分布于铝矾土矿和某些硫化物矿中，含量最富的锗石中也只含 0.1%~0.8% 镓。镓还容易和锗共存于煤中，所以燃烧后剩下的煤道灰中就含有微量的镓和锗。

14.2.1　镓的性质

镓的主要性质见表 14-3。

表 14-3　镓的主要性质

英文名称	Gallium	质子质量	5.1863×10^{-26}
中文名称	镓	原子半径	1.81
元素符号	Ga	相对质子质量	31.217
原子序数	31	密度（20℃）/g·mL^{-1}	5.907
组数	4	核内质子数	31
相对原子质量	69.72	熔点/℃	29.78
元素类型	金属	沸点/℃	2403.0
原子体积/cm^3·mol^{-1}	11.8	元素在太阳中的含量/%	0.004×10^{-4}
地壳中含量/%	18×10^{-4}	元素在海水中的含量/%	0.00001×10^{-4}
质子数	31	核外质子数	31
中子数	38	核电核数	31
所属周期	4		
所属族数	ⅢA		
电子层分布	2，8，18，3		
氢化物	GaH$_3$		
晶体结构	晶胞为正交晶胞 晶胞参数： $a=451.97$ pm $b=766.33$ pm $c=452.6$ pm $\alpha=90°$ $\beta=90°$ $\gamma=90°$	电离能/kJ·mol^{-1}	第一电离能 578.8， 第二电离能 1979.3， 第三电离能 2963； 第四电离能 6180
氧化态	Ga$_2$O$_3$，主要是 Ga^{3+}	声音在其中的传播速率/m·s^{-1}	2740
外围电子排布	$4s^2 4p^1$	莫氏硬度	1.5
发现者	布瓦博德朗	发现时间/年	1875

固体镓为蓝灰色斜方晶体，液体镓是有银白色光泽的软金属，密度为 $5.91g/cm^3$，电阻率为 $27×10^{-8}\Omega \cdot m$，液态镓的蒸气压很低，1350℃时仅为 133.3Pa，在所有元素中，镓的液态温度范围最宽（29.93~2403℃），由于固态镓的结构复杂，液态镓易出现过冷现象，在快速冷却时，液体镓可以在-40℃的过冷状态下仍保持液态。液态镓转为固态时，镓体积膨胀，膨胀率达 3.2%，液态镓几乎能润湿所有物质的表面，具有优良的浇注性能，镓能迅速扩散到某些金属的晶格内，在高温下能和许多金属生成合金。

镓的熔点为 302.78K（即 29.78℃），放在人手掌中就能使之熔化，而其沸点为 2676K，其熔点、沸点相差之大是所有金属中独一无二的。镓凝固时体积膨胀，这一点与其他金属不同。镓的硬度（莫氏硬度为 1.5~2.5）和铅（莫氏硬度为 1.5）相近。镓的蒸气压较低，在 1273K 时只有 10^{-3}Torr（1Torr=133.3224Pa），适于在真空装置中用做液封。镓与铝、锌、锡、铟形成低熔点合金，与钒、铌、锆形成的合金具有超导性。

镓的外电子层构型为 $3d^{10}4s^2p^1$，有+1、+2 和+3 三种价态，其中以+3 价化合物最稳定。镓在常温空气中稳定，260℃时才开始和氧作用，100℃时镓不和水作用，但 200℃时高压水蒸气会氧化镓生成氢氧化镓。镓的化学性质和锌、铝相似，属于两性元素。和铝相似，既能溶于酸，又能溶于碱。镓的化学活性和锌相近，但不如铝活泼。镓缓慢溶于硫酸和盐酸中，室温下不溶于硝酸，但溶于热的硝酸、高氯酸、氢氟酸和王水中。随纯度提高，镓在酸和碱中溶解速度变慢，镓能和卤素作用生成各种卤化物，和硫、硒、磷、砷、锑生成半导体性质的化合物，金属镓腐蚀很强。

镓的化学活泼性比铝低，和铝类似，镓也是两性金属元素，主要生成+1 价和+3 价氧化态，镓的化学性质主要表现在以下几个方面：

（1）常温下镓不与氧和水作用，高温时，镓与氧、硫等化合生成+3 价氧化态的氧化物和硫化物。

（2）镓与卤素在常温下就能反应（与碘反应需要加热）生成三卤化镓或一卤化镓：

$$2Ga + 3X_2 == 2GaX_3 \tag{14-3}$$

（3）镓与稀酸作用缓慢，易溶于热的硝酸、浓的氢氟酸和热浓的高氯酸及王水中，生成镓盐：

$$2Ga + 6H^+ == 2Ga^{3+} + 3H_2 \uparrow \tag{14-4}$$

（4）镓能与苛性碱溶液作用生成镓酸盐并放出氢气：

$$2Ga + 2OH^- + 6H_2O == 2Ga(OH)_4^- + 3H_2 \uparrow \tag{14-5}$$

（5）镓及其氢化物、氢氧化物都是两性的，既可溶于酸，也可溶于碱。

Ga、In、Ti 均可与氧生成氧化数为+3 或+1 的氧化物，按 Ga—In—Ti 的顺序，+3 价氧化态的化合物趋于不稳定，+1 价氧化态的化合物趋于稳定。Ga、In、Ti 与 O_2 在加热的情况下生成的氧化数为+3 的氧化物及其相应的氢氧化物的情况见表 14-4。

表 14-4 Ga、In、Ti 与 O_2 在加热的情况下生成的
氧化数为+3 的氧化物及其相应的氢氧化物的情况

氧化物	$\Delta_f H_m/kJ \cdot mol^{-1}$	氢氧化物	碱性增强
Ga_2O_3	-1089	$Ga(OH)_3$	
In_2O_3	-926	$In(OH)_3$	
Ti_2O_3	-359	$Ti_2O_3 \cdot 1.5H_2O$	

这些氧化物与氢氧化物都是难溶于水的两性物质，不过 Ga(OH)$_3$ 酸性要比 Al(OH)$_3$ 强一些。

14.2.2 镓的毒性

镓的熔点、沸点相差悬殊，可用做高温温度计的材料。平常的水银温度计对测量炼钢炉、原子能反应堆的高温无能为力，因为水银在 629.9K 时便化作蒸气了。液态镓还常代替水银，用于各种高温真空泵或者紫外线灯泡。低温时镓有良好的超导性，在接近绝对零度即 0K 时，电阻几乎为零。钒三镓（一个镓原子和三个钒原子形成的合金）是超导材料。应当注意的是，镓及其化合物都有毒，其毒性远远超过汞和砷。镓可以伤肾，破坏骨髓，沉积在软组织中，造成神经、肌肉中毒。它可以与引起肿瘤、抑制正常生长有关。

14.2.3 镓的用途

14.2.3.1 电子工业用途

制作半导体材料 GaAs、GaSb、GaP、GaAsP、GaAlP、GaAlIn、GaAlAs 等，用于发光二极管、电视和电脑的显示器件，用 GaAs 单晶制作的二极管能发出强烈的红光，用 GaP 单晶制作的二极管能发出绿光并能显示多种光彩，V$_3$Ga 超导材料，临界温度为 13.30K。特别是 GaAs 正在被大量的用于手机核心电路、计算机芯片、光电传输等方面。

14.2.3.2 低熔点合金用途

Ga 与不同的元素组合，可得到不同的低熔点合金材料，其熔点见表 14-5。

表 14-5 Ga 与不同元素组合材料的熔点

组 成	熔点/℃	组 成	熔点/℃
Ga-In25-Sn13-Zn	3	Ga-In24	16
Ga-In25-Sn13	5	Ga-In12	17
Ga-Sn60-In10	12	Ga-Zn16-In12	17
Ga-In29-Zn24	13	Ga-Sn18	20
Ga-In25	15.7	Ga-Zn5	25
Ga-In65-Au8	30	Ga-Bi·(Cd·MgPb)	57~60
Ga-TiO$_5$	27.3		

各种低熔点合金多用于自动化、电子工业及信号系统、过真空的密封"水封"，涂润金属改善性能和自动防火装置等方面。

14.2.3.3 冷焊剂用途

金属与陶瓷间的冷焊剂，镓的冷焊剂组成与使用性能见表 14-6。表 14-6 列出焊接剂的不同组成（%），简称焊接剂；25℃焊接凝固时间（h），简称凝固时间和焊件承受最高温度（℃），简称最高温度。

表 14-6 镓的焊接剂组成与性能

焊接剂	凝固时间/h	最高温度/℃
Ga-Cu66	4	900
Ga-Cu50-Sn18	24	700
Ga-Cu40-Sn24	24	650
Ga-Al23-Cu33	8	650
Ga-Au66	8	527
Ga-Au59	8	475
Ga-Ag22	5	450
Ga-Au49-Ag21	2	425

适于对温度导热等敏感的薄壁合金，使用时只需将液态 Ga 与焊接材料的金属粉末混合，然后将它涂在金属与陶瓷欲焊接处，凝固后即焊接成功。

14.2.3.4 催化剂用途

Ga 的卤化物有较高的活性，可用于聚合和脱水等工艺中。如在乙基苯、丙基苯和酮生产中用 $GaCl_3$ 作催化剂时，其催化反应速度和持续反应的能力，均比 $AlCl_3$ 为好。氧化镓是乙醇或丁烯脱氢合成 H_2O_2 的催化剂。高温下 Ga_2O_3 是 NO 离解的催化剂等。

14.2.3.5 医学用途

Ga 的合金可用作牙科医疗器件和医用材料，[72]Ga 使用于诊断，Ga 对蛋白质起凝集作用可用于治疗骨癌。

14.2.3.6 高温温度计用途

Ga 的沸点很高为 2430℃，熔点很低为 29.78℃。这一性质决定用镓来测定 29.78~2430℃的温度最为合适，把镓充入耐高温的石英细管中制成高温温度计，广泛用于工业领域。

14.2.3.7 氮化镓（GaN）

利用 GaN 宽禁带半导体耐高温的特性，研制出可以在 300~600K 范围工作的器件，可用于航空、航天、石油化工、地质勘探等部门。氮化镓基材料内外量子效率高，具备高发光率、高热导率、抗辐射、耐酸碱、高强度和高硬度等特性，可制成高效蓝、绿、紫、白色发光二极管，以氮化镓为第三代的半导体材料是目前世界上最先进的半导体材料，是新兴半导体光电产业的核心材料和基础器件。

14.2.3.8 砷化镓（GaAs）太阳能电池用途

砷化镓太阳能电池最高转换率达 18%（AMO 25°，2cm×2cm），砷化镓太阳能电池小组合在 SJ-4 卫星搭载试验，经考核电池性能稳定，组合工艺可行。

14.2.3.9 镓制品

A 高纯镓

高纯镓（high purity gallium）为一般杂质总含量在 10^{-5} 以下的金属镓。按镓含量分为 5N、6N、7N 和 8N 共四种级别。高纯镓质软，呈淡蓝色光泽。熔点为 29.78℃，沸点为 2403℃。斜方晶型，各向异性显著。0℃的电阻率沿 a, b, c 三个轴分别为 $1.75×10^{-6}\Omega \cdot m$,

$8.20 \times 10^{-6} \Omega \cdot m$ 和 $55.30 \times 10^{-6} \Omega \cdot m$。超纯镓剩余电阻率比值 $\rho(300K) / \rho(4.2K)$ 为55000。采用化学处理、电解精炼、真空蒸馏、区域熔炼、拉单晶等多种工艺方法制备。主要用于电子工业和通讯领域，是制取各种镓化合物半导体的原料，硅、锗半导体的掺杂剂，核反应堆的热交换介质。

B 硝酸镓

硝酸镓分子式为 $Ga(NO_3)_3 \cdot 9H_2O$。用途：制取镓化合物原料。性质：无色透明结晶体，易吸潮，空气中易分解。易溶于水，20℃时每100g 水可溶解295g，可溶于乙醇，但不溶于乙醚。102℃开始脱水，170℃完全分解，生成二氧化镓。由浓硝酸和氢氧化镓或金属镓作用制取。

C 磷酸镓

磷酸镓（gallium phosphate），分子式为 $GaPO_4 \cdot 2H_2O$。性质：白色无定形粉末，难溶于水（溶度积为 1.0×10^{-21}）。140℃脱水，540℃转化为晶体。密度为 $3.26g/cm^3$。熔点为1670℃。和磷酸作用生成磷酸氢镓化合物。制法：由镓盐溶液和碱金属磷酸盐在 pH＝5 时反应制取。

D 氧化镓

Ga_2O_3 是一种透明的氧化物半导体材料，在光电子器件方面有广阔的应用前景。氧化镓别名三氧化二镓，氧化镓（Ga_2O_3）是一种宽禁带半导体，$E_g = 4.9eV$，其导电性能和发光特性长期以来一直引起人们的注意，被用于 Ga 基半导体材料的绝缘层，以及紫外线滤光片。它还可以用作 O_2 化学探测器。

14.2.4 镓的储量

据估计 Ga 的世界储量约为 23 万吨。

14.2.4.1 国外 Ga 的储量

据统计，北美 16800t，美国 4500t，南美 11400t，欧洲 19500t，合计约 48200t。

14.2.4.2 国内各省市 Ga 储量

中国金属 Ga 的储量占世界储量的 80%～85%，攀枝花钒钛磁铁矿中的金属 Ga 储量约占世界储量的 41%～42%，约占国内金属 Ga 储量的 54%～55%。河南、吉林、山东、广西等省 Ga 主要赋存在铝土矿中，黑龙江、云南等省 Ga 主要赋存在煤矿或锡矿中，湖南等省 Ga 主要赋存在闪锌矿中，攀矿中 Ga 主要赋存在磁铁矿中。国内储量包括北京 680t，山西 1704t，辽宁 8t，吉林 78t，黑龙江 16679t，江西 10t，山东 28378.4t，广东 2011t，广西 1933t，湖南 15214t，湖北 227.2t，四川 141t，云南 1567t，青海 609t，内蒙古 100t，河南 9864t，四川攀枝花 92400t，合计约 187481.6t。

14.2.5 镓的提取和冶炼

金属 Ga 的生产主要分为三类：粗 Ga、精炼 Ga 和再生 Ga。粗 Ga 生产国主要有中国、德国、俄罗斯、哈萨克斯坦、乌克兰、匈牙利和斯洛伐克。精炼 Ga 生产国主要有日本和美国。日本是目前世界上最大的 Ga 生产国，占世界产量的 90% 左右，主要有住友化学工业（新 Ga，6N）、同和矿业（新 Ga，6N），住友金属矿业（再生 Ga，6N），拉萨工业

（再生 Ga，6N）和日亚化学工业（再生 Ga，6N）。精炼 Ga 可直接用于 Ga 化合物的生产。美国克利夫兰的世界最大金属 Ga 生产公司 GEO，在澳大利亚的西澳大利亚省皮恩业拉（Pinjarra），投资 4000 万美元，建设一条年产 100tGa 的生产线，于 2002 年 2 季度投入生产，使其金属 Ga 产能由 33t/a 达到现在的 133t/a。出厂 Ga 品位达到 6N 或 7N 即99.9999%或 99.99999%甚至更高的高纯 Ga，以满足全世界半导体材料和光电子设备制备的需要。乌克兰尼古拉耶夫铝厂在 2001 年 1 季度启动第 2 条 Ga 生产线，年内提高 Ga 产量 3t。

法国派契尼工厂、匈牙利阿克加工厂、荷兰克维克比利顿工厂等生产厂家采用拜耳法冶炼铝的溶液中提取金属镓，工艺流程见图 14-1。俄罗斯等国家采用烧结法从碳分母液中提取金属 Ga，工艺流程见图 14-2。意大利、瑞士等国家采用汞齐电解法从氧化铝生产的碳酸化种分母液中提取金属 Ga，工艺流程见图 14-3。意大利冒特波尼和美国鹰啄公司等厂家是从锌矿中提取 Ge、In、Ga 等稀散金属，工艺流程见图 14-4。

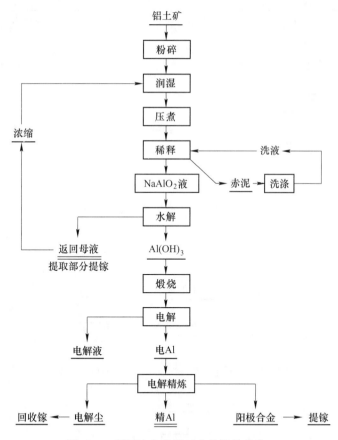

图 14-1　拜耳法生产铝工艺及镓的分布

中国自 1957 年在山东铝厂建成第一个 Ga 生产车间，当年产 Ga1.85t。目前国内六大氧化铝厂：山东铝厂年产金属 Ga 4t 左右，长城铝厂年产金属 Ga 20t 左右，贵州铝厂年产金属 Ga 2t 左右，共年产能力约为 26t。山西铝厂正在合资建设 Ga 生产线，平果铝厂和郑州铝厂委托郑州轻金属研究院针对本厂母液开展了提 Ga 的新工艺研究，拟建生产线，国内铝工业回收 Ga 将全面展开。目前世界金属 Ga 的总产能为 220t/a，包括再生 Ga 总产能为 370t/a，90%以上是从铝的生产中富集而得到的，其次是从铅锌生产的弃渣中得到的。

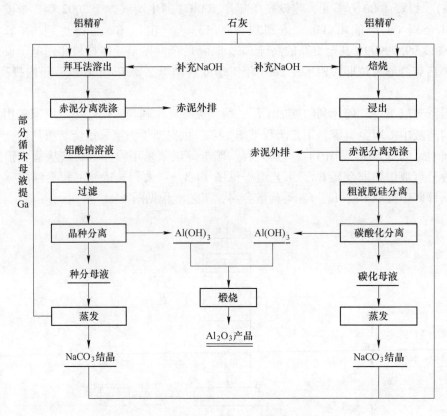

图 14-2 烧结法生产铝工艺及镓的分布

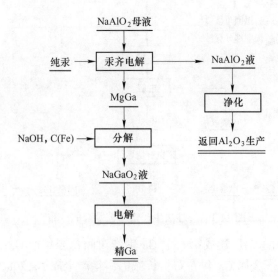

图 14-3 汞齐电解法提镓

由于世界上绝大多数的 Ga 是从 Al_2O_3 生产中回收的，所以对于拜耳法、烧结法生产

Al_2O_3 的过程中回收 Ga 是众所周知的。当拜耳法的返回母液经多次循环后，绝大部分 Ga 富集于此，要定期抽取部分返回母液供提 Ga。在烧结法中有 83.5% 的 Ga 进入 $NaAlO_2$ 液，余下的 16.5% 的 Ga 进入浸出渣。

汞齐电解法基于 Ga 在阴极析出，其电化学反应为：

$$HgGaO_2 + 2H_2O \mathrel{=\!=\!=} Ga(Hg) + 4OH^- \tag{14-6}$$

山东铝厂烧结法生产氧化铝的过程中，镓在循环母液中积累富集。循环母液作为提 Ga 原料，通过彻底碳分、石灰乳脱铝后得到镓酸钠溶液，然后在玻璃钢槽中采用不锈钢板作电极，进行直流电解提取金属 Ga，工艺流程见图 14-5。中国长城铝厂拜耳混联烧结法生产氧化铝的过程中镓在碳分母液中的含量达 130~200mg/L，拜耳法外排的赤泥进入烧结法配料，再按照烧结法的工艺进行氧化铝的生产，生产工艺流程见图 14-6。

因为镓常与铝、锌、锗等金属混在一起，所以是在提取出铝、锌、锗之后的废料中提取镓。例如，在从铝矾土矿中制备 Al_2O_3 的工艺流程中，铝酸盐溶液经 CO_2 酸化后分离出 $Al(OH)_3$ 沉淀的母液中富集了镓。将

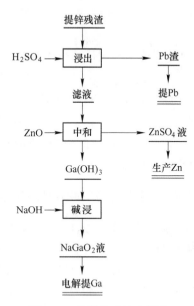

图 14-4 从锌的残渣中提镓

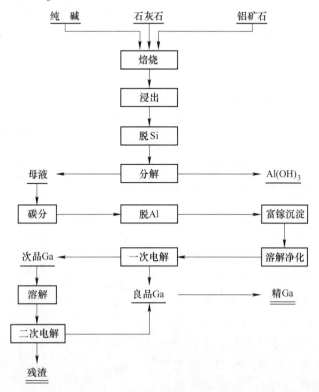

图 14-5 山东铝厂提镓工艺流程

母液再次经 CO_2 酸化后便可得到富集了 $Ga(OH)_3$ 的 $Al(OH)_3$ 沉淀，将沉淀分离，使之溶于碱中，进行电解：

$$Ga(OH)_3 + OH^- \Longrightarrow Ga(OH)_4^- \tag{14-7}$$

$$Ga(OH)_4^- + 3e \Longrightarrow Ga\downarrow + 4OH^-（阴极） \tag{14-8}$$

因铝不干扰镓的电解，即可得液态的金属镓。

14.2.6　攀枝花镓的回收利用技术

攀枝花钒钛磁铁矿中，镓含量为 0.0014% ~ 0.0028%，平均为0.0019%，总储量为 9.24 万吨的金属 Ga。含 Ga 的品位与铝土矿相近，攀矿中 Ga 与 V、Fe、Ti 等元素伴生，在选矿、提钒炼钢的过程中富集到提钒烟尘（Ga 0.048%）、炼钢烟尘（Ga 0.038%）和钒渣（Ga 0.030%）中，各自富集了25倍、20倍和16倍，三者都是很有工业提取 Ga 价值的生产原料。

攀枝花在钒钛磁铁矿经选矿、冶炼后，镓在钒渣中富集，含量达到 0.012% ~ 0.015%。攀钢 1977 年对钒渣提钒后的渣用酸法提炼出了金属镓，但收率低。接着几经研究，对这种渣予以还原焙烧，酸浸除铁，再从酸浸液中萃取、电解得到金属镓。镓的回收率可达95%，总收率为64.4%。计算虽有赢利，但比不过从氧化铝厂回收镓的经济效益，故未转入生产。

14.2.6.1　镓在攀钢生产中的流向及分布

攀枝花钒钛磁铁矿中的 Ga，在攀钢现工艺中的流向及分布见图 14-7，图中数字的单位为 g/t，括号内数字为产率（%）。

从图 14-7 中的分析结果可见，攀矿中的 Ga，主要富集在提钒、炼钢过程的烟尘中和钒渣中。若按攀钢现流程 Ga 的富集产物计算，每年产出实物钒渣约 22 万吨、提钒烟尘

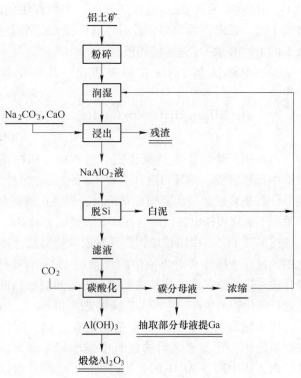

图 14-6　中国长城铝厂氧化铝生产工艺流程

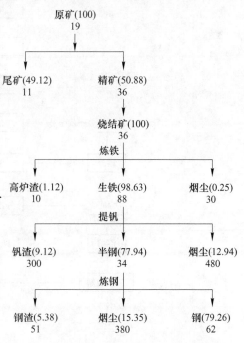

图 14-7　镓的流向及分布

约7.5万吨和炼钢烟尘约7.5万吨，总计可以得到145~155t/a金属镓的生产原料。

14.2.6.2 攀矿中提镓试验情况

1975~1990年期间，针对攀枝花钒钛磁铁矿的物理化学性质和Ga在攀钢冶金工艺的走向，原攀钢钢研所、原昆明工学院和攀枝花钢铁研究院曾进行过，从提钒弃渣或钒渣中提取金属Ga的实验研究工作。北京科技大学等曾进行过"用氯化法从铁水中提镓""钠化焙烧钒渣时氯化挥发镓的热力学分析"等的基础理论研究工作，攀钢在1977~1980年期间完成了"从提钒弃渣中回收金属镓的试验研究总结"科研课题，提出的提镓工艺流程见图14-8，原昆明工学院在1979年4月完成了"从攀钢钒渣碱性浸出液中分离和提取Ga、V、Cr"，工艺流程见图14-9，攀枝花钢铁研究院在1991年10月完成了"五氧化二钒弃渣提取金属镓新工艺试验研究"，工艺流程见图14-10。

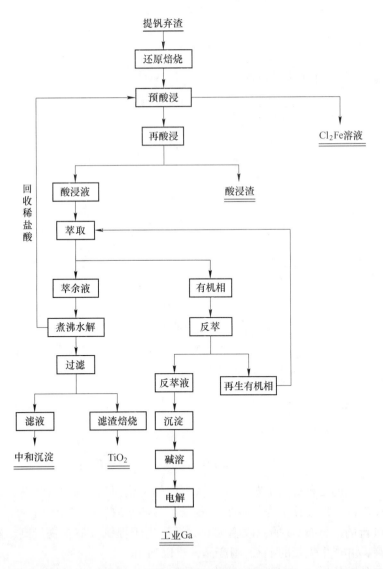

图14-8 原攀钢钢研所提镓工艺流程

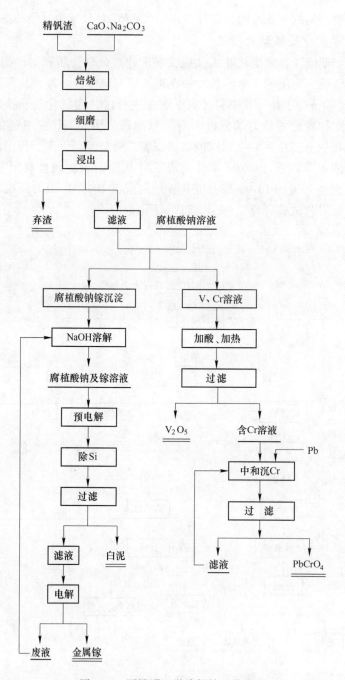

图 14-9 原昆明工学院提镓工艺流程

针对攀矿中镓的三种提取工艺，分析认为原攀钢钢研所的提 Ga 工艺试验流程，是以提钒弃渣为原料。采用还原焙烧，两步法酸浸，溶剂萃取，造液电解 Ga，回收 Fe、Ti 的工艺流程是可行的，金属 Ga 的总收率为 64.4%。由于提钒弃渣含铁量高，约为 45%，酸浸时耗酸量高，并产生大量的 $FeCl_2$ 副产品，难以利用。

原昆明工学院的提 Ga 工艺试验流程，是以钒渣为原料，在钒渣中加入适量的 CaO、Na_2CO_3 在 950~1000℃的温度下进行焙烧、磨细后再经过水浸，Ga 的转浸率为 85%，V 和

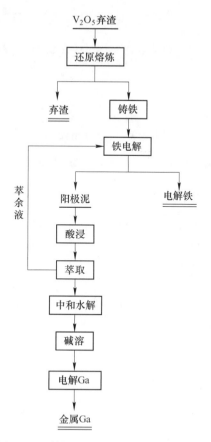

图 14-10　攀枝花钢铁研究院提镓工艺流程

Cr 的转浸率超过 90%。浸出液作为提取 Ga、V、Cr 的原液，采用腐殖酸钠溶液沉淀 Ga，沉淀物中的 Ga 得以富集，过滤液作为提取 V、Cr 的原液。此工艺的特点是通过钒渣的一次焙烧，可同时提取 Ga、V、Cr。但由于焙烧温度较高，焙烧炉内的钒渣已呈熔融状态，容易粘窑影响生产，且产生烧结物不易破碎等问题，是影响产业化的主要原因。

　　攀枝花钢铁研究院的提 Ga 工艺试验流程，采用提钒弃渣为原料，是由还原熔炼、铁电解、酸浸、萃取、净化、电解 Ga 等工艺而组成。经过实验室扩大试验的结果证明，Fe 的收率为 83.9%、品位为 98%~99.5%，Ga 的收率为 64.9%、品位为 99.96%。该工艺采用火法、湿法联合生产电解 Fe 和金属 Ga 产品，工艺合理，经济效益显著，是目前针对攀矿中 Ga 的提取技术，最有前途的工艺之一。

　　若在实验室内继续完善此工艺，例如：萃取剂的选择、电解电极的改进等，可使本流程更加充满活力。建议筹建提 Ga 实验室，不断完善提 Ga 的工艺条件，同时可根据现有的设备和条件进行改造和购买元件，进行安装组合，以便在 Ga 的市场行情再一次看好时，迅速投入生产使用。

附录　钒钛清洁生产有关附表

附表 1　元素物理性质

元素符号	元素名称	熔点/℃	沸点/℃	质量热容/J·(kg·K)$^{-1}$	密度(20℃)/g·cm^{-3}
Ag	银	960.15	2117	234	10.5
Al	铝	660.2	2447	900	2.6984
Ar	氩	-189.38	-185.87	519	1.7824×10^{-3}
As	砷	817 (12.97MPa)	613	326 (升华)	2.026(黄) 4.7(黑)
Au	金	1063	2707	130	19.3
B	硼	2074	3675	1030	2.46
Ba	钡	850	1537	192	3.59
C	碳	4000(6.83MPa)	3850 (升华)	711 519	2.267(石墨) 3.515(金刚石)
Ca	钙	861	1478	653	1.55
Ce	铈	795	3470	184	6.771
Cl	氯	-101.0	-34.05	477	2.98×10^{-3}(气体)
Co	钴	1495	3550	435	8.9
Cr	铬	1990	2640	448	7.2
Cu	铜	1683	2582	385	8.92
F	氟	-219.62	-188.14	824	1.58×10^{-3}
Fe	铁	1530	3000	448	7.86
H	氢	-259.2	-252.77	1.43×10^4	0.8987×10^{-3}
Hg	汞	-38.87	365.58	138	13.5939
K	钾	63.5	758	753	0.87
Mg	镁	650	1117	1.03×10^3	1.74
Mn	锰	1244	2120	477	7.30
Mo	钼	2625	4800	251	10.2
N	氮	-209.97	-195.798	1.04×10^3	1.165×10^{-3}
Na	钠	97.8	883	1.23×10^3	0.97
Ni	镍	1455	2840	439	8.90
O	氧	-218.787	-182.98	916	1.331×10^{-3}
P	磷	44.2 59.7 610	280.3 431(升华) 453(升华)		1.828(白) 2.34(红) 2.699(黑)

元素符号	元素名称	熔点/℃	沸点/℃	质量热容/J·(kg·K)$^{-1}$	密度(20℃)/g·cm^{-3}
Pb	铅	327.4	1751		11.34
Pt	铂	1774	约3800	130	21.45
Re	铼	3180	5885	138	21.04
Rh	铑	1966	3700	243	12.41
S	硫	112.3 114.6 106.8	444.60	732	2.68(α) 1.96(β) 1.92(γ)
Sb	锑	630.5	1640	20	6.684
Si	硅	1415	2680	711	2.33
Sn	锡	231.39	2687	218	7.28(白)
Ti	钛	1672	3260	523	4.507(α) 4.32(β)
V	钒	1919	3400	481	6.1
W	钨	3415	5000	134	19.35
Zn	锌	419.47	907	285	7.14
Zr	锆	1855	4375	276	6.52(混)

附表 2　元素物理性质

元素符号	元素名称	热导率/W·(m·K)$^{-1}$	电阻率/Ω·m	熔化热/kJ·mol^{-1}	气化热/kJ·mol^{-1}
Ag	银	4182	1.6×10^{-8}	11.95	254.2
Al	铝	211.015	2.6×10^{-8}	10.76	284.3
Ar	氩	0.016412		1.18	6.523
As	砷	817 (12.97MPa)	3.5×10^{-7}		
Au	金	293.076	2.4×10^{-8}	12.7	310.7
B	硼		1.8×10^{-4}		
Ba	钡		6.0×10^{-7}	7.66	149.32
C	碳	23.865	1.375×10^{-5}	104.7	326.6(升华)
Ca	钙	125.604	4.5×10^{-8}	9.2	161.2
Ce	铈		7.16×10^{-7}		
Cl	氯		>10(液态)	6.410	20.42
Co	钴	69.082	0.8×10^{-7}	15.5	398.4
Cr	铬	66.989	1.4×10^{-7}	14.7	305.5
Cu	铜	414.075	1.6×10^{-8}	13.0	304.8
F	氟			1.56	6.37
Fe	铁	75.362		16.2	354.3

元素符号	元素名称	热导率/W·(m·K)$^{-1}$	电阻率/Ω·m	熔化热/kJ·mol^{-1}	气化热/kJ·mol^{-1}
H	氢			0.117	0.904
Hg	汞	10.476	9.7×10^{-7}(液) 2.1×10^{-7}(固)	2.33	58.552
K	钾	97.134	6.6×10^{-8}	2.334	79.05
Mg	镁	157.424	4.4×10^{-8}	9.2	13.9
Mn	锰			14.7	224.8
Mo	钼	146.358	0.5×10^{-7}		
N	氮			0.720	5.581
Na	钠	132.722	4.4×10^{-8}	2.64	98.0
Ni	镍	58.615	6.8×10^{-8}	17.6	378.8
O	氧			0.444	6.824
Sb	锑	22.525	3.9×10^{-7}	20.1	195.38
Si	硅	83.736		46.5	297.3
Sn	锡	64.058	1.15×10^{-7}	7.08	230.3
Ti	钛		0.3×10^{-7}		
V	钒		5.9×10^{-7}		
W	钨	167.472	5.48×10^{-8}		
Zn	锌	110.950	5.9×10^{-8}	6.678	114.8
Zr	锆		4.0×10^{-7}		

附表3　常见氧化物物理性质

氧化物	氧的质量分数/%	密度/g·cm^{-3}	熔化温度/℃	气化温度/℃
Fe$_2$O$_3$	30.057	5.1~5.4	1565	
Fe$_3$O$_4$	27.640	5.1~5.2	1597	
FeO	22.269(异稳定) 23.239~23.28(稳定)	5.163(含氧23.91%)	1371~1385	
SiO$_2$	53.257	2.65(石英)	1713(硅石1750)	2590
SiO	36.292	2.13~2.15	1350~1900(升华)	1990
MnO$_2$	36.807	5.03	535前分解	
Mn$_2$O$_8$	30.403	4.30~4.80	940前分解	
Mn$_3$O$_4$	27.970	4.30~4.90	1567	
MnO	22.554	5.45	1750~1788	
Cr$_2$O$_3$	31.580	5.21	2275	
TiO$_2$	40	4.26(金红石) 3.84(锐钛矿)	1825	3000
P$_2$O$_5$	49	2.39	569(加压)	350(升华)
TiO	56.358	4.93	1750	

氧化物	氧的质量分数/%	密度/g·cm^{-3}	熔化温度/℃	气化温度/℃
V_2O_5	25.038	3.36	663~675	1750(分解)
VO_2	43.983	4.30	1545	
V_2O_3	38.581	4.84	1967	
VO	32.024	5.50	1970	
NiO	25.901	6.80	1970	
CuO	21.418	6.40	1148(分解),1062.6	
Cu_2O	20.114	6.10	1235	
ZnO	19.660	5.5~5.6	2000(5.629MPa)	1950(升华)
PbO	7.168	9.12±0.05(22℃) 7.794(880℃)	888	1470
CaO	28.530	3.4	2585	2850
MgO	39.696	3.2~3.7	2799	3638
BaO	10.436	5.0~5.7	1923	~2000
Al_2O_3	47.075	3.5~4.1	2042	2980
K_2O	16.986			766
Na_2O	25.814			890

附表 4　常用化学反应的自由能与温度关系 $\Delta G^{\ominus}=A+BT$（J/mol）

反　应	A/J·mol^{-1}	B/J·(mol·K)$^{-1}$	误差/kJ	温度范围/℃
$Al(s)=Al(1)$	10795	-11.55	0.2	660(熔点)
$Al(1)=Al(g)$	304640	-109.50	2	660~2520(沸点)
$2Al(s)+1.5O_2=Al_2O_3(s)$	-1675100	313.20		22~660(熔点)
$2Al(1)+1.5O_2=Al_2O_3(s)$	-1682900	323.24		660(熔点)~2024
$2Al(1)+1.5O_2=Al_2O_3(1)$	-1574100	275.01		2042~2494(沸点)
$2Al(g)+1.5O_2=Al_2O_3(1)$	-2106400	468.62		2494~3200
$2Al(1)+0.5O_2=Al_2O(g)$	-170700	-49.37	20	660~2000
$2Al(1)+O_2=Al_2O_2(g)$	-470700	28.87	20	660~2000
$4Al(1)+3C=Al_4C_3(s)$	-265000	95.06	8	660~2200(熔点)
$Al(1)+0.5N_2(g)=AlN(s)$	-327100	115.52	4	660~2000
$Al_2O_3(s)+SiO_2(s)=Al_2O_3·SiO_2(s)$	-8800	3.80	2	25~1700
$2Al_2O_3+2SiO_2=2Al_2O_3·2SiO_2(s)$	-8600	-17.41	4	25~1750(熔点)
$Al_2O_3+TiO_2=Al_2O_3·TiO_2(s)$	-25300	3.93		25~1860(熔点)
$C(s)=C(g)$	713500	-155.48	4	1750~3800
$C(s)+0.5O_2=CO(g)$	-114400	85.77	0.4	500~2000
$C(s)+2H_2(g)=CH_4(g)$	-91044	110.67	0.4	500~2000
$Ca(s)=Ca(1)$	8540	-7.70	0.4	839(熔点)

反　　应	$A/\text{J} \cdot \text{mol}^{-1}$	$B/\text{J} \cdot (\text{mol} \cdot \text{K})^{-1}$	误差/kJ	温度范围/℃
$Ca(l) = Ca(g)$	157800	-87.11	0.4	839~1491(熔点)
$Ca(l) + F_2(g) = CaF_2(s)$	-1219600	162.3	8	839~1484
$CaF_2(g) = CaF_2(l)$	2970	-17.57	0.4	1418(熔点)
$CaF_2(l) = CaF_2(g)$	308700	-110.0	4	2533(沸点)
$Ca(l) + 2C(s) = CaC_2(s)$	-60250	-26.28	12	839~1484
$Ca(l) + 0.5S_2(g) = CaS(s)$	-548100	103.85	4	839~1484
$3CaO + Al_2O_3 = 3CaO \cdot Al_2O_3(s)$	-12600	-24.69	4	500~1535
$CaO + Al_2O_3 = CaO \cdot Al_2O_3(s)$	-18000	-18.83	2	500~1605
$CaO + 2Al_2O_3 = CaO \cdot 2Al_2O_3(s)$	-16700	-25.52	3.2	500~1750
$CaO + 6Al_2O_3 = CaO \cdot 6Al_2O_3(s)$	-16380	-37.58	1.7	1100~1600
$CaO + CO_2(g) = CaCO_3(s)$	161300	137.23	1.2	700~1200
$CaO + Fe_2O_3 = CaO \cdot Fe_2O_3(s)$	-29700	-4.81	4	700~1216(熔点)
$2CaO + Fe_2O_3 = 2CaO \cdot Fe_2O_3(s)$	-53100	-2.51	4	700~1450(熔点)
$3CaO + SiO_2 = 3CaO \cdot SiO_2(s)$	-118800	-6.7	12	25~1500
$3CaO + 2SiO_2 = 3CaO \cdot 2SiO_2(s)$	-236800	9.6	12	25~1500
$2CaO + SiO_2 = 2CaO \cdot SiO_2(s)$	-118800	-11.3	12	25~2130(熔点)
$CaO + SiO_2 = CaO \cdot SiO_2(s)$	-92500	2.5	12	25~1540(熔点)
$3CaO + 2TiO_2 = 3CaO \cdot 2TiO_2(s)$	-207100	-11.51	10	25~1400
$4CaO + 3TiO_2 = 4CaO \cdot 3TiO_2(s)$	-292900	-17.57	8	25~1400
$CaO + TiO_2 = CaO \cdot TiO_2(s)$	-79900	-3.35	3.2	25~1400
$CaO + MgO = CaO \cdot MgO$	-7200	0	1.2	25~1027
$3CaO + V_2O_5 = 3CaO \cdot V_2O_5(s)$	-332200	0	5	25~670
$2CaO + V_2O_5 = 2CaO \cdot V_2O_5(s)$	-264800	0	5	25~670
$CaO + V_2O_5 = CaO \cdot V_2O_5(s)$	-146000	0	5	25~670
$Cr(s) + 1.5O_2 = CrO_3(s)$	-580500	259.2		25~187(熔点)
$Cr(s) + 1.5O_2 = CrO_3(l)$	-546600	185.8		187~727
$Cr(s) + O_2 = CrO_2(l)$	-587900	170.3		25~1387
$2Cr(s) + 1.5O_2 = Cr_2O_3(s)$	-1110140	247.32	0.8	900~1650
$2Cr(s) + 1.5O_2 = Cr_2O_3(s)$	-1092440	237.94		1500~1650
$3Cr(s) + 2O_2 = Cr_3O_4(s)$	-1355200	264.64	0.8	1650~1655(熔点)
$Cr(s) + 0.5O_2 = CrO(l)$	-334220	63.81	0.8	1665~1750
$Fe(s) = Fe(l)$	13800	-7.61	0.8	1536(熔点)
$Fe(l) = Fe(g)$	363600	-116.23	1.2	1536~2862(沸点)
$Fe(s) + 0.5O_2 = FeO(s)$	-264000	64.59	0.8	25~1377
$Fe(l) + 0.5O_2 = FeO(l)$	-256060	53.68	2	1377~2000
$3Fe(s) + 2O_2 = Fe_3O_4(s)$	-1103120	307.38	2	25~1597(熔点)

反　　应	$A/\text{J} \cdot \text{mol}^{-1}$	$B/\text{J} \cdot (\text{mol} \cdot \text{K})^{-1}$	误差/kJ	温度范围/℃
$2\text{Fe}+1.5\text{O}_2 = \text{Fe}_2\text{O}_3(\text{s})$	-815023	251.02	2	$25 \sim 1462$
$\text{Fe}(\text{s})+0.5\text{O}_2+\text{V}_2\text{O}_3(\text{s}) = \text{FeO} \cdot \text{V}_2\text{O}_3(\text{s})$	-288700	62.34	1.2	$750 \sim 1536$
$\text{Fe}(\text{l})+0.5\text{O}_2+\text{V}_2\text{O}_3(\text{s}) = \text{FeO} \cdot \text{V}_2\text{O}_3(\text{s})$	-301250	70.0	1.2	$1536 \sim 1700$
$\text{Fe}(\alpha)+3\text{C}(\text{s}) = \text{FeC}_3(\text{s})$	29040	-28.03	0.4	$25 \sim 727$
$\text{Fe}(\gamma)+3\text{C}(\text{s}) = \text{FeC}_3(\text{s})$	11234	-11.0	0.4	$727 \sim 1137$
$\text{Fe}(\gamma)+0.5\text{S}_2(\text{g}) = \text{FeS}(\text{s})$	-336900	224.51	4	$630 \sim 760$
$2\text{FeO}+\text{SiO}_2 = 2\text{FeO} \cdot \text{SiO}_2(\text{s})$	-36200	-61.67	4	$25 \sim 1220(熔点)$
$2\text{FeO} \cdot \text{SiO}_2(\text{s}) = 2\text{FeO} \cdot \text{SiO}_2(\text{l})$	92050	-61.67	4	$1220(熔点)$
$2\text{FeO}+\text{TiO}_2 = 2\text{FeO} \cdot \text{TiO}_2(\text{s})$	-33900	5.86	8	$25 \sim 1100$
$\text{FeO}+\text{TiO}_2 = \text{FeO} \cdot \text{TiO}_2(\text{s})$	-33500	12.13	4	$25 \sim 1300$
$\text{Fe}(\text{l})+0.5\text{O}_2+\text{V}_2\text{O}_3(\text{s}) = \text{FeO} \cdot \text{V}_2\text{O}_3(\text{s})$	-288700	62.34	1.2	$750 \sim 1536$
$\text{Fe}(\text{l})+0.5\text{O}_2+\text{V}_2\text{O}_3(\text{s}) = \text{FeO} \cdot \text{V}_2\text{O}_3(\text{s})$	-301250	70.0	1.2	$100(沸点)$
$\text{H}_2\text{O}(\text{l}) = \text{H}_2\text{O}(\text{g})$	41086	-110.12	0.12	$25 \sim 2000$
$\text{H}_2+0.5\text{O}_2 = \text{H}_2\text{O}(\text{g})$	-247500	55.86	1.2	$25 \sim 2000$
$\text{H}_2+0.5\text{S}_2(\text{g}) = \text{H}_2\text{S}(\text{g})$	-91630	50.58	1.2	$649(熔点)$
$\text{Mg}(\text{s}) = \text{Mg}(\text{l})$	8950	-9.71	0.4	$649 \sim 1090(沸点)$
$\text{Mg}(\text{l}) = \text{Mg}(\text{g})$	129600	95.14		$25 \sim 649(熔点)$
$\text{Mg}(\text{s})+0.5\text{O}_2 = \text{MgO}(\text{s})$	-601230	107.59		$649 \sim 1090(沸点)$
$\text{Mg}(\text{l})+0.5\text{O}_2 = \text{MgO}(\text{s})$	-609570	116.52		$1090 \sim 1727$
$\text{Mg}(\text{g})+0.5\text{O}_2 = \text{MgO}(\text{s})$	-732700	205.99		$25 \sim 1400$
$\text{MgO}(\text{s})+\text{Al}_2\text{O}_3(\text{s}) = \text{MgO} \cdot \text{Al}_2\text{O}_3(\text{s})$	-35600	-2.09	3.3	$700 \sim 1400$
$\text{MgO}(\text{s})+\text{Fe}_2\text{O}_3(\text{s}) = \text{MgO} \cdot \text{Fe}_2\text{O}_3(\text{s})$	-19250	-2.01	3.3	$25 \sim 1500$
$\text{MgO}(\text{s})+\text{Cr}_2\text{O}_3(\text{s}) = \text{MgO} \cdot \text{Cr}_2\text{O}_3(\text{s})$	-42900	7.11	5	$25 \sim 1898(熔点)$
$\text{MgO}(\text{s})+\text{SiO}_2(\text{s}) = \text{MgO} \cdot \text{SiO}_2(\text{s})$	-67200	4.31	6	$25 \sim 1577(熔点)$
$2\text{MgO}(\text{s})+\text{SiO}_2(\text{s}) = 2\text{MgO} \cdot \text{SiO}_2(\text{l})$	-41100	6.10	6	$25 \sim 1500$
$\text{MgO}(\text{s})+\text{TiO}_2(\text{s}) = \text{MgO} \cdot \text{TiO}_2(\text{s})$	-25500	1.26	2	$25 \sim 1500$
$\text{MgO}(\text{s})+2\text{TiO}_2(\text{s}) = \text{MgO} \cdot 2\text{TiO}_2(\text{s})$	-26400	3.14	3	$25 \sim 1500$
$\text{MgO}(\text{s})+2\text{TiO}_2(\text{s}) = \text{MgO} \cdot 2\text{TiO}_2(\text{s})$	-27600	0.63	3.3	$25 \sim 670$
$2\text{MgO}(\text{s})+\text{V}_2\text{O}_5(\text{s}) = 2\text{MgO} \cdot \text{V}_2\text{O}_5(\text{s})$	-721740	0	6	$25 \sim 1200$
$2\text{MgO}(\text{s})+\text{V}_2\text{O}_5(\text{s}) = 2\text{MgO} \cdot \text{V}_2\text{O}_5(\text{s})$	-53350	8.4	3	$1244(熔点)$
$\text{Mn}(\text{s}) = \text{Mn}(\text{l})$	12130	-7.95		$1244 \sim 2062(沸点)$
$\text{Mn}(\text{l}) = \text{Mn}(\text{s})$	235800	-101.17	4	$25 \sim 1277$
$\text{Mn}(\text{s})+0.5\text{O}_2 = \text{MnO}(\text{s})$	-385360	73.75		$25 \sim 1277$
$3\text{Mn}(\text{s})+2\text{O}_2 = \text{Mn}_3\text{O}_4(\text{s})$	-1381640	334.67		$25 \sim 1277$
$2\text{Mn}(\text{s})+1.5\text{O}_2 = \text{Mn}_2\text{O}_3(\text{s})$	-956400	251.71		$25 \sim 727$
$\text{Mn}(\text{s})+\text{O}_2 = \text{MnO}_2(\text{s})$	-519700	180.83		$527 \sim 1277$

反　应	$A/\text{J}\cdot\text{mol}^{-1}$	$B/\text{J}\cdot(\text{mol}\cdot\text{K})^{-1}$	误差/kJ	温度范围/℃
$MnO(s)+Al_2O_3(s)=MnO\cdot Al_2O_3(s)$	−48100	7.3	6	25~1291(熔点)
$MnO(s)+SiO_2(s)=MnO\cdot SiO_2(s)$	−28000	2.76	12	25~1345(熔点)
$2MnO(s)+SiO_2(s)=2MnO\cdot SiO_2(s)$	−53600	24.73	12	25~1360
$MnO(s)+TiO_2(s)=MnO\cdot TiO_2(s)$	−24700	1.25	20	25~1450
$2MnO(s)+TiO_2(s)=2MnO\cdot TiO_2(s)$	−37700	1.7	20	98~675(熔点)
$MnO(s)+V_2O_5(s)=MnO\cdot V_2O_5(s)$	−65900		6	98~801(熔点)
$2Na(l)+0.5O_2=Na_2O(s)$	−514600	218.8	12	98~883(熔点)
$Na(l)+0.5Cl_2=NaCl(s)$	−411600	93.00	0.4	850~2200
$2Na(l)+C(s)+1.5O_2=Na_2CO_3(s)$	−1227500	273.54		250~884(熔点)
$2Na(l)+C(s)+1.5O_2=Na_2CO_3(l)$	−1229600	362.47		25~1089(熔点)
$Na_2O(s)+SO_2(g)+0.5O_2=Na_2SO_4(s)$	651400	237.3	12	25~974(熔点)
$Na_2O(s)+SiO_2(s)=Na_2O\cdot SiO_2(s)$	−237700	−3.85	12	25~1030(熔点)
$Na_2O(s)+2SiO_2(s)=Na_2O\cdot 2SiO_2(s)$	−283500	8.83	12	25~986(熔点)
$Na_2O(s)+TiO_2(s)=Na_2O\cdot TiO_2(s)$	−209200	−1.26	20	25~1128(熔点)
$Na_2O(s)+2TiO_2(s)=Na_2O\cdot 2TiO_2(s)$	−230100	−1.7	20	25~527
$Na_2O(s)+3TiO_2(s)=Na_2O\cdot 3TiO_2(s)$	−234300	−11.7	20	25~627
$Na_2O(s)+V_2O_5(s)=Na_2O\cdot V_2O_5(s)$	−325500	−15.06	16	25~527
$2Na_2O(s)+2V_2O_5(s)=2Na_2O\cdot 2V_2O_5(s)$	−536000	−29.3	20	25~627
$2Na_2O(s)+2V_2O_5(s)=2Na_2O\cdot 2V_2O_5(s)$	−721740	0	20	25~670
$Na_2O(s)+Fe_2O_3(s)=Na_2O\cdot Fe_2O_3(s)$	−87900	−14.6		25~1132
$P(s,白)=P(l)$	657	−2.05	0	44(熔点)
$P(s,红)=0.25P_4(g)$	32130	−45.65	1.2	25~431
$2P_2(g)=P_4(g)$	217150	−139.0	2	25~1700
$0.5P_2(g)+0.5O_2=PO(s)$	−77800	−11.59		25~1700
$0.5P_2(g)+O_2=PO_2(s)$	−385800	60.25		25~1700
$2P_2(g)+5O_2=P_4O_{10}(s)$	−3156000	1010.9		358~1700
$S(s)=S(l)$	1715	4.44	0	115(熔点)
$S(l)=0.5S_2(g)$	58600	68.28	2	115~445(沸点)
$S_2(g)=2S(g)$	469300	−161.29	2	25~1700
$S_4(g)=2S_2(g)$	62800	−115.5	20	25~1700
$S_6(g)=3S_2(g)$	276100	305.0	20	25~1700
$S_8(g)=4S_2(g)$	397500	−448.1	20	25~1700
$0.5S_2(g)+0.5O_2=SO(g)$	−57780	−4.98	1.2	445~2000
$0.5S_2(g)+O_2=SO_2(g)$	−361660	72.68	0.4	445~2000
$0.5S_2(g)+1.5O_2=SO_3(g)$	−457900	163.34	1.2	445~2000
$Si(s)=Si(l)$	50540	−30.0	1.6	1412(熔点)

反　应	$A/J \cdot mol^{-1}$	$B/J \cdot (mol \cdot K)^{-1}$	误差/kJ	温度范围/℃
$Si(1) = Si(g)$	395400	-111.38	4	1412~3280(沸点)
$Si(s) + 0.5O_2 = SiO(g)$	-104200	-82.51		25~1412
$Si(1) + O_2 = SiO_2(s)$	-907100	175.73		25~1412(熔点)
$Si(s) + O_2 = SiO_2(\alpha,\beta)$	-904760	173.38		25~1412(熔点)
$Si(1) + O_2 = SiO_2(\alpha,\beta)$	-946350	197.64		1412~1723(熔点)
$Si(1) + O_2 = SiO_2(1)$	-921740	185.91		1723~3241(沸点)
$Ti(s) = Ti(1)$	15480	-7.95		1670
$Ti(1) = Ti(g)$	426800	-120.0		1670~3290(沸点)
$Ti(s) + 0.5O_2 = TiO(\alpha,\beta)$	-514600	74.1	20	25~1670
$Ti(1) + O_2 = TiO_2(s)$	-941000	177.57	2	25~1670(熔点)
$2Ti(s) + 1.5O_2 = Ti_2O_3(s)$	-1502100	258.1	10	25~1670
$3Ti(s) + 2.5O_2 = Ti_3O_5(s)$	-2435100	420.5	20	25~1670
$V(s) = V(1)$	22840	-10.42		1920(熔点)
$V(1) = V(g)$	463300	-125.77	12	1920~3420(沸点)
$V(s) + 0.5O_2 = VO(s)$	-424700	80.04	8	25~1800
$2V(s) + 1.5O_2 = V_2O_3(s)$	-1202900	237.53	8	20~2070
$V(s) + O_2 = VO_2(s)$	-706300	155.31	12	25~1360(熔点)
$V_2O_5(s) = V_2O_5(1)$	64430	-68.32	3.3	670(熔点)

附表 5　某些元素在铁液中的标准溶解自由能（$\Delta G^{\ominus} = A + BT$）

反　应	$\gamma_i^{\ominus}$	$\Delta G^{\ominus} = A + BT/J \cdot mol^{-1}$
$Al(1) = [Al]$	0.029	$-63180 - 27.91T$
$C(s) = [C]$	0.57	$22590 - 42.26T$
$Cr(1) = [Cr]$	1.0	$-37.70T$
$Cr(s) = [Cr]$	1.14	$19250 - 46.86T$
$1/2H_2(g) = [H]$	—	$36480 + 30.46T$
$1/2H_2(g) = [H]$	—	$36480 - 46.11T$
$Mg(g) = [Mg]$	91	$117400 - 31.4T$
$Mn(1) = [Mn]$	1.3	$4080 - 38.16T$
$Mo(1) = [Mo]$	1	$-42.80T$
$Mo(s) = [Mo]$	1.68	$27510 - 52.38T$
$Ni(1) = [Ni]$	0.66	$-23000 - 31.05T$
$1/2N_2(s) = [N]$	—	$3600 + 23.89T$
$1/2O_2(g) = [O]$	—	$-117150 - 2.98T$
$1/2P_2(g) = [P]$	—	$-122200 - 19.25T$
$1/2S_2(g) = [S]$	—	$-135060 + 23.43T$

反　应	$\gamma_i^{\ominus}$	$\Delta G^{\ominus} = A + BT/\mathrm{J} \cdot \mathrm{mol}^{-1}$
Si(l)＝[Si]	0.0013	$-131500 - 17.61T$
Ti(l)＝[Ti]	0.074	$-40580 - 37.03T$
Ti(s)＝[Ti]	0.077	$-25100 - 44.98T$
V(l)＝[V]	0.08	$-42260 - 35.98T$
V(s)＝[V]	0.1	$-20710 - 45.6T$
W(l)＝[W]	1	$-48.1T$
W(s)＝[W]	1.2	$31380 - 63.64T$

注：以质量分数 1%溶液为标准态。

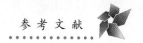

参 考 文 献

[1] 莫畏，邓国珠，罗方承．钛冶金 ［M］．2. 北京：冶金工业出版社，1998.

[2] 杨绍利，盛继孚．钛铁矿熔炼钛渣与生铁技术 ［M］．北京：冶金工业出版社，2006.

[3] 李大成，周大利，刘恒．镁热法海绵钛生产 ［M］．北京：冶金工业出版社，2009.

[4] 王桂生，田荣璋．钛的应用技术 ［M］．长沙：中南大学出版社，2007.

[5] 中国大百科全书总编辑委员会．中国大百科全书（矿冶） ［M］．北京：中国大百科全书出版社，1984.

[6] 陈鉴，何晋秋，李国良，等．钒及钒冶金 ［M］．攀枝花资源综合利用领导小组办公室，1983.

[7] 廖世明，柏谈论．国外钒冶金 ［M］．北京：冶金工业出版社，1985.

[8] ［前苏联］Н. Д. 利亚基舍夫，等．钒及其在黑色冶金中的应用 ［M］．崔可忠，等译．科学技术文献出版社重庆分社，1987.

[9] 张清涟．英汉双解钢铁冶炼词典 ［M］．北京：北京出版社，1993.

[10] 李照明．有色金属冶金工艺 ［M］．北京：化学工业出版社，2010.

[11] 吴良士，白鸽，袁忠信．矿物与岩石 ［M］．北京：化学工业出版社，2005.

[12] 赵乃成，张启轩．铁合金生产实用手册 ［M］．北京：冶金工业出版社，2010.

[13] 孙家跃，杜海燕．无机材料制造与应用 ［M］．北京：化学工业出版社，2001.

[14] 王盘鑫．粉末冶金学 ［M］．北京：化学工业出版社，1997.

[15] 有色冶金炉设计手册编委会．有色冶金炉设计手册 ［M］．北京：冶金工业出版社，1999.

[16] 陈家镛．湿法冶金手册 ［M］．北京：冶金工业出版社，2005.

[17] 朱俊士．选矿试验研究与产业化 ［M］．北京：冶金工业出版社，2004.

[18] 攀枝花市科学技术委员会编印．攀枝花钒钛磁铁矿科研史话，1999.

[19] 朱训．中国矿情 ［M］．北京：科技出版社，1999.

[20] 程鸿．中国自然资源手册 ［M］．北京：科学出版社，1990.

[21] 杜鹤桂，等．高炉冶炼钒钛磁铁矿原理 ［M］．北京：科学出版社，1990.

[22] 毛裕文，等．渣图集 ［M］．北京：冶金工业出版社，1996.

[23] 杨绍利，等．钒钛材料 ［M］．北京：冶金工业出版社，2007.

[24] 金永铎，冯安生．金属矿产利用指南 ［M］．北京，科学出版社，2007.

[25] Dean J A. 兰氏化学手册 ［M］．尚久方，等译，北京：科学出版社，1991.

[26] 荆秀枝，等．金属材料应用手册 ［M］．西安：陕西科学技术出版社，1989.

[27] 马荣骏，肖松文．离子交换法分离金属 ［M］．北京：冶金工业出版社，2003.

[28] 罗远辉，刘长河，王武育，等．钛系列丛书：钛化合物 ［M］．北京：冶金工业出版社，2011.

[29] 杨绍利，盛继孚，敖进清，等．钛铁矿富集 ［M］．北京：冶金工业出版社，2012.

[30] 董天颂，莫畏．钛选矿 ［M］．北京：冶金工业出版社，2009.

[31] 张矞，叶镇煜，林乐耘，等．钛业综合技术 ［M］．北京：冶金工业出版社，2011.

[32] 马济民，贺金宇，庞克昌，等．钛铸造与锻造 ［M］．北京：冶金工业出版社，2012.

[33] 张矞，王群骄，莫畏．钛的金属学与热处理 ［M］．北京：冶金工业出版社，2009.

[34] 谢成木，莫畏，李四清．钛近净成型工艺 ［M］．北京：冶金工业出版社，2009.

[35] 张益都．硫酸法钛白粉生产技术创新 ［M］．北京：化学工业出版社，2010.

[36] 项斌，高建荣．化工产品手册 ［M］．北京：化学工业出版社，2008.

[37] 钒钛资源综合利用国际学术交流会论文集．攀钢集团公司编，2005.4.

[38] 钛世界钛供求调研报告．冶金工业部长沙黑色冶金矿山设计研究院编，1983.8.

[39] 胡岳华，冯其明．矿物资源加工技术与设备 ［M］．北京：科学出版社，2007.

[40] 邱俊，吕宪俊，陈平，等. 铁矿选矿技术 [M]. 北京：化学工业出版社，2009.

[41] 黄嘉琥，应道宴. 钛制化工设备 [M]. 北京：化学工业出版社，2002.

[42] 张喜燕，赵永庆，白晨光. 钛合金及应用 [M]. 北京：化学工业出版社，2005.

[43] 陈朝华，刘长河. 钛白粉生产及应用技术 [M]. 北京：化学工业出版社，2006.

[44] 杨保祥，何金勇，张桂芳. 钒基材料制造 [M]. 北京：冶金工业出版社，2014.

[45] 邓南圣，吴峰. 环境光化学 [M]. 北京：化学工业出版社，2003.

[46] Leyens C，Peter M. 钛及钛合金 [M]. 北京：化学工业出版社，2003.

[47] 日本钛协会. 钛材料及其应用 [M]. 周连在，译，王桂生，校. 北京：冶金工业出版社，2008.

[48] 李成功，马济民，邓炬. 中国材料工程大典 [M]. 北京：化学工业出版社，2005.

[49] 胡克俊，锡淦，姚娟，等. 全球钛渣生产技术现状 [J]. 世界有色金属，2006（12）.

[50] 熊国宣，张展适，许文苑. 钛白副产硫酸亚铁的综合利用 [J]. 化工环保，2001，21（6）.

[51] 唐振宁. 钛白粉的生产与环境治理 [M]. 北京：化学工业出版社，2000.

[52] 陈次中. 谈谈钛白副产硫酸亚铁的提纯 [J]. 湖南化工，1989（2）.

[53] 张兆麟，等. 硫酸法钛白副产绿矾提纯的工艺改进 [J]. 河南化工，1991（5）.

[54] 吴素芳，戴君裕. 王樟茂. 硫酸亚铁制备铁氧体 α-氧化铁研究概述 [J]. 无机盐工业，1998（5）.

[55] 黄平峰. 用钛白副产硫酸亚铁生产氧化铁系列颜料 [J]. 无机盐工业，2003，35（5）.

[56] 宁运金，王通理. 用副产硫酸亚铁生产优质氧化铁 [J]. 应用化工，2005，34（10）.

[57] 夏新蕊，邓昭平，李思平. 钛白副产物硫酸亚铁制取氧化铁颜料及其包膜的研究 [J]. 广东微量元素科学，2006，13（7）.

[58] 程文敢. 硫酸法钛白副产硫酸亚铁制取氧化铁红的研究 [J]. 福建化工，2000（2）.

[59] 周宏明. 钛白副产硫酸亚铁制备氧化铁系颜料工艺的研究 [D]. 湘潭：湘潭大学，2001.

[60] 纪宏达，游少鸿，马丽丽. 钛白厂副产硫酸亚铁的综合利用 [J]. 科技信息，2008（35）.

[61] 刘海宁，关晓辉. 钛白副产硫酸亚铁的综合利用 [J]. 环境工程，2003，21（5）.

[62] 曹健，姬俊梅. 利用钛白副产品制备改性聚合硫酸铁 [J]. 泰州职业技术学院学报，2004，4（6）.

[63] 代军，雷红英，孙剑奇，等. 利用钛白副产物绿矾制备混凝剂聚磷硫酸铁的研究 [J]. 矿冶工程，2008，28（6）.

[64] 孙日圣，卢芳仪，蒋柏泉，等. 钛白厂副产硫酸亚铁综合利用展望 [J]. 江西化工，2003（2）.

[65] 李志富，许宁. ClO_2 对医院高浓度含氰废水处理的试验研究 [J]. 环境污染治理技术与设备，2005，6（1）.

[66] 杨明平，傅勇坚，李国斌. 用生产钛白的副产物绿矾处理含铬废水 [J]. 材料保护，2005，38（6）.

[67] 谭承德，等. 软锰矿和废硫酸亚铁制取硫酸锰的研究 [J]. 广西化工，1991（3）.

[68] 刘晓红，卢芳仪，孙日圣. 硫酸亚铁的综合利用 [J]. 化工环保，2000，20（2）.

[69] 刘晓红，卢芳仪，郑典模. 由硫酸亚铁制取硫酸钾和氧化铁红 [J]. 化学反应工程与工艺，2000，16（3）.

[70] 熊国宣，许文苑，马建国，等. 钛白副产硫酸亚铁的综合利用研究 [J]. 环境污染与防治，2003，25（6）.

[71] 翟风丽. 提高金属镓的品位剂增加经济效益 [J]. 轻金属，1994（3）：16~19.

[72] 杨志民，等. 镓生产现状及其化合物的应用前景 [J]. 世界有色金属，2001（8）：9~11.

[73] 攀枝花钒钛磁铁矿现流程中有益元素的赋存状态及分布规律的研究. 1992.4（内部资料）.

[74] 刘腾. 中科镓英问鼎半导体新材料世界老大 [N] 财经日报，2002-2-7.

[75] 郑州轻金属研究院. 树脂吸附法从平果铝厂种分母液中回收镓的研究报告 [R].1999.12.

[76] 郑州轻金属研究院. 中州铝厂碳分母液提取镓新工艺的研究报告 [R].2001.4.

［77］赵福辉，芦东. 拜耳法外排赤泥铝硅比升高原因及抑制措施的探讨 ［J］. 世界有色金属，2002（2）：25~27.

［78］尹中林，顾松青. 我国混联法氧化铝生产工艺的发展方向 ［J］. 世界有色金属，2001（7）：4~8.

［79］王岭. 制备高纯镓工艺的改进 ［J］. 四川有色金属，2000（3）：8~11.

［80］王顺昌. 世界镓的供需状况 ［J］. 世界有色金属，2000（11）：28~29.

［81］从提钒弃渣中回收金属镓的试验研究总结. 攀钢钢研所综合利室. 1979（内部资料）.

［82］从攀钢钒渣中用碱法溶出镓钒铬的试验小结. 昆明工学院冶系. 1979.4（内部资料）.

［83］从攀钢钒渣中用碱性浸出液中分离和提取 Ga、V、Cr. 昆明工学院冶金系. 1979.4（内部资料）.

［84］五氧化二钒弃渣提取金属镓新工艺试验研究. 攀枝花钢铁研究院钒室. 1991.10（内部资料）.